工业和信息化普通高等教育“十二五”规划教材立项项目

21 世纪高等院校电气工程与自动化规划教材
21 century institutions of higher learning materials of Electrical Engineering and Automation Planning

Signals and Systems

信号与系统

刘百芬 张利华 主编
甘方成 石晓瑛 袁世英 刘子英 副主编

人民邮电出版社
北京

图书在版编目（CIP）数据

信号与系统 / 刘百芬，张利华主编. -- 北京 : 人民邮电出版社，2012.6（2023.2 重印）
21世纪高等院校电气工程与自动化规划教材
ISBN 978-7-115-28484-6

Ⅰ. ①信… Ⅱ. ①刘… ②张… Ⅲ. ①信号系统－高等学校－教材 Ⅳ. ①TN911.6

中国版本图书馆CIP数据核字(2012)第204846号

内 容 提 要

本着易于教学、便于自学的宗旨，本书深入浅出地介绍了信号与系统分析的基本理论和方法。采用连续和离散并行，先时域后变换域分析，从输入/输出描述到状态变量描述的顺序和结构。在内容上注重体现经典与现代的传承、连续与离散的类比、三种变换的逻辑联系，注重信号与系统理论和方法的具体应用，并反映信号与系统的新理论和新技术。强调基本理论、基本概念和基本方法，注重难点和重点的解释与分析。每章配有小结和丰富精炼的例题和习题，书后附有部分习题参考答案。

本书可作为电子信息、通信、自动控制、电气工程、计算机等专业“信号与系统”课程的本科教材，也可供从事相关领域工作的教师、科技工作者自学参考使用，并可作为相关专业“信号与系统”课程的研究生入学考试参考书。

21 世纪高等院校电气工程与自动化规划教材

信号与系统

◆ 主　　编　刘百芬　张利华
　副 主 编　甘方成　石晓瑛　袁世英　刘子英
　责任编辑　刘　博

◆ 人民邮电出版社出版发行　　北京市丰台区成寿寺路 11 号
　邮编　100164　　电子邮件　315@ptpress.com.cn
　网址　http://www.ptpress.com.cn
　大厂回族自治县聚鑫印刷有限责任公司印刷

◆ 开本：787×1092　1/16
　印张：20.25　　　　2012 年 6 月第 1 版
　字数：506 千字　　　2023 年 2 月河北第 13 次印刷

ISBN 978-7-115-28484-6

定价：42.00 元

读者服务热线：(010)81055256　印装质量热线：(010)81055316
反盗版热线：(010)81055315

前　言

始于 20 世纪 70 年代的信息技术革命，引领着整个人类社会跨入了信息时代。在理论研究、技术推动和应用需求拉动的交替或共同作用下，作为信息技术主导的电子信息与通信、计算机科学与技术、自动控制得到了不同寻常的飞速发展，让信息技术及相关产业发生了翻天覆地的变化。以新一代互联网、新一代移动通信技术、物联网、云计算为代表的新一轮信息技术革命的浪潮，正在成为全球社会和经济发展共同关注的重点。同时，信息技术和航空航天、核技术、新材料、新能源的相互渗透，引发了各行各业一次又一次的跨越式发展，信息技术已经成为推动社会向前发展的巨大动力。而信息技术及相关领域和学科的发展，无不渗透着信号与系统的概念和分析方法。因此，作为研究信号与系统分析的基本理论和方法的一门基础课程，“信号与系统”的重要性日益凸显。

本书根据信息技术发展的趋势和应用的需求，立足普通本科院校电气信息类人才培养的要求，依据国内大部分高校和研究院所研究生入学考试“信号与系统”课程的考试内容范围和要求，结合多年教学实践和教学改革的成果，以培养学生的学习能力、工程能力和创新能力为出发点，在使用多年讲稿的基础上，精选内容、精心编写、反复修改而成。

本着易于教学、便于自学的宗旨，本书深入浅出地介绍了信号与系统分析的基本理论和方法。全书共分 9 章。针对确定性信号和线性时不变系统，按照“贯穿一条主线、着眼二类系统、学习三种变换、强化二类方法、利用两种途径、培养三种能力”的总思路来安排教学内容。即以信号的各种分解为主线，引出三种变换即傅里叶变换、拉普拉斯变换和 z 变换；进而针对连续时间系统和离散时间系统，研究信号通过线性时不变系统的响应，讨论二类分析方法，即时域分析方法和变换域分析方法；在连续时间信号与系统、离散时间信号与系统的分析中，利用并行安排、归纳类比的途径，注重衔接，突出三种变换、二种分析方法之间的逻辑联系，进而建立起逻辑一致、完整统一的信号与系统分析方法体系；为达到培养学生学习能力、工程能力和创新能力的目的，本书注重理论联系实际，具体领域的应用，系统数学模型的建立、数学模型的求解、结果的物理意义与解释。

全书内容丰富，覆盖面广。配套编制了电子教案、编写了学习指导和习题全解以及相应的实验指导书，为授课教师选用教材、学生自学创造了较好的条件。授课教师可根据专业特点，选取与组合不同章节，构成深度和学时不同的课程。

本书由刘百芬、张利华主编。第 1 章、第 9 章由刘百芬编写，第 3 章、第 4 章由张利华编写，第 2 章由刘子英编写，第 6 章、第 7 章由甘方成、石晓瑛编写，第 5 章、第 8 章由袁世英编写，附录由石晓瑛编写，李房云、肖盛文参与了书稿中第 2 章、第 8 章部分资料的整理，全书由张利华统稿。邓洪峰、李忠民、占自才对全书的内容进行了认真的审核，并对本书的编写工作提出了宝贵意见。学校相关部门负责同志、人民邮电出版社刘博编辑对本书编写工作给予许多支持和帮助，华东交通大学教材（专著）基金对本书的出版给予了资助，在此表示衷心的感谢。

本书在编写构思和选材过程中参考了国内外诸多的文献资料，在此向文献资料的作者表示最衷心的感谢。

由于编者水平有限和工作中的疏忽，书中内容组织、结构安排和文字表述难免有不妥甚至是错误之处，敬请广大读者批评指正。

编　者

2012 年 6 月

目　录

第 1 章 信号与系统概论

1.1 引言

信号与系统理论的应用非常广泛，几乎进入了所有的科学和技术领域，例如控制工程、信息与通信工程、电气工程、计算机科学与技术、生物工程及航空航天工程等。本章主要介绍信号与系统的基本概念和基本特性，是信号与系统理论的基础。

信号一般表现为随时间变化的某种物理量。信号是多种多样的，例如，电话、广播、电视、红绿灯交通信号，或者股票市场的道·琼斯指数等。通常以直接形式表达的内容称为消息，如语言、文字、图像等。消息中有意义的内容称为信息。信号是消息的表现形式与传送载体，而消息则是信号的具体内容。在各种信号中，电信号是应用最广的物理量。电信号不仅易于产生、传输和处理，而且，许多非电信号也容易转换成电信号。因此，研究电信号具有重要意义。本课程主要讨论电信号，它通常表现为随时间变化的电压或电流。

信号的产生、传输及处理都需要一定的物理装置，这种装置通常就称为系统。系统是一个非常广泛的概念，从一般意义上讲，系统是由若干相互作用和相互依赖的事物组合而成的具有特定功能的整体，如通信系统、控制系统、经济系统、生态系统等。因此，系统是能将一组信号处理为另一组信号的实体。当一个或多个激励信号作用到系统的输入端时，就会在系统的输出端产生一个或多个响应信号。

本课程主要讨论物理系统，特别是电系统。因为电系统在科学技术领域中具有重要地位。

1.2 信号的概念

1.2.1 信号的定义与描述

信号是消息的表现形式，消息则是信号的具体内容。很久以来，人们曾寻求各种方法以实现信号的传输，如我国古代利用烽火传送边疆警报，希腊人以火炬的位置表示字母符号，以后又出现了信鸽、旗语、驿站等传送消息的方法。然而，这些方法无论在距离、速度或可靠性与有效性方面都存在明显的问题。19 世纪初，人们开始研究如何利用电信号传送消息。1837年，莫尔斯发明了电报，他用点、划、空适当组合的代码表示字母和数字，这种代码称为莫尔斯电码。1876年贝尔发明了电话，直接将声信号转变为电信号沿导线传送。19世纪末，人们又致力于研究用电磁波传送无线电信号。1901年马可尼成功地实现了横渡大西洋的无线电通信。从此，传输电信号的通信方式得到广泛应用和迅速发展。如今，无线电信号的传输不仅能够飞越高山、海洋，而且可以遍及全球并通向宇宙。例如，以卫星通信技术为基础构成的“全球定位系统”可以利用无线电信号的传输，测定地球表面和周围空间任意目标的位置，其精度可达数十米之内。人们利用手持通信机，以个人相应的电话号码呼叫或被呼叫，进行语音、图像、数据等各种信号的传输。

必须指出，现代通信系统的通信方式往往不是任意两点之间信号的直接传输，而是要利用某些集中转接设施组成复杂的信息网络，经所谓的“交换”功能以实现任意两点之间的信号传输。现代信息网络技术，如互联网、无线移动通信网络等的发展已为上述目标的实现奠定了基础。

随着信号传输、信号交换理论与应用的发展，同时出现了所谓“信号处理”的新课题。信号处理是对信号进行某种加工或变换。加工或变换的目的是削弱信号中的多余内容，滤除混杂的噪声和干扰，或者是将信号变换成容易分析与识别的形式，便于估计和选择它的特征参量。20世纪80年代以来，由于高速数字计算机的运用，大大促进了信号处理研究的发展，使信号处理的应用遍及许多科学技术领域。例如，从月球探测器发来的电视信号可能被淹没在噪声之中，利用信号处理技术就能予以增强，在地球上得到清晰的图像。石油勘探、地震测量以及核试验监测中所得数据的分析都依赖于信号处理技术的应用。此外，在心电图、脑电图分析、语音识别与合成、图像数据压缩、工业生产自动控制以及经济形势预测等科学技术领域中都广泛采用信号处理技术。

信号传输、信号交换和信号处理密切联系，又各自形成了相对独立的学科体系。它们共同的理论基础之一就是研究信号的基本性能，包括信号的描述、分解、变换、检测、特征提取、传输以及为适应指定要求而进行的信号处理。

1.2.2 信号的分类

信号的分类方法很多，可从不同角度进行分类。下面介绍几种常见的信号分类方法。

1. 确定信号与随机信号

根据信号的确定性划分，信号可分为确定信号和随机信号。确定信号是指以确定的时间函数（或序列）表示的信号，又称规则信号。这种信号在定义域内的任意时刻都有确定的函数值，例如正弦信号。随机信号也称不确定信号，它不是时间的确定函数，在定义域内的任意时刻没有确定的函数值。如语音信号、雷电干扰信号等。对于随机信号，不能给出确切的时间函数，只可能知道它的统计特性，如在某时刻取某一数值的概率。确定信号与随机信号有着密切的联系，在一定条件下，随机信号也会表现出某种确定性，例如乐音表现为某种周期性变化的波形，电码可描述为具有某种规律的脉冲波形等。本课程只讨论确定信号。

2. 连续时间信号与离散时间信号

根据信号自变量取值的连续性划分，信号可分为连续时间信号与离散时间信号。连续时间信号指的是在信号的定义域内，除若干不连续点之外，任意时间值都有确定的函数值。例如正弦波或图1.1所示的矩形脉冲都是连续信号。

离散时间信号指信号的定义域为一些离散时刻点，在这些离散时刻点之外无定义。如图 1.2 所示，只有当n为整数时，$x(n)$才有一定数值，当n为非整数时，$x(n)$没有定义。

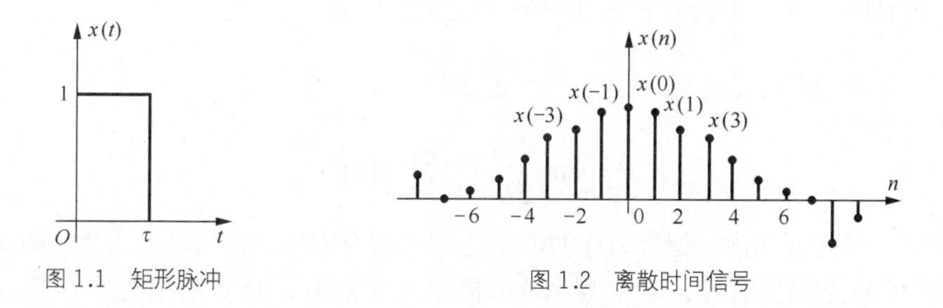

图 1.1 矩形脉冲　　图 1.2 离散时间信号

连续时间信号的幅值可以是连续的，也可以是离散（量化）的。时间和幅值都为连续的信号又称为模拟信号。离散时间信号的幅值可以是连续的，也可以是离散的。幅值连续的离散信号称为抽样信号，时间与幅度均离散（量化）的信号称为数字信号。

3. 周期性信号与非周期性信号

根据信号的周期性划分，确定信号可以分为周期信号与非周期信号。周期信号是指在区间$(-\infty \sim +\infty)$上，每隔一个固定的时间间隔，其波形重复变化的信号。连续周期信号和离散周期信号的表示式分别为

$$x(t) = x(t + kT), k = 0、\pm 1、\pm 2 \ldots \tag{1.1}$$

$$x(n) = x(n + kN), k = 0、\pm 1、\pm 2 \ldots （n \text{ 为整数，} N \text{ 为正整数}） \tag{1.2}$$

满足此关系式的最小T（或N）值称为周期信号的周期。只要给出此信号在任一周期内的变化过程，便可确知它在任一时刻的数值。非周期信号就是不具有重复性的信号。若令周期信号的周期T（或N）趋于无限大，则成为非周期信号。

例 1.1 判断离散序列$x(n) = \cos(n/2)$是否是周期信号。

解：由周期序列的定义，如果$x(n)$是周期序列，则$\cos\left[\frac{1}{2}(n+N)\right] = \cos\left(\frac{n}{2}\right)$，必须有整数$N$，$k$满足$\frac{1}{2}N = 2\pi k$，显然，这样的整数不存在。因此，$x(n) = \cos(\frac{n}{2})$不是周期序列。

4. 能量信号与功率信号

根据信号的能量和功率是否有限的特点，信号可分为能量信号和功率信号。

如果把信号$x(t)$看作是随时间变化的电压或电流，则当信号$x(t)$通过 1Ω 的电阻两端时，提供给该电阻的瞬时功率为$|x(t)|^2$，其在$(-\tau/2, \tau/2)$时间间隔内所消耗的能量为$\int_{-\frac{\tau}{2}}^{\frac{\tau}{2}} |x(t)|^2 \mathrm{d}t$，把该能量对时间区间取平均值，即得信号在该区间内的平均功率为$\frac{1}{\tau}\int_{-\frac{\tau}{2}}^{\frac{\tau}{2}} |x(t)|^2 \mathrm{d}t$。进一步把时间区间拓展到无限区间$(-\infty, \infty)$，对于连续时间信号$x(t)$，定义其能量为在该区间的平均能量，即

$$E = \lim_{\tau \to \infty} \int_{-\frac{\tau}{2}}^{\frac{\tau}{2}} |x(t)|^2 \mathrm{d}t = \int_{-\infty}^{\infty} |x(t)|^2 \mathrm{d}t \tag{1.3}$$

定义其功率为在该区间的平均功率，即

$$P=\lim_{\tau\to\infty}\frac{1}{\tau}\int_{-\frac{\tau}{2}}^{\frac{\tau}{2}}|x(t)|^2\,\mathrm{d}t \tag{1.4}$$

对于离散时间信号，其能量 E 与功率 P 的定义分别为

$$E=\sum_{n=-\infty}^{\infty}|x(n)|^2 \tag{1.5}$$

$$P=\lim_{N\to\infty}\frac{1}{2N+1}\sum_{n=-N}^{N}|x(n)|^2 \tag{1.6}$$

若在无限大时间区间内，信号 $x(t)$ 的能量为非零的有限值，且其功率为零，即 $0<E<\infty$，$P=0$，则该信号为能量信号；若信号 $x(t)$ 的能量为无限值，且其功率为非零的有限值，即 $E\to\infty$，$0<P<\infty$，则该信号为功率信号。

例 1.2 判断下列信号哪些是能量信号，哪些是功率信号，或者都不是。

（1）$x_1(t)=5\sin(2t)$；（2）$x_2(t)=\mathrm{e}^{-2t},t\geqslant 0$；（3）$x_3(n)=3,n\geqslant 0$；（4）$x_4(n)=\left(\frac{1}{3}\right)^n$。

解：（1）$x_1(t)=5\sin(2t)$ 是周期为 π 的周期信号，功率为

$$P_1=\frac{1}{\pi}\int_0^{\pi}|x_1(t)|^2\,\mathrm{d}t=\frac{1}{\pi}\int_0^{\pi}|5\sin(2t)|^2\,\mathrm{d}t=12.5<\infty$$

由于周期信号有无限个周期，所以其能量为无限值，即

$$E_1=\lim_{k\to\infty}k\mathrm{P}_1\to\infty$$

所以信号为功率信号。

（2）$x_2(t)=\mathrm{e}^{-2t},t\geqslant 0$ 的能量为

$$E_2=\lim_{T\to\infty}\int_{-\infty}^{+\infty}|x_2(t)|^2\,\mathrm{d}t=\lim_{T\to\infty}\int_0^{T}|x_2(t)|^2\,\mathrm{d}t=\lim_{T\to\infty}-\frac{1}{4}(\mathrm{e}^{-4T}-1)=\frac{1}{4}$$

功率为

$$P_2=\lim_{\tau\to\infty}\frac{1}{\tau}\int_{-\frac{\tau}{2}}^{\frac{\tau}{2}}|\mathrm{e}^{-2t}|^2\,\mathrm{d}t=0$$

所以信号是能量信号。

（3）$x_3(n)=3,n\geqslant 0$ 的能量为

$$E_3=\sum_{n=-\infty}^{\infty}|x_3(n)|^2=\infty$$

功率为

$$P_3=\lim_{\mathrm{N}\to\infty}\frac{1}{2N+1}\sum_{n=-N}^{N}|x_3(n)|^2=9$$

所以信号是功率信号。

（4）$x_4(n)=\left(\frac{1}{3}\right)^n$ 的能量为

$$E_4=\sum_{n=-\infty}^{\infty}|x_4(n)|^2=\infty$$

功率为

$$P_4 = \lim_{N\to\infty} \frac{1}{2N+1} \sum_{n=-N}^{N} \left| x_4(n) \right|^2 = \infty$$

因此信号既不是功率信号，也不是能量信号。

一个信号不可能既是能量信号又是功率信号，但却有少量信号既不是能量信号也不是功率信号。周期信号和直流信号都是功率信号。

5. 因果信号和非因果信号

对于连续时间信号 $x(t)$，如果在 $t\in[0, \infty)$ 内取非零值，而在 $t\in(-\infty, 0)$ 内均为零，则称 $x(t)$ 为因果信号。

反之，如果在 $t\in[0, \infty)$ 内均为零，而在 $t\in(-\infty, 0)$ 内取非零值，则称 $x(t)$ 为非因果信号或反因果信号。

同理，对于离散信号 $x(n)$，也有因果序列、非因果序列之分。

除以上分类方式之外，还可将信号分为一维信号和多维信号、调制信号、载波信号和已调信号等。

1.3 典型信号及其特性

1.3.1 连续时间信号

在连续时间信号的分析中，常见的绝大部分信号都可以用基本信号及它们的变化形式来表示。正因为如此，基本信号的分析是信号与系统分析的基础。基本信号可分为两类，一类称为普通信号，是指信号本身及其微分和积分都连续的信号；另一类称为奇异信号，是指信号本身或其微分或其积分不连续的信号。对奇异信号的定义和运算已超出了常规函数的范畴，而且不能按照通常意义去理解。

下面给出了一些典型连续时间信号的表达式和波形。其中 1～5 为典型普通信号，6～9 为奇异信号。

1. 指数信号

指数信号的数学表示式为

$$x(t) = K\mathrm{e}^{at} \tag{1.7}$$

式中 K 和 a 是实数。若 $a>0$，信号将随时间而增长；若 $a<0$，信号则随时间而衰减；在 $a=0$ 的特殊情况下，信号不随时间而变化，成为直流信号。通常，把 $|a|$ 的倒数称为指数信号的时间常数，记作 τ，即 $\tau = 1/|a|$，τ 越大，指数信号增长或衰减的速率越慢。常数 K 表示指数信号在 $t=0$ 时的初始值。指数信号的波形如图 1.3 所示。

实际上，遇到较多的是单边指数衰减信号，图 1.4 所示单边指数衰减信号的数学表达式为

$$x(t) = \begin{cases} \mathrm{e}^{-\frac{t}{\tau}}, & t \geqslant 0 \\ 0, & t < 0 \end{cases}$$

在 $t=0$ 点，$x(0)=1$，在 $t=\tau$ 处，$x(\tau)=1/e=0.368$。也就是说，经过时间 τ，信号衰减到原初始值的 36.8%。

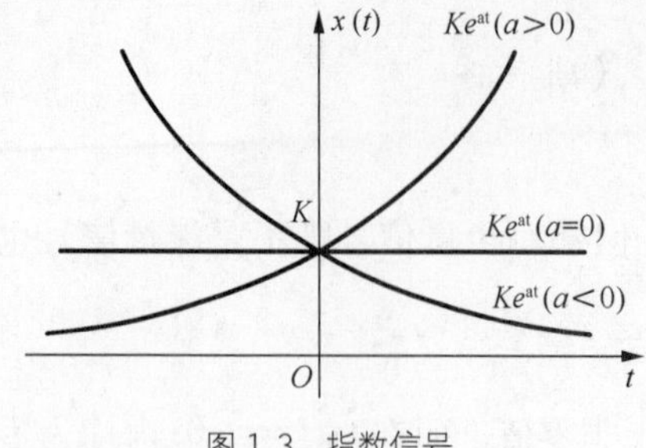

图 1.3　指数信号

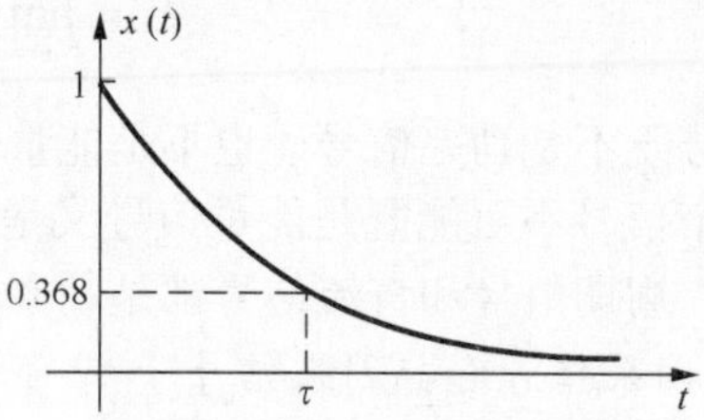

图 1.4　单边指数衰减信号

2. 正弦信号和虚指数信号

正弦信号和余弦信号二者仅在相位上相差$\pi/2$，通常统称为正弦信号，一般写作

$$x(t) = K\sin(\omega t + \theta) \tag{1.8}$$

式中K为振幅，ω是角频率，θ称为初相位。其波形如图 1.5 所示。

在信号与系统分析中，有时要遇到衰减的正弦信号。如图 1.6 所示，该正弦信号的幅度按指数规律衰减，其表示式为

$$x(t) = \begin{cases} K\mathrm{e}^{-\alpha t}\sin(\omega t), & t \geqslant 0 \quad \alpha > 0 \\ 0 & , \quad t < 0 \end{cases}$$

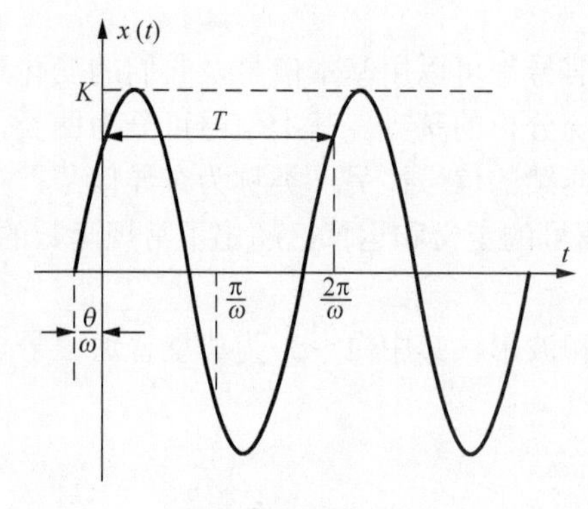

图 1.5　正弦信号

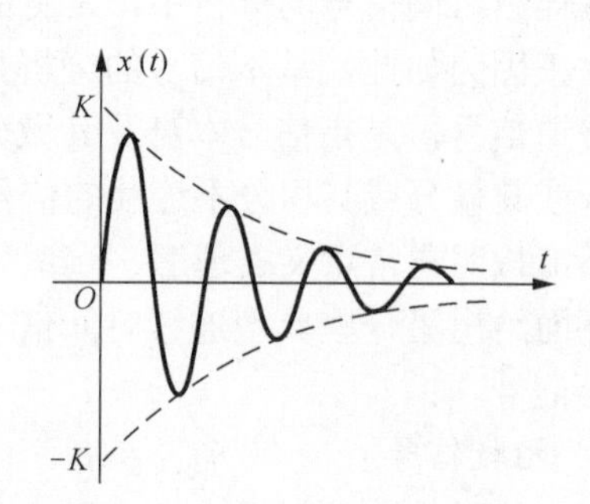

图 1.6　指数衰减的正弦信号

虚指数信号的数学表达式为

$$x(t) = \mathrm{e}^{\mathrm{j}\omega t} \tag{1.9}$$

式中t为实数。该信号的一个重要特性就是它具有周期性。

正弦信号和余弦信号常借助虚指数信号来表示。由欧拉公式可知

$$\sin(\omega t) = \frac{1}{2j}(\mathrm{e}^{\mathrm{j}\omega t} - \mathrm{e}^{-\mathrm{j}\omega t}) \tag{1.10}$$

$$\cos(\omega t) = \frac{1}{2}(\mathrm{e}^{\mathrm{j}\omega t} + \mathrm{e}^{-\mathrm{j}\omega t}) \tag{1.11}$$

3. 复指数信号

如果指数信号的指数因子为一复数，则称之为复指数信号，其数学表示式为

$$x(t) = K\mathrm{e}^{st} \tag{1.12}$$

其中$s=\sigma+\mathrm{j}\omega$，系数$K$为实数。借助欧拉公式将式（1.12）展开，可得

$$K\mathrm{e}^{st}=K\mathrm{e}^{(\sigma+\mathrm{j}\omega)t}=K\mathrm{e}^{\sigma t}\cos(\omega t)+\mathrm{j}K\mathrm{e}^{\sigma t}\sin(\omega t) \tag{1.13}$$

此结果表明，一个复指数信号可分解为实部和虚部。其中，实部包含余弦信号，虚部则为正弦信号。指数因子实部σ表征了正弦与余弦函数振幅随时间变化的情况。若$\sigma>0$，正弦、余弦信号是增幅振荡信号；若$\sigma<0$，正弦、余弦信号是衰减振荡信号。指数因子的虚部ω则表示正弦与余弦信号的角频率。当$\sigma=0$，即s为虚数，则正弦、余弦信号是等幅振荡；而当$\omega=0$，即s为实数，则复指数信号成为一般的指数信号；最后，若$\sigma=0$且$\omega=0$，即s等于零，则复指数信号的实部和虚部都与时间无关，成为直流信号。

利用s取值的不同，复指数信号可以描述各种基本信号，如直流信号、指数信号、正弦或余弦信号以及增长或衰减的正弦与余弦信号。有兴趣的读者可以自己分析。利用复指数信号可使许多运算和分析得以简化。

4．抽样函数

抽样函数是指$\sin t$与t之比构成的函数，它的定义如下

$$Sa(t)=\frac{\sin t}{t} \tag{1.14}$$

抽样函数的波形如图1.7所示。它是一个偶函数，在t的正、负两方向振幅都逐渐衰减，当$t=0,\pm\pi,\pm2\pi,\cdots,\pm n\pi$时，函数值等于零。

$Sa(t)$函数具有以下性质，

$$\int_0^{\infty}Sa(t)\mathrm{d}t=\frac{\pi}{2} \tag{1.15}$$

$$\int_{-\infty}^{\infty}Sa(t)\mathrm{d}t=\pi \tag{1.16}$$

与$Sa(t)$函数类似的是$\sin c(t)$函数，它的表示式为

$$\sin c(t)=\frac{\sin(\pi t)}{\pi t} \tag{1.17}$$

5．钟形信号

钟形信号又称钟形脉冲信号或高斯信号，其定义式为

$$x(t)=E\mathrm{e}^{-\left(\frac{t}{\tau}\right)^2} \tag{1.18}$$

式中，E，τ为常数。其波形如图1.8所示。令$t=\frac{\tau}{2}$代入函数式求的$x\left(\frac{\tau}{2}\right)=E\mathrm{e}^{-\frac{1}{4}}\approx0.78E$。这表明，函数式中的参数$\tau$是当$x(t)$由最大值$E$下降为$0.78E$时，所占据的时间宽度。钟形信号在随机信号分析中占有重要地位。

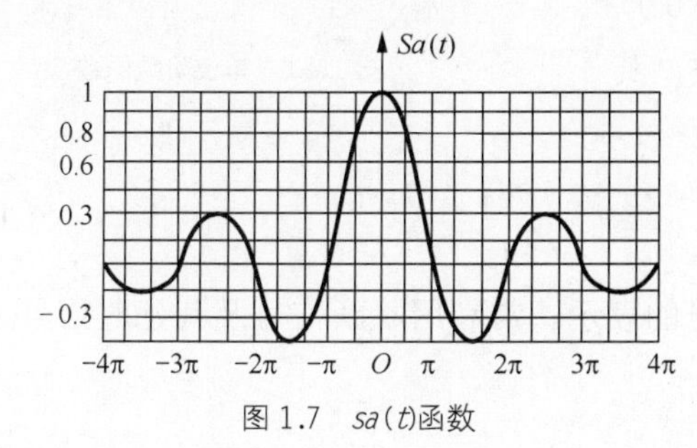

图1.7　sa(t)函数

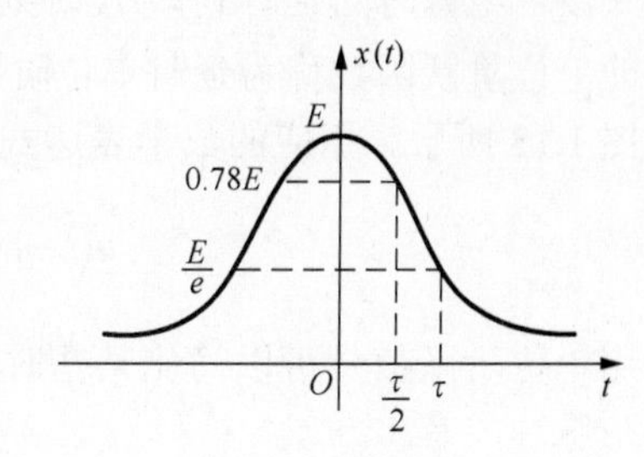

图1.8　钟形信号

6. 单位斜变信号

斜变信号也称斜坡信号或斜升信号，是指从某一时刻开始随时间正比例增长的信号。如果增长的变化率是 1，就称作单位斜变信号，其波形如图 1.9 所示，数学表示式为

$$r(t)=\begin{cases}t, & t\geqslant 0\\0, & t<0\end{cases} \tag{1.19}$$

如果将起始点移至t_0，则对应的单位斜变信号的波形如图 1.10 所示，相应的数学表达式为

$$x(t-t_0)=\begin{cases}t-t_0, & t\geqslant t_0\\0, & t<t_0\end{cases} \tag{1.20}$$

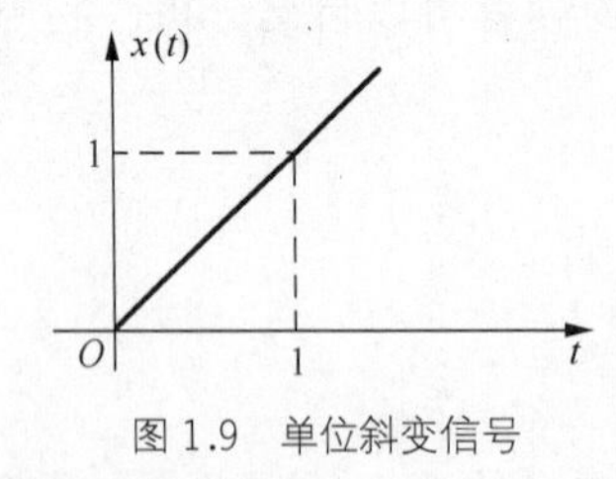

图 1.9 单位斜变信号

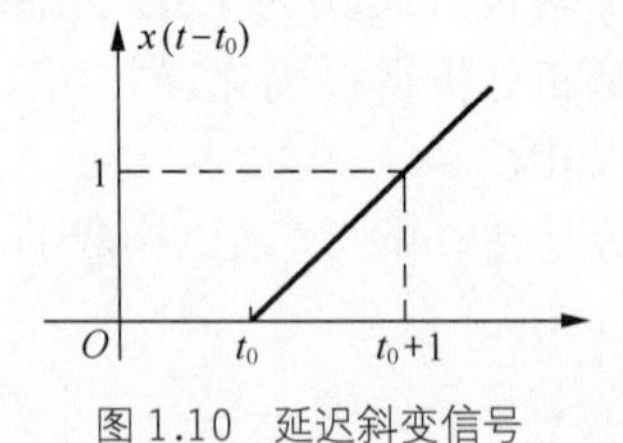

图 1.10 延迟斜变信号

7. 单位阶跃信号

单位阶跃信号的波形如图 1.11（a）所示，其数学表达式为

$$u(t)=\begin{cases}1, & t>0\\0, & t<0\end{cases} \tag{1.21}$$

在跳变点$t=0$处，函数值未定义。有时为了描述的方便令$u(0)=1/2$，但这只是为了便于理解，并不是$u(t)$的定义。

容易证明，单位斜变函数与单位阶跃函数互为积分和微分的关系，即

$$\frac{\mathrm{d}r(t)}{\mathrm{d}t}=u(t) \tag{1.22}$$

$$r(t)=\int_0^t u(\tau)\mathrm{d}\tau \tag{1.23}$$

单位阶跃函数的物理意义是，在$t=0$时刻对某一电路接入单位电源（可以是直流电压源或直流电流源），并且无限持续下去。图 1.11（b）给出了接入 1V 直流电压源的情况，在接入端口处电压为阶跃信号$u(t)$。

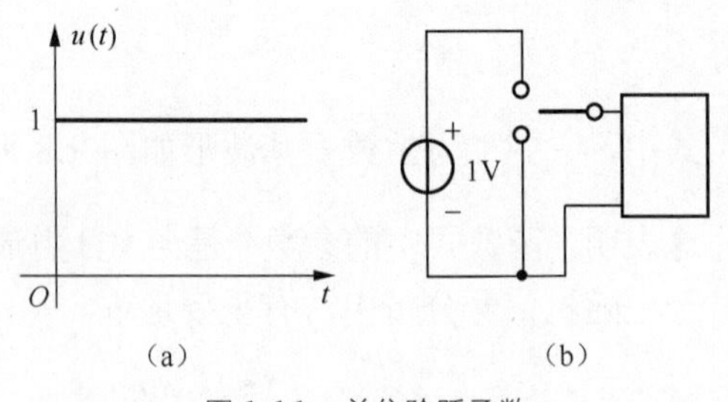

图 1.11 单位阶跃函数

如果接入电源时间延时到$t=t_0$时刻（$t_0>0$），则对应的单位阶跃函数称为延时单位阶跃函数，其波形如图 1.12 所示。相应的数学表达式为

$$u(t-t_0)=\begin{cases}1, & t>t_0\\0, & t<t_0\end{cases} \tag{1.24}$$

利用单位阶跃信号可以简化某些时域信号的表示。常利用阶跃信号及其延时信号之差来表示矩形脉冲，有

$$G_\tau(t)=u\left(t+\frac{\tau}{2}\right)-u\left(t-\frac{\tau}{2}\right) \tag{1.25}$$

下标τ表示其宽度，其波形如图 1.13 所示，

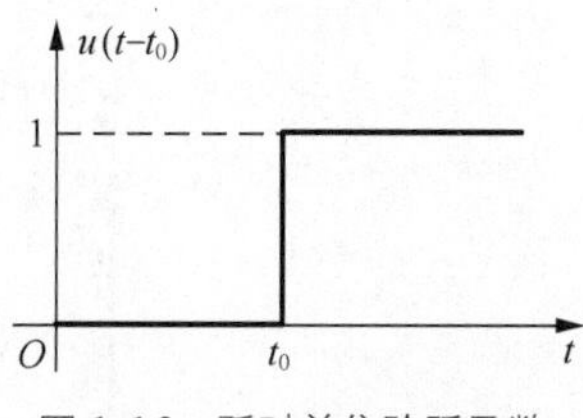

图 1.12　延时单位阶跃函数

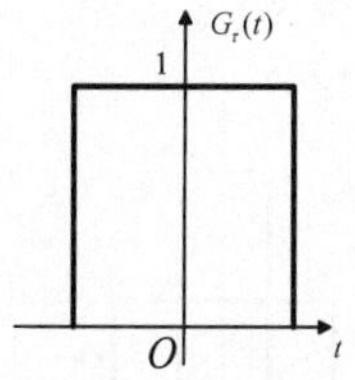

图 1.13　矩形脉冲

阶跃信号鲜明地表现出信号的单边特性。即信号在某接入时刻t_0以前的幅度为零。利用阶跃信号这一特性，可以较方便地以数学表达式描述各种信号的接入特性。如图 1.14 所示的波形可表示为

$$x_1(t)=\sin t\cdot u(t) \tag{1.26}$$

图 1.15 所示的波形则表示为

$$x_2(t)=\mathrm{e}^{-t}[u(t)-u(t-t_0)] \tag{1.27}$$

利用阶跃信号还可以表示“符号函数”。符号函数简写作$\mathrm{sgn}(t)$，波形如图 1.16 所示。其定义为

$$\mathrm{sgn}(t)=\begin{cases}1, & t>0\\ -1, & t<0\end{cases} \tag{1.28}$$

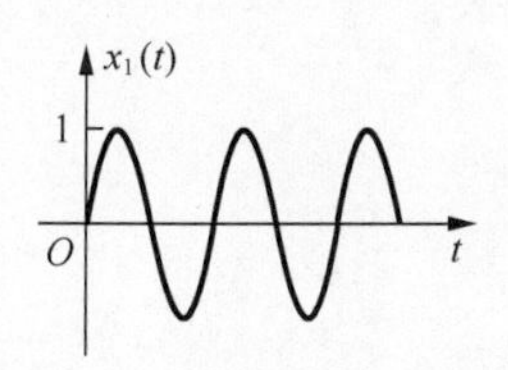

图 1.14　$\sin t\cdot u(t)$波形

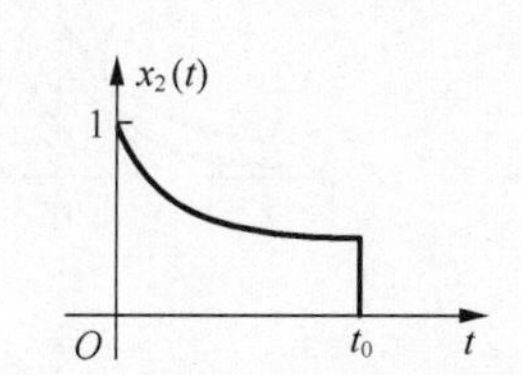

图 1.15　$\mathrm{e}^{-t}[u(t)-u(t-t_0)]$波形

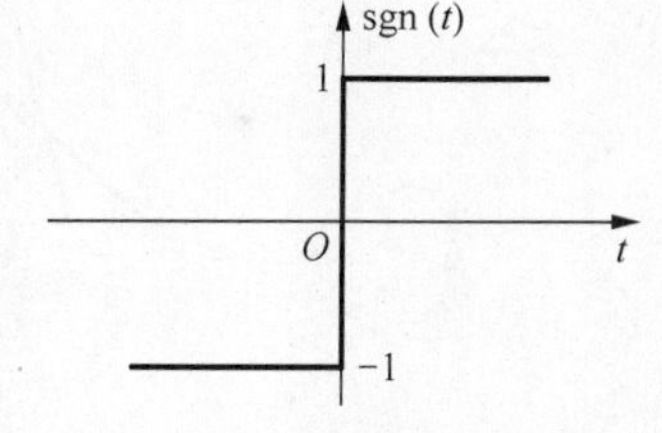

图 1.16　$\mathrm{sgn}(t)$信号波形

与阶跃函数类似，符号函数在跳变点也不予定义。显然，可以利用阶跃信号来表示符号函数

$$\mathrm{sgn}(t)=2u(t)-1 \tag{1.29}$$

8. 单位冲激信号

某些物理现象需要用一个时间极短，但幅值极大的函数模型来描述，例如力学中瞬间作用的冲击力，电学中的雷击电闪，数字通信中的抽样脉冲等。“冲激函数”的概念就是以这类实际问题为背景而引出的。

（1）单位冲激信号定义

冲激函数可用不同的方式来定义。首先分析矩形脉冲如何演变为冲激函数。图 1.17 画出宽为τ，高为$\dfrac{1}{\tau}$的矩形脉冲，当保持矩形脉冲面积$\tau\cdot\dfrac{1}{\tau}=1$不变，而使脉宽$\tau$趋近于零时，脉冲幅度$1/\tau$必趋于无穷大，此极限情况即为单位冲激函数，常记作$\delta(t)$，又称作“$\delta$函数”，即

$$\delta(t)=\lim_{\tau\to 0}\frac{1}{\tau}\left[u\left(t+\frac{\tau}{2}\right)-u\left(t-\frac{\tau}{2}\right)\right] \tag{1.30}$$

冲激函数用箭头表示，如图 1.18 所示。它表明，$\delta(t)$ 只在 $t=0$ 点有一“冲激”，在 $t=0$ 点以外，其函数值均为零。

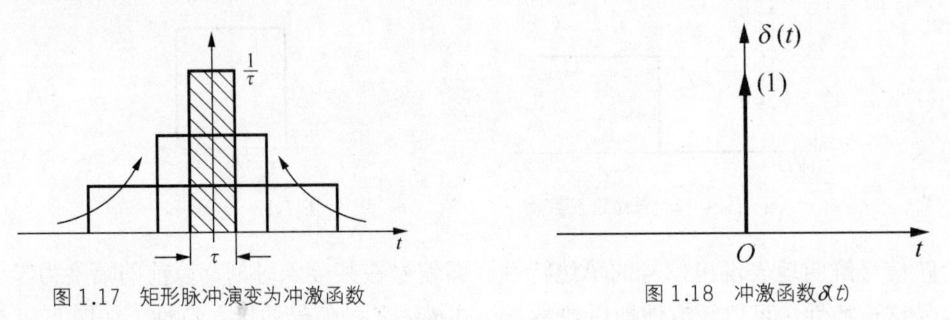

图 1.17 矩形脉冲演变为冲激函数　　图 1.18 冲激函数 $\delta(t)$

如果矩形脉冲的面积不是为 1，而是 E，则表示一个冲激强度为 E 倍单位冲激函数，即 $E\delta(t)$。在用图形表示时，可将此强度 E 以括号注于箭头旁，以与信号的幅值相区分。

以上利用矩形脉冲系列的极限来定义冲激函数（这种极限不同于一般的极限概念，可称为广义极限）。为引出冲激函数，规则函数系列的选取不限于矩形，也可换用其他形式。例如一组底宽为 2τ、高为 $1/\tau$ 的三角形脉冲系列，如图 1.19（a）所示，若保持其面积等于 1，取 $\tau\to 0$ 的极限，同样可定义为冲激函数。此外，还可利用指数函数、钟形函数、抽样函数等，这些函数分别如图 1.19（b）、（c）、（d）所示，它们的表示式分别如下。

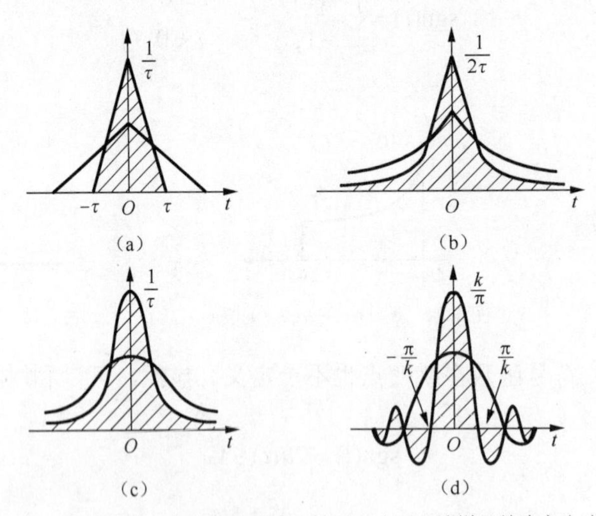

图 1.19 三角形脉冲、双边指数脉冲、钟形脉冲以及抽样函数演变为冲激函数

① 三角形脉冲

$$\delta(t)=\lim_{\tau\to 0}\left\{\frac{1}{\tau}\left(1-\frac{|t|}{\tau}\right)[u(t+\tau)-u(t-\tau)]\right\}$$

② 双边指数脉冲

$$\delta(t)=\lim_{\tau\to 0}\left(\frac{1}{2\tau}\mathrm{e}^{-\frac{|t|}{\tau}}\right)$$

③ 钟形信号（高斯信号）

$$\delta(t)=\lim_{\tau\to 0}\left(\frac{1}{\tau}\mathrm{e}^{-\left(\frac{t}{\tau}\right)^2}\right)$$

④ $Sa(t)$ 信号（抽样信号）

$$\delta(t)=\lim_{k\to\infty}\left[\frac{k}{\pi}Sa(kt)\right]$$

狄拉克（Dirac）给出了冲激函数的另一种定义方式，即

$$\begin{cases}\int_{-\infty}^{\infty}\delta(t)\mathrm{d}t=1\\ \delta(t)=0,\quad t\neq 0\end{cases}\tag{1.31}$$

同样，为描述在任一点 $t=t_0$ 处出现的冲激， $\delta(t-t_0)$ 函数定义如下

$$\begin{cases}\int_{-\infty}^{\infty}\delta(t-t_0)\mathrm{d}t=1\\ \delta(t-t_0)=0,\quad t\neq t_0\end{cases}\tag{1.32}$$

函数波形如图 1.20 所示。

（2）冲激信号的性质

① 筛选特性

如果单位冲激信号 $\delta(t)$ 与一个在 $t=t_0$ 点连续（且处处有界）的信号 $x(t)$ 相乘，则其乘积仅在 $t=t_0$ 处得到 $x(t_0)\delta(t)$ ，其余各点之乘积均为 0，即

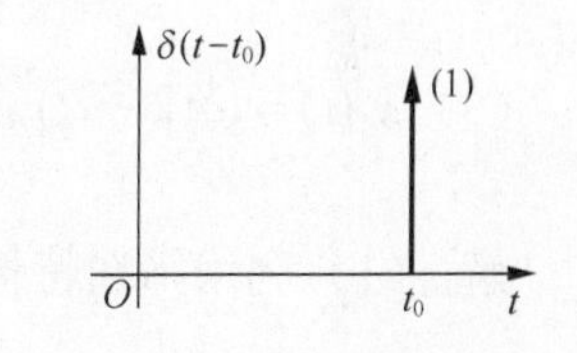

图 1.20 t_0 时刻出现的冲激 $\delta(t-t_0)$

$$x(t)\delta(t-t_0)=x(t_0)\delta(t-t_0)\tag{1.33}$$

② 抽样特性

如果信号 $x(t)$ 在 $t=0$ 处是是连续的普通函数，则有

$$\int_{-\infty}^{\infty}x(t)\delta(t)\mathrm{d}t=\int_{-\infty}^{\infty}x(0)\delta(t)\mathrm{d}t=x(0)\int_{-\infty}^{\infty}\delta(t)\mathrm{d}t=x(0)\tag{1.34}$$

类似地，对于延时 t_0 的单位冲激信号有

$$\int_{-\infty}^{\infty}x(t)\delta(t-t_0)\mathrm{d}t=\int_{-\infty}^{\infty}x(t_0)\delta(t-t_0)\mathrm{d}t=x(t_0)\tag{1.35}$$

③ 展缩特性

$$\delta(at)=\frac{1}{|a|}\delta(t)\text{，}\ a\neq 0\tag{1.36}$$

由展缩特性可得出如下推论。

推论 1 冲激信号是偶函数。取 $a=-1$ 即可得

$$\delta(t)=\delta(-t)\tag{1.37}$$

推论 2

$$\delta(at+b)=\frac{1}{|a|}\delta\left(t+\frac{b}{a}\right),a\neq 0\tag{1.38}$$

④ 冲激信号与阶跃信号的关系

冲激函数的积分等于阶跃函数，即

$$\begin{cases} \int_{-\infty}^{t} \delta(\tau)\mathrm{d}\tau = 1, & t>0 \\ \int_{-\infty}^{t} \delta(\tau)\mathrm{d}\tau = 0, & t<0 \end{cases} \tag{1.39}$$

将上式与$u(t)$的定义式进行比较，可得

$$\int_{-\infty}^{t} \delta(\tau)\mathrm{d}\tau = u(t) \tag{1.40}$$

反过来，阶跃函数的微分应等于冲激函数，即

$$\frac{\mathrm{d}}{\mathrm{d}t}u(t) = \delta(t) \tag{1.41}$$

可见，引入冲激函数后，间断点的导数也存在。原因在于，阶跃函数在除$t=0$以外的各点都取固定值，其变化率都等于零，而在$t=0$有不连续点，跳变值为1，对其求导后，即产生强度为 1 的单位冲激信号$\delta(t)$。这一结论适用于任意信号，即对信号求导时，信号在不连续点的导数为冲激信号或延时冲激信号，冲激信号的强度就是不连续点的跳变值。

例 1.3 利用冲激信号的性质计算下列各式。

（1）$x_1(t)=\sin(t)\delta(t-\frac{\pi}{2})$；（2）$x_2(t)=\int_{-4}^{3}\mathrm{e}^{-2t}\delta(t-6)\mathrm{d}t$；

（3）$x_3(t)=t\delta(2-2t)$；（4）$x_4(t)=\int_{-\infty}^{\infty}\delta\left(t-\frac{1}{4}\right)\sin(\pi t)\mathrm{d}t$。

解：（1）利用筛选特性，有 $x_1(t)=\sin(t)\delta\left(t-\frac{\pi}{2}\right)=\sin\left(\frac{\pi}{2}\right)\delta\left(t-\frac{\pi}{2}\right)=\delta\left(t-\frac{\pi}{2}\right)$

（2）利用筛选特性，有$x_2(t)=\int_{-4}^{3}\mathrm{e}^{-2t}\delta(t-6)\mathrm{d}t=\mathrm{e}^{-12}\int_{-4}^{3}\delta(t-6)\mathrm{d}t=0$

由于冲激信号$\delta(t-6)$在$t\neq 6$是为 0，故其在区间上的积分为 0。

（3）利用展缩和筛选特性，有$x_3(t)=\frac{1}{|-2|}t\delta(t-1)=\frac{1}{2}\delta(t-1)$

（4）利用抽样特性，有

$$x_4(t)=\int_{-\infty}^{\infty}\delta\left(t-\frac{1}{4}\right)\sin(\pi t)\mathrm{d}t=\sin(\pi t)\Big|_{t=\frac{1}{4}}=\sin\frac{\pi}{4}=\frac{\sqrt{2}}{2}$$

从以上例题可知，在冲激信号的抽样特性中，其积分区间不一定都是$(-\infty,+\infty)$，但只要积分区间不包括冲激信号$\delta(t-t_0)$在$t=t_0$时刻，则积分结果为 0。此外，对于$\delta(at+b)$形式的冲激信号，要先利用冲激信号的展缩特性将其化成$\frac{1}{|a|}\delta\left(t+\frac{b}{a}\right)$的形式后，才可利用冲激信号的抽样特性和筛选特性。

9. 冲激偶信号

（1）冲激偶信号的定义

对上面的单位冲激信号$\delta(t)$逐次求时间导数，可得到一系列新的奇异信号，称为高阶冲激信号，即$\delta^{(n)}(t)=\frac{\mathrm{d}^n}{\mathrm{d}t^n}\delta(t)$。当$n=1$时的冲激信号$\delta'(t)$即为冲激偶信号。

$\delta'(t)$的概念可以借助三角形脉冲系列取极限得到解释。如图 1.21 所示，三角形脉冲$s(t)$其底宽为2τ，高度是$1/\tau$，当$\tau\to 0$时，$s(t)$成为单位冲激函数$\delta(t)$。在图 1.21（c）中画出了$\frac{\mathrm{d}s(t)}{\mathrm{d}t}$

波形，它是正、负极性的两个矩形脉冲，称为脉冲偶对。其宽度都为τ，高度分别为$\pm 1/\tau^2$，面积都是$\dfrac{1}{\tau}$。随着τ减小，脉冲宽度变窄，幅度增高，面积为$\dfrac{1}{\tau}$。当$\tau \to 0$时$\dfrac{\mathrm{d}s(t)}{\mathrm{d}t}$是正、负极性的两个冲激函数，其强度均为无限大，如图1.21（d）所示，这就是冲激偶$\delta'(t)$。

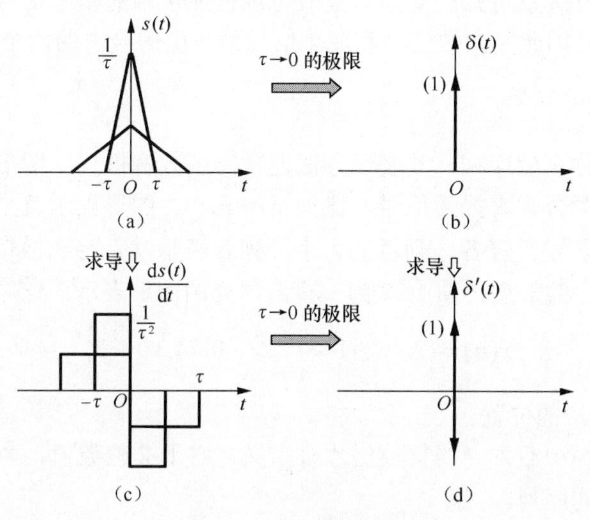

图 1.21 冲激偶的形成

（2）冲激偶信号的性质

① 筛选特性

$$x(t)\delta'(t-t_0) = -x'(t_0)\delta(t-t_0) + x(t_0)\delta'(t-t_0) \tag{1.42}$$

式中$x'(t_0)$为$x(t)$在点t_0的导数值。

② 抽样特性

$$\int_{-\infty}^{\infty} \delta'(t)x(t)\mathrm{d}t = -x'(0) \tag{1.43}$$

这里，$x'(t)$在0点连续，$x'(t)$为$x(t)$导数在零点的取值。

证明： $\int_{-\infty}^{\infty} \delta'(t)x(t)\mathrm{d}t = x(t)\delta(t)\big|_{-\infty}^{\infty} - \int_{-\infty}^{\infty} x'(t)\delta(t)\mathrm{d}t = -x'(0)$

对于延时t_0的冲激偶$d(t-t_0)$，同样有

$$\int_{-\infty}^{\infty} x(t)\delta'(t-t_0)\mathrm{d}t = -x'(t_0) \tag{1.44}$$

③ 展缩特性

对式（1.38）两边求导，得

$$\delta'(at+b) = \frac{1}{a|a|}\delta'\left(t+\frac{b}{a}\right) \tag{1.45}$$

由展缩特性，当$a=-1$，$b=0$时，有

$$\delta(-t) = -\delta(t) \tag{1.46}$$

即$\delta'(t)$是奇函数，其所包含的面积等于零，这是因为正、负两个冲激的面积相互抵消了。于是有

$$\int_{-\infty}^{\infty} \delta'(\tau)\mathrm{d}\tau = 0 \tag{1.47}$$

④ 冲激偶信号与冲激信号的关系

$$\delta'(t)=\frac{\mathrm{d}}{\mathrm{d}t}\delta(t) \tag{1.48}$$

$$\int_{-\infty}^{t}\delta'(\tau)\mathrm{d}\tau=\delta(t) \tag{1.49}$$

由典型信号的相互关系可知，复指数信号可以描述常用的基本信号，由单位冲激信号可以得到各种奇异信号，因此复指数信号和冲激信号是典型信号中的两个核心信号。

1.3.2 离散时间信号

离散时间信号也称离散序列，其表示方法通常有函数解析式、图形和列表等三种。函数解析式表示就是用数学公式来描述信号，比如 $x(n)=a^n$ 。图形表示就是用图形（即波形）来表示信号，以线段的长短代表各序列值的大小。列表表示就是将离散信号 $x(n)$ 按 n 增长的方式罗列出来的一列有序的数列。图 1.22 为一离散序列的图形表示，该序列的列表表示为

$$x(n)=\left\{2.1 \quad -1 \quad \underset{\uparrow}{1} \quad 2 \quad 0 \quad 4.3 \quad -2\right\}$$

序列的↑表示 $n=0$ 对应的位置。

需要注意的是，$x(n)$ 仅对 n 的整数值才有定义，对于非整数值，$x(n)$ 没有定义。下面介绍一些典型的离散时间序列。

1. 单位样值序列

单位样值序列又称为单位冲激序列、也称单位取样序列、单位脉冲序列，定义为

$$\delta(n)=\begin{cases}1 & n=0\\0 & n\neq 0\end{cases} \tag{1.50}$$

单位样值序列 $\delta(n)$ 在离散时间系统中的作用，类似于连续时间系统中的单位冲激函数 $\delta(t)$，但两者有区别。$\delta(n)$ 在 $n=0$ 时有确定值 1，而 $\delta(t)$ 在 $t=0$ 是取值为无穷大。单位样值序列和有移位的单位样值序列分别如图 1.23 所示。

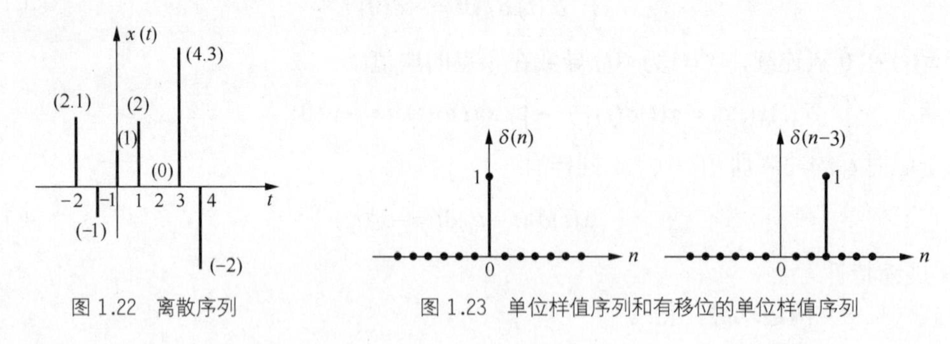

图 1.22 离散序列　　图 1.23 单位样值序列和有移位的单位样值序列

任意序列都可由单位样值序列及有移位的单位样值序列的线性加权和表示，即

$$x(n)=\sum_{k=-\infty}^{\infty}x(k)\delta(n-k)$$

图 1.22 所示的离散序列可以表示为

$$x(n)=2.1\delta(n+2)-\delta(n+1)+\delta(n)+2\delta(n-1)+4.3\delta(n-3)-2\delta(n-4)$$

2. 单位阶跃序列

单位阶跃序列 $u(n)$ 定义为

$$u(n)=\begin{cases}1 & n\geqslant 0\\ 0 & n<0\end{cases} \tag{1.51}$$

需要注意的是，$u(n)$在$n=0$时有确定值1，这与$u(t)$在$t=0$时无定义有明确区别。单位阶跃序列和有移位的单位阶跃序列分别如图1.24所示。

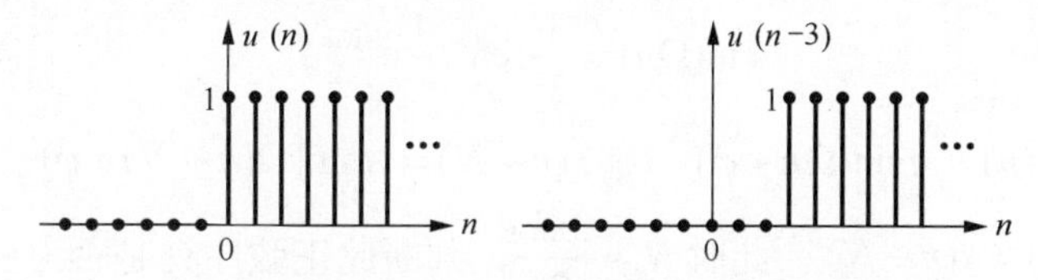

图1.24 单位阶跃序列和有移位的单位阶跃序列

单位样值序列与单位阶跃序列的关系如下

$$\delta(n)=u(n)-u(n-1) \tag{1.52}$$

$$u(n)=\sum_{k=0}^{+\infty}\delta(n-k)=\sum_{k=-\infty}^{n}\delta(k) \tag{1.53}$$

3. 矩形序列

矩形序列用符号$R_N(n)$表示，定义为

$$R_N(n)=\begin{cases}1, & 0\geqslant n\geqslant N-1\\ 0, & 其他n\end{cases} \tag{1.54}$$

矩形序列和有移位的矩形序列分别如图1.25所示。

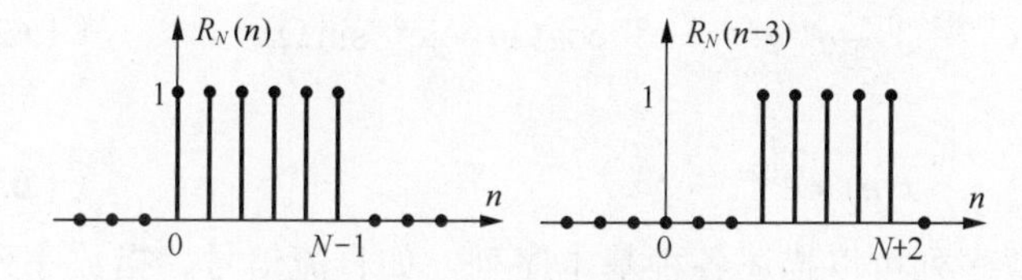

图1.25 矩形序列和移位的矩形序列图

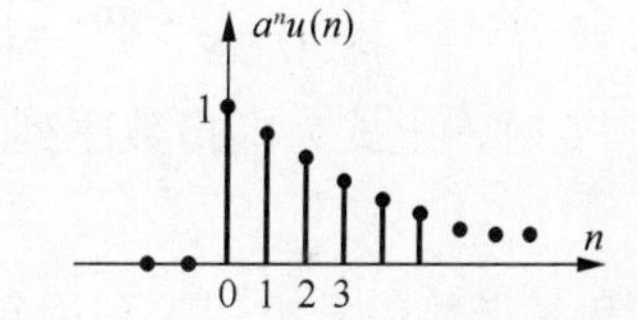

图1.26 $0<a<1$时，$a^n u(n)$的图形

矩形序列可用单位阶跃序列来表示

$$R_N(n)=u(n)-u(n-N) \tag{1.55}$$

4. 实指数序列

实指数序列可表示为

$$x(n)=a^n u(n)=\begin{cases}a^n, & 0\leqslant n<\infty\\ 0, & n<0\end{cases} \tag{1.56}$$

式中，a为实数。若$|a|>1$，则信号幅度随指数n增加，序列是发散的；若$|a|<1$，信号幅度随指数n衰减，序列是收敛的。$a>0$是序列都取正值，$a<0$是序列在正负值之间摆动。图1.26表示$0<a<1$时，$a^n u(n)$的图形。

5. 正弦序列和虚指数序列

正弦序列和虚指数序列分别定义为

$$x(n)=A\sin(\Omega n+\varphi) \tag{1.57}$$

$$x(n)=\mathrm{e}^{\mathrm{j}\Omega n} \tag{1.58}$$

式中，Ω 为数字域角频率，单位为弧度。通常把模拟信号中的角频率记为 ω，而正弦序列是由模拟正弦信号经取样后得到的。即 $\Omega = T\omega = 2\pi f / f_s$，其中，$T$ 为取样周期；f_s 为取样频率。

利用欧拉公式可以将正弦序列和虚指数序列联系起来，即

$$\mathrm{e}^{\mathrm{j}\Omega n} = \cos(\Omega n) + \mathrm{j}\sin(\Omega n) \tag{1.59}$$

$$\sin(\Omega n) = \frac{1}{2\mathrm{j}}(\mathrm{e}^{\mathrm{j}\Omega n} - \mathrm{e}^{-\mathrm{j}\Omega n}) \tag{1.60}$$

设正弦序列为 $x(n) = A\sin(\Omega n + \varphi)$，则 $x(n+N) = A\sin[\Omega(n+N)+\varphi]$。若满足 $N\Omega = 2k\pi$，（k 为整数），有 $x(n) = x(n+N)$，此时 $N = \frac{2\pi k}{\Omega}$，判断此正弦序列是否为周期序列，有以下 3 种情况。

（1）当 $\frac{2\pi}{\Omega}$ 为整数时，正弦序列为周期序列，且最小周期 $\frac{2\pi}{\Omega}$；

（2）当 $\frac{2\pi}{\Omega}$ 为有理数时，正弦序列为周期序列，且周期大于 $\frac{2\pi}{\Omega}$；

（3）当 $\frac{2\pi}{\Omega}$ 为无理数时，则任何整数 k 都不能使 N 为整数，这时正弦序列不是周期序列。

6. 复指数序列

复指数序列定义为

$$x(n) = \mathrm{e}^{(\sigma+\mathrm{j}\Omega)n} \tag{1.61}$$

式（1.61）可进一步写为

$$x(n) = \mathrm{e}^{(\sigma+\mathrm{j}\Omega)n} = |x(n)|\mathrm{e}^{\mathrm{j}\arg[x(n)]} = \mathrm{e}^{\sigma n}\mathrm{e}^{\mathrm{j}\Omega n} = \mathrm{e}^{\sigma n}\cos\Omega n + \mathrm{j}\mathrm{e}^{\sigma n}\sin\Omega n \tag{1.62}$$

当 $\sigma = 0$ 时，上式为虚指数序列

$$x(n) = \mathrm{e}^{\mathrm{j}\Omega n} \tag{1.63}$$

和复指数信号类似，利用复指数序列可以描述各种基本序列，如直流信号、指数序列、正弦或余弦序列等。

1.4 信号的基本运算

1.4.1 连续时间信号的基本运算

在信号的传输与处理过程中往往需要进行信号的运算，包括信号的移位（时移）、反褶、展缩、微分、积分以及信号的相加或相乘等。某些物理器件可直接实现这些运算功能。

1. 相加和相乘

信号的相加是指两个或多个信号在相同时刻的取值相加，即

$$x(t) = x_1(t) + x_2(t) + \cdots + x_n(t) \tag{1.64}$$

信号的相乘是指两个或多个信号在相同时刻的取值相乘，即

$$x(t) = x_1(t)\cdot x_2(t)\cdots x_n(t) \tag{1.65}$$

如 $x_1(t) = \sin(\omega t)$，$x_2(t) = \sin(8\omega t)$，两信号相加和相乘的表达式分别为

$$x_1(t) + x_2(t) = \sin(\omega t) + \sin(8\omega t)$$

$$x_1(t)\cdot x_2(t)=\sin(\omega t)\cdot\sin(8\omega t)$$

相加和相乘的波形分别如图 1.27 和图 1.28 所示。需要指出的是，在通信系统的调制、解调等过程中经常将两信号相乘。

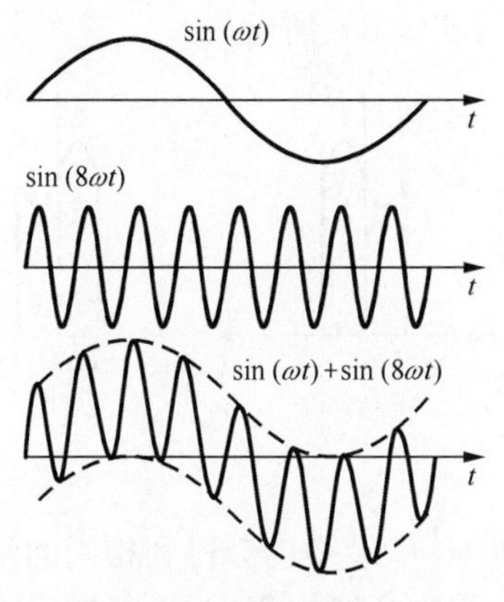

图 1.27　两信号相加

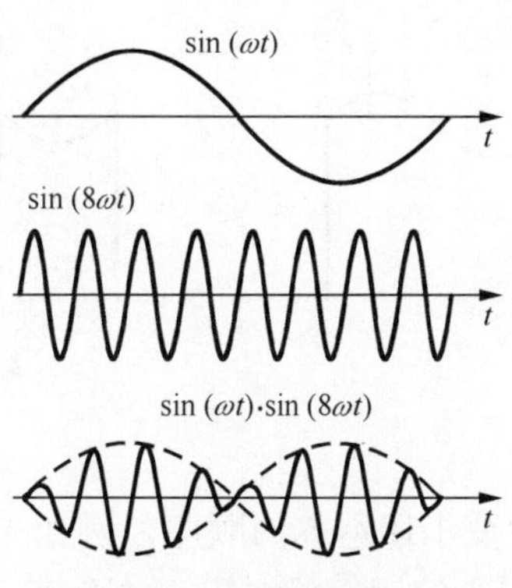

图 1.28　两信号相乘

2. 时移、反褶与展缩

若 $x(t)$ 表达式的自变量 t 更换为 $(t-t_1)$（t_1 为正或负实数），则 $x(t-t_1)$ 相当于 $x(t)$ 波形在 t 轴上的整体移动，当 $t_1>0$ 时波形右移，当 $t_1<0$ 时波形左移，如图 1.29 所示。

在雷达、声纳以及地震信号检测等问题中容易找到信号时移现象的实例。如果发射信号经同种介质传送到不同距离的接收机时，各接收信号相当于发射信号的移位，并具有不同的 t_0 值（同时有衰减）。在通信系统中，长距离传输电话信号时，可能听到回波，这是幅度衰减的话音延时信号。

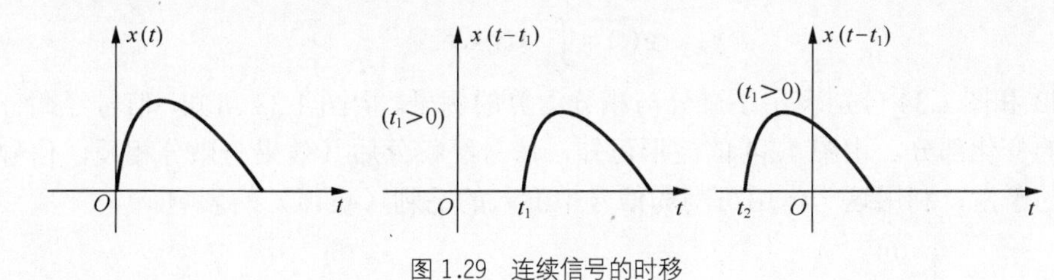

图 1.29　连续信号的时移

信号反褶是将 $x(t)$ 的自变量 t 更换为 $-t$，此时 $x(-t)$ 的波形相当于将 $x(t)$ 以 $t=0$ 为轴翻转过来，如图 1.30 所示。

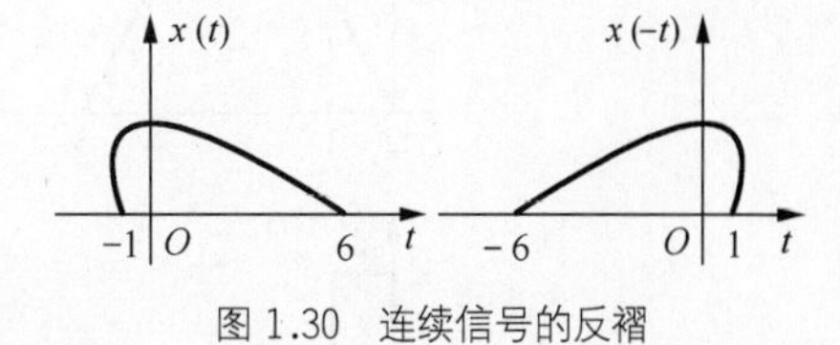

图 1.30　连续信号的反褶

如果将信号 $x(t)$ 的自变量 t 乘以正实系数 a，则信号 $x(at)$ 的波形将是 $x(t)$ 波形的压缩 $(a>1)$ 或扩展 $(a<1)$，这种运算称为时间轴的展缩，也称为尺度倍乘或尺度变换，如图 1.31 所示。

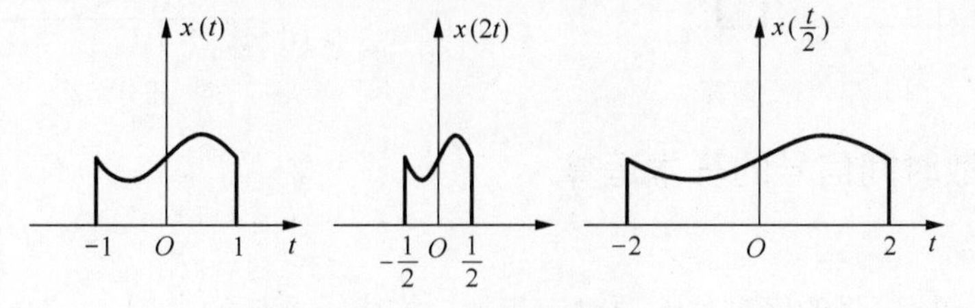

图 1.31　连续信号的展缩

例 1.4 已知连续信号 $x(t)$ 的波形如图 1.32（a）所示，试画出 $x(-3t-2)$ 的波形。

解：（1）首先将 $x(t)$ 右移 2，可得 $x(t-2)$ 的波形如图 1.32（b）所示；

（2）将 $x(t-2)$ 压缩至 $1/3$，可得 $x(3t-2)$ 的波形如图 1.32（c）所示；

（3）将 $x(3t-2)$ 反褶，可得 $x(-3t-2)$ 的波形如图 1.32（d）所示。

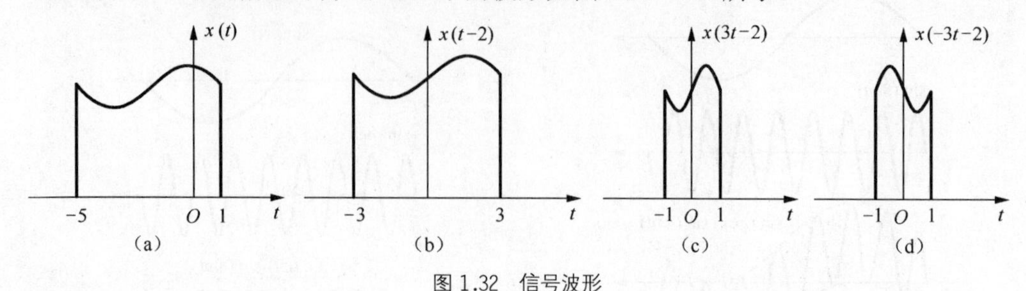

图 1.32 信号波形

如果改变上述运算的顺序，例如先求 $x(3t)$ 或先求 $x(-t)$ 最终也会得到相同的结果，但是需要注意所有的运算都是针对 t 而言。具体而言，先将 $x(t)$ 展缩得 $x(3t)$，然后右移 $2/3$ 得 $x(3t-2)$，最后将 $x(3t-2)$ 反褶，可得 $x(-3t-2)$ 的波形；或者先将 $x(t)$ 反褶得 $x(-t)$，然后缩至 $1/3$ 得 $x(-3t)$，最后将 $x(-3t)$ 左移 $2/3$，可得 $x(-3t-2)$ 的波形。读者可以自行绘图验证。

3. 微分和积分

信号 $x(t)$ 的微分运算是指将 $x(t)$ 对 t 取导数，即

$$x'(t)=\frac{\mathrm{d}x(t)}{\mathrm{d}t} \tag{1.66}$$

信号 $x(t)$ 的积分运算指 $x(t)$ 在 $(-\infty,t)$ 区间内的定积分，即

$$g(t)=\int_{-\infty}^{t}x(\tau)\mathrm{d}\tau \tag{1.67}$$

图 1.33 和图 1.34 分别表示了微分与积分运算的例子。由图 1.33 可知，信号经微分后突出显示了它的变化部分。由图 1.34 的波形可知，信号经积分后其效果与微分相反，信号的突变部分可变的平滑，利用这一作用可削弱信号中混入的毛刺（噪声）的影响。

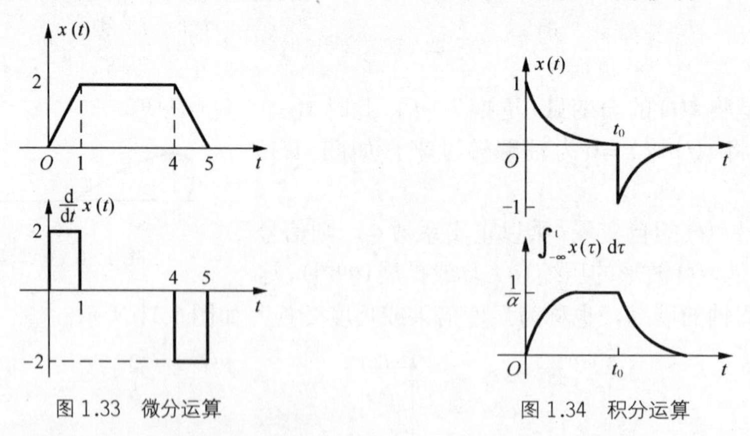

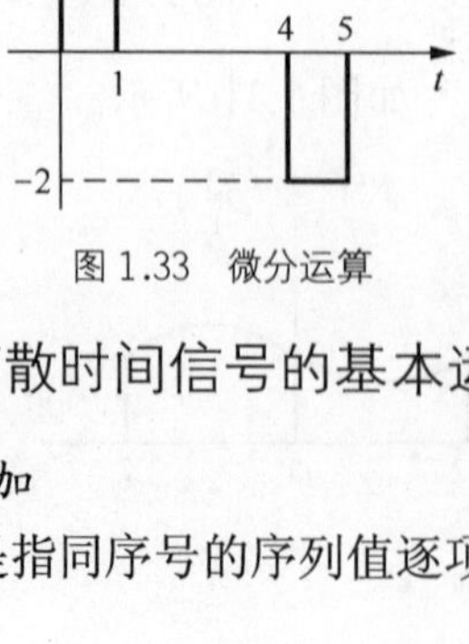

图 1.33 微分运算

图 1.34 积分运算

1.4.2 离散时间信号的基本运算

1. 序列相加

序列相加是指同序号的序列值逐项对应相加，构成一个新的序列。

设有 $x_1 = x_1(n)$ 和 $x_2 = x_2(n)$ 两个序列，则

$$x_2 + x_1 = \{x_1(n) + x_2(n)\} \tag{1.68}$$

2. 序列相乘

序列相乘是指同序号的序列值逐项对应相乘，构成一个新的序列。

设有 $x_1 = x_1(n)$ 和 $x_2 = x_2(n)$ 两个序列，a 为标量，则

$$x_2 \cdot x_1 = \{x_1(n) \cdot x_2(n)\} \tag{1.69}$$

$$a \cdot x_1 = \{a \cdot x_1(n)\} \tag{1.70}$$

3. 序列移位

序列移位是指原序列逐项依次移动。当 $n_0 > 0$，信号 $x(n-n_0)$ 是将 $x(n)$ 序列沿着正 n 轴平移 n_0 个单位，称为 $x(n)$ 的延迟序列；当 $n_0 < 0$，信号 $x(n-n_0)$ 是将 $x(n)$ 序列沿着负 n 轴平移 n_0 个单位，称为 $x(n)$ 的超前序列，如图 1.35 所示。

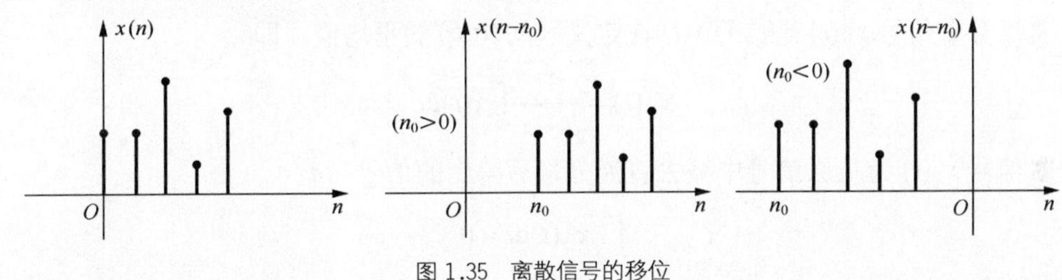

图 1.35　离散信号的移位

4. 序列展缩

序列的展缩是将原离散序列样本个数减少或增加的运算，分别称为抽取和内插。当 $|m|>1$ 时，$x(mn)$ 是 $x(n)$ 序列每隔 $|m|-1$ 点取一点，相当于时间轴 n 压缩了 $|m|$ 倍，简称抽取；当 $|m|<1$ 时，$x(mn)$ 是 $x(n)$ 序列每两点之间插入 $1/|m|-1$ 个 0，相当于时间轴 n 扩展了 $|m|$ 倍，简称内插；当 $m=-1$ 时，$x(-n)$ 是 $x(n)$ 序列绕纵轴反转 $180°$，简称 $x(n)$ 的反转序列。

序列通常不作展缩。这是因为 $x(mn)$ 只有 mn 为整数时才有定义，而当 $|m|>1$ 或当 $|m|<1$，且当 m 不等于 $1/a$（a 为整数）时，通常会丢失原信号 $x(n)$ 的部分信息。

例 1.5　已知序列 $x(n)$ 如图 1.36（a）所示，试画出 $x(-2n+2)$ 的序列。

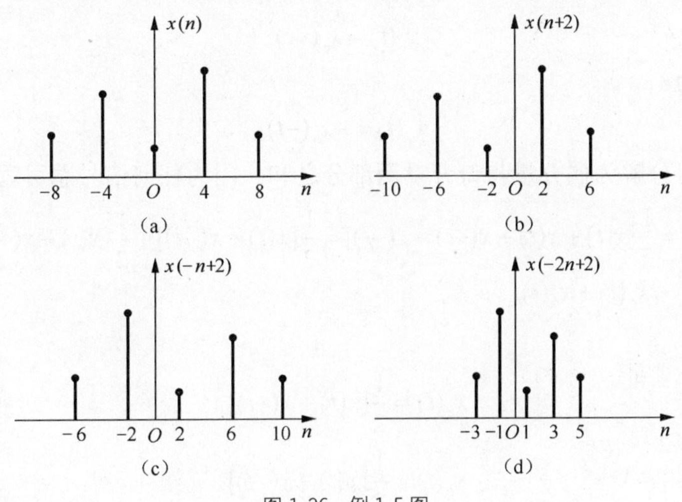

图 1.36　例 1.5 图

解：（1）将$x(n)$移位，左移2得$x(n+2)$波形，如图1.36（b）所示。

（2）将$x(n+2)$反褶，得$x(-n+2)$波形，如图1.36（c）所示。

（3）将$x(-n+2)$作展缩，每隔1点抽取1点得$x(-2n+2)$波形，如图1.36（d）所示。

1.5 信号的分解

为便于研究信号传输与信号处理的问题，往往将一些信号分解为简单（基本）信号分量之和。信号可以从不同角度分解。

1.5.1 直流分量与交流分量

对于任一连续信号$x(t)$，总可分解为直流分量信号x_D与交流分量信号$x_A(t)$之和，即

$$x(t)=x_D(t)+x_A(t) \tag{1.71}$$

式中，直流分量信号$x_D(t)$是信号$x(t)$在定义区间(a,b)的平均值，即

$$x_D(t)=\frac{1}{b-a}\int_a^b x(t)\mathrm{d}t$$

交流分量信号$x_A(t)$为从原信号中减去直流分量后得到的信号，有

$$\int_{-\infty}^{\infty} x_D(t)\mathrm{d}t=0$$

对于离散时间信号也有同样的结论，即

$$x(n)=x_D(n)+x_A(n) \tag{1.72}$$

式中$x_D(n)$表示离散时间信号的直流分量，$x_A(n)$表示离散时间信号的交流分量，且有

$$x_D(n)=\frac{1}{N_2-N_1+1}\sum_{n=N_1}^{N_2} x(n)$$

其中(N_1,N_2)为信号的定义区间。

1.5.2 偶分量与奇分量

偶分量定义为

$$x_{\mathrm{e}}(t)=x_{\mathrm{e}}(-t) \tag{1.73}$$

奇分量定义为

$$x_{\mathrm{o}}(t)=-x_{\mathrm{o}}(-t) \tag{1.74}$$

任何信号都可分解为偶分量与奇分量两部分之和。因为任何信号总可写成

$$\begin{aligned}x(t)&=\frac{1}{2}[x(t)+x(t)+x(-t)-x(-t)]=\frac{1}{2}[x(t)+x(-t)]+\frac{1}{2}[x(t)-x(-t)]\\&=x_{\mathrm{e}}(t)+x_{\mathrm{o}}(t)\end{aligned} \tag{1.75}$$

因此

$$x_{\mathrm{e}}(t)=\frac{1}{2}[x(t)+x(-t)] \tag{1.76}$$

$$x_{\mathrm{o}}(t)=\frac{1}{2}[x(t)-x(-t)] \tag{1.77}$$

可以证明，信号的平均功率等于它的偶分量功率与奇分量功率之和。

同样，离散序列可分解为偶分量与奇分量两部分之和，有

$$x(n)=x_{\mathrm{e}}(n)+x_{\mathrm{o}}(n) \tag{1.78}$$

即

$$x_{\mathrm{e}}(n)=\frac{1}{2}[x(n)+x(-n)] \tag{1.79}$$

$$x_{\mathrm{o}}(n)=\frac{1}{2}[x(n)-x(-n)] \tag{1.80}$$

1.5.3　脉冲分量线性组合

一个信号可近似分解为许多脉冲分量之和。按照脉冲分量的不同，可以分为两种情况。一是分解为矩形窄脉冲分量，如图 1.37（a）所示，窄脉冲组合的极限情况就是冲激信号的叠加。另一种情况是分解为阶跃信号分量的叠加，见图 1.37（b）。后一种分解方式目前已很少使用，这里就不做介绍。

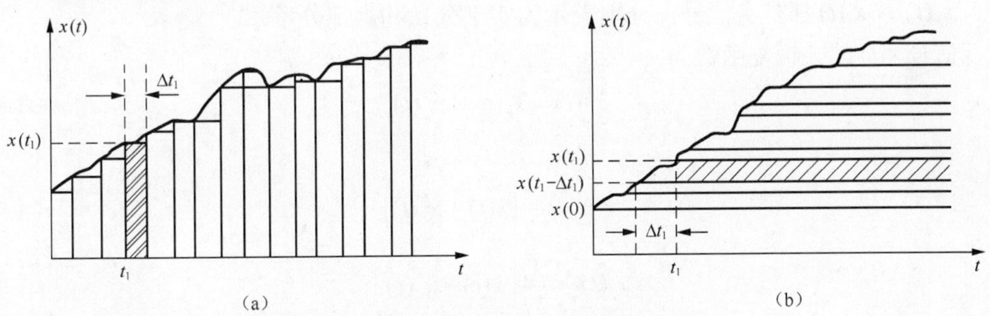

图 1.37　信号分解为脉冲分量之叠加

按图 1.37（a）的分解方式，将函数 $x(t)$ 近似分解为窄脉冲信号的叠加，设在 t_1 时刻被分解的矩形脉冲高度为 $x(t_1)$，宽度为 Δt_1，于是此窄脉冲的表示式为

$$x(t_1)[u(t-t_1)-u(t-t_1-\Delta t_1)] \tag{1.81}$$

从 $t_1=-\infty$ 到 ∞ 将许多这样的矩形脉冲单元叠加，即得 $x(t)$ 的近似表示式为

$$x(t)\approx\sum_{t_1=-\infty}^{\infty}x(t_1)[u(t-t_1)-u(t-t_1-\Delta t_1)]=\sum_{t_1=-\infty}^{\infty}\frac{x(t_1)[u(t-t_1)-u(t-t_1-\Delta t_1)]}{\Delta t_1}\cdot\Delta t_1 \tag{1.82}$$

当 $\Delta t_1\to 0$，Δt_1 可看作 $\mathrm{d}t_1$，和符号可看成积分号，可以得到

$$\begin{aligned}x(t)&=\lim_{\Delta t_1\to 0}\sum_{t_1=-\infty}^{\infty}x(t_1)\frac{[u(t-t_1)-u(t-t_1-\Delta t_1)]}{\Delta t_1}\cdot\Delta t_1=\lim_{\Delta t_1\to 0}\sum_{t_1=-\infty}^{\infty}x(t_1)\delta(t-t_1)\Delta t_1\\&=\int_{-\infty}^{\infty}x(t_1)\delta(t-t_1)\mathrm{d}t_1\end{aligned} \tag{1.83}$$

上式表明，任意连续时间信号 $x(t)$ 都可以分解为冲激信号 $\delta(t)$ 的叠加。这是连续时间系统时域分析的基础。

若将式（1.83）中的变量 t_1 改为 t 表示。而将所观察时刻 t 以 t_0 表示，则式（1.83）改写为

$$x(t_0)=\int_{-\infty}^{\infty}x(t)\delta(t_0-t)\mathrm{d}t \tag{1.84}$$

注意到冲激函数是偶函数，$\delta(\tau)=\delta(-\tau)$，将 $\delta(t_0-t)$ 用 $\delta(t-t_0)$ 代换，于是有

$$x(t_0)=\int_{-\infty}^{\infty}x(t)\delta(t-t_0)\mathrm{d}t \tag{1.85}$$

此结果与冲激函数的抽样特性一致。

同样对于任意离散序列 $x(n)$，可以用其单位样值序列及有移位的单位样值序列加权和表示，即

$$\begin{aligned}x(n)&=\cdots+x(-1)\delta(n+1)+x(0)\delta(n)+x(1)\delta(n-1)+\cdots x(k)\delta(n-k)+\cdots\\&=\sum_{k=-\infty}^{\infty}x(k)\delta(n-k)\end{aligned} \tag{1.86}$$

上式表明，任意离散时间序列都可以分解为单位样值序列的线性组合，这是一个非常重要的结论，是离散时间系统时域分析的基础。

1.5.4 实部分量与虚部分量

任意复信号 $x(t)$ 可分解为实、虚两个部分之和，即

$$x(t)=x_r(t)+\mathrm{j}x_i(t) \tag{1.87}$$

式中，$x_r(t)$，$x_i(t)$ 都是实信号，分别表示为实部分量和虚部分量。

复信号 $x(t)$ 的共轭复函数为

$$x^*(t)=x_r(t)-\mathrm{j}x_i(t) \tag{1.88}$$

则

$$x_r(t)=\frac{1}{2}[x(t)+x^*(t)] \tag{1.89}$$

$$x_i(t)=\frac{1}{2j}\left[x(t)-x^*(t)\right] \tag{1.90}$$

还可利用 $x(t)$ 与 $x^*(t)$ 来求 $|x(t)|^2$

$$|x(t)|^2=x(t)x^*(t)=x_r^2(t)+x_i^2(t) \tag{1.91}$$

离散时间复序列也可分解为实部分量与虚部分量，只需将上式中连续时间变量 t 换成离散时间变量 n 即可。

信号除了上述分解方式外，还可以分解为正交信号集。这是很重要的一部分内容，将会在第 4 章专门论述。

1.6 系统的概念

信号的产生、传输和处理需要一定的物理装置，这样的物理装置常称为系统。一般而言，系统是指若干相互关联的事物组合而成具有特定功能的整体。如手机、电视机、通信网、计算机网、软件等都可以看成系统。它们所传送的语音、音乐、图像、文字等都可以看成信号。信号的概念与系统的概念常常紧密地联系在一起。在各种系统中，电系统具有特殊的重要作用。而大多数的非电系统可以用电系统来模拟或仿真。

1.6.1 系统的定义

信号处理的目的之一是要把信号变换成人们所需要的某种形式。因此，系统可定义为将

输入 $x(t)$ 或 $x(n)$ 映射成输出 $y(t)$ 或 $y(n)$ 的唯一变换或运算，并用表示 $T[\bullet]$，即

$$y(t)=T\left[x(t)\right] \tag{1.92}$$

$$y(n)=T\left[x(n)\right] \tag{1.93}$$

式（1.92）表示的是连续时间系统，式（1.93）表示的是离散时间系统。图 1.38 是系统的图形表示。

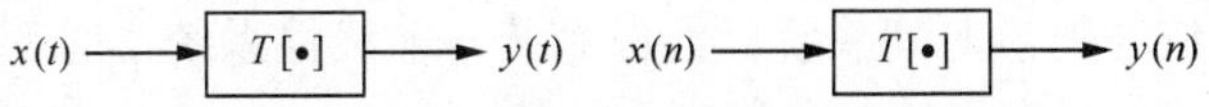

$x(t)$ → $T[\bullet]$ → $y(t)$　　$x(n)$ → $T[\bullet]$ → $y(n)$

图 1.38　连续/离散系统的示意图

应当注意的是，一个有用的系统应当是一个对信号产生唯一变换的系统。对变换施加不同的约束条件，可定义出不同种类的系统。

1.6.2　系统的描述

要分析一个系统，首先要建立描述该系统基本特性的数学模型，然后用数学方法进行求解，并对所得结果做出物理解释、赋予物理意义。

在建立系统数学模型方面，主要有输入输出描述法和状态空间描述法。输入输出描述法，主要是建立系统的输出信号与输入信号的关系，并不关心系统内部信号的情况。这种分析方法建立的数学模型直观且简单，比较适合单输入单输出系统。状态空间描述法，主要是将系统全部的独立变量看作状态变量，由这些状态变量构成一阶微分方程组来描述系统。这种方法除了可以描述输入与输出之间的关系，还可以描述系统内部的状态，即可用于单输入单输出的系统，又可用于多输入多输出的系统，特别适合于计算机分析，是近代发展的一种系统规范化方法。本书主要介绍输入输出描述法。就描述系统的数学表达式而言，连续时间系统一般采用微分方程来表示，离散时间系统一般采用差分方程来描述。例如，由电阻器，电容器和线圈组合而成的串联回路，若 R 代表电阻器的阻值，C 代表电容器的容量，L 代表线圈的电感量。当激励信号是电压源 $e(t)$ 时，欲求解电流 $i(t)$，由元件的理想特性与 KVL 可以建立描述该系统的微分方程式

$$LC\frac{\mathrm{d}^2 i(t)}{\mathrm{d}t^2}+RC\frac{\mathrm{d}i(t)}{\mathrm{d}t}+i(t)=C\frac{\mathrm{d}e(t)}{\mathrm{d}t} \tag{1.94}$$

这就是电阻器、电容器与线圈串联组合而成的系统的数学模型。

系统模型的建立是有一定条件的。对于同一物理系统，在不同条件之下，可以得到不同形式的数学模型，而且只能得到近似的模型。例如，式（1.94）对应的电路只是工作频率较低、线圈和电容器损耗相对很小情况下的近似。如果考虑电路中的寄生参量，如分布电容、引线电感和损耗，且工作频率较高，则系统模型将变得十分复杂，式（1.94）就不再适用。

另一方面，对于不同的物理系统，经过抽象和近似，有可能得到形式上完全相同的数学模型。既使对于理想元件组成的系统，在不同电路结构情况下，其数学模型也有可能一致。例如，根据网络对偶理论可知，一个 G（电导）、C（电容），L（电感）组成的并联回路，在电流源激励下求其端电压的微分方程将与式（1.94）形式相同。此外，还能够找到对应的机械系统，其数学模型与式（1.94）也完全相同。因此，同一数学模型可以描述物理外貌截然不同的系统。

除利用数学表达式描述系统模型之外，也可借助方框图表示系统模型。每个方框图反映

某种数学运算功能，对应不同的数学运算可以构成各种类型的框图，若干个方框组成一个完整的系统。利用线性微分方程或差分方程基本运算单元给出系统框图方法也称为系统仿真（或模拟）。

1.6.3 系统的分类

系统的分类错综复杂，主要根据其数学模型的差异和基本特性来划分成不同的类型。系统可分为连续时间系统与离散时间系统；线性系统与非线性系统；时变系统与时不变系统；因果系统与非因果系统；稳定系统与非稳定系统等。

1. 连续时间系统与离散时间系统

若系统的输入和输出都是连续时间信号，且其内部也未转换为离散时间信号，则称此系统为连续时间系统。若系统的输入和输出都是离散时间信号，则称此系统为离散时间系统。RLC 串联电路都是连续时间系统的例子，而数字计算机就是一个典型的离散时间系统。实际上，离散时间系统经常与连续时间系统组合运用，这种系统称为混合系统。

2. 线性系统和非线性系统

线性系统是指具有线性特性的系统，不满足线性特性的系统是非线性系统。线性特性包括齐次性和可加性。齐次性也称比例性或均匀性，齐次性的含义是，当输入信号乘以某常数时，响应也倍乘相同的常数。对于连续时间系统，齐次性可表示为

若

$$y(t)=T\left[x(t)\right]$$

则

$$K\cdot y(t)=T\left[K\cdot x(t)\right]$$

可加性也称叠加性，是指当几个激励信号同时作用于系统时，总的输出响应等于每个激励单独作用所产生的响应之和。即

$$y_1(t)=T\left[x_1(t)\right],\quad y_2(t)=T\left[x_2(t)\right]$$

则

$$y_1(t)+y_2(t)=T\left[x_1(t)+x_2(t)\right]$$

同时具有齐次性和可加性才称具有线性特性，可表示为

$$a_1y_1(t)+a_2y_2(t)=T\left[a_1x_1(t)+a_2x_2(t)\right] \tag{1.95}$$

其中 a_1,a_2 为任意常数。连续时间系统的线性特性如图 1.39 所示。

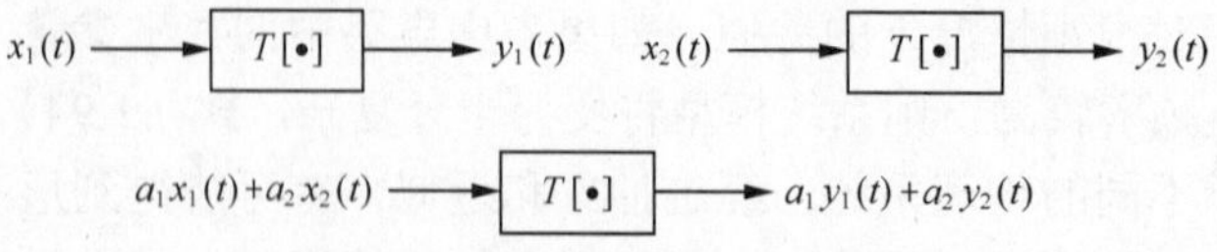

图 1.39 连续系统的线性特性示意图

同样，对于具有线性特性的离散时间系统，若

$$y_1(n)=T\left[x_1(n)\right],\quad y_2(n)=T\left[x_2(n)\right]$$

则

$$a_1y_1(n)+a_2y_2(n)=T\left[a_1x_1(n)+a_2x_2(n)\right] \tag{1.96}$$

例 1.6　试判断下列输入、输出方程所表示的系统是线性系统还是非线性系统。

（1）$y(n)=n\cdot x(n)$；　（2）$y(n)=x(n^2)$；　（3）$y(t)=x^2(t)$；

（4）$y(t)=2\dfrac{\mathrm{d}x(t)}{\mathrm{d}t}$；　（5）$y(n)=\mathrm{e}^{x(n)}$。

解：（1）设两个序列 $x_1(n)$ 与 $x_2(n)$，则输出序列分别为

$$y_1(n)=n\cdot x_1(n),\quad y_2(n)=n\cdot x_2(n)$$

因为

$$T\left[a_1x_1(n)+a_2x_2(n)\right]=n\cdot a_1x_1(n)+n\cdot a_2x_2(n)=a_1y_1(n)+a_2y_2(n)$$

故该系统是线性系统。

（2）设两个序列 $x_1(n)$ 与 $x_2(n)$，则输出序列分别为

$$y_1(n)=x_1(n^2),\quad y_2(n)=x_2(n^2)$$

因为

$$T\left[a_1x_1(n)+a_2x_2(n)\right]=a_1x_1(n^2)+a_2x_2(n^2)=a_1y_1(n)+a_2y_2(n)$$

故该系统是线性系统。

（3）设两个序列 $x_1(n)$ 与 $x_2(n)$，则输出序列分别为

$$y_1(t)=x_1^2(t),\quad y_2(t)=x_2^2(t)$$

因为

$$T\left[a_1x_1(t)+a_2x_2(t)\right]=\left[a_1x_1(t)+a_2x_2(t)\right]^2=a_1^2x_1^2(t)+a_2^2x_2^2(t)+2a_1a_2x_1(t)x_2(t)$$

而

$$a_1y_1(t)+a_2y_2(t)=a_1^2x_1^2(t)+a_2^2x_2^2(t)$$

故

$$T\left[a_1x_1(t)+a_2x_2(t)\right]\neq a_1y_1(t)+a_2y_2(t)$$

即该系统是非线性系统。

（4）设两个序列 $x_1(n)$ 与 $x_2(n)$，则输出序列分别为

$$y_1(t)=2\frac{\mathrm{d}x_1(t)}{\mathrm{d}t},\quad y_2(t)=2\frac{\mathrm{d}x_2(t)}{\mathrm{d}t}$$

因为

$$T\left[a_1x_1(t)+a_2x_2(t)\right]=2a_1\frac{\mathrm{d}x_1(t)}{\mathrm{d}t}+2a_2\frac{\mathrm{d}x_2(t)}{\mathrm{d}t}=a_1y_1(t)+a_2y_2(t)$$

故该系统是线性系统。

（5）设两个序列 $x_1(n)$ 与 $x_2(n)$，则输出序列分别为

$$y_1(n)=\mathrm{e}^{x_1(n)},\quad y_2(n)=\mathrm{e}^{x_2(n)}$$

因为

$$\begin{aligned}T\left[a_1x_1(n)+a_2x_2(n)\right]&=\mathrm{e}^{a_1x_1(n)+a_2x_2(n)}=\left[y_1(n)\right]^{a_1}\left[y_2(n)\right]^{a_2}\\&\neq a_1y_1(n)+a_2y_2(n)\end{aligned}$$

故该系统是非线性系统。

实际上，许多连续时间系统和离散时间系统初始都有储能，即含有初始状态。对于具有初始状态的线性系统，输出响应等于零输入响应与零状态响应之和。在判断具有初始状态的系统是否是线性系统时，应从三个方面来判断。

① 可分解性。即系统的输出响应 $y(t)$ 可分解为零输入响应 $y_{zi}(t)$ 与零状态响应 $y_{zs}(t)$ 之和，即 $y(t)=y_{zi}(t)+y_{zs}(t)$。

②零输入线性。当系统有多个初始状态时，系统的零输入响应 $y_{zi}(t)$ 必须对所有的初始状态呈现线性特性，即零输入响应 $y_{zi}(t)$ 是各个初始状态独自作用的零输入响应的加权和。

③零状态线性。系统的零状态响应 $y_{zs}(t)$ 必须对所有的输入信号呈现线性特性，即当系统有多个输入时，其零状态响应 $y_{zs}(t)$ 是各个输入独自作用的零状态响应的加权和。

只有同时满足这三个条件，该系统才是线性系统。

显然当连续时间线性系统没有初始状态时，满足条件①和③，等效于式（1.95）。离散时间线性系统也是类似的。

例 1.7 试判断 $y(n)=3x(n)+5$ 所表示的系统是线性系统还是非线性系统。

解：（1）满足可分解性。输入、输出的关系式可分解为零输入响应 $y_{zi}(n)=5$ 和零状态响应 $y_{zs}(n)=3x(n)$；

（2）满足零输入线性。显然，零输入响应 $y_{zi}(n)=5$ 具有线性特性。

（3）满足零状态线性。对于零状态响应 $y_{zs}(n)=3x(n)$，存在

$$T[a_1x_1(n)+a_2x_2(n)]=3[a_1x_1(n)+a_2x_2(n)]=a_1T[x_1(n)]+a_2T[x_2(n)]$$

即满足零状态线性。

由此可见，该系统同时满足三个条件，为线性系统。

例 1.8 试判断下列系统是否为线性系统。

（1）$y_1(t)=2y(0)+3\int_0^t x(\tau)\mathrm{d}\tau \qquad t\geqslant 0$；

（2）$y_2(t)=3y(0)+2x^2(t) \qquad t\geqslant 0$；

（3）$y(n)=2y(n-1)+x(n) \qquad n\geqslant 0$。

解：（1）满足条件①、②、③，是线性系统；

（2）满足条件①、②，但不满足条件③，是非线性系统；

（3）满足条件①、②、③，是线性系统。

3. 时变系统和时不变系统

如果某系统在零状态条件下，其输出响应与输入激励的关系不随输入激励作用于系统的时间起点而改变时，就称为时不变系统。否则，就称为时变系统。也就是说，对于连续时间

系统，若

$$y_{zs}(t)=T\left[x(t)\right] \tag{1.97}$$

则

$$T\left[x(t-t_0)\right]=y_{zs}(t-t_0) \tag{1.98}$$

式中 t_0 为任意值，如图 1.40 所示。

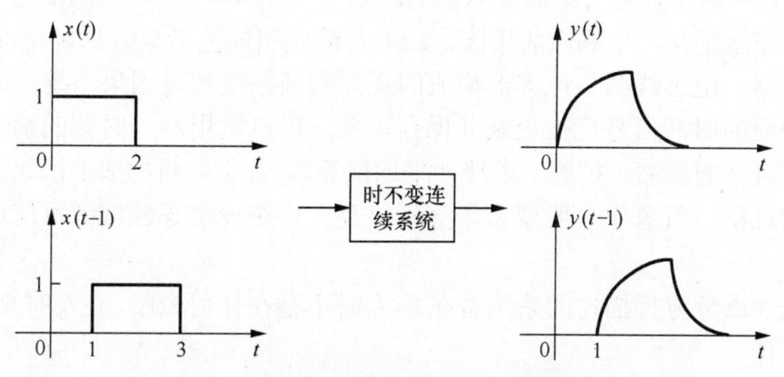

图 1.40 连续系统的时不变特性示意图

同样，对于时不变的离散时间系统，若

$$y_{zs}(n)=T\left[x(n)\right] \tag{1.99}$$

则

$$T\left[x(n-n_0)\right]=y_{zs}(n-n_0) \tag{1.100}$$

式中 n_0 为任意整数。

例 1.9 试判断下列系统的时不变特性。

（1）$y(t)=tx(t)$；（2）$y(n)=x(n)-x(n-1)$；（3）$y(n)=x(n)\sin\Omega_0 n$。

解：（1）因为

$$y(t)=tx(t)\text{，}\ y(t-t_0)=(t-t_0)x(t-t_0)$$

而

$$T\left[x(t-t_0)\right]=tx(t-t_0)\neq y(t-t_0)$$

所以该系统是时变系统。

（2）因为

$$y(n)=x(n)-x(n-1)\text{，}\ y(n-n_0)=x(n-n_0)-x(n-n_0-1)$$

而

$$T\left[x(n-n_0)\right]=x(n-n_0)-x(n-n_0-1)=y(n-n_0)$$

所以该系统是时不变系统。

（3）因为

$$y(n)=x(n)\sin\Omega_0 n\text{，}\ y(n-n_0)=x(n-n_0)\sin\Omega_0(n-n_0)\ \text{而}$$

$$T\left[x(n-n_0)\right]=x(n-n_0)\sin\Omega_0 n\neq y(n-n_0)$$

所以该系统是时变系统。

实际上，如果物理系统的参数不随时间而变化，称此系统是时不变系统（定常系统）。如果系统的参量随时间改变，则称其为时变系统（或参变系统）。

时变特性和线性特性结合一起，就有线性时不变系统、线性时变系统、非线性时不变系统、非线性时变系统 4 种系统。

4. 因果系统和非因果系统

因果性是系统的另一个重要特性。因果系统是指零状态响应的变化不领先于激励的变化的系统。也就是说，系统在 t_0 时刻的零状态响应只与 $t=t_0$ 和 $t<t_0$ 时刻的输入有关，否则，即为非因果系统。即激励是产生响应的原因，响应是激励引起的后果，这种特性称为因果性。

通常由电阻器、电感线圈、电容器构成的实际物理系统都是因果系统。而在信号处理技术领域中，待处理的时间信号已被记录并保存下来，可以利用后一时刻的输入来决定前一时刻的输出（例如信号的压缩、扩展、求统计平均值等），那么，将构成非因果系统。在语音信号处理、地球物理学、气象学、股票市场分析以及人口统计学等领域都可能遇到此类非因果系统。

由常系数线性微分方程描述的系统若在 $t<t_0$ 时不存在任何激励，在 t_0 时刻起始状态为零，则系统具有因果性。

借“因果”这一名词，常把 $t=0$ 接入系统的信号（在 $t<0$ 时函数值为零）称为因果信号（或有始信号）。对于因果系统，在因果信号的激励下，响应也为因果信号。

5. 稳定系统和不稳定系统

稳定系统是指对于每个有界的输入，都产生有界的输出的（零状态响应）系统。否则为不稳定系统。

对于连续时间系统，如果存在正常数 M，$|x(t)| \leqslant \mathrm{M} < +\infty$

有

$$|y(t)| < +\infty$$

则该系统被称为稳定系统。

同样，对于离散时间系统，如果存在正常数 M，$|x(n)| \leqslant \mathrm{M} < +\infty$

有

$$|y(n)| < +\infty$$

则该系统被称为稳定系统。

此外，系统还可分为记忆系统与非记忆系统（也称动态系统和即时系统）、可逆系统和不可逆系统、集总参数系统和分布参数系统等。

本书着重讨论线性时不变的连续时间系统和线性时不变的离散时间系统，它们是系统理论的核心基础。在本书后续内容中，凡不做特别说明的系统，都是指线性时不变（Linear Time Invariant）的系统，简称 LTI 系统。

1.7 信号与系统分析概述

目前，信号与系统理论不但在人们的日常生活中起着重要的作用，而且广泛应用于几乎所有的技术领域。信号与系统理论主要包括信号分析与系统分析两部分内容。信号分析是研究信号的描述、运算、特性以及信号发生变化时期特性的相应变化规律。信号分析的目的是为了揭示信号自身的特性。信号分析的核心内容是信号分解，即将复杂信号分解为一些基本信号的线性组合，通过研究基本信号的特性和信号的线性组合关系来研究复杂信号的特性。系统分析的主要任务是分析给定系统在输入激励作用下所产生的响应特性。实际应用中的大部分系统属于或可近似地看做是线性时不变系统，而且线性时不变系统的分析方法已有较完善的理论，因此本课程主要分析线性时不变系统。

确定信号通过线性时不变系统的分析，主要采用数学模型的解析方法。其主要任务就是建立与求解系统的数学模型。建立系统数学模型的方法可分为输入输出描述法与状态空间描述法两种。数学模型如何建立要结合具体的系统来考虑，本书不做介绍，本课程重点研究对数学模型的求解问题。

求解系统数学模型的方法可分为时域分析法与变换域分析法。时域分析法是以时间 t 或 kT 为变量，直接求解系统的时间响应特性。这种方法的物理概念比较清楚，但计算较为繁琐。对于输入输出法描述的系统，可以利用经典法求解常系数线性微分方程或差分方程；对于状态空间变量描述法描述的系统，要求解矩阵方程。卷积积分是现代时域分析法中最重要的一种技术手段，它是系统时域分析的核心。变换域分析法是应用数学的映射理论，将时间变量映射为某个变换域的变量，将时域分析中的微分与积分运算转化为代数运算，将卷积积分转化为乘法，从而极大地简化了计算。变换域分析方法主要有分析连续时间系统的傅里叶变换法和拉普拉斯变换法、分析离散时间系统的 Z 变换法和离散傅里叶分析法等。两类方法各有千秋，它们在系统分析中都有广泛的应用。

值得注意的是，信号与系统是相互依存的整体。信号必定是由系统产生、发送、传输与接收，没有离开系统孤立存在的信号；同样，系统也离不开信号，系统的重要功能就是对信号进行加工、变换与处理，没有信号的系统就没有存在的意义。因此，在实际应用中，信号与系统必须成为相互协调的整体，才能实现信号与系统各自的功能。信号与系统的这种协调一致称之为信号与系统的“匹配”。

综上所述，信号与系统这门课程主要研究确定信号通过线性时不变系统的响应特性。以信号的各种分解为主线，引出三种变换即傅里叶变换、拉普拉斯变换和 z 变换；进而针对连续时间系统和离散时间系统，研究信号通过线性时不变系统的响应，讨论二类分析方法即时域分析方法和变换域分析方法。本课程利用了较多的高等数学知识、电路分析和物理的内容，是一门教师比较难教、学生比较难学的课程。在学习过程中，要着重掌握信号与系统分析的物理含义，从知识结构与体系方面去把握课程的内容，将数学概念、物理概念及其工程概念相结合，注意其提出问题、分析问题与解决问题的方法。只有这样才可以真正理解信号与系统分析的实质内容，为以后的学习与应用奠定一个坚实的基础。

1.8 本章小结

本章讨论了典型的信号及其基本运算、信号的分解，讨论了系统及其性质，是全书的基础部分。

1．信号是消息的表现形式，消息则是信号的具体内容。

2．信号的分类方法很多，可从不同角度进行分类。如分为确定信号与随机信号，连续时间信号与离散时间信号，周期性信号与非周期性信号，能量信号与功率信号，因果信号和非因果信号等。

3．连续时间信号有普通信号与奇异信号两类。复指数信号和单位冲激信号是典型信号中的两个核心信号。

4．离散时间信号也称离散序列，其表示方法通常有函数解析式、图形和列表三种。

5．信号的基本运算有信号的移位（时移）、反褶、展缩、微分、积分以及信号的相加或相乘。

6．信号可分解为直流分量与交流分量、偶分量与奇分量、脉冲分量线性组合、实部分量与虚部分量等。

7．系统的描述方法主要有输入输出描述法和状态空间描述法。系统可用数学方程与方框图表示。

8．系统有多种分类方法，包括连续时间系统与离散时间系统，线性系统和非线性系统，时变系统和时不变系统，因果系统和非因果系统，稳定系统和不稳定系统等。本书主要研究线性时不变系统。

习　题

1.1　分别判断下列各函数式属于何种信号（连续时间信号、抽样信号或数字信号）？（n 为正整数）

（1）$e^{-\alpha t}\sin(\omega t)$；（2）$e^{-nT}$；（3）$\cos(n\pi)$；（4）$\sin(n\omega_0)$（$\omega_0$任意值）；（5）$\left(\dfrac{1}{2}\right)^n$。

1.2　分别判断题 1.2 图所示各波形是连续信号还是离散信号，若是离散信号又是否是数字信号？

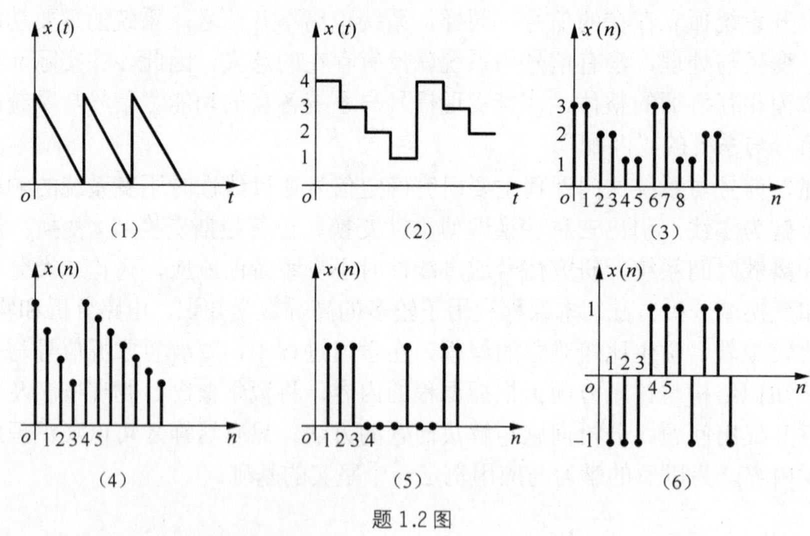

题 1.2 图

1.3　分别求下列各周期函数的周期。

（1）$\cos(2t)-\cos(3t)$；　（2）$e^{j\pi t}$；　（3）$[5\sin(8t)]^2$；

（4）$\sum\limits_{n=0}^{\infty}(-1)^n[u(t-nT)-u(t-nT-T)]$；　（5）$\sin\left(\dfrac{n\pi}{2}\right)$；

（6）$\sin\left(\dfrac{n\pi}{6}\right)+\cos\left(\dfrac{n2\pi}{5}\right)$。

1.4　判断下列信号是否是周期性的，如果是周期性的，试确定其周期。

（1）$x(t)=2\cos\left(3t+\frac{\pi}{4}\right)$；　（2）$x(t)=\left[\sin\left(t-\frac{\pi}{6}\right)\right]^2$；　（3）$x(t)=[\cos 2\pi t]u(t)$；

（4）$x(t)=2e^{j(t+\pi/4)}$；　（5）$x(n)=\sin\left(\frac{3n}{4}\right)$；　（6）$x(n)=\sin^2\left(\frac{3\pi n}{4}\right)$。

1.5　判断下列信号是否是能量信号、功率信号或者都不是。

（1）$x(t)=e^{-at}u(t),\ a>0$；　（2）$x(t)=Ae^{-at}\cos(\omega t+\theta)$；　（3）$x(t)=tu(t)$；

（4）$x(t)=2t+1,\ -1\leqslant t\leqslant 2$；　（5）$x(n)=(\frac{4}{5})^n$，$n\geqslant 0$；　（6）$x(n)=e^{j\Omega n}$

1.6　绘出下列各信号的波形。

（1）$[u(t)-u(t-T)]\sin\left(\frac{4\pi}{T}t\right)$；　（2）$[u(t)-2u(t-T)+u(t-2T)]\sin\left(\frac{4\pi}{T}t\right)$；

（3）$(2-e^{-t})u(t)$；　（4）$e^{-t}\cos(10\pi t)[u(t-1)-u(t-2)]$；

（5）$te^{-t}u(t)$；　（6）$e^{-(t-1)}[u(t-1)-u(t-2)]$；

（7）$t\,u(t-1)$；　（8）$(t-1)u(t-1)$；

（9）$\frac{\sin[a(t-t_0)]}{a(t-t_0)}$；　（10）$\frac{d}{dt}[e^{-t}\sin tu(t)]$。

1.7　求下列信号的一阶导数，并画出波形。

（1）$x(t)=u(t)-u(t-a),\ a>0$;　（2）$x(t)=t[u(t)-u(t-a)],\ a>0$。

1.8　用阶跃函数写出如题1.8图各波形的函数表达式。

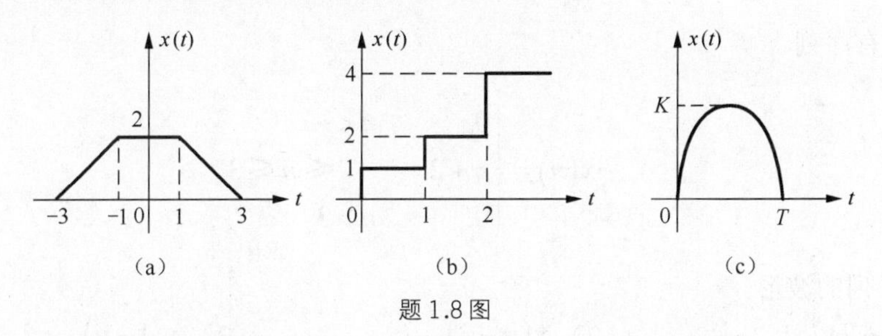

题1.8图

1.9　绘出下列各序列的波形。

（1）$x(n)=\left(\frac{1}{2}\right)^n u(n)$；　（2）$x(n)=2^n u(n)$；　（3）$x(n)=2^{n-1}u(n-1)$；

（4）$x(n)=(-2)^n u(n)$；　（5）$x(n)=nu(n)$；　（6）$x(n)=-nu(-n)$；

（7）$x(n)=2^{-n}u(-n-1)$；　（8）$x(n)=\sin\frac{n\pi}{5}$；　（9）$x(n)=\left(\frac{5}{6}\right)^n\sin\frac{n\pi}{5}$；

（10）$x(n)=\left(\frac{3}{2}\right)^n\sin\frac{n\pi}{5}$。

1.10　序列$x(n)$如题1.10图所示，把$x(n)$表示为$\delta(n)$及其延迟之线性组合，并用列表法表示。

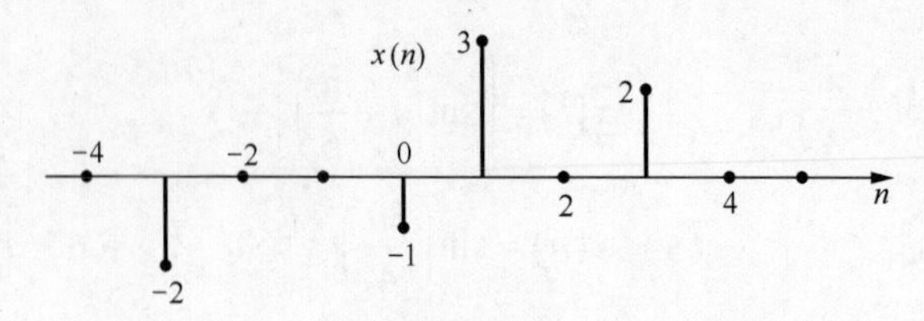

题 1.10 图

1.11 试画出下列离散时间信号的波形，写出用$\delta(n)$或$u(n)$来表示的表达式。

（1）$u(n+1)u(-n+3)$；（2）$u(-n+1)-u(-n+3)$；

（3）$-2\delta(n)+u(n)$；（4）$1-2\delta(n-1)$。

1.12 已知信号$x(t)$的波形如题 1.12 图所示，试画出下列各信号的波形。

（1）$x(2t-3)$；（2）$x(-2-t)u(-t)$；（3）$x(2-t)u(2-t)$。

1.13 已知$x(t)$的波形如题 1.13 图所示，试画出下列函数的波形图。

（1）$x(3t)$；（2）$x(t/3)u(3-t)$；（3）$\dfrac{\mathrm{d}x(t)}{\mathrm{d}t}$；（4）$\int_{-\infty}^{t}x(\tau)\,\mathrm{d}\tau$。

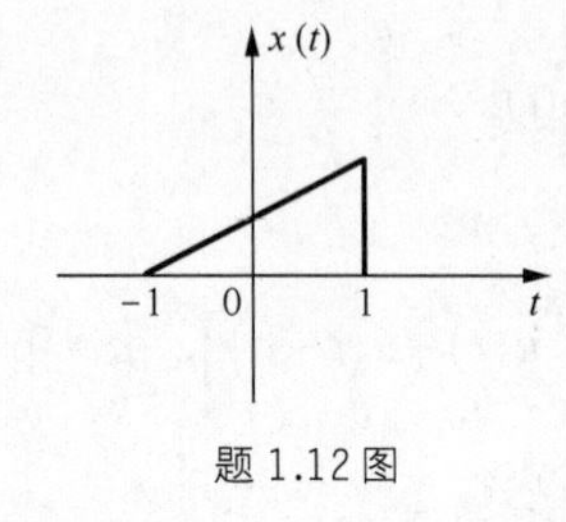

题 1.12 图

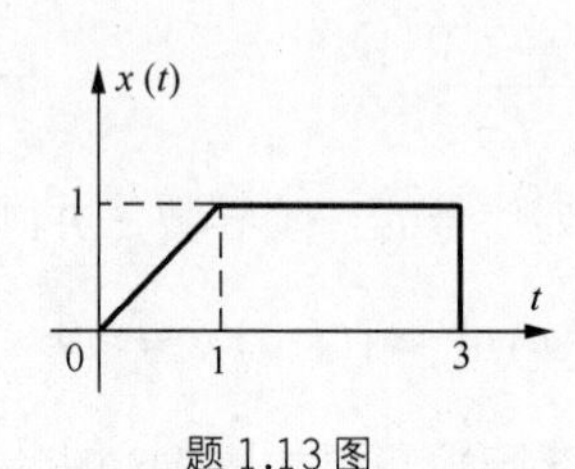

题 1.13 图

1.14 设有序列

$$x(n)=\begin{cases}0, & n<-2\\ n+2, & -2\leqslant n\leqslant 3\\ 0, & n>3\end{cases}$$

画出下面各序列的波形。

（1）$x(n+2)$；（2）$x(n-2)$；（3）$x(1-n)$；

（4）$x(n+2)+x(n-2)$；（5）$x(1-n)+x(1+n)$；（6）$x(n)x(1-n)$。

1.15 离散时间信号$x(n)$的波形如题 1.15 图所示，试画出下列信号的波形。

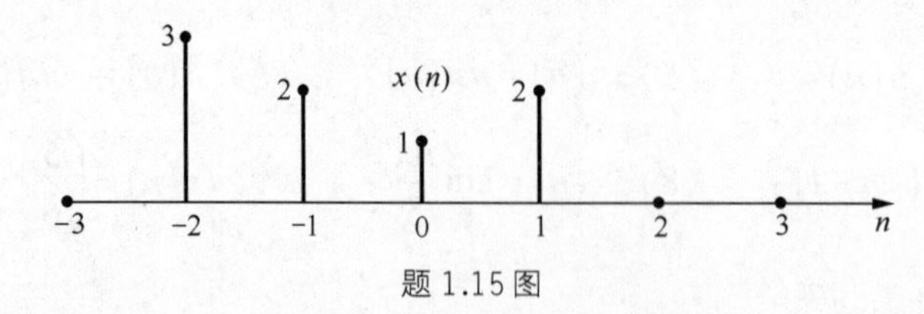

题 1.15 图

（1）$x(n+1)+x(n-1)$；（2）$x(n-2)$；

（3）$x(2n+1)-x\left(\dfrac{1}{2}n-1\right)$；（4）$x(n+1)x(n-1)$；

（5）$x(n)\left[u(n+1)-u(n-2)\right]+x(n)$；　　（6）$x(-n-1)u(n)$；

（7）$x(-n-1)\delta(n)$；　　（8）$x(-n-1)u(-n+1)$。

1.16 计算下列函数的值。

（1）$e^{-2t}\delta(t)$；　（2）$e^{-2t}\delta(-t)$；　（3）$e^{-2t}\delta(2t)$；　（4）$e^{-4t}\delta(2+2t)$；

（5）$\int_{-\infty}^{\infty}x(t-t_0)\delta(t)dt$；　（6）$\int_{-\infty}^{\infty}x(t_0-t)\delta(t)dt$；（7）$\int_{-\infty}^{\infty}\delta(t-t_0)u\left(t-\frac{t_0}{2}\right)dt$；

（8）$\int_{-\infty}^{\infty}\delta(t-t_0)u(t-2t_0)dt$；（9）$\int_{-\infty}^{\infty}(e^{-t}+t)\delta(t+2)dt$；（10）$\int_{-\infty}^{\infty}(t+\sin t)\delta\left(t-\frac{\pi}{6}\right)dt$；

（11）$\int_{-\infty}^{\infty}e^{-j\omega t}[\delta(t)-\delta(t-t_0)]dt$；　（12）$\int_{-1}^{2}\left(3t^2+1\right)\delta(t)dt$；

（13）$\int_{-\infty}^{\infty}(t+\cos\pi t)\delta(t-1)dt$；　（14）$\int_{0_-}^{\infty}\sum_{k=-\infty}^{\infty}e^{-3kt}\delta(t-k)dt$；

（15）$\int_{-2}^{3}e^{-3t}\delta'(t-1)u(t)dt$；　（16）$\int_{1}^{3}\sin(3t)\delta'(t-1)dt$。

1.17 求下列函数的积分。

（1）$x_1(t)=\delta(t)\cos 3t$；（2）$x_2(t)=u(t)\sin 2t$；（3）$x_3(t)=e^{-2t}\delta(t)$。

1.18 分别指出下列各波形的直流分量等于多少？

（1）$x(t)=\left|\sin(\omega t)\right|$；　（2）$x(t)=\sin^2(\omega t)$；

（3）$x(t)=\cos(\omega t)+\sin(\omega t)$；　（4）$x(t)=K\left[1+\cos(\omega t)\right]$。

1.19 计算信号的奇分量和偶分量。

（1）$u(t)$；　（2）$\cos\left(\omega t+\frac{\pi}{6}\right)$；　（3）$e^{j\omega t}$；

（4）$e^{-at}u(t)$；（5）$e^{j(\Omega n+\frac{\pi}{3})}$；　（6）$\delta(n)$。

1.20 信号$x(t)$如题1.20图所示，试求$x'(t)$表达式，并画出$x'(t)$的波形。

1.21 信号$x(t)$波形如题1.21图所示，试写出其表达式（要求用阶跃信号表示）。

1.22 判断下列方程描述的系统是否为线性系统，其中$x(t)$、$y(t)$分别为连续时间系统的输入和输出，$y(0)$为初始状态；$x(n)$、$y(n)$分别为离散时间系统的输入和输出，$y(0)$为初始状态。

（1）$y(t)=y(0)x(t)+2x(t);$　（2）$y(t)=2y(0)+x(t)\frac{dx(t)}{dt};$

（3）$y(n)=y^2(0)+kx(n);$　（4）$y(n)=ky(0)+\sum_{i=0}^{n}x(i)$。

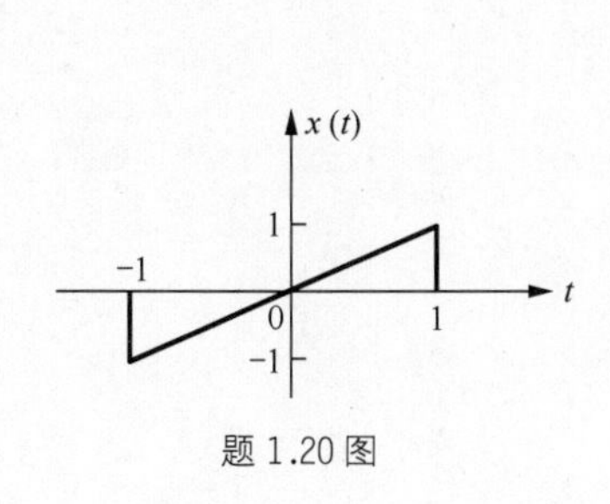

题 1.20 图

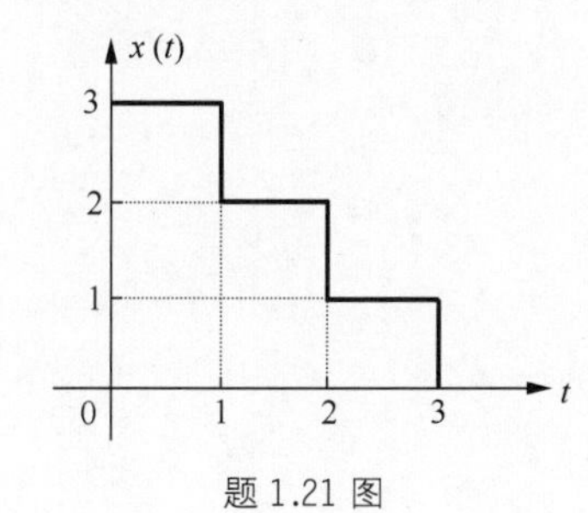

题 1.21 图

1.23　讨论以下系统是不是线性，时不变系统，并说明理由。

（1）$y(t)=2x(t)+3$；　　（2）$y(n)=\sin\left(\dfrac{2\pi}{7}n+\dfrac{\pi}{6}\right)x(n)$；

（3）$y(t)=\int_{-\infty}^{t}x(\tau-1)\mathrm{d}\tau$；　　（4）$y(n)=\sum\limits_{m=-\infty}^{n}x(m)$；

（5）$\dfrac{\mathrm{d}y(t)}{\mathrm{d}t}+4y(t)=2x(t-1)$；　　（6）$\dfrac{\mathrm{d}y(t)}{\mathrm{d}t}+ty(t)=x(t)+2$；

（7）$\dfrac{\mathrm{d}^2y(t)}{\mathrm{d}t^2}+2\dfrac{\mathrm{d}y(t)}{\mathrm{d}t}+5y(t)=x^2(t)$；　　（8）$y(n)+2y(n-2)=x(n-1)$；

（9）$y(n)+0.5ny(n-1)=x(n)$；　　（10）$y(n)+0.5y(n-1)=x(n)-1$。

1.24　判断下列系统是否为线性、时不变、因果的？

（1）$y(t)=x(t)u(t)$；　　（2）$y(t)=x(2t)$；　　（3）$y(t)=x^2(t)$；

（4）$y(t)=\int_{-\infty}^{t}x(z)\mathrm{d}z$；　　（5）$y(t)=x(t-2)+x(2-t)$；

（6）$y(t)=[\cos(3t)]x(t)$；　　（7）$y(t)=\begin{cases}0, & t<0\\ x(t)+x(t-2), & t\geqslant 0\end{cases}$；

（8）$y(t)=\begin{cases}0, & x(t)<0\\ x(t)+x(t-2), & x(t)\geqslant 0\end{cases}$；　　（9）$y(t)=x\left(t/3\right)$；

（10）$y(n)=x(n)-x(n-1)$；　　（11）$y(n)=x(n+1)-x(n)$。

第2章 连续时间系统的时域分析

2.1 引言

本章主要讨论利用输入输出法对连续时间线性时不变系统进行时域分析。连续时间系统的时域分析法是指在给定系统结构、参数和输入信号的条件下，写出其一元n阶常系数微分方程表示式，直接求解系统的微分方程，求出满足初始状态的解，从而确定系统的响应。整个分析与计算过程全部在时间域内进行，且不涉及任何变换。这种方法具有直观、物理概念清楚等优点，也是学习各种变换域分析法的基础。

系统的时域分析法包括两种方法：一是经典法，即利用高等数学中微分方程的理论求解动态方程，得到系统响应的函数表达式；二是双零法，即将系统响应分为零输入响应和零状态响应。本章在经典法求解微分方程的基础上，引入零输入响应和零状态响应的求解方法，从而得到系统的输出响应。其中，任意输入下的系统零状态响应的求解，可以采用卷积积分法。卷积分析法物理意义明确，便于利用计算机进行数值计算。而且，卷积定理可以将时域分析和变换域分析联系起来，为变换域分析提供明确的物理概念。

2.2 连续时间系统的描述及响应

2.2.1 连续时间 LTI 系统的数学模型

进行连续时间 LTI 系统的时域分析，首先要在时域中建立系统的数学模型，写出描述其工作特性的数学表达式，然后分析并求解数学模型，并对所得到的数学解进行物理解释。对于连续时间 LTI 系统，系统数学模型的时域描述有两种形式：输入输出描述法和状态变量描述法。输入输出描述法的数学模型是一元n阶常系数微分方程，在微分方程中包含有激励和响应的时间函数，以及它们对时间的各阶导数的线性组合；而后者是n元一阶联立微分方程组。本章只讨论输入输出描述法。

对于电网络系统，建立微分方程的依据是电网络的元件约束特性和网络拓扑约束特性等电路基础理论。如果给定一个系统的具体电路结构和参数，可以根据元件约束特性和网络拓扑约束特性建立系统的数学模型，这个数学模型就是系统的微分方程。

一般情况下，对于一个恒定集总参数线性系统，其输入激励信号$x(t)$与输出响应信号$y(t)$

之间的关系，总可以用下列形式的微分方程式来描述。

$$a_n\frac{\mathrm{d}^n y(t)}{\mathrm{d}t^n}+a_{n-1}\frac{\mathrm{d}^{n-1} y(t)}{\mathrm{d}t^{n-1}}+\cdots+a_1\frac{\mathrm{d}y(t)}{\mathrm{d}t}+a_0 y(t)$$
$$=b_m\frac{\mathrm{d}^m x(t)}{\mathrm{d}t^m}+b_{m-1}\frac{\mathrm{d}^{m-1} x(t)}{\mathrm{d}t^{m-1}}+\cdots+b_1\frac{\mathrm{d}x(t)}{\mathrm{d}t}+b_0 x(t) \tag{2.1}$$

或者简写为

$$\sum_{k=0}^{n}a_k\frac{\mathrm{d}^k y(t)}{\mathrm{d}t^k}=\sum_{k=0}^{m}b_k\frac{\mathrm{d}^k x(t)}{\mathrm{d}t^k} \tag{2.2}$$

上式中系数 a_k、b_k 均为常数，式（2.2）就是一个定常系数的 n 阶线性常系数微分方程，对此微分方程求解就可以得到系统的响应 $y(t)$ 。

2.2.2 常系数微分方程的求解

在高等数学和电路分析理论学习中，我们知道，常系数线性微分方程的完全解由齐次解 $y_{\mathrm{h}}(t)$ 和特解 $y_{\mathrm{p}}(t)$ 两部分组成，即

$$y(t)=y_{\mathrm{h}}(t)+y_{\mathrm{p}}(t) \tag{2.3}$$

（1）齐次解

齐次解是当式（2.2）中的激励信号 $x(t)$ 及各阶导数都等于零时的解，即齐次解应满足齐次微分方程

$$a_n\frac{\mathrm{d}^n y(t)}{\mathrm{d}t^n}+a_{n-1}\frac{\mathrm{d}^{n-1} y(t)}{\mathrm{d}t^{n-1}}+\cdots+a_1\frac{\mathrm{d}y(t)}{\mathrm{d}t}+a_0 y(t)=0 \tag{2.4}$$

微分方程的特征方程为

$$a_n\lambda^n+a_{n-1}\lambda^{n-1}+\cdots+a_1\lambda+a_0=0 \tag{2.5}$$

特征方程的根 $\lambda_1,\lambda_2,\cdots,\lambda_n$ 称为微分方程的特征根。

在特征根为不相等实根的情况下，微分方程的齐次解为

$$y_h(t)=A_1\mathrm{e}^{\lambda_1 t}+A_2\mathrm{e}^{\lambda_2 t}+\cdots+A_n\mathrm{e}^{\lambda_n t} \tag{2.6}$$

这里 $A_1,A_2,\cdots,A_n$ 是由边界条件（在本书中称为初始条件）所决定的系数。

齐次解的形式仅取决于特征方程根的性质，而与激励信号无关，因此齐次解有时称为固有解（或称自由解），自由解也称为系统的自由响应。齐次解的系数 $A_1,A_2,\cdots,A_n$ 与激励信号有关。不同特征根所对应的齐次解总结如表 2.1 所示。

表 2.1　不同特征根所对应的齐次解（自由解）

特征根 λ	齐次解 $y_h(t)$ 的形式
单实根	$A\mathrm{e}^{\lambda t}$
r 重实根	$A_{r-1}t^{r-1}\mathrm{e}^{\lambda t}+A_{r-2}t^{r-2}\mathrm{e}^{\lambda t}+\cdots+A_1 t\mathrm{e}^{\lambda t}++A_0\mathrm{e}^{\lambda t}$
一对共轭复根 $\lambda_{1,2}=\alpha\pm\mathrm{i}\beta$	$\mathrm{e}^{\alpha t}[A_1\cos(\beta t)+A_2\sin(\beta t)]$或$A\mathrm{e}^{\alpha t}\cos(\beta t-\theta)$,其中$A\mathrm{e}^{\alpha t}$=$A_1$+i$A_2$
r 重共轭复根	$A_{r-1}t^{r-1}\mathrm{e}^{\lambda t}\cos(\beta t+\theta_{r-1})+A_{r-2}t^{r-2}\mathrm{e}^{\lambda t}\cos(\beta t+\theta_{r-2})+\cdots+A_0\mathrm{e}^{\lambda t}\cos(\beta t+\theta_0)$

注：表中 A_i 为待定系数，由初始条件确定。

（2）特解

系统微分方程式（2.2）的特解 $y_p(t)$ 是由输入信号产生的，因此也被称为强迫解。特解必须满足非齐次微分方程，特解的形式与激励函数的形式有关。表 2.2 列出了几种典型激励函数 $x(t)$ 对应的特解 $y_p(t)$。由表 2.2 选定特解函数式后，代入原方程后求得特解函数式中的待定系数，即可求出特解。特解也称为系统的强迫响应。

表 2.2　与几种典型的激励函数相应的特解

激励函数	特解 $y_p(t)$
E（常数）	B
t^p	$B_pt^p+B_{p-1}t^{p-1}+\cdots+B_1t+B_0$
$e^{\alpha t}$	$Be^{\alpha t}$
$\cos\omega_0 t$	$B_1\cos\omega_0 t+B_2\sin\omega_0 t$
$\sin\omega_0 t$	
$t^pe^{\alpha t}\cos\omega_0 t$	$(B_pt^p+B_{p-1}t^{p-1}+\cdots+B_1t+B_0)e^{\alpha t}\cos\omega_0 t+$
$t^pe^{\alpha t}\sin\omega_0 t$	$(D_pt^p+D_{p-1}t^{p-1}+\cdots+D_1t+D_0)e^{\alpha t}\sin\omega_0 t$

注：（1）表中 B、D 均为待定系数；

（2）若自由项有几种激励函数组合，则特解也为其相应的组合；

（3）若表中所列特解与齐次解重复，则应在特解中增加一项——t 倍乘表中特解，若这种重复形有 k 次（即特征根为 k 重根），则依次增加倍乘 $t,t^2,\cdots,t^k$ 诸项。

（3）完全解

求得系统微分方程的齐次解和特解后，将齐次解 $y_h(t)$ 和特解 $y_p(t)$ 相加即可得到系统微分方程的完全解。下面通过例题说明经典法求解的全部过程。

例 2.1　已知微分方程 $\dfrac{dy^2(t)}{dt^2}+7\dfrac{dy(t)}{dt}+6y(t)=6\cos 2tu(t)$，$y(0^+)=0$，$y'(0^+)=0$，求输出信号 $y(t)$ 的表达式。

解（1）求出齐次解

根据微分方程，写出特征方程

$$\lambda^2+7\lambda+6=0$$

解得特征根为

$$\lambda_1=-1,\lambda_2=-6$$

根据表 2.1，则齐次解为

$$y_h(t)=A_1e^{-t}+A_2e^{-6t}$$

（2）求特解

由微分方程，根据表 2.2 可知特解函数式为

$$y_p(t)=B_1\sin 2t+B_2\cos 2t$$

将 $y_p(t)$ 代入微分方程，得

$$-4B_1\sin 2t-4B_2\cos 2t+14B_1\cos 2t-14B_2\sin 2t+6B_1\sin 2t+6B_2\cos 2t=6\cos 2t$$

化简后得

$$(2B_1-14B_2)\sin 2t+(14B_1+2B_2-6)\cos 2t=0$$

即

$$\begin{cases}2B_1-14B_2=0\\14B_1+2B_2-6=0\end{cases}$$

解得

$$B_1=\frac{21}{50},B_2=\frac{3}{50}$$

于是，特解为

$$y_p(t)=\frac{21}{50}\sin 2t+\frac{3}{50}\cos 2t$$

（3）求完全解

完全解为

$$y(t)=y_h(t)+y_p(t)=A_1\mathrm{e}^{-t}+A_2\mathrm{e}^{-6t}+\frac{21}{50}\sin 2t+\frac{3}{50}\cos 2t$$

下面确定待定系数 A_1,A_2。

由初始条件 $y(0^+)=0$，$y'(0^+)=0$，可以得到

$$\begin{cases}A_1+A_2+\dfrac{3}{50}=0\\-A_1-6A_2+\dfrac{42}{50}=0\end{cases}$$

联立求解，可得 $A_1=-\frac{6}{25},A_2=\frac{9}{50}$

所以完全解为

$$y(t)=-\frac{6}{25}\mathrm{e}^{-t}+\frac{9}{50}\mathrm{e}^{-6t}+\frac{21}{50}\sin 2t+\frac{3}{50}\cos 2t,t>0$$

也可以用阶跃函数表示

$$y(t)=\left(-\frac{6}{25}\mathrm{e}^{-t}+\frac{9}{50}\mathrm{e}^{-6t}+\frac{21}{50}\sin 2t+\frac{3}{50}\cos 2t\right)u(t)$$

2.2.3 初始条件的确定

由微分方程的经典解法可知，要得到微分方程的完全解，需要确定完全解表达式中齐次解的待定系数 $A_i(i=1,2,\cdots,n)$，而要确定这些待定系数，则要首先确定求解区间内微分方程的一组边界条件。在系统分析中，常把响应区间确定为激励信号 $x(t)$ 加入之后系统状态变化区间。一般激励 $x(t)$ 都是从 $t=0$ 时刻加入，这样系统的响应区间定为 $0^+\leqslant t<\infty$。一组边界条件可以给定为在此区间内任一时刻 t_0，要求满足 $y(t_0),\frac{\mathrm{d}y(t_0)}{\mathrm{d}t},\frac{\mathrm{d}^2y(t_0)}{\mathrm{d}t^2},\cdots,\frac{\mathrm{d}^ny(t_0)}{\mathrm{d}t^n}$ 的各值。一般取 $t_0=0^+$，这样就可以对应确定系数 $A_i(i=1,2,\cdots,n)$.因此，我们称 $y^{(k)}(0^+)=[y(0^+),\frac{\mathrm{d}y(0^+)}{\mathrm{d}t},\cdots,\frac{\mathrm{d}^{n-1}y(0^+)}{\mathrm{d}t^{n-1}}]$ 为初始条件（简称 0^+ 状态，也称为“导出的起始状态”）。

如果系统在激励信号加入之前瞬间有一组状态，定义为

$$y^{(k)}(0^-)=[y(0^-),\frac{\mathrm{d}y(0^-)}{\mathrm{d}t},\cdots,\frac{\mathrm{d}^{n-1}y(0^-)}{\mathrm{d}t^{n-1}}]$$

这组状态被称为系统的起始状态（简称 0^- 状态），它包含了为计算未来响应的全部“过去”信息，对于一个具体的电网络，系统的 0^- 状态就是系统中储能元件的储能情况。在激励信号 $x(t)$ 加入之后，由于受到激励的影响，这组状态从 $t=0^-$ 到 $t=0^+$ 时刻可能发生变化，导致 $y(0^+),\frac{\mathrm{d}y(0^+)}{\mathrm{d}t},\cdots,\frac{\mathrm{d}^{n-1}y(0^+)}{\mathrm{d}t^{n-1}}$ 不等于 $y(0^-),\frac{\mathrm{d}y(0^-)}{\mathrm{d}t},\cdots,\frac{\mathrm{d}^{n-1}y(0^-)}{\mathrm{d}t^{n-1}}$，这种现象称为起始点的跳变。

（1）起始点跳变的产生

对电容而言

$i_C(t)$　C
$+$　$u_C(t)$　$-$

由伏安关系

$$\begin{aligned}u_C(t)&=\frac{1}{C}\int_{-\infty}^{t}i_C(\tau)\mathrm{d}\tau=\frac{1}{C}\int_{-\infty}^{0^-}i_C(\tau)\mathrm{d}\tau+\frac{1}{C}\int_{0^-}^{0^+}i_C(\tau)\mathrm{d}\tau+\frac{1}{C}\int_{0^+}^{t}i_C(\tau)\mathrm{d}\tau\\&=v_C(0^-)+\frac{1}{C}\int_{0^-}^{0^+}i_C(\tau)\mathrm{d}\tau+\frac{1}{C}\int_{0^+}^{t}i_C(\tau)\mathrm{d}\tau\end{aligned}$$

令 $t=0^+$，可得

$$u_C(0^+)=u_C(0^-)+\frac{1}{C}\int_{0^-}^{0^+}i_C(\tau)\mathrm{d}\tau+0$$

如果 $i_C(t)$ 为有限值，则

$$\int_{0^-}^{0^+}i_C(\tau)\mathrm{d}\tau=0$$

此时

$$u_C(0^+)=u_C(0^-)$$

如果 $i_C(t)=\delta(t)$，则

$$\int_{0^-}^{0^+}i_C(\tau)\mathrm{d}\tau=1$$

此时

$$u_C(0^+)=u_C(0^-)+\frac{1}{C}$$

由上面的分析可以知道，当没有受到冲激电流（或阶跃电压）作用时，电容两端的电压 $u_C(t)$ 不发生跳变，即满足换路定则；当受到冲激电流（或阶跃电压）作用时，电容两端的电压 $u_C(t)$ 会发生跳变。

同样可以推导，对电感而言，当电感没有受到冲激电压（或阶跃电流）作用时，流过电感的电流 $i_L(t)$ 不跳变，即满足换路定则。当电感受到冲激电压（或阶跃电流）作用时，流过电感的电流 $i_L(t)$ 会发生跳变。

（2）初始条件的确定

用经典法求解系统响应时，为确定自由响应部分的待定系数 $A_i(i=1,2,\cdots,n)$，还必须根据系统的 0^- 状态和激励信号 $x(t)$ 情况求出 0^+ 状态。在确定系统的初始条件时，系统的 0^- 状态到

0^+ 状态有没有跳变取决于微分方程右端激励项是否包含 $\delta(t)$ 及其各阶导数。如果包含有 $\delta(t)$ 及其各阶导数，说明相应的 0^- 状态到 0^+ 状态发生了跳变，即 $y(0^+) \neq y(0^-)$ 或 $y'(0^+) \neq y'(0^-)$ 等等。为确定 $y(0^+)$、$y'(0^+)$ 等 0^+ 状态的值，可以使用冲激函数匹配法。它的基本原理是，$t=0$ 时刻微分方程左右两端的 $\delta(t)$ 及其各阶导数应该平衡相等。

例 2.2 如果描述系统的微分方程为 $\frac{\mathrm{d}y(t)}{\mathrm{d}t}+3y(t)=3\delta'(t)$，给定 0^- 状态起始值为 $y(0^-)$，确定它的 0^+ 状态 $y(0^+)$。

解：由微分方程可知，方程右端含 $\delta'(t)$，为使方程平衡，等式左端也应有对应的 $\delta'(t)$ 函数，而且只能出现在最高阶项，否则，若在低阶项中出现 $\delta'(t)$ 函数，将导致 $\delta''(t)$ 函数的出现，将不能与右端平衡，故它一定是属于 $y'(t)$，因此可以设

$$y'(t)=a\delta'(t)+b\delta(t)+c\Delta u(t)$$

将上式从 0^- 到 0^+ 积分一次，可得

$$y(t)=a\delta(t)+b\Delta u(t)$$

把上面两个式子代入原方程，可得

$$[a\delta'(t)+b\delta(t)+c\Delta u(t)]+3[a\delta(t)+b\Delta u(t)]=3\delta'(t)$$

根据方程两端对应项系数相等，可以得到

$$\begin{cases} a=3 \\ b+3a=0 \\ c+3b=0 \end{cases}$$

求解可得 $a=3,b=-9,c=27$，因此

$$y(0^+)-y(0^-)=b=-9\text{，}\quad y(0^+)=-9+y(0^-)$$

需要说明的是，确定初始条件的方法还有奇异函数平衡法、微分特性法等，有兴趣的读者可以参考相关书籍。利用冲激函数匹配法确定初始条件的求解方法基本步骤如下。

一般情况下，如果 $t=0$ 时的微分方程为

$$C_n\frac{\mathrm{d}^n y(t)}{\mathrm{d}t^n}+C_{n-1}\frac{\mathrm{d}^{n-1}y(t)}{\mathrm{d}t^{n-1}}+\cdots+C_0 y(t)=b_m\frac{\mathrm{d}^m\delta(t)}{\mathrm{d}t^m}+b_{m-1}\frac{\mathrm{d}^{m-1}\delta(t)}{\mathrm{d}t^{m-1}}+\cdots+b_0\delta(t) \tag{2.7}$$

第一步，首先根据方程右边激励项中 $\delta(t)$ 的最高微分阶次，确定方程左边 $y(t)$ 的最高微分次项的 $\delta(t)$ 的微分阶次，并构造相应的冲激函数形式，此时 t 在 0^- 到 0^+ 区间，可得

$$\frac{\mathrm{d}^n y(t)}{\mathrm{d}t^n}=a_m\frac{\mathrm{d}^m\delta(t)}{\mathrm{d}t^m}+a_{m-1}\frac{\mathrm{d}^{m-1}\delta(t)}{\mathrm{d}t^{m-1}}+\cdots+a_0\delta(t)+b\Delta u(t)$$

第二步，将上式通过一次或多次积分得到 $r(t)$ 及其微分的冲激函数形式，即

$$\begin{cases} \frac{\mathrm{d}^{n-1}y(t)}{\mathrm{d}t^{n-1}}=a_m\frac{\mathrm{d}^{m-1}\delta(t)}{\mathrm{d}t^{m-1}}+a_{m-1}\frac{\mathrm{d}^{m-2}\delta(t)}{\mathrm{d}t^{m-2}}+\cdots+a_1\delta(t)+a_0\Delta u(t) \\ \frac{\mathrm{d}^{n-2}y(t)}{\mathrm{d}t^{n-2}}=a_m\frac{\mathrm{d}^{m-2}\delta(t)}{\mathrm{d}t^{m-2}}+a_{m-1}\frac{\mathrm{d}^{m-3}\delta(t)}{\mathrm{d}t^{m-3}}+\cdots+a_1\Delta u(t) \\ \cdots \\ y(t)=\cdots \end{cases}$$

第三步，将以上方程代入微分方程，平衡方程两边的 $\delta(t)$ 及其微分项，可以求得

$a_m, a_{m-1}, \dots a_0, b$，则

$$\begin{cases} \dfrac{\mathrm{d}^n y(0^+)}{\mathrm{d}t^n} - \dfrac{\mathrm{d}^n y(0^-)}{\mathrm{d}t^n} = b \\ \dfrac{\mathrm{d}^{n-1} y(0^+)}{\mathrm{d}t^{n-1}} - \dfrac{\mathrm{d}^{n-1} y(0^-)}{\mathrm{d}t^{n-1}} = a_0 \\ \dots \\ y(0^+) - y(0^-) = \cdots \end{cases}$$

因此 0^+ 时

$$\begin{cases} \dfrac{\mathrm{d}^n y(0^+)}{\mathrm{d}t^n} = b + \dfrac{\mathrm{d}^n y(0^-)}{\mathrm{d}t^n} \\ \dfrac{\mathrm{d}^{n-1} y(0^+)}{\mathrm{d}t^{n-1}} = a_0 + \dfrac{\mathrm{d}^{n-1} y(0^-)}{\mathrm{d}t^{n-1}} \\ \dots \\ y(0^+) = \cdots + y(0^-) \end{cases}$$

例 2.3 用冲激函数匹配法求解系统完全响应，系统方程为

$$\frac{\mathrm{d}^2 y(t)}{\mathrm{d}t^2} + 7\frac{\mathrm{d}y(t)}{\mathrm{d}t} + 10y(t) = \frac{\mathrm{d}^2 x(t)}{\mathrm{d}t^2} + 6\frac{\mathrm{d}x(t)}{\mathrm{d}t} + 4x(t)$$

假设电路中 $x(t)$ 在 $t=0$ 时刻由 2V 跳变到 4V，且 $y(0^-) = \dfrac{4}{5}, \dfrac{\mathrm{d}y(0^-)}{\mathrm{d}t} = 0$。

解：（1）求齐次解

系统的特征方程为

$$\lambda^2 + 7\lambda + 10 = 0$$

特征根为

$$\lambda_1 = -2, \lambda_2 = -5$$

则齐次解为 $y_{\mathrm{h}}(t) = A_1 \mathrm{e}^{-2t} + A_2 \mathrm{e}^{-5t}$

（2）求特解

当 $t>0$ 时，$x(t)=4$，微分方程为

$$\frac{\mathrm{d}^2 y(t)}{\mathrm{d}t^2} + 7\frac{\mathrm{d}y(t)}{\mathrm{d}t} + 10y(t) = 16$$

设特解为 $y(t) = B$，代入上式，可得

$$B = \frac{8}{5}$$

则系统的完全响应为

$$y(t) = A_1 \mathrm{e}^{-2t} + A_2 \mathrm{e}^{-5t} + \frac{8}{5} \tag{2.8}$$

（3）求初始条件

根据给定的 $x(t)$，考虑到 $x(t)$ 在换路过程中的变化，在 $t=0$ 时刻由 2V 跳变到 4V，代入题中方程中，得到 $t=0$ 时的微分方程为

$$\frac{\mathrm{d}^2 y(t)}{\mathrm{d}t^2}+7\frac{\mathrm{d}y(t)}{\mathrm{d}t}+10y(t)=2\delta'(t)+12\delta(t)+8\Delta u(t) \tag{2.9}$$

由于微分方程右端的冲激函数项最高阶次是 $\delta'(t)$，因而可设

$$\begin{cases} y''(t)=a\delta'(t)+b\delta(t)+c\Delta u(t) \\ y'(t)=a\delta(t)+b\Delta u(t) \\ y(t)=a\Delta u(t) \end{cases}$$

代入式（2.9），得

$$[a\delta'(t)+b\delta(t)+c\Delta u(t)]+7[a\delta(t)+b\Delta u(t)]+10a\Delta u(t)=2\delta'(t)+12\delta(t)+8\Delta u(t)$$

根据方程两端对应项系数相等，可以得到

$$\begin{cases} a=2 \\ b+7a=12 \\ c+7b+10a=8 \end{cases}$$

因而有

$$\begin{cases} y(0^+)-y(0^-)=a=2 \\ y'(0^+)-y'(0^-)=b=-2 \\ y''(0^+)-y''(0^-)=c=2 \end{cases}$$

则所求的初始条件即 0^+ 状态为

$$y(0^+)=2+y(0^-)=\left(2+\frac{4}{5}\right)=\frac{14}{5},\frac{\mathrm{d}}{\mathrm{d}t}y(0^+)=-2+\frac{\mathrm{d}}{\mathrm{d}t}y(0^-)=-2$$

（4）求全响应

当 $t=0^+$ 时，将上面所求的初始条件 $y(0^+)$ 和 $y'(0^+)$ 代入完全解表达式（2.8），可得

$$\begin{cases} y(0^+)=A_1+A_2+\frac{8}{5}=\frac{14}{5} \\ y'(0^+)=-2A_1-5A_2=-2 \end{cases}$$

求解可得 $A_1=\frac{4}{3},A_2=-\frac{2}{15}$，则系统的完全响应为

$$y(t)=\frac{4}{3}\mathrm{e}^{-2t}-\frac{2}{15}\mathrm{e}^{-5t}+\frac{8}{5}, \qquad t>0$$

由上面的例题可知，采用经典法求解连续时间 LTI 系统的微分方程的一般步骤如下。

（1）列写系统微分方程，并将联立微分方程化为一元高阶微分方程;

（2）求特征根，根据特征根写出含待定系数 A_k 的齐次解的形式;

（3）根据 $t>0$ 微分方程右边的形式，查表 2.2 求特解，从而得到完全解的表达式;

（4）根据起始条件和输入激励，确定初始条件，并将初始条件代入完全解的表达式中求解待定系数 A_k，以得到系统的完全解。

综上所述，连续时间 LTI 系统的完全解由齐次解和特解组成。齐次解是自由响应、特解是强迫响应，系统的全响应为自由响应和强迫响应之和。从求解过程来看，强迫响应与激励

信号有关，自由响应的参数的系数不仅与起始状态有关，也与激励信号有关。因此，如果微分方程中右边项比较复杂，则难以确定特解形式，因而也难以求取强迫响应。而且如果激励信号发生变化，则系统响应需要重新求取。特别需要指出的是，经典法来源于高等数学中微分方程的求解，是一种纯数学方法，无法突出响应的物理概念。因此，为了区分由起始状态引起的响应和由激励信号引起的响应，明晰物理概念，我们将连续时间 LTI 系统的响应分解为零输入响应和零状态响应。

2.3　零输入响应和零状态响应

对于连续时间 LTI 系统而言，系统的全响应可以分解为自由响应 $y_h(t)$ 和强迫响应 $y_p(t)$ 两部分，也可以分解为零输入响应 $y_{zi}(t)$ 和零状态响应 $y_{zs}(t)$ 之和，即

$$y(t)=y_h(t)+y_p(t)=y_{zi}(t)+y_{zs}(t) \tag{2.10}$$

2.3.1　零输入响应

零输入响应是指输入为零，即没有外加激励信号的作用，只由起始状态（起始时刻系统的储能）所引起的响应，一般用 $y_{zi}(t)$ 表示。

零输入响应满足的微分方程为

$$a_n\frac{\mathrm{d}^n y(t)}{\mathrm{d}t^n}+a_{n-1}\frac{\mathrm{d}^{n-1} y(t)}{\mathrm{d}t^{n-1}}+\cdots+a_1\frac{\mathrm{d}y(t)}{\mathrm{d}t}+a_0 y(t)=0 \tag{2.11}$$

这是一个齐次方程，其解的形式与齐次解相同，由特征根可写出解的不同形式，具体可查阅表 2.1。为便于叙述，本小节只讨论特征根为单根的情况。若其特征根为单根，则解的形式为

$$y_{zi}(t)=\sum_{k=1}^{n}A_{zik}\mathrm{e}^{\lambda_k t} \tag{2.12}$$

由于激励信号 $x(t)=0$，系统在起始时刻不会产生跳变，所以 $y^{(k)}(0^+)=y^{(k)}(0^-)$。因此，由边界条件确定的待定系数 A_{zik} 可以由起始状态 $y^{(k)}(0^-)$ 确定。

例 2.4　系统的微分方程为 $\frac{\mathrm{d}^2 y}{\mathrm{d}t^2}+4\frac{\mathrm{d}y}{\mathrm{d}t}+4y(t)=x(t)$，分别求以下两种起始条件下的系统的零输入响应。

（1）$y_1(0^-)=1$，$y_1'(0^-)=3$；（2）$y_2(0^-)=2$，$y_2'(0^-)=6$。

解（1）系统的特征方程为　$\lambda^2+4\lambda+4=0$

特征根为　$\lambda_1=\lambda_2=-2$（两相等实根）

根据表 2.1，设系统零输入响应为

$$y_{zi1}(t)=A_{zi1}\mathrm{e}^{-2t}+A_{zi2}t\mathrm{e}^{-2t}$$

由起始条件，可得

$$\begin{cases}y_1(0^-)=A_{zi1}=1\\ y_1'(0^-)=-2A_{zi1}+A_{zi2}=3\end{cases}$$

联立求解，可得 $A_{zi1}=1, A_{zi2}=5$，因此系统的零输入响应为

$$y_{zi1}(t) = \mathrm{e}^{-2t} + 5t\mathrm{e}^{-2t}, t > 0$$

（2）系统零输入响应的形式同本例（1），可设为

$$y_{zi2}(t) = A_{zi1}\mathrm{e}^{-2t} + A_{zi2}t\mathrm{e}^{-2t}$$

由起始条件，可得

$$\begin{cases} y_2(0^-) = A_{zi1} = 2 \\ y_2'(0^-) = -2A_{zi1} + A_{zi2} = 6 \end{cases}$$

联立求解，可得 $A_{zi1} = 2, A_{zi2} = 10$，所以系统的零输入响应为

$$y_{zi2}(t) = 2\mathrm{e}^{-2t} + 10t\mathrm{e}^{-2t}, t > 0$$

由例题可知，$y_{zi2}(t) = 2y_{zi1}(t)$，当外加激励为零时，起始储能扩大一倍，对应的零输入响应就扩大一倍，即系统的零输入响应对应于起始状态呈线性，这种现象即为零输入线性。

2.3.2 零状态响应

零状态响应是指系统的起始状态为零，由外加激励信号作用而引起的响应，一般用 $y_{zs}(t)$ 表示。

对于零状态响应，就是微分方程式（2.1）在系统的初始储能为零，即 $y^{(k)}(0^-) = 0$ 时的解。此时微分方程为非齐次微分方程，其解和微分方程（2.1）解类似，由自由响应和强迫响应构成，其中自由响应的形式由特征根确定，如表 2.1 所示；强迫响应的形式取决于激励的形式，如表 2.2 所示。同样，为便于叙述，本小节只讨论特征根为单根的情况。若其特征根为单根，则解的形式为

$$y_{zs}(t) = \sum_{k=1}^{n} A_{zsk}\mathrm{e}^{\lambda_k t} + y_p(t) \tag{2.13}$$

将式（2.12）和式（2.13）代入式（2.10），可得系统全响应的表达式为

$$y(t) = \underbrace{\sum_{k=1}^{n} A_{zik}\mathrm{e}^{\lambda_k t}}_{\text{零输入响应}} + \underbrace{\sum_{k=1}^{n} A_{zsk}\mathrm{e}^{\lambda_k t} + y_p(t)}_{\text{零状态响应}} = \underbrace{\sum_{k=1}^{n} (A_{zik} + A_{zsk})\mathrm{e}^{\lambda_k t}}_{\text{自由响应}} + \underbrace{y_p(t)}_{\text{强迫响应}} = \underbrace{\sum_{k=1}^{n} A_k\mathrm{e}^{\lambda_k t}}_{\text{自由响应}} + \underbrace{y_p(t)}_{\text{强迫响应}} \tag{2.14}$$

在零状态响应中，由于存在外加激励的作用，当 $t = 0$ 时，如果微分方程右端出现冲激函数及其各阶导数项，起始状态将发生跃变，此时，$y^{(k)}(0^+) \neq y^{(k)}(0^-)$。由式（2.14）可知，$A_k = A_{zik} + A_{zsk}$，$A_k$ 是由初始条件 $y^{(k)}(0^+)$ 和外加激励共同决定的，因此，自由响应也可以分解为两部分，一部分由系统的起始储能产生，另一部分由激励信号产生。当系统的起始状态为零时，即前一部分为零时，后一部分仍可存在，亦即零输入响应零状态响应的齐次解部分都仅为自由响应的一部分。而零输入响应表达式中的待定系数 A_{zik} 是由系统的起始条件 $y^{(k)}(0^-)$ 决定，所以零状态响应表达式中的待定系数 A_{zsk} 由跳变量 $y_{zs}^{(k)}(0^+) = y^{(k)}(0^+) - y^{(k)}(0^-)$ 和外加激励共同来确定。

例 2.5 系统的微分方程为 $\dfrac{\mathrm{d}^2 y(t)}{\mathrm{d}t^2} + 3\dfrac{\mathrm{d}y(t)}{\mathrm{d}t} + 2y(t) = 2\dfrac{\mathrm{d}x(t)}{\mathrm{d}t} + 6x(t)$，$x(t) = u(t)$，求系统的零状态响应。

解：因为 $x(t) = u(t)$，所以系统的零状态响应是微分方程

$$\frac{\mathrm{d}^2 y(t)}{\mathrm{d}t^2} + 3\frac{\mathrm{d}y(t)}{\mathrm{d}t} + 2y(t) = 2\delta(t) + 6u(t) \tag{2.15}$$

满足 $y(0^-)=y'(0^-)=0$ 的解。

（1）求齐次解

系统的特征方程为

$$\lambda^2+3\lambda+2=0$$

解得特征根为 $\lambda_1=-2,\lambda_2=-1$，则所对应的齐次解为

$$y_h(t)=A_1\mathrm{e}^{-2t}+A_2\mathrm{e}^{-t}$$

（2）求特解

当 $t>0$ 时，微分方程为

$$\frac{\mathrm{d}^2}{\mathrm{d}t^2}y(t)+3\frac{\mathrm{d}}{\mathrm{d}t}y(t)+2y(t)=6$$

设特解为 $y_p(t)=B$，代入上式，可得 $B=3$，则系统的零状态响应为

$$y_{zs}(t)=A_1\mathrm{e}^{-2t}+A_2\mathrm{e}^{-t}+3 \tag{2.16}$$

（3）求初始条件

由于微分方程（2.15）右端的冲激函数项最高阶次是 $\delta(t)$，故 $y''(t)$ 将含有冲激函数，$y'(t)$ 将发生跃变，而 $y(t)$ 在 $t=0$ 时是连续的，根据冲激函数匹配法可设

$$\begin{cases}y''(t)=a\delta(t)+b\Delta u(t)\\y'(t)=a\Delta u(t)\end{cases}$$

代入式（2.15），令 $t=0$ 时，可得

$$a\delta(t)+b\Delta u(t)+3a\Delta u(t)+2y(t)=2\delta(t)$$

由方程两端对应项系数相等，可以得到 $a=2$，故其初始条件为

$$\begin{cases}y_{zs}(0^+)=y(0^+)-y(0^-)=0\\y'_{zs}(0^+)=y'(0^+)-y'(0^-)=a=2\end{cases}$$

（4）求零状态响应

当 $t=0^+$ 时，将上面所求的初始值 $y_{zs}(0^+)$ 和 $y'_{zs}(0^+)$ 代入零状态响应表达式（2.16），解得待定系数为

$$A_1=1,A_2=-4$$

将待定系数代入零状态响应表达式，得到系统的零状态响应为

$$y_{zs}(t)=\mathrm{e}^{-2t}-4\mathrm{e}^{-t}+3$$

若将例题 2.5 中的激励 $x(t)$ 由 $u(t)$ 增加到 $2u(t)$，可以计算出系统相应的零状态响应也由 $(\mathrm{e}^{-2t}-4\mathrm{e}^{-t}+3)$ 增加到 $2(\mathrm{e}^{-2t}-4\mathrm{e}^{-t}+3)$，即系统的零状态响应对应于激励信号呈线性，这种现象即为零状态线性。

例 2.6 已知某 LTI 系统的微分方程同例 2.5，$y(0^-)=2,y'(0^-)=0$，$x(t)=u(t)$，试求系统的全响应、零输入响应、零状态响应、自由响应和强迫响应。

解（1）求零输入响应

系统零输入响应对应的微分方程为

$$\frac{\mathrm{d}^2y(t)}{\mathrm{d}t^2}+3\frac{\mathrm{d}y(t)}{\mathrm{d}t}+2y(t)=0 \tag{2.17}$$

起始条件为 $y_{zi}(0^-)=y(0^-)=2, y_{zi}'(0^-)=y'(0^-)=0$。

系统的零输入响应即为微分方程的齐次解，其表达式为

$$y_{zi}(t)=A_{zi1}\mathrm{e}^{-2t}+A_{zi2}\mathrm{e}^{-t}$$

将 $y_{zi}(0^-)=2, y_{zi}'(0^-)=0$ 代入上式，可得 $A_{zi1}=-2, A_{zi2}=4$，则系统的零输入响应为

$$y_{zi}(t)=4\mathrm{e}^{-t}-2\mathrm{e}^{-2t} \tag{2.18}$$

（2）求零状态响应

同例题 2.5，系统的零状态响应为

$$y_{zs}(t)=\mathrm{e}^{-2t}-4\mathrm{e}^{-t}+3 \tag{2.19}$$

（3）求全响应

系统的全响应为

$$y(t)=y_{zi}(t)+y_{zs}(t)=\underbrace{4\mathrm{e}^{-t}-2\mathrm{e}^{-2t}}_{\text{零输入响应}}+\underbrace{\mathrm{e}^{-2t}-4\mathrm{e}^{-t}+3}_{\text{零状态响应}}=-\mathrm{e}^{-2t}+3,\quad t>0 \tag{2.20}$$

（4）求自由响应和强迫响应

由于系统的特征根为 $\lambda_1=-2, \lambda_2=-1$，因此从系统的全响应式（2.20）中可以看出，与特征根对应的自由响应为

$$y_h(t)=-\mathrm{e}^{-2t},\quad t>0 \tag{2.21}$$

又由于系统的外加激励的形式为 $6u(t)$，故与外部激励具有相同形式的强迫响应为

$$y_p(t)=3,\quad t>0 \tag{2.22}$$

对于例题 2.6，若仅将外加激励由 $u(t)$ 增加到 $2u(t)$，或者仅将起始条件由 $y(0^-)=2, y'(0^-)=0$ 增加到 $y(0^-)=4, y'(0^-)=0$，由式（2.20）可知，系统的全响应并不能增加一倍；只有外加激励由 $u(t)$ 增加到 $2u(t)$，且起始条件由 $y(0^-)=2, y'(0^-)=0$ 增加到 $y(0^-)=4, y'(0^-)=0$，系统的全响应才能增加一倍。

完全响应的另一种重要的分解是将完全响应分解为瞬态响应 $y_t(t)$ 和稳态响应 $y_s(t)$ 之和，即

$$y(t)=y_t(t)+y_s(t)$$

系统的瞬态响应 $y_t(t)$ 是指激励信号接入后，完全响应 $y(t)$ 中随着时间的增长而趋于零的项，比如完全响应中按指数衰减的各项均是瞬态响应。而系统的稳态响应 $y_s(t)$ 是指完全响应中随着时间增长不趋于零，而最终保留下来的项。对于例 2.6，自由响应部分是瞬态响应分量，强迫响应部分是稳态响应分量，即

$$y(t)=y_h(t)+y_p(t)=\underbrace{-\mathrm{e}^{-2t}}_{\text{瞬态响应}}+\underbrace{3}_{\text{稳态响应}},\quad t>0$$

2.4 冲激响应和阶跃响应

卷积分析法求解连续时间 LTI 系统的零状态响应，能清楚地表现输入、系统和输出之间的时域关系，是一种重要的时域分析方法。由于任意信号可以分解为冲激信号或阶跃信号的组合，因此可以借助卷积分析法，根据系统的冲激响应或阶跃响应来分析系统的零状态响应。而且冲激响应仅仅取决于系统的内部结构和元件参数，是表征系统本身特性的重要物理量，

它与系统函数及系统的稳定性等许多系统的特性有关。因而，冲激响应和阶跃响应是线性系统分析中两个重要的响应。

2.4.1 冲激响应

以单位冲激信号 $\delta(t)$ 作为激励，系统产生的零状态响应称为"单位冲激响应"，或简称"冲激响应"，通常用 $h(t)$ 表示。

对于连续时间 LTI 系统，其冲激响应 $h(t)$ 满足微分方程

$$a_n\frac{\mathrm{d}^n h(t)}{\mathrm{d}t^n}+a_{n-1}\frac{\mathrm{d}^{n-1}h(t)}{\mathrm{d}t^{n-1}}+\cdots+a_1\frac{\mathrm{d}h(t)}{\mathrm{d}t}+a_0h(t)$$
$$=b_m\frac{\mathrm{d}^m\delta(t)}{\mathrm{d}t^m}+b_{m-1}\frac{\mathrm{d}^{m-1}\delta(t)}{\mathrm{d}t^{m-1}}+\cdots+b_1\frac{\mathrm{d}\delta(t)}{\mathrm{d}t}+b_0\delta(t) \tag{2.23}$$

及起始条件 $h^{(k)}(0^-)=0(k=0,1,\cdots n-1)$。由于方程的右端出现 $\delta(t)$ 及其各阶导数，为保证系统对应的微分方程式恒等，方程式两边所具有的冲激信号及其各阶导数必须相等，分 3 种情况。

（1）当 $n<m$ 时，$h(t)$ 中将包含有 $\delta(t)$ 及 $\delta'(t)$，一直到 $\frac{\mathrm{d}^{m-n}\delta(t)}{\mathrm{d}t^{m-n}}$；

（2）当 $n=m$ 时，$h(t)$ 中将包含有 $\delta(t)$；

（3）当 $n>m$ 时，方程右端最高阶次为 $\frac{\mathrm{d}^m\delta(t)}{\mathrm{d}t^m}$，为与之相平衡，则方程左端的 $\frac{\mathrm{d}^n h(t)}{\mathrm{d}t^n}$ 中应包含有 $\frac{\mathrm{d}^m\delta(t)}{\mathrm{d}t^m}$，$\frac{\mathrm{d}^{n-1}h(t)}{\mathrm{d}t^{n-1}}$ 中应包含有 $\frac{\mathrm{d}^{m-1}\delta(t)}{\mathrm{d}t^{m-1}}$，以此类推，$\frac{\mathrm{d}^{n-m}h(t)}{\mathrm{d}t^{n-m}}$ 将包含有 $\delta(t)$，而 $\frac{\mathrm{d}^{n-m-1}h(t)}{\mathrm{d}t^{n-m-1}},\cdots,\frac{\mathrm{d}h(t)}{\mathrm{d}t}$，$h(t)$中将不包含有 $\delta(t)$ 函数。

本节只讨论 $n>m$ 的情况。

在 $t\geqslant 0^+$ 时，$\delta(t)$ 及其各阶导数均为零，式(2.23)为齐次方程，这说明 $\delta(t)$ 的加入，在 $t=0^+$ 时刻引起了系统储能的变化，建立了系统非零的初始条件。而在 $t>0^+$ 以后，外部激励为零，只有系统储能起作用，故其解的形式与齐次解的形式相同，不包含特解。因此，求解冲激响应 $h(t)$ 的实质是要确定 $t=0^+$ 时的初始条件，并求该初始条件下的齐次解。同样，齐次解的形式由特征方程的特征根来决定，可以根据表 2.1 将特征根分为不等实根、重根、共轭复根等几种情况分别来设定。若系统的特征方程共有 n 个非重根，则

$$h(t)=(\sum_{k=0}^{n}A_k\mathrm{e}^{\lambda_k t})u(t) \tag{2.24}$$

剩下的问题是确定系数 A_k。由于系统的起始状态为零，即 $h(0^-)=h'(0^-)=\cdots=h^{(n-1)}(0^-)$ 可以利用 2.2.3 小节所述的冲激函数匹配法求出初始条件 $h(0^+),h'(0^+),\cdots,h^{(n-1)}(0^+)$，然后代入式（2.24）来确定系数 A_k。但这种方法求解过程比较麻烦，容易产生错误。下面我们介绍两种新方法来确定 A_k。

（1）奇异函数平衡法

奇异函数平衡法的基本做法是，将 $h(t)$ 的表达式（2.24）及 $h(t)$ 的各阶导数代入微分方程式（2.23），使微分方程两端奇异函数的系数相匹配，从而确定待定系数 A_k。该方法可以避免

求解初始条件 $h(0^+), h'(0^+), \cdots, h^{(n-1)}(0^+)$。下面将举例说明奇异函数平衡法求解冲激响应的过程。

例 2.7 已知某连续时间 LTI 系统的微分方程为

$$\frac{\mathrm{d}^2 y(t)}{\mathrm{d}t^2} + 4\frac{\mathrm{d}\,y(t)}{\mathrm{d}t} + 3y(t) = \frac{\mathrm{d}\,x(t)}{\mathrm{d}t} + 2x(t),\quad t > 0$$

试求系统的冲激响应。

解：冲激响应 $h(t)$ 对应的微分方程为

$$\frac{\mathrm{d}^2 h(t)}{\mathrm{d}t^2} + 4\frac{\mathrm{d}\,h(t)}{\mathrm{d}t} + 3h(t) = \frac{\mathrm{d}\,\delta(t)}{\mathrm{d}t} + 2\delta(t),\quad t > 0 \tag{2.25}$$

其特征根为

$$\lambda_1 = -1, \lambda_2 = -3$$

于是有

$$h(t) = (A_1 \mathrm{e}^{-t} + A_2 \mathrm{e}^{-3t})u(t)$$

对 $h(t)$ 逐次求导得到

$$\begin{aligned} h'(t) &= \left(A_1 \mathrm{e}^{-t} + A_2 \mathrm{e}^{-3t}\right)\delta(t) + \left(-A_1 \mathrm{e}^{-t} - 3A_2 \mathrm{e}^{-3t}\right)u(t) \\ &= \left(A_1 + A_2\right)\delta(t) + \left(-A_1 \mathrm{e}^{-t} - 3A_2 \mathrm{e}^{-3t}\right)u(t) \end{aligned} \tag{2.26}$$

$$h''(t) = \left(A_1 + A_2\right)\delta'(t) + \left(-A_1 - 3A_2\right)\delta(t) + \left(A_1 \mathrm{e}^{-t} + 9A_2 \mathrm{e}^{-3t}\right)u(t) \tag{2.27}$$

将 $h(t)$、$h'(t)$、$h''(t)$ 代入微分方程，利用奇异函数平衡的原则，令左右两端对应的奇异函数项系数相等，可以得到

$$\begin{cases} A_1 + A_2 = 1 \\ 3A_1 + A_2 = 2 \end{cases}$$

可以解得 $A_1 = \frac{1}{2}, A_2 = \frac{1}{2}$，则系统的冲激响应为

$$h(t) = \frac{1}{2}\left(\mathrm{e}^{-t} + \mathrm{e}^{-3t}\right)u(t) \tag{2.28}$$

需要注意的是，式（2.26）、式（2.27）讨论的是 $t = 0$ 时的情况，所以 $h'(t)$、$h''(t)$ 包含有 $\delta(t)$ 及其微分；而式（2.28）表示的是 $t > 0$ 时，$\delta(t)$ 激励系统之后的响应，所以不包含 $\delta(t)$ 及其微分。

通过上面的求解可以知道，冲激函数匹配法和奇异函数平衡法过程繁琐，只适合于低阶微分方程。

（2） 系统特性法

系统特性法的基本做法是，首先求解右边激励项为 $\delta(t)$ 时的单位冲激响应 $h_0(t)$，再利用系统的线性时不变性求解所求激励的冲激响应。下面我们仍然以例 2.7 的求解来说明该方法的基本步骤。

解：令式（2.25）的右边为 $\delta(t)$，即

$$\frac{\mathrm{d}^2 h(t)}{\mathrm{d}t^2} + 4\frac{\mathrm{d}\,h(t)}{\mathrm{d}t} + 3h(t) = \delta(t) \tag{2.29}$$

可得

$$h_0(t)=(A_1\mathrm{e}^{-t}+A_2\mathrm{e}^{-3t})u(t) \tag{2.30}$$

显然方程左端最高阶微分项 $h_0''(t)$ 中必须包含 $\delta(t)$ 项，则在 $h_0'(t)$ 中含有 $u(t)$ 项。由于方程右边 $\delta(t)$ 的系数为 1，由冲激函数匹配法可知，系统的初始条件为 $h_0'(0^+)=1$，$h_0(0^+)=0$，将其代入式（2.30）得

$$\begin{cases} A_1+A_2=0 \\ -A_1-3A_2=1 \end{cases}$$

可以解得

$$A_1=\frac{1}{2}, A_2=-\frac{1}{2}$$

因此

$$h_0(t)=\frac{1}{2}(\mathrm{e}^{-t}-\mathrm{e}^{-3t})u(t)$$

当右边的激励项为 $\delta'(t)+2\delta(t)$ 时，根据系统的线性，其冲激响应为

$$h(t)=h_0'(t)+2h_0(t)=\frac{1}{2}\left(\mathrm{e}^{-t}+\mathrm{e}^{-3t}\right)u(t)$$

系统特性法引入了一个中间步骤，但是简化了问题的分析，因而这种方法适合求解高阶微分方程所描述系统的冲激响应。

由于冲激响应 $h(t)$ 为齐次解，是自由响应，因此它完全取决于系统的结构和参数。不同结构和参数的系统，将具有不同的冲激响应，因此冲激响应 $h(t)$ 可以表征系统本身的特性，常用 $h(t)$ 代表一个系统。

2.4.2　阶跃响应

以单位阶跃信号 $u(t)$ 作为激励，系统产生的零状态响应称为“单位阶跃响应”，简称“阶跃响应”，通常用 $g(t)$ 表示。

对于连续时间 LTI 系统，其阶跃响应 $g(t)$ 满足微分方程

$$\begin{aligned} & a_n\frac{\mathrm{d}^n g(t)}{\mathrm{d}t^n}+a_{n-1}\frac{\mathrm{d}^{n-1}g(t)}{\mathrm{d}t^{n-1}}+\cdots+a_1\frac{\mathrm{d}g(t)}{\mathrm{d}t}+a_0 g(t) \\ & =b_m\frac{\mathrm{d}^m u(t)}{\mathrm{d}t^m}+b_{m-1}\frac{\mathrm{d}^{m-1}u(t)}{\mathrm{d}t^{m-1}}+\cdots+b_1\frac{\mathrm{d}u(t)}{\mathrm{d}t}+b_0 u(t) \end{aligned} \tag{2.31}$$

及起始条件 $g^{(k)}(0^-)=0(k=0,1,\cdots,n-1)$。$g(t)$ 的形式与微分方程两端的阶次有关，当 $n>m$ 时，$g(t)$ 中将不包含冲激函数。在 $t>0^+$ 以后，$u(t)$ 不为零，系统右端为常数，因此，系统的阶跃响应 $g(t)$ 的形式为齐次解加特解，由自由响应和强迫响应构成。当特征方程有 n 个非重根时，$g(t)$ 的形式为

$$g(t)=(\sum_{k=1}^{n}A_k\mathrm{e}^{\lambda_k t}+B)u(t) \tag{2.32}$$

其中 B 为常数，可用求特解的方法确定。而 A_k 可以用用冲激函数匹配法，或奇异函数平衡法来确定，这与求 $h(t)$ 中待定系数的方法类似。

阶跃响应和冲激响应一样，完全由系统本身决定，已知其中的一个，另一个即可确

定。由于 $\delta(t)$ 是 $u(t)$ 的微分，而 $u(t)$ 是 $\delta(t)$ 的积分，因此 $h(t)$ 和 $g(t)$ 也满足微积分关系，即有

$$h(t)=\frac{\mathrm{d}g(t)}{\mathrm{d}t} \tag{2.33}$$

$$g(t)=\int_{-\infty}^{t}h(\tau)\mathrm{d}\tau \tag{2.34}$$

例 2.8 例 2.7 所示的连续时间 LTI 系统的微分方程，试求 $x(t)=u(t)$ 激励时系统的阶跃响应。

解：当 $x(t)=u(t)$，系统的响应即为 $g(t)$，此时原微分方程式为

$$\frac{\mathrm{d}^2 g(t)}{\mathrm{d}t^2}+4\frac{\mathrm{d}g(t)}{\mathrm{d}t}+3g(t)=\frac{\mathrm{d}u(t)}{\mathrm{d}t}+2u(t)\,,\quad t>0 \tag{2.35}$$

求其特征根为

$$\lambda_1=-1,\lambda_2=-3$$

阶跃响应的形式为

$$g(t)=(A_1\mathrm{e}^{-t}+A_2\mathrm{e}^{-3t}+B)u(t)$$

将特解 B 代入式（2.35）中，可得 $B=\frac{2}{3}$

对 $g(t)$ 逐次求导得到

$$\begin{aligned} g'(t)&=\left(A_1\mathrm{e}^{-t}+A_2\mathrm{e}^{-3t}+\frac{2}{3}\right)\delta(t)+\left(-A_1\mathrm{e}^{-t}-3A_2\mathrm{e}^{-3t}\right)u(t)\\ &=\left(A_1+A_2+\frac{2}{3}\right)\delta(t)+\left(-A_1\mathrm{e}^{-t}-3A_2\mathrm{e}^{-3t}\right)u(t) \end{aligned} \tag{2.36}$$

$$g''(t)=\left(A_1+A_2+\frac{2}{3}\right)\delta'(t)+\left(-A_1-3A_2\right)\delta(t)+\left(A_1\mathrm{e}^{-t}+9A_2\mathrm{e}^{-3t}\right)u(t) \tag{2.37}$$

将 $g(t)$、$g'(t)$、$g''(t)$ 代入微分方程，利用奇异函数平衡的原则，即方程左右两端对应的奇异函数项系数对应相等，可以得到

$$\begin{cases} A_1+A_2+\dfrac{2}{3}=0\\ 3A_1+A_2+\dfrac{5}{3}=0 \end{cases}$$

求解可得

$$A_1=-\frac{1}{2},A_2=-\frac{1}{6}$$

于是，阶跃响应为

$$g(t)=\left(-\frac{1}{2}\mathrm{e}^{-t}-\frac{1}{6}\mathrm{e}^{-3t}+\frac{2}{3}\right)u(t) \tag{2.38}$$

本题的阶跃响应也可以通过 $h(t)$ 和 $g(t)$ 的微积分关系求得，由例 2.7 知

$$h(t)=\frac{1}{2}\left(\mathrm{e}^{-t}+\mathrm{e}^{-3t}\right)u(t)$$

则

$$g(t)=\int_{-\infty}^{t}\frac{1}{2}\left(\mathrm{e}^{-\tau}+\mathrm{e}^{-3\tau}\right)u(\tau)\mathrm{d}\tau=\int_{0}^{t}\frac{1}{2}\left(\mathrm{e}^{-\tau}+\mathrm{e}^{-3\tau}\right)\mathrm{d}\tau=\left(-\frac{1}{2}\mathrm{e}^{-t}-\frac{1}{6}\mathrm{e}^{-3t}+\frac{2}{3}\right)u(t)$$

2.5　卷积积分及其应用

卷积积分简称卷积，是一种数学运算。对于连续时间 LTI 系统，冲激响应 $h(t)$ 相对易求，可以通过卷积方便地求取任意信号激励下的零状态响应，因此，卷积积分是计算系统零状态响应的基本方法，也是分析线性时不变系统的一个重要工具。随着信号与系统理论研究的深入以及计算机技术的发展，卷积积分得到了更为广泛的应用。

2.5.1　卷积的计算

卷积积分是具有相同自变量的两个函数间的一种运算。设 $x_1(t)$ 和 $x_2(t)$ 是定义在区间 $(-\infty,+\infty)$ 上的两个连续时间信号，其卷积的数学定义如下。

$$x(t)=x_1(t)*x_2(t)=\int_{-\infty}^{\infty}x_1(\tau)x_2(t-\tau)\mathrm{d}\tau \tag{2.39}$$

其中，符号“*”为卷积积分的运算符号，卷积的结果是产生一个具有相同自变量的新时间信号。

注意，积分限（$-\infty\sim+\infty$）是对一般函数的表达式。当 $x_1(t)$ 和 $x_2(t)$ 处在某种条件下，卷积积分的上下限可能有所变化。因此对于具体的函数，要根据具体函数的定义区间来选择积分限。

若当 $t<0$ 时，$x_1(t)=0$，则当 $\tau<0$ 时，$x_1(\tau)x_2(t-\tau)=0$，于是式（2.39）的积分限的下限应从零开始，于是

$$x_1(t)*x_2(t)=\int_{0}^{\infty}x_1(\tau)x(t-\tau)\mathrm{d}\tau \tag{2.40}$$

若 $x_1(t)$ 不受到限制，即 $x_1(t)$ 的范围为（$-\infty\sim+\infty$），而当 $t<0$ 时 $x_2(t)=0$，即 $\tau>t$ 时，$x_2(t-\tau)=0$，$x_1(\tau)x_2(t-\tau)=0$，于是式（2.39）的积分限的上限应到 t 为止，于是

$$x_1(t)*x_2(t)=\int_{-\infty}^{t}x_1(\tau)x_2(t-\tau)\mathrm{d}\tau \tag{2.41}$$

若当 $t<0$ 时，$x_1(t)$ 和 $x_2(t)$ 均为零，则积分限为 $0\sim t$，于是

$$x_1(t)*x_2(t)=\int_{0}^{t}x_1(\tau)x_2(t-\tau)\mathrm{d}\tau \tag{2.42}$$

从上面 3 种情况可以看出，卷积积分的积分限不仅要根据具体函数的定义域来确定，而且还要根据 t 的变化来改变积分限。

计算两个函数的卷积可以直接通过定义式来计算。对于一些较简单的函数信号，如方波、三角波等，还可以利用图解法来计算。利用图解法计算，可以把抽象的概念形象化，有助于更直观地理解卷积的计算过程。从卷积的定义式可知，积分变量是 τ，$x_2(t-\tau)$ 可以通过反转和平移得到，$x_1(\tau)x_2(t-\tau)$ 可以通过相乘运算得到，$\int_{-\infty}^{\infty}x_1(\tau)x_2(t-\tau)\mathrm{d}\tau$ 可以通过对相乘运算的结果进行积分运算得到。因此，图解法计算卷积的步骤如下。

（1）将 $x_1(t)$ 和 $x_2(t)$ 中的自变量由 t 改为 τ，τ 成为函数的自变量；

（2）把其中一个信号翻转，一般情况下，选择 $x_1(t)$ 和 $x_2(t)$ 中较简单的进行运算，如将 $x_2(\tau)$ 翻转得 $x_2(-\tau)$；

（3）将 $x_2(-\tau)$ 平移 t 得到 $x_2(t-\tau)$；

（4）将 $x_1(\tau)$ 与 $x_2(t-\tau)$ 相乘，完成重叠部分相乘的图形积分。

下面举例说明图解法计算卷积积分的过程。

例 2.9 已知信号 $x(t)$, $h(t)$ 如图 2.1 所示，试求 $y(t)=x(t)*h(t)$。

解： 将 $x(t)$、$h(t)$ 中的自变量由 t 改为 τ，得到 $x(\tau)$、$h(\tau)$，如图 2.1 所示，并将 $h(\tau)$ 翻转得 $h(-\tau)$，如图 2.1 所示；再将 $h(-\tau)$ 平移 t 得到 $h(t-\tau)$，其中，随着参变量 t 的增加，波形 $h(t-\tau)$ 不断右移，且 $h(t-\tau)=\frac{1}{2}(t-\tau)[u(t-\tau)-u(t-\tau-2)]$，在右移过程中，两波形开始重叠，两者相乘并具有对应的积分值，然后再分离。由于 $h(t-\tau)$ 在随 t 而右移的过程中，被积函数 $x(\tau)h(t-\tau)$ 在 t 的不同的区间，其值不一样。根据 $x(\tau)$ 与 $h(t-\tau)$ 的重叠情况，下面分段进行讨论。

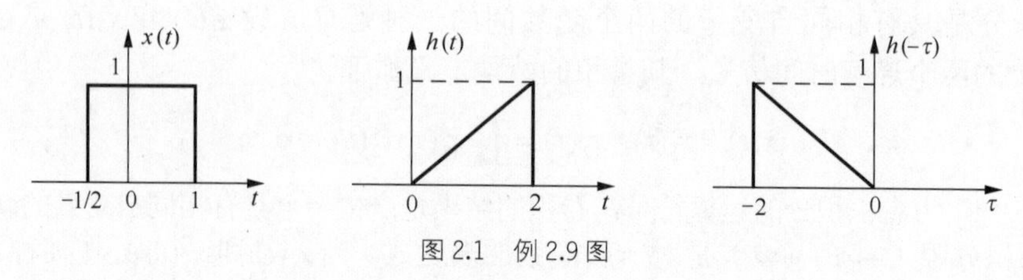

图 2.1 例 2.9 图

（1）当 $t<-1/2$ 时，$h(t-\tau)$ 的波形与 $x(\tau)$ 的波形没有相遇，如图 2.2（a）所示，因此 $x(\tau)h(t-\tau)=0$，故

$$y(t)=x(t)*h(t)=\int_{-\infty}^{\infty}x(\tau)h(t-\tau)\mathrm{d}\tau=0$$

（2）当 $-1/2\leqslant t<1$ 时，$h(t-\tau)$ 的波形与 $x(\tau)$ 的波形相遇，而且随着 t 的增加，其重叠面积增大，如图 2.2（b）所示。从图中可见，在 $-1/2\leqslant t<1$ 区间，其重叠区间为 $-1/2\sim t$，因此卷积积分的上下限取 t 与 $-1/2$，即有

$$y(t)=\int_{-\frac{1}{2}}^{t}1\times\frac{1}{2}(t-\tau)\mathrm{d}\tau=\frac{t^2}{4}+\frac{t}{4}+\frac{1}{16}$$

（3）当 $1\leqslant t<3/2$ 时，$h(t-\tau)$ 的波形与 $x(\tau)$ 的波形重叠面积不断发生变化，如图 2.2（c）所示。从图中可见，在 $1\leqslant t<3/2$ 区间，其重叠区间为 $-1/2\sim 1$，因此卷积积分的上下限取 1 与 $-1/2$，即有

$$y(t)=\int_{-\frac{1}{2}}^{1}1\times\frac{1}{2}(t-\tau)\mathrm{d}\tau=\frac{3}{4}t-\frac{3}{16}$$

（4）当 $\frac{3}{2}\leqslant t<3$ 时，$h(t-\tau)$ 的波形与 $x(\tau)$ 的波形重叠面积不断减小，如图 2.2（d）所示。从图中可见，在 $\frac{3}{2}\leqslant t<3$ 区间，其重叠区间为 $t-2\sim 1$，因此卷积积分的上下限取 1 与 $t-2$，即有

$$y(t)=\int_{t-2}^{1}1\times\frac{1}{2}(t-\tau)\mathrm{d}\tau=-\frac{t^2}{4}+\frac{t}{2}+\frac{3}{4}$$

（5）当 $t\geqslant 3$ 时，$h(t-\tau)$ 的波形与 $x(\tau)$ 的波形分离，没有重叠部分，如图 2.2（e）所示，因此 $x(\tau)h(t-\tau)=0$，故

$$y(t)=x(t)*h(t)=\int_{-\infty}^{\infty}x(\tau)h(t-\tau)\mathrm{d}\tau=0$$

卷积结果如图 2.2（f）所示。

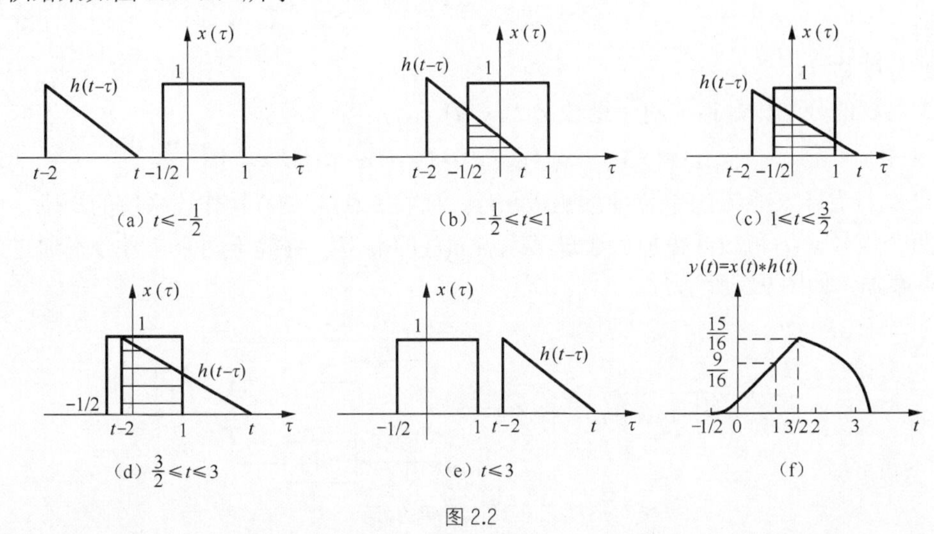

x(τ)
h(t−τ)
1
t−2
t −1/2
1
τ
(a) t≤−1/2
(b) −1/2≤t≤1
(c) 1≤t≤3/2
(d) 3/2≤t≤3
(e) t≤3
y(t)=x(t)*h(t)
15/16
9/16
−1/2 0
1 3/2 2
3
t
(f)

图 2.2

从以上图形计算卷积的计算过程可以清楚地看到，卷积积分包括信号的翻转、平移、乘积、再积分 4 个过程，此过程的关键是确定积分区间与被积函数表达式。若卷积的两个信号不含有冲激信号或其各阶导数，则卷积的结果必定为一个连续函数，不会出现间断点。此外，翻转信号时，应尽可能翻转较简单的信号，以简化运算过程。另外，对于两个存在区间分布为 $[x_1,x_2]$、$[y_1,y_2]$ 的函数进行卷积运算，所得结果的存在区间为 $[x_1+y_1,x_2+y_2]$。上述结论的证明请读者自行完成。

2.5.2　卷积的性质

卷积的性质是具有一般普遍意义的卷积计算的结果。卷积有很多重要的性质，灵活运用这些性质可以简化计算过程。本节主要讨论卷积的代数特性、奇异函数 $\delta(t)$ 或 $u(t)$ 的卷积特性、卷积的微分与积分特性以及卷积的时移特性。

1. 卷积的代数特性

（1）交换律

所谓卷积的交换律是指两个函数的卷积积分与参加运算的两个函数的次序无关，即

$$x_1(t)*x_2(t)=x_2(t)*x_1(t) \tag{2.43}$$

若将 $x_1(t)$ 看成系统的激励，而将 $x_2(t)$ 看成是一个系统的单位冲激响应，则卷积的结果就是该系统对 $x_1(t)$ 的零状态响应。卷积的交换律说明，两信号的卷积积分与次序无关，系统输入信号 $x_1(t)$ 与系统的冲激响应 $x_2(t)$ 可以互相调换，其零状态响应不变，图 2.3（a）和（b）两个系统的零状态响应是一样的。

x₁(t)
h(t)=x₂(t)
y(t)
x₂(t)
h(t)=x₁(t)
y(t)

图 2.3　卷积交换律

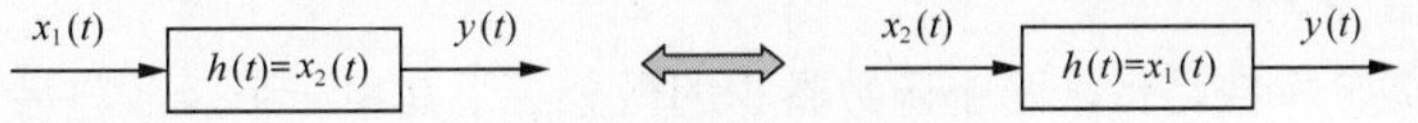

交换律用于系统分析，反映了冲激响应分别为 $h_1(t)$ 和 $h_2(t)$ 的两个系统级联与其顺序无关，如图 2.4 所示。

图 2.4　卷积交换律的系统意义

（2）分配律

所谓卷积的分配律是指，对于函数 $x_1(t), x_2(t), x_3(t)$ 存在

$$x_1(t) * [x_2(t) + x_3(t)] = x_1(t) * x_2(t) + x_1(t) * x_3(t) \tag{2.44}$$

若将 $x_1(t)$ 看作某系统的单位冲激响应 $h(t)$，而将 $x_2(t)+x_3(t)$ 看作该系统的激励，则分配律表明两个信号 $x_2(t)$和$x_3(t)$ 叠加后通过某系统 $h(t)$ 的响应，将等于两个信号分别通过此系统 $h(t)$ 后再叠加，如图 2.5 所示。

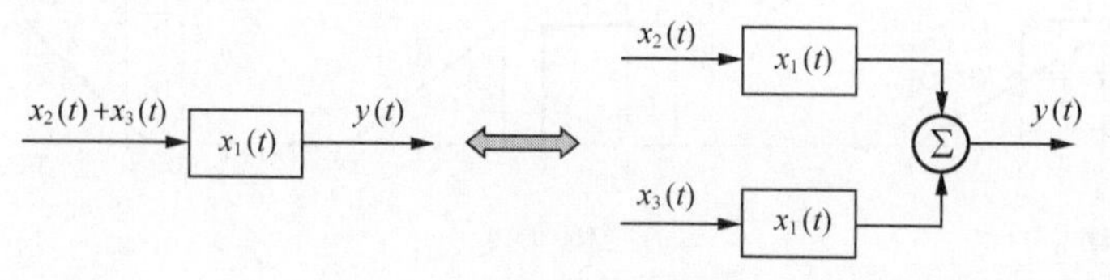

图 2.5　卷积分配律的图示

分配律用于系统分析，相当于并联系统的冲激响应等于组成并联系统的各子系统冲激响应之和，如图 2.6 所示。若将 $x_2(t)$ 和 $x_3(t)$ 看作两个系统的单位冲激响应，$x_1(t)$ 看作同时作用于它们的激励，则并联 LTI 系统对输入 $x_1(t)$ 的响应等于各子系统对 $x_1(t)$ 的响应之和。

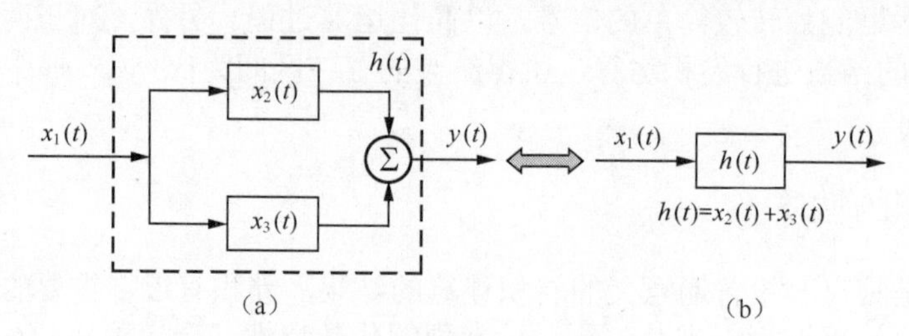

图 2.6　卷积分配律的另一种图示

（3）结合律

所谓卷积的结合律是指，若 $x_1(t)$、$x_2(t)$、$x_1(t)$和$x_3(t)$ 的卷积分都存在，且为 $x_1(t)*x_2(t)$ 和 $x_1(t)*x_3(t)$，则

$$[x_1(t) * x_2(t)] * x_3(t) = x_1(t) * [x_2(t) * x_3(t)] \tag{2.45}$$

卷积结合律的物理含义是：如果 $x_1(t)$ 为系统的激励，存在冲激响应为 $h_2(t) = x_2(t)$ 和 $h_3(t) = x_3(t)$ 两个子系统的级联，那么系统的零状态响应就等于一个冲激响应为 $h(t) = x_2(t) * x_3(t)$ 的系统的零状态响应，如图 2.7 所示。

2. 卷积的微分与积分特性

（1）卷积的微分特性

所谓卷积的微分特性是指，两个函数卷积的微分等于其中一个函数与另一个函数的微分的卷积。

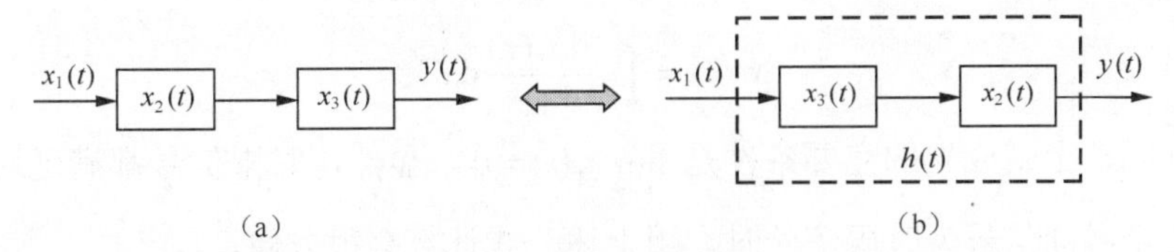

图 2.7 卷积结合律的图示

假设 $y(t)=x_1(t)*x_2(t)$，则有

$$y'(t)=x_1(t)*x_2'(t)=x_1'(t)*x_2(t) \tag{2.46}$$

证明：由卷积的定义，有

$$[x_1(t)*x_2(t)]'=[\int_{-\infty}^{\infty}x_1(\tau)x_2(t-\tau)\mathrm{d}\tau]'=\int_{-\infty}^{\infty}x_1(\tau)x_2'(t-\tau)\mathrm{d}\tau=x_1(t)*x_2'(t)$$

同理，可以证明

$$x_1(t)*x_2'(t)=x_1'(t)*x_2(t) \tag{2.47}$$

（2）卷积的积分特性

所谓卷积的积分特性是指两个函数卷积的积分等于其中一个函数与另一个函数的积分的卷积。

假设 $y(t)=x_1(t)*x_2(t)$，则有

$$y^{(-1)}(t)=x_1^{(-1)}(t)*x_2(t)=x_1(t)*x_2^{(-1)}(t) \tag{2.48}$$

证明：由卷积的定义，有

$$\int_{-\infty}^{t}[x_1(\tau)*x_2(\tau)]\mathrm{d}\tau=\int_{-\infty}^{t}[\int_{-\infty}^{\infty}x_1(\tau)x_2(\lambda-\tau)\mathrm{d}\lambda]\mathrm{d}\tau$$
$$=\int_{-\infty}^{\infty}x_1(\tau)[\int_{-\infty}^{t}x_2(\lambda-\tau)\mathrm{d}\lambda]\mathrm{d}\tau=x_1(t)*\int_{-\infty}^{t}x_2(\tau)\mathrm{d}\tau$$

同理，可以证明

$$x_1(t)*\int_{-\infty}^{t}x_2(\tau)\mathrm{d}\tau=x_2(t)*\int_{-\infty}^{t}x_1(\tau)\mathrm{d}\tau$$

（3）卷积的微积分特性

所谓卷积的微积分特性是指两个函数卷积等于其中一个函数的微分与另一个函数的积分的卷积。

假设 $y(t)=x_1(t)*x_2(t)$，则有

$$y(t)=x_1^{(-1)}(t)*x_2'(t)=x_1'(t)*x_2^{(-1)}(t) \tag{2.49}$$

证明：由卷积的定义，有

$$x_1(\tau)*x_2(\tau)=\{\int_{-\infty}^{t}[\int_{-\infty}^{\infty}x_1(\tau)x_2(\lambda-\tau)\mathrm{d}\lambda]\mathrm{d}\tau\}'$$
$$=\{\int_{-\infty}^{\infty}x_1(\tau)[\int_{-\infty}^{t}x_2(\lambda-\tau)\mathrm{d}\lambda]\mathrm{d}\tau\}'=x_1'(t)*\int_{-\infty}^{t}x_2(\tau)\mathrm{d}\tau$$

同理，可以证明

$$x_1'(t)*\int_{-\infty}^{t}x_2(\tau)\mathrm{d}\tau=\int_{-\infty}^{t}x_1(\tau)\mathrm{d}\tau*x_2'(t) \tag{2.50}$$

卷积的微积分特性为求零状态响应提供了一条新途径，但是函数的积分和微分并不是一个严格的可逆关系，因为函数加上任意常数与原函数的微分是相同的。因此，要运用上述公式，$x_1(t)$ 必须满足以下条件

$$x_1(t)=\int_{-\infty}^{t}\frac{\mathrm{d}x_1(\tau)}{\mathrm{d}\tau}\mathrm{d}\tau$$

很容易证明，上式成立的充要条件是 $\lim\limits_{t\to-\infty}x_1(t)=0$。显然，时限信号都满足这一个条件，因此当其中一个时间信号为时限信号时，用上述公式计算会很方便。

例 2.10 已知 $x_1(t)=1$，$x_2(t)=\mathrm{e}^{-t}u(t)$，求 $x_1(t)*x_2(t)$。

解：由卷积的定义，有

$$x_1(t)*x_2(t)=\int_{-\infty}^{+\infty}\mathrm{e}^{-\tau}u(\tau)\mathrm{d}\tau=\int_{0}^{+\infty}\mathrm{e}^{-\tau}\mathrm{d}\tau=-\mathrm{e}^{-\tau}\Big|_0^{+\infty}=1$$

注意：套用卷积分的微积分特性，可得

$$x_1(t)*x_2(t)=x_2^{(-1)}(t)*x_1'(t)=x_2^{(-1)}(t)*0=0$$

这显然是错误的，原因在于 $x_1(t)=1$ 不是时限信号。

将卷积的微积分特性推广到一般情况，有

$$x^{(i)}(t)=x_1^{(j)}(t)*x_2^{(i-j)}(t) \tag{2.51}$$

其中，当 i,j 取正整数时为导数的阶次，取负整数时为重积分的次数。

3. 奇异函数 $\delta(t)$ 或 $u(t)$ 的卷积特性

（1）$x(t)$ 与 $\delta(t)$ 的卷积

任意函数 $x(t)$ 与单位冲激函数 $\delta(t)$ 的卷积等于函数本身，即

$$x(t)*\delta(t)=\delta(t)*x(t)=x(t) \tag{2.52}$$

证明：根据卷积的定义和 $\delta(t)$ 的性质，有

$$x(t)*\delta(t)=\int_{-\infty}^{\infty}x(\tau)\delta(t-\tau)\mathrm{d}\tau=x(t)\int_{-\infty}^{\infty}\delta(t-\tau)\mathrm{d}\tau=x(t)$$

（2）$x(t)$ 与 $\delta(t-t_1)$ 的卷积

任意函数 $x(t)$ 与延迟冲激函数 $\delta(t-t_1)$ 的卷积等于将函数 $x(t)$ 延迟相同的时间，即

$$x(t)*\delta(t-t_1)=x(t-t_1) \tag{2.53}$$

证明：根据卷积的定义和 $\delta(t)$ 的性质，有

$$x(t)*\delta(t-t_1)=\int_{-\infty}^{\infty}x(\tau)\delta(t-t_1-\tau)\mathrm{d}\tau=x(t-t_1)\int_{-\infty}^{\infty}\delta(t-t_1-\tau)\mathrm{d}\tau=x(t-t_1)$$

（3）$x(t)$ 与 $\delta'(t)$ 的卷积

任意函数 $x(t)$ 与冲激偶函数 $\delta'(t)$ 的卷积等于函数 $x(t)$ 的导数，即

$$x(t)*\delta'(t)=x'(t) \tag{2.54}$$

证明：由卷积的微分特性和冲激函数的卷积性质，有

$$x(t)*\delta'(t)=x'(t)*\delta(t)=x'(t)$$

若系统的冲激响应为 $\delta'(t)$，如图 2.8 所示，则该系统是一个微分器。推广到 n 阶微分系统有

$$x(t)*\delta^{(n)}(t)=x^{(n)}(t) \tag{2.55}$$

（4）$x(t)$ 与 $u(t)$ 的卷积

任意函数 $x(t)$ 与单位阶跃函数 $u(t)$ 的卷积等于函数 $x(t)$ 的积分，即

$$x(t)*u(t)=x^{-1}(t) \tag{2.56}$$

证明：由卷积的积分特性，有

$$x(t)*u(t)=x(t)*\int_{-\infty}^{t}\delta(\tau)\mathrm{d}\tau=\int_{-\infty}^{t}x(\tau)\mathrm{d}\tau*\delta(t)=\int_{-\infty}^{t}x(\tau)\mathrm{d}\tau$$

同理，若系统的冲激响应为$u(t)$，如图 2.9 所示，则该系统是一个积分器。

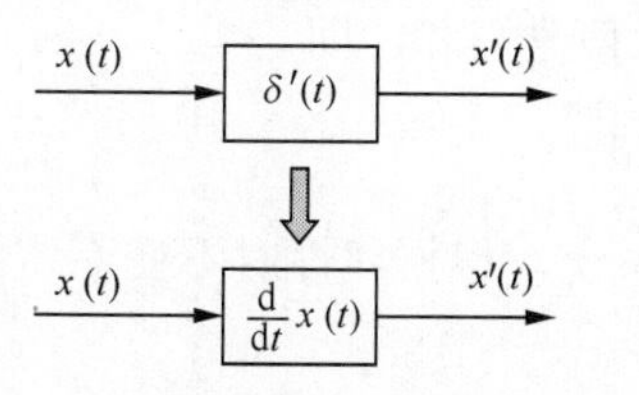

图 2.8　$\delta'(t)$所描述的系统

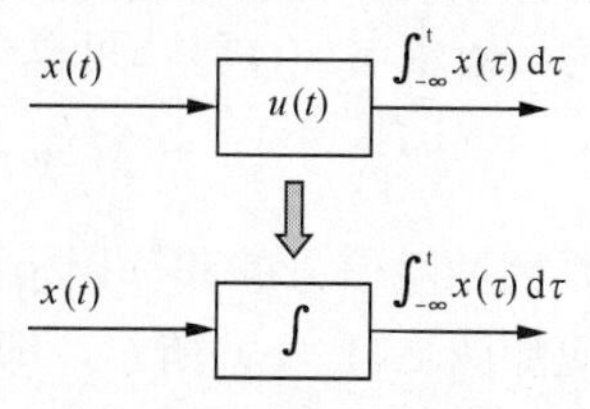

图 2.9　$u(t)$所描述的系统

4. 卷积的时移特性

设$x(t)=x_1(t)*x_2(t)$，则有

$$x_1(t-t_1)*x_2(t-t_2)=x_1(t-t_2)*x_2(t-t_1)=x(t-t_1-t_2) \tag{2.57}$$

式中t_1,t_2为实常数。

证明：由$\delta(t)$的卷积特性和卷积的结合律，有

$$\begin{aligned}x_1(t-t_1)*x_2(t-t_2)&=[x_1(t)*\delta(t-t_1)]*x_2(t-t_2)=x_1(t)*[\delta(t-t_1)*x_2(t-t_2)]\\&=[x_1(t)*\delta(t-t_2)]*x_2(t-t_1)=x_1(t-t_2)*x_2(t-t_1)\end{aligned}$$

$$\begin{aligned}x_1(t-t_1)*x_2(t-t_2)&=[x_1(t)*\delta(t-t_1)]*x_2(t-t_2)=x_1(t)*[x_2(t)*\delta(t-t_1-t_2)]\\&=[x_1(t)*x_2(t)]*\delta(t-t_1-t_2)=x(t)*\delta(t-t_1-t_2)=x(t-t_1-t_2)\end{aligned}$$

卷积的时移特性的图解表示如图 2.10 所示。

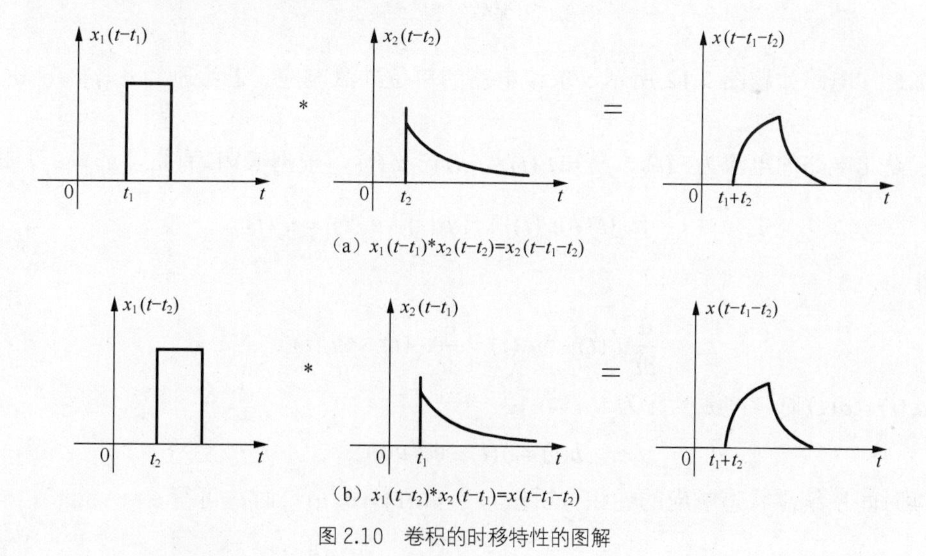

图 2.10　卷积的时移特性的图解

2.5.3　卷积分析法

由 2.3 节可知，用经典法求零状态响应比较复杂，特别当激励函数较复杂和系统的阶次较高时，求解将十分困难。因此，在信号分析与系统分析时，常常需要将信号分解为基本信号的形式。这样，对信号与系统的分析就变为对基本信号的分析，从而将复杂问题简单化，且

可以使信号与系统分析的物理过程更加清晰。由 2.4 节可知，求解 $h(t)$ 相对容易。因此，我们以冲激函数为基本信号，将激励信号分解为冲激信号的组合，然后将这些冲激信号分别通过线性系统，得到各个冲激信号所对应的冲激响应，再利用线性时不变系统的线性特性和时不变特性，将各冲激响应叠加，就可以得到一般信号激励下的零状态响应。

当激励为任意信号 $x(t)$ 时，可以分解为一系列冲激信号之和，即

$$x(t)=\int_{-\infty}^{+\infty} x(\tau)\delta(t-\tau)\mathrm{d}\tau$$

将这一系列冲激信号的和作用于这个线性时不变系统，根据线性时不变系统的特性，所得零状态响应如图 2.11（c）所示，即有

$$y_{zs}(t)=\int_{-\infty}^{+\infty} x(\tau)h(t-\tau)\mathrm{d}\tau \tag{2.58}$$

简写为

$$y_{zs}(t)=x(t)*h(t) \tag{2.59}$$

因此，如图 2.11（d）所示，任意信号 $x(t)$ 作用于 LTI 系统的零状态响应 $y_{zs}(t)$，可以由式（2.58）所定义的卷积运算求得。这种方法简化了系统零状态响应的求解，也称为卷积分析法。

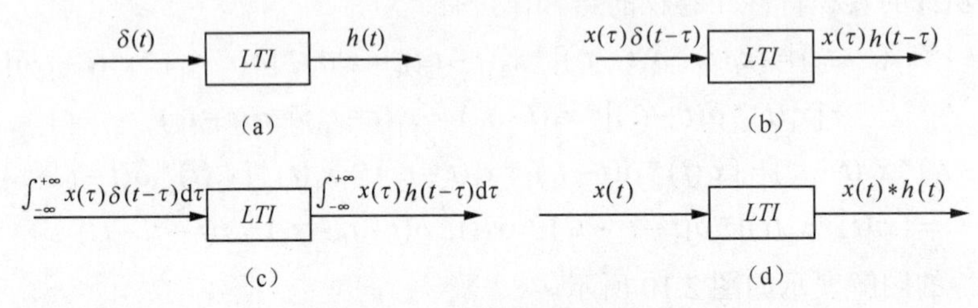

图 2.11　系统的零状态响应

例 2.11　电路如题图 2.12 所示，求该电路的单位冲激响应。若激励为 $u_S(t)=\mathrm{e}^{-t}u(t)$，求响应 $u_o(t)$。

解：设此电路的电流为 $i_s(t)$，易知 $i_s(t)=u_s(t)-u_0(t)$，根据 KVL 有 $u_R+u_L=u_s$，即

$$1\times\frac{\mathrm{d}}{\mathrm{d}t}[u_s(t)-u_0(t)]+5[u_s(t)-u_0(t)]=u_s(t)$$

化简可得

$$\frac{\mathrm{d}}{\mathrm{d}t}u_0(t)+5u_0(t)=\frac{\mathrm{d}}{\mathrm{d}t}u_s(t)+4u_s(t)$$

当 $u_s(t)=\delta(t)$ 时，冲激响应为

$$h(t)=\delta(t)-\mathrm{e}^{-5t}u(t)$$

根据连续时间系统零状态响应的卷积分析法，当 $u_S(t)=\mathrm{e}^{-t}u(t)$ 时，可得

$$u_0(t)=h(t)*u_s(t)=\left[\frac{3}{4}\mathrm{e}^{-t}+\frac{1}{4}\mathrm{e}^{-5t}\right]u(t)$$

2.6　单位冲激响应表示的系统特性

由本章前面的介绍可知，单位冲激响应是自由响应，完全取决于系统的结构和参数。不

同结构和参数的系统，将具有不同的冲激响应，因此，冲激响应$h(t)$可以表征系统本身的特性，常用$h(t)$代表一个系统。下面我们将通过系统的单位冲激响应来分析线性时不变系统的因果性和稳定性。

2.6.1　因果性

因果系统是指系统的输出仅决定于现在和过去时刻的系统输入值，系统的输出不超前于输入。单位冲激响应$h(t)$时在 0 时刻$\delta(t)$激励系统时的零状态响应。由卷积定理，对于连续时间 LTI 系统，任意激励信号$x(t)$作用于系统的零状态响应为

$$y_{zs}(t)=\int_{-\infty}^{+\infty}x(\tau)h(t-\tau)\mathrm{d}\tau=\int_{0}^{+\infty}x(\tau)h(t-\tau)\mathrm{d}\tau \qquad (2.60)$$

由于τ的取值大于 0，要使$y_{zs}(t)$不为零，则$h(t-\tau)$不能为零，因此，其因果性的充要条件是其单位脉冲响应$h(t)$必须满足

$$h(t)=0,t<0 \qquad (2.61)$$

此时，$h(t)$是一个因果信号，一个因果连续 LTI 系统的卷积积分可表示为

$$y(t)=\int_{-\infty}^{t}x(\tau)h(t-\tau)\mathrm{d}\tau=\int_{0}^{\infty}h(\tau)x(t-\tau)\mathrm{d}\tau \qquad (2.62)$$

例 2.12　试考查系统$y(t)=x(t-t_0)$的因果性。

解：冲激响应为$h(t)=\delta(t-t_0)$。当$t_0\geqslant 0$时，$h(t)$满足式（2.61），是因果系统，系统为一延时器；当$t_0<0$时，$h(t)$违反式（2.61），是非因果系统，系统的输出超前输入。

2.6.2　稳定性

在实际应用中，只有稳定系统才是真正有用的系统，因此，稳定性是系统分析中的一个很重要的问题。对于一般性系统而言，若对任意的有界输入，其零状态响应也是有界的，则称该系统为有界输入有界输出稳定系统，简称稳定系统。

定理　连续时间 LTI 系统稳定的充要条件是

$$\int_{-\infty}^{\infty}|h(t)|\mathrm{d}t<\infty \qquad (2.63)$$

证明（1）必要性

设一个具有单位冲激响应$h(t)$的稳定 LTI 系统的输入信号为

$$x(t)=\begin{cases}0,h(-t)=0\\ \dfrac{h(-t)}{|h(-t)|},h(-t)\neq 0\end{cases}$$

显然$x(t)$为一有界信号$|x(t)|\leqslant 1$，对所有t。

则系统输出为

$$y(t)=\int_{-\infty}^{\infty}h(\tau)x(t-\tau)\mathrm{d}\tau$$

因此，$t=0$时，输出$y(0)$为

$$y(0)=\int_{-\infty}^{\infty}h(\tau)x(-\tau)\mathrm{d}\tau=\int_{-\infty}^{\infty}|h(\tau)|\mathrm{d}\tau$$

因为$y(0)$为稳定系统在$t=0$时刻上的输出，$y(0)$必有界，因此要求上式的右边积分值有界，即

$$\int_{-\infty}^{\infty}|h(\tau)|\,\mathrm{d}\tau<\infty \tag{2.64}$$

即系统的单位冲激响应绝对可积。

（2）充分性

设系统的输入 $x(t)$ 为有界，即对所有 t，$|x(t)|\leqslant B$，则系统输出的绝对值为

$$|y(t)|=\left|\int_{-\infty}^{\infty}h(\tau)x(t-\tau)\,\mathrm{d}\tau\right|\leqslant\int_{-\infty}^{\infty}|h(\tau)||x(t-\tau)|\,\mathrm{d}\tau\leqslant B\int_{-\infty}^{\infty}|h(\tau)|\,\mathrm{d}\tau$$

如果式（2.64）成立，将保证输出有界，即

$$|y(t)|\leqslant B\int_{-\infty}^{\infty}|h(\tau)|\,\mathrm{d}\tau<\infty$$

因此，式（2.63）也是连续 LTI 系统稳定的充分条件，即连续 LTI 系统稳定的充要条件是其单位冲激响应绝对可积。

例 2.13 已知一个连续时间 LTI 系统的冲激响应为 $h(t)=\mathrm{e}^{at}u(t)$，$a<0$，判断该系统是否稳定。

解：由于

$$\int_{-\infty}^{\infty}|h(\tau)|\,\mathrm{d}\tau=\int_{0}^{\infty}\mathrm{e}^{a\tau}\,\mathrm{d}\tau=\frac{1}{a}\mathrm{e}^{a\tau}\bigg|_{0}^{\infty}$$

当 $a<0$，上式等于 $-\dfrac{1}{a}$，系统稳定。

2.7 本章小结

本章讨论了线性时不变连续时间系统的时域分析，描述线性时不变系统的一般数学模型是常系数微分方程，微分方程的解法包括经典法和双零法（零状态响应和零输入响应）。经典法、双零法都通过求解微分方法得到系统响应，双零法是目前求解系统响应的主要方法。为了在系统响应的求解中利用系统的线性和时不变性，引入了冲激响应和卷积积分的概念，从而简化了 LTI 系统零状态响应的求解。

1．线性时不变连续时间系统可以用线性常系数微分方程来描述。常系数线性微分方程式的完全解由齐次解 $y_h(t)$ 和特解 $y_p(t)$ 两部分组成。求解微分方程可以得到系统的响应。按照不同的观点，系统的响应可以分为零输入响应和零状态响应、自由响应和强迫响应、瞬态响应和稳态响应。

2．系统在激励信号加入之前瞬间有一组状态 $y^{(k)}(0^-)=[y(0^-),\dfrac{\mathrm{d}y(0^-)}{\mathrm{d}t},\cdots,\dfrac{\mathrm{d}^{n-1}y(0^-)}{\mathrm{d}t^{n-1}}]$，为系统的起始状态（简称 0^- 状态）。$y^{(k)}(0^+)=[y(0^+),\dfrac{\mathrm{d}y(0^+)}{\mathrm{d}t},\cdots,\dfrac{\mathrm{d}^{n-1}y(0^+)}{\mathrm{d}t^{n-1}}]$ 为初始条件（简称 0^+ 状态，也称为“导出的起始状态”）。在激励信号 $x(t)$ 加入之后，由于受激励的影响，可能会出现起始点的跳变。初始条件可以用冲激函数匹配法来确定。

3．零输入响应 $y_{zi}(t)$ 就是输入为零时微分方程的解。零状态响应 $y_{zs}(t)$ 是指系统的起始状态为零，由外加激励信号作用而引起的响应。

4．任意信号 $x(t)$ 作用时，可以分解为一系列冲激信号的和，$x(t)$ 作用于 LTI 系统的零状态响应可由系统的冲激响应和激励信号的卷积来确定。

5．冲激响应 $h(t)$ 是指以单位冲激信号 $\delta(t)$ 作为激励，系统产生的零状态响应。冲激响应可以用冲激函数匹配法、奇异函数平衡法、系统特性法求取。其中，冲激函数匹配法、奇异函数平衡法适合于低阶微分方程，系统特性法适合于高阶微分方程。

6．卷积积分是具有相同自变量的两个函数间的一种运算。

7．利用卷积的性质，可以简化计算。卷积的性质包括代数特性、奇异函数 $\delta(t)$ 或 $u(t)$ 的卷积特性、卷积的微分与积分特性以及卷积的时移特性。

习　　题

2.1　如题 2.1 图所示电路，试列出 R_1 上电压 $u_1(t)$ 为输出响应变量的方程式。

2.2　给定连续系统的系统方程、起始状态及激励信号分别如下，试判断在起始点是否发生跳变，并计算初始状态 $y^{(k)}(0^+)$ 的值。

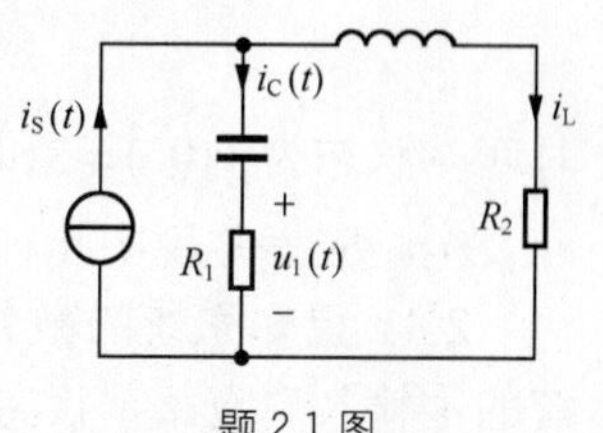

题 2.1 图

（1）$\dfrac{\mathrm{d}y(t)}{\mathrm{d}t}+2y(t)=x(t)$，$x(t)=u(t)$，$y(0^-)=0$；

（2）$\dfrac{\mathrm{d}y(t)}{\mathrm{d}t}+2y(t)=3\dfrac{\mathrm{d}x(t)}{\mathrm{d}t}$，$x(t)=u(t)$，$y(0^-)=0$；

（3）$\dfrac{\mathrm{d}^2y(t)}{\mathrm{d}t^2}+6\dfrac{\mathrm{d}y(t)}{\mathrm{d}t}+8y(t)=\dfrac{\mathrm{d}x(t)}{\mathrm{d}t}+2x(t)$，$x(t)=u(t)$，$y(0^-)=0$，$y'(0^-)=1$；

（4）$\dfrac{\mathrm{d}^2y(t)}{\mathrm{d}t^2}+4\dfrac{\mathrm{d}y(t)}{\mathrm{d}t}+3y(t)=\dfrac{\mathrm{d}x(t)}{\mathrm{d}t}+2x(t)$，$x(t)=u(t)$，$y(0^-)=0$，$y'(0^-)=1$。

2.3　已知系统的微分方程和起始状态如下，试求系统的零输入响应。

（1）$\dfrac{\mathrm{d}^2y(t)}{\mathrm{d}t^2}+5\dfrac{\mathrm{d}y(t)}{\mathrm{d}t}+6y(t)=0$，$y(0^-)=1$，$y'(0^-)=-1$；

（2）$\dfrac{\mathrm{d}^2y(t)}{\mathrm{d}t^2}+4y(t)=0$，$y(0^-)=1, y'(0^-)=1$；

（3）$\dfrac{\mathrm{d}^2y(t)}{\mathrm{d}t^2}+2\dfrac{\mathrm{d}y(t)}{\mathrm{d}t}+2y(t)=0$，$y(0^-)=1, y'(0^-)=2$；

（4）$\dfrac{\mathrm{d}^2y(t)}{\mathrm{d}t^2}+2\dfrac{\mathrm{d}y(t)}{\mathrm{d}t}+y(t)=0$，$y(0^-)=1, y'(0^-)=1$；

（5）$\dfrac{\mathrm{d}^3y(t)}{\mathrm{d}t^3}+2\dfrac{\mathrm{d}^2y(t)}{\mathrm{d}t^2}+\dfrac{\mathrm{d}y(t)}{\mathrm{d}t}=0$，$y(0^-)=1, y'(0^-)=1, y''(0^-)=2$；

（6）$\dfrac{\mathrm{d}^3y(t)}{\mathrm{d}t^3}+4\dfrac{\mathrm{d}^2y(t)}{\mathrm{d}t^2}+5\dfrac{\mathrm{d}y(t)}{\mathrm{d}t}+2y(t)=0$，$y(0^-)=0, y'(0^-)=1, y''(0^-)=-1$。

2.4　已知系统的微分方程为

$$\frac{\mathrm{d}^2y(t)}{\mathrm{d}t^2}+3\frac{\mathrm{d}y(t)}{\mathrm{d}t}+2y(t)=\frac{\mathrm{d}x(t)}{\mathrm{d}t}+3x(t)$$

若 $x(t)=\mathrm{e}^{-3t}u(t)$，$y(0^-)=1$，$y'(0^-)=2$，试求系统的自由响应和零输入响应，并比较其待定系数的差别。

2.5　已知系统的微分方程和激励信号，求系统的零状态响应。

（1）$\frac{\mathrm{d}^2 y(t)}{\mathrm{d}t^2}+5\frac{\mathrm{d}y(t)}{\mathrm{d}t}+6y(t)=3x(t), x(t)=\mathrm{e}^{-t}u(t)$；

（2）$\frac{\mathrm{d}^2 y(t)}{\mathrm{d}t^2}+3\frac{\mathrm{d}y(t)}{\mathrm{d}t}+2y(t)=\frac{\mathrm{d}x(t)}{\mathrm{d}t}+4x(t), x(t)=\mathrm{e}^{-2t}u(t)$；

（3）$\frac{\mathrm{d}y(t)}{\mathrm{d}t}+3y(t)=\frac{\mathrm{d}x(t)}{\mathrm{d}t}+x(t), x(t)=\mathrm{e}^{-2t}u(t)$。

2.6　已知描述某线性时不变连续系统的微分方程及起始状态为 $\frac{\mathrm{d}^2 y(t)}{\mathrm{d}t^2}+4\frac{\mathrm{d}y(t)}{\mathrm{d}t}+4y(t)=\frac{\mathrm{d}x(t)}{\mathrm{d}t}+3x(t)$，$y(0^-)=1, y'(0^-)=2$，$x(t)=\mathrm{e}^{-t}u(t)$，试求其零输入响应、零状态响应和完全响应。

2.7　已知系统的微分方程为

$$\frac{\mathrm{d}^2 y(t)}{\mathrm{d}t^2}+3\frac{\mathrm{d}y(t)}{\mathrm{d}t}+2y(t)=4\mathrm{e}^{-3t}$$

且起始状态为 $y(0^-)=3$和$y'(0^-)=4$。求系统的自由响应、强迫响应、零输入响应、零状态响应及全响应。并说明几种响应之间的关系。

2.8　已知系统的微分方程、起始状态以及激励信号，判断起始点是否发生跳变，并求系统的零输入响应、零状态响应和完全响应。

（1）$\frac{\mathrm{d}y(t)}{\mathrm{d}t}+y(t)=x(t), y(0^-)=1, x(t)=u(t)$；

（2）$\frac{\mathrm{d}y(t)}{\mathrm{d}t}+3y(t)=\frac{\mathrm{d}x(t)}{\mathrm{d}t}+2x(t), y(0^-)=2, x(t)=u(t)$；

（3）$\frac{\mathrm{d}^2 y(t)}{\mathrm{d}t^2}+5\frac{\mathrm{d}y(t)}{\mathrm{d}t}+6y(t)=2\frac{\mathrm{d}x(t)}{\mathrm{d}t}+3x(t)$，$y(0^-)=2, y'(0^-)=0$，$x(t)=3\mathrm{e}^{-t}u(t)$。

2.9　已知描述某线性时不变连续系统的微分方程为 $\frac{\mathrm{d}^2 y(t)}{\mathrm{d}t^2}+3\frac{\mathrm{d}y(t)}{\mathrm{d}t}+2y(t)=\frac{\mathrm{d}x(t)}{\mathrm{d}t}+3x(t)$，当激励为 $x(t)=\mathrm{e}^{-t}u(t)$ 时，系统的完全响应为 $y(t)=(2t+3)\mathrm{e}^{-t}-2\mathrm{e}^{-2t}$，$t>0$。试求其零输入响应、零状态响应。

2.10　试用 3 种方法中的任一种（冲激函数匹配法、奇异函数平衡法和系统特性法）求以下系统的冲激响应 $h(t)$。

（1）$\frac{\mathrm{d}y(t)}{\mathrm{d}t}+4y(t)=\frac{\mathrm{d}x(t)}{\mathrm{d}t}$；

（2）$\frac{\mathrm{d}^2 y(t)}{\mathrm{d}t^2}+5\frac{\mathrm{d}y(t)}{\mathrm{d}t}+6y(t)=3\frac{\mathrm{d}x(t)}{\mathrm{d}t}+2x(t)$；

（3）$\frac{\mathrm{d}^2 y(t)}{\mathrm{d}t^2}+3\frac{\mathrm{d}y(t)}{\mathrm{d}t}+2y(t)=\frac{\mathrm{d}x(t)}{\mathrm{d}t}+3x(t)$；

（4）$\frac{\mathrm{d}y(t)}{\mathrm{d}t}+2y(t)=\frac{\mathrm{d}^2 x(t)}{\mathrm{d}t^2}+3\frac{\mathrm{d}x(t)}{\mathrm{d}t}+3x(t)$。

2.11　试用 2 种方法中的任一种（经典法、冲激响应和阶跃响应的微积分关系）求以下系统的阶跃响应。

（1）$\frac{\mathrm{d}y(t)}{\mathrm{d}t}+3y(t)=3x(t)$；

（2）$\frac{\mathrm{d}y(t)}{\mathrm{d}t}+y(t)=\frac{\mathrm{d}x(t)}{\mathrm{d}t}+x(t)$；

（3）$\frac{\mathrm{d}^2y(t)}{\mathrm{d}t^2}+7\frac{\mathrm{d}y(t)}{\mathrm{d}t}+12y(t)=\frac{\mathrm{d}x(t)}{\mathrm{d}t}$；

（4）$\frac{\mathrm{d}^2y(t)}{\mathrm{d}t^2}+2\frac{\mathrm{d}y(t)}{\mathrm{d}t}+10y(t)=3\frac{\mathrm{d}x(t)}{\mathrm{d}t}+2x(t)$。

2.12　若描述系统的微分方程为 $\frac{\mathrm{d}^2y(t)}{\mathrm{d}t^2}+3\frac{\mathrm{d}y(t)}{\mathrm{d}t}+2y(t)=\frac{1}{2}\frac{\mathrm{d}x(t)}{\mathrm{d}t}+2x(t)$，试求系统的阶跃响应。

2.13　已知某线性时不变（LTI）系统如题 2.13 图所示。已知图中 $h_1(t)=\delta(t-1)$，$h_2(t)=u(t)-u(t-3)$，$x(t)=u(t)-u(t-1)$，试求该系统的冲激响应 $h(t)$。

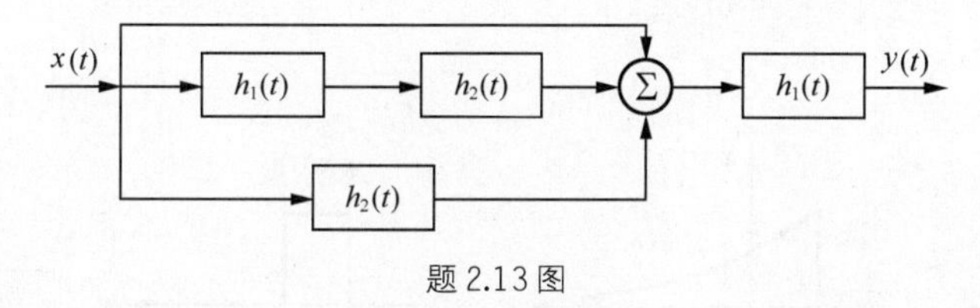

题 2.13 图

2.14　画出题 2.14 图中几个常用信号的卷积波形。

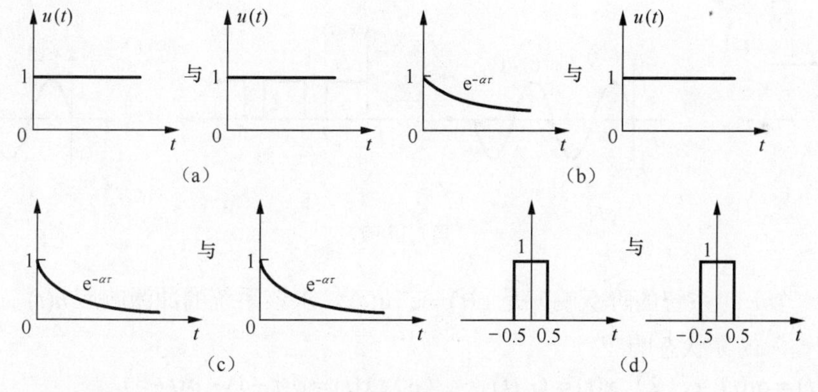

题 2.14 图

2.15　求下列各函数 $x_1(t)$ 与 $x_2(t)$ 的卷积 $x_1(t)*x_2(t)$。

（1）$x_1(t)=tu(t), x_2(t)=u(t)$；（2）$x_1(t)=u(t), x_2(t)=\mathrm{e}^{-3t}u(t)$；

（3）$x_1(t)=tu(t), x_2(t)=u(t)-u(t-2)$；（4）$x_1(t)=\mathrm{e}^{-2t}u(t), x_2(t)=\mathrm{e}^{-3t}u(t)$;

（5）$x_1(t)=tu(t-1), x_2(t)=u(t+2)$；（6）$x_1(t)=\sum_{k=-\infty}^{\infty}\delta(t-k), x_2(t)=G_{0.5}(t)$;

（7）$x_1(t)=\mathrm{e}^{-2t}u(t+1), x_2(t)=u(t-3)$；（8）$x_1(t)=\cos(\omega t), x_2(t)=\delta(t+1)-\delta(t-1)$；

（9）$x_1(t)=\mathrm{e}^{-2t}u(t), x_2(t)=\sin t u(t)$。

2.16　画出题 2.16 图中的信号的卷积波形。

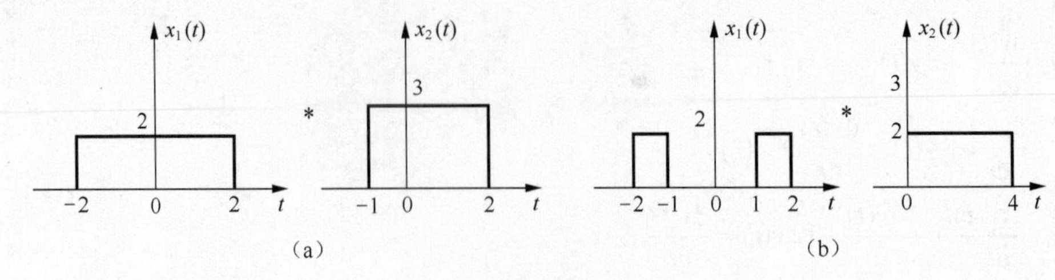

题 2.16 图

2.17　对题 2.17 图所示的各组函数，计算卷积积分 $x_1(t)*x_2(t)$，并粗略画出 $x_1(t)$ 与 $x_2(t)$ 卷积的波形。

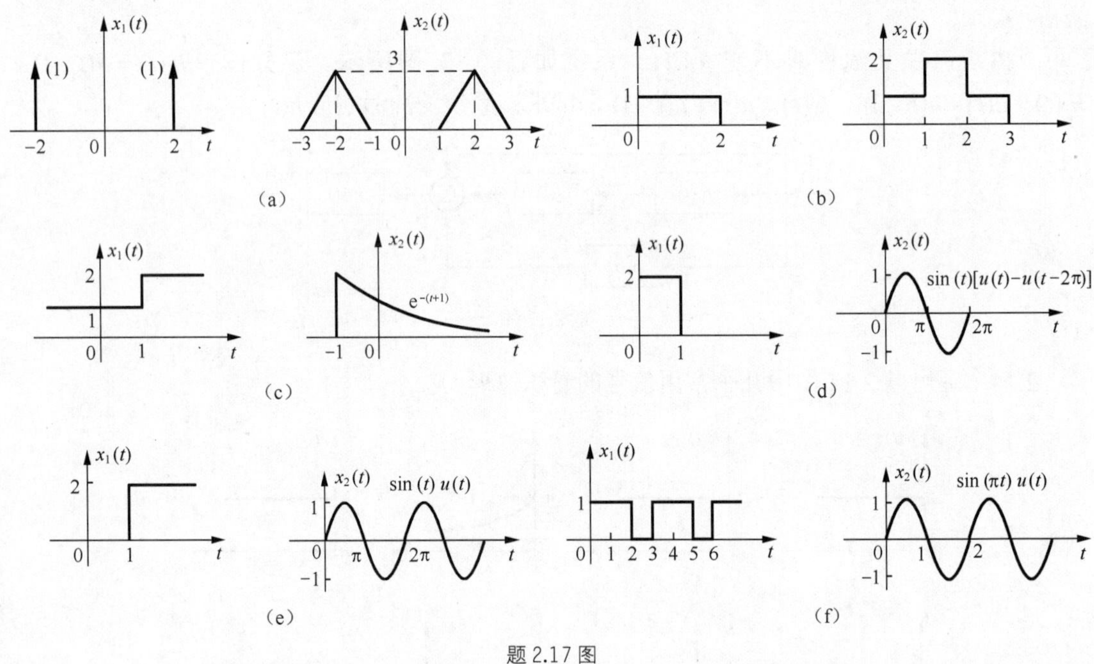

题 2.17 图

2.18　一个 LTI 系统的阶跃响应是 $g(t)=e^{-t}u(t)$。求该系统的冲激响应 $h(t)$。计算这个系统对于以下输入的零状态响应。

（1）$x(t)=tu(t)$；（2）$x(t)=G_2(t)$；　（3）$x(t)=\delta(t+1)-\delta(t-1)$。

2.19　零起始状态电路如题 2.19 图所示，求该电路的单位冲激响应。若激励为 $u_S(t)=e^{-t}u(t)$，求响应 $u_o(t)$。

2.20　零起始状态电路如题图 2.20 所示，求该电路的单位冲激响应。若激励为 $i_S(t)=tu(t)-(t-1)u(t-1)$，求响应 $u_o(t)$。

2.21　设系统的微分方程表示为 $\dfrac{d^2y(t)}{dt^2}+5\dfrac{dy(t)}{dt}+6y(t)=e^{-t}u(t)$，求使完全响应为 $Ce^{-t}u(t)$ 时的系统起始状态 $y(0^-)$ 和 $y'(0^-)$，并确定常数 C。

2.22　已知一线性时不变系统，在相同初始条件下，当激励为 $x(t)$ 时，其全响应为 $y_1(t)=[2e^{-3t}+\sin(2t)]u(t)$；当激励为 $2x(t)$ 时，其全响应为 $y_2(t)=[e^{-3t}+2\sin(2t)]u(t)$。

（1）初始条件不变，求当激励为 $x(t-t_0)$ 时的全响应 $y_3(t)$，t_0 为大于零的实常数；

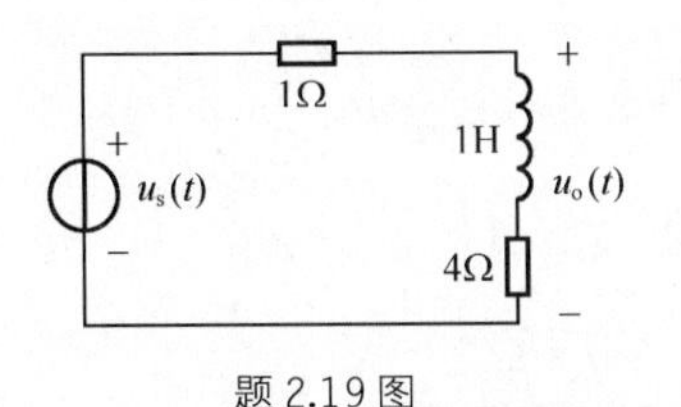

题 2.19 图

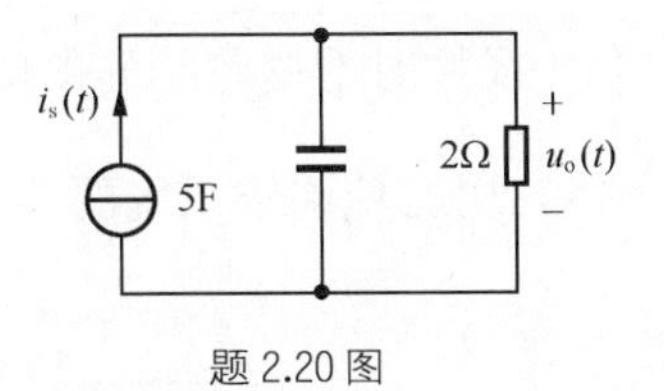

题 2.20 图

（2）初始条件增大 1 倍，求当激励为 $2x(t)$ 时的全响应 $y_4(t)$。

2.23 某线性时不变系统的单位阶跃响应为 $g(t)=(3\mathrm{e}^{-2t}-1)u(t)$，试完成以下要求。

（1）系统的冲激响应 $h(t)$；

（2）系统对激励 $x_1(t)=tu(t)$ 的零状态响应 $y_{zs1}(t)$；

（3）系统对激励 $x_2(t)=t\left[u(t)-u(t-1)\right]$ 的零状态响应 $y_{zs2}(t)$。

2.24 已知某连续系统的微分方程为 $\dfrac{\mathrm{d}^2y(t)}{\mathrm{d}t^2}+5\dfrac{\mathrm{d}y(t)}{\mathrm{d}t}+6y(t)=2\dfrac{\mathrm{d}x(t)}{\mathrm{d}t}+6x(t)$，若系统的初始条件 $y(0^-)=1$ 和 $y'(0^-)=0$，输入信号 $x(t)=(1+\mathrm{e}^{-t})u(t)$，求系统的零输入响应 $y_{zi}(t)$、零状态响应 $y_{zs}(t)$ 和完全响应 $y(t)$。

2.25 已知某线性时不变系统的数学模型为 $\dfrac{\mathrm{d}^2y(t)}{\mathrm{d}t^2}+3\dfrac{\mathrm{d}y(t)}{\mathrm{d}t}+2y(t)=x(t)$，且 $h(0)=0$、$h'(0)=1$，试用卷积积分法求当输入激励 $x(t)=\mathrm{e}^{-t}\cdot u(t)$ 的零状态响应。

2.26 如题 2.26 图所示系统由几个子系统组成，各子系统的冲激响应为 $h_1(t)=u(t)$，$h_2(t)=\delta(t-1)$，$h_3(t)=-\delta(t)$，试求此系统的冲激响应 $h(t)$。

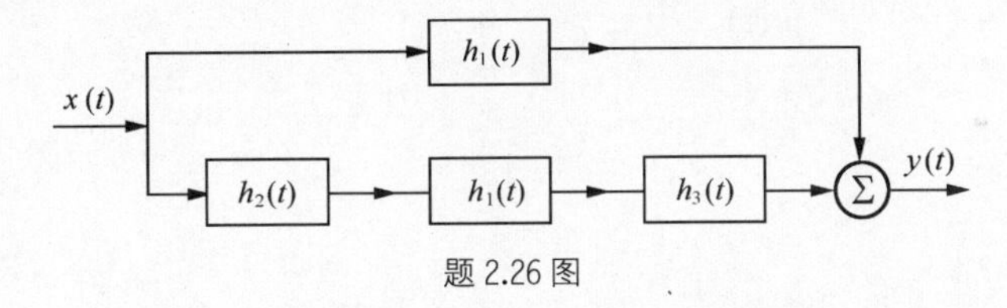

题 2.26 图

2.27 因果性的 LTI 系统，其输入输出关系可用下列微积分方程表示

$$\frac{\mathrm{d}y(t)}{\mathrm{d}t}+5y(t)=\int_{-\infty}^{\infty}f(\tau)f(t-\tau)\mathrm{d}\tau-x(t)$$

其中 $f(t)=\mathrm{e}^{-t}u(t)+3\delta(t)$，用时域分析法求此系统的冲激响应 $h(t)$。

2.28 如题 2.28（a）图所示电路系统 R_1=2kΩ、R_2=1kΩ、C=1500μF，输入信号如题 2.28（b）图所示，用时域法求输出电压 $u_c(t)$。

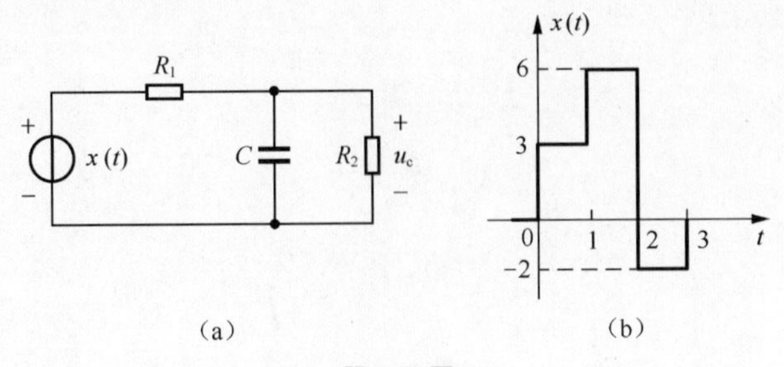

题 2.28 图

2.29　已知一线性时不变系统的单位冲激响应 $h(t)=\frac{\pi}{2}\sin\left(\frac{\pi}{2}t\right)u(t)$，输入信号 $x(t)$ 的波形如题 2.29 图所示。用时域法求系统的零状态响应 $y_{zs}(t)$。

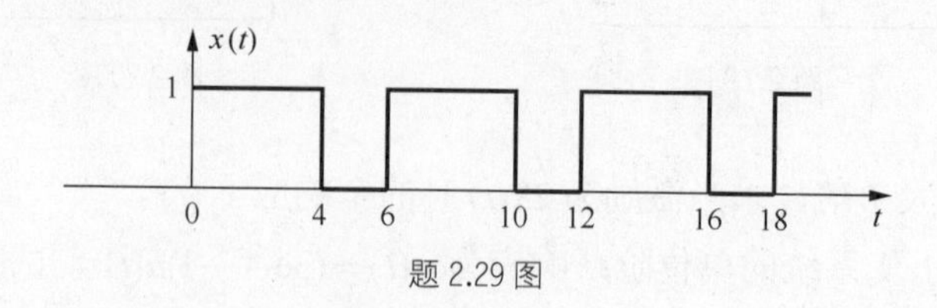

题 2.29 图

2.30　已知线性时不变系统的一对激励和响应波形如题 2.30 图所示，求该系统对激励 $x(t)=\sin(\pi\cdot t)\cdot[u(t)-u(t-1)]$ 的零状态响应。

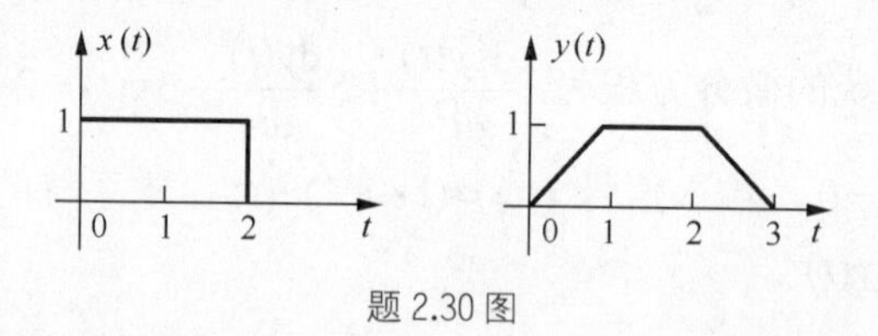

题 2.30 图

2.31　已知下列连续时间 LTI 系统的单位冲激响应，试确定每一系统是否是因果和/或稳定的，并陈述理由。

（1）$h(t)=e^{-4t}u(t-2)$；　（2）$h(t)=e^{-6t}u(3-t)$；　（3）$h(t)=e^{-2t}u(t+50)$；

（4）$h(t)=e^{2t}u(-1-t)$；　（5）$h(t)=e^{-6|t|}$；　（6）$h(t)=te^{-t}u(t)$；

（7）$h(t)=(2e^{-t}-e^{(t-100)/100})u(t)$。

第3章 离散时间系统的时域分析

3.1 引言

随着计算机科学与技术的迅猛发展、大规模集成电路和微处理器的研制成功，使得离散时间系统的理论与应用越来越引起人们的重视。与连续时间系统相比，离散时间系统具有精度高、灵活性优、稳定性好、可靠性强、便于实现大规模集成、体积小、重量轻等诸多优点，因而在军事、民用和生活的诸多领域，如通信、雷达、控制、航空和航天、遥感、声呐、生物医学、地震学、微电子学和核物理学等方面得到了广泛的应用。17 世纪发展起来的经典数值计算作为离散时间系统分析的数学基础，标志着离散时间系统分析的理论体系的开端；20 世纪 40 年代发展起来的计算机技术，标志着离散时间系统分析的理论体系的基本形成；20 世纪 60 年代提出的快速傅里叶变换算法（FFT），使信号与系统分析的研究领域拓展到数字信号处理技术阶段，标志着离散时间系统的理论体系逐步形成，并日趋完善。

虽然离散时间系统和连续时间系统处理的信号的性质、系统的组成和实现原理、系统的性能分析存在一些重要差异，但是，离散时间系统分析的基本问题、分析思路和方法与连续时间系统是一脉相承的，有许多相似之处。在学习本章内容时，应注意本章与上一章的异同之处，采用类比的方法，掌握相同思路和方法在连续时间系统和离散时间系统的应用；同时，要着重学习和掌握离散时间系统新的内容。

3.2 离散时间系统的描述及响应

3.2.1 离散时间系统的数学模型

离散时间系统，简称离散系统，是输入信号和输出信号都是离散时间信号的系统。其激励信号 $x(n)$ 是一个序列，响应 $y(n)$ 为另一序列，如图 3.1（a）所示。显然，此系统的功能是将输入序列 $x(n)$ 映射为输出序列 $y(n)$，可以记作

$$y(n) = T[x(n)] \tag{3.1}$$

如图 3.1（b）所示。

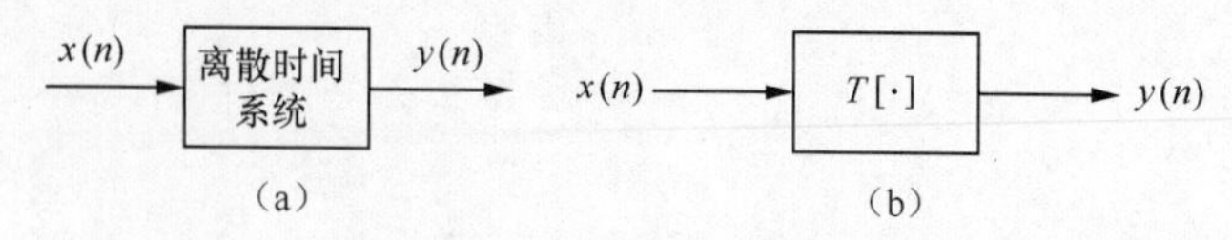

图 3.1　离散时间系统

对于离散时间系统，其输入信号和输出信号都是离散时间变量的函数，运算更多的是不同时间点出现的序列之间的运算，其数学模型是差分方程。在差分方程中，构成方程式的各项包含有离散变量的序列 $x(n)$，以及由此序列经增序或减序得到的移位序列 $x(n+1)$、$x(n-1)$ 等。下面举例说明如何建立离散系统的差分方程。

例 3.1　假设每对兔子每月可以生育一对小兔，新生的小兔要隔一个月才具有生育能力，请给出兔子对数量的数学模型。

解：设 $y(n)$ 代表第 n 个月兔子对的数量，$x(n)$ 代表第 n 个月新增的兔子对（不包括新生的兔子对）。第 n 个月时，有 $y(n-2)$ 对兔子具有生育能力，这部分兔子对能生育出 $y(n-2)$ 对兔子，则 $y(n)$ 由 3 个部分组成。

（1）前面 $n-1$ 个月的兔子对 $y(n-1)$；

（2）能生育的 $y(n-2)$ 对兔子生育的兔子对 $y(n-2)$；

（3）第 n 个月新增的兔子对 $x(n)$。

那么 $y(n)$ 按下列方程变化

$$y(n)=x(n)+y(n-2)+y(n-1) \tag{3.2}$$

可改写为

$$y(n)-y(n-1)-y(n-2)=x(n) \tag{3.3}$$

上式即为每月兔子对的输入输出方程，其左边为未知的输出序列，右边为已知的输入序列。因兔子对是按整数取值，故该方程描述的系统为离散时间系统。这种由未知的输出序列和已知的输入序列所组成的方程称为差分方程。差分方程中，未知序列的自变量序号中最高数值与最低数值之差为差分方程的阶数。如果序列的系数是常数，则该方程为常系数差分方程。如果 $y(n)$ 及其各移位序列都为一次式，则称该方程为线性方程。因此，差分方程式（3.2）为线性的二阶常系数齐次差分方程。

对于常系数线性差分方程，基本运算有序列差分和求和运算，其中，序列的差分运算又分为前向差分和后项差分。一阶后向差分定义为

$$\nabla y(n)=y(n)-y(n-1) \tag{3.4}$$

一阶前向差分定义为

$$\Delta y(n)=y(n+1)-y(n) \tag{3.5}$$

上两式中，Δ 和 ∇ 分别称为前向和后向差分算子，且两者之间满足以下关系

$$\nabla y(n)=\Delta y(n-1) \tag{3.6}$$

二阶后项差分定义为

$$\begin{aligned}\nabla^2 y(n)&=\nabla[\nabla y(n)]=\nabla[y(n)-y(n-1)]\\&=\nabla y(n)-\nabla y(n-1)=y(n)-2y(n-1)+y(n-2)\end{aligned} \tag{3.7}$$

类似地，可以定义三阶、四阶等高阶差分。

一般情况下，对一个线性时不变离散系统而言，如果 LTI 离散时间系统的输入是离散序列 $x(n)$、$x(n-1)$、$x(n-2)$、$\cdots$，输出是离散序列及其延时序列 $y(n)$、$y(n-1)$、$y(n-2)$、$\cdots$，则描述该系统激励和响应之间关系的数学模型为一个 N 阶线性常系数差分方程，即

$$\begin{aligned} &a_0y(n)+a_1y(n-1)+\cdots+a_{N-1}y(n-N+1)+a_Ny(n-N) \\ &=b_0x(n)+b_1x(n-1)+\cdots+b_Mx(n-M) \end{aligned} \tag{3.8}$$

简记为

$$\sum_{i=0}^{N}a_iy(n-i)=\sum_{j=0}^{M}b_jx(n-j) \tag{3.9}$$

其中，a_i 和 b_j 为常数。通常 $N\geqslant M$，N 为方程的阶次。式（3.8）中各序列的序号从 n 以递减方式给出，称为后向（或右移序）N 阶常系数线性差分方程。如果各序列的序号从 n 以递增方式给出，称为前向（或左移序）N 阶常系数线性差分方程，具体形式如下：

$$\begin{aligned} &a_0y(n)+a_1y(n+1)+\cdots+a_{N-1}y(n+N-1)+a_Ny(n+N) \\ &=b_0x(n)+b_1x(n+1)+\cdots+b_Mx(n+M) \end{aligned} \tag{3.10}$$

简记为

$$\sum_{i=0}^{N}a_iy(n+i)=\sum_{j=0}^{M}b_jy(n+j)\quad(N\geqslant M) \tag{3.11}$$

需要注意的是，前向差分和后向差分仅是移位的不同，并无原则上的不同，只要各序列的序号同时增加或减少相同的数目，该差分方程所描述的系统的输入和输出关系是不变的。本书中，除在状态变量分析中采用前向差分方程外，其他部分将主要使用后向形式的差分方程。

3.2.2　常系数差分方程的求解

常系数差分方程的求解分为时域方法和变换域法两种。时域方法可分为迭代法、经典法、双零法和卷积和分析法。本小节主要讨论迭代法和经典法，双零法和卷积和分析法将在本章下面的章节讨论，变换域方法将在后面的第 5 章和第 7 章讨论。

1. 迭代法

迭代法是由系统的差分方程得到系统的递推公式，利用前一时刻的函数值，根据系统的递推公式得到在当前时刻系统输出的函数值。

令式（3.9）中的 $a_0=1$，则常系数线性差分方程为

$$y(n)=-\sum_{i=1}^{N}a_iy(n-i)+\sum_{j=0}^{M}b_jx(n-j) \tag{3.12}$$

令 $n=0$，有

$$y(0)=-a_1y(-1)-a_2y(-2)-\cdots-a_Ny(-N)+b_0x(0)+b_1x(-1)+\cdots+b_Mx(-M)$$

令 $n=1$，有

$$y(1)=-a_1y(0)-a_2y(-1)-\cdots-a_Ny(-N+1)+b_0x(1)+b_1x(0)+\cdots+b_Mx(-M+1)$$

依次类推，反复迭代，就可以求出任意时刻的响应值。

例 3.2　一阶线性常系数差分方程 $y(n)-0.5y(n-1)=u(n)$，$y(-1)=1$，用迭代法求解差分方程。

解：由系统的差分方程得到递推公式

$$y(n)=u(n)+0.5y(n-1)$$

令$n=0$，代入上式，得

$$y(0)=u(0)+0.5y(-1)=1.5$$

依次类推，得

$$y(1)=u(1)+0.5y(0)=1.75$$

$$y(2)=u(2)+0.5y(1)=1.875$$

这种方法可以利用手算逐次代入求解或利用计算机求解，方法简单，概念清楚，但对于复杂问题直接得到一个解析式（或称闭式）解答较为困难。

2. 经典法

和连续时间系统微分方程的时域经典法类似，差分方程的时域经典法也是基于常系数线性差分方程的特点。首先根据特征根的情况由表 3.1 确定齐次解 $y_h(n)$ 的形式，然后根据激励函数的特点由表 3.2 假设特定形式的特解 $y_p(n)$，代入方程求得特解，再将齐次解和特解相加得到完全解

$$y(n)=y_h(n)+y_p(n) \tag{3.13}$$

最后通过边界条件求待定系数。

（1） 齐次解：

差分方程（3.9）所对应的齐次差分方程为

$$\sum_{i=0}^{N}a_i y(n-i)=0 \tag{3.14}$$

方程式（3.14）的解称为差分方程（3.9）的齐次解，齐次解的形式由特征根决定。

差分方程的特征方程为

$$\sum_{i=0}^{N}a_i \lambda^{n-i}=0 \tag{3.15}$$

若特征根为 λ_i（$i=1,2,\cdots N$），且无重根，则可以得到差分方程的齐次解 $y_h(n)$ 为

$$y_h(n)=\sum_{i=0}^{N}C_i\lambda_i^n \tag{3.16}$$

式中，C_i（$i=1,2,\cdots N$）为待定系数，由初始条件决定。表 3.1 中列出了不同的特征根对应的齐次解的形式，其中 C_i、D、A 为待定系数，由初始条件决定。

表 3.1　　特征根及其对应的齐次解

特征根 λ	齐次解 $y_h(n)$
单实根	$\sum_{i=1}^{N}C_i\lambda_i^n$
r 重实根	$(C_0+C_1n+\cdots+C_{r-2}n^{r-2}+C_{r-1}n^{r-1})\lambda^n$
一对共轭复根 $\lambda_{1,2}=a\pm \mathrm{i}b=\rho \mathrm{e}^{\pm \mathrm{i}\beta}$	$\rho^n[C\cos(\beta n)+D\sin(\beta n)]$或$A\rho^n\cos(\beta n-\theta)$,其中$A\mathrm{e}^{\mathrm{i}\theta}=C+\mathrm{i}D$
r 重共轭复根	$A_{r-1}n^{r-1}\rho^n\cos(\beta n-\theta_{r-1})+A_{r-2}n^{r-2}\rho^n\cos(\beta n-\theta_{r-2})+\cdots+A_0\rho^n\cos(\beta n-\theta_0)$

（2）特解

与连续时间系统微分方程的特解求法类似，离散时间系统差分方程的特解形式与输入激励函数的形式有关。表3.2列出了几种典型的输入激励函数所对应的特解，其中 P_i、D、A 为待定系数。选定特解形式后，将它代入到差分方程中，求出各待定系数，就能得到差分方程的特解 $y_p(n)$。

应当注意，特解 $y_p(n)$ 虽然满足非齐次方程，但是这并不是该方程的唯一解，特解和齐次解之和也满足该方程。对于差分方程的完全解 $y(n)=y_h(n)+y_p(n)$，只有利用初始条件确定其待定系数后，才是该差分方程的唯一解。

一般情况下，对于 N 阶差分方程，应给出 N 个初始条件。利用这些初始条件，代入完全解的表达式中，可以构成联立方程，求得 N 个待定系数。

表3.2　不同激励函数所对应的特解

激励 $x(n)$	特解 $y_p(n)$
E（常数）	B
n^m	$P_0+P_1n+\cdots+P_{m-1}n^{m-1}+P_mn^m$　所有特征根均不等于1 $(P_0+P_1n+\cdots+P_{m-1}n^{m-1}+P_mn^m)n^r$　当有 r 重等于1的特征根时
a^n	Pa^n（a 不等于特征根） $(P_0+P_1n)a^n$（a 等于单特征根） $(P_0+P_1n+\cdots+P_{r-1}n^{r-1}+P_rn^r)a^n$（$a$ 等于 r 重特征根）
$\cos(\beta n)$或$\sin(\beta n)$	$P\cos(\beta n)+D\sin(\beta n)$或$A\cos(\beta n-\theta), Ae^{i\theta}=P+iD$
$a^n\cos(\beta n)$或$an\sin(\beta n)$	$[P\cos(\beta n)+D\sin(\beta n)]a^n$

例3.3　某线性时不变系统的差分方程为 $y(n)+3y(n-1)+2y(n-2)=2^nu(n)$，当起始状态为 $y(-1)=0$、$y(-2)=0.5$ 时，求全响应。

解：（1）求齐次解

特征方程为

$$\lambda^2+3\lambda+2=0$$

因此，特征根为 $\lambda_1=-1,\lambda_2=-2$，由于是单实根，因此齐次解为

$$y_h(n)=C_1(-1)^n+C_2(-2)^n$$

（2）求特解

根据激励信号的形式，设特解为 $y_p(n)=P(2)^n$，其中，P 为待定系数。

将 $y_p(n)$ 代入原差分方程，得

$$P(2)^n+3P(2)^{n-1}+2P(2)^{n-2}=2^n$$

求解可得 $P=\dfrac{1}{3}$，故特解为

$$y_p(n)=(1/3)(2)^n$$

（3）求完全解

综合齐次解和特解，得到完全解为

$$y(n)=y_h(n)+y_p(n)=C_1(-1)^n+C_2(-2)^n+(1/3)(2)^n$$

将 $y(-1)=0$， $y(-2)=0.5$ 代入上式，得

$$\begin{cases} y(-1)=-C_1-C_2/2+1/6=0 \\ y(-2)=C_1+C_2/4+1/12=1/2 \end{cases}$$

解得 $C_1=2/3$、$C_2=-1$，故完全解为

$$y(n)=\underbrace{\frac{2}{3}(-1)^n-(-2)^n}_{\text{齐次解}}+\underbrace{\frac{1}{3}(2)^n}_{\text{特解}} \quad ,n\geqslant 0$$

与微分方程的情况相同，差分方程的齐次解也称为自由响应；特解的形式由激励信号所决定，因此也称为强迫响应。上例中完全解也可以表示为

$$y(n)=\underbrace{\frac{2}{3}(-1)^n-(-2)^n}_{\text{自由响应}}+\underbrace{\frac{1}{3}(2)^n}_{\text{强迫响应}} \quad ,n\geqslant 0$$

用阶跃序列可表示为

$$y(n)=\left[\frac{2}{3}(-1)^n-(-2)^n+\frac{1}{3}(2)^n\right]u(n)$$

3.3 零输入响应和零状态响应

与连续时间 LTI 系统类似，离散时间 LTI 系统的完全响应，也可分解为仅由系统起始状态所引起的零输入响应 $y_{zi}(n)$ 和仅由激励信号引起的零状态响应 $y_{zs}(n)$，即

$$y(n)=y_{zi}(n)+y_{zs}(n) \tag{3.17}$$

3.3.1 零输入响应

LTI 离散时间系统的零输入响应 $y_{zi}(n)$ 是当系统激励为零时，仅由系统起始储能所引起的系统响应。零输入条件下的系统方程为

$$\sum_{i=0}^{N}a_i y(n-i)=0 \quad ,n\geqslant 0 \tag{3.18}$$

零输入响应的求法与求解常系数差分方程的齐次解一样，若其特征根无重根，则其零输入响应为

$$y_{zi}(n)=\sum_{i=1}^{N}C_i\lambda_i^n \tag{3.19}$$

式中，λ_i 为特征根。实际上，由于没有激励的作用，系统的边界条件（初始条件），就是零输入响应的起始条件，因此，C_i 由零输入响应的起始条件来确定。零输入响应的起始条件，必须满足在此时刻零输入响应与全响应相等，即输入信号还没有在输出引起响应。零输入响应的起始条件与系统的激励信号无关，是系统的起始储能、历史的记忆。

例 3.4 已知某线性系统的差分方程为 $y(n)+ay(n-1)+by(n-2)=x(n)$，输入 $x(n)=\delta(n)$，试确定零输入响应的起始条件。

解：由差分方程可得

$$y(n)=x(n)-ay(n-1)-by(n-2)$$

令 $n=-2$，则 $y(-2)=x(-2)-ay(-3)-by(-4)=-ay(-3)-by(-4)$；

令$n=-1$，则$y(-1)=x(-1)-ay(-2)-by(-3)=-ay(-2)-by(-3)$；

令$n=0$，则$y(0)=x(0)-ay(-1)-by(-2)$；

令$n=1$，则$y(1)=x(1)-ay(0)-by(-1)$。

由以上的关系式可以看出，当$n=-2$、$n=-1$时，全响应与输入信号无关，即有$y_{zi}(-2)=y(-2)$、$y_{zi}(-1)=y(-1)$，系统是二阶系统，零输入响应的起始条件有两个值，为$y(-1)$、$y(-2)$。

一般情况下，对于后向序列的差分方程，确定零输入响应的起始条件有以下结论。

若$y(n)+a_1y(n-1)+\cdots+a_Ny(n-N)=x(n)$，则零输入响应的起始条件$y_{zi}(n)=y(n)$的序号满足$n<0$，为

$$y(-N+1)、y(-N+2)、\cdots、y(-2)、y(-1)$$

进一步推广，若$y(n)+a_1y(n-1)+\cdots+a_Ny(n-N)=b_0x(n)+\cdots+b_{L-1}x(n-L+1)+b_Lx(n-L)$则，零输入响应的起始条件$y_{zi}(n)=y(n)$的序号满足$n<0$，为

$$y(-N+1)、y(-N+2)、\cdots、y(-2)、y(-1)。$$

需要注意的是，在求零输入响应时，若系统给出的起始条件包含激励加入系统后的激励效果，则要通过迭代的方法求出无激励效果的系统起始条件。下面举例进行说明。

例 3.5　已知系统的差分方程为$y(n)+3y(n-1)+2y(n-2)=x(n)+x(n-1)$，输入$x(n)=(-2)^nu(n)$，且$y(0)=y(1)=0$，试求系统的零输入响应。

解：（1）确定零输入响应的形式

由差分方程可知，系统的特征方程为

$$\lambda^2+3\lambda+2=0 \tag{3.20}$$

则特征根为$\lambda_1=-2,\ \lambda_2=-1$，

故得零输入响应的形式为

$$y_{\text{zi}}(n)=C_1(-2)^n+C_2(-1)^n \tag{3.21}$$

（2）求零输入起始条件

由差分方程可知系统的零输入响应为$n\geqslant 0$以后系统的响应，故零输入起始状态是$y_{zi}(-1)=y(-1)$、$y_{zi}(-2)=y(-2),\cdots$。题中给出的起始条件为$y(0)=y(1)=0$，包含激励序列的作用，因此需利用差分方程迭代求出零输入起始条件。本题为二阶系统，故而只需求出零输入起始条件$y_{zi}(-1)=y(-1)$、$y_{zi}(-2)=y(-2)$。

令$n=1$，由系统的差分方程可得

$$y(1)+3y(0)+2y(-1)=(-2)u(1)+(-2)^0u(0)$$

解上述方程，得$y(-1)=-\dfrac{1}{2}$；

令$n=0$，由系统的差分方程可得

$$y(0)+3y(-1)+2y(-2)=(-2)^0u(0)+(-2)^{-1}u(-1)$$

解上述方程，得$y(-2)=\dfrac{5}{4}$，故

$$y_{zi}(-1)=y(-1)=-\frac{1}{2},\quad y_{zi}(-2)=y(-2)=\frac{5}{4}$$

（3）求待定系数

将$y_{zi}(-1), y_{zi}(-2)$代入方程（3.21），可得

$$\begin{cases} y_{zi}(-1) = C_1(-2)^{-1} + C_2(-1)^{-1} = -\dfrac{1}{2} \\ y_{zi}(-2) = C_1(-2)^{-2} + C_2(-1)^{-2} = \dfrac{5}{4} \end{cases}$$

由上面的联立方程求得$C_1 = -3, C_2 = 2$。故零输入响应为

$$y_{zi}(n) = [-3(-2)^n + 2(-1)^n]u(n)$$

在上例中，零输入响应的起始条件也可以取$n \geqslant 0$的系统响应值，本题为二阶系统，可取$n=0$、$n=1$，只不过此时响应对应的差分方程为$y(n)+3y(n-1)+2y(n-2)=0$，迭代求解可得零输入响应的起始条件为$y_{zi}(0)=-1$、$y_{zi}(1)=4$。显然$y_{zi}(0) \neq y(0)$、$y_{zi}(1) \neq y(1)$，因为后者包含了激励信号的作用分量。当然，利用$y_{zi}(0)=-1$、$y_{zi}(1)=4$，也同样可以求得$C_1=-3$、$C_2=2$。

另外，对于起始点非零的有始信号，必须首先确定激励信号作用于系统的时刻，再利用差分方程的递推关系，确定系统的零输入响应的起始条件。

3.3.2 零状态响应

LTI 离散时间系统的零状态响应$y_{zs}(n)$是当系统起始状态为零时，仅由外加激励所引起的系统响应。对于因果信号，零状态响应对应的系统方程为

$$\sum_{i=0}^{N} a_i y(n-i) = \sum_{j=0}^{M} b_j x(n-j) \quad ,n \geqslant 0 \tag{3.22}$$

对应的起始条件为$y_{zs}(-1) = y_{zs}(-2) = \cdots = y_{zs}(-N) = 0$。

零状态响应的求法与求解常系数非齐次差分方程一样，其解为齐次解和特解相加而得。若其特征根无重根，则其零状态响应为

$$y_{zs}(n) = y_h(n) + y_p(n) = \sum_{i=1}^{N} C_i \lambda_i^{\,n} + y_p(n) \tag{3.23}$$

式中，λ_i为特征根，C_i由零状态响应的初始条件来确定。零状态响应的初始条件是在零起始状态下，激励加入系统后的响应值。

例 3.6 已知某线性系统的差分方程为$y(n)+ay(n-1)+by(n-2)=x(n)$，输入$x(n)=\delta(n)$，试确定零状态响应的初始条件。

解：由差分方程，有

$$y(n) = x(n) - ay(n-1) - by(n-2)$$

$n=0$时激励序列起作用，故系统起始条件为

$$y(-1) = y(-2) = \cdots = y(-N) = 0$$

令$n=-1$，则$y(-1)=x(-1)-ay(-2)-by(-3)=-ay(-2)-by(-3)=0$

令$n=0$，则$y(0)=x(0)-ay(-1)-by(-2)=1$

令$n=1$，则$y(1)=x(1)-ay(0)-by(-1)=-a$

由以上的关系式可以看出，当$n=0$、$n=1$时，激励序列加入系统，系统是二阶系统，零状态响应的初始条件可以选择$y(0)$、$y(1)$两个值。

与连续时间系统相同，一个输出全响应函数可以表示为零输入响应和零状态响应之和，即

$$y(n)=y_{zi}(n)+y_{zs}(n)$$

对于非零特征根为单根的情况，可以表示为

$$y(n)=y_{zi}(n)+y_{zs}(n)=\underbrace{\sum_{i=1}^{n}C_i\left(\lambda_i\right)^k}_{\text{自由响应}}+\underbrace{y_p(n)}_{\text{强迫响应}}=\underbrace{\sum_{i=1}^{n}C_{zi_i}\left(\lambda_i\right)^k}_{\text{零输入响应}}+\underbrace{\sum_{i=1}^{n}C_{zs_i}\left(\lambda_i\right)^k+y_p(n)}_{\text{零状态响应}} \tag{3.24}$$

亦即

$$\sum_{i=1}^{n}C_i\left(\lambda_i\right)^k=\sum_{i=1}^{n}C_{zi_i}\left(\lambda_i\right)^k+\sum_{i=1}^{n}C_{zs_i}\left(\lambda_i\right)^k \tag{3.25}$$

例 3.7　某线性时不变系统的差分方程为 $y(n)+3y(n-1)+2y(n-2)=2^n u(n)$，当起始状态为 $y(0)=0$、$y(1)=2$ 时，求零输入响应、零状态响应和全响应。

解：（1）求零输入响应

特征根为 $\lambda_1=-1$、$\lambda_2=-2$，由于是单实根，因此零输入响应为

$$y_{zi}(n)=C_1(-1)^n+C_2(-2)^n$$

例题给出的系统起始条件为 $y(0)=0$、$y(1)=2$，而激励是在 $n=0$ 时间加入的，故应迭代求出零输入响应的起始条件为 $y_{zi}(-1)=y(-1)=0$、$y_{zi}(-2)=y(-2)=0.5$，代入零输入响应的表达式，得

$$\begin{cases}y_{zi}(-1)=-C_1-C_2 1/2=0\\ y_{zi}(-2)=C_1+C_2 1/4=0.5\end{cases}$$

解得 $C_1=1$、$C_2=-2$，则

$$y_{zi}(n)=(-1)^n-2(-2)^n \qquad ,n\geqslant 0$$

（2）求零状态响应

根据激励信号的形式，设特解为 $y_p(n)=P(2)^n$，将 $y_p(n)$ 代入原差分方程，得

$$P(2)^n+3P(2)^{n-1}+2P(2)^{n-2}=2^n$$

则 $P=\dfrac{1}{3}$，故特解为

$$y_{zsp}(n)=(1/3)(2)^n$$

由零输入响应的求解可知，齐次解为

$$y_{zsh}(n)=C_1(-1)^n+C_2(-2)^n$$

则系统的零状态响应为

$$y_{zs}(n)=y_{zsh}(n)+y_{zsp}(n)=C_1(-1)^n+C_2(-2)^n+(1/3)(2)^n$$

本题给出的系统起始条件为 $y(0)=0$、$y(1)=2$，同时包含了系统起始状态和激励的作用，因此应该将系统零起始状态即 $y(-1)=0$、$y(-2)=0$ 代入差分方程，求得系统零状态响应的初始条件 $y_{zs}(0)=1$、$y_{zs}(1)=-1$，代入零状态响应的表达式，得

$$\begin{cases}y(0)=C_1+C_2+1/3=1\\ y(1)=-C_1-2C_2+2/3=-1\end{cases}$$

解得 $C_1=-1/3$、$C_2=1$，则

$$y_{zs}(n) = -\frac{1}{3}(-1)^n + (-2)^n + \frac{1}{3}(2)^n \quad ,n \geqslant 0$$

（3）求全响应

$$y(n) = y_{zi}(n) + y_{zs}(n) = \underbrace{(-1)^n - 2(-2)^n}_{\text{零输入响应}} + \underbrace{-\frac{1}{3}(-1)^n + (-2)^n + \frac{1}{3}(2)^n}_{\text{零状态响应}}$$

$$= \left[\frac{2}{3}(-1)^n - (-2)^n + \frac{1}{3}(2)^n\right]u(n)$$

3.4 单位样值响应和单位阶跃响应

与连续时间系统的卷积分析法类似，在离散时间系统中，将一般序列分解为单位样值序列的线性组合，通过求解单位样值序列作用于系统的零状态响应，即单位样值响应，然后将一般序列和冲激样值序列进行卷积和运算，就可得到一般序列激励下系统的零状态响应。这个方法为卷积和分析法。

3.4.1 单位样值响应

对于 LTI 离散时间系统，当激励为单位冲激序列 $\delta(n)$，系统所产生的零状态响应称为单位样值响应，也称为单位冲激响应，记作 $h(n)$。单位样值响应可以采用经典法和变换域方法求解。就经典法而言，其求法和一般的零状态响应的求解是相同的，称为等效初始条件法。变换域的方法将在第 7 章中介绍。另外，由于 $\delta(n)$ 序列只在 $n=0$ 时取值 $\delta(0)=1$，在 n 为其他值时都为零，因而还可以用迭代法较方便地求出 $\delta(n)$ 作用于系统的零状态响应 $h(n)$。

1. 迭代法

例 3.8 已知某离散系统的差分方程为 $y(n) - \frac{1}{2}y(n-1) = x(n)$，求其单位样值响应 $h(n)$。

解： 系统单位样值响应对应的差分方程为

$$h(n) - \frac{1}{2}h(n-1) = \delta(n)$$

根据因果性和零状态响应的定义，有

$$h(-1) = 0$$

代入差分方程可得

$$h(0) = \frac{1}{2}h(-1) + \delta(0) = 0 + 1 = 1$$

$$h(1) = \frac{1}{2}h(0) + \delta(1) = \frac{1}{2} \times 1 + 0 = \frac{1}{2}$$

$$h(2) = \frac{1}{2}h(1) + \delta(2) = \frac{1}{2} \times \frac{1}{2} + 0 = \frac{1}{4}$$

$$\cdots$$

$$h(n) = \frac{1}{2}h(n-1) + \delta(n) = \left(\frac{1}{2}\right)^n$$

故该系统的单位冲激响应为

$$h(n)=\left(\frac{1}{2}\right)^n u(n)$$

这种迭代方法虽然步骤清楚但计算过程较长，而且不一定能直接求得系统单位冲激响应 $h(n)$ 的闭式解。为能求出一般的闭式解，可采用等效初始条件法。

2. 等效初始条件法

对于因果系统，单位冲激序列瞬时作用后，其输入变为零，此时描述系统的差分方程变为齐次方程，而单位冲激序列对系统的瞬时作用则转化为系统的等效初始条件，这样就把问题转化为求解齐次方程。下面以三阶后向差分方程为例，介绍等效初始条件的求解。

考虑单输入情况，即

$$y(n)+a_2y(n-1)+a_1y(n-2)+a_0y(n-3)=\delta(n)$$

其响应记为 $h_0(n)$，则有

$$h_0(n)+a_2h_0(n-1)+a_1h_0(n-2)+a_0h_0(n-3)=\delta(n)$$

令 $n=0$ 时，有

$$h_0(0)+a_2h_0(-1)+a_1h_0(-2)+a_0h_0(-3)=\delta(0)=1$$

$$h_0(0)=1$$

选择初始条件的基本原则是，必须将 $\delta(n)$ 的作用体现在初始条件中。该系统为三阶系统，需要 3 个初始条件，可以选择 $h_0(-1)=h_0(-2)=0$、$h_0(0)=1$ 为初始条件。

一般情况下，对于单输入的 N 阶系统，可以用类似的方法得出 N 个初始条件

$$h_0(-1)=h_0(-2)=\cdots=h_0(-N+1)=0\text{、}h_0(0)=1$$

单位冲激响应 $h_0(n)$ 的 N 个待定系数可由以上 N 个初始条件来确定。

例 3.9　系统的差分方程为 $y(n)-3y(n-1)+3y(n-2)-y(n-3)=x(n)$，求系统的单位样值响应 $h(n)$。

解：单位样值响应对应的系统差分方程为

$$h(n)-3h(n-1)+3h(n-2)-h(n-3)=\delta(n)$$

（1）求等效初始条件

对于因果系统，$h(-3)=h(-2)=h(-1)=0$，代入单位样值响应对应的系统差分方程，得

$$h(0)=3h(-1)-3h(-2)+h(-3)+\delta(0)=1。$$

求解该系统需要 3 个初始条件，可以选择 $h(-2)$、$h(-1)$、$h(0)$ 作为初始条件。

（2）求差分方程的齐次解

由于 $n>0$ 时，$\delta(n)=0$，因而 $h(n)$ 与该系统零输入响应的函数形式相同，即转化为求齐次解问题。系统的特征方程为

$$\lambda^3-3\lambda^2+3\lambda-1=0$$

解得特征根 $\lambda_1=\lambda_2=\lambda_3=1$，由表 3.1 可知，单位样值响应的函数形式为

$$h(n)=(C_0+C_1n+C_2n^2)\lambda^k=C_0+C_1n+C_2n^2$$

将 $h(-1)=0$、$h(-2)=0$、$h(0)=1$ 作为边界条件，代入上式，得

$$\begin{cases}h(0)=1\rightarrow C_0=1\\ h(-1)=0\rightarrow C_0-C_1+C_2=0\\ h(-2)=0\rightarrow C_0-2C_1+4C_2=0\end{cases}$$

求解上述方程组，可得

$$C_0=1、C_1=1.5、C_2=0.5$$

则系统的单位样值响应为

$$h(n)=\frac{1}{2}(2+3n+n^2)u(n)$$

对于多输入系统，如果同时包含冲激序列及其移位项，类似于连续时间系统单位冲激响应的系统特性法，可以分解差分方程右端为单个输入情况，求解单个输入的 $h_0(n)$ 后，利用线性时不变系统的特性求移位项作用下的响应，然后再叠加，得出 $h(n)$。设

$$\delta(n)\to h_0(n)$$

由时不变性质，有 $$\delta(n-m)\to h_0(n-m)$$

由可加性，有 $$\sum A\delta(n-i)\to\sum Ah_0(n-i)$$

3.4.2 单位阶跃响应

对于离散时间 LTI 系统，当激励为单位阶跃序列 $u(n)$，系统所产生的零状态响应称为系统的单位阶跃响应，记作 $g(n)$。单位阶跃序列与单位冲激序列的关系为

$$u(n)=\sum_{m=-\infty}^{n}\delta(m)$$

$$\delta(n)=u(n)-u(n-1)$$

则，对于离散时间 LTI 系统，其单位阶跃响应与单位样值响应的关系也可以表述为

$$g(n)=\sum_{m=-\infty}^{n}h(m) \tag{3.26}$$

$$h(n)=g(n)-g(n-1) \tag{3.27}$$

考虑因果系统，式（3.26）可改写为

$$g(n)=\sum_{m=0}^{n}h(m) \tag{3.28}$$

因此，离散时间系统的阶跃响应可以通过经典法求解，也可以通过先求得系统的单位样值响应，再利用单位阶跃响应和单位样值响应之间的关系来求解。

例 3.10 已知描述一个离散时间系统的差分方程为

$$y(n)-y(n-1)-2y(n-2)=x(n)$$

（1）求系统的单位阶跃响应；

（2）求新系统 $y(n)-y(n-1)-2y(n-2)=3x(n+1)+x(n)-2x(n-1)$ 的单位阶跃响应。

解：（1）本例题可以利用经典法和单位样值响应法两种方法来求解单位阶跃响应。

方法一 经典法

$g(n)$ 满足的差分方程为

$$g(n)-g(n-1)-2g(n-2)=u(n)$$

① 求初始条件

由因果系统和零起始条件可知 $g(-1)=g(-2)=0$，利用迭代法得

$$g(0)=g(-1)+2g(-2)+u(0)=1$$

$$g(1)=g(0)+2g(-1)+u(1)=2$$

差分方程为二阶系统，故选择 $g(0)=1$、$g(1)=2$ 为初始条件。

② 求齐次解的形式

特征根为 $\lambda_1=-1$、$\lambda_2=2$，故齐次解的形式为

$$g_h(n)=C_1(-1)^n+C_2 2^n$$

③ 求特解

根据激励的形式，设特解 $g_p(n)=B$，代入 $g(n)$ 满足的差分方程，解得 $B=-1/2$，故得到特解

$$g_p(n)=-1/2$$

因此，系统的阶跃响应为

$$g(n)=C_1(-1)^n+C_2 2^n-\frac{1}{2}$$

④ 确定待定系数

将初始条件 $g(0)=1$、$g(1)=2$ 代入上式，得方程组

$$\begin{cases} g(0)=C_1+C_2-\dfrac{1}{2}=1 \\ g(1)=-C_1+2C_2-\dfrac{1}{2}=2 \end{cases}$$

联立求解可得 $C_1=1/6$、$C_2=4/3$，因此系统的阶跃响应为

$$g(n)=\left[\frac{1}{6}(-1)^n+\frac{4}{3}2^n-\frac{1}{2}\right]u(n)$$

方法二　单位样值响应法

单位样值响应所满足的差分方程为

$$h(n)-h(n-1)-2h(n-2)=\delta(n)$$

① 求等效初始条件

由因果系统，系统起始状态为 $h(-1)=h(-2)=0$，利用迭代法求出初始条件为

$$h(0)=h(1)=1$$

② 求齐次解

特征根为 $\lambda_1=-1$、$\lambda_2=2$，因此差分方程的齐次解为

$$h(n)=C_1(-1)^n+C_2 2^n$$

③ 求待定系数

将等效初始条件 $h(0)=h(1)=1$ 代入上式，可得 $C_1=1/3$、$C_2=2/3$，因此，系统的单位样值响应为

$$h(n)=\left[\frac{1}{3}(-1)^n+\frac{2}{3}2^n\right]u(n)$$

④ 求阶跃响应

根据系统的单位阶跃响应和单位样值响应的关系，可得

$$g(n)=\sum_{m=0}^{\infty}h(n-m)\overset{令j=n-m}{=}\sum_{j=-\infty}^{n}h(j)=\sum_{j=0}^{n}h(j)=\frac{1}{3}\sum_{j=0}^{n}(-1)^j+\frac{2}{3}\sum_{j=0}^{n}2^j$$

上式右端两项都为等比级数，按等比级数求和公式可得

$$\sum_{j=0}^{n}(-1)^j=\frac{1-(-1)^{n+1}}{1-(-1)}=\frac{1+(-1)^n}{2}$$

$$\sum_{j=0}^{n}2^j=\frac{1-2^{n+1}}{1-2}=2\times 2^n-1$$

则系统的单位阶跃响应为

$$g(n)=\left[\frac{1}{6}(-1)^n+\frac{4}{3}2^n-\frac{1}{2}\right]u(n)$$

（2）对于新系统 $y(n)-y(n-1)-2y(n-2)=3x(n+1)+x(n)-2x(n-1)$，根据线性时不变系统的性质，其阶跃响应为

$$\begin{aligned}g_1(n)&=3g(n+1)+g(n)-2g(n-1)\\&=3\left[\frac{1}{6}(-1)^{n+1}+\frac{4}{3}2^{n+1}-\frac{1}{2}\right]u(n+1)+\left[\frac{1}{6}(-1)^n+\frac{4}{3}2^n-\frac{1}{2}\right]u(n)-2\left[\frac{1}{6}(-1)^{n-1}+\frac{4}{3}2^{n-1}-\frac{1}{2}\right]u(n-1)\end{aligned}$$

在时域求解中，如果利用单位样值响应 $h(n)$ 求解单位阶跃响应 $g(n)$，则需要用到几何级数的求和运算，这一般比较复杂。常用几何级数求和公式列于表 3.3，以备查阅，它在 z 变换中也会经常用到。

表 3.3　　几何级数的求和公式表

序号	公式	说明
1	$\sum_{j=0}^{n}a^j=\begin{cases}\frac{1-a^{n+1}}{1-a},a\neq 1\\ n+1,a=1\end{cases}$	$n\geqslant 0$
2	$\sum_{j=n_1}^{n_2}a^j=\begin{cases}\frac{a^{n_1}-a^{n_2+1}}{1-a},a\neq 1\\ n_2-n_1+1,a=1\end{cases}$	n_1,n_2可为正或负整数，但$n_2\geqslant n_1$
3	$\sum_{j=0}^{\infty}a^j=\frac{1}{1\text{-}a},\lvert a\rvert<1$	
4	$\sum_{j=n_1}^{\infty}a^j=\frac{a^{n_1}}{1\text{-}a},\lvert a\rvert<1$	
5	$\sum_{j=n_1}^{n_2}j=\frac{(n_2+n_1)(n_2-n_1+1)}{2}$	n_1,n_2可为正或负整数，但$n_2\geqslant n_1$
6	$\sum_{j=0}^{n}j^2=\frac{n(n+1)(2n+1)}{6}$	$n\geqslant 0$

3.5　卷积和及其应用

卷积和同连续时间系统的卷积一样重要，是卷积和分析法的基础。下面具体介绍离散信号的卷积和的定义、计算、性质及应用等基本内容。

3.5.1 卷积和的定义

一般序列 $x(n)$ 可以表示为单位冲激序列及其移位的线性组合，即

$$x(n)=\sum_{m=-\infty}^{+\infty}x(m)\delta(n-m)$$

系统在 $\delta(n)$ 激励作用下，其单位样值响应为 $h(n)$；由 LTI 系统的时不变性和齐次性，$x(m)\delta(n-m)$ 激励下的零状态响应为 $x(m)h(n-m)$；再由可加性，$\sum_{m=-\infty}^{+\infty}x(m)\delta(n-m)$ 激励下的零状态响应为 $\sum_{m=-\infty}^{+\infty}x(m)h(n-m)$，故 $x(n)$ 激励系统产生的零状态响应为

$$y(n)=\sum_{m=-\infty}^{+\infty}x(m)h(n-m) \tag{3.29}$$

这种叠加是离散叠加，即求和运算，而不是积分运算，叠加的过程表现为求卷积和，或称为离散卷积，记作

$$y(n)=\sum_{m=-\infty}^{+\infty}x(m)h(n-m)=x(n)*h(n) \tag{3.30}$$

卷积和的公式表明，系统在任一信号激励下的零状态响应都能够通过单位样值响应与激励信号的卷积和来求解，即

$$y_{zs}(n)=x(n)*h(n) \tag{3.31}$$

卷积和公式（3.31）可以推广至任意两个序列的情形，即任意两个序列 $x_1(n)$ 和 $x_2(n)$ 的卷积定义为

$$x(n)=x_1(n)*x_2(n)=\sum_{m=-\infty}^{\infty}x_1(m)x_2(n-m) \tag{3.32}$$

若记 $W_n(m)=x_1(m)x_2(n-m)$ 式中，m 为自变量，n 看作常量，那么

$$x(n)=x_1(n)*x_2(n)=\sum_{m=-\infty}^{\infty}W_n(m) \tag{3.33}$$

如果序列 $x_1(m)$ 为因果序列，即有 $n<0, x_1(n)=0$，则式（3.32）中求和下限可改写为零，于是有

$$x_1(n)*x_2(n)=\sum_{m=0}^{\infty}x_1(m)x_2(n-m) \tag{3.34}$$

如果 $x_1(n)$ 不受限制，而 $x_2(n)$ 为因果序列，那么式（3.32）中，当 $n-m<0$，即 $m>n$ 时，$x_2(n-m)=0$，因而求和上限可改写为 n，故

$$x_1(n)*x_2(n)=\sum_{m=-\infty}^{n}x_1(m)x_2(n-m) \tag{3.35}$$

如果 $x_1(n)$、$x_2(n)$ 均为因果序列，则

$$x_1(n)*x_2(n)=\sum_{m=0}^{\infty}x_1(m)x_2(n-m)=[\sum_{m=0}^{n}x_1(m)x_2(n-m)]u(n) \tag{3.36}$$

式（3.36）表明两因果序列的卷积仍为因果序列。

3.5.2 卷积和的性质

离散时间序列卷积和有与连续时间函数的卷积类似的性质。本节主要讨论卷积和的代数特性、$\delta[n]$ 或 $u[n]$ 的卷积和特性、卷积和的差分与求和特性以及卷积和的位移特性。

1. 卷积和的代数特性

（1）交换律

所谓卷积和的交换律是指两个序列的卷积和与参加运算的两个序列的次序无关，即

$$x_1(n)*x_2(n)=x_2(n)*x_1(n) \tag{3.37}$$

若将 $x_1(n)$ 看成系统的激励，而将 $x_2(n)$ 看作是一个系统的单位样值响应，卷积和的交换律说明系统的激励信号与单位样值响应的作用可以互换，其零状态响应不变，图 3.2（a）和（b）所示的两个系统的零状态响应是一样的。

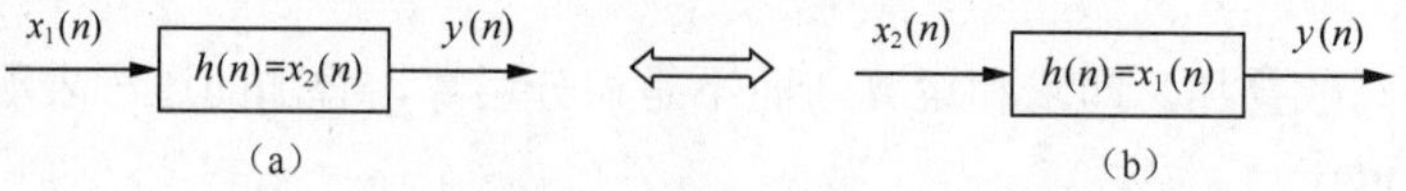

$x_1(n)$ → $h(n)=x_2(n)$ → $y(n)$ ⟺ $x_2(n)$ → $h(n)=x_1(n)$ → $y(n)$

（a） （b）

图 3.2 卷积交换律图

（2）分配律

所谓卷积和的分配律是指对于序列 $x_1(n), x_2(n), x_3(n)$，存在

$$x_1(n)*[x_2(n)+x_3(n)]=x_1(n)*x_2(n)+x_1(n)*x_3(n) \tag{3.38}$$

若将 $x_1(n)$ 看作某系统的单位样值响应 $h(n)$，而将 $x_3(n)+x_2(n)$ 看成该系统的激励，则分配律表明两个信号 $x_3(n)$和$x_2(n)$ 叠加后通过某系统 $h(n)$ 的响应，将等于两个信号分别通过此系统 $h(n)$ 后再叠加，如图 3.3 所示。

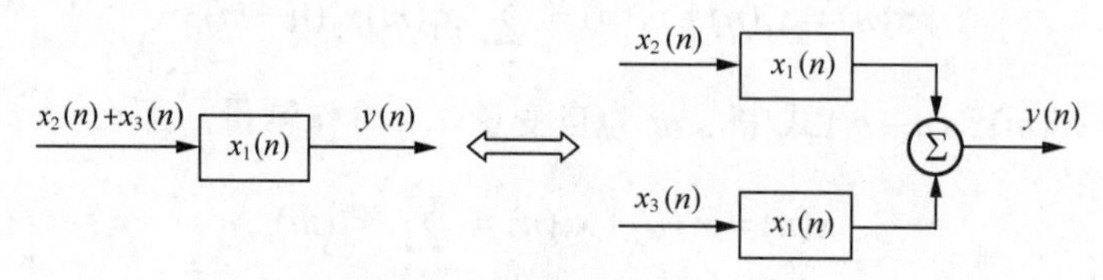

图 3.3 卷积分配律的图示

分配律用于系统分析，相当于并联系统的单位样值响应等于组成并联系统的各子系统单位样值响应之和，如图 3.4 所示，若将 $x_2(n)$ 和 $x_3(n)$ 看作两个系统的单位样值响应，$x_1(n)$ 看作同时作用于它们的激励，则并联 LTI 系统对输入 $x_1(n)$ 的响应等于各子系统对 $x_1(n)$ 的响应之和。

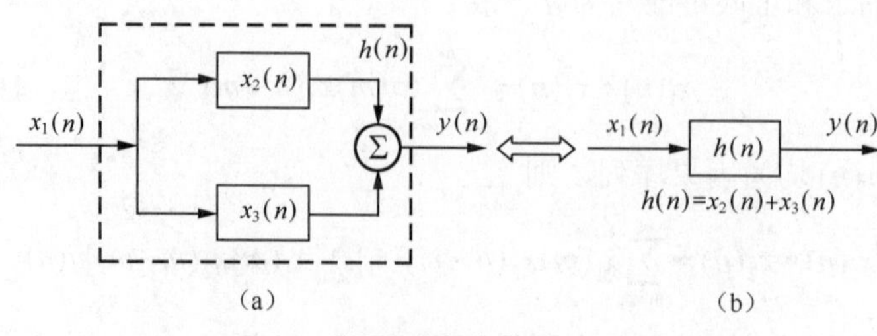

图 3.4 卷积和分配律的另一种图示

（3）结合律

所谓卷积和的结合律是指，若 $x_1(n)$和$x_2(n)$、$x_1(n)$和$x_3(n)$的卷积和都存在，且为 $x_1(n)*x_2(n)$ 和 $x_1(n)*x_3(n)$，存在

$$[x_1(n)*x_2(n)]*x_3(n)=x_1(n)*[x_2(n)*x_3(n)] \tag{3.39}$$

卷积和的结合律的物理含义是：如果 $x_1(n)$ 为系统的激励，有系统的单位样值响应为 $h_2(n)=x_2(n)$ 和 $h_3(n)=x_3(n)$ 两个子系统的级联，那么系统的零状态响应就等于一个单位样值响应为 $h(n)=x_2(n)*x_3(n)$ 的系统的零状态响应，如图 3.5 所示。

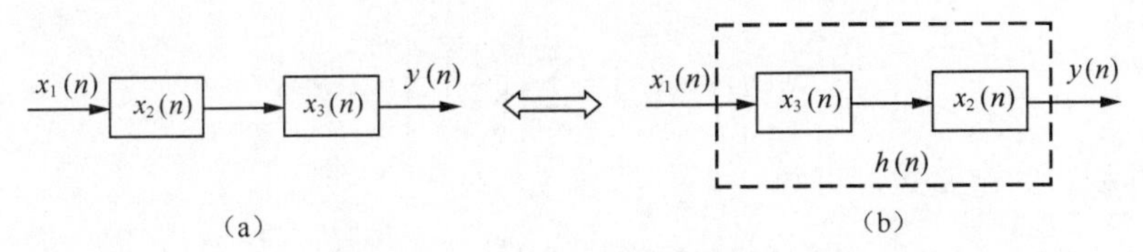

图 3.5　卷积和结合律的图示

2. $\delta(n)$ 或 $u(n)$ 的卷积和特性

（1）$x(n)$ 与 $\delta(n)$ 的卷积和

任意序列与单位样值序列的卷积和，结果仍是该序列本身，即

$$x(n)*\delta(n)=x(n) \tag{3.40}$$

（2）$x(n)$ 与 $u(n)$ 的卷积和

任意序列与单位阶跃序列 $u(n)$ 的卷积和，结果是该序列的累加和，即

$$x(n)*u(n)=\sum_{m=-\infty}^{n}x(m) \tag{3.41}$$

特别地，若 $x(n)$ 为因果序列，则

$$x(n)*u(n)=\sum_{m=0}^{n}x(m) \tag{3.42}$$

3. 卷积和的差分与求和特性

若 $x_1(n)*x_2(n)=y(n)$，则

$$\nabla x_1(n)*x_2(n)=x_1(n)*\nabla x_2(n)=\nabla y(n) \tag{3.43}$$

$$x_1(n)*\sum_{m=-\infty}^{n}x_2(m)=[\sum_{m=-\infty}^{n}x_1(m)]*x_2(n)=\sum_{m=-\infty}^{n}y(m) \tag{3.44}$$

4. 卷积和的位移特性

若 $x_1(n)*x_1(n)=y(n)$，则

$$x_1(n-m)*x_1(n-k)=y(n-m-k) \tag{3.45}$$

离散序列卷积和的其他特性的证明可以从卷积和的定义出发加以证明，请读者自行推导。

3.5.3　卷积和的计算

常用的求解卷积和的方法有解析法、图解法、列表法和竖式乘法 4 种。另外，离散卷积也可采用 z 域相乘再求逆变换的方法求解。z 域求解的方法将在第 7 章介绍。

1. 解析法

解析法就是依据卷积和的定义，通过解析式进行计算，其优点是能够得到闭合形式的解。

无限长序列的卷积和计算常采用这种方法。

例 3.11 已知 $x_1(n)=(1/2)^n u(n)$，$x_2(n)=1$，$x_3(n)=u(n)$，试求

（1）$x_1(n)*x_2(n)$；（2）$x_1(n)*x_3(n)$。

解：（1）由卷积和的定义式，可知

$$x_1(n)*x_2(n)=\sum_{m=-\infty}^{+\infty}\left[\left(\frac{1}{2}\right)^m u(m)\right]$$

上式中，$m<0$ 时，$u(m)=0$，因此，求和下限改为 $m=0$，则

$$x_1(n)*x_2(n)=\sum_{m=0}^{+\infty}\left[\left(\frac{1}{2}\right)^m\right]=2$$

（2）由卷积和的定义式，可知

$$x_1(n)*x_3(n)=\sum_{m=-\infty}^{+\infty}\left[\left(\frac{1}{2}\right)^m u(m)u(n-m)\right]$$

上式中，$m<0$ 时，$u(m)=0$。因此，求和下限改为 $m=0$；$n-m<0$，即 $n<m$ 时，$u(n-m)=0$，因此，求和上限改为 n，故

$$x_1(n)*x_3(n)=\sum_{m=0}^{n}\left[\left(\frac{1}{2}\right)^m\right]=2\left[1-\left(\frac{1}{2}\right)^{n+1}\right]$$

因为 $n\geqslant 0$，故

$$x_1(n)*x_3(n)=2\left[1-\left(\frac{1}{2}\right)^{n+1}\right]u(n)$$

由上面的例题可知，由于系统的因果性或激励信号存在时间的局限性，卷积和的求和上下限会有所变化，因此卷积和的计算中求和上下限的确定是非常关键的。这可以借助作图的方法来解决，图解法也是求有限长简单序列卷积和的有效方法。

2. 图解法

与连续时间信号卷积和的图解法类似，离散时间信号计算卷积和的步骤如下。

（1）换元：将 $x(n)$ 和 $h(n)$ 中的自变量由 n 改为 m，m 成为函数的自变量；

（2）反褶：把其中一个信号翻转，如将 $h(m)$ 翻转得 $h(-m)$；

（3）时移：将 $h(-m)$ 平移 n 得到 $h(n-m)$，当 $n>0$ 时，$h(-m)$ 右移 n 个单位得到 $h(n-m)$。当 $n<0$ 时，$h(-m)$ 左移 $|n|$ 个单位得到 $h(n-m)$；

（4）相乘：将 $x(m)$ 与 $h(n-m)$ 相乘；

（5）求和：计算 $\sum\limits_{m=-\infty}^{+\infty}x(m)h(n-m)$。此时需要根据 $x(m)$ 和 $h(n-m)$ 波形重叠情况划分 n 的不同区间，确定求和的上下限。

例 3.12 $R_N(n)=\begin{cases}1, 0\leqslant n\leqslant N-1\\ 0, 其他\end{cases}$，计算 $y(n)=R_N(n)*R_N(n)$。

解：（1）将序列的自变量由 n 改为 m，如图 3.6（a）所示。

（2）将序列 $R_N(m)$ 翻转成 $R_N(-m)$，如图 3.6（b）所示。

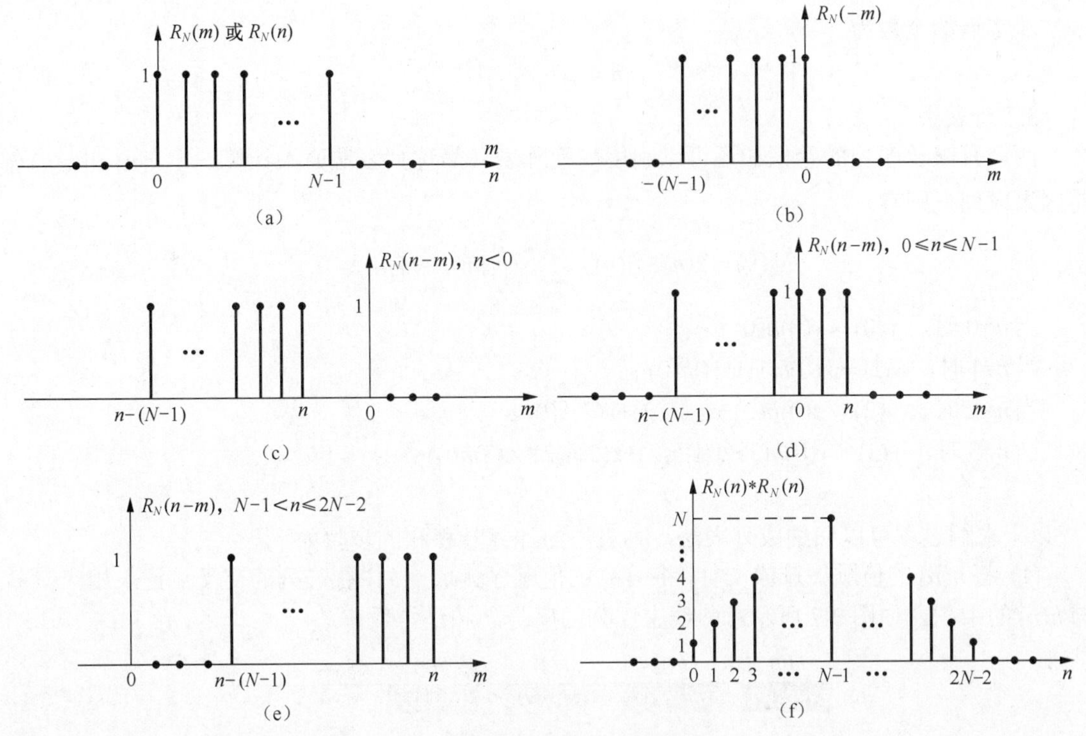

图 3.6 例题 3.12 卷积和波形图

（3）将 $R_N(-m)$ 位移 n，根据 $R_N(m)$ 与 $R_N(n-m)$ 的重叠情况，下面进行分段讨论。

① 当 $n<0$ 时，$R_N(m)$ 与 $R_N(n-m)$ 图形没有重叠，即 $y(n)=0$，如图 3.6（c）所示。

② 当 $0\leqslant n\leqslant N-1$ 时，如图 3.6（d）所示，$R_N(m)$ 与 $R_N(n-m)$ 图形有重叠部分，重叠区间为 $[0,n]$，即求和的上限为 n，下限为 0。

$$y(n)=\sum_{m=-\infty}^{\infty}R_N(m)R_N(n-m)=\sum_{m=0}^{n}1\cdot 1=n+1$$

③ 当 $N-1<n\leqslant 2N-2$ 时，如图 3.6（e）所示，$R_N(m)$ 与 $R_N(n-m)$ 图形有重叠部分，重叠区间为 $[-(N-1)+n,N-1]$，即求和的上限为 $N-1$，下限为 $-(N-1)+n$。

$$y(n)=\sum_{m=-\infty}^{\infty}R_N(m)R_N(n-m)=\sum_{m=-(N-1)+n}^{N-1}1\cdot 1=2N-n-1$$

④ 当 $n>2N-2$ 时，如图 3.6（f）所示，$R_N(m)$ 与 $R_N(n-m)$ 图形没有重叠，故 $y(n)=0$。

将上述结果综合起来，得

$$y(n)=\begin{cases}0 & n<0\text{或}n>2N-2\\ n+1 & 0\leqslant n\leqslant N-1\\ 2N-n-1 & N-1<n\leqslant 2N-2\end{cases}$$

由卷积和的图解法，我们不难得出离散序列卷积结果的非零点范围和非零点个数的一般规律。若 $x(n)$ 的非零点范围为 $N_1\leqslant n\leqslant N_2$，非零点的个数 $n_1=N_2-N_1+1$，$h(n)$ 的非零点范围为 $N_3\leqslant n\leqslant N_4$，非零点的个数 $n_2=N_4-N_3+1$，则

$x(n)*h(n)$ 的非零点范围为

$$N_1+N_3\leqslant n\leqslant N_2+N_4 \tag{3.46}$$

非零点的个数为

$$n = n_1 + n_2 - 1 \tag{3.47}$$

3. 列表法

两个有限长序列的卷积和还可以利用序列阵表（简称列表法）来计算。设 $x(n)$ 和 $h(n)$ 都是因果序列，则有

$$y(n) = x(n) * h(n) = \sum_{m=0}^{n} x(m)h(n-m), n \geqslant 0$$

当 $n=0$ 时，$y(0) = x(0)h(0)$；

当 $n=1$ 时，$y(1) = x(0)h(1)+x(1)h(0)$；

当 $n=2$ 时，$y(2) = x(0)h(2)+x(1)h(2)+x(2)h(0)$；

当 $n=3$ 时，$y(3) = x(0)h(3)+x(1)h(2)+x(2)h(2)+x(3)h(0)$；

$$\vdots$$

以上求解过程可以归纳成列表法，列表法的计算卷积和的步骤如下。

(1) 将 $h(n)$ 的值顺序排成一行，将 $x(n)$ 的值顺序排成一列，行与列的交叉点记入相应 $x(n)$ 与 $h(n)$ 的乘积。如图 3.7 所示，斜线上序列的序号之和是常数 n。

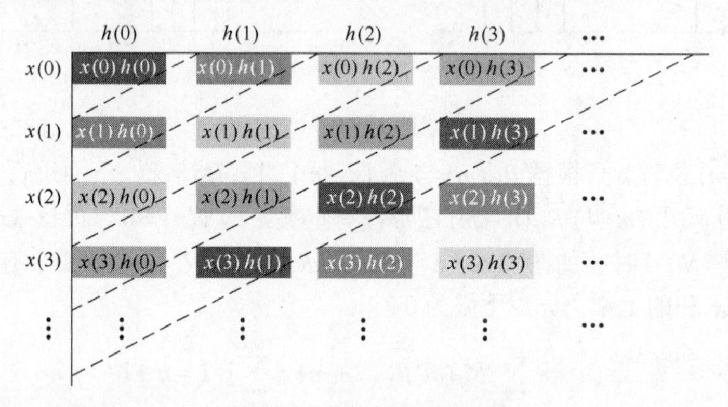

图 3.7 求卷积和的列表法

(2) 将对角斜线上各数值相加就是 $x(m)h(n-m)$ 的值，即 $y(n)$ 各项的值，然后根据式（3.46）确定出第一个非零点的位置。

例 3.13 计算 $x(n) = \{1, 2, \underset{\uparrow}{0}, 3, 2\}$ 与 $h(n) = \{1, \underset{\uparrow}{4}, 2, 3\}$ 的卷积和。

解：（1）由于 $h(n)$ 和 $x(n)$ 均为有限长序列，采用列表法。列表如图 3.8 所示。

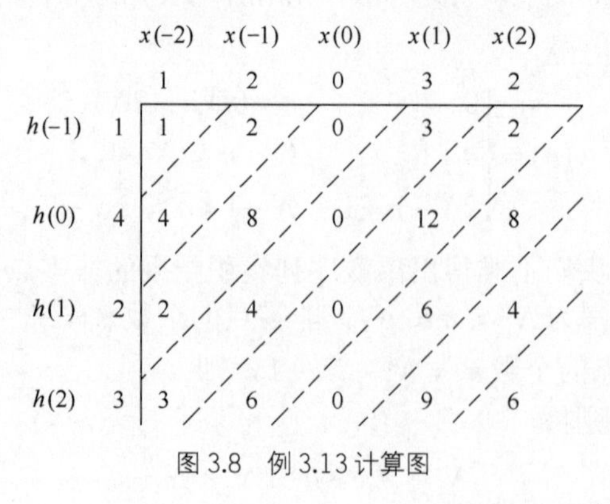

图 3.8 例 3.13 计算图

（2）将对角斜线上各数值相加，得到 $y(n)$ 各项的值，即 $y(n)=\{1,6,10,10,20,14,13,6\}$。由式（3.46）可知，$y(n)$ 第一个非零值的位置为 $-2-1=-3$，则

$$y(n)=\{1,6,10,\underset{\uparrow}{10},20,14,13,6\}$$

4. 竖式乘法

由图解法可知，卷积和的计算包括换元、反褶、时移、相乘、求和 5 个步骤，这个过程在代数计算中就是竖式乘法，又称对位相乘求和法。利用这种方法可以较快地求出有限长序列的卷积和。使用该方法计算卷积和的步骤为

（1）将两序列右对齐；

（2）逐个样值对应相乘但不进位；

（3）同列上的相乘值对位求和，其中，两序列起点序号之和为新序列起点的序号，终点序号之和为新序列终点的序号。

例 3.14　已知 $x(n)=\{5,\underset{\uparrow}{1},6,2\}$，$h(n)=\{2,\underset{\uparrow}{7},5\}$，求它们的卷积和 $y(n)$。

解：将两序列样值以各自的 n 最高位按右端对齐排列，如下所示。

$$\begin{array}{rrrrrrrl}
 & & & 5 & 1 & 6 & 2 & =x(n) \\
 & & & \times & 2 & 7 & 5 & =h(n) \\
\hline
 & & & 25 & 5 & 30 & 10 & \\
 & & 35 & 7 & 42 & 14 & & \\
+ & 10 & 2 & 12 & 4 & & & \\
\hline
 & 10 & 37 & 44 & 51 & 44 & 10 & =y(n)
\end{array}$$

$y(n)$ 的起点序号为 $x(n)$ 起点序号 -1 和 $h(n)$ 起点序号 -1 之和，为 -2；终点序号为 $x(n)$ 终点序号 2 和 $h(n)$ 终点序号 1 之和，为 3。于是

$$y(n)=\{10,37,\underset{\uparrow}{44},51,44,10\}$$

上一节介绍的 3 种卷积和的求解方法比较复杂，而且得到的结果往往是一个数值的序列。因此，利用表 3.4 中列出的常见序列的卷积和，并灵活应用性质能有效地简化相关卷积和的计算，能得到简洁的闭合函数式。总体而言，离散时间序列的运算比连续时间函数的运算要简单。

表 3.4　　**常见序列卷积和表**

序号	$x_1(n)$	$x_2(n)$	$x_1(n)*x_2(n)=x_2(n)*x_1(n)$
1	$\delta(n)$	$x(n)$	$x(n)$
2	a^n	$u(n)$	$(1-a^{n+1})/(1-a)$
3	$u(n)$	$u(n)$	$n+1$
4	$e^{\lambda n}$	$u(n)$	$[1-e^{\lambda(n+1)}]/(1-e^{\lambda})$
5	a_1^n	a_2^n	$(a_1^{n+1}-a_2^{n+1})/(a_1-a_2),(a_1\neq a_2)$
6	a^n	a^n	$(n+1)a^n$
7	$e^{\lambda_1 n}$	$e^{\lambda_2 n}$	$[e^{\lambda_1(n+1)}-e^{\lambda_2(n+1)}]/(e^{\lambda_1}-e^{\lambda_2}),(\lambda_1\neq\lambda_2)$
8	$e^{\lambda n}$	$e^{\lambda n}$	$(n+1)e^{\lambda n}$

续表

序号	$x_1(n)$	$x_2(n)$	$x_1(n)*x_2(n)=x_2(n)*x_1(n)$
9	a^n	n	$\frac{n}{1-a}+\frac{a(a^n-1)}{(1-a)^2}$
10	n	n	$\frac{1}{6}(n-1)n(n+1)$
11	n	$\varepsilon(n)$	$n(n+1)/2$

3.5.4 卷积和分析法

由式（3.31）可知，对于任意激励 $x(n)$ 作用下的零状态响应 $y_{zs}(n)$ 可用 $x(n)$ 与其单位序列响应 $h(n)$ 的卷积和来求解，即

$$y_{zs}(n)=x(n)*h(n)=\sum_{m=-\infty}^{\infty}x(m)h(n-m) \tag{3.48}$$

此方法即为离散时间系统零状态响应的卷积和分析法。下面举例说明。

例3.15 已知因果系统的差分方程为 $y(n)+3y(n-1)+2y(n-2)=x(n)$，$y(0)=0$、$y(1)=2$、$x(n)=2^n u(n)$，求 $y(n)$。

解：（1）求 $y_{zi}(n)$

本例中给出的初始条件为 $y(0)=0$、$y(1)=2$，包含激励的作用，应该迭代出零输入下的起始条件，由差分方程

$$\begin{cases}y(0)+3y(-1)+2y(-2)=x(0)=1\\ y(1)+3y(0)+2y(-1)=x(1)=2\end{cases}$$

可得

$$y(-1)=0、y(-2)=1/2$$

因为 $n<0$ 时，$x(n)=0$，可选择零输入响应的起始条件为

$$y_{zi}(-1)=y(-1)=0, y_{zi}(-2)=y(-2)=\frac{1}{2},$$

由特征方程，可求得特征根 $\lambda_1=-1,\lambda_2=-2$，故零输入响应的形式为

$$y_{zi}(n)=C_1(-1)^n+C_2(-2)^n$$

将零输入响应的起始条件 $y_{zi}(-1)=0, y_{zi}(-2)=\frac{1}{2}$ 代入上式，得

$$\begin{cases}-C_1-\frac{1}{2}C_2=0\\ C_1+\frac{1}{4}C_2=\frac{1}{2}\end{cases}$$

求解可得 $C_1=1$、$C_2=-2$，则

$$y_{zi}(n)=(-1)^n+(-2)^{n+1}, n\geqslant 0$$

（2）求 $y_{zs}(n)$

先计算单位样值响应 $h(n)$。$h(n)$ 对应的差分方程为

$$h(n)+3h(n-1)+2h(n-2)=\delta(n)$$

可知 $h(n)$ 具有以下形式

$$h(n)=[C_1(-1)^n+C_2(-2)^n]u(n)$$

单位样值响应的零起始状态为 $h(-1)=h(-2)=0$，由 $h(n)$ 对应的差分方程，可得

$$h(0)=-3h(-1)-2h(-2)+\delta(0)=1$$
$$h(1)=-3h(0)-2h(-1)+\delta(1)=-3$$

选择 $h(0)=1$ 、 $h(1)=-3$ 作为单位样值响应的初始条件。将其代入 $h(n)$ 的表达式，得

$$\begin{cases}C_1+C_2=1\\-C_1-2C_2=-3\end{cases}$$

解得 $C_1=-1$、$C_2=2$，则有

$$h(n)=[(-1)^{n+1}+2(-2)^n]u(n)$$

于是

$$y_{zs}(n)=x(n)*h(n)=\{\sum_{m=0}^{n}2^m[-(-1)^{n-m}+2(-2)^{n-m}]\}u(n)$$
$$=\left\{(-1)^{n+1}\left[\frac{1-(-2)^{n+1}}{1+2}\right]+2(-2)^n\left[\frac{1-(-1)^{n+1}}{1+1}\right]\right\}u(n)=\left[-\frac{1}{3}(-1)^n+(-2)^n+\frac{1}{3}2^n\right]u(n)$$

因此

$$y(n)=y_{zi}(n)+y_{zs}(n)=\left[\frac{2}{3}(-1)^n-(-2)^n+\frac{1}{3}2^n\right]u(n)$$

例 3.16 已知因果系统的差分方程为 $y(n)-2y(n-1)=x(n-1)$，求 $x(n)=u(n+1)-u(n-2)$ 作用下系统的零状态响应。

解： 系统的差分方程为

$$y(n)-2y(n-1)=u(n)-u(n-3)$$

构造新系统 $y(n)-2y(n-1)=x(n)$，设其单位样值响应为 $h_1(n)$， $h_1(n)$ 对应的的差分方程为

$$h_1(n)-2h_1(n-1)=\delta(n)$$

可知 $h_1(n)$ 的表达式为

$$h_1(n)=C(2^n)u(n)$$

单位样值响应的零起始状态为 $h_1(-1)=0$，代入 $h_1(n)$ 对应的差分方程，可得初始条件为

$$h_1(0)=2h_1(-1)+\delta(0)=1$$

将其代入 $h_1(n)$ 的表达式，得 $C=1$，于是

$$h_1(n)=2^n u(n)$$

因此

$$y_1(n)=2^n u(n)*u(n)=[\sum_{m=0}^{n}2^m]u(n)=\left[\frac{1-2^{n+1}}{1-2}\right]u(n)=(2^{n+1}-1)u(n)$$

由卷积的位移特性和线性时不变系统的可加性，可得

$$y_{zs}(n)=y_1(n)-y_1(n-3)=(2^{n+1}-1)u(n)-(2^{n-2}-1)u(n-3)$$

$$=\begin{cases}2^{n+1}-1,0\leqslant n<3\\ \dfrac{7}{4}2^{n},n\geqslant 3\end{cases}$$

3.6 单位样值响应表示的系统特性

与连续时间系统类似，一个离散时间 LTI 系统的特性也可以完全由它的单位样值响应 $h(n)$ 来决定。

3.6.1 因果性

对于一个离散时间 LTI 系统，其输出可表示为

$$y(n)=\sum_{m=-\infty}^{\infty}x(m)h(n-m)=\sum_{m=-\infty}^{\mathrm{n}}x(m)h(n-m)+\sum_{m=n+1}^{\infty}x(m)h(n-m) \tag{3.49}$$

式（3.49）中的第一项仅与 n 时刻及以前的输入有关，而第二项与 n 时刻以后的所有时间 $[n+1,\infty]$ 的输入有关，因此，只有使式（3.49）第二项等于零，才能保证其输出与将来的输入无关。式（3.49）第二项等于零，就要求 $n-m<0$ 时，$h(n-m)=0$。因此，对于一个离散时间 LTI 系统，其因果性的充要条件是其单位脉冲响应 $h(n)$ 必须满足

$$h(n)=0,n<0 \tag{3.50}$$

此时，$h(n)$ 是一个因果信号，因果 LTI 系统的卷积和可表示为

$$y(n)=x(n)*h(n)=\sum_{m=-\infty}^{n}x(m)h(n-m)=\sum_{km=0}^{\infty}h(m)x(n-m) \tag{3.51}$$

例 3.17 试判定以下系统的因果性：

(1) $h(n)=a^{n}u(n)$；　　(2) $h(n)=\delta(n)-\delta(n-1)$；

(2) $h(n)=\delta(n+n_0)$；　　(4) $h(n)=u(2-n)$。

解：(1)、(3) 为因果系统，因为它们满足因果条件 $n<0$，$h(n)=0$；(2) 当 $n_0<0$ 时为因果系统，$n_0>0$ 时为非因果系统；(4) 为非因果系统，因为它不满足因果条件，即 $n<0$，$h(n)\neq 0$。

3.6.2 稳定性

与连续时间系统类似，离散时间系统是稳定系统的充分必要条件是单位样值响应绝对可和，即

$$\sum_{n=-\infty}^{\infty}|h(n)|<\infty \tag{3.52}$$

例 3.18 已知一个 LTI 离散时间系统的单位抽样响应为 $h(n)=a^{n}u(n)$，试判定它是否为稳定系统。

解：因为

$$\sum_{n=-\infty}^{\infty}|h(n)|=\sum_{n=0}^{\infty}|a|^{n}$$

当 $|a|<1$ 时，幂级数是收敛的，级数和 $=1/(1-|a|)<\infty$，所以系统是稳定的。若 $|a|\geqslant 1$，则级数发散，所以该系统在 $|a|\geqslant 1$ 时是不稳定的。

3.7　本章小结

在上一章连续时间系统分析方法介绍的基础上，本章介绍了离散时间系统的时域分析方法。学习本章时，要注意和连续时间系统进行对比。通过连续时间系统的理解帮助离散时间系统的学习；通过离散时间系统的学习，加深连续时间系统的理解和掌握。

本章的内容安排和连续时间系统分析的内容安排一致。首先介绍了线性时不变离散时间系统的数学模型——差分方程，详细讨论了差分方程的解法，包括迭代法、经典法和双零法，然后讨论了离散时间系统的零输入响应和零状态响应的求法，着重介绍了单位样值响应以及用卷积和求解零状态响应的方法；最后介绍了用单位样值响应表示的系统特性。

1．迭代法由系统的差分方程得到系统的递推公式，利用前一时刻的函数值，根据系统的递推公式可得到系统输出在当前时刻的函数值。

2．差分方程的时域经典法，首先根据特征根的情况确定齐次解 $y_h(n)$ 的形式。然后根据激励函数的特点假设特定形式的特解 $y_p(n)$，代入方程求得特解，再将齐次解和特解相加得到完全解 $y(n)=y_h(n)+y_p(n)$，最后通过边界条件求待定系数。

3．LTI 离散时间系统的零输入响应 $y_{zi}(n)$ 的求法与求解常系数差分方程的齐次解一样，其待定系数由零输入响应的起始条件来确定。零输入响应的起始条件，必须满足在此时刻零输入响应与全响应相等，即输入信号还没有在输出引起响应。零输入响应的起始条件与系统的激励信号无关，是系统的起始储能、历史的记忆。

4．LTI 离散时间系统的零状态响应 $y_{zs}(n)$ 的求法与求解常系数非齐次差分方程一样，其解为齐次解和特解相加而得，其待定系数由零状态响应的初始条件来确定。零状态响应的初始条件是在零起始状态下，激励加入系统后的响应值。

5．单位样值响应是当激励为单位冲激序列 $\delta(n)$，系统所产生的零状态响应称为系统的单位样值响 $h(n)$。单位样值响应的求解采用等效初始条件法。

6．对于 LTI 离散时间系统，当激励为单位阶跃序列 $u(n)$，系统所产生的零状态响应称为单位阶跃响应 $g(n)$。离散时间系统的阶跃响应可以通过经典法求解，也可以通过先求得系统的单位样值响应，再利用单位阶跃响应和单位样值响应之间的关系来求解。

7．卷积和分析法是指，对于任意激励 $x(n)$ 作用下的零状态响应 $y_{zs}(n)$，可用 $x(n)$ 与其单位序列响应 $h(n)$ 的卷积和求解。

习　　题

3.1　一人每年初在银行存款一次，设其第 n 年新存款额为 r，若银行年息为 $x(n)$，每年所得利息自动转存下年，以 $y(n)$ 表示第 n 年的总存款额，试列写其差分方程。

3.2　已知系统的差分方程为 $y(n)-\frac{1}{3}y(n-1)=x(n)$，$y$（−1）＝0。用迭代法求以下输入序列输出 $y(n)$。

（1）$x(n)=\delta(n)$；（2）$x(n)=u(n)$；（3）$x(n)=u(n)-u(n-5)$。

3.3　求下列差分方程的解。

（1）$y(n)-0.5y(n-1)=0$，$y(0)=1$；（2）$y(n)-2y(n-1)=0, y(0)=2$；

（3）$y(n)+3y(n-1)=0,\ y(1)=1$；（4）$y(n)+\frac{1}{3}y(n-1)=0, y(-1)=-1$；

（5）$y(n)-\frac{3}{4}y(n-1)+\frac{1}{8}y(n-2)=0$，$y(0)=1$、$y(1)=2$；

（6）$y(n)+2y(n-1)+y(n-2)=0$，$y(0)=y(-1)=1$；

（7）$y(n)+2y(n-1)+2y(n-2)=0$，$y(0)=1$、$y(-1)=0$；

（8）$y(n)-7y(n-1)+16y(n-2)-12y(n-3)=0$、$y(0)=0$、$y(1)=-1$、$y(2)=-3$。

3.4 求下列差分方程的解。

（1）$y(n)+5y(n-1)=n$，$y(0)=1$；

（2）$y(n)+2y(n-1)+y(n-2)=3^n$，$y(0)=y(-1)=0$；

（3）$y(n)-5y(n-1)+6y(n-2)=u(n)$，$y(-1)=3$、$y(-2)=5$；

（4）$y(n)-5y(n-1)+6y(n-2)=2(0.5)^n u(n), y(-1)=0$、$y(-2)=2$。

3.5 求下列差分方程所描述的 LTI 离散系统的零输入响应。

（1）$y(n)+3y(n-1)+2y(n-2)=x(n)$、$y(-1)=0$、$y(-2)=1$；

（2）$y(n)+2y(n-1)+y(n-2)=x(n)-x(n-1)$、$y(-1)=1$、$y(-2)=-3$；

（3）$y(n)+y(n-2)=x(n-2)$、$y(-1)=-2$、$y(-2)=-1$；

（4）$y(n)-2y(n-1)=x(n)$，$y(-1)=3$。

3.6 求下列差分方程所描述的 LTI 离散系统的零输入响应、零状态响应和全响应。

（1）$y(n)-2y(n-1)=x(n)$、$x(n)=2u(n)$、$y(-1)=-1$；

（2）$y(n)+2y(n-1)=x(n)$、$x(n)=2^n u(n)$、$y(-1)=1$；

（3）$y(n)+2y(n-1)=x(n)$、$x(n)=(3n+4)u(n)$、$y(-1)=-1$；

（4）$y(n)+3y(n-1)+2y(n-2)=x(n)$、$x(n)=u(n)$、$y(-1)=1$、$y(-2)=0$；

（5）$y(n)-y(n-1)-2y(n-2)=u(n)$、y（0）=0、y（1）=1。

3.7 已知 $y(n)-y(n-1)-2y(n-2)=x(n)+2x(n-2)$、$x(n)=u(n)$、$y(-1)=2, y(0)=2$，试用经典法求 $y(n)$的零输入响应 $y_{zi}(n)$和零状态响应 $y_{zs}(n)$。

3.8 已知离散因果 LTI 系统 $y(n)+\frac{1}{2}y(n-1)-\frac{1}{2}y(n-2)=\sum_{k=0}^{\infty}x(n-k)$，试用迭代法求单位样值响应 h（0），至少计算前 4 个序列值。

3.9 求下列差分方程所描述的系统的单位样值响应 $h(n)$。

（1）$y(n)-\frac{1}{9}y(n-1)=x(n)$；（2）$y(n)+\frac{1}{4}y(n-1)-\frac{1}{8}y(n-2)=x(n)$；

（3）$y(n)+y(n-1)+\frac{1}{4}y(n-2)=x(n)$；（4）$y(n)+2y(n-1)=x(n-1)$；

（5）$y(n)-\frac{3}{5}y(n-1)-\frac{4}{25}y(n-2)=3x(n)+8x(n-1)$；

（6）$y(n)+4y(n-2)=x(n)$。

3.10 已知离散时间 LTI 系统的单位阶跃响应为（1）$g(n)=\left[2-\left(\frac{1}{2}\right)^n+\left(-\frac{3}{2}\right)^n\right]u(n)$；

（2）$g(n)=(0.5)^n u(n)$。求系统的单位样值响应 $h(n)$。

3.11 求题 3.11 图所示各系统的单位样值响应。

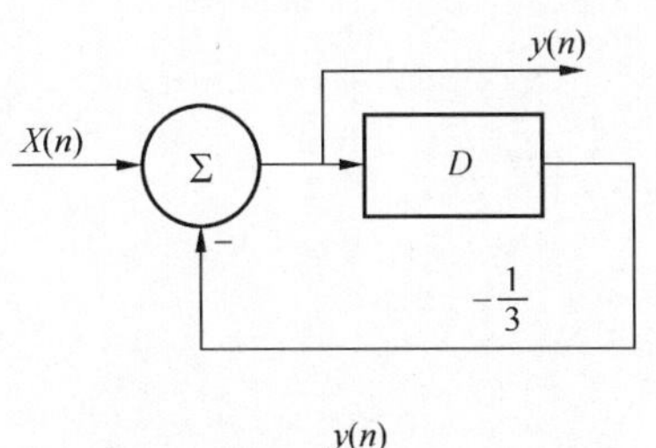

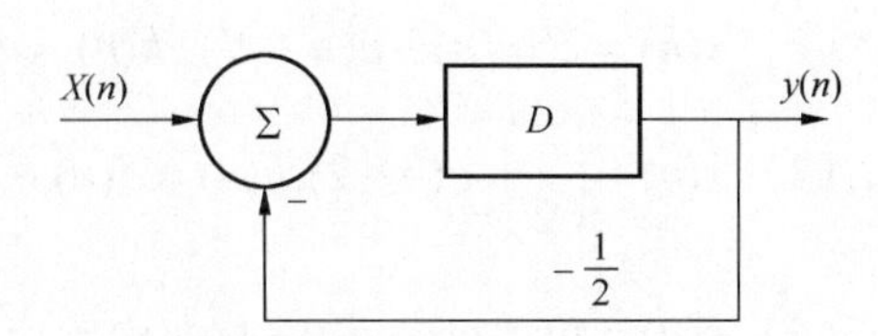

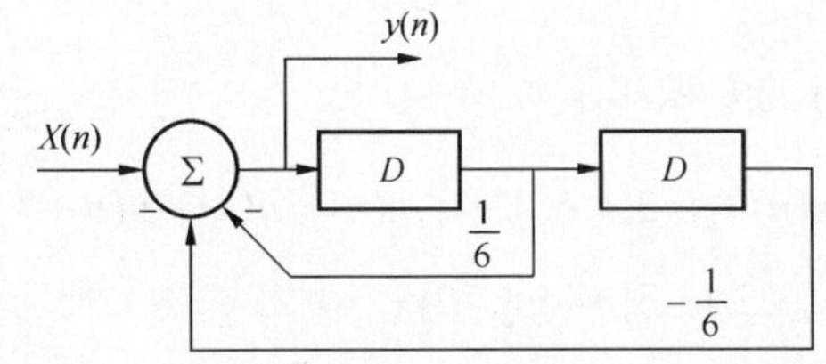

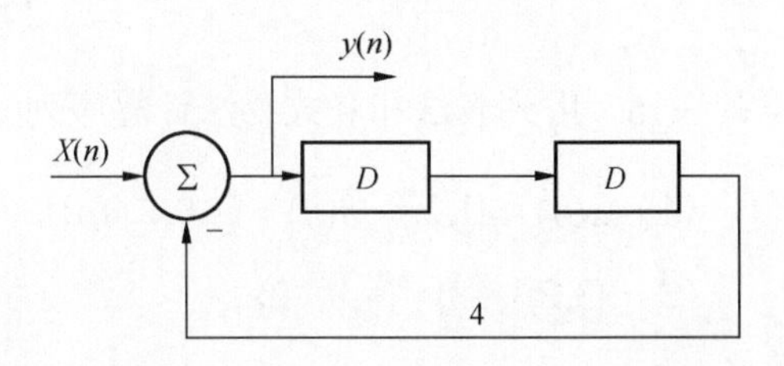

题 3.11 图

3.12 求以下系统的单位阶跃响应。

（1）$y(n)-\frac{1}{3}y(n-1)=x(n)$；　　（2）$y(n)+\frac{1}{6}y(n-1)-\frac{1}{6}y(n-2)=x(n)$；

（3）$y(n)-\frac{1}{2}y(n-1)=x(n)-x(n-1)$。

3.13 计算题 3.13 图所示的各对序列的卷积和 $y(n)=x(n)*h(n)$，并概略画出波形。

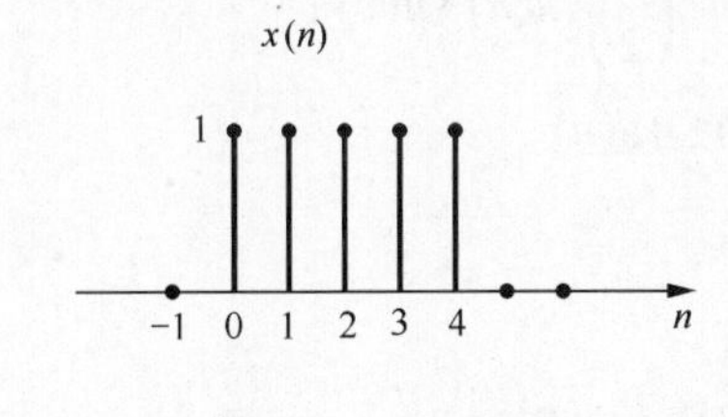

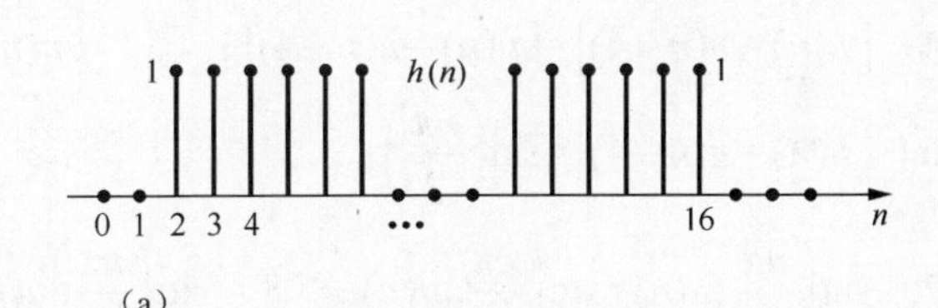

（a）

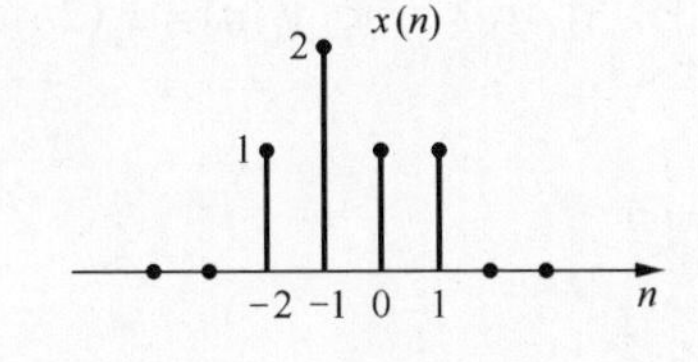

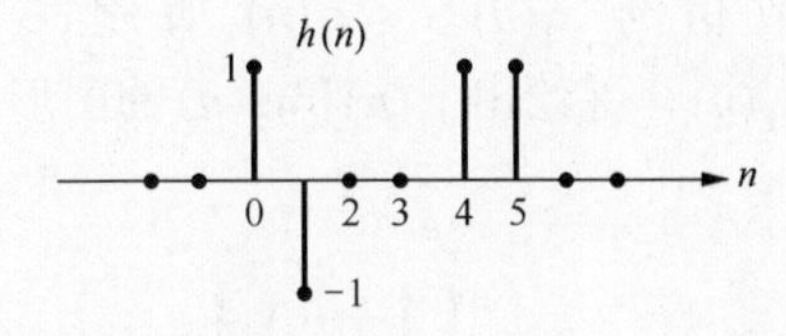

（b）

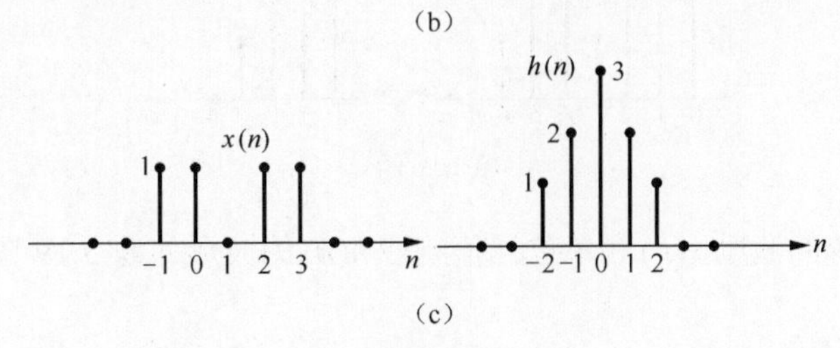

（c）

题 3.13 图

3.14 用图解法计算下列 $x(n)$ 与 $h(n)$ 的卷积和。

（1） $x(n)=2^n[u(n)-u(n-N)], h(n)=u(n)$；

（2） $x(n)=2^n[u(n)-u(n-N)], h(n)=u(n)-u(n-N)$；

（3） $x(n)=\left(\dfrac{1}{2}\right)^n u(n-2), h(n)=\delta(n)-\delta(n-1)$；

（4） $x(n)=\delta(n+1)+\delta(n-1), h(n)=\sum\limits_{m=-\infty}^{\infty}\delta(n-4m)$。

3.15 用列表法和竖式乘法计算序列 $x(n)$ 与 $h(n)$ 的卷积和。

（1） $x(n)=\{\underset{\uparrow}{1},2,1\}, h(n)=\{\underset{\uparrow}{1},0,2,0,1\}$；

（2） $x(n)=\{-3,\underset{\uparrow}{4},6,0,-1\}, h(n)=u(n)-u(n-4)$；

（3） $\{\underset{\uparrow}{3},2,1,-3\}*\{\underset{\uparrow}{4},8,-2\}$；

（4） $\{3,\underset{\uparrow}{2},1,-3\}*\{4,\underset{\uparrow}{8},-2\}$；

（5） $\{1\underset{\uparrow}{0},-3,6,8,4,0,1\}*\left\{\underset{\uparrow}{\dfrac{1}{2}},\dfrac{1}{2},\dfrac{1}{2},\dfrac{1}{2}\right\}$；

（6） $\{\underset{\uparrow}{1},1\}*\{\underset{\uparrow}{1},1\}*\{\underset{\uparrow}{2},2\}$。

3.16 已知 $x(n)=h(n)=\{\underset{\uparrow}{3},4,2,1\}$，求下列卷积。

（1） $y(n)=x(n)*h(n)$；（2） $g(n)=x(-n)*h(-n)$；（3） $p(n)=x(n)*h(-n)$；

（4） $t(n)=x(-n)*h(n)$；（5） $r(n)=x(n-1)*h(n+1)$；（6） $s(n)=x(n-1)*h(n+4)$。

3.17 求下列信号的卷积。

（1） $\mathrm{e}^{-2n}u(n)*\mathrm{e}^{-3n}u(n)$；（2） $2^n u(n)*2^n u(n)$；（3） $\left(\dfrac{1}{2}\right)^n u(n)*u(n)$；

（4） $[u(n)-u(n-4)]*[u(n)-u(n-4)]$；（5） $nu(n)*nu(n)$；

（6） $[u(n)-u(n-4)]*\sin\left(\dfrac{n\pi}{2}\right)$；

（7） $\sin\left(\dfrac{n\pi}{2}\right)u(n)*\sin\left(\dfrac{n\pi}{2}\right)u(n)$；（8） $\sin\left(\dfrac{n\pi}{2}\right)u(n)*2^n u(n)$。

3.18 离散信号 $x_1(n)$，$x_2(n)$ 如题 3.18 图所示，求 $y_1(n)=x_1(2n)*x_1(n)$，$y_2(n)=x_2(2n)*x_2(n)$，并绘出 $y_1(n)$ 和 $y_2(n)$ 的图形。

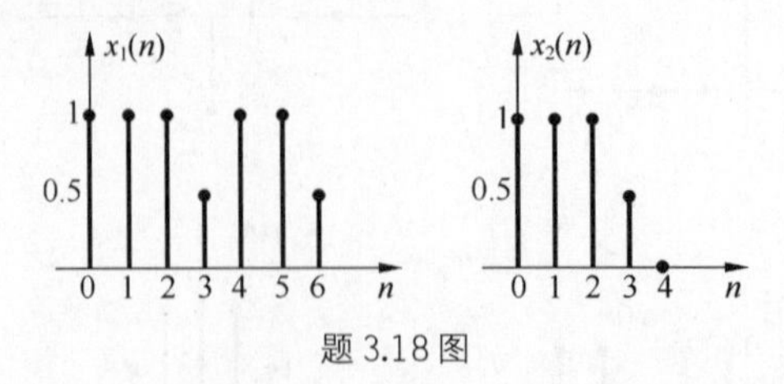

题 3.18 图

3.19 已知各系统的激励 $x(n)$ 和单位样值响应 $h(n)$ 的波形如题 3.19 图所示，求其零状态响应的波形。

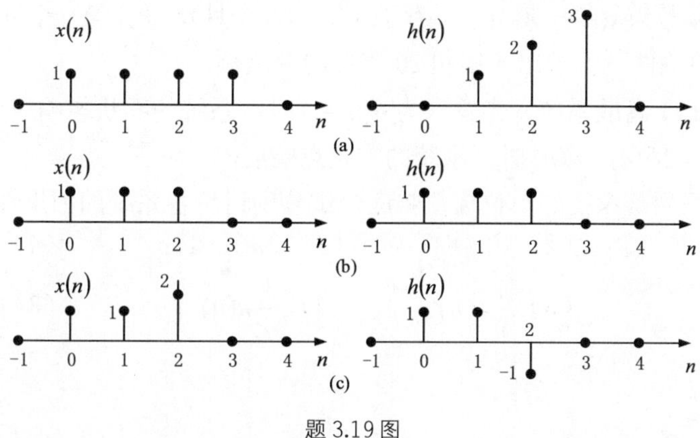

题 3.19 图

3.20　已知离散时间系统 $y(n)+\frac{1}{2}y(n-1)=x(n)$，试求当激励分别为

（1）$x(n)=u(n)$，（2）$x(n)=(0.5)^n u(n)$ 的零状态响应。

3.21　如题 3.21 图所示的离散系统由两个子系统级联组成，已知 $h_1(n)=2\cos\left(\frac{n\pi}{4}\right)$、$h_2(n)=a^n u(n)$，激励 $x(n)=\delta(n)-a\delta(n-1)$，求该系统的零状态响应。

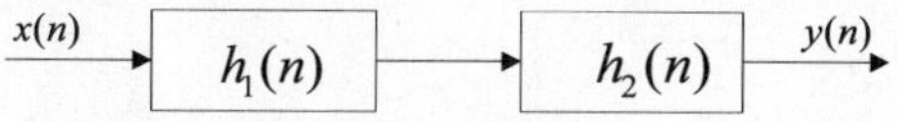

$x(n)$ → $h_1(n)$ → $h_2(n)$ → $y(n)$

题 3.21 图

3.22　如题 3.22 图所示的复合系统由 3 个子系统组成，它们的单位序列响应分别为 $h_1(n)=\delta(n)$、$h_2(n)=\delta(n-N)$，N 为常数，$h_3(n)=u(n)$，求复合系统的单位序列响应。

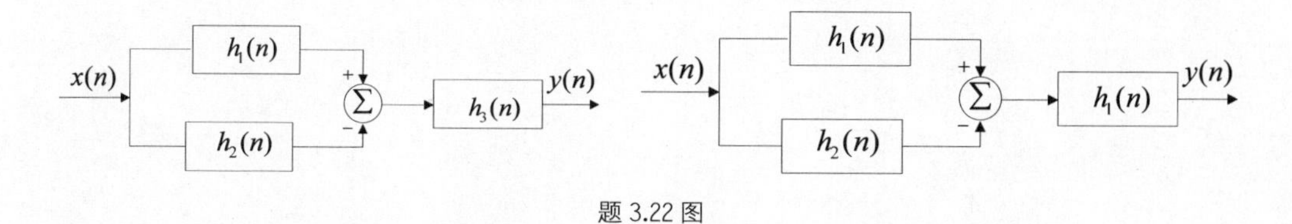

题 3.22 图

3.23　如已知某 LTI 系统的输入为 $x(n)=\begin{cases}1, n=0\\4, n=1,2\\0, 其余\end{cases}$ 时，其零状态响应为 $y(n)=\begin{cases}0, n<0\\9, n\geqslant 0\end{cases}$，求系统的单位样值响应。

3.24　离散时间系统 $y(n)-2y(n-1)+y(n-2)=4x(n)+x(n-1)$，用时域方法求解。

（1）当 $x(n)=\delta(n)$ 时，全响应初始条件 y（0）=1，y（−1）=−1，求系统的零输入响应；

（2）当 $x(n)=\delta(n)$ 时，求系统的零状态响应。

3.25　已知某人从当月开始，每月到银行存款为 $x(n)$，设月利率为 r=0.5%。

（1）设 $y(n)$ 为第 n 个月的总存款，列写此存款过程的差分方程，并求出其单位样值响应 $h(n)$；

（2）若每月存款数为$x(n)=50$元，共存了5年（60个月），求出第n个月的总存款额$y(n)$；

（3）在（2）的条件下，求出4年和20年后的存款额。

3.26　已知某LTI离散系统，当输入为$\delta(n-1)$时，系统的零状态响应为$\left(1/2\right)^n u(n-1)$，试计算输入为$x(n)=2\delta(n)+u(n)$时，系统的零状态响应。

3.27　下面各序列是系统的单位样值响应，试分别讨论各系统的因果性和稳定性。

（1）$\delta(n-1)$；　（2）$\delta(n+1)$；　（3）$2u(n-1)$；　（4）$-u(3-n)$；

（5）$3^n u(-n)$；　（6）$\dfrac{1}{n}u(n)$；　（7）$\dfrac{1}{n!}u(n)$；　（8）$2^n R_{10}(n)$。

第 4 章 连续时间信号与系统的频域分析

4.1 引言

第 2 章讨论了将连续时间信号分解成基本信号—单位冲激函数 $\delta(t)$ 的线性组合，利用单位冲激响应和系统的线性时不变特性，采用卷积求解连续时间系统零状态响应的方法。类似地，第 3 章讨论了将离散时间信号分解成基本信号—单位样值序列 $\delta(n)$ 的线性组合，利用单位样值响应和系统的线性时不变特性，采用卷积和求解离散时间系统零状态响应的方法。离散时间和连续时间 LTI 系统的这种分析方法表明，这类系统对任意输入信号的响应可由系统对这些基本信号（单位冲激函数或单位样值序列）的响应来构成。

但是，时域分析方法对于某些问题，使用起来十分不便，例如系统响应的求解、卷积及卷积和的计算；且对于有些问题难以解决，例如滤波器的设计、抽样定理的证明等。因此，从本章开始我们将引入另外一种分析方法，从时域分析转入变换域分析。

本章将首先介绍频域分析。和时域分析一样，频域分析的出发点仍是把信号表示成一组基本信号的加权和或加权积分，不同的是在时域分析中是把单位冲激函数 $\delta(t)$ 或单位样值序列 $\delta(n)$ 当作基本信号，而在频域中则是利用复指数信号 $e^{j\omega t}$ 作为基本信号，分解的工具是傅里叶级数与傅里叶变换。

把信号分解为许多不同频率正弦分量或复指数分量的线性组合后，不同的信号都归结为正弦分量，这为不同的信号之间进行比较提供了途径。此外，各正弦分量的参数（频率、振幅与相位）在计算上是方便和成熟的、在产生时是简单和精确的，这也为信号合成提供了理论基础。而且，线性时不变系统在单频正弦信号激励下的稳态响应仍是同频率的正弦信号。因此，在求解多个不同频率正弦信号同时激励下的总响应，可以利用线性系统的叠加特性求得，而且每个正弦分量通过系统后，是衰减还是增强一目了然，这就是频域分析。频域分析将时间变量变换成频率分量，揭示了信号内在的频率特性以及信号的时间特性和频率特性之间的密切关系。

4.2 信号的正交分解

4.2.1 正交矢量

在平面坐标系中，两个矢量正交是指两个矢量相互垂直，如图 4.1（a）所示。两个矢量 $\boldsymbol{V}_1$

和$\boldsymbol{V}_2$正交的条件是这两个矢量的点乘为零，即$\boldsymbol{V}_1 \cdot \boldsymbol{V}_2 = 0$。

这样，可将一个平面中任意矢量$\boldsymbol{V}$，在直角坐标系中分解为两个正交矢量的集合

$$\boldsymbol{V} = c_1 V_1 + c_2 V_2$$

同理，在三维坐标系中，三个矢量正交是指三个矢量两两互相垂直，如图 4.1（b）所示。三个矢量$\boldsymbol{V}_1$、$\boldsymbol{V}_2$、$\boldsymbol{V}_3$正交的条件是这三个矢量的点乘为零，即$\boldsymbol{V}_1 \cdot \boldsymbol{V}_2 \cdot \boldsymbol{V}_3 = 0$，也可将空间平面内任意矢量 V 分解为三个正交矢量的集合

$$\boldsymbol{V} = c_1 V_1 + c_2 V_2 + c_3 V_3$$

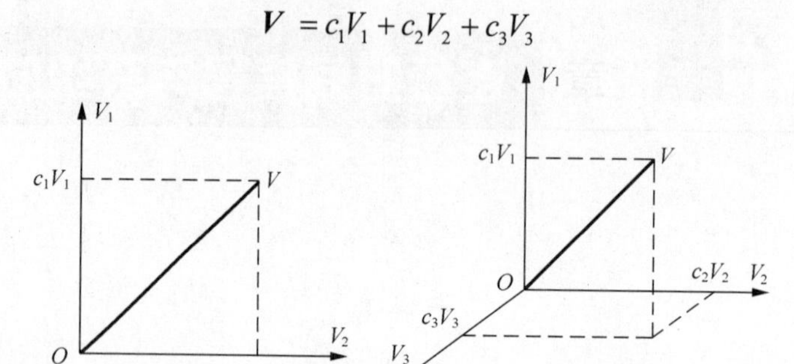

图 4.1　正交矢量

可见，在平面坐标系（$\boldsymbol{V}_1$，$\boldsymbol{V}_2$）及三维坐标系（$\boldsymbol{V}_1$，$\boldsymbol{V}_2$，$\boldsymbol{V}_3$）中，可以利用正交矢量（$\boldsymbol{V}_1$，$\boldsymbol{V}_2$）或（$\boldsymbol{V}_1$，$\boldsymbol{V}_2$，$\boldsymbol{V}_3$）表示各自坐标系中的任意矢量。这样的矢量（$\boldsymbol{V}_1$，$\boldsymbol{V}_2$）或（$\boldsymbol{V}_1$，$\boldsymbol{V}_2$，$\boldsymbol{V}_3$）称为一个完备的正交矢量集。

依次类推，在 n 维空间中，只有n个正交矢量$\boldsymbol{V}_1$，$\boldsymbol{V}_2$，$\boldsymbol{V}_3$，…，$\boldsymbol{V}_n$构成的正交矢量（$\boldsymbol{V}_1$，$\boldsymbol{V}_2$，$\boldsymbol{V}_3$，…，$\boldsymbol{V}_n$）才是完备的正交矢量集。

4.2.2　正交函数集

上述正交矢量的概念可以应用到信号分析中。信号常以时间函数表示，因此信号的分量及其分解就是函数的分量及其分解。只要把矢量点积换成函数相乘的积分，就可以对应得到正交函数的概念。

1. 函数正交

若有一个定义在区间(t_1, t_2)的两个函数$x_1(t)$，$x_2(t)$，满足

$$\int_{t_1}^{t_2} x_1(t) x_2(t) \mathrm{d}t = 0$$

则称$x_1(t)$，$x_2(t)$这两个函数在区间(t_1, t_2)内正交。

2. 正交函数集

若有一个定义在区间(t_1, t_2)的实函数集$\{x_i(t)\}(i = 1, 2, \cdots, n)$，在该集合中所有的函数满足

$$\begin{cases} \int_{t_1}^{t_2} x_i^2(t) \mathrm{d}t = k_i, \quad i = 1, 2, \cdots, n \\ \int_{t_1}^{t_2} x_i(t) x_j(t) \mathrm{d}t = 0, \quad i \neq j, j = 1, 2, \cdots, n \end{cases}$$

则称这个函数集为区间(t_1, t_2)上的正交函数集。式中k_i为常数，当$k_i = 1$时，称此函数集为归一化正交函数集。

3. 完备的正交函数集

若实函数集$\{x_i(t), i=1,2,\cdots,n\}$是区间$(t_1,t_2)$内的正交函数集，且除$x_i(t)$之外，不存在$x(t)$满足下式

$$0<\int_{t_1}^{t_2} x^2(t)\mathrm{d}t<\infty$$

且

$$\int_{t_1}^{t_2} x(t)x_i(t)\mathrm{d}t=0 \qquad (i\text{ 为任意正整数}) \quad (4.1)$$

则称函数集$\{x_i(t), i=1,2,\cdots,n\}$为完备正交函数集。

如果能找到一个函数$x(t)$满足式（4.1），那就说明，$x(t)$与函数集$\{x_i(t), i=1,2,\cdots,n\}$的每个函数都是正交的，它本身就属于此函数集。显然函数集如不包含$x(t)$，此函数集就不完备。

常见的完备正交函数集有三角函数集、复指数函数集。此外，还有抽样函数集、沃尔什函数集、勒让德多项式、雅可比多项式、切比雪夫多项式也可构成正交函数集。

4.2.3 信号的正交分解

若在区间(t_1,t_2)上找到了一个完备正交函数集$\{x_i(t), i=1,2,\cdots,n,\cdots\}$，对于信号$x(t)$，采用该正交函数集表示，也就是将$x(t)$分解为$\{x_i(t), i=1,2,\cdots,n,\cdots\}$的线性组合，即

$$x(t)=C_1x_1(t)+C_2x_2(t)+\cdots+C_nx_n(t)+\cdots=\sum_{i=1}^{\infty}C_ix_i(t) \quad (4.2)$$

其中，各分量的系数为

$$C_i=\frac{\int_{t_1}^{t_2} x(t)x_i(t)\mathrm{d}t}{\int_{t_1}^{t_2} x_i^2(t)\mathrm{d}t} \quad (4.3)$$

通过式（4.3）分别计算系数$C_1, C_2,\cdots C_n$，代入式（4.2）中，便得到了信号$x(t)$基于正交函数集$\{x_i(t), i=1,2,\cdots,n\}$的正交分解。

对于复变函数集$\{x_i(t), i=1,2,\cdots,n\}$，若满足条件

$$\begin{cases}\int_{t_1}^{t_2} x_i(t)x_j^*(t)\mathrm{d}t=k_i, & i=j\\ \int_{t_1}^{t_2} x_i(t)x_j^*(t)\mathrm{d}t=0, & i\neq j\end{cases}$$

则称复变函数集$\{x_i(t), i=1,2,\cdots,n\}$为完备正交函数集。

同样，相应的系数为

$$C_i=\frac{\int_{t_1}^{t_2} x(t)x_i^*(t)\mathrm{d}t}{\int_{t_1}^{t_2} x_i(t)x_i^*(t)\mathrm{d}t}$$

其中，$x_i^*(t)$表示$x_i(t)$的共轭复数。

对于完备正交函数集，有如下定理。

定理 4.1 设$\{x_i(t)\}$在(t_1,t_2)区间上是关于某一类信号$x(t)$的完备的正交函数集，则这一类信号中的任何一个信号$x(t)$都可以精确地表示为$\{x_i(t)\}$的线性组合，即

$$x(t)=\sum_i C_i x_i(t) \tag{4.4}$$

式中，C_i为加权系数，且有

$$C_i=\frac{\int_{t_1}^{t_2} x(t)x_i^*(t)\mathrm{d}t}{\int_{t_1}^{t_2}\left|x_i(t)\right|^2\mathrm{d}t} \tag{4.5}$$

式（4.5）称为正交展开式，有时也称为广义傅里叶级数，C_i称为傅里叶系数。

定理 4.2 在式（4.4）条件下，有

$$\int_{t_1}^{t_2}\left|x(t)\right|^2\mathrm{d}t=\sum_i\int_{t_1}^{t_2}\left|C_i x_i(t)\right|^2\mathrm{d}t \tag{4.6}$$

上式表明，$x(t)$的能量等于各个分量的能量之和，即能量守恒，该定理也称为帕塞瓦尔定理。

4.3 周期信号的频谱——傅里叶级数

1807年，法国物理学家傅里叶根据当时工业上处理金属的需要，开展了关于热力学的研究。在研究中发现并提出了任何周期信号都可以用三角级数来表示的想法。遗憾的是傅里叶未能给出该理论严格的数学证明，而且该理论遭到了拉格朗日的强烈反对。虽然1822年傅里叶在《热的解析理论》中再次提到了上述研究结果，但是依然未能得到大多数学者的重视。狄里赫利于1829年给出了傅里叶变换的严格数学证明，它标志着傅里叶变换的真正成熟。由此，傅里叶变换得到了大规模的应用，它不仅成为通信和信息处理领域的重要基本分析方法，而且被广泛应用于光学、电力、控制和半导体等领域。

4.3.1 周期信号的傅里叶级数

根据连续傅里叶级数（CFS）的理论，周期信号$x(t)$在区间$(t_0,t_0+T)(T=2\pi/\omega_0)$可展开为完备正交函数空间中的无穷级数。三角函数集和复指数函数集分别对应三角形式的傅里叶级数和复指数形式的傅里叶级数，两者统称为傅里叶级数。

1. 三角形式的傅里叶级数

设三角函数的完备函数集$\{1,\cos(n\omega_0 t),\sin(n\omega_0 t),n=1,2\cdots\}$，该函数集在区间$(t_0,t_0+T)(T=2\pi/\omega_0)$内组成完备正交函数集。

设周期信号$x(t)$，其周期为T，角频率$\omega_0=2\pi/T$，满足下列狄里赫利条件：

（1）在一个周期内只有有限个不连续点；

（2）在一个周期内只有有限个极大值和极小值；

（3）绝对可积，即满足

$$\int_{-\frac{T}{2}}^{\frac{T}{2}}|x(t)|\mathrm{d}t<\infty$$

则$x(t)$可在这个正交函数集中展开，并表示成该正交函数集函数的线性组合，为

$$x(t)=\frac{a_0}{2}+\sum_{n=1}^{\infty}(a_n\cos n\omega_0 t+b_n\sin n\omega_0 t) \tag{4.7}$$

式中，系数可以由式（4.5）推导出来，有

$$a_0 = \frac{2}{T}\int_{t_0}^{t_0+T} x(t)\mathrm{d}t$$

$$a_n = \frac{2}{T}\int_{t_0}^{t_0+T} x(t)\cos n\omega_0 t\mathrm{d}t \text{，} \quad n = 1,2,\cdots$$

$$b_n = \frac{2}{T}\int_{t_0}^{t_0+T} x(t)\sin n\omega_0 t\mathrm{d}t \text{，} \quad n = 1,2,\cdots \tag{4.8}$$

$\omega_0 = 2\pi/T$ 称为基本角频率，也称为基波角频率，$n\omega_0$ 则称为信号的第 n 次谐波角频率，a_n 和 b_n 称为傅里叶系数，a_0 为直流分量的傅里叶系数，$a_n (n=1,2,\cdots)$、$b_n\ (n=1,2,\cdots)$ 分别为余弦分量、正弦分量的傅里叶系数。

利用和差化积的公式，式（4.7）表示的三角形式的傅里叶级数又可写成纯余弦形式，即

$$x(t) = A_0 + \sum_{n=1}^{\infty} A_n \cos(n\omega_0 t + \varphi_n) \tag{4.9}$$

比较式（4.7）和式（4.9），可以看出傅里叶级数各量之间满足以下关系：

$$a_0/2 = A_0\text{，}\ A_n = \sqrt{a_n^2 + b_n^2}\text{，}\ a_n = A_n\cos\varphi_n\text{，}\ b_n = -A_n\sin\varphi_n\text{，}\ \varphi_n = -\arctan\frac{b_n}{a_n} \tag{4.10}$$

因此，任何一个满足狄里赫利条件的周期信号都可以分解为一个直流分量与许多谐波分量之和。这些谐波的频率是基本频率 $f_0 = 1/T$ 的整数倍，各谐波分量的幅度与相位由式（4.10）给出。相同周期的不同信号在展开为傅里叶级数后，只是它们的系数 a_n 和 b_n 不同。由此，我们可以从对千变万化的时域波形的关注，转向对各次谐波余弦函数幅度和相位的关注，从而建立起周期信号分析的理论模型。

2. 复指数形式的傅里叶级数

三角函数形式的傅里叶级数含义比较明确，但在运算时会感到不便，因此，利用欧拉公式，经常将三角函数形式的傅里叶级数转化为复指数函数形式的傅里叶级数。

根据欧拉公式，有

$$\sin n\omega_0 t = \frac{\mathrm{e}^{\mathrm{j}n\omega_0 t} - \mathrm{e}^{-\mathrm{j}n\omega_0 t}}{2\mathrm{j}}$$

$$\cos n\omega_0 t = \frac{\mathrm{e}^{\mathrm{j}n\omega_0 t} + \mathrm{e}^{-\mathrm{j}n\omega_0 t}}{2}$$

代入式（4.7），可以得到

$$\begin{aligned} x(t) &= \frac{a_0}{2} + \sum_{n=1}^{\infty}\left[a_n\left(\frac{\mathrm{e}^{\mathrm{j}n\omega_0 t} + \mathrm{e}^{-\mathrm{j}n\omega_0 t}}{2}\right) + b_n\left(\frac{\mathrm{e}^{\mathrm{j}n\omega_0 t} - \mathrm{e}^{-\mathrm{j}n\omega_0 t}}{2j}\right)\right] \\ &= \frac{a_0}{2} + \sum_{n=1}^{\infty}\left[\left(\frac{a_n - jb_n}{2}\right)\mathrm{e}^{\mathrm{j}n\omega_0 t} + \left(\frac{a_n + jb_n}{2}\right)\mathrm{e}^{-\mathrm{j}n\omega_0 t}\right] \end{aligned} \tag{4.11}$$

令

$$F_n = \frac{a_n - \mathrm{j}b_n}{2}\text{，}\ \dot{F}_n = \frac{a_n + \mathrm{j}b_n}{2} \text{，}$$

$$F_0 = \frac{a_0}{2} \tag{4.12}$$

代入式（4.11），可得

$$x(t)=F_0 + \sum_{n=1}^{\infty}(F_n \mathrm{e}^{\mathrm{j}n\omega_0 t} + \dot{F}_n \mathrm{e}^{-\mathrm{j}n\omega_0 t}) \tag{4.13}$$

式中，n 仍为正整数，系数 F_n 和 $\dot{F}_n$ 是一对共轭复数；系数 F_0 是实数，它代表周期信号的直流分量。由式（4.8）可知，a_n 是 $n\omega_0$ 的偶函数，b_n 是 $n\omega_0$ 的奇函数，即有

$$a_n = a_{-n}，\ b_n = -b_{-n}$$

因此

$$\dot{F}_n = \frac{a_n + jb_n}{2} = \frac{a_{-n} - jb_{-n}}{2} = F_{-n}$$

则式（4.13）可进一步改写为

$$x(t)=F_0 + \sum_{n=1}^{\infty}(F_n \mathrm{e}^{\mathrm{j}n\omega_0 t} + \dot{F}_n \mathrm{e}^{-\mathrm{j}n\omega_0 t}) = \sum_{n=-\infty}^{\infty} F_n \mathrm{e}^{\mathrm{j}n\omega_0 t} \tag{4.14}$$

这就是复指数形式的傅里叶级数，它表明周期信号可以分解为无数复指数信号之和。式中 n 的变化范围是从负无穷大到正无穷大。若将式（4.8）中的 a_n 和 b_n 的计算式代入式（4.12），即可以得到傅里叶复系数 F_n 的计算式

$$F_n = \frac{1}{T}\int_{t_0}^{t_0+T} x(t)\mathrm{e}^{-\mathrm{j}n\omega_0 t}\mathrm{d}t \tag{4.15}$$

傅里叶复系数 F_n 与傅里叶实系数 a_n 和 b_n 一样，都是 $n\omega_0$ 的函数。F_n 为复数，故 F_n 也可以表示成模与幅角的形式，即

$$F_n = |F_n| \cdot \mathrm{e}^{\mathrm{j}\theta_n}$$

由于

$$F_n = |F_n| \cdot \mathrm{e}^{\mathrm{j}\theta_n} = \frac{a_n - \mathrm{j}b_n}{2}$$

故

$$\begin{cases} |F_n| = \dfrac{1}{2}\sqrt{{a_n}^2 + {b_n}^2} \\ \theta_n = \arctan\left(\dfrac{-b_n}{a_n}\right) \end{cases},\quad (n>0) \tag{4.16}$$

比较式（4.9）与式（4.14）可见，复指数形式傅里叶级数的系数与三角形式的傅里叶系数之间的关系为

$$\begin{cases} |F_n| = \dfrac{1}{2}A_n = \dfrac{1}{2}\sqrt{{a_n}^2 + {b_n}^2} \\ \theta_n = \varphi_n = \arctan\left(\dfrac{-b_n}{a_n}\right) \\ F_0 = a_0/2 \end{cases},\quad (n>0) \tag{4.17}$$

容易证明，傅里叶复系数 F_n 的模为 $n\omega_0$ 的偶函数、幅角为 $n\omega_0$ 的奇函数，即 $\theta_n = -\theta_{-n}$。

在复指数形式的傅里叶级数展开式中出现了负频率分量，这只是一种数学表达形式而没有物理意义。实际上，正负的同频率总是成对出现。一对共轭的正负频率分量之和构成一个实数的余弦谐波分量，即

$$F_n \mathrm{e}^{\mathrm{j}n\omega_0 t} + F_{-n}\mathrm{e}^{-\mathrm{j}n\omega_0 t} = |F_n|\mathrm{e}^{\mathrm{j}\theta_n}\mathrm{e}^{\mathrm{j}n\omega_0 t} + |F_{-n}|\mathrm{e}^{-\mathrm{j}\theta_n}\mathrm{e}^{-\mathrm{j}n\omega_0 t} = 2|F_n|\cos(n\omega_0 t + \varphi_n) \qquad (4.18)$$

从以上分析可见，周期信号的傅里叶级数展开的三角形式与复指数形式，在本质上是一样的，它们之间的关系由欧拉公式所决定。显然，复指数形式的傅里叶级数表示式更紧凑。下面举例说明周期信号傅里叶级数的三角形式和复指数形式展开。

例 4.1 图 4.2 给出了周期矩形脉冲信号，试计算周期矩形脉冲信号的傅里叶级数展开式的三角形式和复指数形式。

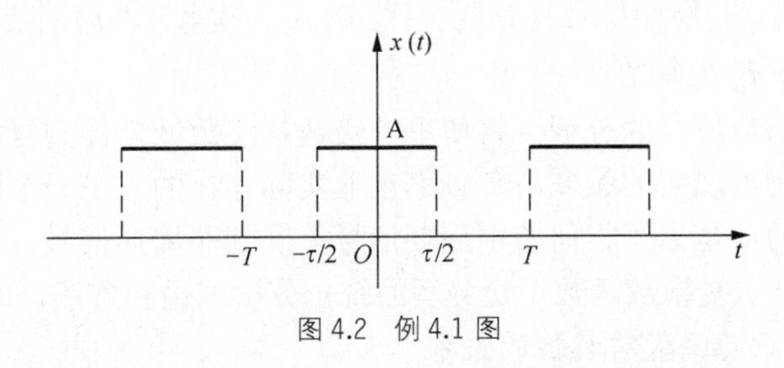

图 4.2 例 4.1 图

解：周期矩形脉冲信号在一个周期 $(-T/2, T/2)$ 内的表达式为

$$x(t) = \begin{cases} A, & |t| \leqslant \dfrac{\tau}{2} \\ 0, & |t| > \dfrac{\tau}{2} \end{cases}, \quad \omega_0 = \frac{2\pi}{T}$$

该周期信号 $x(t)$ 显然满足狄里赫莱的 3 个充分条件，必然存在傅里叶级数展开式。由式（4.8）计算如下

$$a_0 = \frac{2}{T}\int_{-\frac{T}{2}}^{\frac{T}{2}} x(t)\mathrm{d}t = \frac{2}{T}\int_{-\frac{\tau}{2}}^{\frac{\tau}{2}} A\mathrm{d}t = \frac{2A\tau}{T}$$

$$a_n = \frac{2}{T}\int_{-\frac{T}{2}}^{\frac{T}{2}} x(t)\cos n\omega_0 \mathrm{d}t = \frac{2}{T}\int_{-\frac{\tau}{2}}^{\frac{\tau}{2}} A\cos n\omega_0 t\mathrm{d}t = \frac{2A\tau}{T} Sa\left(\frac{n\omega_0\tau}{2}\right) \qquad , n = 1,2,3\cdots$$

$$b_n = \frac{2}{T}\int_{-\frac{T}{2}}^{\frac{T}{2}} x(t)\sin n\omega_0 t\mathrm{d}t = 0 \quad n = 1,2,3,\cdots$$

因此，周期矩形脉冲信号 $x(t)$ 的傅里叶级数三角形式展开式为

$$x(t) = \frac{A\tau}{T} + \sum_{n=1}^{\infty} \frac{2A\tau}{T} Sa\left(\frac{n\omega_0\tau}{2}\right)\cos n\omega_0 t$$

根据式（4.14）与式（4.15），有

$$x(t) = \sum_{n=-\infty}^{\infty} F_n \mathrm{e}^{\mathrm{j}n\omega_0 t}$$

其中

$$F_n=\frac{1}{T}\int_{-\frac{T}{2}}^{\frac{T}{2}}x(t)\mathrm{e}^{-\mathrm{j}n\omega_0 t}\mathrm{d}t=\frac{1}{T}\int_{-\frac{\tau}{2}}^{\frac{\tau}{2}}A\mathrm{e}^{-\mathrm{j}n\omega_0 t}\mathrm{d}t=-\frac{1}{\mathrm{j}T}\cdot\frac{A}{n\omega_0}\left[\mathrm{e}^{-\mathrm{j}n\omega_0 t}\right]_{-\frac{\tau}{2}}^{\frac{\tau}{2}}=\frac{2A}{Tn\omega_0}\left(\sin n\omega_0\frac{\tau}{2}\right)$$

$$=\frac{A\tau}{T}\frac{\sin n\omega_0\frac{\tau}{2}}{n\omega_0\frac{\tau}{2}}=\frac{A\tau}{T}\mathrm{Sa}\left(\frac{n\omega_0\tau}{2}\right)$$

因此，周期矩形脉冲信号的傅里叶级数的复指数形式展开式为

$$x(t)=\frac{A\tau}{T}\sum_{n=-\infty}^{\infty}\mathrm{Sa}\left(\frac{n\omega_0\tau}{2}\right)\mathrm{e}^{\mathrm{j}n\omega_0 t}$$

从该例题可以发现，傅里叶复系数可能为复数，也可能为实数，这里应把复数理解为复数、实数或纯虚数。对于一个具体的周期信号，其傅里叶复系数 F_n 究竟取何种数值，这取决于周期信号的对称特性。若周期信号具有偶对称，则 F_n 为实数；若周期信号具有奇对称，则 F_n 为纯虚数。一般情况下 F_n 为复数。

另外，傅里叶复指数形式的分解—将傅里叶级数从实数域延伸到复数域，就出现了负频率。复数域是属于非物理现实的领域，负频率也非实际存在的，是一个没有实际物理意义的变量。这样处理的目的，是为了将问题由周期信号扩展到非周期信号，从而建立起包括周期信号和非周期信号、基于复指数函数正交分解的统一分析理论和方法，即傅里叶变换。

3. 傅里叶级数系数与函数对称性的关系

（1）偶函数

如果以 T 为周期的周期信号 $x(t)$，满足 $x(t)=x(-t)$，则表示周期信号 $x(t)$ 为 t 的偶函数。其信号波形对于纵轴是左右对称的，故称为纵轴对称信号。图 4.3 是两个纵轴对称信号的实例。

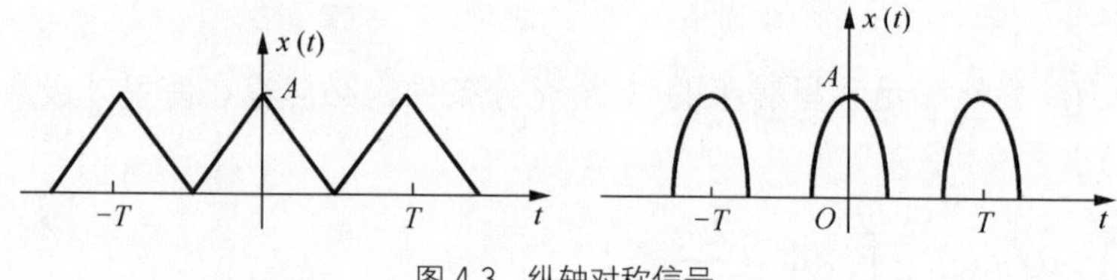

图 4.3 纵轴对称信号

由于信号 $x(t)$ 为 t 的偶函数，因此 $x(t)\cos n\omega_0 t$ 仍为偶函数， $x(t)\sin n\omega_0 t$ 为奇函数，则傅里叶系数 a_0， a_n 和 b_n 的计算可以简化为

$$a_0=\frac{2}{T}\int_{-\frac{T}{2}}^{\frac{T}{2}}x(t)\mathrm{d}t=\frac{4}{T}\int_{0}^{\frac{T}{2}}x(t)\mathrm{d}t$$

$$a_n=\frac{2}{T}\int_{-\frac{T}{2}}^{\frac{T}{2}}x(t)\cos n\omega_0 t\mathrm{d}t=\frac{4}{T}\int_{0}^{\frac{T}{2}}x(t)\cos n\omega_0 t\mathrm{d}t$$

$$b_n=\frac{2}{T}\int_{-\frac{T}{2}}^{\frac{T}{2}}x(t)\sin n\omega_0 t\mathrm{d}t=0 \tag{4.19}$$

可见 b_n 取值均为 0，a_n 和 a_0 均不为 0，因此对于纵轴对称周期信号，其傅里叶级数展开式中只含有直流项与余弦项。对于复指数形式傅里叶级数分解而言，复振幅 F_n 是实数，其初相位 φ_n 为 $\pm\pi$ 。

（2）奇函数

如果以T为周期的周期信号$x(t)$，满足$x(t)=-x(-t)$，则表示周期信号$x(t)$为t的奇函数。其信号波形对于原点是斜对称的，故称为原点对称信号。图4.4所示为两个原点对称信号的实例。

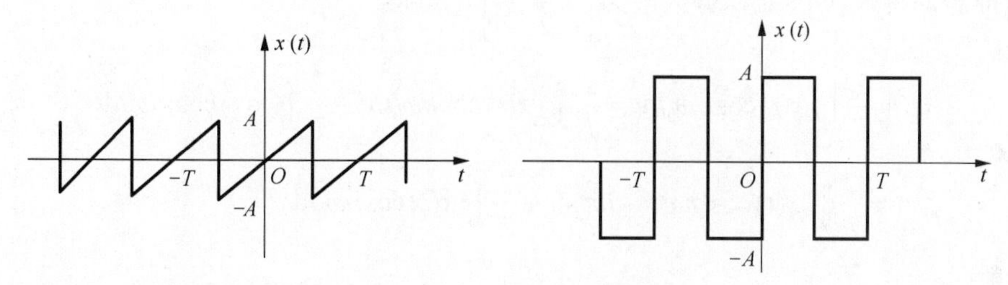

图4.4 原点对称图形

由于信号$x(t)$为t的奇函数，则$x(t)\cos n\omega_0 t$仍为奇函数，$x(t)\sin n\omega_0 t$为偶函数，傅里叶系数a_0、a_n和b_n的计算可以简化为

$$a_0=0$$

$$a_n=\frac{2}{T}\int_{-\frac{T}{2}}^{\frac{T}{2}}x(t)\cos n\omega_0 t\mathrm{d}t=0$$

$$b_n=\frac{2}{T}\int_{-\frac{T}{2}}^{\frac{T}{2}}x(t)\sin n\omega_0 t\mathrm{d}t=\frac{4}{T}\int_0^{\frac{T}{2}}x(t)\sin n\omega_0 t\mathrm{d}t \tag{4.20}$$

可见原点对称周期信号其傅里叶级数展开式中只含有正弦项，即奇函数的傅里叶级数中不含余弦项和直流项，只可能包含正弦项。复振幅F_n是虚数，其初相位φ_n为$\frac{\pi}{2}$或$-\frac{\pi}{2}$。

（3）半波重叠信号

如果以T为周期的周期信号$x(t)$，满足$x(t)=x(t\pm T/2)$，则表示周期信号$x(t)$其信号波形平移半个周期后与原波形完全重合，故称为半波重叠信号。图4.5所示为两个半波重叠信号的实例。

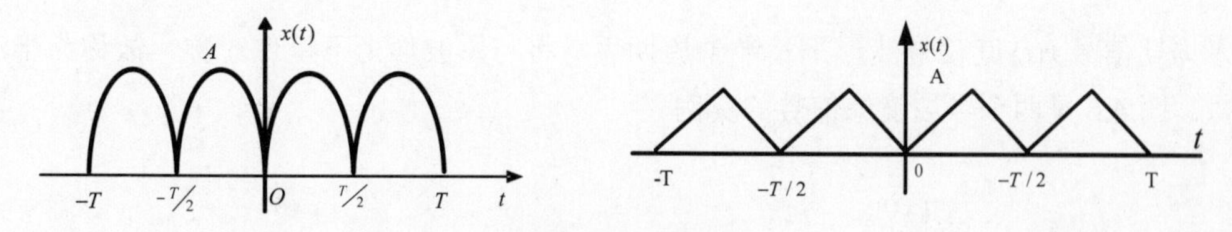

图4.5 半波重叠信号

从图中可以清楚地看到，半波重叠信号的实际周期应为$T/2$，因而实际的角频率应为$2\omega_0$，这样，基波与所有谐波的角频率均为ω_0的偶数倍。故其傅里叶级数展开式中将只有偶次谐波分量和直流分量，并无奇次谐波分量，即有

$$a_n=\begin{cases}\frac{4}{T}\int_0^{\frac{T}{2}}x(t)\cos n\omega_0 t\mathrm{d}t & ,n=2,4,6\\ 0 & ,n=1,3,5\end{cases} \tag{4.21}$$

$$b_n=\begin{cases}\dfrac{4}{T}\displaystyle\int_0^{\frac{T}{2}}x(t)\sin n\omega_0 t\mathrm{d}t & ,n=2,4,6\\ 0 & ,n=1,3,5\end{cases} \tag{4.22}$$

下面进行推导。将式（4.8）积分限改为$\left[-\dfrac{T}{2},\dfrac{T}{2}\right]$，可得

$$\begin{aligned}a_n&=\frac{2}{T}\int_{-\frac{T}{2}}^{\frac{T}{2}}x(t)\cos n\omega_0 t\mathrm{d}t=\frac{2}{T}\int_{-\frac{T}{2}}^{0}x(t)\cos n\omega_0 t\mathrm{d}t+\frac{2}{T}\int_0^{\frac{T}{2}}x(t)\cos n\omega_0 t\mathrm{d}t\\&=\frac{2}{T}\int_0^{\frac{T}{2}}x(t)\cos(n\omega_0 t-n\pi)\mathrm{d}t+\frac{2}{T}\int_0^{\frac{T}{2}}x(t)\cos n\omega_0 t\mathrm{d}t\end{aligned}$$

当n为奇数时

$$a_n=-\frac{2}{T}\int_0^{\frac{T}{2}}x(t)\cos n\omega_0 t\mathrm{d}t+\frac{2}{T}\int_0^{\frac{T}{2}}x(t)\cos n\omega_0 t\mathrm{d}t=0$$

当n为偶数时

$$a_n=\frac{2}{T}\int_0^{\frac{T}{2}}x(t)\cos n\omega_0 t\mathrm{d}t+\frac{2}{T}\int_0^{\frac{T}{2}}x(t)\cos n\omega_0 t\mathrm{d}t=\frac{4}{T}\int_0^{\frac{T}{2}}x(t)\cos n\omega_0 t\mathrm{d}t \tag{4.23}$$

同理，可以得到，当n为奇数时

$$b_n=0$$

当n为偶数时

$$b_n=\frac{4}{T}\int_0^{\frac{T}{2}}x(t)\sin n\omega_0 t dt \tag{4.24}$$

尽管半波重叠周期信号其傅里叶级数展开式中只含有偶次谐波，但其既有正弦分量也有余弦分量，该偶次谐波的余弦分量和正弦分量系数分别根据式（4.23）和式（4.24）计算。

（4）半波镜像信号

如果以T为周期的周期信号$x(t)$具有下列关系

$$x(t)=-x\left(t\pm\frac{T}{2}\right)$$

则表示周期信号$x(t)$其信号波形平移半个周期后，将与原波形上下镜像对称，故称为半波镜像信号。图4.6是两个半波镜像信号的实例。

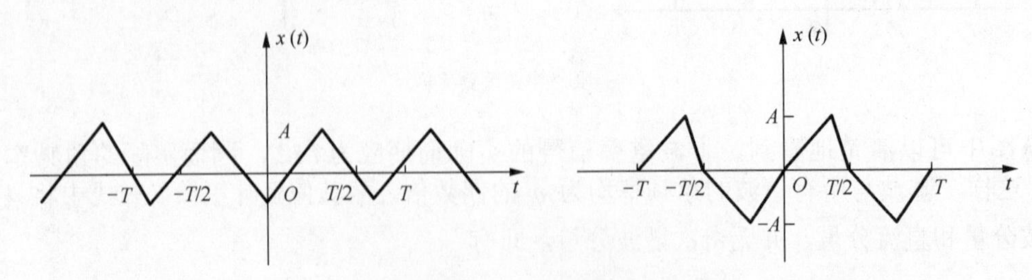

图4.6　半波镜像信号

半波镜像周期信号其傅里叶级数展开式中将只含有正弦与余弦的奇次谐波分量，而无直流分量与偶次谐波分量，即有

$$a_n=\begin{cases}\frac{4}{T}\int_0^{\frac{T}{2}}x(t)\cos n\omega_0 t\mathrm{d}t & ,n=1,3,5,\cdots\\ 0 & ,n=0,2,4,\cdots\end{cases}$$
$$b_n=\begin{cases}\frac{4}{T}\int_0^{\frac{T}{2}}x(t)\sin n\omega_0 t\mathrm{d}t & ,n=1,3,5,\cdots\\ 0, & ,n=0,2,4,\cdots\end{cases} \tag{4.25}$$

下面进行推导。将式（4.8）积分限改为$\left[-\frac{T}{2},\frac{T}{2}\right]$，可得

$$a_n=\frac{2}{T}\int_{-\frac{T}{2}}^{\frac{T}{2}}x(t)\cos n\omega_0 t\mathrm{d}t=\frac{2}{T}\int_{-\frac{T}{2}}^{0}x(t)\cos n\omega_0 t\mathrm{d}t+\frac{2}{T}\int_0^{\frac{T}{2}}x(t)\cos n\omega_0 t\mathrm{d}t$$
$$=-\frac{2}{T}\int_0^{\frac{T}{2}}x(t)\cos(n\omega_0 t-n\pi)\mathrm{d}t+\frac{2}{T}\int_0^{\frac{T}{2}}x(t)\cos n\omega_0 t\mathrm{d}t$$

当n为奇数时

$$a_n=\frac{2}{T}\int_0^{\frac{T}{2}}x(t)\cos n\omega_0 t\mathrm{d}t+\frac{2}{T}\int_0^{\frac{T}{2}}x(t)\cos n\omega_0 t\mathrm{d}t=\frac{4}{T}\int_0^{\frac{T}{2}}x(t)\cos n\omega_0 t\mathrm{d}t \tag{4.26}$$

当n为偶数时

$$a_n=-\frac{2}{T}\int_0^{\frac{T}{2}}x(t)\cos n\omega_0 t\mathrm{d}t+\frac{2}{T}\int_0^{\frac{T}{2}}x(t)\cos n\omega_0 t\mathrm{d}t=0$$

同理，可以得到，当n为奇数时

$$b_n=\frac{4}{T}\int_0^{\frac{T}{2}}x(t)\sin n\omega_0 t\mathrm{d}t \tag{4.27}$$

当n为偶数时，$b_n=0$

由此可见，半波镜像周期信号其傅里叶级数展开式中将只含有正弦与余弦的奇次谐波分量，而无直流分量与偶次谐波分量。该奇次谐波的余弦分量和正弦分量系数分别根据式（4.26）和式（4.27）计算。

4种对称特性对应的傅里叶系数a_n和b_n的简化计算公式如表4.1所示。

表4.1　周期信号的对称特性与傅里叶系数简化规则

对称性	性质	a_0	$a_n(n\neq 0)$	b_n
$x(t)=x(-t)$	只有余弦分量	$\frac{4}{T}\int_0^{\frac{T}{2}}x(t)\mathrm{d}t$	$\frac{4}{T}\int_0^{\frac{T}{2}}x(t)\cos n\omega_0 t\mathrm{d}t$	0
$x(t)=-x(-t)$	只有正弦分量	0	0	$\frac{4}{T}\int_0^{\frac{T}{2}}x(t)\sin n\omega_0 t\mathrm{d}t$
$x(t\pm\frac{T}{2})=x(t)$	只有偶次谐波	$\frac{4}{T}\int_0^{\frac{T}{2}}x(t)\mathrm{d}t$	$\frac{4}{T}\int_0^{\frac{T}{2}}x(t)\cos n\omega_0 t\mathrm{d}t$,（$n$为偶数）	$\frac{4}{T}\int_0^{\frac{T}{2}}x(t)\sin n\omega_0 t\mathrm{d}t$,（$n$为偶数）
$x(t\pm\frac{T}{2})=-x(t)$	只有奇次谐波	0	$\frac{4}{T}\int_0^{\frac{T}{2}}x(t)\cos n\omega_0 t\mathrm{d}t$,（$n$为奇数）	$\frac{4}{T}\int_0^{\frac{T}{2}}x(t)\sin n\omega_0 t\mathrm{d}t$,（$n$为奇数）

需要注意的是，当某周期信号同时具有两种对称特性时，如既是偶函数又是半波重叠，傅里叶系数 a_n 和 b_n 的计算还可进一步简化。

例 4.2 试计算图 4.7 所示的周期矩形波 $x(t)$ 的傅里叶级数展开式。

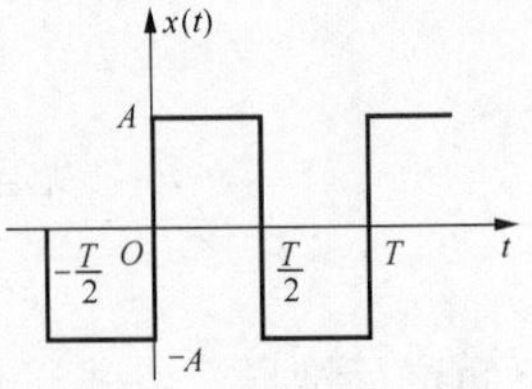

图 4.7 周期矩形波

解：从周期三角信号的波形可见，该信号同时具有原点对称特性和半波镜像特性，因此其傅里叶级数展开式中将只含有正弦奇次谐波分量。该信号在半个周期 $[0,T/2]$ 内的表达式为

$$x(t)=A,\quad 0\leqslant t\leqslant \frac{T}{2}$$

该周期三角信号 $x(t)$ 显然满足狄里赫利的 3 个充分条件，故存在傅里叶级数展开式。由式（4.8）并结合其具有两个对称特性，其傅里叶级数的系数计算如下

$$a_0=\frac{2}{T}\int_0^T x(t)\mathrm{d}t=0$$

$$a_n=\frac{2}{T}\int_{-\frac{T}{2}}^{\frac{T}{2}} x(t)\cos n\omega_0 t\mathrm{d}t=0$$

$$b_n=\frac{2}{T}\int_{-\frac{T}{2}}^{\frac{T}{2}} x(t)\sin n\omega_0 t\mathrm{d}t=\frac{4}{T}\int_0^{\frac{T}{2}} A\sin n\omega_0 t\mathrm{d}t=\frac{4A}{n\pi}\qquad ,n=1,3,5,\cdots$$

$$b_n=0\qquad ,n=2,4,6,\cdots$$

因此，周期三角信号 $x(t)$ 的傅里叶级数展开式为

$$x(t)=\frac{4A}{\pi}\left(\sin\omega_0 t+\frac{1}{3}\sin 3\omega_0 t+\frac{1}{5}\sin 5\omega_0 t+\cdots\right)$$

有时，信号波形的对称关系不能直接体现出来，需要将信号波形经上下或左右平移后，信号波形才呈现出某种对称特性。显然，信号经上下平移后，平移后的信号与原信号之间只相差一个常数项，即直流分量，而其他谐波分量完全相同，即上下平移前后信号的傅里叶系数 a_0 不同，a_n 和 b_n 相同。信号经左右平移后，平移后的信号实际是原信号的时间平移，两者直流分量相同，而谐波成分不同，即左右平移前后信号的傅里叶系数 a_0 相同，a_n 和 b_n 不同。但是无论如何，若信号经上下或左右平移后，信号能够呈现某种对称性，则就可以大大地简化傅里叶级数系数的计算。将由平移后的信号计算出的傅里叶级数展开式作反向平移，即可得到原信号的傅里叶级数展开式。

如图 4.8 所示的信号 $x(t)$，为图 4.9 所示直流信号 $x_1(t)$ 和图 4.10 所示矩形脉冲信号 $x_2(t)$ 之差，即 $x(t)=x_1(t)-x_2(t)$。

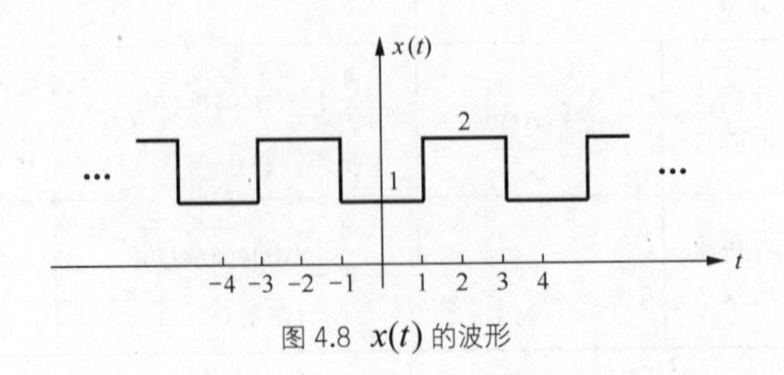

图 4.8 $x(t)$ 的波形

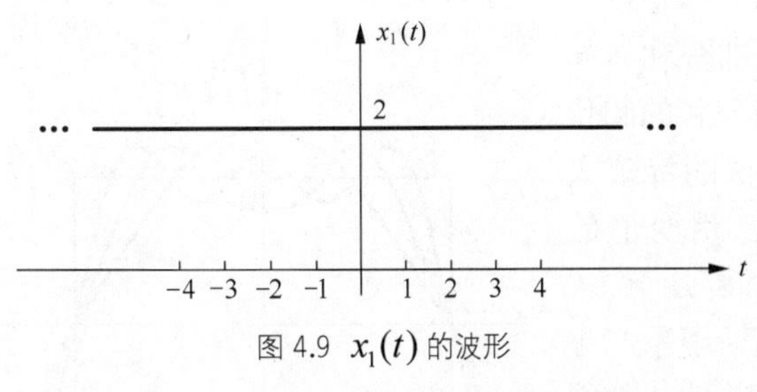

图 4.9　$x_1(t)$ 的波形

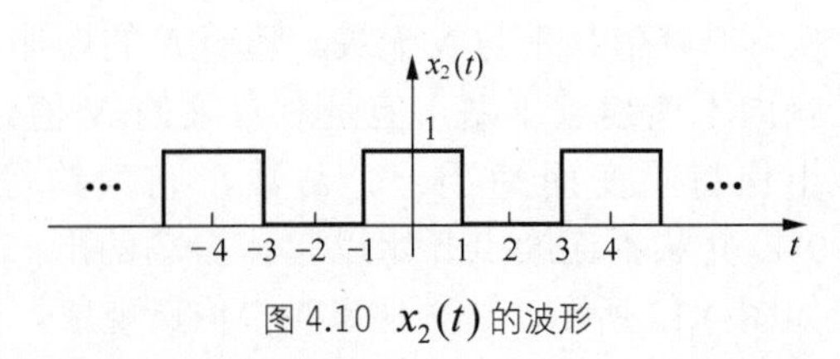

图 4.10　$x_2(t)$ 的波形

由例 4.1 可知，$x_2(t)=0.5+\sum_{n=1}^{\infty}\text{Sa}\left(\frac{n\pi}{2}\right)\cos\left(\frac{n\pi t}{2}\right)$，而 $x_1(t)=2$，则

$$x(t)=x_1(t)-x_2(t)=1.5-\sum_{n=1}^{\infty}\text{Sa}\left(\frac{n\pi}{2}\right)\cos\left(\frac{n\pi t}{2}\right)$$

一般来说，任意周期函数表示为傅里叶级数时需要无限多项才能完全逼近原函数。但在实际应用中，经常采用有限项级数来代替无限项级数。无穷项与有限项误差平方的平均值定义为均方误差，即

$$E_N=\overline{\varepsilon_N^{\ 2}(t)}=\frac{1}{T}\int_{t_0}^{t_0+T}\varepsilon_N^{\ 2}(t)\,\mathrm{d}t$$

式中，$\varepsilon_N(t)=x(t)-S_N$，$S_N=a_0+\sum_{n=1}^{N}\left[a_n\cos(n\omega_0 t)+b_n\sin(n\omega_0 t)\right]$。

研究表明，N 越大，$\varepsilon_N(t)$ 越小，当 $N\to\infty$ 时，$\varepsilon_N(t)\to 0$。如图 4.11 所示的周期矩形脉冲信号，随着 N 的增加，傅里叶级数部分和越逼近信号 $x(t)$。

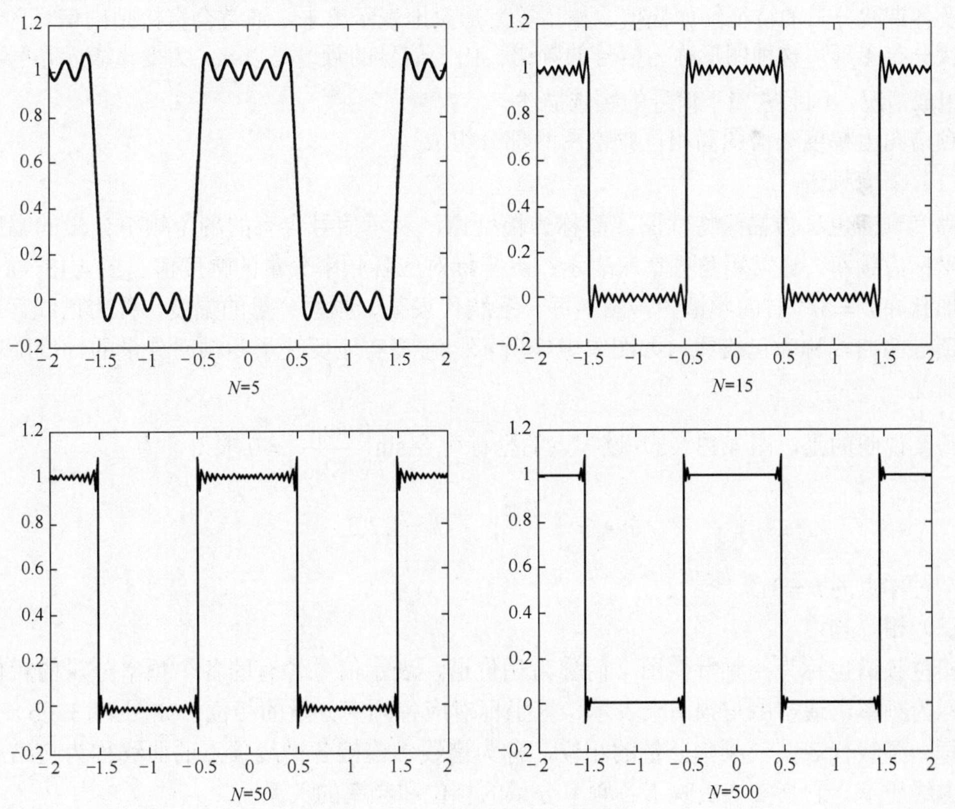

图 4.11　傅里叶级数部分和

进一步观察可以发现，在不连续点附近，部分和有起伏，其峰值几乎与 N 无关。随着 N 的增加，部分和的起伏就向不连续点压缩。但是对有限的 N 值，起伏的峰值大小保持不变而趋于一个常数，它大约等于总跳变值的9%，并从不连续点开始以起伏振荡的形式逐渐衰减下去，如图 4.12 所示，这种现象叫吉伯斯现象。吉伯斯现象产生原因在于，时间信号存在跳变破坏了信号的收敛性，使得在间断点傅里叶级数出现非一致收敛。这种现象的物理意义在于，当一个信号通过某一系统时，如果这个信号是不连续时间函数，则由于一般物理系统对高频分量都有衰减作用，因此会产生吉伯斯现象。为了消除吉伯斯现象，在取有限项傅里叶级数的时候可加平滑谱窗进行处理。

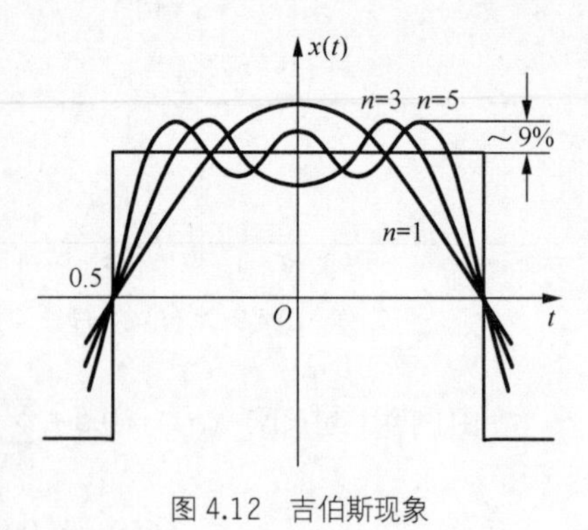

图 4.12 吉伯斯现象

4.3.2 周期信号的频谱

1. 频谱的概念

连续周期信号的傅里叶级数的数学概念表明，周期信号在满足一定条件时，可以分解为无数三角信号或复指数信号的线性组合。此时，各种周期信号的区别在于它们的谐波分量的数目、角频率 $n\omega_0$、各次谐波的幅度 $|F_n|$ 或 A_n、θ_n 或 φ_n 不同。反过来，如果给定了各个频率分量的幅值和相位，就可以确定该周期信号具体的傅里叶级数形式。为了把周期信号具有的各次谐波分量以及各谐波分量的特征（如幅值、相角等）形象地表示出来，通常会直接画出信号各次谐波的线状分布图形，这种图形称为信号的频谱。由于信号的频谱是以 $n\omega_0$ 为变量表示信号各次谐波的组成情况，因而它属于信号的频域描述。

频谱图由幅度频谱图和相位频谱图两部分组成。

（1）幅度频谱

幅度频谱也称为幅频特性图，简称为幅度谱，表示信号含有的各个频率分量的幅度值。其横坐标为频率，通常用角频率来表示；纵坐标对应各频率分量的幅度值。图 4.13（a）是周期矩形脉冲 $T=3\tau$ 时的频谱图，图中每一条线代表某一频率分量的幅度，称为谱线。连接各谱线顶点的曲线称为包络线，如图中虚线所示。它真实地反映了各频率分量的幅度随频率变化的情况。

需要说明的是，图 4.13（a）过零点的坐标可令 $\sin\left(\frac{n\omega_0\tau}{2}\right)=0$ 求得，为

$$n\omega_0=\pm\frac{2k\pi}{\tau},\qquad k=1,2,3,\cdots$$

第一个过零点的 $n=3$ 。

（2）相位频谱

相位频谱也称为相频特性图，简称为相位谱，表示信号含有的各个频率分量的相位。其横坐标为频率，通常用角频率来表示，纵坐标对应各频率分量的相位。如图 4.13（b）所示，图中每一条线代表某一频率分量的相位，称为谱线。连接各谱线顶点的曲线称为包络线，如图中虚线所示。它真实均反映了各频率分量的相位和频率的关系。

若把相位为零的分量的幅度看作正值，把相位为 $\pm\pi$ 的分量的幅度看作负值，那么幅度谱

和相位谱可合二为一，如图 4.13（c）所示。

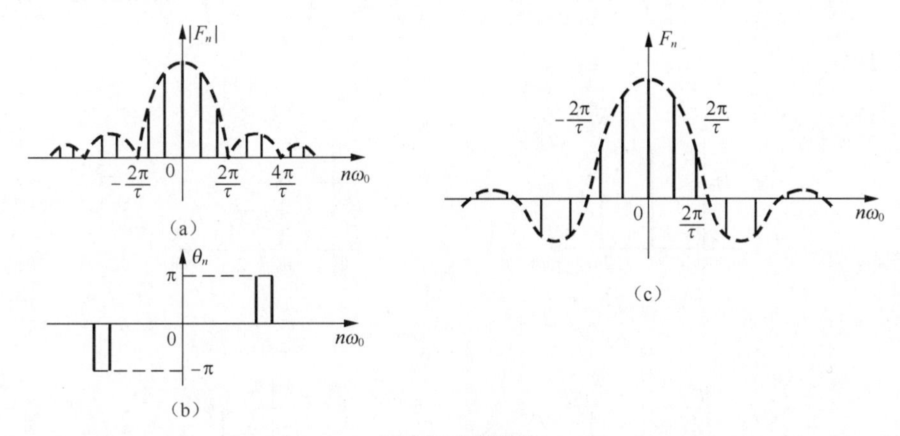

图 4.13 频谱图

信号的频谱图同信号的波形一样，都形象地描述了信号的全部特性，前者是频域描述法，而后者是时域描述法。

2. 三角频谱与复指数频谱的关系

由傅里叶级数的分解可知，三角形式傅里叶级数和复指数形式傅里叶级数是等效的，且两者系数的关系可以通过式(4.17)来表示。如果周期信号的傅里叶级数展开式中只含有直流、基波与二次谐波，则其三角形式与复指数形式展开式为

$$x(t)=\frac{a_0}{2}+A_1\cos(\omega_0 t+\varphi_1)+A_2\cos(2\omega_0 t+\varphi_2)\text{（三角形式）}$$
$$=F_0+F_{-1}\mathrm{e}^{-\mathrm{j}\omega_0 t}+F_1\mathrm{e}^{\mathrm{j}\omega_0 t}+F_{-2}\mathrm{e}^{-\mathrm{j}2\omega_0 t}+F_2\mathrm{e}^{\mathrm{j}2\omega_0 t}\text{（复指数形式）}$$

式中 $F_0=\frac{a_0}{2}$，$F_1=\frac{A_1}{2}\mathrm{e}^{\mathrm{j}\varphi_1}$，$F_2=\frac{A_2}{2}\mathrm{e}^{\mathrm{j}\varphi_2}$，$F_{-1}=\frac{A_1}{2}\mathrm{e}^{-\mathrm{j}\varphi_1}$，$F_{-2}=\frac{A_2}{2}\mathrm{e}^{-\mathrm{j}\varphi_2}$。

因此，三角形式傅里叶级数对应的频谱称为三角频谱，即 A_n 随角频率变化的幅度频谱和 φ_n 随角频率变化的相位频谱。复指数形式傅里叶级数对应的频谱称为复指数频谱，即 $|F_n|$ 随角频率变化的幅度频谱和 ϕ_n 随角频率变化的相位频谱。因为 A_n 的系数是实数，而 F_n 的系数一般情况下为复数，所以，复指数频谱又称为复数频谱。

图 4.14 所示为某周期函数的幅度频谱和相位频谱。其中，图 4.14（a）、4.14（b）对应于三角形式傅里叶级数，由于各分量的角频率恒为正值 $(n>0)$，因此图形是单边的，又称单边谱。图 4.14（c）、4.14（d）对应于复指数形式傅里叶级数，由于各分量的角频率有正有负 $(-\infty<n<\infty)$，因而图形是双边的，又称双边谱。

三角频谱与复指数频谱之间的关系如式（4.7）所示。此外，由于傅里叶复系数 F_n 是模为 $n\omega_0$ 的偶函数，幅角 φ_n 为 $n\omega_0$ 的奇函数，因此在双边频谱中，幅度频谱呈偶对称，相位频谱呈奇对称。因此，两者的幅度频谱之间的关系为

$$|F_0|=\mathrm{A}_0，\ |F_n|=\frac{1}{2}A_n，\quad n=1,2,3,\cdots \tag{4.28}$$

而相位频谱 θ_n 是 φ_n 的奇函数延拓，即在 φ_n 的基础上增加了 $n\omega_0$ 小于零并与 φ_n 构成奇函数的分量。因此，根据周期函数的单边谱可以很方便地得到该函数的双边谱，反之亦然。

例 4.3 已知周期函数 $x(t)=3\cos t+\sin\left(5t+\dfrac{\pi}{6}\right)-2\cos\left(8t-\dfrac{2\pi}{3}\right)$，试画出该周期函数的单边谱和双边谱。

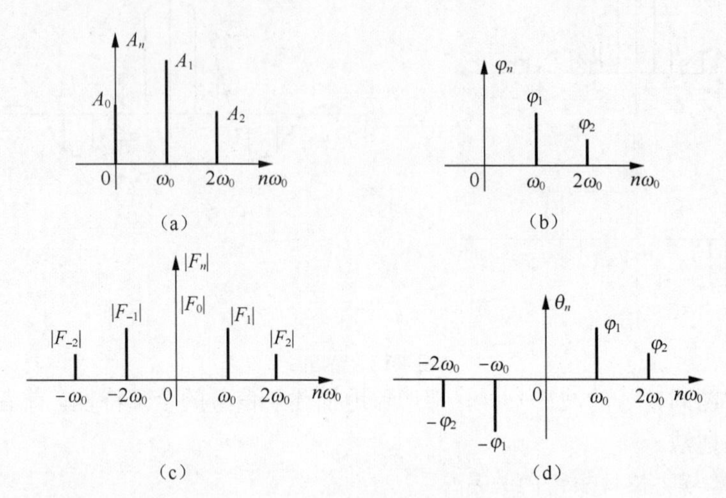

图 4.14 单边谱和双边谱

解：将该周期函数表示成余弦形式，得

$$x(t)=3\cos t+\cos\left(5t-\frac{1}{3}\pi\right)+2\cos\left(8t+\frac{\pi}{3}\right)$$

可以画出该周期函数的单边幅度频谱和相位频谱，如图 4.15 所示。

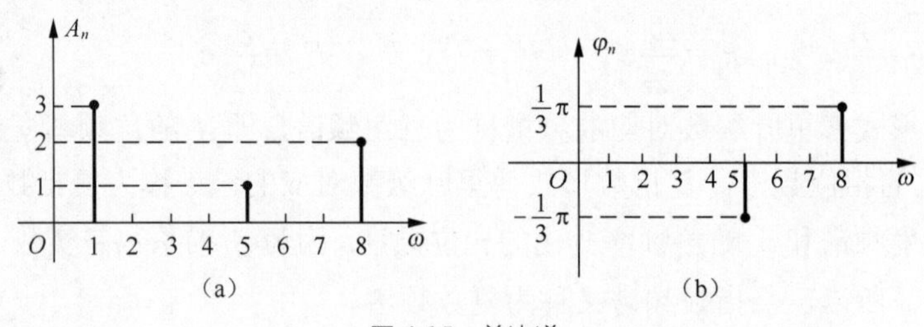

图 4.15 单边谱

根据三角频谱和复指数频谱的关系，可以画出该周期函数的双边幅度频谱和相位频谱，如图 4.16 所示。

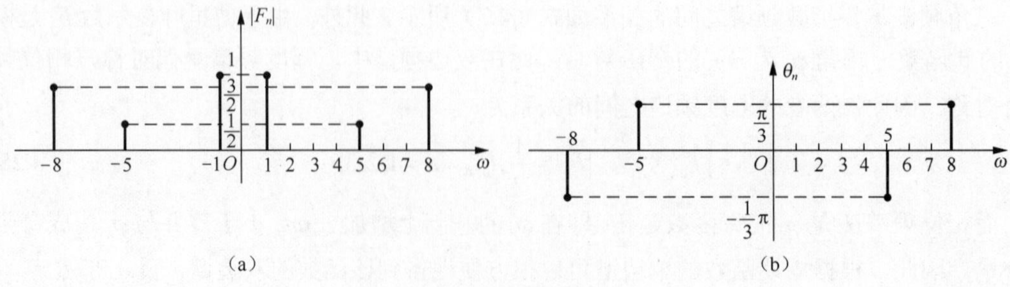

图 4.16 双边谱

3. 频谱的特性

为了阐述周期信号频谱的特点，下面以例 4.1 中的周期矩形脉冲信号为例加以分析。由例题 4.1 可知，周期矩形脉冲信号的复指数形式傅里叶级数的系数为

$$F_n = \frac{A\tau}{T}\mathrm{Sa}\left(\frac{n\omega_0\tau}{2}\right) \tag{4.29}$$

由于傅里叶复系数为实数，各谐波分量的相位或为零（F_n为正）或为$\pm\pi$（F_n为负），因此不需分别画出幅度频谱与相位频谱，可以直接画出傅里叶系数F_n的分布图，如图 4.17 所示。由于存在待定系数，上述频谱图并不唯一。为此，下面将找出频谱图随参数变化的规律。

（1）周期T不变，脉冲宽度τ变化

可以根据包络线以及基波和各次谐波的位置画出频谱图，图中F_n在$\omega = n\omega_0$有值。图 4.18 和图 4.19 分别给出了$\tau = T/3$和$\tau = T/6$的频谱。$\tau = T/3$时，包络信号（抽样函数）的第一个过零点为$n = 3$；$\tau = T/6$时，第一个过零点为$n = 6$。对比可以发现，时域上的脉冲宽度缩小一倍，频谱间隔不变，但相应的每条谱线的幅值减小一倍，第一个过零点的坐标增加一倍。

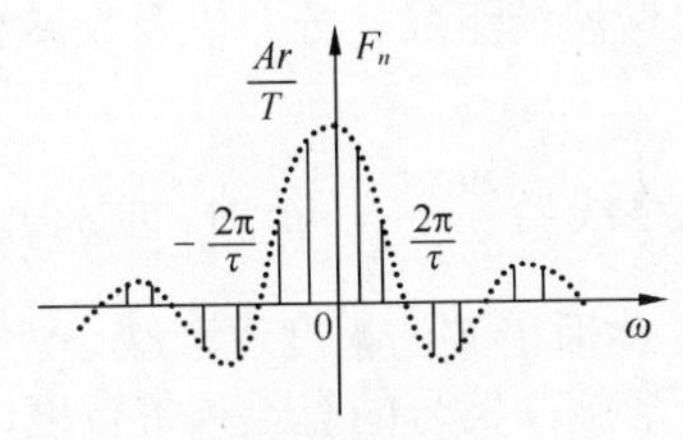

图 4.17　周期矩形脉冲的频谱

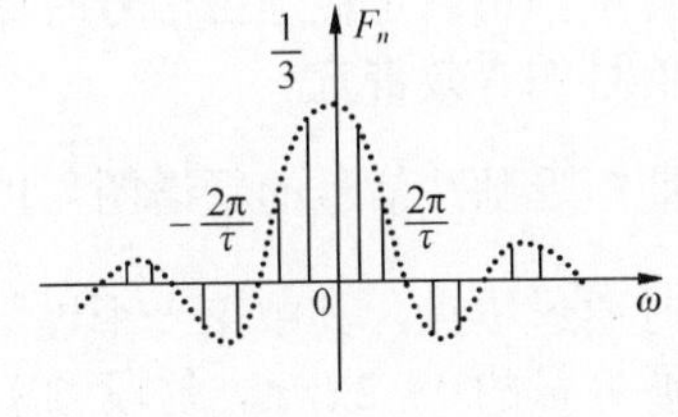

图 4.18　$\tau = T/3$

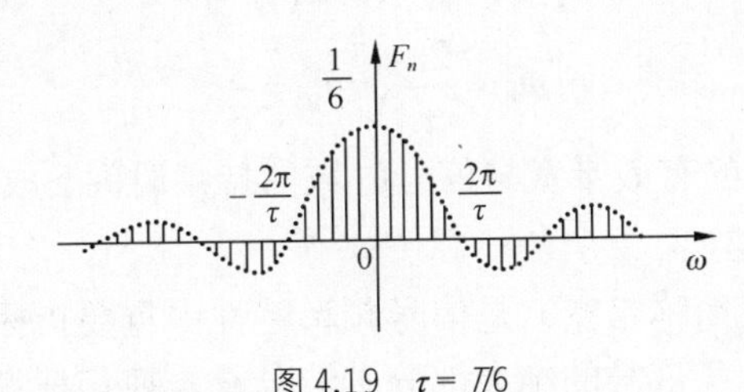

图 4.19　$\tau = T/6$

（2）脉冲宽度τ不变，周期T变化

图 4.20 和图 4.21 分别给出了$T = 3\tau$和$T = 6\tau$时的谱线，对比可以发现，τ不变，F_n的第一个过零点频率不变，即$\omega = 2\pi/\tau$，故$\Delta f = 1/\tau$带宽不变。T由大变小，谐波频率成分丰富，并且频谱的幅度变小；当$T \to \infty$时，谱线越来越密，谱线之间的间隔趋向于 0。因此，从时域上看，周期信号趋向于非周期信号；从频域上看，离散频谱趋向于连续频谱。

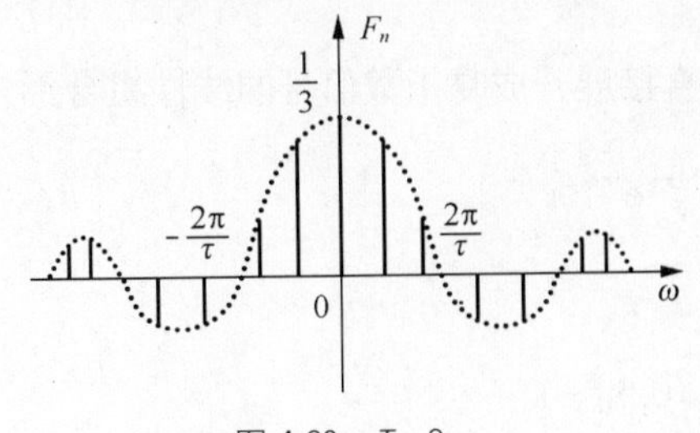

图 4.20　$T = 3\tau$

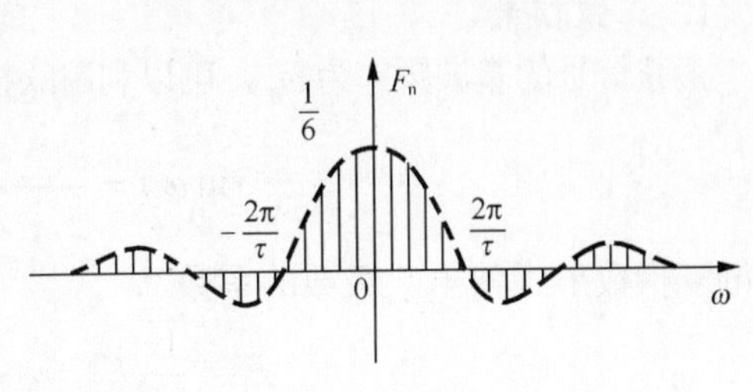

图 4.21　$T = 6\tau$

周期矩形脉冲信号 $x(t)$ 频谱的一些特性，实际上也是周期信号频谱的普遍特性，这些特性概括如下。

（1）离散频谱特性

所有周期信号的频谱都是由间隔为 ω_0 的谱线组成。不同的周期信号其频谱分布的形状不同，但都是以基频 ω_0 为间隔而分布的离散频谱。由于谱线的间隔 $\omega_0 = 2\pi/T$，故信号的周期决定其离散频谱的谱线间隔大小。信号的周期 T 越大，其基频 ω_0 就越小，则谱线越密；反之，T 越小，ω_0 越大，谱线则越疏。因此，当信号的周期 T 趋于无穷大时，则周期信号变为非周期信号，此时，信号的谱线间隔趋于零，即离散频谱变为连续频谱。可见，周期信号的频谱为离散谱，非周期信号的频谱为连续谱。

（2）幅度衰减特性

当周期信号的频谱随着谐波 $n\omega_0$ 增大时，幅度频谱 $|F_n|$ 不断衰减，并最终趋于零。尽管不同的周期信号其幅度频谱的衰减速度不同，但都最终衰减为零。一般说来，若信号的时域波形变化越平缓，其所含高次谐波成分就越少，亦即信号的幅度频谱衰减越快；反之，若信号的时域波形变化越快，跳变越多，其所含高次谐波成分就越多，因而其幅度频谱衰减越慢。根据这一特点，可以定性地由信号时域波形估计其高次谐波的组成、分布以及衰减程度。

（3）信号的有效带宽

从周期矩形脉冲信号的频谱图 4.17 可见，其频谱包络线当 $\dfrac{n\omega_0\tau}{2} = m\pi$ 时，即 $n\omega_0 = \dfrac{2\pi m}{\tau}$（$m$ 取整数）时通过零点，其中第一个过零点在 $\pm 2\pi/\tau$ 处，此后谐波的幅度逐渐减小。通常将包含主要谐波分量的 $0 \sim 2\pi/\tau$，这段频率范围称为周期矩形脉冲信号的有效频带宽度，以 ω_{B} 符号的（单位为弧度）或 f_B（单位为赫兹）表示，即有

$$\omega_B = \frac{2\pi}{\tau}，\ f_{\mathrm{B}} = \frac{1}{\tau} \tag{4.30}$$

式（4.30）表明，信号的有效带宽与信号时域的持续时间 τ 成反比，即 τ 越大，其 ω_{B} 越小；反之，τ 越小，其 ω_{B} 越大。

信号的有效频带宽度（简称带宽）是信号频率特性中重要指标，它具有实际应用意义。在信号的有效带宽内，集中了信号的绝大部分谐波分量。换句话说，若信号丢失有效带宽以外的谐波成分，不会对信号产生明显影响。同样，任何系统也有其有效带宽。当信号通过系统时，信号与系统的有效带宽必须“匹配”。若信号的有效带宽大于系统的有效带宽，则信号通过此系统时，就会损失许多重要的成分而产生较大失真；若信号的有效带宽远小于系统的带宽，信号可以顺利通过，但对系统资源是巨大浪费。

4.3.3 常见周期信号的频谱

1. 正弦信号

正弦信号的基波频率为 ω_0，可以利用欧拉公式将其直接展开成复指数信号的线性组合形式

$$\sin\omega_0 t = \frac{\mathrm{e}^{\mathrm{j}\omega_0 t} - \mathrm{e}^{-\mathrm{j}\omega_0 t}}{2\mathrm{j}} = \sum_{n=0}^{\infty} F_n \mathrm{e}^{\mathrm{j}n\omega_0 t}$$

可得复指数形式傅里叶级数的系数

$$F_1 = \frac{1}{2\mathrm{j}}, F_{-1} = -\frac{1}{2\mathrm{j}} \qquad F_n = 0, |n| \neq 1$$

其频谱图如图 4.22 所示。

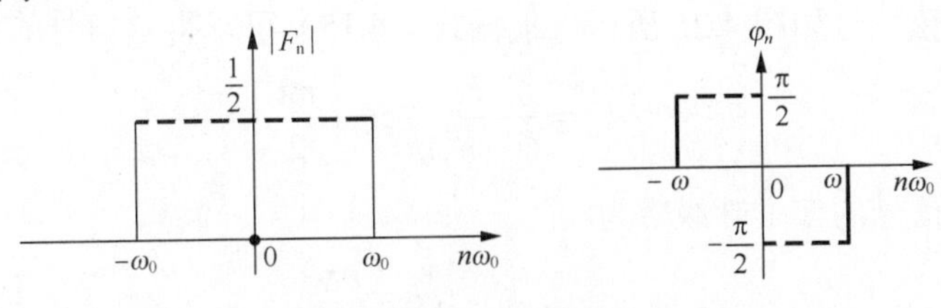

图 4.22 幅度频谱和相位频谱

2. 周期锯齿脉冲信号

周期锯齿脉冲信号如图 4.23 所示。根据式（4.15）可求得该信号的傅里叶级数的复系数

$$F_n = \frac{j}{2}(-1)^n \frac{E}{n\pi}, n \neq 0$$

则周期锯齿脉冲信号的傅里叶级数为

$$x(t) = \sum_{n=-\infty}^{\infty} \frac{j}{2}(-1)^n \frac{E}{n\pi} \mathrm{e}^{\mathrm{j}n\omega_0 t} = \frac{E}{2\pi} \sum_{n=-\infty}^{\infty} j(-1)^n \frac{1}{n} \mathrm{e}^{\mathrm{j}n\omega_0 t} \tag{4.31}$$

周期锯齿脉冲的傅里叶级数系数以 $\frac{1}{n}$ 的规律收敛，$\lim_{n\to\infty} F_n = 0$。

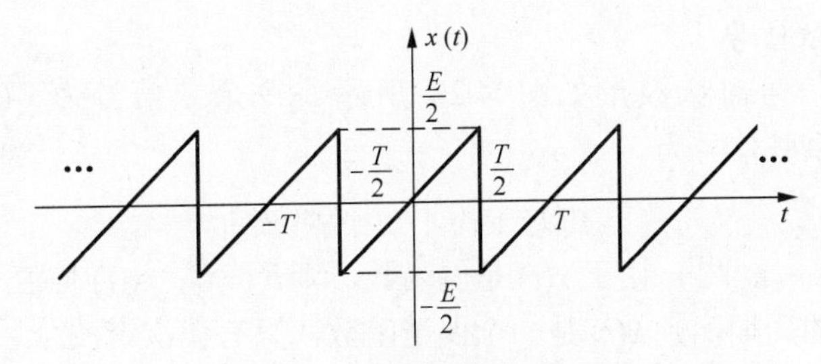

图 4.23 周期锯齿脉冲信号

3. 周期三角脉冲信号

周期三角脉冲信号如图 4.24 所示，根据式（4.15）可求得傅里叶级数的复系数 F_n

$$F_n = \frac{E}{2}\mathrm{Sa}^2\left(\frac{\pi}{2}n\right)$$

则周期三角脉冲信号的傅里叶级数为

$$x(t) = \frac{E}{2}\sum_{n=-\infty}^{\infty} \mathrm{Sa}^2\left(\frac{\pi}{2}n\right)\mathrm{e}^{jn\omega_0 t}, \omega_0 = \frac{2\pi}{T} \tag{4.32}$$

其傅里叶级数系数以 $\frac{1}{n^2}$ 的规律收敛。

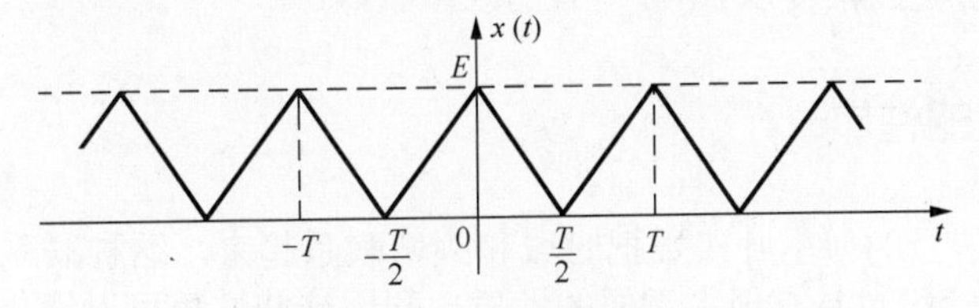

图 4.24 周期三角脉冲信号

4．周期半波余弦信号

周期半波余弦信号如图 4.25 所示。根据式（4.15）可求得该信号的傅里叶级数复系数

$$F_n = \frac{E}{(1-n^2)\pi}\cos\left(\frac{n\pi}{2}\right)$$

则周期半波余弦信号的傅里叶级数为

$$x(t) = \frac{E}{\pi}\sum_{n=-\infty}^{\infty}\frac{\cos\left(\frac{n\pi}{2}\right)}{1-n^2}e^{jn\omega_0 t} \tag{4.33}$$

其傅里叶级数系数以 $\frac{1}{n^2}$ 的规律收敛。

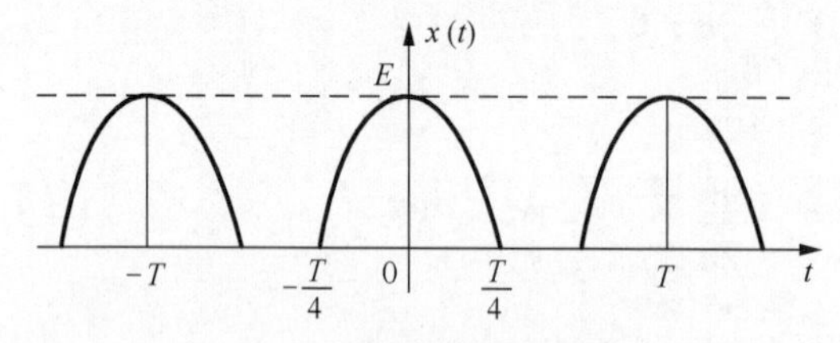

图 4.25　周期半波余弦信号

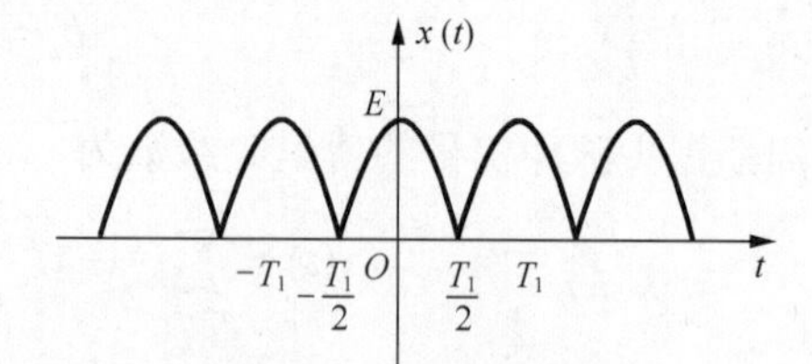

图 4.26 周期全波余弦信号

5．周期全波余弦信号

周期全波余弦信号时域波形如图 4.26 所示。令余弦信号为 $x_1(t) = E\cos(\omega_0 t)$，其中 $\omega_0 = 2\pi/T$，则全波余弦信号为

$$x(t) = |x_1(t)| = E|\cos(\omega_0 t)|$$

显然，有 $T = 2T_1$，$\omega_0 = \omega_1/2$。由于 $x(t)$ 是偶函数，则 $b_n = 0$；$x(t)$ 均值不为 0，则 $a_0 \neq 0$。如果把 T 看成是 $x(t)$ 的周期，则 $x(t)$ 是一个偶谐函数，只有偶次谐波分量。此时的傅里叶级数表达式为

$$\begin{aligned} x(t) &= \frac{2E}{\pi} + \frac{4E}{\pi}\left[\frac{1}{3}\cos(2\omega_0 t) - \frac{1}{15}\cos(4\omega_0 t) + \frac{1}{35}\cos(6\omega_0 t) + \cdots\right] \\ &= \frac{2E}{\pi} + \frac{4E}{\pi}\sum_{n=1}^{\infty}\left[(-1)^{n+1}\frac{1}{4n^2-1}\cos(2n\omega_0 t)\right] \end{aligned} \tag{4.34}$$

如果把 T_1 看成是 $x(t)$ 的周期，则 $x(t)$ 为非偶谐函数也非奇谐函数，所以有偶次谐波分量也有奇次谐波分量。此时的傅里叶级数表达式为

$$x(t) = \frac{2E}{\pi} + \frac{4E}{\pi}\left[\frac{1}{3}\cos(\omega_1 t) - \frac{1}{15}\cos(2\omega_1 t) + \frac{1}{35}\cos(3\omega_1 t) + \cdots\right] \tag{4.35}$$

对比式（4.34）和式（4.35），它们描述的是同一信号。此信号的频谱只包含直流、基波及偶次谐波分量，谐波的幅度以 $1/(4n^2-1)$ 的规律收敛。

4.4　傅里叶级数的性质

连续时间周期信号的傅里叶级数把时域和频域联系起来，这种联系可以用变换对表示，即 $x(t) \Leftrightarrow F_n$。傅里叶级数具有很多重要的性质，利用这些性质可以简化信号频谱的计算。下

面讨论这种变换对的主要性质。

1. 线性特性

设有周期信号$x_1(t)$和$x_2(t)$，其周期均为 T，角频率为$\omega_0 = 2\pi/T$，它们对应的频谱分别为$x_1(t) \Leftrightarrow F_{n1}$、$x_2(t) \Leftrightarrow F_{n2}$，则周期信号$a_1x_1(t)+a_2x_2(t)$对应的频谱为

$$a_1x_1(t)+a_2x_2(t) \Leftrightarrow a_1F_{n1}+a_2F_{n2} \tag{4.36}$$

即周期信号的傅里叶级数满足齐次性和可加性。

2. 对称特性

设有周期信号$x(t)$，其周期为 T，其对应的频谱为$x(t) \Leftrightarrow F_n$，则周期信号$x^*(t)$和$x^*(-t)$对应的频谱分别为

$$x^*(t) \Leftrightarrow F_{-n}^*,\quad x^*(-t) \Leftrightarrow F_n^* \tag{4.37}$$

3. 时移特性

设有周期信号$x(t)$，其周期为 T，其对应的频谱为$x(t) \Leftrightarrow F_n$，若将$x(t)$时移变为$x(t-\tau)$，则有

$$\begin{aligned} F_n &= \frac{1}{T}\int_T x(t-\tau)\mathrm{e}^{-\mathrm{j}n\omega_0 t}\mathrm{d}t = \frac{1}{T}\int_T x(\lambda)\mathrm{e}^{-\mathrm{j}n\omega_0(\lambda+\tau)}\mathrm{d}\lambda \\ &= \frac{1}{T}\mathrm{e}^{-\mathrm{j}n\omega_0\tau}\int_T x(\lambda)\mathrm{e}^{-\mathrm{j}n\omega_0\lambda}\mathrm{d}\lambda = F_n\mathrm{e}^{-\mathrm{j}n\omega_0\tau} \end{aligned}$$

于是

$$x(t-\tau) \Leftrightarrow F_n\mathrm{e}^{-\mathrm{j}n\omega_0\tau} \tag{4.38}$$

上式表明，时间移位后幅度频谱没有发生改变，但多了一个相位$-n\omega_0\tau$，即周期信号在时域的时移将导致其频谱在频域的相移。

4. 展缩特性

设有周期信号$x(t)$，其周期为 T，其对应的频谱为$x(t) \Leftrightarrow F_n$，若将$x(t)$展缩为$x(at)$，a为常数，则有

$$x(at) = \sum_{n=-\infty}^{\infty} F_n\mathrm{e}^{\mathrm{j}n\omega_0 at}$$

于是

$$x(at) \Leftrightarrow F_n\mathrm{e}^{-\mathrm{j}na\omega_0 t} \tag{4.39}$$

上式表明，时间压缩 a后，信号的基波频率由ω_0改为$a\omega_0$，对于任何n，频谱F_n并没有改变，但谱线却位于频率$na\omega_0$上。时间压缩越多，谱线的间隔将越大。

当$a=-1$时，信号就是反褶，且有$x(-t) \Leftrightarrow F_{-n} = F_n$，即幅度频谱不变，但相位却与原先的相反。

5. 微分特性

设有周期信号$x(t)$，其周期为 T，其对应的频谱为$x(t) \Leftrightarrow F_n$，则

$$x'(t) = \sum_{n=-\infty}^{\infty}\frac{\mathrm{d}}{\mathrm{d}t}(F_n\mathrm{e}^{\mathrm{j}n\omega_0 t}) = \sum_{n=-\infty}^{\infty}\mathrm{j}n\omega_0F_n\mathrm{e}^{\mathrm{j}n\omega_0 t}$$

于是

$$x'(t) \Leftrightarrow (\mathrm{j}n\omega_0)F_n \tag{4.40}$$

依此类推
$$x^{(k)}(t) \Leftrightarrow (\mathrm{j}n\omega_0)^k F_n \tag{4.41}$$

例 4.4 已知周期信号如图 4.27 所示，试用求导的方法求傅里叶级数的复系数和三角形式傅里叶级数表达式。

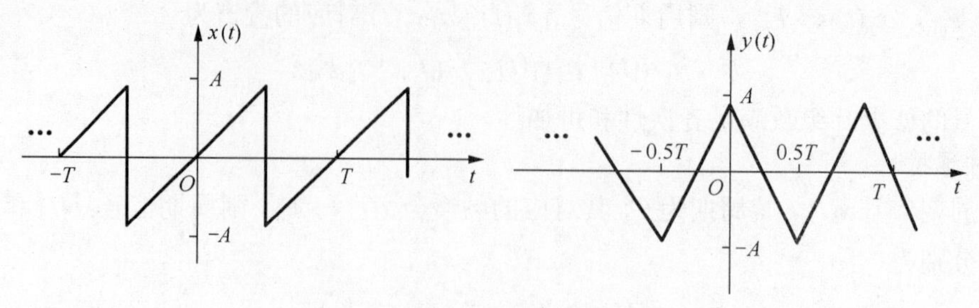

图 4.27 例 4.4 的周期信号波形

解：(1) 对于周期锯齿波 $x(t)$，它是奇对称的，$a_n = 0$，且无直流分量，只含正弦项。对它求二次导数的波形如图 4.28（a）和（b）所示。

令 $\hat{x}(t) = x''(t)$，在一个周期内包含一个冲激偶，利用冲激偶的抽样性质，可得

$$\hat{F}_n = \frac{1}{T}\int_T [-2A\delta'(t-0.5T)]\mathrm{e}^{-\mathrm{j}n\omega_0 t}\mathrm{d}t = \frac{2A}{T}[-\mathrm{j}n\omega_0 \bullet \mathrm{e}^{-\mathrm{j}n\omega_0 t}]|_{t=0.5T}$$

$$= -\mathrm{j}n\omega_0\frac{2A}{T}\mathrm{e}^{-\mathrm{j}n\pi} = -\mathrm{j}n\omega_0\frac{2A}{T}\cos n\pi$$

因此，傅里叶复系数为

$$F_n = \frac{\hat{F}_n}{(\mathrm{j}n\omega_0)^2} = \frac{-2A}{\mathrm{j}n\omega_0 T}\cos n\pi = \mathrm{j}\frac{A}{n\pi}(-1)^n \quad , \quad n = \pm1, \pm2, \pm3, \cdots$$

由式（4.12），有

$$F_n = \frac{a_n - \mathrm{j}b_n}{2}$$

因此
$$b_n = \frac{2A}{n\pi}(-1)^{n+1} \quad ,n = 1,2,3,\cdots$$

$x(t)$ 的傅里叶级数表达式为

$$x(t) = \frac{2A}{\pi}\sum_{n=1}^{\infty}(-1)^{n+1}\frac{1}{n}\sin n\omega_0 t$$

(2) 对于周期三角波 $y(t)$，它是偶对称和半周镜像对称，$b_n = 0$，且无直流分量，只含余弦项的奇次谐波。对它求二次导数的波形如图 4.28（c）和（d）所示。

令 $\hat{y}(t) = y''(t)$，在一个周期内包含两个冲激，利用冲激的抽样性质，可得

$$\hat{F}_n = \frac{1}{T}\int_T \frac{8A}{T}[-\delta(t) + \delta(t-0.5T)]\mathrm{e}^{-\mathrm{j}n\omega_0 t}\mathrm{d}t = \frac{8A}{T^2}[-1+\mathrm{e}^{-\mathrm{j}n\pi}] = \frac{8A}{T^2}[-1+(-1)^n] = -\frac{16A}{T^2}$$

因此，傅里叶复系数为 $F_n = \dfrac{\hat{F}_n}{(\mathrm{j}n\omega_0)^2} = \dfrac{4A}{(n\pi)^2}$ ， $n = \pm1, \pm3, \cdots$

由式（4.12），有

$$F_n = \frac{a_n - \mathrm{j}b_n}{2}$$

则

$$a_n = 2F_n = \frac{8A}{(n\pi)^2} \quad ,n = 1,3,5,\cdots$$

$y(t)$ 的三角形式傅里叶级数展开式为

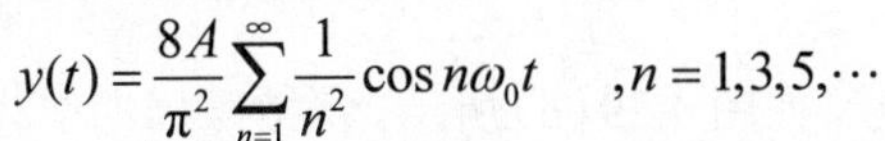

$$y(t) = \frac{8A}{\pi^2}\sum_{n=1}^{\infty}\frac{1}{n^2}\cos n\omega_0 t \quad ,n = 1,3,5,\cdots$$

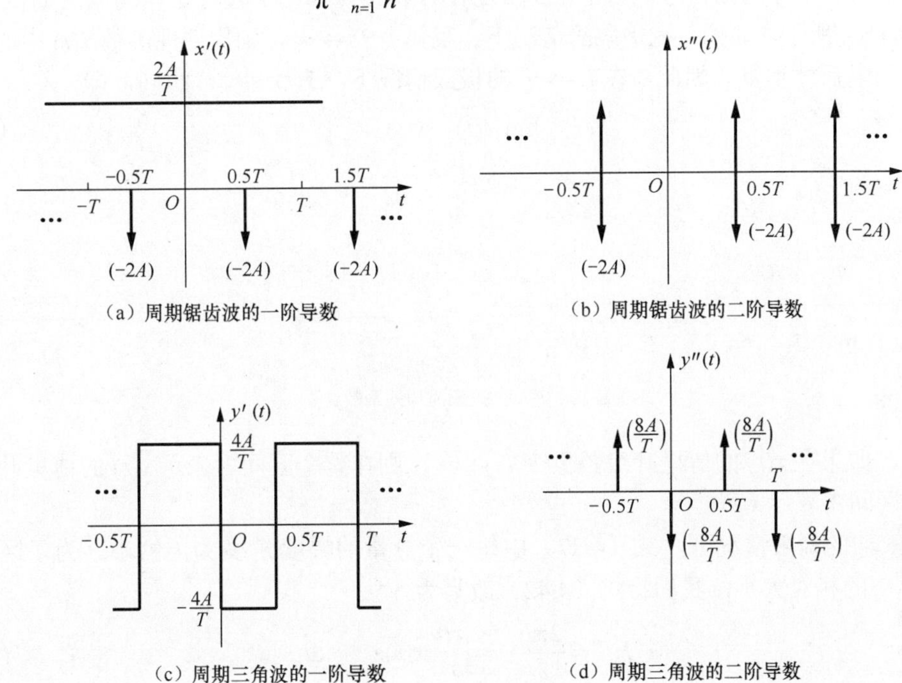

（a）周期锯齿波的一阶导数　（b）周期锯齿波的二阶导数

（c）周期三角波的一阶导数　（d）周期三角波的二阶导数

图 4.28　$x(t)$和 $y(t)$的导数波形

4.5　非周期信号的频谱——傅里叶变换

由傅里叶级数的复指数形式可知，连续时间周期信号 $x(t)$ 可以表示为一系列复指数信号 $e^{jn\omega_0 t}$ 的加权和，从而建立起周期信号时域与频域之间的对应关系。从数学上看，非周期信号就是令周期信号的周期趋于无限大的极限情况。而且，由 4.3.2 节周期信号频谱特性分析发现，当 $T \to \infty$ 时，矩形脉冲信号趋向于非周期信号，其频谱的谱线越来越密，谱线之间的间隔趋向于 0，离散频谱趋向于连续频谱。因此，非周期信号的频谱分析可以通过周期信号的傅里叶级数来引入。

本节将首先通过周期信号的复指数形式傅里叶级数引入非周期信号的傅里叶变换的概念，将连续非周期信号 $x(t)$ 表达为 $e^{j\omega t}$ 的加权和，进而建立起非周期信号时域与频域之间的关系。

4.5.1　非周期信号的频谱函数

设 $\tilde{x}(t)$ 是周期为 T 的周期信号，其复指数形式的傅里叶级数为

$$\tilde{x}(t)=\sum_{n=-\infty}^{\infty}F_n e^{jn\omega_0 t}$$

$\tilde{x}(t)$ 的频谱为

$$F_n=\frac{1}{T}\int_{-T/2}^{T/2}\tilde{x}(t)e^{-jn\omega_0 t}dt \tag{4.42}$$

设 $x(t)$ 为一个非周期信号，如图 4.29（a）所示。将按照周期 T 进行延拓构成周期信号 $\tilde{x}(t)$，如图 4.29（b）所示。显然，在极限的情况下，我们令 $T\to\infty$，则周期性函数 $\tilde{x}(t)$ 中的脉冲将在无穷远间隔后才重复。因此，在 $T\to\infty$ 的极限情况下，$\tilde{x}(t)$ 和 $x(t)$ 相同，即

$$\lim_{T\to\infty}\tilde{x}(t)=x(t) \tag{4.43}$$

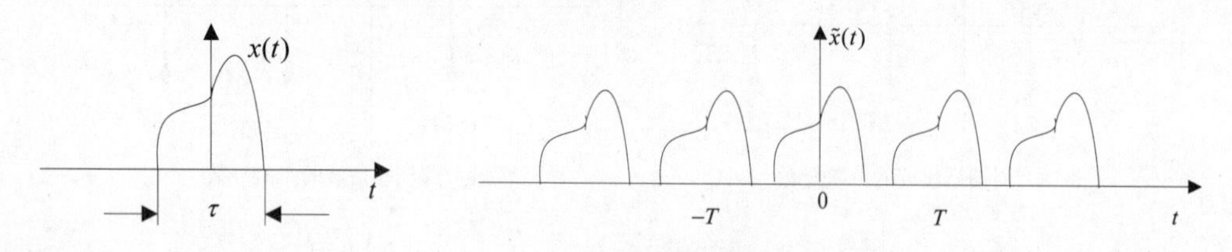

图 4.29 将 $x(t)$ 延拓为周期函数 $\tilde{x}(t)$

这样，如果在 $\tilde{x}(t)$ 的傅里叶级数里令 $T\to\infty$，则在整个区间内表示 $\tilde{x}(t)$ 的傅里叶级数也能在整个区间内表示 $x(t)$。

在 $T=\infty$ 的极限情况下，式（4.37）中每一个分量的幅度 F_n 变为无穷小。为了区分各分量的幅度 F_n 的相对大小，我们将式（4.42）改写为

$$F_n T=\frac{2\pi F_n}{\omega_0}=\int_{-T/2}^{T/2}\tilde{x}(t)e^{-jn\omega_0 t}dt \tag{4.44}$$

当 $T\to\infty$ 时，式（4.39）中的各变量将作如下改变

$$\begin{cases}T\to\infty\\ \omega_0=2\pi/T_0\to\Delta\omega\to d\omega\\ n\omega_0\to n\Delta\omega\to\omega\end{cases} \tag{4.45}$$

此时

$$\lim_{T\to\infty}F_n T=\lim_{T\to\infty}\int_{-T/2}^{T/2}\tilde{x}(t)e^{-jn\omega_0 t}dt=\int_{-\infty}^{\infty}x(t)e^{-j\omega t}dt \tag{4.46}$$

上式为 ω 的函数，我们用 $X(\omega)$ 表示，则

$$X(\omega)=\lim_{T\to\infty}F_n T=\int_{-\infty}^{\infty}x(t)e^{-j\omega t}dt \tag{4.47}$$

因此，$X(\omega)$ 是非周期信号 $x(t)$ 的周期延拓 $\tilde{x}(t)$ 的周期 T 和频率为 $\omega=n\omega_0$ 的分量复振幅的乘积，也即单位频率（角频率）上的复振幅，称为 $x(t)$ 的频谱密度函数，简称频谱函数。频谱函数 $X(\omega)$ 一般为复函数，可以写为 $X(\omega)=|X(\omega)|e^{j\arg X(\omega)}$，频谱函数的模 $|X(\omega)|$ 表示非周期信号中各频率分量的相对大小，而幅角 $\arg X(\omega)$ 则表示相应的各频率分量的相位。与周期信号的频谱类似，非周期信号的频谱函数 $X(\omega)$ 唯一地反映非周期信号的频域特性。不过，要注意的是，非周期信号的频谱为连续频谱。

由式（4.47），可得

$$\lim_{T_0\to\infty} F_n = \lim_{T_0\to\infty} \frac{X(\omega)\omega_0}{2\pi}$$

代入式（4.43），可得

$$x(t) = \lim_{T\to\infty} \tilde{x}(t) = \lim_{T\to\infty} \sum_{n=-\infty}^{\infty} F_n e^{jn\omega_0 t} = \lim_{T\to\infty} \sum_{n=-\infty}^{\infty} \frac{X(\omega)\omega_0}{2\pi} e^{jn\omega_0 t} = \frac{1}{2\pi}\int_{-\infty}^{\infty} X(\omega)e^{j\omega t}d\omega \quad (4.48)$$

上式是由 $\tilde{x}(t)$ 的复指数形式傅里叶级数取极限得到的，称为傅里叶积分。上式表明，当信号周期趋于无穷大时，其傅里叶级数展开式将变为傅里叶积分式。这意味着非周期信号可以分解为无数个频率为 ω，复振幅为 $X(\omega)d\omega/2\pi$ 的复指数信号 $e^{j\omega}$ 之和（积分）。虽然复振幅 $X(\omega)d\omega/2\pi$ 是无穷小，但正比于 $X(\omega)$。

上面推导出的式（4.47）和（4.48）是一对很重要的变换式，称为傅里叶变换对。式（4.47）称为 $x(t)$ 的傅里叶正变换，通过它把信号的时间函数（时域）变换为信号的频谱函数（频域），以考察信号的频谱结构。式（4.48）称为 $X(\omega)$ 的傅里叶反变换，通过它把信号的频谱函数（频域）变换为信号的时间函数（时域）以考察信号的时间特性。傅里叶正、反变换是一一对应的。其中 $x(t)$ 称为原函数，$X(\omega)$ 称为象函数。它们之间的关系可以表示为

$$X(\omega) = \mathscr{F}[x(t)] \quad (4.49)$$

$$x(t) = \mathscr{F}^{-1}[X(\omega)] \quad (4.50)$$

或

$$x(t) \overset{\mathscr{F}}{\leftrightarrow} X(\omega) \quad (4.51)$$

与周期信号一样，利用欧拉公式，可以从复指数形式的傅里叶反变换式（4.48）得到三角形式的傅里叶反变换式

$$\begin{aligned} x(t) &= \frac{1}{2\pi}\int_{-\infty}^{\infty} X(\omega)e^{j\omega t}d\omega = \frac{1}{2\pi}\int_{-\infty}^{\infty} |X(\omega)|\cos[\omega t + \varphi(\omega)]d\omega \\ &+ \frac{j}{2\pi}\int_{-\infty}^{\infty} |X(\omega)|\sin[\omega t + \varphi(\omega)]d\omega \end{aligned} \quad (4.52)$$

相应的傅里叶正变换式为

$$\begin{aligned} X(\omega) &= \int_{-\infty}^{\infty} x(t)e^{-j\omega t}dt = \int_{-\infty}^{\infty} x(t)\cos\omega t dt - j\int_{-\infty}^{\infty} x(t)\sin\omega t dt \\ &= \mathrm{Re}\{X(\omega)\} + j\,\mathrm{Im}\{X(\omega)\} = |X(\omega)|e^{j\theta(\omega)} \end{aligned} \quad (4.53)$$

根据三角形式的傅里叶正变换式（4.53），可以更清楚地看到非周期信号 $x(t)$ 的频谱函数 $X(\omega)$ 的成分与特性。下面根据 $x(t)$ 的 3 种情况分别讨论其对应的频谱函数 $X(\omega)$ 的特点。

（1）$x(t)$ 为实函数

若信号 $x(t)$ 为 t 的实函数，则从式（4.53）可知，$X(\omega)$ 的实部为 ω 的偶函数，虚部为 ω 的奇函数；$|X(\omega)|$ 为 ω 的偶函数，$\theta(\omega)$ 为 ω 的奇函数。因此，$X(\omega)$ 为 ω 的复函数。

（2）$x(t)$ 为实偶函数

若信号 $x(t)$ 为 t 的实偶函数，则从式（4.53）可知，$X(\omega)$ 的虚部为 0，$\theta(\omega)=0$；$X(\omega)$ 的实部与 $|X(\omega)|$ 为 ω 的偶函数。因此，$X(\omega)$ 为 ω 的实偶函数，且

$$X(\omega) = \int_{-\infty}^{\infty} x(t)\cos(\omega t)dt = 2\int_{0}^{\infty} x(t)\cos(\omega t)dt \quad (4.54)$$

（3）$x(t)$ 为实奇函数

若信号 $x(t)$ 为 t 的实奇函数，则从式（4.53）可知，$X(\omega)$ 的实部为 0，$\theta(\omega)=-\dfrac{\pi}{2}$；$X(\omega)$ 的虚部仍为 ω 的奇函数，$|X(\omega)|$ 为 ω 的偶函数。因此，$X(\omega)$ 为 ω 的虚奇函数，且

$$X(\omega)=-\mathrm{j}\int_{-\infty}^{\infty}x(t)\sin(\omega t)\mathrm{d}t=-2\mathrm{j}\int_{0}^{\infty}x(t)\sin(\omega t)\mathrm{d}t \tag{4.55}$$

掌握了时域信号 $x(t)$ 与其对应的频谱函数 $X(\omega)$ 之间的相互关系，可以帮助我们从物理上更清楚地认识时域与频域之间的必然联系，也可以在计算频谱函数 $X(\omega)$ 时，根据信号 $x(t)$ 的特点而简化运算过程。

例 4.5 试求图 4.30（a）所示的非周期矩形脉冲信号 $x(t)$ 的频谱函数 $X(\omega)$。

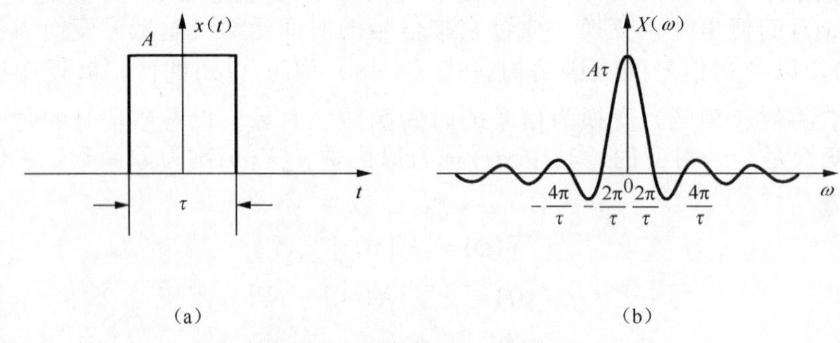

图 4.30 非周期矩形脉冲及其频谱函数

解： 非周期矩形脉冲信号 $x(t)$ 的时域表示为

$$x(t)=\begin{cases}A, & |t|\leqslant\dfrac{\tau}{2}\\[2mm] 0, & |t|>\dfrac{\tau}{2}\end{cases}$$

由傅里叶正变换式（4.47），可得

$$X(\omega)=\int_{-\infty}^{\infty}x(t)\mathrm{e}^{-\mathrm{j}\omega t}\mathrm{d}t=\int_{-\frac{\tau}{2}}^{\frac{\tau}{2}}x(t)\mathrm{e}^{-\mathrm{j}\omega t}\mathrm{d}t=\frac{A}{-\mathrm{j}\omega}\left[\mathrm{e}^{-\mathrm{j}\omega t}\right]_{-\frac{\tau}{2}}^{\frac{\tau}{2}}=A\tau\cdot\mathrm{Sa}\left(\frac{\omega\tau}{2}\right)$$

其频谱函数 $X(\omega)$ 的图形如图 4.30（b）所示。对照周期矩形脉冲信号的频谱图 4.17 可以发现，两者的轮廓一样，幅度相差 T，有效带宽相等。但两者也有区别，周期信号的频谱为离散频谱，非周期信号的频谱为连续频谱。更重要的是，周期信号的频谱为 F_n 的分布，而非周期信号的频谱为 TF_n 的分布，即频谱密度函数，这也是为何两者幅度相差 T 的原因。

另外，$x(t)$ 是实偶函数，可以利用式（4.54）来简化计算，即有

$$X(\omega)=2\int_{0}^{\infty}x(t)\cos\omega t\mathrm{d}t=2\int_{0}^{\frac{\tau}{2}}A\cdot\cos\omega t\mathrm{d}t=\frac{2A}{\omega}\sin\frac{\omega\tau}{2}=A\tau\cdot\mathrm{Sa}\left(\frac{\omega\tau}{2}\right)$$

4.5.2 傅里叶变换存在的条件

和周期信号的傅里叶级数相同，要使上述傅里叶变换成立也必须满足一组条件，该条件也称为狄里赫利条件，即

（1）$x(t)$ 绝对可积，即 $\int_{-\infty}^{\infty}|x(t)|\mathrm{d}t<\infty$；

（2）在任何有限区间内，$x(t)$ 只有有限个极大值和极小值；

（3）在任何有限区间内，$x(t)$ 不连续点个数有限，而且在不连续点处，$x(t)$ 值是有限的。满足上述条件的 $x(t)$，其傅里叶积分将在所有连续点收敛于 $x(t)$；而在 $x(t)$ 的各个不连续点将收敛于 $x(t)$ 的左极限和右极限的平均值。即若 $x(t)$ 在 t_1 点上连续，则

$$\frac{1}{2\pi}\int_{-\infty}^{\infty}X(\omega)\mathrm{e}^{\mathrm{j}\omega t_1}\mathrm{d}\omega=x(t_1) \tag{4.56}$$

若 $x(t)$ 在 t_1 点上不连续，则

$$\frac{1}{2\pi}\int_{-\infty}^{\infty}X(\omega)\mathrm{e}^{\mathrm{j}\omega t_1}\mathrm{d}\omega=\frac{1}{2}[x(t_1^-)+x(t_1^+)] \tag{4.57}$$

所有常用的能量信号都满足上述条件，都存在傅里叶变换。而很多功率信号或周期信号虽然不满足绝对可积条件，但若在变换过程中可以使用冲激函数 $\delta(\omega)$，则也可以认为存在傅里叶变换。这样，我们就有可能把傅里叶级数和傅里叶变换结合在一起，使周期信号和非周期信号的分析统一起来。

4.5.3　常见非周期信号的频谱

正如连续时间系统的卷积分析法和离散时间系统的卷积和分析法，求解一般信号的傅里叶变换的主要方法是建立一般信号和基本信号的联系，由基本信号的傅里叶变换求得一般信号的傅里叶变换，这也是贯穿整个信号与系统的一个主要分析思路。本节采用傅里叶变换的定义求解基本信号的傅里叶变换。

1. 单位冲激信号和冲激偶

根据傅里叶变换的定义式，有

$$\mathscr{F}[\delta(t)]=\int_{-\infty}^{\infty}\delta(t)\mathrm{e}^{-\mathrm{j}\omega t}\mathrm{d}t=1 \tag{4.58}$$

即单位冲激信号在整个频率范围具有均匀的频谱，频宽无穷大。在时域中变换异常剧烈的冲激信号内包含幅度相等的所有频率分量，频谱密度在整个频率范围内是均匀分布的。这样的频谱我们称之为均匀频谱或白色频谱，如图 4.31（b）所示。

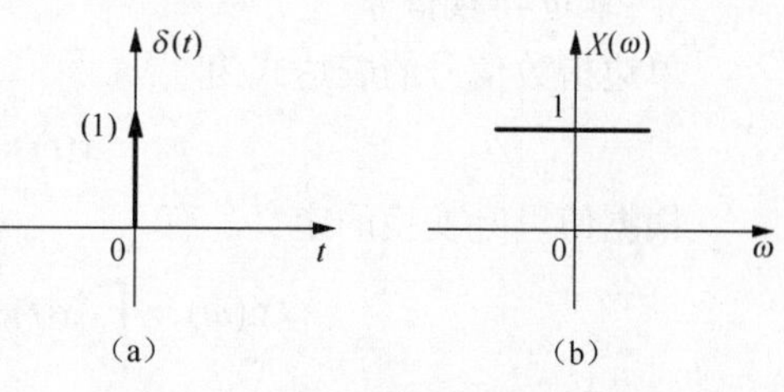

图 4.31　单位冲激信号与其频谱函数

由傅里叶反变换的定义式，有

$$\delta(t)=\frac{1}{2\pi}\int_{-\infty}^{\infty}X(\omega)\mathrm{e}^{\mathrm{j}\omega t}\mathrm{d}\omega=\frac{1}{2\pi}\int_{-\infty}^{\infty}1\cdot\mathrm{e}^{\mathrm{j}\omega t}\mathrm{d}\omega$$

即

$$\int_{-\infty}^{\infty}\mathrm{e}^{\mathrm{j}\omega t}\mathrm{d}\omega=2\pi\delta(t) \tag{4.59}$$

一般有

$$\int_{-\infty}^{\infty}\mathrm{e}^{\pm\mathrm{j}xy}\mathrm{d}x=2\pi\delta(y) \tag{4.60}$$

式（4.60）是一个重要的积分公式，在后面的一些公式推导中将会用到。

由傅里叶反变换的定义式，有

$$\delta(t)=\frac{1}{2\pi}\int_{-\infty}^{\infty}1\cdot e^{j\omega t}d\omega$$

对上式两边求微分，得

$$\delta'(t)=\frac{1}{2\pi}\int_{-\infty}^{\infty}j\omega\cdot e^{j\omega t}d\omega$$

于是

$$\mathscr{F}[\delta'(t)]=j\omega \tag{4.61}$$

同理可得

$$\mathscr{F}[\delta^{(n)}(t)]=(j\omega)^n \tag{4.62}$$

2. 直流信号

由傅里叶反变换的定义式，有

$$\delta(t)=\frac{1}{2\pi}\int_{-\infty}^{\infty}1\cdot e^{j\omega t}d\omega$$

由于 $\delta(t)$ 是偶函数，因此

$$\delta(t)=\frac{1}{2\pi}\int_{-\infty}^{\infty}1\cdot e^{-j\omega t}d\omega$$

则由上式和傅里叶反变换的定义式，可得

$$\mathscr{F}[1]=\int_{-\infty}^{\infty}1\cdot e^{-j\omega t}dt=2\pi\delta(\omega) \tag{4.63}$$

直流信号及其频谱函数分别如图 4.32（a）、（b）所示。可见时域为常数的直流信号的频谱对应一冲激函数，而冲激信号的频谱恰对应为一常数。这再一次说明，在时域持续越宽的信号，其对应于频域的频谱越窄；而在时域持续越窄的信号，其对应于频域的频谱越宽。

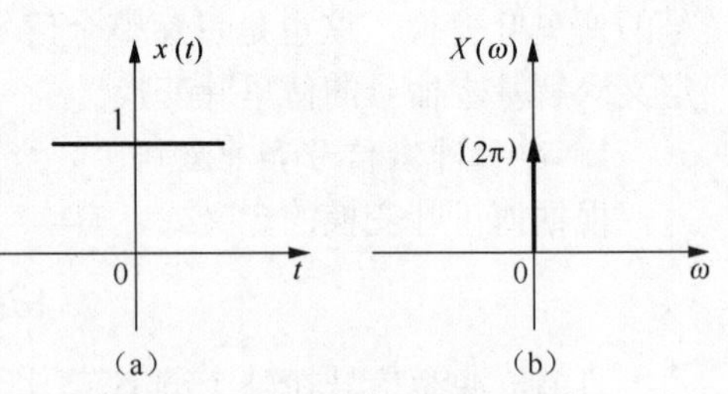

图 4.32 直流信号及其频谱函数

3. 单边指数信号

单边指数信号的表达式为

$$x(t)=Ae^{-at}u(t)\,,\quad a>0$$

根据傅里叶变换的定义，有

$$X(\omega)=\int_{-\infty}^{\infty}x(t)e^{-j\omega t}dt=\int_{-\infty}^{\infty}Ae^{-at}u(t)\cdot e^{-j\omega t}dt$$

$$=A\int_{0}^{\infty}e^{-at}e^{-j\omega t}dt=\left.\frac{Ae^{-(a+j\omega t)}}{-(a+j\omega)}\right|_0^{\infty}=\frac{A}{a+j\omega} \tag{4.64}$$

其幅度频谱和相位频谱为

$$|X(\omega)|=\frac{A}{\sqrt{a^2+\omega^2}}$$

$$\varphi(\omega)=-\arctan\left(\frac{\omega}{a}\right)$$

单边指数信号及其幅度频谱与相位频谱如图 4.33 所示。

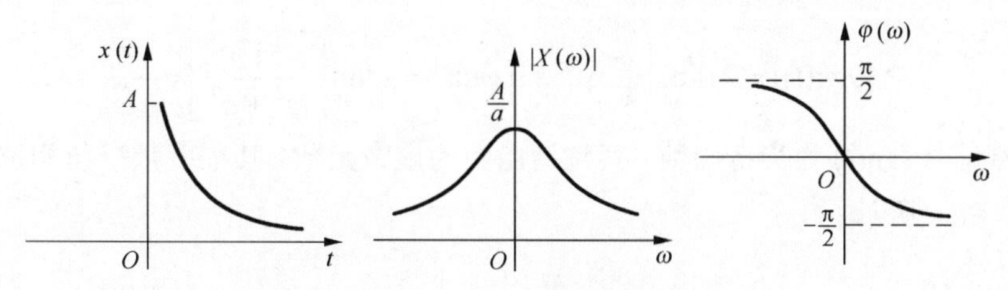

图 4.33 单边指数信号及其幅度频谱与相位频谱

4. 双边指数信号

双边指数信号的表达式为

$$x(t)=A\mathrm{e}^{-a|t|}\text{，}\quad a>0$$

由于 $x(t)$ 为实偶函数，则

$$X(\omega)=\int_{-\infty}^{\infty}x(t)\cos\omega t\mathrm{d}t=2A\int_{0}^{\infty}\mathrm{e}^{-at}\cos\omega t\mathrm{d}t$$

$$=2A\mathrm{e}^{-at}\frac{(\omega\sin\omega t-a\cos\omega t)}{a^2+\omega^2}\bigg|_0^{\infty}=\frac{2Aa}{a^2+\omega^2}\tag{4.65}$$

其幅度频谱和相位频谱为

$$|F(\mathrm{j}\omega)|=\frac{2Aa}{a^2+\omega^2}$$

$$\varphi(\omega)=0$$

当频谱函数为实数时，可以直接画出频谱函数的图形，不必分别画出幅度频谱与相位频谱，如图 4.34 所示。

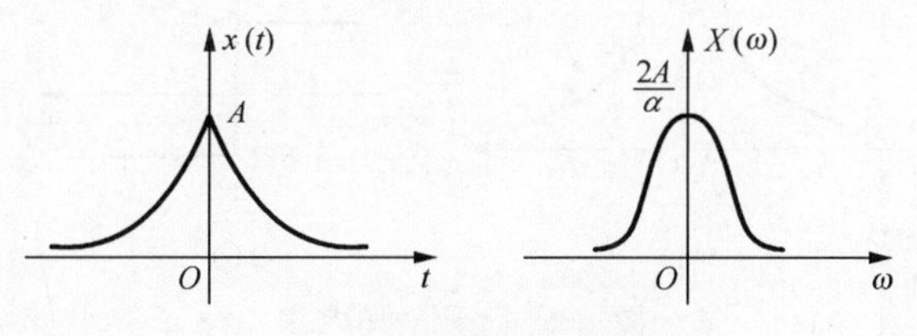

图 4.34 双边指数信号及其频谱

5. 符号函数

符号函数的时域表示式为

$$sgn(t)=\begin{cases}1 & t>0\\-1 & t<0\end{cases}\tag{4.66}$$

显然，符号信号不满足绝对可积的条件，无法直接应用定义式进行计算。符号函数可以视为双边指数信号取极限的结果，即

$$sgn(t)=\lim_{a\to 0}[\mathrm{e}^{-at}u(t)-\mathrm{e}^{at}u(-t)]$$

则

$$\mathscr{F}[sgn(t)] = 2\mathrm{j}\lim_{a\to 0}\left\{\int_0^{\infty}\mathrm{e}^{-at}\sin\omega t\mathrm{d}t\right\} = 2\lim_{a\to 0}\left[\frac{-\mathrm{j}\omega}{\omega^2+a^2}\right] = \frac{2}{\mathrm{j}\omega} \tag{4.67}$$

由于符号信号 sgn(t) 为实奇函数. 其频谱函数为虚奇函数。其幅度频谱与相位频谱分别如图 4.35（b）、（c）所示。

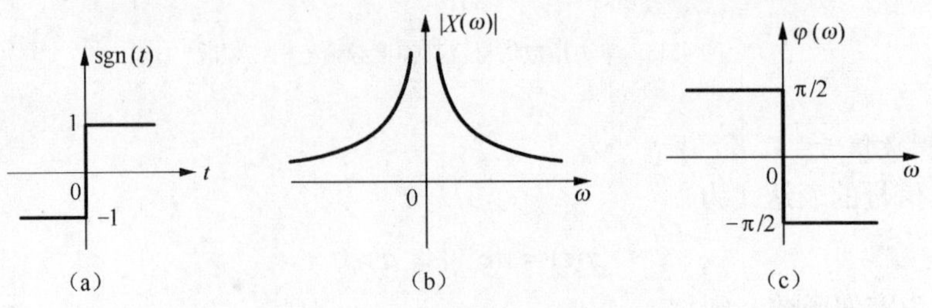

图 4.35　符号信号及其频谱

6. 单位阶跃信号

由于单位阶跃信号可以表示为

$$u(t) = \frac{1}{2} + \frac{1}{2}\mathrm{sgn}(t)$$

则

$$\mathscr{F}[u(t)] = \int_{-\infty}^{\infty} u(t)\mathrm{e}^{-\mathrm{j}\omega t}dt = \int_{-\infty}^{\infty}\left[\frac{1}{2}+\frac{1}{2}\mathrm{sgn}(t)\right]\mathrm{e}^{-\mathrm{j}\omega t}\mathrm{d}t = \pi\delta(\omega) + \frac{1}{\mathrm{j}\omega} \tag{4.68}$$

上式表明，单位阶跃信号中既含有 $\omega = 0$ 处的直流分量，也含有其他频率的交流分量，其幅度谱和相位谱分别如图 4.36（a）、（b）所示。

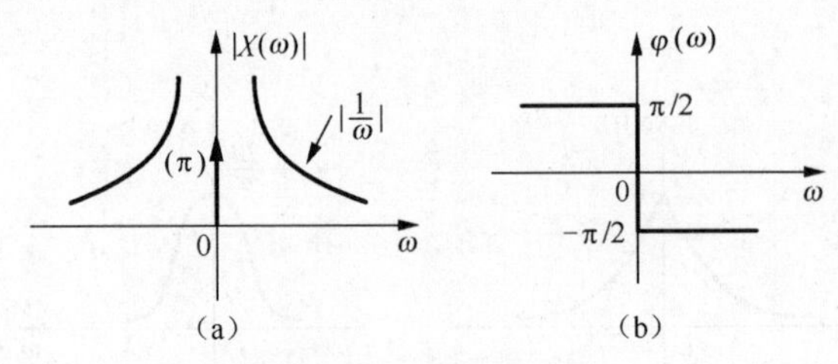

图 4.36　阶跃信号的频谱

7. 三角脉冲信号

三角形脉冲信号的时域表达式为

$$x(t) = \begin{cases} A\left(1-\dfrac{|t|}{\tau}\right), & |t| \leqslant \tau \\ 0, & |t| > \tau \end{cases}$$

由于 $x(t)$ 为实偶函数，则

$$\mathscr{F}[x(t)] = 2\int_0^{\infty} x(t)\cos\omega t\mathrm{d}t = 2A\int_0^{\tau}\left(1-\frac{\mathrm{t}}{\tau}\right)\cos\omega t\mathrm{d}t = 2A\left[\frac{1}{\omega}\sin\omega t - \frac{1}{\tau}\left(\frac{1}{\omega^2}\cos\omega t + \frac{1}{\omega}t\sin\omega t\right)\right]\Bigg|_0^{\tau}$$

$$= \frac{2A}{\omega^2\tau}(1-\cos\omega\tau) = \frac{4A}{\omega^2\tau}\sin^2\left(\frac{\omega\tau}{2}\right) = A\tau\mathrm{Sa}^2\left(\frac{\omega\tau}{2}\right) \tag{4.69}$$

由于其频谱函数为实数且恒大于零，因此其相位频谱为零，频谱图如图 4.37（b）所示。

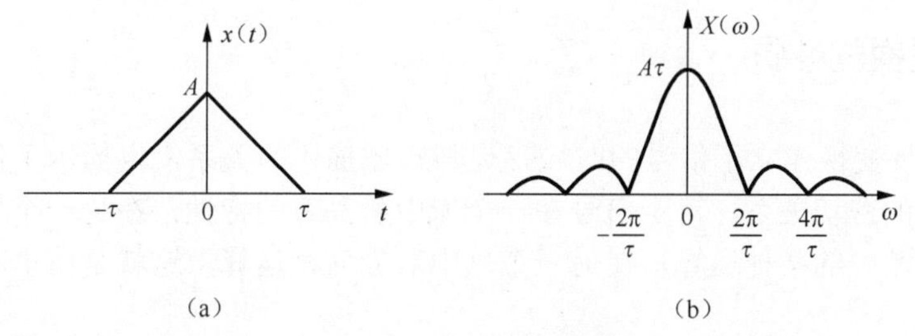

图 4.37　三角形脉冲及其频谱

8. 虚指数信号

设虚指数信号的时域表达式为

$$x(t) = \mathrm{e}^{\mathrm{j}\omega_0 t}\text{，} \quad -\infty < t < \infty$$

则其傅里叶变换为

$$\mathscr{F}[x(t)] = \int_{-\infty}^{\infty} \mathrm{e}^{\mathrm{j}\omega_0 t} \cdot \mathrm{e}^{-\mathrm{j}\omega t}\mathrm{d}t = \int_{-\infty}^{\infty} \mathrm{e}^{-\mathrm{j}(\omega-\omega_0)t}\mathrm{d}t = 2\pi\delta(\omega-\omega_0) \tag{4.70}$$

同理可得虚指数信号 $\mathrm{e}^{-\mathrm{j}\omega_0 t}$ 的傅里叶变换为

$$\mathscr{F}[\mathrm{e}^{-\mathrm{j}\omega_0 t}] = \int_{-\infty}^{\infty} \mathrm{e}^{-\mathrm{j}(\omega+\omega_0)t}\mathrm{d}t = 2\pi\delta(\omega+\omega_0) \tag{4.71}$$

两个虚指数信号的频谱函数分别如图 4.38（a）、（b）所示。它们只在 $\omega=\omega_0$ 或 $\omega=-\omega_0$ 处有一个冲激，因此，也称为单频信号。

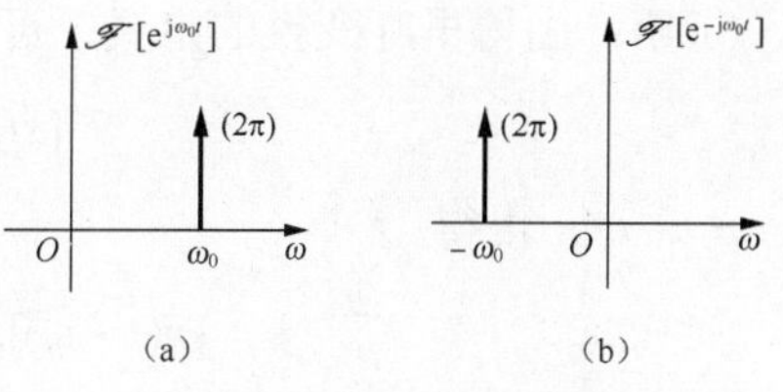

图 4.38　虚指数信号的频谱

9. 正余弦信号

由欧拉公式可以将正弦信号及余弦信号用虚指数信号表示，即

$$\begin{aligned} \sin\omega_0 t &= \frac{\mathrm{e}^{\mathrm{j}\omega_0 t} - \mathrm{e}^{-\mathrm{j}\omega_0 t}}{2\mathrm{j}} \\ \cos\omega_0 t &= \frac{\mathrm{e}^{\mathrm{j}\omega_0 t} + \mathrm{e}^{-\mathrm{j}\omega_0 t}}{2} \end{aligned} \tag{4.72}$$

利用式（4.70）与（4.71）的结果，可得正余弦信号的傅里叶变换分别为

$$\mathscr{F}[\cos\omega_0 t] = \pi[\delta(\omega+\omega_0) + \delta(\omega-\omega_0)] = X_1(\omega) \tag{4.73}$$

$$\mathscr{F}[sin\omega_0 t] = \mathrm{j}\pi[\delta(\omega+\omega_0) - \delta(\omega-\omega_0)] = X_2(\omega) \tag{4.74}$$

$X_1(\omega), X_2(\omega)$ 分别如图 4.39、图 4.40 所示。

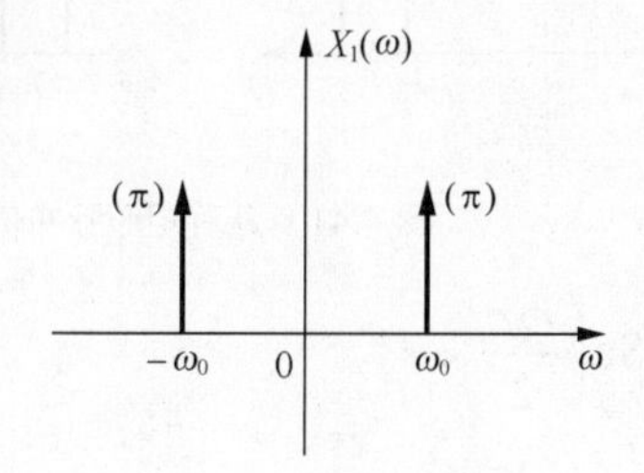

图 4.39　余弦信号的频谱

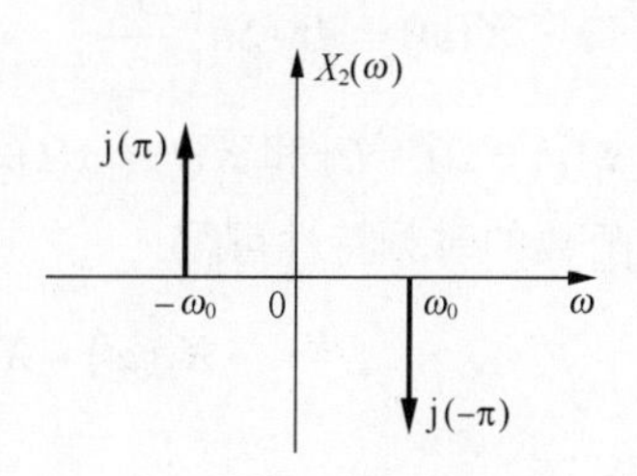

图 4.40　正弦信号的频谱

一些常见非周期信号的傅里叶变换列于附录 B。

4.6 傅里叶变换的性质

傅里叶正、反变换建立了信号的时域描述与频域描述的关系，也揭示了信号的时间特性与频率特性之间的密切关系。对于信号在一个域中所具有的特性，在另一个域中反应出怎样的特性；在一个域中的某种运算，在另一个域中对应何种运算，这就是傅里叶变换的性质所要解决的问题。

当在某一个域中对信号的特性分析感到困难时，利用傅里叶变换的性质可以转到另一个域中进行分析。另外，根据定义求取傅里叶正、反变换，不可避免地将遇到许多麻烦的积分问题，而利用傅里叶变换的性质将可以更简捷地求得傅里叶正、反变换。下面分别叙述傅里叶变换的性质及其物理意义。

1. 线性特性

对于信号 $x_1(t), x_2(t)$，若 $\mathscr{F}[x_1(t)] = X_1(\omega), \mathscr{F}[x_2(t)] = X_2(\omega)$，则

$$\mathscr{F}[a_1x_1(t) + a_2x_2(t)] = a_1X_1(\omega) + a_2X_2(\omega) \tag{4.75}$$

其中 a_1 和 a_2 均为常数。线性特性可以推广到多个信号的情况。

2. 时移特性

对于信号 $x(t)$，若 $\mathscr{F}[x(t)] = X(\omega)$，且 t_0 为任意实数，则

$$\mathscr{F}[x(t-t_0)] = X(\omega)\mathrm{e}^{-\mathrm{j}\omega t_0} \tag{4.76}$$

证明： 由傅里叶变换的定义，可得

$$\mathscr{F}[x(t-t_0)] = \int_{-\infty}^{\infty} x(t-t_0)\mathrm{e}^{-\mathrm{j}\omega t} dt$$

令 $\tau = t - t_0$，可得

$$\mathscr{F}[x(t-t_0)] = \int_{-\infty}^{\infty} x(\tau)\mathrm{e}^{-\mathrm{j}\omega(\tau+t_0)}\mathrm{d}\tau = \mathrm{e}^{-\mathrm{j}\omega t_0}X(\omega)$$

时移特性表明，信号在时域中的时移，对应的频谱函数在频域中产生的附加相移，而幅度频谱保持不变。上述性质也可以定性地理解为，信号在时域平移后，波形未变，因而信号的频谱成分不变（幅度频谱未变），但会影响各成分的相位。

例 4.6 试求图 4.41（a）与（b）两个延时矩形脉冲信号 $x_1(t)$ 与 $x_2(t)$ 的各自对应的频谱函数 $X_1(\omega)$ 与 $X_2(\omega)$。

解： 由例 4.5 可知，无延时且宽度为 τ 的矩形脉冲信号 $x(t)$，其对应的频谱函数 $X(\omega)$ 为

$$X(\omega) = A\tau \cdot Sa\left(\frac{\omega\tau}{2}\right)$$

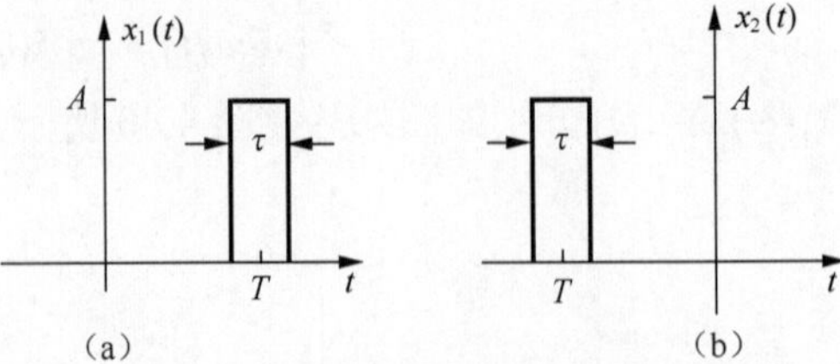

图 4.41 延时矩形脉冲信号

由于 $x_1(t) = x(t-T)$ 和 $x_2(t) = x(t+T)$，则由频谱函数的时频特性可得

$$X_1(\omega) = X(\omega)\mathrm{e}^{-\mathrm{j}\omega T} = A\tau \cdot \mathrm{Sa}\left(\frac{\omega\tau}{2}\right)\mathrm{e}^{-\mathrm{j}\omega T}$$

$$X_2(\omega) = X(\omega)\mathrm{e}^{-\mathrm{j}\omega T} = A\tau \cdot \mathrm{Sa}\left(\frac{\omega\tau}{2}\right)\mathrm{e}^{-\mathrm{j}\omega T}$$

3. 展缩特性

对于信号 $x(t)$，若 $\mathscr{F}[x(t)]=X(\omega)$，且 a 为实常数，则

$$\mathscr{F}[x(at)]=\frac{1}{|a|}X\left(\frac{\omega}{a}\right) \tag{4.77}$$

证明：由傅里叶变换的定义，有

$$\mathscr{F}[x(at)]=\int_{-\infty}^{\infty}x(at)\mathrm{e}^{-\mathrm{j}\omega t}\mathrm{d}t$$

（1）当 $a>0$ 时

令 $\tau=at$，则

$$\mathscr{F}[x(at)]=\frac{1}{a}\int_{-\infty}^{\infty}x(\tau)\mathrm{e}^{-\mathrm{j}\left(\frac{\omega}{a}\right)\tau}\mathrm{d}\tau=\frac{1}{a}X\left(\frac{\omega}{a}\right)$$

（2）当 $a<0$ 时

令 $\tau=-|a|t$，则

$$\mathscr{F}[x(at)]=-\frac{1}{|a|}\int_{\infty}^{-\infty}x(\tau)\mathrm{e}^{-\mathrm{j}\left(\frac{\omega}{a}\right)\tau}\mathrm{d}\tau=\frac{1}{|a|}\int_{-\infty}^{\infty}x(\tau)\mathrm{e}^{-\mathrm{j}\left(\frac{\omega}{a}\right)\tau}\mathrm{d}\tau=\frac{1}{|a|}X\left(\frac{\omega}{a}\right)$$

因此，不论 $a>0$或$a<0$，积分号外的系数都可写为 $1/|a|$，则

$$\mathscr{F}[x(at)]=\frac{1}{|a|}X\left(\frac{\omega}{a}\right)$$

展缩特性的应用例子在实际中经常遇到。例如，一盘已经录好的磁带，在重放时放音速度比录制速度高，相当于信号在时间上受到压缩（即 $|a|>1$），则其频谱扩展，听起来就会感到声音的频率变高了，反之，若放音速度比原来慢，相当于信号在时间上受到扩展 $|a|<1$，则其频谱压缩，听起来就会感到声音的频谱变低，低频比原来丰富多了。

将式（4.72）进一步推广，可得

$$\mathscr{F}[x(at-b)]=\frac{1}{|a|}X\left(\frac{\omega}{a}\right)\mathrm{e}^{-\mathrm{j}\omega b/a} \tag{4.78}$$

例 4.7 已知 $x(t)$ 为一矩形脉冲如图 4.42（a）所示，求 $x(t/2)$ 的频谱函数。

解：在例 4.5 中已求得矩形脉冲的频谱函数为

$$X(\omega)=A\tau\mathrm{Sa}(\omega\tau/2)$$

由展缩特性式（4.72）和 $a=1/2$，可得

$$\mathscr{F}[x(t/2)]=2X(2\omega)=2A\tau\mathrm{Sa}(\omega\tau)$$

该脉冲波形及其对应的频谱如图 4.42（b）所示，从图中可见，$x(t/2)$ 的脉冲波形较 $x(t)$ 扩展了一倍，对应的频谱则较 $X(\omega)$ 压缩一半，即由 $X(\omega)$ 压缩而成为 $2X(2\omega)$，表现为信号频宽（第一个过零点频率）由 $2\pi/\tau$ 减小为 π/τ。由于脉冲宽度的增加，意味着信号能力增加，各频率分量的振幅也相应地增加一倍，反之，对 $x(2t)$ 而言，有

$$\mathscr{F}[x(2t)]=1/2X(\omega/2)=1/2A\tau\mathrm{Sa}(\omega\tau/4)$$

即当 $x(2t)$ 较 $x(t)$ 压缩一半时，其频谱 $(1/2)X(\omega/2)$ 较 $X(\omega)$ 扩展一倍，即信号频宽增大，振幅减小。如图 4.42（c）所示。

4. 反褶特性

对于信号 $x(t)$，若 $\mathscr{F}[x(t)]=X(\omega)$，则

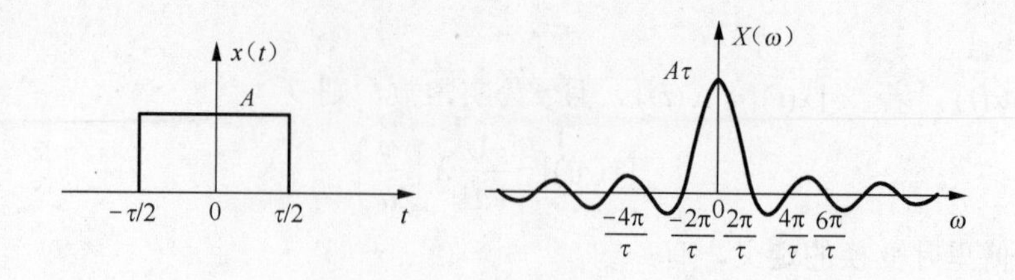

(a)

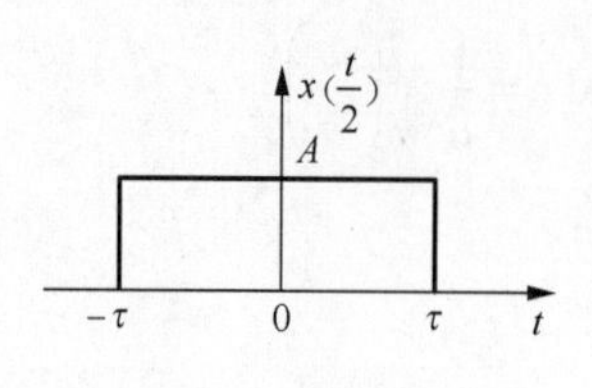

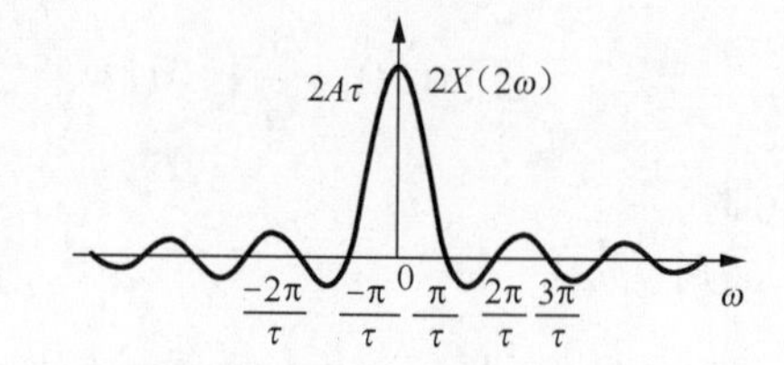

(b)

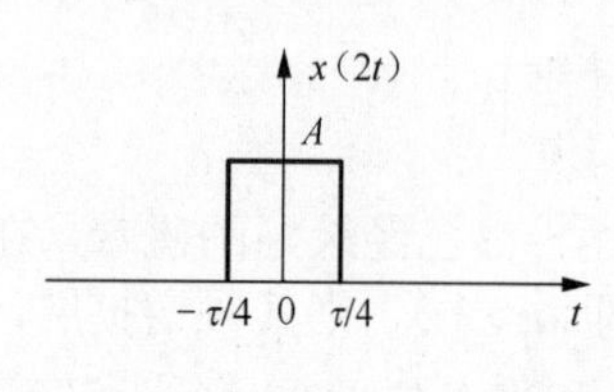

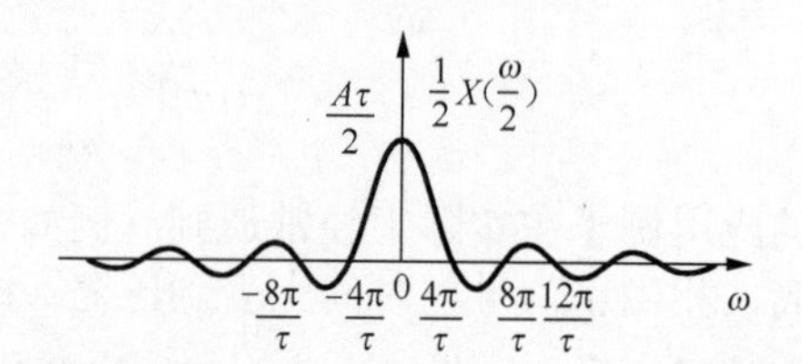

(c)

图 4.42 矩形脉冲及其频谱的展缩

$$\mathscr{F}[x(-t)] = X(-\omega) \tag{4.79}$$

证明：由傅里叶变换的定义，有

$$\mathscr{F}[x(-t)] = \int_{-\infty}^{\infty} x(-t)\mathrm{e}^{-\mathrm{j}\omega t}\mathrm{d}t$$

令 $\tau = -t$，可得

$$\mathscr{F}[x(-t)] = \int_{-\infty}^{\infty} x(\tau)\mathrm{e}^{-\mathrm{j}\tau(-\omega)}\mathrm{d}\tau = X(-\omega)$$

反褶特性也可以看成展缩特性的特例。将 $a=-1$ 代入式（4.30），可得

$$\mathscr{F}[x(-t)] = X(-\omega) \tag{4.80}$$

由于幅度频谱具有偶对称性，所以信号反褶后，幅度频谱不变，相位频谱改变180°。

例 4.8 已知 $x(t)$ 的傅里叶变换为 $X(\omega)$，求 $x(6-2t)$ 的频谱函数。

解：因为

$$x(6-2t) = x[-2(t-3)]$$

由时移特性，可得

$$\mathscr{F}[x(6-2t)] = \mathrm{e}^{-\mathrm{j}3\omega}\mathscr{F}[x(-2t)]$$

由展缩特性，可得

$$\mathscr{F}[x(6-2t)]=\mathrm{e}^{-\mathrm{j}3\omega}\mathscr{F}[x(-2t)]=\frac{1}{2}X\left(-\frac{\omega}{2}\right)\mathrm{e}^{-\mathrm{j}3\omega}$$

5. 互易对称特性

对于信号 $x(t)$，若 $\mathscr{F}[x(t)]=X(\omega)$，则

$$\mathscr{F}[X(t)]=2\pi x(-\omega) \tag{4.81}$$

证明：由傅里叶变换反变换式，有

$$x(t)=\frac{1}{2\pi}\int_{-\infty}^{\infty}X(\omega)\mathrm{e}^{\mathrm{j}\omega t}\mathrm{d}\omega$$

反褶后，有

$$x(-t)=\frac{1}{2\pi}\int_{-\infty}^{\infty}X(\omega)\mathrm{e}^{-\mathrm{j}\omega t}\mathrm{d}\omega$$

将其中的 t 与 ω 互换，可得

$$x(-\omega)=\frac{1}{2\pi}\int_{-\infty}^{\infty}X(t)\mathrm{e}^{-\mathrm{j}\omega t}\mathrm{d}t$$

上式右边积分就是时间函数 $X(t)$ 的傅里叶变换，即

$$\mathscr{F}[X(t)]=\int_{-\infty}^{\infty}X(t)\mathrm{e}^{-\mathrm{j}\omega t}\mathrm{d}t=2\pi x(-\omega)$$

因此，若 $x(t)$ 的频谱函数为 $X(\omega)$，则信号 $X(t)$ 的频谱函数就是 $2\pi x(-\omega)$。

互易对称特性表明，信号的时域波形与其频谱函数具有对称互易关系。事实上，根据傅里叶变换的公式

$$X(\omega)=\int_{-\infty}^{\infty}x(t)\mathrm{e}^{-\mathrm{j}\omega t}\mathrm{d}t$$

$$x(t)=\frac{1}{2\pi}\int_{-\infty}^{\infty}X(\omega)\mathrm{e}^{\mathrm{j}\omega t}\mathrm{d}\omega$$

对比两个公式，可以发现，它们的差别就是幅度相差 2π，且积分项内差一个符号。当然，若信号 $x(t)$ 为偶函数，则两者之间的关系更加明显。以矩形脉冲信号 $x(t)$ 与其频谱函数 $X(\omega)$ 为例来说明互易对称性质，如图 4.43 所示。

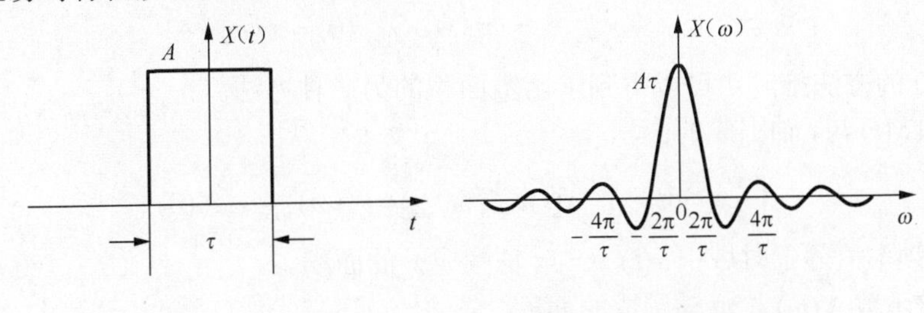

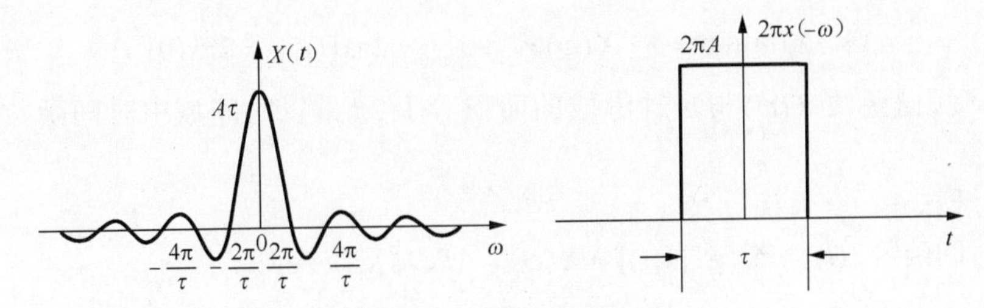

图 4.43 互易对称特性

例 4.9 求抽样函数 $x(t)=Sa(\omega_0 t)$ 的频谱函数。

解：在例 4.5 中宽度为 τ、幅度为 A 的单个矩形脉冲 $G_\tau(t)$，其傅里叶变换为抽样函数，即

$$\mathscr{F}[G_\tau(t)]=A\tau Sa(\omega\tau/2)$$

根据互易对称性，将上式中的 t 和 ω 互换，$\tau/2$ 和 ω_0 互换，可得

$$\mathscr{F}[Sa(\omega_0 t)]=(\pi/\omega_0)G_{2\omega_0}(\omega)$$

如图 4.44 所示。

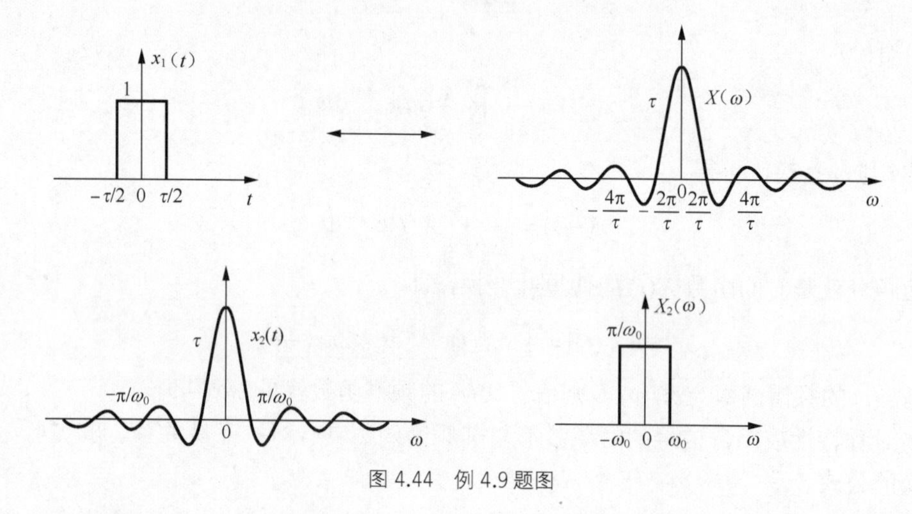

图 4.44 例 4.9 题图

例 4.10 求抽样函数 $Sa(\omega_0 t)$ 的面积。

解：在例 4.9 中已经求得抽样函数的频谱函数为矩形脉冲函数，即

$$\mathscr{F}[Sa(\omega_0 t)]=(\pi/\omega_0)G_{2\omega_0}(\omega)$$

抽样函数 $Sa(\omega_0 t)$ 的面积为

$$\begin{aligned}\int_{-\infty}^{\infty}\sin c(\omega_0 t)\mathrm{d}t&=\int_{-\infty}^{\infty}\sin c(\omega_0 t)\mathrm{e}^{-\mathrm{j}\omega t}\mathrm{d}t\,|_{\omega=0}\\&=(\pi/\omega_0)G_{2\omega_0}(0)=\pi/\omega_0\end{aligned}$$

将例 4.10 的方法推广，可以得到求函数面积的另一种方法。

（1）函数 $x(t)$ 与 t 轴围成的面积

$$\int_{-\infty}^{\infty}x(t)\mathrm{d}t=\int_{-\infty}^{\infty}x(t)\mathrm{e}^{-\mathrm{j}\omega t}\mathrm{d}t\,|_{\omega=0}=X(\omega)|_{\omega=0}=X(0) \tag{4.82}$$

即 $X(\omega)$ 的零频率值等于时域中 $x(t)$（与 t 轴围成）的面积。

（2）频谱函数 $X(\omega)$ 与 ω 轴围成的面积

$$\int_{-\infty}^{\infty}X(\omega)\mathrm{d}\omega=\int_{-\infty}^{\infty}X(\omega)\mathrm{e}^{\mathrm{j}\omega t}\mathrm{d}\omega\,|_{t=0}=2\pi x(t)|_{t=0}=2\pi x(0) \tag{4.83}$$

即在频域中，频谱函数 $X(\omega)$ 与 ω 轴围成的面积等于 2π 乘以时间域中时间函数 $x(t)$ 的零时间值。

6. 共轭对称性

对于实时间函数 $x(t)$，若 $\mathscr{F}[x(t)]=X(\omega)$，*表示复数共轭，若

$$\mathscr{F}[x^*(-t)]=X(-\omega)=X^*(\omega) \tag{4.84}$$

则称 $X(\omega)$ 具有共轭对称性。

证明：将傅里叶变换的定义式两边取共轭，可得

$$X^*(\omega)=[\int_{-\infty}^{\infty}x(t)\mathrm{e}^{-\mathrm{j}\omega t}\mathrm{d}t]^*=\int_{-\infty}^{\infty}x^*(t)\mathrm{e}^{\mathrm{j}\omega t}\mathrm{d}t$$

由于 $x(t)$ 是实函数，即 $x(t)=x^*(t)$， $x(-t)=x^*(-t)$，因此

$$\mathscr{F}[x^*(-t)]=\int_{-\infty}^{\infty}x(-t)\mathrm{e}^{-\mathrm{j}\omega t}\mathrm{d}t=\int_{-\infty}^{\infty}x(t)\mathrm{e}^{\mathrm{j}\omega t}\mathrm{d}t=\int_{-\infty}^{\infty}x(t)\mathrm{e}^{-\mathrm{j}(-\omega)t}\mathrm{d}t=X(-\omega)$$

例 4.11 试求图 4.45（a）单边指数信号 $x(t)=2\mathrm{e}^{-at}u(t),a>0$ 的频谱函数。

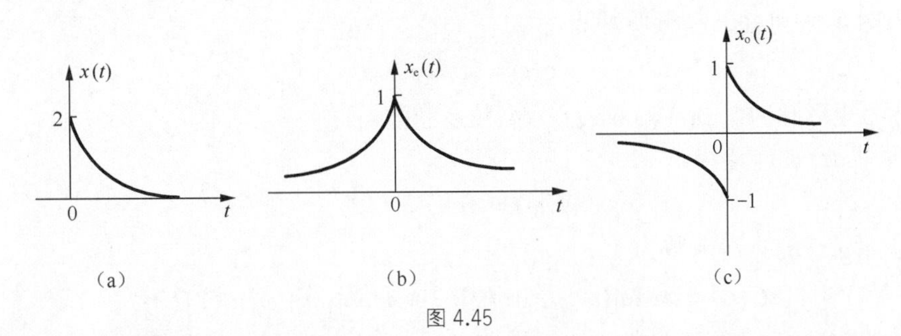

图 4.45

解：将 $x(t)$ 分解为偶函数和奇函数两部分——$x(t)=x_{\mathrm{e}}(t)+x_{\mathrm{o}}(t)$，如图 4.45（b）和（c）所示，则

$$x_{\mathrm{e}}(t)=\mathrm{e}^{-a|t|}$$

$$x_{\mathrm{o}}(t)=\begin{cases}-\mathrm{e}^{at},t<0\\ \mathrm{e}^{-at},t>0\end{cases}$$

由式（4.53）可知

$$X_{\mathrm{e}}(\omega)=2\,\mathrm{Re}\{\mathscr{F}[\mathrm{e}^{-at}u(t)]\}=\frac{2a}{a^2+\omega^2}$$

$$X_{\mathrm{o}}(\omega)=2\,\mathrm{j}\,\mathrm{Im}\{\mathscr{F}[\mathrm{e}^{-at}u(t)]\}=-\mathrm{j}\frac{2\omega}{a^2+\omega^2}$$

则

$$X(\omega)=X_{\mathrm{o}}(\omega)+X_{\mathrm{e}}(\omega)=\frac{2a}{a^2+\omega^2}-\mathrm{j}\frac{2\omega}{a^2+\omega^2}=\frac{2(a-\mathrm{j}\omega)}{a^2+\omega^2}=\frac{2}{a+\mathrm{j}\omega}\quad(\ a>0\ )$$

7．频移特性

对于信号 $x(t)$，若 $\mathscr{F}[x(t)]=X(\omega)$，且 ω_0 为任意实数，则

$$\mathscr{F}[x(t)e^{\mathrm{j}\omega_0 t}]=X(\omega-\omega_0)\tag{4.85}$$

证明：由傅里叶变换的定义，有

$$\mathscr{F}[x(t)\cdot\mathrm{e}^{\mathrm{j}\omega_0 t}]=\int_{-\infty}^{\infty}x(t)\mathrm{e}^{-\mathrm{j}\omega t}\mathrm{d}t\cdot\mathrm{e}^{\mathrm{j}\omega_0 t}=\int_{-\infty}^{\infty}x(t)\mathrm{e}^{-\mathrm{j}(\omega-\omega_0)t}\mathrm{d}t=X(\omega-\omega_0)$$

$$\mathscr{F}[x(t)]=\int_{-\infty}^{\infty}x(t)\mathrm{e}^{-\mathrm{j}\omega t}\mathrm{d}t=X(\omega)$$

上式说明，$x(t)$ 在时域中乘以 $\mathrm{e}^{\mathrm{j}\omega_0 t}$，等效于 $X(\omega)$ 在频域中平移了 ω_0。换句话说，信号在时域的相移，对应频谱函数在频域的频移。在通信技术中经常需要搬移频谱，常用的方法是将 $x(t)$ 乘以高频余弦或正弦信号，即

$$x(t)\cos\omega_0 t = x(t)(e^{j\omega_0 t} + e^{-j\omega_0 t})/2$$

根据频移特性可得

$$\begin{aligned}\mathscr{F}[x(t)\cos\omega_0 t] &= \mathscr{F}[x(t)e^{j\omega_0 t}]/2 + \mathscr{F}[x(t)e^{-j\omega_0 t})]/2 \\ &= [X(\omega-\omega_0) + X(\omega+\omega_0)]/2 \end{aligned} \tag{4.86}$$

上式中右边第一项表示 $X(\omega)/2$ 沿频率轴向右平移 ω_0，第二项表示 $X(\omega)/2$ 沿频率轴向左平移 ω_0，这个过程称为调制，式（4.81）也称为调制性质。

例 4.12 试求图 4.46（a）所示的高频脉冲信号的频谱函数。

解：由图 4.46 可知，高频脉冲为

$$g(t) = x(t)\cos\omega_0 t$$

其中，$x(t)$ 为矩形脉冲，$p(t)=\cos\omega_0 t$ 为高频余弦波。

矩形脉冲 $x(t)$ 的频谱为

$$X(\omega) = A\tau Sa(\omega\tau/2)$$

高频脉冲 $g(t)$ 的频谱函数为

$$G(\omega) = A\tau Sa[(\omega-\omega_0)\tau/2]/2 + A\tau Sa[(\omega+\omega_0)\tau/2]/2$$

即高频脉冲的频谱 $G(\omega)$ 等于包络线的频谱 $X(\omega)$ 一分为二，各向左右平移 ω_0，如图 4.46（b）所示。

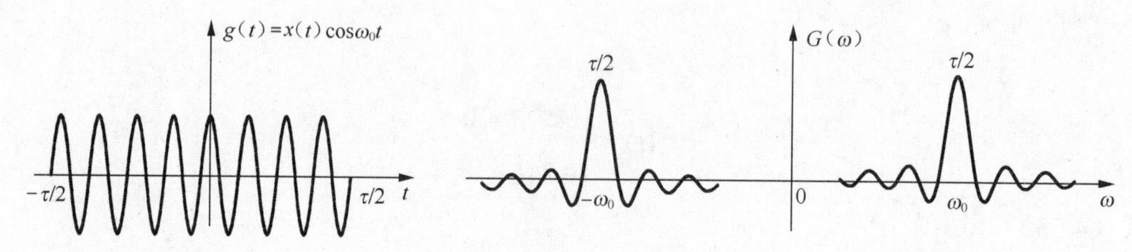

图 4.46 高频脉冲及其频谱

8. 时域卷积特性

对于信号 $x_1(t), x_2(t)$，若 $\mathscr{F}[x_1(t)] = X_1(\omega), \mathscr{F}[x_2(t)] = X_2(\omega)$，则

$$\mathscr{F}[x_1(t) * x_2(t)] = X_1(\omega)X_2(\omega) \tag{4.87}$$

证明：由卷积和傅里叶变换的定义，有

$$\begin{aligned}\mathscr{F}[x_1(t) * x_2(t)] &= \int_{-\infty}^{\infty}[\int_{-\infty}^{\infty} x_1(\tau)x_2(t-\tau)d\tau]e^{-j\omega t}dt \\ &= \int_{-\infty}^{\infty} x_1(\tau)[\int_{-\infty}^{\infty} x_2(t-\tau)e^{-j\omega t}dt]d\tau\end{aligned}$$

由时移特性可知

$$\int_{-\infty}^{\infty} x_2(t-\tau)e^{-j\omega t}dt = X_2(\omega)e^{-j\omega\tau}$$

因此

$$\begin{aligned}\mathscr{F}[x_1(t) * x_2(t)] &= \int_{-\infty}^{\infty} x_1(\tau)X_2(\omega)e^{-j\omega\tau}d\tau = X_2(\omega)\int_{-\infty}^{\infty} x_1(\tau)e^{-j\omega\tau}d\tau \\ &= X_1(\omega)X_2(\omega)\end{aligned}$$

上式表明，两个信号在时域中的卷积的傅里叶变换等于此两信号傅里叶变换的乘积，这意味着傅里叶变换可以将时域的卷积运算简化成频域中的乘积运算。这一特性在系统的频域

分析中非常有用，是用频域分析方法研究 LTI 系统响应和滤波的基础。

例 4.13 求图 4.47 所示的三角脉冲的频谱函数。

解： 三角脉冲 $x(t)$ 可看成两个矩形脉冲信号的卷积如图 4.49（a）所示，即

$$x(t) = G_\tau(t) * G_\tau(t)$$

而

$$\mathscr{F}[G_\tau(t)] = \tau Sa(\omega\tau/2)$$

根据时域卷积定理，可得

$$\mathscr{F}[G_\tau(t) * G_\tau(t)] = \tau^2 Sa^2(\omega\tau/2)$$

其频谱函数等于两个矩形脉冲信号频谱函数的乘积，即抽样函数的平方， 如图 4.47（b）所示。

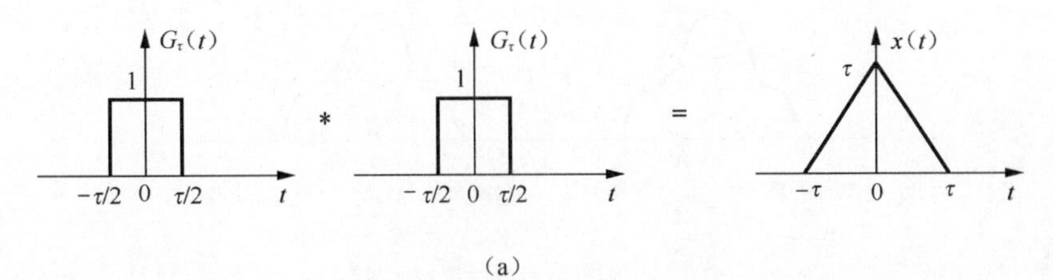

（a）

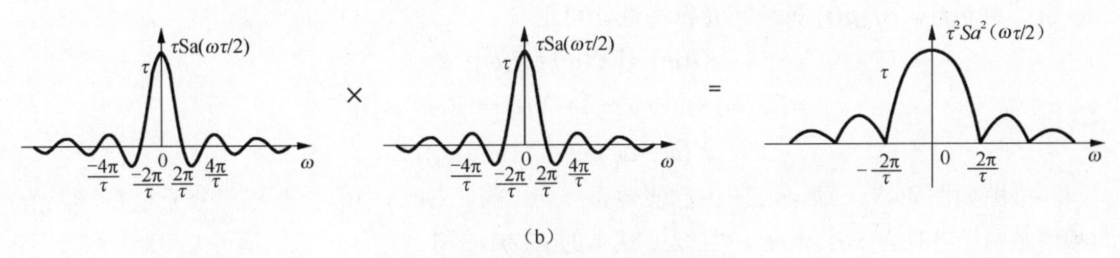

（b）

图 4.47 时域卷积等于频域相乘

9. 频域卷积特性

对于信号 $x_1(t), x_2(t)$，若 $\mathscr{F}[x_1(t)] = X_1(\omega), \mathscr{F}[x_2(t)] = X_2(\omega)$，则

$$\mathscr{F}[x_1(t)x_2(t)] = [X_1(\omega) * X_2(\omega)]/2\pi \qquad (4.88)$$

证明： 由卷积和傅里叶变换的定义，有

$$\mathscr{F}[x_1(t)x_2(t)] = \int_{-\infty}^{\infty}[x_1(t)x_2(t)]e^{-j\omega t}dt = \int_{-\infty}^{\infty}x_2(t)e^{-j\omega t}[\frac{1}{2\pi}\int_{-\infty}^{\infty}X(\Omega)e^{j\Omega t}d\Omega]dt$$

$$= \frac{1}{2\pi}\int_{-\infty}^{\infty}X_1(\Omega)[\int_{-\infty}^{\infty}x_2(t)e^{-j(\omega-\Omega)t}]dtd\Omega = \frac{1}{2\pi}\int_{-\infty}^{\infty}[X_1(\Omega)X_2(\omega-\Omega)]d\Omega$$

$$= \frac{1}{2\pi}[X_1(\omega) * X_2(\omega)]$$

上式表明，两个信号在时域中的乘积的傅里叶变换，等于此两信号傅里叶变换卷积的 $1/2\pi$ 倍。两个信号相乘，可以理解为用一个信号去调制另一个信号的振幅，因此两个信号相乘，就称为幅度调制。频域卷积特性式（4.88）也称为调制定理。这个定理在无线电工程中非常有用，是用频域分析方法研究调制、解调和抽样系统的基础。

例 4.14 已知信号 $x(t)$ 的频谱 $X(\omega)$，如图 4.48（a）所示。另有一信号 $p(t) = \cos\omega_0 t$ 的频

谱为 $P(\omega)=\pi\delta(\omega-\omega_0)+\pi\delta(\omega+\omega_0)$，如图 4.48（b）所示。试求这两个信号相乘即 $g(t)=x(t)p(t)$ 的频谱。

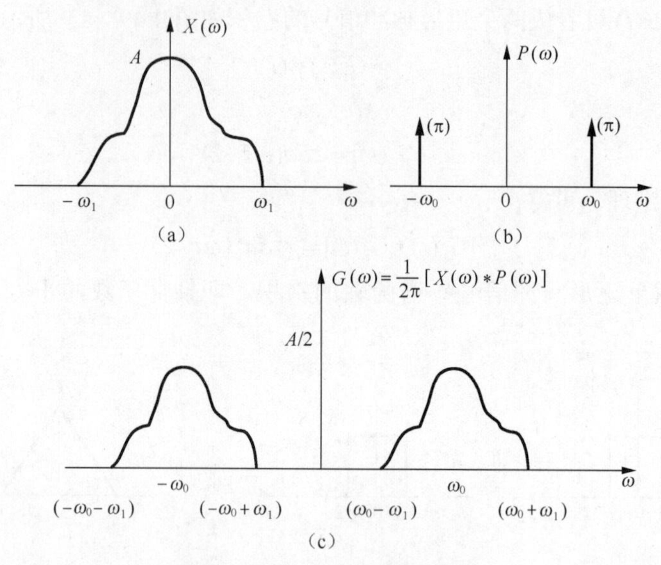

图 4.48 时域相乘等效于频域卷积

解：由 $g(t)=x(t)p(t)$ 和频域卷积特性，可得

$$\begin{aligned}G(\omega)&=[X(\omega)*P(\omega)]/2\pi\\&=[X(\omega)*\delta(\omega-\omega_0)+X(\omega)*\delta(\omega+\omega_0)]/2\\&=X(\omega-\omega_0)/2+X(\omega+\omega_0)/2\end{aligned}$$

频谱图如图 4.48（c）所示。图中已假定 $\omega_0>\omega_1$，因此 $G(\omega)$ 中两个非零部分无重叠，即 $g(t)$ 的频谱是两个各向左右平移 ω_0，且幅度减半的 $X(\omega)$ 的和。

例 4.15 已知 $g(t)=x(t)p(t)$ 的频谱 $G(\omega)$ 如图 4.49（a）所示，$p(t)=\cos\omega_0 t$ 的频谱如图 4.49（b）所示，试求 $r(t)=g(t)p(t)$ 的频谱。

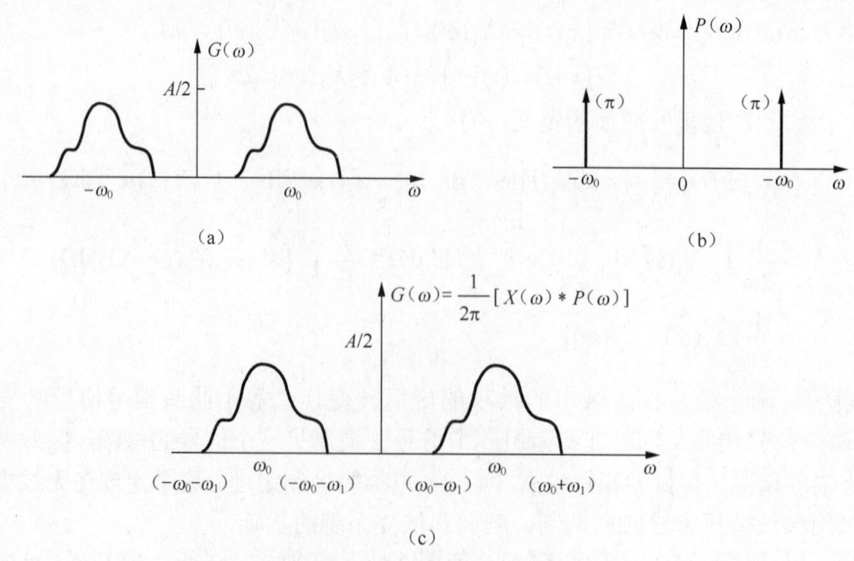

图 4.49 例 4.15 中信号的频谱

解：由$r(t)=g(t)p(t)$和频域卷积特性，可得

$$R(\omega)=[G(\omega)*P(\omega)]/2\pi$$

而

$$G(\omega)=[X(\omega-\omega_0)+X(\omega+\omega_0)]/2$$
$$P(\omega)=\pi[\delta(\omega-\omega_0)+\delta(\omega+\omega_0)]$$

因此

$$\begin{aligned}R(\omega)&=[X(\omega-\omega_0)+X(\omega+\omega_0)]*[\delta(\omega-\omega_0)+\delta(\omega+\omega_0)]/4\\&=X(\omega-2\omega_0)/4+X(\omega)/2+X(\omega+2\omega_0)/4\end{aligned}$$

频谱图如图 4.49（c）所示。已调信号$g(t)$与高频余弦波$p(t)$相乘信号$r(t)$的频谱，包含有原始信号$x(t)/2$和频率为$2\omega_0$的高频已调信号$[x(t)\cos 2\omega_0 t]/2$的频谱。

10. 时域微分特性

对于信号$x(t)$，若$\mathscr{F}[x(t)]=X(\omega)$，则

$$\mathscr{F}[\frac{\mathrm{d}x(t)}{\mathrm{d}t}]=\mathrm{j}\omega X(\omega) \tag{4.89}$$

证明：由傅里叶反变换的定义式

$$x(t)=\frac{1}{2\pi}\int_{-\infty}^{\infty}X(\omega)\mathrm{e}^{\mathrm{j}\omega t}\mathrm{d}\omega$$

将上式两边对t微分并交换微积分次序，可得

$$\frac{\mathrm{d}x(t)}{\mathrm{d}t}=\frac{1}{2\pi}\int_{-\infty}^{\infty}(\mathrm{j}\omega X(\omega))\mathrm{e}^{\mathrm{j}\omega t}\mathrm{d}\omega$$

若把上式仍看成是反变换式，则$\frac{\mathrm{d}x(t)}{\mathrm{d}t}$是原函数，而$\mathrm{j}\omega X(\omega)$是$\frac{\mathrm{d}x(t)}{\mathrm{d}t}$的频谱函数。即

$$\mathscr{F}\left[\frac{\mathrm{d}x(t)}{\mathrm{d}t}\right]=\mathrm{j}\omega X(\omega)$$

将上式进一步推广，可得

$$\frac{\mathrm{d}^n x(t)}{\mathrm{d}t}\overset{\mathscr{F}}{\longleftrightarrow}(\mathrm{j}\omega)^n X(\omega) \tag{4.90}$$

即信号在时域中取n阶导数，等效于在频域中用$(\mathrm{j}\omega)^n$乘以它的频谱函数。

例 4.16 试利用微分特性求矩形脉冲信号$x(t)$的频谱函数$X(\omega)$。

解：首先对矩形脉冲信号$x(t)$求导数$x'(t)$，如图 4.50（b）所示。可见矩形脉冲信号的导数由$x'(t)$冲激信号组成，其函数表达式为

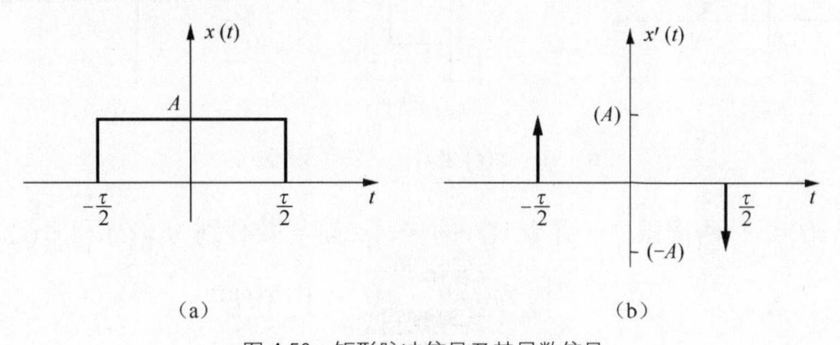

图 4.50 矩形脉冲信号及其导数信号

$$\frac{\mathrm{d}x}{\mathrm{d}t}=A\delta\left(t+\frac{\tau}{2}\right)-A\delta\left(t-\frac{\tau}{2}\right)$$

对上式两边取傅里叶变换，并利用时移特性，可得

$$\mathscr{F}\left[\frac{\mathrm{d}x}{\mathrm{d}t}\right]=\mathscr{F}\left[A\delta\left(t+\frac{\tau}{2}\right)\right]-\mathscr{F}\left[A\delta\left(t-\frac{\tau}{2}\right)\right]=A\mathrm{e}^{\mathrm{j}\omega\frac{\tau}{2}}-A\mathrm{e}^{-\mathrm{j}\omega\frac{\tau}{2}}=A\cdot 2\mathrm{j}\sin\left(\omega\frac{\tau}{2}\right)$$

根据时域微分特性，有

$$\mathscr{F}\left[\frac{\mathrm{d}x}{\mathrm{d}t}\right]=(\mathrm{j}\omega)X(\omega)=A\cdot 2\mathrm{j}\sin\left(\omega\frac{\tau}{2}\right)$$

因此

$$X(\omega)=\frac{2A}{\omega}\sin\left(\omega\frac{\tau}{2}\right)=A\tau Sa\left(\frac{\omega\tau}{2}\right)$$

其结果与直接根据傅里叶变换定义求解的结果相同，但过程更简捷。由此，我们可以知道，对于一个信号的傅里叶分析，可以采用不同的计算方法，而不同的计算方法复杂性不一样，因此分析的关键在于选择最有效的一种。类似的现象在信号与系统中大量存在，这也是信号与系统学习难度大的原因之一。

11．时域积分特性

对于信号 $x(t)$，若 $\mathscr{F}[x(t)]=X(\omega)$，则

$$\mathscr{F}[\int_{-\infty}^{t}x(\tau)\mathrm{d}\tau]=\frac{1}{\mathrm{j}\omega}X(\omega)+\pi X(0)\delta(\omega) \tag{4.91}$$

证明：由于

$$x(t)*u(t)=\int_{-\infty}^{\infty}x(\tau)u(t-\tau)\mathrm{d}\tau=\int_{-\infty}^{t}x(\tau)\mathrm{d}\tau$$

上式两边取傅里叶变换，并利用时域卷积特性，得

$$\mathscr{F}[\int_{-\infty}^{t}x(\tau)\mathrm{d}\tau]=\mathscr{F}[x(t)*u(t)]=\mathscr{F}[x(t)]\cdot\mathscr{F}[u(t)]$$

$$=X(\omega)\cdot[\pi\delta(\omega)+\frac{1}{\mathrm{j}\omega}]=\pi X(0)\delta(\omega)+\frac{1}{\mathrm{j}\omega}X(\omega)$$

例 4.17 求图 4.51（a）所示信号 $x(t)$ 的频谱。

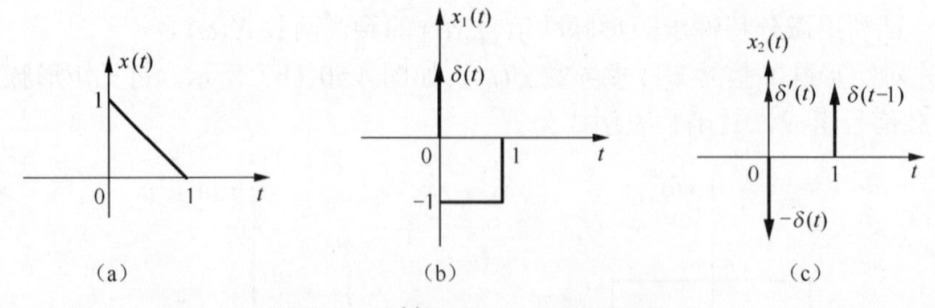

图 4.51 $x(t)$ 及其一、二阶微分波形

解：先对 $x(t)$ 进行两次微分，并令 $x(t)$ 的一、二阶导数分别为 $x_1(t)$ 和 $x_2(t)$，则

$$x_1(t)=\int_{-\infty}^{t}x_2(t)\mathrm{d}t\ ,\quad x(t)=\int_{-\infty}^{t}x(t)\mathrm{d}t$$

由式（4.77），可知

$$X_2(0)=\int_{-\infty}^{\infty}x_2(t)\mathrm{d}t=\int_{-\infty}^{\infty}[\delta'(t)-\delta(t)+\delta(t-1)]\mathrm{d}t=0$$

$$X_2(\omega)=\mathscr{F}[x_2(t)]=\mathrm{j}\omega-1+\mathrm{e}^{-\mathrm{j}\omega}$$

根据时域积分性质，得

$$X_1(\omega)=\mathscr{F}[x_1(t)]=\mathscr{F}[x_2^{-1}(t)]=X_2(\omega)/\mathrm{j}\omega=(\mathrm{j}\omega-1+\mathrm{e}^{-\mathrm{j}\omega})/\mathrm{j}\omega$$

又由于

$$X_1(0)=\int_{-\infty}^{\infty}x_1(t)\mathrm{d}t=\int_{-\infty}^{\infty}\delta(t)\mathrm{d}t+\int_0^1(-1)\mathrm{d}t=0$$

根据时域积分性质，得

$$X(\omega)=X_1(\omega)/\mathrm{j}\omega=(\mathrm{j}\omega-1+\mathrm{e}^{-j\omega})/(\mathrm{j}\omega)^2=(1-\mathrm{j}\omega-\mathrm{e}^{-j\omega})/\omega^2$$

12. 频域微分特性

对于信号 $x(t)$，若 $\mathscr{F}[x(t)]=X(\omega)$，则

$$\mathscr{F}[\,tx(t)]=\mathrm{j}\frac{\mathrm{d}X(\omega)}{\mathrm{d}\omega} \tag{4.92}$$

证明：由傅里叶变换的定义式，有

$$X(\omega)=\int_{-\infty}^{\infty}x(t)\mathrm{e}^{-\mathrm{j}\omega t}\mathrm{d}t$$

上式两边对 ω 求导，得

$$\frac{\mathrm{d}X(\omega)}{\mathrm{d}\omega}=\int_{-\infty}^{\infty}x(t)\frac{\mathrm{d}}{\mathrm{d}\omega}[\mathrm{e}^{-\mathrm{j}\omega t}]\mathrm{d}t=\int_{-\infty}^{\infty}[(-\mathrm{j}t)x(t)]\mathrm{e}^{-\mathrm{j}\omega t}\mathrm{d}t$$

$$\mathrm{j}\frac{\mathrm{d}X(\omega)}{\mathrm{d}\omega}=\int_{-\infty}^{\infty}[tx(t)]\mathrm{e}^{-\mathrm{j}\omega t}\mathrm{d}t$$

进一步推广，可得

$$\mathscr{F}[\,t^n x(t)]=\mathrm{j}^n\cdot\frac{\mathrm{d}X^n(\omega)}{\mathrm{d}\omega^n} \tag{4.93}$$

例 4.18　试求单位斜坡信号 $tu(t)$ 的傅里叶变换。

解：单位阶跃信号 $u(t)$ 的傅里叶变换为

$$\mathscr{F}[u(t)]=\pi\delta(\omega)+\frac{1}{\mathrm{j}\omega}$$

由频域微分特性，可得

$$\mathscr{F}[tu(t)]=\mathrm{j}\frac{\mathrm{d}}{\mathrm{d}\omega}\left[\pi\delta(\omega)+\frac{1}{\mathrm{j}\omega}\right]=\mathrm{j}\pi\delta'(\omega)-\frac{1}{\omega^2}$$

13. 频域积分特性

对于信号 $x(t)$，若 $\mathscr{F}[x(t)]=X(\omega)$，则

$$\mathscr{F}[-\frac{1}{\mathrm{j}t}x(t)+\pi x(0)\delta(t)]=\int_{-\infty}^{\omega}X(\Omega)\mathrm{d}\Omega \tag{4.94}$$

证明：因为

$$\int_{-\infty}^{\omega}X(\Omega)\mathrm{d}\Omega=\int_{-\infty}^{\infty}X(\Omega)U(\omega-\Omega)\mathrm{d}\Omega=X(\omega)*U(\omega)$$

由频域卷积特性，可得

$$\mathscr{F}[X(\omega)*U(\omega)]=2\pi x(t)\mathscr{F}^{-1}[U(\omega)]$$

而

$$U(\omega)=\mathscr{F}[u(t)]=1/\mathrm{j}\omega+\pi\delta(\omega)$$

根据互易对称性，可得

$$\mathscr{F}[1/\mathrm{j}t+\pi\delta(t)]=2\pi U(-\omega)=2\pi-2\pi U(\omega)$$

则

$$U(\omega)=1-\mathscr{F}[1/\mathrm{j}t+\pi\delta(t)]/2\pi$$

上式两边取傅里叶反变换，得

$$\mathscr{F}^{-1}[U(\omega)]=[\pi\delta(t)-1/\mathrm{j}t]/2\pi$$

则

$$\begin{aligned}\mathscr{F}[\int_{-\infty}^{\omega}X(\Omega)\mathrm{d}\Omega]&=\mathscr{F}[X(\omega)*U(\omega)]=2\pi x(t)[\pi\delta(t)-1/\mathrm{j}t]/2\pi\\&=-\frac{1}{\mathrm{j}t}x(t)+\pi x(0)\delta(t)\end{aligned}$$

若 $x(0)=0$，则

$$\mathscr{F}[\int_{-\infty}^{\omega}X(\Omega)\mathrm{d}\Omega]=-\frac{1}{\mathrm{j}t}x(t)$$

上式说明，在频域中积分等效于在时域中除以 $-\mathrm{j}t$ 。

傅里叶变换的特性在信号的频谱分析中有着广泛的应用。为方便地应用这些特性，将其列成表 4.2 供查阅。

表 4.2　　傅里叶变换的性质

特性	信号	傅里叶变换
	$x(t),x_1(t),x_2(t)$	$X(\omega),X_1(\omega),X_2(\omega)$
线性特性	$a_1x_1(t)+a_2x_2(t)$	$a_1X_1(\omega)+a_2X_2(\omega)$
时移特性	$x(t-t_0)$	$X(\omega)\mathrm{e}^{-\mathrm{j}\omega t_0}$
展缩特性	$x(at)$	$\frac{1}{\|a\|}X(\frac{\omega}{a})$
反褶特性	$x(-t)$	$X(-\omega)$
互易对称特性	$X(t)$	$2\pi x(-\omega)$
共轭对称性	$x^*(-t)$	$X^*(\omega)$
频移特性	$x(t)\cdot\mathrm{e}^{\mathrm{j}\omega_0 t}$	$X(\omega-\omega_0)$
时域卷积特性	$x_1(t)*x_2(t)$	$X_1(\omega)X_2(\omega)$
频域卷积特性	$x_1(t)x_2(t)$	$[X_1(\omega)*X_2(\omega)]/2\pi$
时域微分特性	$\frac{\mathrm{d}x(t)}{\mathrm{d}t}$	$\mathrm{j}\omega X(\omega)$

续表

特性	信号	傅里叶变换
时域积分特性	$\int_{-\infty}^{t} x(\tau)\mathrm{d}\tau$	$\frac{1}{\mathrm{j}\omega}X(\omega)+\pi X(0)\delta(\omega)$
频域微分特性	$tx(t)$	$\mathrm{j}\frac{\mathrm{d}X(\omega)}{\mathrm{d}\omega}$
频域积分特性	$-\frac{1}{\mathrm{j}t}x(t)+\pi x(0)\delta(t)$	$\int_{-\infty}^{\omega} X(\Omega)\mathrm{d}\Omega$

4.7 周期信号的傅里叶变换

前面我们在导出非周期信号的傅里叶积分表示时，是把非周期信号看成周期信号在周期 $T\to\infty$ 的极限，从而将复指数形式傅里叶级数推广到非周期信号的傅里叶变换。因此，周期信号 $\tilde{x}(t)$ 的傅里叶级数和非周期信号 $x(t)$ 傅里叶变换之间是有密切联系的。本节将进一步研究这一关系，并推导出周期信号的傅里叶变换，从而把傅里叶级数纳入到傅里叶变换，把周期信号与非周期信号的分析方法统一起来，形成统一的傅里叶分析体系。

4.7.1 傅里叶级数与傅里叶变换的关系

对于周期为 T 的周期信号 $\tilde{x}(t)$，其复指数函数形式傅里叶级数为

$$\tilde{x}(t)=\sum_{n=-\infty}^{\infty} F_n \mathrm{e}^{\mathrm{j}n\omega_0 t}$$

其中周期信号的角频率 $\omega_0=2\pi/T$，且

$$F_n=\frac{1}{T}\int_{t_0}^{t_0+T}\tilde{x}(\mathrm{t})\mathrm{e}^{-\mathrm{j}n\omega_0 t}\mathrm{d}t$$

考察 $\tilde{x}(t)$ 在一个周期（$-T/2\leqslant t\leqslant T/2$）的信号 $x(t)$，则

$$x(t)=\begin{cases}\tilde{x}(t),-T/2\leqslant t\leqslant T/2\\ 0,t<-T/2\text{或}t>T/2\end{cases}$$

则由傅里叶复系数的定义式，可得

$$F_n=\frac{1}{T}\int_{-T/2}^{T/2}\tilde{x}(t)\mathrm{e}^{-\mathrm{j}n\omega_0 t}\mathrm{d}t=\frac{1}{T}\int_{-T/2}^{T/2}x(t)\mathrm{e}^{-\mathrm{j}n\omega_0 t}\mathrm{d}t$$

再由傅里叶变换的定义式，进一步写为

$$F_n=\frac{1}{T}\int_{-\infty}^{\infty}x(t)\mathrm{e}^{-\mathrm{j}n\omega_0 t}\mathrm{d}t=\frac{1}{T}X(\omega)\bigg|_{\omega=n\omega_0}=\frac{1}{T}X(n\omega_0) \tag{4.95}$$

由上式可知，周期信号 $\tilde{x}(t)$ 的傅里叶系数 F_n 可以从某一周期内信号 $x(t)$ 的傅里叶变换的样本 $X(n\omega_0)$ 中得到。因此，如果已知周期信号 $\tilde{x}(t)$ 的一个波形 $x(t)$ 的频谱函数 $X(\omega)$，利用式（4.95）就可以求得周期信号 $\tilde{x}(t)$ 的傅里叶系数 F_n。

例 4.19 将图 4.52（a）所示的周期信号 $x(t)$ 展成复指数形式的傅里叶级数。

解： 周期信号 $x(t)$ 的一个周期波形 $x_0(t)$ 如图 4.52（b）所示。将 $x_0(t)$ 左移 $\frac{T}{2}$ 得到 $x_1(t)$，

如图 4.52（c）所示，即

$$x_0(t)=x_1\left(t-\frac{T}{2}\right)$$

信号 $x_1(t)$ 为三角形脉冲，其傅里叶变换为

$$X_1(\omega)=\frac{T}{2}Sa^2\left(\frac{\omega T}{4}\right)$$

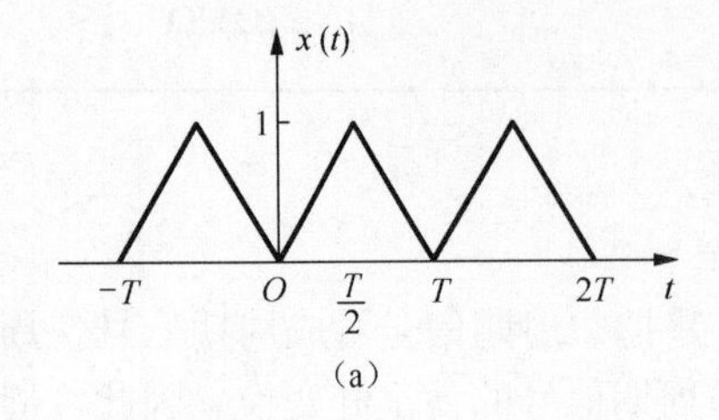

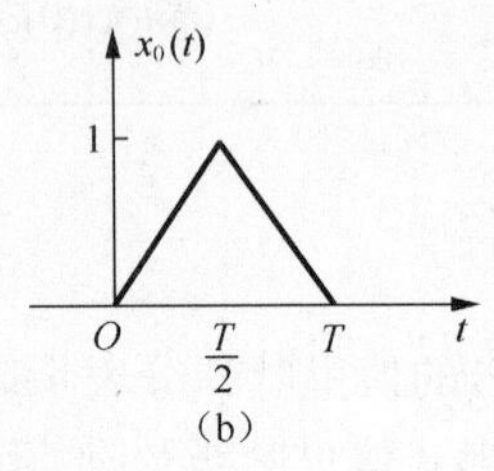

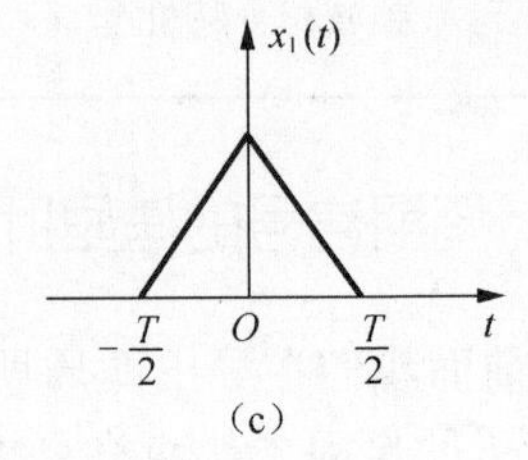

图 4.52　例 4.19 图

根据时移特性，信号 $x_0(t)$ 的傅里叶变换为

$$X_0(\omega)=X_1(\omega)\mathrm{e}^{-\mathrm{j}\frac{\omega T}{2}}=\frac{T}{2}Sa^2\left(\frac{\omega T}{4}\right)\mathrm{e}^{-\mathrm{j}\frac{\omega T}{2}}$$

由式（4.95），可得周期信号 $x(t)$ 的傅里叶变换为

$$F_n=\frac{1}{2}Sa^2\left(\frac{n\omega T}{4}\right)\mathrm{e}^{-\mathrm{j}\frac{n\omega T}{2}}=\frac{1}{2}Sa^2\left(\frac{n\pi}{2}\right)\mathrm{e}^{-\mathrm{j}n\pi}$$

于是，周期信号 $x(t)$ 的傅里叶级数展开式为

$$x(t)=\sum_{n=-\infty}^{+\infty}\frac{1}{2}Sa^2\left(\frac{n\pi}{2}\right)\mathrm{e}^{-\mathrm{j}n\pi}\mathrm{e}^{\mathrm{j}n\omega_0 t}$$

4.7.2　典型周期信号的傅里叶变换

典型周期信号往往可以由典型非周期信号进行周期延拓而获得。当然，也有一些基本信号如指数信号是无法通过周期延拓成为有限周期长度的周期信号。本节先讨论几种常见的周期信号的傅里叶变换。

1. 正余弦函数的傅里叶变换

对于正弦信号，由欧拉公式得

$$\sin\omega_0 t=\frac{1}{2\mathrm{j}}\left(\mathrm{e}^{\mathrm{j}\omega_0 t}-\mathrm{e}^{-\mathrm{j}\omega_0 t}\right)$$

由 $\mathscr{F}[1]=2\pi\delta(\omega)$ 和频移特性，有

$$\mathscr{F}[\mathrm{e}^{\mathrm{j}\omega_0 t}]=2\pi\delta(\omega-\omega_0)$$

$$\mathscr{F}[\mathrm{e}^{-\mathrm{j}\omega_0 t}]=2\pi\delta(\omega+\omega_0)$$

则

$$\mathscr{F}[\sin\omega_0 t]=\mathscr{F}[\frac{1}{2\mathrm{j}}(\mathrm{e}^{\mathrm{j}\omega_0 t}-\mathrm{e}^{-\mathrm{j}\omega_0 t})]=-\mathrm{j}\pi\delta(\omega-\omega_0)+\mathrm{j}\pi\delta(\omega+\omega_0)\tag{4.96}$$

同理，对于余弦信号，其傅里叶变换为

$$\mathscr{F}[\cos\omega_0 t]=\mathscr{F}\left[\frac{1}{2}\left(e^{j\omega_0 t}+e^{-j\omega_0 t}\right)\right]=\pi\delta\left(\omega+\omega_0\right)+\pi\delta\left(\omega-\omega_0\right) \tag{4.97}$$

正、余弦信号的波形及频谱如图 4.53 所示。

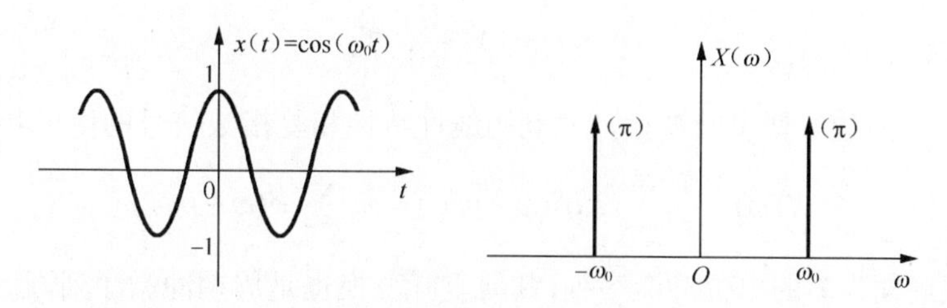

（a）余弦函数及其频谱

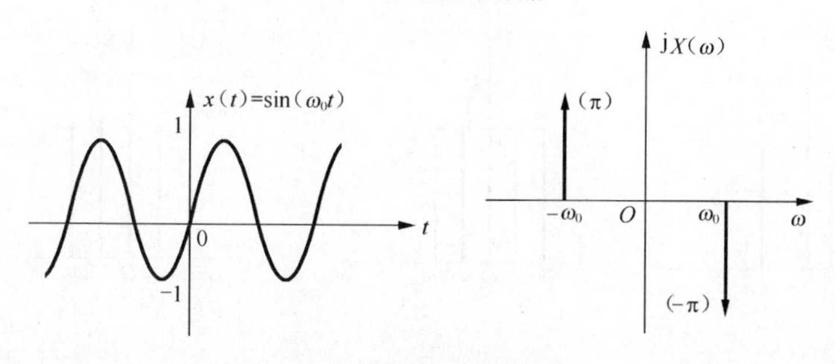

（b）正弦函数及其频谱

图 4.53 正弦、余弦函数及其频谱

可以看出，$\sin\omega_0 t$ 和 $\cos\omega_0 t$ 是单频周期信号，频谱密度函数为在 $\omega=\pm\omega_0$ 处的冲激，且幅度为 π。而 $\cos\omega_0 t$ 是偶函数，其频谱密度函数为纯实数，幅角为 0；$\sin\omega_0 t$ 为奇函数，其频谱密度函数为纯虚数，幅角为 $\pm\dfrac{\pi}{2}$。

2. 复指数信号的傅里叶变换

对于复指数信号，其时域表达式为

$$x(t)=e^{\pm j\omega_0 t} \qquad -\infty<t<\infty$$

类似于正余弦信号的傅里叶变换的推导，可得

$$\mathscr{F}[e^{\pm j\omega_0 t}]=2\pi\delta(\omega\mp\omega_0) \tag{4.98}$$

复指数信号表示一个单位长度的相量以固定的角频率 ω_0 随时间旋转，经傅里叶变换后，其频率为集中于 ω_0，强度为 2π 的冲激。这说明信号时间特性的相移对应于频域中的频移。复指数信号的频谱如图 4-54 所示。

3. 周期冲激序列的傅里叶变换

周期冲激序列的时域表达式为

$$x(t)=\delta_T(t)=\sum_{n=-\infty}^{\infty}\delta(t-nT)$$

（a） （b）

图 4.54 复指数信号的频谱

由 $\mathscr{F}[\delta(t)]=1$ 及式（4.95），可得 $\delta_T(t)$ 的傅里叶级数的系数为

$$F_n = \frac{1}{T}\mathscr{F}[\delta(t)] = \frac{1}{T}$$

则其傅里叶级数展开式为

$$x(t) = \sum_{n=-\infty}^{\infty} \frac{1}{T} e^{jn\omega_0 t} \tag{4.99}$$

对式（4.99）两边取傅里叶变换，并利用线性特性和复指数信号的傅里叶变换，得

$$X(\omega) = \frac{1}{T}\sum_{n=-\infty}^{\infty} 2\pi\delta(\omega - n\omega_0) = \omega_0 \sum_{n=-\infty}^{\infty} \delta(\omega - n\omega_0) \tag{4.100}$$

可见,时域周期为 T 的单位冲激序列,其傅里叶变换也是周期冲激序列,且频域周期为 ω_0，冲激强度均为 ω_0。周期单位冲激序列波形、傅里叶系数 F_n 与频谱函数 $F(\omega)$ 如图 4.55 所示。

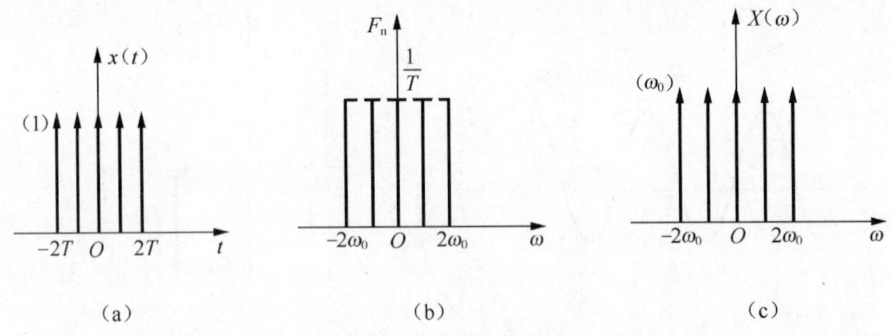

图 4.55 周期冲激序列 $\delta_T(t)$ 及其傅里叶系数 F_n、频谱函数 $X(\omega)$

4.7.3 一般周期函数的傅里叶变换

就周期信号而言，由于其不满足狄里赫利条件，因此可能不存在傅里叶变换。但是狄里赫利条件是充分条件，而不是充要条件。在上一节典型非周期信号的傅里叶变换求解中，一些信号如直流信号、单位阶跃信号等也不满足狄里赫利条件，但是，如果允许傅里叶变换式中含有冲激函数，那么这些信号也存在傅里叶变换。求解周期信号的傅里叶变换有两种方法。

1. 周期信号傅里叶级数法

对于一般周期信号 $\tilde{x}(t)$，其周期为 $T = 2\pi/\omega_0$，其复指数形式傅里叶级数展开式为

$$\tilde{x}(t) = \sum_{n=-\infty}^{+\infty} F_n e^{jn\omega_0 t}$$

其傅里叶级数系数 F_n 为

$$F_n = \frac{1}{T}\int_{-\frac{T}{2}}^{\frac{T}{2}} \tilde{x}(t) e^{-jn\omega_0 t} dt$$

对复指数形式傅里叶级数展开式两边取傅里叶变换，并利用傅里叶变换的线性特性和复指数信号的傅里叶变换，可得

$$\mathscr{F}[\tilde{x}(t)] = \mathscr{F}[\sum_{n=-\infty}^{+\infty} F_n e^{jn\omega_0 t}] = \mathscr{F}[\sum_{n=-\infty}^{+\infty} F_n (e^{jn\omega_0 t})] = 2\pi\sum_{n=-\infty}^{+\infty} F_n \delta(\omega - n\omega_0) \tag{4.101}$$

上式表明，一般周期信号的傅里叶变换（频谱函数）是由无穷多个冲激函数组成的，这些冲激函数位于信号的各谐波频率 $n\omega_0$ $(n = 0, \pm 1, \pm 2, \cdots)$ 处，其强度为相应傅里叶级数系数 F_n

的2π倍。因此，可以直接根据周期信号的傅里叶级数得到它的傅里叶变换。

例 4.20 周期性矩形脉冲信号 $G_\tau(t)$ 如图 4.56（a）所示，其周期为 T，脉冲宽度为 τ，幅度为 1，试求其傅里叶变换。

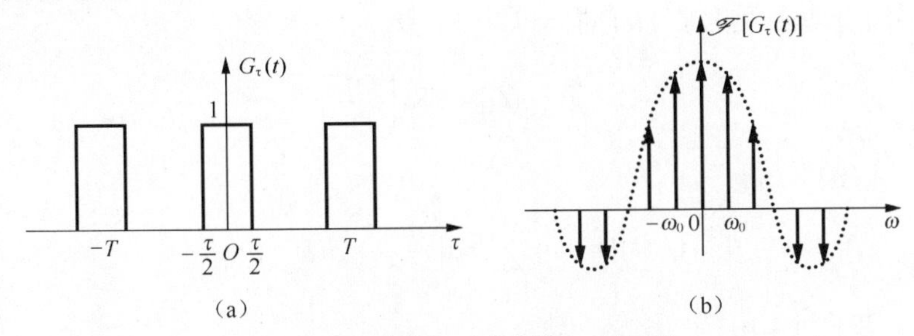

图 4.56 周期性矩形脉冲信号及其频谱

解：周期性矩形脉冲信号 $x(t)=G_\tau(t)$ 的傅里叶级数系数为

$$F_n=\frac{\tau}{T}Sa\left(\frac{n\omega_0\tau}{2}\right)$$

将上式代入式（4.101），得

$$\mathscr{F}[G_\tau(t)]=\frac{2\tau\pi}{T}\sum_{n=-\infty}^{+\infty}Sa\left(\frac{n\omega_0\tau}{2}\right)\delta(\omega-n\omega_0) \qquad (4.102)$$

由上式可知，周期矩形脉冲信号 $G_\tau(t)$ 的傅里叶变换由位于 $\omega=0,\pm\omega_0,\pm2\omega_0,\cdots$ 处的冲激函数所组成，其在 $\omega=\pm n\omega_0$ 处的强度为 $\dfrac{2\sin\left(\dfrac{n\omega_0\tau}{2}\right)}{n}$。图 4.56（b）为 $T=3\tau$ 时的频谱。由频谱图可知，周期信号的频谱密度是离散的。

需要注意的是，虽然从频谱的图形看，这里的 $X(\omega)$ 与前面的 F_n 是极相似的，但是二者含义不同。当对周期函数进行傅里叶变换时，得到的是频谱；而将该函数展开为傅里叶级数时，得到的傅里叶系数，它代表复指数分量的幅度和相位。

在引入了冲激函数以后，对周期函数也能进行傅里叶变换，从而使周期函数和非周期函数可以用相同的观点和方法进行分析运算，这给信号和系统分析带来很大方便。

2. 单周期信号傅里叶变换法

由卷积可知，周期为 T 的周期信号 $\tilde{x}(t)$，可以看成是单个周期信号 $x(t)$ 与周期为 T 的周期冲激序列 $\delta_T(t)$ 的卷积，即

$$\tilde{x}(t)=x(t)*\delta_T(t) \qquad (4.103)$$

式中，$\delta_T(t)=\sum\limits_{n=-\infty}^{+\infty}\delta(t-nT)$。

设 $x(t)$ 的傅里叶变换为 $X(\omega)$，根据时域卷积特性和线性特性，可得

$$\mathscr{F}[\tilde{x}(t)]=\mathscr{F}[x(t)*\delta_T(t)]=X(\omega)\mathscr{F}[\sum_{n=-\infty}^{+\infty}\delta(t-nT)]$$

根据式（4.100），可得

$$\mathscr{F}[\tilde{x}(t)]=X(\omega)\cdot\mathscr{F}[\sum_{n=-\infty}^{+\infty}\delta(t-nT)]=\omega_0\sum_{n=-\infty}^{\infty}X(n\omega_0)\delta(\omega-n\omega_0) \qquad (4.104)$$

上式表明，利用单周期信号 $x(t)$ 的傅里叶变换为 $X(\omega)$，很容易求得周期信号 $\tilde{x}(t)$ 的傅里叶变换。

例 4.21 利用单周期信号傅里叶变换法，重新求解例 4.20 周期性矩形脉冲信号 $G_\tau(t)$ 的傅里叶变换。

解： 单周期矩形脉冲信号 $G_{\tau 0}(t)$ 的傅里叶变换为

$$\mathscr{F}[G_{\tau 0}(t)] = \tau Sa\left(\frac{\omega\tau}{2}\right)$$

将上式代入式（4.104），得

$$\mathscr{F}[G_\tau(t)] = \tau\omega_0 \sum_{n=-\infty}^{+\infty} Sa\left(\frac{n\omega_0\tau}{2}\right)\delta(\omega - n\omega_0) \tag{4.105}$$

对比式（4.102）和式（4.105），结果一致。

4.8 信号的功率频谱与能量频谱

频谱是在频域中描述信号特征的方法之一。能量谱或功率谱描述了能量信号的频谱或功率信号的频谱在频域中随着频率变化而变化的情况，它们在研究信号的能量（或功率）的分布和决定信号的频带宽度等方面有着重要作用。

4.8.1 功率频谱

周期性信号的能量无穷大，功率有限，是常见的功率信号。一些持续时间无限、幅度有限的非周期信号也是功率信号。对于功率信号，一般分析其平均功率。

设 $x(t)$ 为一周期为 T 的周期信号，在时域中，它在 1Ω 电阻上消耗的平均功率为

$$P = \frac{1}{T}\int_{-T/2}^{T/2} x^2(t)\cdot 1\cdot \mathrm{d}t = \frac{1}{T}\int_{-T/2}^{T/2} x^2(t)\mathrm{d}t \tag{4.106}$$

周期信号 $x(t)$ 的复指数形式傅里叶级数为

$$x(t) = \sum_{n=-\infty}^{+\infty} F_n \mathrm{e}^{\mathrm{j}n\omega_0 t}$$

其中，$\omega_0 = \dfrac{2\pi}{T}$，$F_n = \dfrac{1}{T}\int_{-\frac{T}{2}}^{\frac{T}{2}} x(t)\mathrm{e}^{-\mathrm{j}n\omega_0 t}\mathrm{d}t$。

将上式代入式（4.101），可得

$$P = \frac{1}{T}\int_{-\frac{T}{2}}^{\frac{T}{2}} x^2(t)\mathrm{d}t = \frac{1}{T}\int_{-\frac{T}{2}}^{\frac{T}{2}} x(t)[\sum_{n=-\infty}^{\infty} F_n \mathrm{e}^{\mathrm{j}n\omega_0 t}]\mathrm{d}t$$

将上式中的求和与积分次序交换，得

$$P = \sum_{n=-\infty}^{\infty} F_n[\frac{1}{T}\int_{-\frac{T}{2}}^{\frac{T}{2}} x(t)\mathrm{e}^{\mathrm{j}n\omega_0 t}\mathrm{d}t]$$

而 $F_{-n} = \dfrac{1}{T}\int_{-\frac{T}{2}}^{\frac{T}{2}} x(t)\mathrm{e}^{\mathrm{j}n\omega_0 t}\mathrm{d}t$，$F_n F_{-n} = |F_n|^2$

于是

$$P = \sum_{n=-\infty}^{\infty} F_n F_{-n} = \sum_{n=-\infty}^{\infty} |F_n|^2 \tag{4.107}$$

上式是频域中确定周期信号平均功率的公式，即周期信号的平均功率可以在频域中用傅里叶复系数 F_n 确定，它等于该信号在完备正交函数集中各分量功率之和。这一结论称为帕什瓦尔功率守恒定理。

如果将周期信号各次谐波的平均功率依次也画成线状频谱图形，则可以清楚地看到信号功率依照各次谐波分布的情况（即 $|F_n|^2$ 随 $n\omega_0$ 的分布情况），这称为周期信号的功率频谱，简称功率谱。显然，周期信号的功率谱也为离散频谱。从周期信号的功率谱可以看出周期信号的功率集中在低频段。根据这种功率的分布情况，可以确定周期信号的有效带宽。

例 4.22　求图 4.57（a）所示周期性矩形脉冲的功率谱及带宽 $(0,2\pi/\tau)$ 内的平均功率占整个信号平均功率的百分比。已知矩形脉冲宽度 $\tau=\dfrac{1}{20}\text{s}$，脉冲高度 $A=1$，周期 $T=\dfrac{1}{4}\text{s}$。

解：周期矩形脉冲 $x(t)$ 的傅里叶复系数为

$$F_n=\frac{A\tau}{T}Sa\left(\frac{n\omega_0\tau}{2}\right)$$

将 $A=1,T=1/4,\tau=1/20,\omega_0=2\pi/T=8\pi$，代入上式，可得其功率谱如图 4.57（b）所示。其第一个过零点出现在 $\dfrac{2\pi}{\tau}=40\pi$ 处，因此在带宽 $\left(0\sim\dfrac{2\pi}{\tau}\right)$ 内，包含了一个直流分量和四个谐波分量。已知信号的平均功率为

$$P_1=\frac{1}{T}\int_{-\frac{t}{2}}^{\frac{t}{2}}x^2(t)\mathrm{d}t=\frac{1}{T}\int_{-\frac{\tau}{2}}^{\frac{\tau}{2}}A^2\mathrm{d}t=4\int_{-\frac{1}{40}}^{\frac{1}{40}}1^2\,\mathrm{d}t=0.200$$

而包含在带宽 $\left(0\sim\dfrac{2\pi}{\tau}\right)$ 内的各谐波平均功率为

$$\begin{aligned}P_2&=\sum_{n=-4}^{4}|F_n|^2=F_0^2+2\sum_{n=1}^{4}|F_n|^2=F_0^2+2\cdot\left\{|F_1|^2+|F_2|^2+|F_3|^2+|F_4|^2\right\}\\&=\frac{1}{5^2}+\frac{2}{5^2}\left\{Sa^2\left(\frac{\pi}{5}\right)+Sa^2\left(\frac{2\pi}{5}\right)+Sa^2\left(\frac{3\pi}{5}\right)+Sa^2\left(\frac{4\pi}{5}\right)\right\}=0.1806\end{aligned}$$

所占百分比 $\Delta=\dfrac{P_2}{P_1}=\dfrac{0.1806}{0.2000}=90\%$

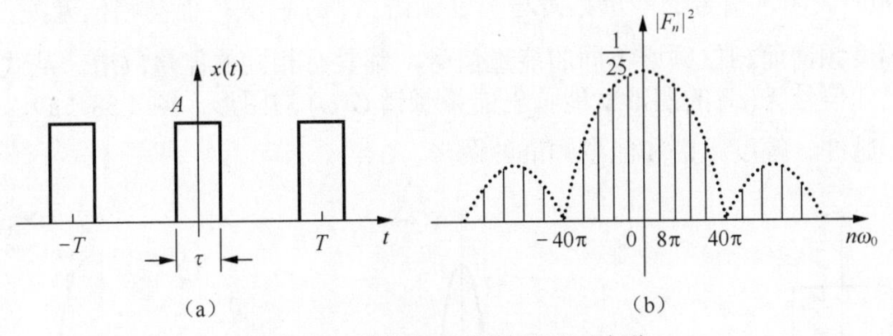

图 4.57　周期矩形脉冲信号与其功率谱

上式表明，对周期矩形脉冲而言，包含在有效带宽内的各谐波平均功率之和占整个信号平均功率的 90%。即信号在带宽内集中了整个信号的绝大部分功率。因此，若用直流分量、基波、二次、三次、四次谐波来近似周期矩形脉冲信号，可以达到很高的精度。同样，若该

信号在通过系统时，只损失了有效带宽以外的所有谐波，则信号只有较少的失真。

4.8.2 能量频谱

由于非周期的单脉冲信号在整个时间区间 $-\infty < t < +\infty$ 内的平均功率为 0，而能量为有限值，因此这类信号称为能量信号。在研究这类信号的能量情况时，不能像周期信号那样按式（4.106）进行计算，而只能取函数平方的积分。这个积分就代表信号在全部时间内在 1Ω 电阻上消耗的总能量，通常称为信号能量，它也是表示信号特征的参数之一。

由于非周期信号在各个频率的实际分量大小为无穷小，因此只能用能量密度谱 $G(\omega)$ 描述单位频带内的信号能量。

信号总能量为

$$
\begin{aligned}
W &= \int_{-\infty}^{+\infty}[x(t)]^2\mathrm{d}t = \int_{-\infty}^{+\infty}x(t)\left[\frac{1}{2\pi}\int_{-\infty}^{+\infty}X(\omega)\mathrm{e}^{\mathrm{j}\omega t}\mathrm{d}\omega\right]\mathrm{d}t \\
&= \frac{1}{2\pi}\int_{-\infty}^{+\infty}X(\omega)\left[\int_{-\infty}^{+\infty}x(t)\mathrm{e}^{\mathrm{j}\omega t}\mathrm{d}t\right]\mathrm{d}\omega = \frac{1}{2\pi}\int_{-\infty}^{+\infty}X(\omega)X(-\omega)\mathrm{d}\omega \\
&= \frac{1}{2\pi}\int_{-\infty}^{+\infty}|X(\omega)|^2\mathrm{d}\omega = \frac{1}{\pi}\int_{0}^{+\infty}|X(\omega)|^2\mathrm{d}\omega
\end{aligned}
\tag{4.108}
$$

上式是非周期函数的能量等式，是帕什瓦尔定理在描述非周期信号时的表示形式，也称雷利定理（Rayleigh）。这一等式表明，对于非周期信号，在时域中求得的信号能量与在频域中求得的信号能量相等，因此信号能量可以从时域中积分得到，也可以从频域中积分得到。

为了表明信号能量在频率分量中的分布，和分析幅度频谱类似，可以借助于密度的概念来定义一个能量密度频谱函数，或简称为能量密度频谱，其代表符号为 $G(\omega)$。能量密度频谱 $G(\omega)$ 是某角频率 ω 处单位频带中的信号能量，因此在频带 $\mathrm{d}\omega$ 中的信号能量应为 $G(\omega)\cdot\mathrm{d}\omega$，在整个频域范围内信号的全部能量为

$$W = \int_{0}^{+\infty}G(\omega)\mathrm{d}\omega$$

则

$$G(\omega) = \frac{1}{\pi}|X(\omega)|^2 \tag{4.109}$$

式（4.109）表明，信号的能量频谱与幅度频谱 $|X(\omega)|$ 有关，而与相位无关。因此，凡是具有相同的幅度频谱而相位频谱不同的能量信号，都具有相同的能量频谱。从式（4.109）还可以看出，已知信号 $X(\omega)$ 的图形就能画出能量频谱 $G(\omega)$ 的图形。图 4.58（a）、（b）、（c）分别表示了矩形脉冲、幅度频谱和能量频谱的图形。

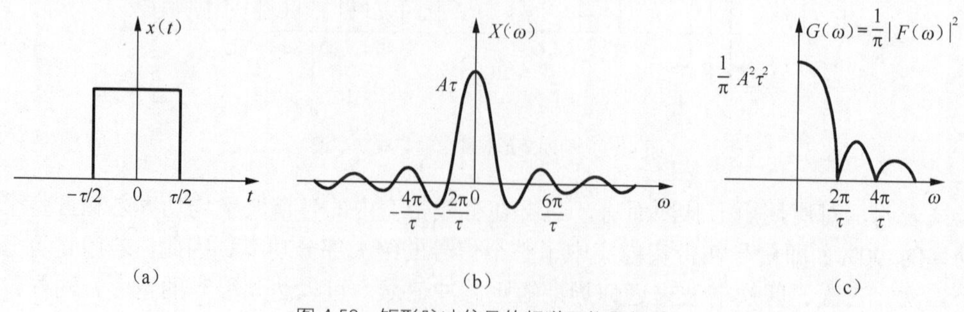

图 4.58 矩形脉冲信号的频谱及能量频谱

由于能量频谱$G(\omega)$是单位频带（即 1 rad/s）内信号的能量，因此$G(\omega)$的单位是J·rad/s，有时也写为J/Hz。

由以上讨论可知，周期信号的平均功率可以在时域内求得，也可以在频域内求得。同样，非周期信号的能量可以在时域内求得，也可在频域内求得。这是信号的时域特性和频域特性的一个重要关系，正由于有了这些关系存在，才使傅里叶变换成为信号与系统分析的重要工具。

4.9 连续时间系统的频域分析

频域分析是在频域中求解系统的响应，它反映输入信号的频谱$X(\omega)$通过系统后，输出信号频谱$Y(\omega)$随频率变化的情况。频域分析的基本思想与时域分析法是一致的，就是将信号分解成一组基本信号的加权或加权积分，然后求出每一分量单独通过系统的响应，进而利用连续时间系统的线性和时不变性解决系统分析的问题。在频域分析中利用虚指数信号作为分解信号的基本单元，而信号的表示就是傅里叶级数和傅里叶变换。

4.9.1 连续时间系统的频率响应

在时域中，系统的冲激响应$h(t)$只与系统本身特性有关，反映了系统的时域特性。为此，在频域中，我们定义单位冲激响应的傅里叶变换$H(\omega)$为系统的频率响应，即

$$H(\omega)=\mathscr{F}[h(t)]=\int_{-\infty}^{\infty}h(t)\mathrm{e}^{-\mathrm{j}\omega_0 t}\mathrm{d}t \tag{4.110}$$

$H(\omega)$表征的是系统频率特性，称为系统频率响应函数，简称频响函数或系统函数。

根据卷积分析法，对于一个线性时不变系统，零状态响应$y_{zs}(t)$等于激励$x(t)$与系统单位冲激响应$h(t)$的卷积，即$y_{zs}(t)=x(t)*h(t)$。根据傅里叶变换的时域卷积特性，有

$$Y_{zs}(\omega)=X(\omega)H(\omega) \tag{4.111}$$

$$H(\omega)=\frac{Y_{zs}(\omega)}{X(\omega)}=|H(\omega)|\mathrm{e}^{\mathrm{j}\varphi(\omega)} \tag{4.112}$$

$|H(\omega)|$与ω的关系称为系统的幅（模）频特性，$\varphi(\omega)$与ω的关系称为系统的相频特性。由傅里叶变换的性质可知，$|H(\omega)|$是ω的偶函数，$\varphi(\omega)$是ω的奇函数。

式（4.111）实际上给出了在频域求解系统零状态响应的方法，即频域分析法。该方法如图 4.59 所示。其具体做法是，在系统的输入端，将系统的激励信号$x(t)$通过傅里叶变换转换到频域，在频域中利用式（4.111）计算频域中的响应；在输出端，则将频域的输出响应转换回时域，而中间所有运算都是在频域中进行的。因此，现在的问题在于求解$H(\omega)$。

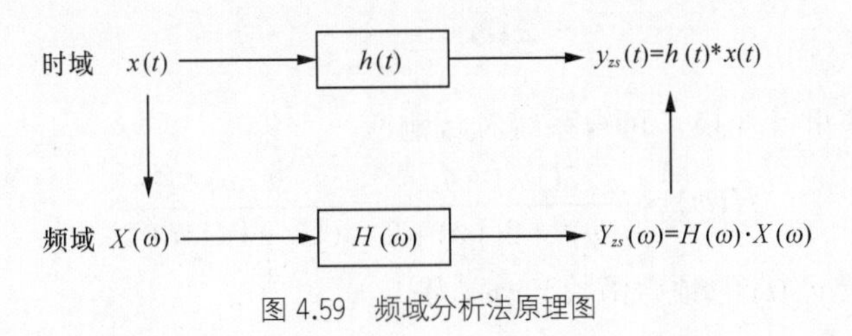

图 4.59 频域分析法原理图

根据频率响应的定义式（4.112），可以基于线性时不变系统的n阶常系数线性微分方程求出$H(\omega)$。线性时不变系统的n阶常系数线性微分方程为

$$a_n\frac{\mathrm{d}^n y(t)}{\mathrm{d}t^n}+a_{n-1}\frac{\mathrm{d}^{n-1}y(t)}{\mathrm{d}t^{n-1}}+\cdots+a_1\frac{\mathrm{d}y(t)}{\mathrm{d}t}+a_0y(t)$$
$$=b_m\frac{\mathrm{d}^m x(t)}{\mathrm{d}t^m}+b_{m-1}\frac{\mathrm{d}^{m-1}x(t)}{\mathrm{d}t^{m-1}}+\cdots+b_1\frac{\mathrm{d}x(t)}{\mathrm{d}t}+b_0x(t) \quad (4.113)$$

在零状态的条件下，对上式两边同取傅里叶变换，并利用时域微分特性，可得

$$[a_n(\mathrm{j}\omega)^n+a_{n-1}(\mathrm{j}\omega)^{n-1}+\cdots+a_1(\mathrm{j}\omega)+a_0]Y_{zs}(\omega)$$
$$=[b_m(\mathrm{j}\omega)^m+b_{m-1}(\mathrm{j}\omega)^{m-1}+\cdots+b_1(\mathrm{j}\omega)+b_0]X(\omega) \quad (4.114)$$

将上式整理，可得

$$H(\omega)=\frac{Y_{zs}(\omega)}{X(\omega)}=\frac{b_m(\mathrm{j}\omega)^m+b_{m-1}(\mathrm{j}\omega)^{m-1}+\cdots+b_1(\mathrm{j}\omega)+b_0}{a_n(\mathrm{j}\omega)^n+a_{n-1}(\mathrm{j}\omega)^{n-1}+\cdots+a_1(\mathrm{j}\omega)+a_0} \quad (4.115)$$

式（4.105）和式（4.110）给出了两种计算 $H(\omega)$ 的方法，大家可以灵活掌握。下面举例说明。

例 4.23 已知一个零状态 LTI 系统的微分方程为

$$\frac{\mathrm{d}^3 y(t)}{\mathrm{d}t^3}+10\frac{\mathrm{d}^2 y(t)}{\mathrm{d}t^2}+8\frac{\mathrm{d}y(t)}{\mathrm{d}t}+5y(t)=13\frac{\mathrm{d}x(t)}{\mathrm{d}t}+7x(t)$$

试求该系统的频率响应 $H(\omega)$。

解：对微分方程两边取傅里叶变换，可得

$$[(\mathrm{j}\omega)^3+10(\mathrm{j}\omega)^2+8(\mathrm{j}\omega)+5]Y_{zs}(\omega)=[13(\mathrm{j}\omega)+7]X(\omega)$$

则系统的频率响应为

$$H(\omega)=\frac{Y_{zs}(\omega)}{X(\omega)}=\frac{13\mathrm{j}\omega+7}{(\mathrm{j}\omega)^3+10(\mathrm{j}\omega)^2+8\mathrm{j}\omega+5}=\frac{13\mathrm{j}\omega+7}{-\mathrm{j}\omega^3-10\omega^2+8\mathrm{j}\omega+5}$$

4.9.2 非周期信号激励下的系统响应

由式（4.114）的推导过程可知，频域分析法将卷积运算转化为乘积运算，较时域中卷积分析法更为简洁，因此当用非周期信号 $x(t)$ 作为输入时，要求解系统的零状态响应，可采用频域分析的方法。下面举例进行说明。

例 4.24 已知某线性系统的微分方程为 $\frac{\mathrm{d}^2 y(t)}{\mathrm{d}t^2}+3\frac{\mathrm{d}y(t)}{\mathrm{d}t}+2y(t)=3\frac{\mathrm{d}x(t)}{\mathrm{d}t}+4x(t)$，系统的输入激励 $x(t)=\mathrm{e}^{-3t}u(t)$，求系统的零状态响应 $y_{zs}(t)$。

解：由于输入激励 $x(t)$ 的频谱函数为

$$X(\omega)=\frac{1}{\mathrm{j}\omega+3}$$

将微分方程两边求傅里叶变换，可得系统频域响应

$$H(\omega)=\frac{3(\mathrm{j}\omega)+4}{(\mathrm{j}\omega)^2+3(\mathrm{j}\omega)+2}=\frac{3(\mathrm{j}\omega)+4}{(\mathrm{j}\omega+1)(\mathrm{j}\omega+2)}$$

故系统的零状态响应 $y_{zs}(t)$ 的频谱函数 $Y_{zs}(\omega)$ 为

$$Y_{zs}(\omega)=X(\omega)H(\omega)=\frac{3(\mathrm{j}\omega)+4}{(\mathrm{j}\omega+1)(\mathrm{j}\omega+2)(\mathrm{j}\omega+3)}$$

将$Y_{zs}(\omega)$用部分分式展开，得

$$Y_{zs}(\omega)=\frac{\frac{1}{2}}{(\mathrm{j}\omega+1)}+\frac{2}{(\mathrm{j}\omega+2)}+\frac{-\frac{5}{2}}{(\mathrm{j}\omega+3)}$$

由傅里叶反变换。可得

$$y_{zs}(t)=[\frac{1}{2}\mathrm{e}^{-t}+2\mathrm{e}^{-2t}-\frac{5}{2}\mathrm{e}^{-3t}]u(t)$$

4.9.3　周期信号激励下的系统响应

利用频域分析法可求解周期信号激励下的系统响应。由于周期信号存在于整个时间区间，相当于激励信号从$t=-\infty$处接入系统，因此，周期信号激励下的系统响应实际上就是稳态响应。

为了求得系统的稳态响应，可将作用于系统的激励信号进行分解。一种方法是在时域中，将任意连续信号分解为无穷多个冲激函数（或冲激序列）的加权和，用卷积积分的方法，求得每个冲激函数作用下的系统零状态响应，将这些零状态响应叠加起来，就得到系统的零状态响应，这就是时域卷积法。另一种方法是，首先将时域中的任意连续信号分解为无穷多个正弦信号或虚指数信号之和，然后在频域中，对这些分解信号及其对应的零状态输出响应进行傅里叶变换，将这些零状态输出响应的傅里叶变换叠加起来，就得到系统总的零状态响应的傅里叶变换，最后再求傅里叶反变换，就得到系统总的零状态响应。

由周期信号的傅里叶级数可知，周期信号可分解为基本信号$\mathrm{e}^{\mathrm{j}n\omega_0 t}$的线性组合；由周期信号的傅里叶变换可知，周期信号可以分解为基本信号$\mathrm{e}^{\mathrm{j}\omega t}$的线性组合。因此，在频域中求解周期信号激励下的系统响应有2种方法。

1. 周期信号的$\mathrm{e}^{\mathrm{j}\omega t}$分解

由式（4.101）可知，周期为T的周期信号$x(t)$的傅里叶变换为

$$\mathscr{F}[x(t)]=2\pi\sum_{n=-\infty}^{+\infty}F_n\delta(\omega-n\omega_0)$$

另外，由式（4.104）可知，周期信号$x(t)$的傅里叶变换为

$$\mathscr{F}[x(t)]=\omega_0\sum_{n=-\infty}^{\infty}X(n\omega_0)\delta(\omega-n\omega_0)$$

其中$X(\omega)$为$x(t)$中一个周期，即单周期信号的傅里叶变换。

按照上面的任一种方式求得周期信号$x(t)$的傅里叶变换，然后利用式（4.111），可以在频域中求得周期信号$x(t)$激励下的系统响应为

$$Y_{zs}(\omega)=X(\omega)H(\omega)=2\pi\sum_{n=-\infty}^{+\infty}F_nH(n\omega_0)\delta(\omega-n\omega_0) \tag{4.116}$$

或

$$Y_{zs}(\omega)=X(\omega)H(\omega)=\omega_0\sum_{n=-\infty}^{\infty}X(n\omega_0)H(n\omega_0)\delta(\omega-n\omega_0) \tag{4.117}$$

由上面两式可以看出，输出响应的频谱是离散谱，是由一系列与周期激励信号频域相同的冲激函数组成，而且各个冲激函数的强度被系统函数$H(n\omega_0)$加权。

将式（4.116）和（4.117）求傅里叶反变换，可得到零状态响应 $y_{zs}(t)$，即

$$\begin{aligned} y_{zs}(t) &= \frac{1}{2\pi}\int_{-\infty}^{\infty} Y_{zs}(\omega)\mathrm{e}^{\mathrm{j}\omega t}\mathrm{d}\omega = \frac{1}{2\pi}\int_{-\infty}^{\infty} 2\pi\sum_{n=-\infty}^{+\infty} F_n H(n\omega_0)\delta(\omega-n\omega_0)\mathrm{e}^{\mathrm{j}\omega t}\mathrm{d}\omega \\ &= \sum_{n=-\infty}^{+\infty}[F_n H(n\omega_0)\int_{-\infty}^{\infty}\delta(\omega-n\omega_0)\mathrm{e}^{\mathrm{j}\omega t}\mathrm{d}\omega] = \sum_{n=-\infty}^{+\infty}[F_n H(n\omega_0)\mathrm{e}^{\mathrm{j}n\omega_0 t}] \end{aligned} \tag{4.118}$$

或

$$\begin{aligned} y_{zs}(t) &= \frac{1}{2\pi}\int_{-\infty}^{\infty} Y_{zs}(\omega)\mathrm{e}^{\mathrm{j}\omega t}\mathrm{d}\omega = \frac{1}{2\pi}\int_{-\infty}^{\infty}\omega_0\sum_{n=-\infty}^{\infty} X(n\omega_0)H(n\omega_0)\delta(\omega-n\omega_0)\mathrm{e}^{\mathrm{j}\omega t}\mathrm{d}\omega \\ &= \frac{\omega_0}{2\pi}\sum_{n=-\infty}^{+\infty}[X(n\omega_0)H(n\omega_0)\int_{-\infty}^{\infty}\delta(\omega-n\omega_0)\mathrm{e}^{\mathrm{j}\omega t}\mathrm{d}\omega] = \frac{\omega_0}{2\pi}\sum_{n=-\infty}^{+\infty}[X(n\omega_0)H(n\omega_0)\mathrm{e}^{\mathrm{j}n\omega_0 t}] \end{aligned} \tag{4.119}$$

由于傅里叶变换的频域特性，余弦信号常用于通信系统的调制中。下面讨论余弦信号激励时的系统响应。

设输入为余弦信号 $x(t)=A\cos\omega_0 t$，其傅里叶变换为 $X(\omega)=\pi A[\delta(\omega+\omega_0)+\delta(\omega-\omega_0)]$。又已知系统的频域系统函数为 $H(\omega)=|H(\omega)|\mathrm{e}^{\mathrm{j}\varphi(\omega)}$，且在 $\omega=\pm\omega_0$ 处，$H(\omega_0)=|H(\omega_0)|\mathrm{e}^{\mathrm{j}\varphi_0}$，$H(-\omega_0)=|H(\omega_0)|\mathrm{e}^{-\mathrm{j}\varphi(\omega_0)}$。则由式（4.106）可得系统响应 $y_{zs}(t)$ 的频谱为

$$\begin{aligned} &Y_{zs}(\omega)=H(\omega)X(\omega)=\pi AH(\omega)[\delta(\omega+\omega_0)+\delta(\omega-\omega_0)] \\ &=\pi A[H(-\omega_0)\delta(\omega+\omega_0)+H(\omega_0)\delta(\omega-\omega_0)] \\ &=\pi A|H(\omega_0)|[\mathrm{e}^{-\mathrm{j}\varphi(\omega_0)}\delta(\omega+\omega_0)+\mathrm{e}^{\mathrm{j}\varphi(\omega_0)}\delta(\omega-\omega_0)] \end{aligned}$$

对上式求取傅里叶反变换，可得

$$y_{zs}(t)=|H(\omega_0)|A\cos(\omega_0 t+\varphi(\omega_0)) \tag{4.120}$$

同理，可推导出正弦信号 $x(t)=A\sin\omega_0 t$ 作用于连续时间 LTI 系统的零状态响应为

$$y_{zs}(t)=|H(\omega_0)|A\sin(\omega_0 t+\varphi(\omega_0)) \tag{4.121}$$

由式（4.120）和式（4.121）可知，在正余弦信号激励下，系统的稳态响应仍为同频率的正余弦波，其幅值为正弦信号幅值 A 乘以幅频响应 $|H(\omega_0)|$，相位移动了 $\varphi(\omega_0)$。

进一步，可推导出虚指数信号 $x(t)=\mathrm{e}^{\mathrm{j}\omega_0 t}$ 作用于连续时间 LTI 系统的零状态响应为

$$y_{zs}(t)=H(\omega_0)\mathrm{e}^{\mathrm{j}\omega_0 t}=|H(\omega_0)|\mathrm{e}^{\mathrm{j}(\omega_0 t-\varphi(\omega_0))} \tag{4.122}$$

例 4.25 已知某 LTI 系统的频率响应 $H(\omega)=\dfrac{1}{\mathrm{j}\omega+2}$，求激励为 $\sin t+\cos\dfrac{1}{2}t+\sin\left(3t+\dfrac{\pi}{6}\right)+\cos\left(2t+\dfrac{\pi}{4}\right)$ 时系统的零状态响应。

解： 由式（4.115）和式（4.116）可知，正弦、余弦信号激励系统的响应依然为同频率的正弦、余弦信号，但幅度和相位受到 $|H(\omega)|$ 和 $\varphi(\omega)$ 的加权。对于 LTI 系统，由线性特性可知，多个激励之和的零状态响应等于各激励零状态响应之和。由题意可得

$$|H(\omega)| = \frac{1}{\sqrt{4+\omega^2}}，\ \varphi(\omega) = -\arctan\frac{\omega}{2}$$

（1）对于 $\sin t$，其 $\omega = 1$，则 $|H(1)| = \frac{1}{\sqrt{5}}$，$\varphi(\omega) = -\arctan\frac{1}{2}$；

（2）对于 $\cos\frac{1}{2}t$，其 $\omega = \frac{1}{2}$，则 $\left|H\left(\frac{1}{2}\right)\right| = \frac{2}{\sqrt{17}}$，$\varphi(\omega) = -\arctan\frac{1}{4}$；

（3）对于 $\sin\left(3t+\frac{\pi}{6}\right)$，其 $\omega = 3$，则 $|H(3)| = \frac{1}{\sqrt{13}}$，$\varphi(\omega) = -\arctan\frac{3}{2}$；

（4）对于 $\cos(2t+\frac{\pi}{4})$，其 $\omega = 2$，则 $|H(2)| = \frac{1}{2\sqrt{2}}$，$\varphi(\omega) = -\arctan\frac{2}{2} = -\frac{\pi}{4}$。

因此系统的零状态响应为

$$\frac{1}{\sqrt{5}}\sin\left(t-\arctan\frac{1}{2}\right)+\frac{2}{\sqrt{17}}\cos\left(\frac{1}{2}t-\arctan\frac{1}{4}\right)+\frac{1}{\sqrt{13}}\sin\left(3t+\frac{\pi}{6}-\arctan\frac{3}{2}\right)+\frac{1}{2\sqrt{2}}\cos\left(2t+\frac{\pi}{4}-\frac{\pi}{4}\right)$$

2. 周期信号的 $e^{jn\omega_0 t}$ 分解

周期信号可表示为傅里叶级数的复指数形式，即

$$x(t) = \sum_{n=-\infty}^{\infty} F_n e^{jn\omega_0 t}$$

由式（4.122）可知，当输入信号为 $e^{jn\omega_0 t}$ 时，输出信号应为 $H(n\omega_0)e^{jn\omega_0 t}$。因此，根据线性性质，当输入信号为 $x(t)$ 时，系统的零状态响应为

$$y_{zs}(t) = \sum_{n=-\infty}^{\infty} F_n H(n\omega_0) e^{jn\omega_0 t} \tag{4.123}$$

上式与式（4.118）相同。

这种方法的原理框图如图 4.60 所示。其关键是先求得输入信号的频谱 F_n（傅里叶级数的复系数）和频域系统函数 $H(\omega)$ 或 $H(n\omega_0)$，再根据式（4.123）求输出信号的频谱，进一步写出系统响应的时域表达式。

例 4.26 已知 RC 电路的系统函数 $H(\omega) = \dfrac{1/RC}{j\omega + 1/RC}$，若输入信号为周期矩形脉冲波如图 4.61 所示。求系统的零状态响应的频谱。

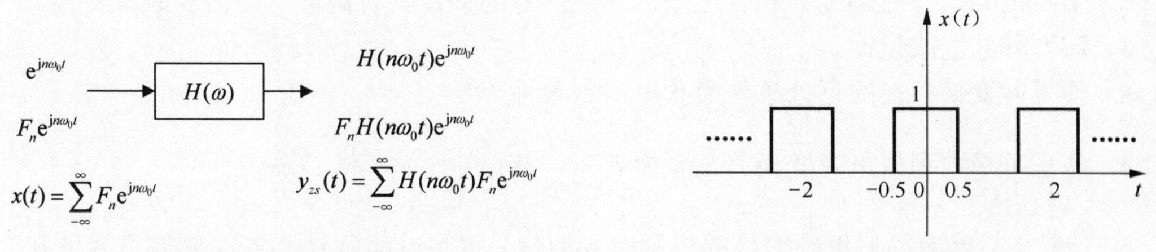

图 4.60 周期信号系统响应的频域分析法　　图 4.61 周期矩形脉冲

解：输入信号的傅里叶复系数为 $F_n = \frac{\tau}{T} Sa\left(\frac{n\omega_0\tau}{2}\right) \quad (n = 0, \pm1, \pm2, \cdots)$

式中，$T = 2, \tau = 1$，基波频率 $\omega_0 = 2\pi/T = \pi$。因此有

$$F_n = \frac{1}{2}Sa\left(\frac{n\pi}{2}\right) \qquad (n = 0, \pm1, \pm2, \cdots)$$

于是输出信号的频谱为

$$Y(\omega) = H(n\omega_0)F_n = \frac{1/RC}{\mathrm{j}n\pi + 1/RC} \cdot \frac{1}{2}Sa\left(\frac{n\pi}{2}\right)$$

从上面的分析及例题可知，系统频域分析法在求解系统的零状态响应时，可以直观地体现信号通过系统后信号的改变，解释激励与响应时域波形的差异，其物理概念清楚，但是该方法在求解系统响应时也存在许多局限。其一，系统频域分析法只能求解系统的零状态响应，系统的零输入响应仍按时域方法求解；其二，许多输入激励信号不存在傅里叶变换，如 $\mathrm{e}^{at}u(t), a > 0$ 类信号，因而就无法利用频域分析法求响应；其三，在频域分析法中，傅里叶反变换常较复杂。以上系统频域分析法在求解系统响应方面的不足，正是拉普拉斯变换所要解决的问题。尽管频域分析法存在一些不足，但由于频域分析法在分析信号的频谱以及研究信号通过系统传输时对信号频谱的影响等方面有着其突出的优点，因而仍是十分重要的分析方法。

4.10 本章小结

本章从频域的角度介绍了连续时间信号与系统的分析方法，是信号与系统中最重要也是最难理解和掌握的一章。与时域分析一样，本章确定了基本信号 $\mathrm{e}^{\mathrm{j}\omega t}$，将一般信号表示为基本信号的加权和，并以此为基础进行频域分析。本章的核心内容在于傅里叶变换，包括傅里叶变换的定义和性质。介绍周期信号傅里叶级数的主要目的是为了引出非周期信号傅里叶变换。由于冲激函数的引入，使得周期信号的频谱密度以 $\delta(\omega)$ 为基本形式存在，表现为冲激强度，从而将周期和非周期信号纳入统一的傅里叶变换的分析体系中，并且建立了周期信号傅里叶级数与其单个周期中信号的傅里叶变换的关系。与时域分析类似，单位冲激响应的傅里叶变换 $H(\omega)$ 为系统的频域响应，只与系统本身特性有关，反映了系统的时域特性。本章接着介绍了系统的频域分析法，即将信号分解为基本信号的加权和，然后在频域中观察 $H(\omega)$ 对信号不同分量的影响，利用线性时不变系统的性质，得到系统的响应和相应的幅频特性和相频特性。

1．周期信号傅里叶级数有三角形式和复指数形式。

2．信号的频谱分为幅度谱和相位谱，周期信号的频谱具有离散、谐波和衰减特性。

3．时宽和频宽成反比。

4．傅里叶变换存在的充分条件为狄里赫利条件。

5．傅里叶级数和傅里叶变换的关系为 $F_n = \frac{1}{T_0}X(\omega)\Big|_{\omega = n\omega_0} = \frac{1}{T_0}X(n\omega_0)$。

6．一般周期函数的傅里叶变换的求解有周期信号傅里叶级数法和单周期信号傅里叶变换法，其结果有两种形式。

7．信号在时域的周期性和频域的离散性相对应，信号在时域的非周期性和频域的连续性相对应。

8．系统的频域响应可直接根据定义求得，也可以根据微分方程求得。

$$H(\omega)=\mathscr{F}[h(t)]=\int_{-\infty}^{\infty}h(t)\mathrm{e}^{-\mathrm{j}\omega_0 t}\mathrm{d}t=\frac{Y_{zs}(\omega)}{X(\omega)}=|H(\omega)|\mathrm{e}^{\mathrm{j}\varphi(\omega)}$$

9．非周期信号激励下系统的零状态响应为 $Y_{zs}(\omega)=X(\omega)H(\omega)$。

10．周期信号激励下系统的零状态响应为稳态响应。由周期信号的傅里叶级数可知，周期信号可分解为基本信号 $\mathrm{e}^{\mathrm{j}n\omega_0 t}$ 的线性组合；由周期信号的傅里叶变换可知，周期信号可以分解为基本信号 $\mathrm{e}^{\mathrm{j}\omega t}$ 的线性组合。因此，在频域中求解周期信号激励下的系统响应有两种方法。

11．在正余弦信号激励下，系统的稳态响应仍为同频率的正余弦波，其幅值为正弦信号幅值 A 乘以幅频响应 $|H(\omega_0)|$，相位移动了 $\varphi(\omega_0)$。

习　　题

4.1　证明 $\sin t$、$\sin(2t)$、…、$\sin(nt)$（n 为正整数）是在区间 $(0,2\pi)$ 的正交函数集，它是否是完备的正交函数集？

4.2　如题 4.2 图所示信号，求复指数形式和三角形式的傅里叶级数。

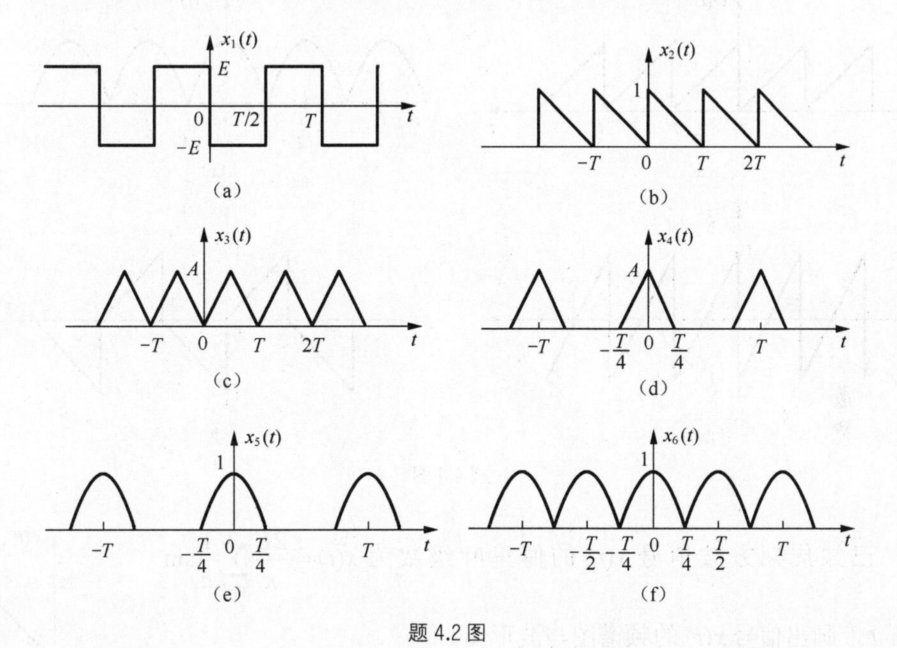

题 4.2 图

4.3　用直接计算傅里叶系数的方法，求题 4.3 图所示周期函数的傅里叶系数（三角形式或复指数形式）。

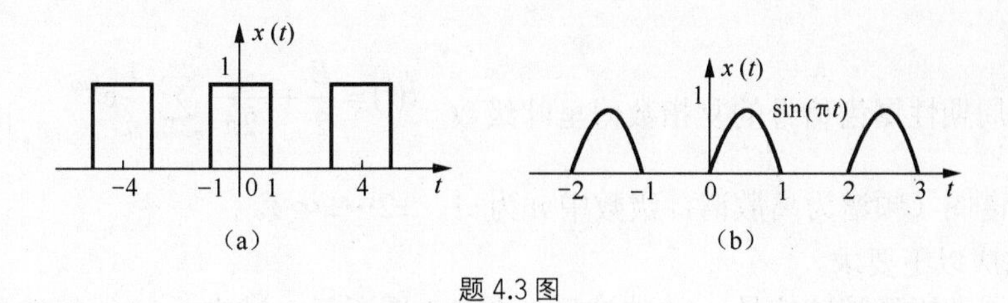

题 4.3 图

4.4 利用信号的各种对称性，判断题 4.4 图所示各信号的傅里叶级数所包含的分量形式。

4.5 周期信号 $x(t)$ 前四分之一周期的波形如题 4.5 图所示，已知 $x(t)$ 的傅氏级数中只含有奇次谐波的余弦分量，且无直流，试画出 $x(t)$ 一个周期（$-\frac{T}{2}\sim\frac{T}{2}$）的波形。

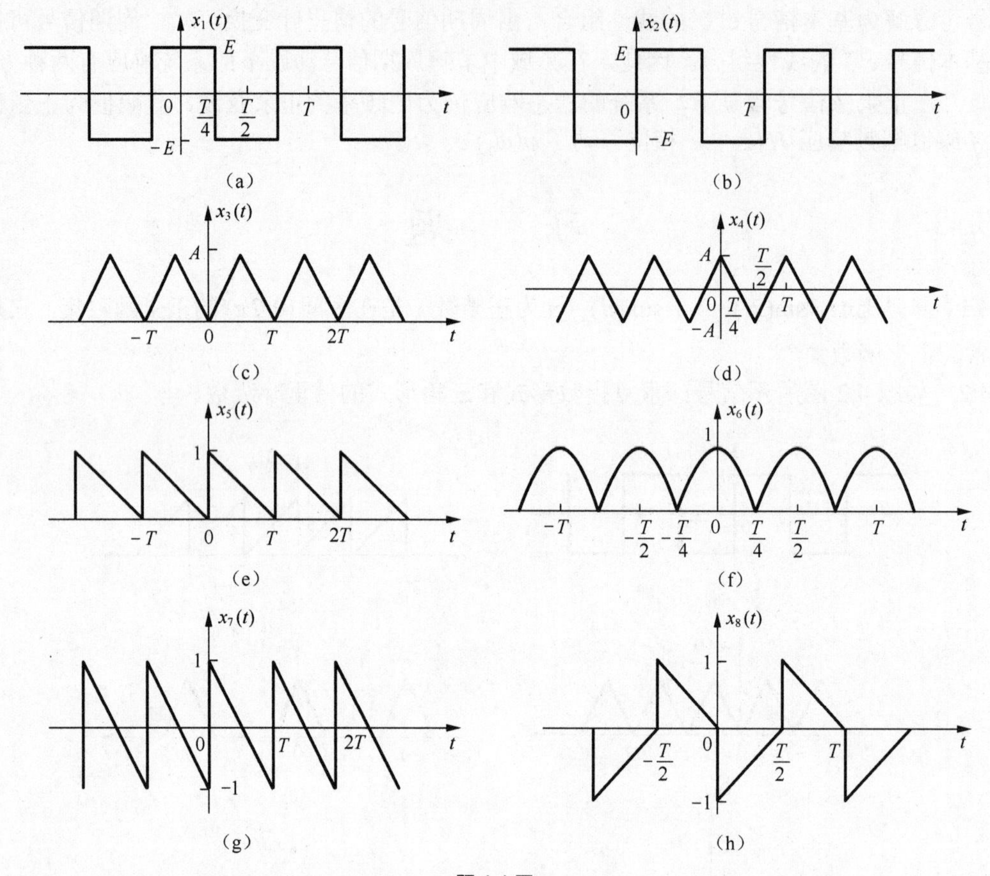

题 4.4 图

4.6 已知周期方波信号 $x(t)$ 的傅里叶级数为 $x(t)=\frac{2E}{\pi}\sum_{n=1}^{\infty}\frac{1}{n}\sin\frac{n\pi}{2}\cos n\omega_0 t$，画出信号 $x(t)$ 的频谱图与波形图。

题 4.5 图

4.7 周期信号 $x(t)=3\cos t+\sin\left(5t+\frac{\pi}{6}\right)-2\cos\left(8t-\frac{2\pi}{3}\right)$，试画出单边谱和双边谱。

4.8 已知周期性锯齿信号的复指数傅里叶级数 $x(t)=\frac{E}{2}+\frac{-\mathrm{j}E}{2\pi}\sum_{\substack{n=-\infty\\ n\neq 0}}^{\infty}\frac{1}{n}\mathrm{e}^{\mathrm{j}n\omega_0 t}$，试画出幅度频谱图与相位频谱图（频谱为离散谱，级数中 n 为±1、±2…±∞）。

4.9 试完成以下要求。

（1）已知周期矩形脉冲信号 $x_1(t)$ 的波形如题 4.9 图所示，试求 $x_1(t)$ 的复指数形式的傅里叶级数，并画出频谱图 $F_n \sim \omega$；

（2）若将 $x_1(t)$ 的脉冲宽度扩大一倍，而脉冲幅度与周期不变，如题 4.9 图 $x_2(t)$ 所示，试画出 $x_2(t)$ 的频谱图 $F_n \sim \omega$。

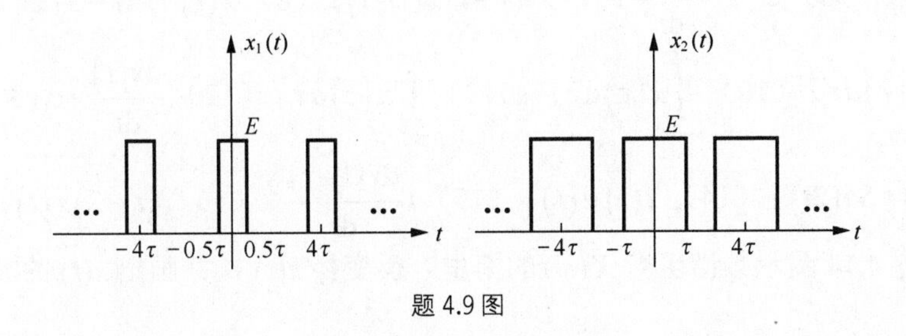

题 4.9 图

4.10　如题 4.10 图所示是 4 个周期相同的信号，试直接求出题 4.10（a）图所示信号的三角形式傅里叶级数，然后利用傅里叶级数的性质求出其他信号的傅里叶级数。

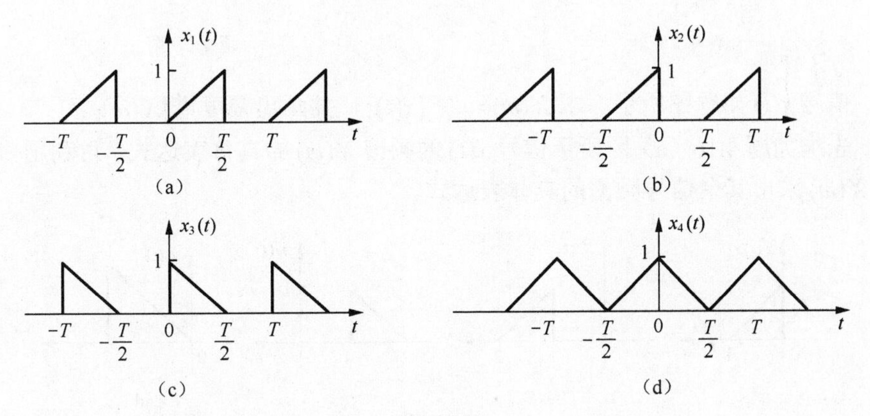

题 4.10 图

4.11　一个周期为 T 的周期信号 $x(t)$，已知其复指数形式的傅里叶系数为 F_n，求下列周期信号的傅里叶系数。

（1）$x_1(t)=x(t-t_0)$；（2）$x_2(t)=x(-t)$；（3）$x_3(t)=\dfrac{\mathrm{d}x(t)}{dt}$；（4）$x_4(t)=x(at)$，$a>0$。

4.12　求题 4.12 图所示各信号的傅里叶变换。

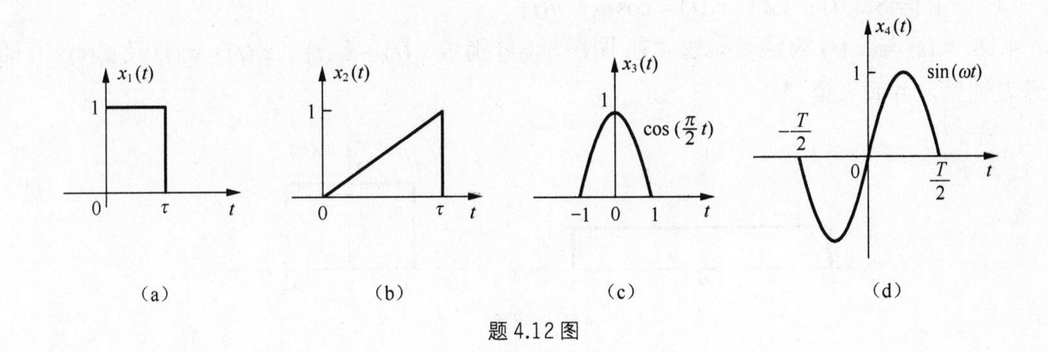

题 4.12 图

4.13　设 $x(t) \overset{\mathscr{F}}{\leftrightarrow} X(\omega)$，试用 $X(\omega)$ 表示下列各信号的频谱。

（1）$x^2(t)+x(t)$；（2）$\left[1+mx(t)\right]\cos\omega_0 t$；（3）$x(6-3t)$；（4）$(t+2)x(t)$；

（5）$tx(3t)$；（6）$\mathrm{e}^{-\mathrm{j}\omega_0 t}\dfrac{\mathrm{d}x(t)}{\mathrm{d}t}$；（7）$(1-t)x(1-t)$；（8）$x(t)*x(t-3)$；

（9）$\int_{-\infty}^{t}\tau x(\tau)d\tau$；（10）$\int_{-\infty}^{t+5}x(\tau)\mathrm{d}\tau$；（11）$\int_{-\infty}^{1-t/2}x(\tau)\mathrm{d}\tau$；（12）$\dfrac{\mathrm{d}x(t)}{\mathrm{d}t}+x(3t-2)\mathrm{e}^{-\mathrm{j}t}$；

（13）$x(t)*Sa(2t)$；（14）$x(t)u(t)$；（15）$t\dfrac{\mathrm{d}x(1-t)}{\mathrm{d}t}$；（16）$(t-2)x(t)\mathrm{e}^{\mathrm{j}2(t-3)}$。

4.14　求题 4.14 图示频谱函数 $X(\omega)$ 的傅里叶反变换 $x(t)$，并画出 $x(t)$ 的波形图。

题 4.14 图　　　　题 4.15 图

4.15　信号 $x(t)$ 如题图所示，求 $X(\omega)=\mathscr{F}[x(t)]$，并画出幅度谱 $|X(\omega)|$。

4.16　先求如题 4.16（a）图所示信号 $x(t)$ 的频谱 $X(\omega)$ 的具体表达式，再利用傅里叶变换的性质由 $X(\omega)$ 求出其余信号频谱的具体表达式。

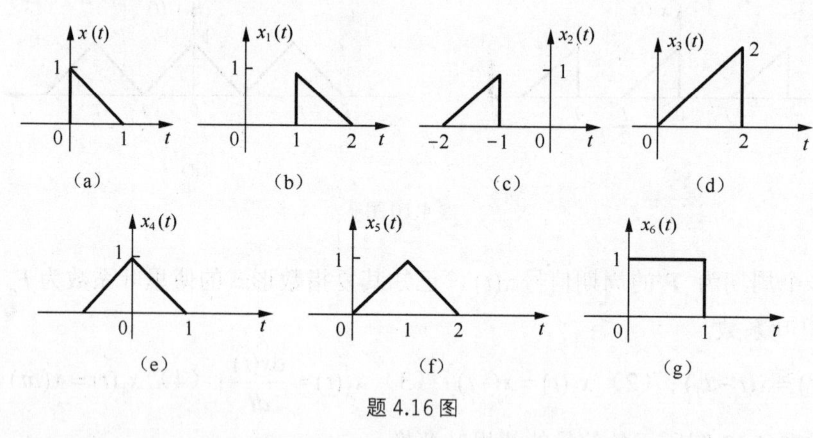

题 4.16 图

4.17　写出下列信号的傅里叶变换，并画出信号的波形图与幅度谱 。

（1）$x_1(t)=\mathrm{Sa}(3t)$；（2）$x_2(t)=\cos\omega_0 t\cdot u(t)$。

4.18　$x_1(t)$ 与 $x_2(t)$ 的频谱如题 4.18 图所示，分别求 $x_1(t)+x_2(t)$、$x_1(t)*x_2(t)$ 及 $x_1(t)x_2(t)$ 的频谱表达式，并画频谱。

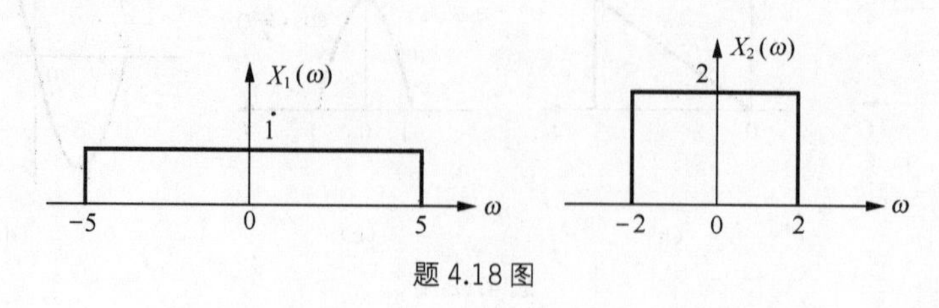

题 4.18 图

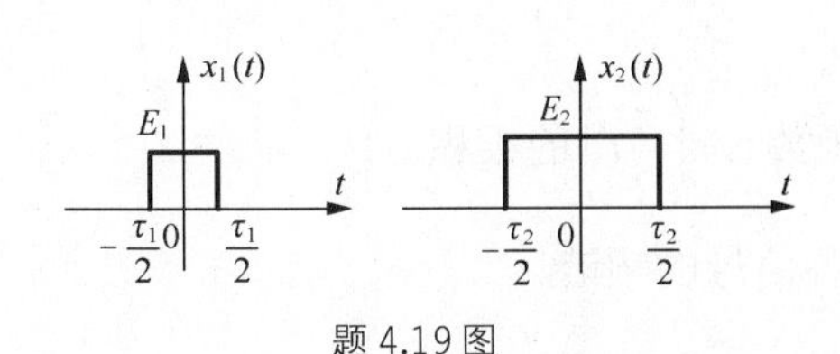

题 4.19 图

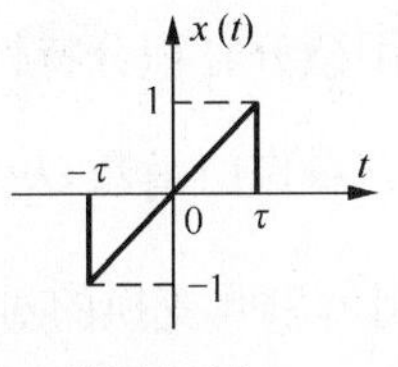

题 4.20 图

4.19 如题 4.19 图所示两矩形脉冲函数 $X_1(\omega)=E_1\tau_1 Sa\left(\frac{\omega\tau_1}{2}\right)$，$X_2(\omega)=E_2\tau_2 Sa\left(\frac{\omega\tau_2}{2}\right)$

（1）画出 $x(t)=x_1(t)*x_2(t)$ 的图形；（2）求 $x(t)=x_1(t)*x_2(t)$ 的频谱函数 $X(\omega)$。

4.20 利用 3 种方法求题 4.20 图所示信号的频谱。

4.21 题 4.21 图所示余弦脉冲信号为 $x(t)=\begin{cases}0.5(1+\cos\pi t), & |t|<1\\ 0 & , |t|>1\end{cases}$，试用下列方法分别求频谱

（1）利用傅里叶变换的定义；（2）利用微分特性。

4.22 已知三角脉冲 $x_1(t)$ 的傅里叶变换为 $X_1(\omega)=\frac{E\tau}{2}Sa^2\left(\frac{\omega\tau}{4}\right)$，求题图 4.22 所示信号 $x_2(t)=x_1\left(t-\frac{\tau}{2}\right)\cos\omega_2 t$ 的傅里叶变换 $X_2(\omega)$。

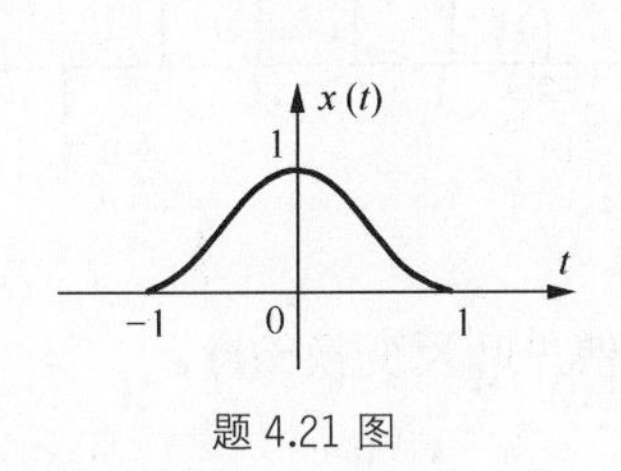

题 4.21 图

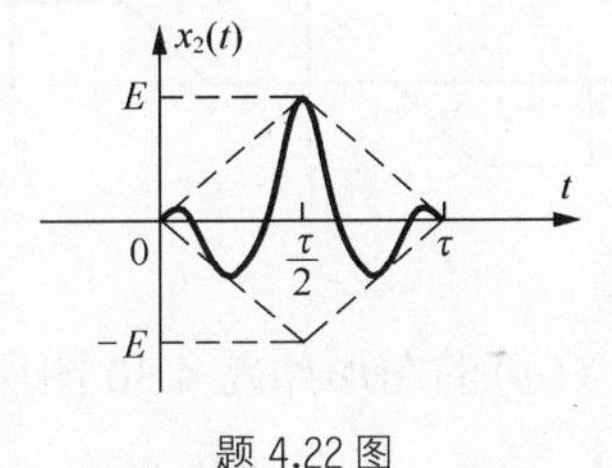

题 4.22 图

4.23 若 $x(t)$ 为虚函数，且 $\mathscr{F}[x(t)]=X(\omega)=R(\omega)+\mathrm{j}Q(\omega)$，试完成以下证明。

（1）$R(\omega)=-R(-\omega),Q(\omega)=Q(-\omega)$；（2）$X(-\omega)=-X^*(\omega)$。

4.24 画出下列各信号的波形，并求它们的频谱

（1）$x_1(t)=G_\tau(t)$；（2）$x_2(t)=G_\tau(t)*\delta(t-t_0)$；（3）$x_3(t)=G_\tau(t)*\left[\delta(t+t_0)+\delta(t-t_0)\right]$。

4.25 已知 $x(t)$ 的波形如题 4.25 图所示，试完成以下要求。

（1）求 $x(t)$ 的傅里叶变换 $X_1(\omega)$；（2）求 $x(6-2t)$ 的傅里叶变换 $X_2(\omega)$。

4.26 试用下列方法求题 4.26 图所示余弦脉冲的频谱函数。

（1）利用傅里叶变换定义；

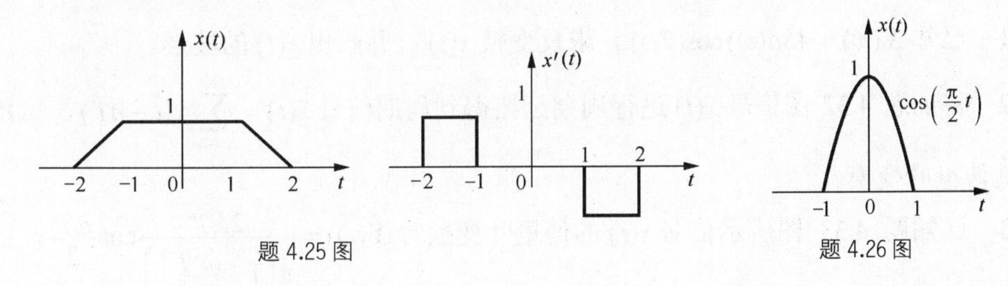

题 4.25 图

题 4.26 图

（2）利用微分、积分特性；

（3）将它看作门函数 $G_2(t)$ 与周期余弦函数 $\cos\left(\frac{\pi}{2}t\right)$ 的乘积。

4.27　用傅里叶变换的对称性，求下列各信号的频谱。

（1）$\frac{\sin 2\pi(t-1)}{\pi(t-1)}$；（2）$\left[\frac{\sin(\pi t)}{\pi t}\right]^2$；（3）$\frac{2a}{a^2+t^2}, a>0$；（4）$\frac{1}{a+\mathrm{j}t}$。

4.28　求下列各傅里叶变换的原函数。

（1）$X(\omega)=\delta(\omega-\omega_0)$；（2）$X(\omega)=u(\omega+\omega_0)-u(\omega-\omega_0)$；（3）$X(\omega)=\frac{1}{(j\omega+a)^2}$；

（4）$X(\omega)=\begin{cases}1, & |\omega|<\omega_0 \\ 0, & |\omega|>\omega_0\end{cases}$；（5）$X(\omega)=\delta(\omega+\omega_0)-\delta(\omega-\omega_0)$；

（6）$X(\omega)=2\cos(3\omega)$；（7）$X(\omega)=[\varepsilon(\omega)-\varepsilon(\omega-2)]\mathrm{e}^{-\mathrm{j}\omega}$；

（8）$X(\omega)=\sum_{\omega=0}^{2}\frac{2\sin\omega}{\omega}\mathrm{e}^{-\mathrm{j}(2\omega+1)\omega}$。

4.29　已知频谱 $X(\omega)$ 如题 4.29 图所示，求 $x(t)$。

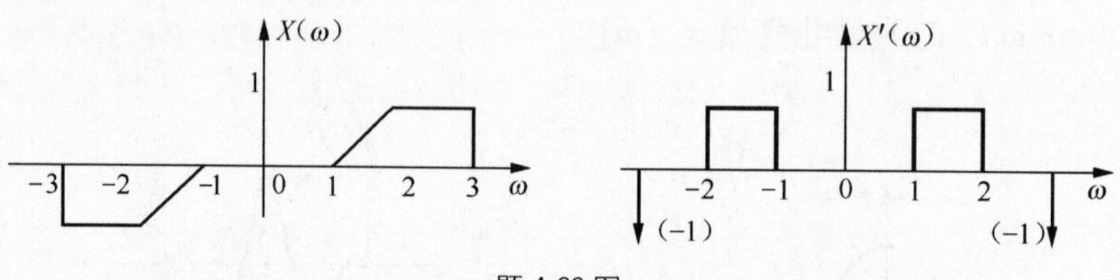

题 4.29 图

4.30　已知 $X(\omega)$ 的图形如题 4.30 图所示，求其傅里叶反变换 $x(t)$。

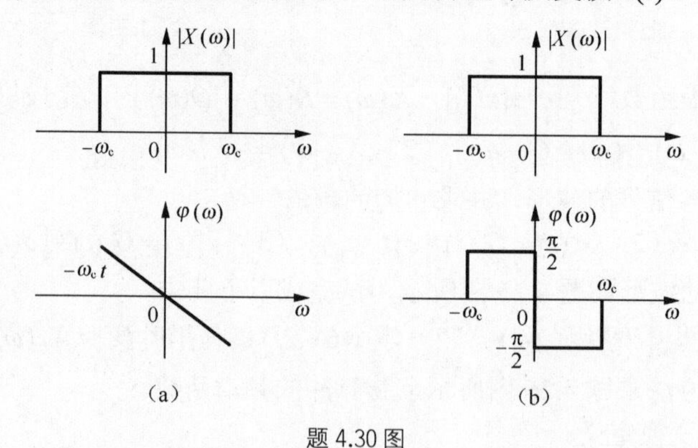

题 4.30 图

4.31　已知 $X(\omega)=4Sa(\omega)\cos(2\omega)$，求反变换 $x(t)$，并画出 $x(t)$ 的波形。

4.32　将如题 4.32 图信号 $x(t)$ 进行周期延拓得到周期信号 $\tilde{x}(t)=\sum_{n=-\infty}^{\infty}x(t-nT)$，试用两种方法求其傅里叶变换。

4.33　已知题 4.33 图所示信号 $x(t)$ 的傅里叶变换为 $X(\omega)=\frac{2ET}{\pi\left(1-\frac{\omega^2T^2}{\pi^2}\right)}\cos\frac{\omega T}{2}$，试用两

种方法求图示信号 $y(t)$ 的傅里叶变换 $Y(\omega)$。

4.34 周期矩形脉冲信号 $x(t)$，$T=200\mu s$， $\tau=50\mu s$，幅值为 E。

（1）已知图示信号 $x(t)$ 的傅氏级数为 $x(t)=\dfrac{E\tau}{T}+\dfrac{2E\tau}{T}\sum_{n=1}^{\infty}\mathrm{Sa}\left(\dfrac{n\pi\tau}{T}\right)\cdot\cos n\omega_1 t$，画出 F_n～ ω 的图形；

（2）试求 $X(\omega)=\mathscr{F}[x(t)]$，并画出 $X(\omega)$ 的频谱图。

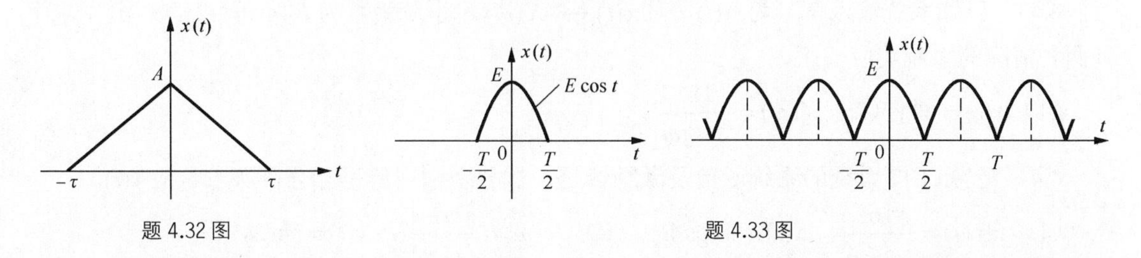

题 4.32 图　　　　题 4.33 图

4.35 试求题 4.35 图所示周期信号的频谱函数。题 4.35（b）图中冲激函数的强度均为 1。

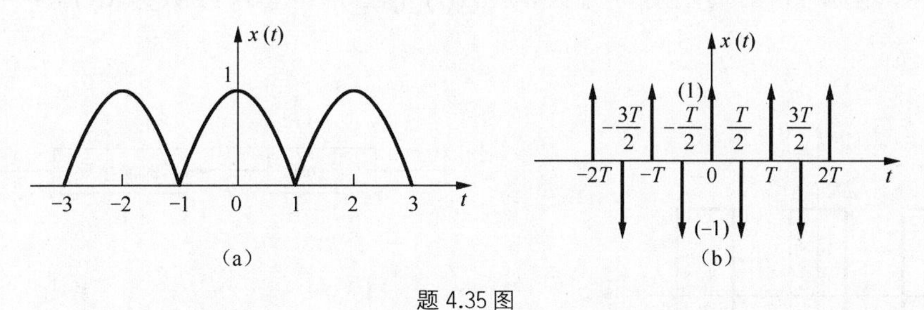

（a）　　　　（b）

题 4.35 图

4.36 求信号 $x(t)=\sum_{n=\infty}^{\infty}[\delta(t-2nT)-\delta(t-(2n+1)T)]$ 的傅里叶变换。

4.37 试求下列信号的频谱、功率谱和平均功率，并做出其频谱和功率谱。

（1）$x(t)=A_1\cos 2000\pi t+A_2\sin 200\pi t$ （2）$x(t)=(1+\sin 200\pi t)\cos 2000\pi t$。

4.38 试求信号 $x(t)=2\cos 997t\dfrac{\sin 5t}{\pi t}$ 的能量和能量谱并做图。

4.39 如题 4.39 图所示信号 $x(t)$ 的频谱函数为 $X(\omega)$，求下列各值（不必求出 $X(\omega)$）。

（1）$X(0)=X(\omega)|_{\omega=0}$；（2）$\int_{-\infty}^{\infty}X(\omega)d\omega$；（3）$\int_{-\infty}^{\infty}|X(\omega)|^2 d\omega$。

4.40 求下列微分方程所描述的系统的频率响应 $H(\omega)$。

（1）$y''(t)+3y'(t)+2y(t)=x'(t)$ （2）$y''(t)+5y'(t)+6y(t)=x'(t)+4x(t)$

4.41 电路如题 4.41 图所示，$R_1=1$ ，$L=1\mathrm{H}$，激励电压 $x(t)=\mathrm{e}^{-2|t|}$，求 $u_R(t)$。

4.42 已知 LTI 系统的系统函数及激励信号，试分别利用频域分析法求响应 $y(t)$。

（1）$H(\omega)=\dfrac{1}{\mathrm{j}\omega+2}$，$x(t)=\mathrm{e}^{-3t}u(t)$；（2）$H(\omega)=\dfrac{16}{\mathrm{j}\omega+4}$，$x(t)=\delta(t)$；

（3）$H(\omega)=\dfrac{16}{\mathrm{j}\omega+4}$，$x(t)=\mathrm{e}^{-4t}u(t)$。

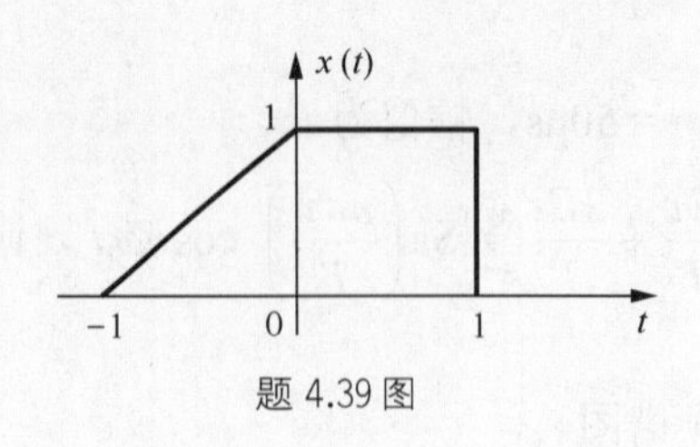

题 4.39 图

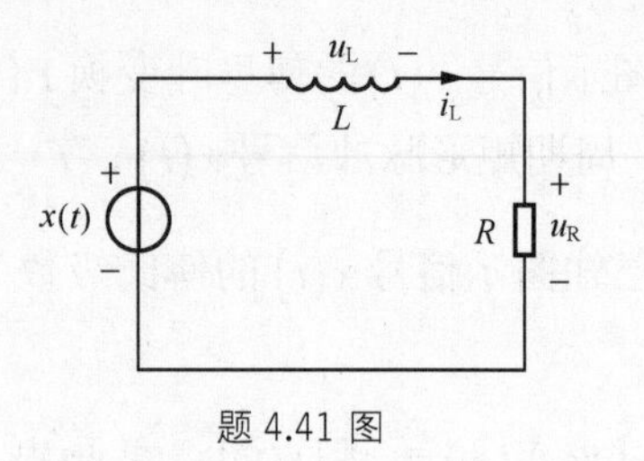

题 4.41 图

4.43　已知系统输入信号为 $x(t)$，且 $x(t) \leftrightarrow X(\omega)$，系统函数为 $H(\omega)=-2\mathrm{j}\omega$，分别求下列两种情况的系统响应 $y(t)$。

（1）$x(t)=\mathrm{e}^{\mathrm{j}t}$；（2）$X(\omega)=\dfrac{1}{2+\mathrm{j}\omega}$。

4.44　已知 LTI 系统的系统函数及激励信号，试分别利用傅里叶分析法求响应 $y(t)$。

（1）$H(\omega)=\dfrac{16}{\mathrm{j}\omega+4}$，$x(t)=4\cos 4t$；（2）$H(\omega)=\dfrac{\mathrm{j}\omega-1}{\mathrm{j}\omega+1}$，$x(t)=\sin t$。

4.45　如题 4.45 图周期对称方波信号 $x(t)$ 的三角傅里叶级数为 $x(t)=\dfrac{2E}{\pi}\sum_{n=1}^{\infty}\dfrac{1}{n}\sin\dfrac{n\pi}{2}\cos n\omega_1 t$。

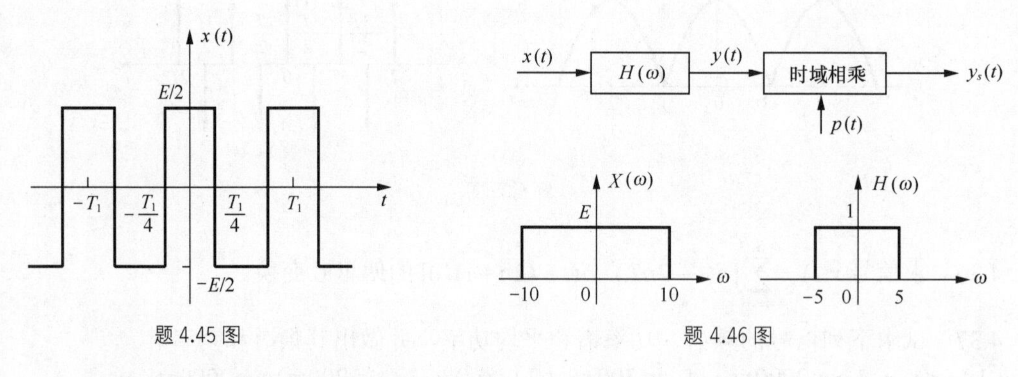

题 4.45 图　　题 4.46 图

（1）画出信号 $x(t)$的 $F_n\sim\omega$ 频谱图；

（2）试写出 $x(t)$的复指数形式傅里叶级数，并画出 $F_n\sim\omega$ 频谱图；

（3）要求将信号 $x(t)$通过系统函数为 $H(\omega)$的理想低通滤波器后，输出仅有基波与三次谐波分量，试写出理想低通滤波器的 $H(\omega)$和输出 $y(t)$的表达式。

4.46　已知某系统的频响特性 $H(\omega)$及激励信号的频谱 $X(\omega)$如题 4.46 图所示。

（1）画出 $y(t)$的频谱 $Y(\omega)$，并写出 $Y(\omega)$的表示式；

（2）若 $p(t)=\cos 200t$，画出 $y_s(t)$的频谱 $Y_s(\omega)$；

（3）若 $p(t)=\sum_{n=-\infty}^{\infty}\delta\left(t-\dfrac{n\pi}{20}\right)$，画出 $y_s(t)$的频谱 $Y_s(\omega)$，并写出 $Y_s(\omega)$的表示式。

第5章 离散时间信号与系统的频域分析

5.1 引言

在时间域对信号和系统进行分析和研究比较直观，概念清楚，但有很多问题在时间域分析和研究起来困难。例如有两个序列，从波形上看，一个变化快，另一个变化慢，但都混有噪声，希望分别用滤波器滤除噪声，又不能损伤信号。为了设计合适的滤波器，需要分析信号的频谱结构。从信号波形观察，时域变化快，意味着含有更高的频率，因此两信号的频谱结构不同，那么对滤波器的通带范围要求不一样。因此，将时域信号转换到频率域，分析它的频域特性，然后进行处理就能满足要求。

5.2 信号的抽样

信号的抽样包括时域抽样和频域抽样。时域抽样是指从连续时间信号 $x_a(t)$ 中抽取其样本点而得到离散序列 $x(n)$，频域抽样是指从连续频谱 $X(\mathrm{e}^{\mathrm{j}\Omega})$ 中抽取其样本点而得到离散序列 $X(m)$。信号的时域抽样和频域抽样为信号与系统的数字化分析和处理奠定了理论基础，具有重要的理论意义。本节仅讨论信号的时域抽样。

5.2.1 连续时间信号的抽样

将模拟信号按一定时间间隔循环进行取值，从而得到按时间顺序排列的一串离散信号的过程称为抽样。经过抽样而得到的离散信号 $\hat{x}_a(t)$，虽然在时间上是离散的，但在幅值上还是连续的，如果进一步通过模数（A/D）转换器，把幅值上连续的离散信号变换成数码（例如二进制码）的形式，这个过程就称为离散化。时间上离散化、幅值上离散化的信号，称为数字信号 $x(n)$。

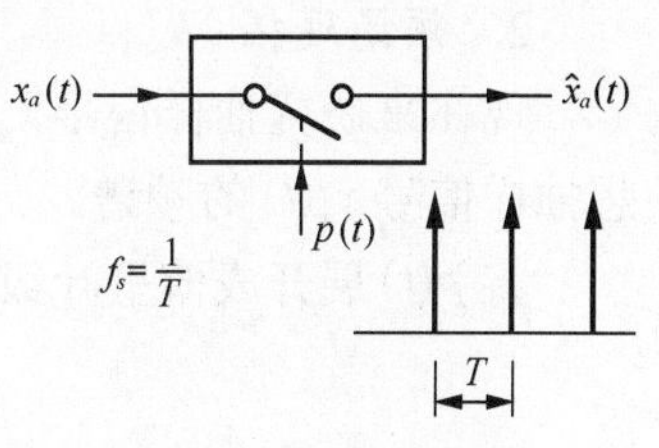

图 5.1　抽样器示意图

完成抽样功能的器件称为抽样器。图 5.1 所示的是抽样器的示意图，图中 $x_a(t)$ 表示模拟信号，$\hat{x}_a(t)$ 表示抽样信号，$p(t)=\delta_T(t)$ 为周期性冲激函数序列，其中 T 为抽样周期，f_s 为抽样频率，它们有关系式 $f_s \cdot T = 1$。

可把抽样器看成是 T 秒闭合一次的电子开关 S，开关每接通一次，便得到一个输出抽样值。在理想情况下，开关闭合时间无穷短。在实际抽样器中，设开关闭合时间为 τ 秒（τ<<T）。可以把抽样过程看成是脉冲调幅过程，$x_a(t)$ 为调制信号，被调脉冲载波 $p(t)$ 是周期为 T、脉宽为 τ 的周期性脉冲串。当 $t\to 0$ 的极限情况，此时抽样脉冲序列 $p(t)$ 变成冲激函数序列 $\delta_T(t)$，就是理想抽样情况，各冲激函数准确地出现在抽样瞬间上，面积为 1，抽样后输出理想抽样信号的面积（即积分幅度）则准确地等于输入信号 $x_a(t)$ 在抽样瞬间的幅度，如图 5.2 所示。实际中只要满足 τ<<T 时，就可近似看成理想抽样。下面主要讨论理想抽样。

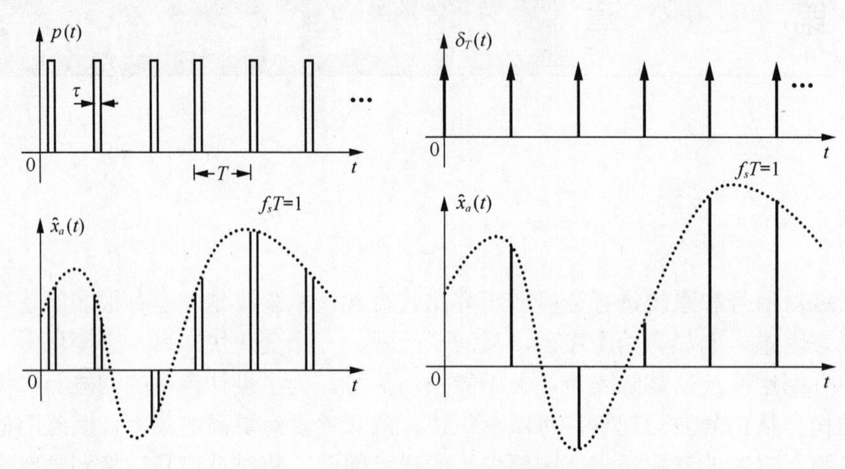

图 5.2　抽样方式：实际抽样和理想抽样

1．理想抽样

当如图 5.1 所示的抽样器开关 S 的闭合时间 $t\to 0$ 时，抽样脉冲序列 $p(t)$ 变成冲激函数序列 $\delta_T(t)$，即

$$p(t)=\delta_T(t)=\sum_{n=-\infty}^{+\infty}\delta(t-nT) \tag{5.1}$$

理想抽样输出 $\hat{x}_a(t)$ 为

$$\hat{x}_a(t)=x_a(t)p(t)=x_a(t)\sum_{n=-\infty}^{+\infty}\delta(t-nT)=\sum_{n=-\infty}^{+\infty}x_a(t)\delta(t-nT) \tag{5.2}$$

由于 $\delta(t-nT)$ 只在 $t=nT$ 时为非零值，因此式（5.2）又可表示为

$$\hat{x}_a(t)=\sum_{n=-\infty}^{+\infty}x_a(nT)\delta(t-nT) \tag{5.3}$$

理想抽样如图 5.3 所示。

2．频谱延拓

现在来研究抽样信号 $\hat{x}_a(t)$ 和模拟信号 $x_a(t)$ 之间的频谱关系。利用时域卷积性质可求其理想抽样信号 $\hat{x}_a(t)$ 的频谱。

将 $p(t)$ 展开成傅里叶级数，得

$$p(t)=\sum_{n=-\infty}^{+\infty}\delta(t-nT)=\sum_{r=-\infty}^{+\infty}C_r\mathrm{e}^{\mathrm{j}r\omega_s t} \tag{5.4}$$

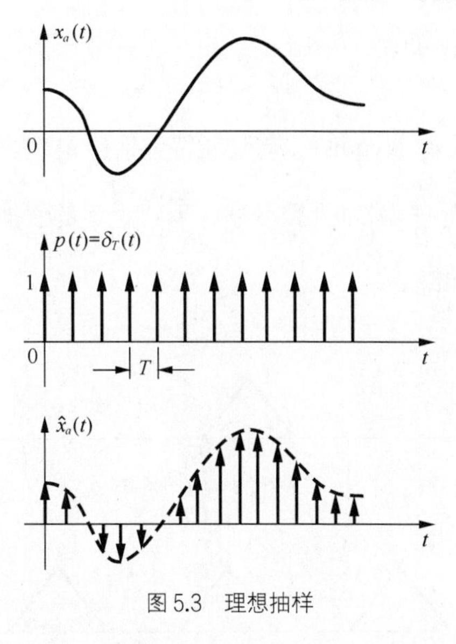

图 5.3　理想抽样

式（5.4）中，$\omega_s = \dfrac{2\pi}{T}$ 为级数的基波频率，系数 C_r 为

$$C_r = \frac{1}{T}\int_{-\frac{T}{2}}^{\frac{T}{2}} p(t)\mathrm{e}^{-\mathrm{j}r\omega_s t}\mathrm{d}t = \frac{1}{T}\int_{-\frac{T}{2}}^{\frac{T}{2}} \sum_{n=-\infty}^{+\infty}\delta(t-nT)\mathrm{e}^{-\mathrm{j}r\omega_s t}\mathrm{d}t = \frac{1}{T}\int_{-\frac{T}{2}}^{\frac{T}{2}}\delta(t)\mathrm{e}^{-\mathrm{j}r\omega_s t}\mathrm{d}t = \frac{1}{T}\mathrm{e}^0 = \frac{1}{T}$$

因此

$$p(t) = \frac{1}{T}\sum_{r=-\infty}^{+\infty}\mathrm{e}^{\mathrm{j}r\omega_s t} \tag{5.5}$$

$p(t)$ 的傅里叶变换为

$$P(\omega) = \mathscr{F}\left[\frac{1}{T}\sum_{r=-\infty}^{+\infty}\mathrm{e}^{\mathrm{j}r\omega_s t}\right] = \frac{2\pi}{T}\sum_{r=-\infty}^{+\infty}\delta(\mathrm{j}\omega - \mathrm{j}r\omega_s) \tag{5.6}$$

则理想信号 $\hat{x}_a(t)$ 的抽样频谱 $\hat{X}_a(\omega)$ 为

$$\begin{aligned}\hat{X}_a(\omega) &= \mathscr{F}\left[x_a(t)\cdot p(t)\right] = \frac{1}{2\pi}X_a(\omega) * P(\omega) = \frac{1}{T}\sum_{r=-\infty}^{+\infty}X_a(\omega)*\delta(\omega - r\omega_s)\\ &= \frac{1}{T}\sum_{r=-\infty}^{+\infty}X_a(\omega - r\omega_s)\end{aligned} \tag{5.7}$$

从式（5.7）可以看出：一个连续时间信号 $x_a(t)$ 经过理想抽样后得 $\hat{x}_a(t)$，其频谱 $\hat{X}_a(\omega)$ 将是连续时间信号 $x_a(t)$ 的频谱 $X_a(\omega)$ 的周期延拓，周期为抽样角频率 ω_s；频谱幅度为原信号频谱幅度的 $1/T$。其频谱关系如图 5.4 所示。

设实信号 $x_a(t)$ 是带限信号，其最大角频率为 ω_m，即 $|\omega| > \omega_m$ 时，信号 $x_a(t)$ 的频谱 $X_a(\omega)$ 为零。在信号抽样过程中，随着抽样角频率 ω_s 的降低，周期化过程中相邻频谱间隔将会减小，当 $\omega_s < 2\omega_m$ 或 $f_s < 2f_m$ 时，平移后的频谱必互相重叠，重叠部分的频率成分的幅值与原信号不同，使得抽样后信号的频谱产生失真，如图 5.4（d）所示，这种现象称为“混叠”。如果原信号不是带限信号，则“混叠”现象必然存在。在理想抽样中，为了使平移后的频谱不产生“混叠”失真，应要求抽样频率足够高。在信号 $x_a(t)$ 的频带受限的情况下，抽样频率 f_s 应等于或

大于信号最高频率 f_m 的两倍，即

$$f_s \geqslant 2f_m \tag{5.8}$$

这就是时域抽样定理，又称 Nyquist（奈奎斯特）抽样定理。其中抽样频率 f_s 又称为奈奎斯特频率，抽样频率的一半即 $\frac{f_s}{2}$ 称为折叠频率，$T=\frac{1}{2f_m}$ 是使抽样信号频谱不混叠时的最大的抽样间隔，称为奈奎斯特间隔。

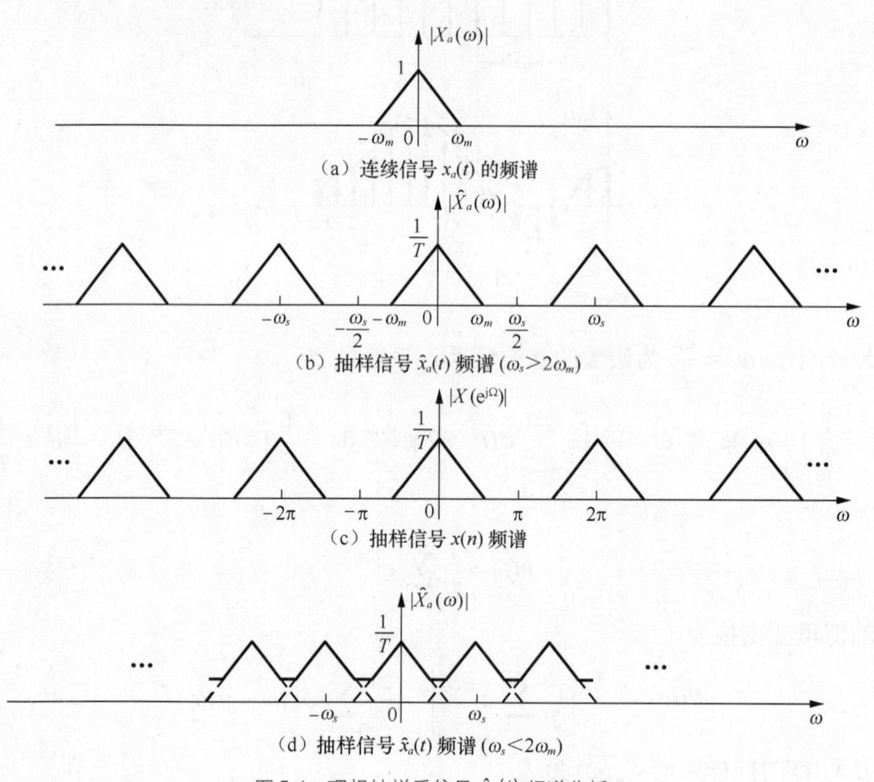

图 5.4　理想抽样后信号 $\hat{x}_a(t)$ 频谱分析

值得注意的是，式（5.8）给出的结论只适用于带限实信号，而式（5.7）却具有更普遍的意义，可以适用于复信号和带通信号等各种连续信号。

3．频率归一化

下面讨论离散时间序列 $x(n)$ 的频谱 $X(\mathrm{e}^{\mathrm{j}\Omega})$ 与抽样信号 $\hat{x}_a(t)$ 的频谱 $\hat{X}_a(\omega)$ 之间的关系。

设离散时间序列 $x(n)$ 是模拟信号 $x_a(t)$ 通过周期抽样得到，即

$$x(n)=x_a(nT) \tag{5.9}$$

则抽样信号 $\hat{x}_a(t)$ 的频谱 $\hat{X}_a(\omega)$ 除用式（5.7）表示外，还可表示为

$$\begin{aligned}\hat{X}_a(\omega)&=\mathscr{F}\left[\hat{x}_a(t)\right]=\mathscr{F}\left[x_a(t)\cdot p(t)\right]=\mathscr{F}\left[\sum_{n=-\infty}^{+\infty}x_a(nT)\delta(t-nT)\right]\\&=\sum_{n=-\infty}^{+\infty}x_a(nT)\mathscr{F}\left[\delta(t-nT)\right]=\sum_{n=-\infty}^{+\infty}x_a(nT)\mathrm{e}^{-\mathrm{j}\omega nT}\end{aligned} \tag{5.10}$$

另一方面，离散时间序列 $x(n)$ 的傅里叶变换为

$$X(\mathrm{e}^{\mathrm{j}\Omega})=\sum_{n=-\infty}^{+\infty}x(n)\mathrm{e}^{-\mathrm{j}\Omega n} \tag{5.11}$$

比较式（5.10）和式（5.11），得

$$X(\mathrm{e}^{\mathrm{j}\Omega})\Big|_{\Omega=\omega\mathrm{T}}=\hat{X}_a(\omega) \tag{5.12}$$

将式（5.7）代入上式得

$$X(\mathrm{e}^{\mathrm{j}\Omega})\Big|_{\Omega=\omega\mathrm{T}}=\hat{X}_a(\omega)=\frac{1}{T}\sum_{r=-\infty}^{+\infty}X_a(\omega-r\omega_s) \tag{5.13}$$

或

$$X(\mathrm{e}^{\mathrm{j}\Omega})\Big|_{\Omega=\omega\mathrm{T}}=\frac{1}{T}\sum_{r=-\infty}^{+\infty}X_a\left(\frac{\Omega}{T}-\frac{2\pi}{T}r\right) \tag{5.14}$$

式（5.13）表明，在 $\Omega=\omega\mathrm{T}$ 的条件下，离散时间序列 $x(n)$ 的频谱 $X(\mathrm{e}^{\mathrm{j}\Omega})$ 与抽样信号 $\hat{x}_a(t)$ 的频谱 $\hat{X}_a(\omega)$ 相等。由于 $\Omega=\omega T=\dfrac{2\pi f}{f_s}$（$f_s$ 为抽样频率）是 f 对 f_s 归一化的结果，故可以认为离散时间序列 $x(n)$ 的频谱是抽样信号的频谱经频率归一化后的结果，如图 5.4（c）所示。

4. 信号重建

从图 5.4 可以看出，如果抽样信号的频谱不存在混叠，那么

$$\hat{X}_a(\omega)=\frac{1}{\mathrm{T}}\mathrm{X}_a(\omega)\text{，}|\omega|\leqslant\frac{\omega_s}{2} \tag{5.15}$$

在工程实际中，许多信号的频谱很宽或无限宽，如果不满足抽样定理约束条件的情况下直接对这类信号进行抽样，将产生无法接受的频谱混叠（称为混叠误差）。为了改善这种情况，故要加入一个抗混叠措施。其方法是：在抽样器前加入一个保护性的前置低通滤波器，称之防混叠滤波器，其截止频率为 $\dfrac{\Omega_s}{2}$，用来滤除高于此频率分量的信号，以保证进入抽样器的信号是一带限信号。

同样从图 5.4 中可知，为了从抽样信号 $\hat{x}_a(t)$ 中恢复出原来的模拟信号 $x_a(t)$，让抽样信号通过一个截止频率为 $\dfrac{\Omega_s}{2}$ 的理想低通滤波器，就可将抽样信号中的基带频谱取出来。

如果抽样信号 $\hat{x}_a(t)$ 或其频谱 $\hat{X}_a(\omega)$ 通过一理想低通滤波器 $H(\omega)$，那么就可恢复信号 $x_a(t)$ 或 $X_a(\omega)$。下面进行证明。

这个理想低通滤波器的频率特性见式（5.16），对应的频率特性如图 5.5 所示。

$$H(\Omega)=\begin{cases}T & |\Omega|\leqslant\dfrac{\Omega_s}{2}\\[2mm] 0 & |\Omega|>\dfrac{\Omega_s}{2}\end{cases} \tag{5.16}$$

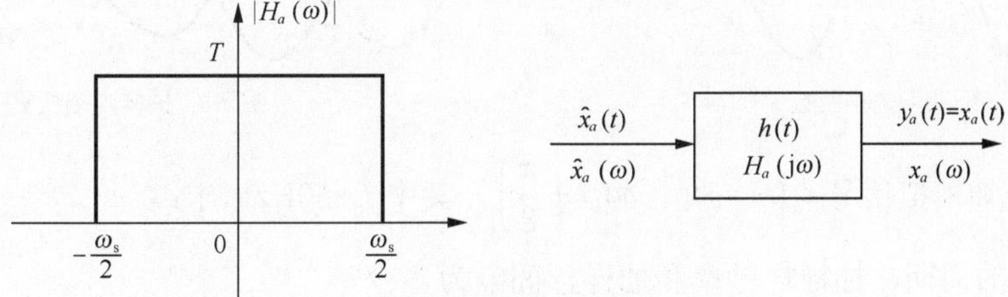

图 5.5 理想低通滤波器的频率特性

对应理想低通滤波器的冲激响应$h(t)$

$$h(t)=\mathscr{F}^{-1}\left[H_a(\omega)\right]=\frac{1}{2\pi}\int_{-\infty}^{\infty}H(\omega)\mathrm{e}^{\mathrm{j}\omega t}\mathrm{d}\omega=\frac{1}{2\pi}\int_{-\omega_s/2}^{\omega_s/2}T\cdot\mathrm{e}^{\mathrm{j}\omega t}\mathrm{d}\omega$$

$$=\frac{\sin\frac{\omega_s}{2}t}{\frac{\omega_s}{2}t}=\frac{\sin\frac{\pi}{T}t}{\frac{\pi}{T}t}=S_a\left(\frac{\pi}{T}t\right)(\text{其中，}\omega_s=\frac{2\pi}{T}) \tag{5.17}$$

则理想低通滤波器的输出

$$y_a(t)=x_a(t)=\int_{-\infty}^{\infty}\hat{x}_a(\tau)h(t-\tau)\mathrm{d}\tau=\int_{-\infty}^{\infty}\left[\sum_{n=-\infty}^{\infty}x_a(\tau)\delta(\tau-nT)\right]h(t-\tau)\mathrm{d}\tau$$

$$=\sum_{n=-\infty}^{\infty}\int_{-\infty}^{\infty}x_a(\tau)h(t-\tau)\cdot\delta(\tau-nT)\mathrm{d}\tau$$

$$=\sum_{m=-\infty}^{\infty}x_a(nT)\cdot h(t-nT)=\sum_{n=-\infty}^{\infty}x_a(nT)\frac{\sin\left[\frac{\pi}{T}(t-nT)\right]}{\frac{\pi}{T}(t-nT)} \tag{5.18}$$

式（5.18）就是从抽样信号恢复原信号的抽样内插公式，说明输出等于原信号抽样点的值与内插函数乘积和。内插函数是

$$s_a[\frac{\pi}{T}(t-nT)]=\frac{\sin\left[\frac{\pi}{T}(t-nT)\right]}{\frac{\pi}{T}(t-nT)} \tag{5.19}$$

内插函数在$t=nT$的抽样点上的值为1，在其余抽样点上的值都为零，在抽样点之间的值不为零，如图5.6所示。这样，被恢复的信号$y_a(t)$在抽样点上的值恰好等于原来连续信号$x_a(t)$在抽样时刻$t=nT$的值，而抽样点之间的部分由各内插函数的波形延伸叠加而成，如图5.7所示。从图中可看出，抽样信号通过理想低通滤波器之后，可以精确地恢复出原信号，不会损失任何信息。

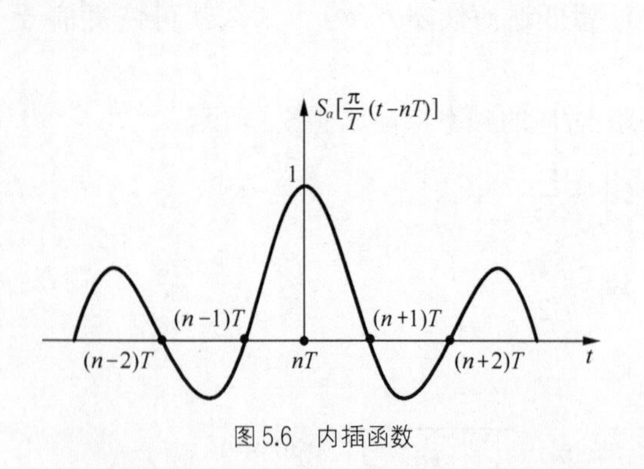

图5.6 内插函数

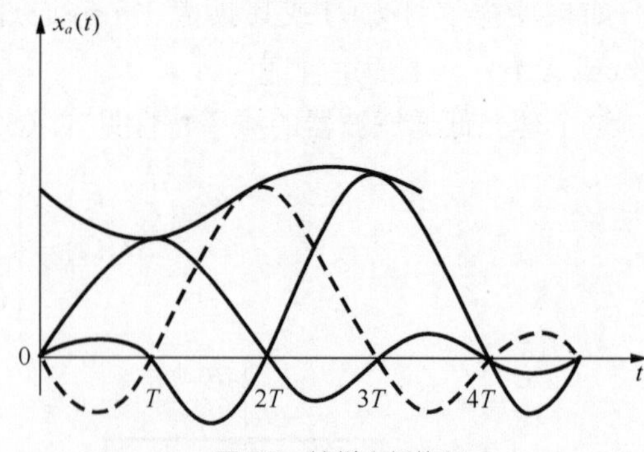

图5.7 抽样内插恢复

例5.1 已知模拟信号$x_a(t)=\sin\left(2\pi f_0t+\frac{\pi}{8}\right)$，其中$f_0$=50Hz，求：

（1）$x_a(t)$的周期、抽样样频率和抽样样间隔为多少？

（2）若选用抽样频率f_s=200Hz，则抽样间隔是多少？写出抽样信号 $\hat{x}_a(t)$的表达式。

（3）求 $x(n)$ 的周期。

解：（1）由 $f_0=50\text{Hz}$，得

$x_a(t)$ 周期为 $T_0=1/f_0=0.02\text{s}$；

$x_a(t)$ 抽样频率为 $f_s\geqslant 2f_0=100\text{Hz}$；

$x_a(t)$ 抽样间隔为 $T\leqslant 1/f_s=0.01\text{s}$。

（2）选 $f_s=200\text{Hz}$，则抽样间隔为 $T=1/f_s=0.005\text{s}$

$$x_a(n\text{T})=x_a(t)\big|_{t=nT}=\sin\left(2\pi f_0 nT+\frac{\pi}{8}\right)=\sin\left(2\pi\frac{50}{200}n+\frac{\pi}{8}\right)=\sin\left(\frac{\pi n}{2}+\frac{\pi}{8}\right)$$

故

$$\hat{x}_a(t)=\sum_{n=-\infty}^{+\infty}x_a(nT)\delta(t-nT)=\sum_{n=-\infty}^{+\infty}\sin\left(\frac{\pi n}{2}+\frac{\pi}{8}\right)\delta\left(t-\frac{n}{200}\right)$$

（3）因为 $x(n)=x_a(t)\big|_{t=nT}=\sin\left(\frac{1}{2}\pi n+\frac{\pi}{8}\right)$，$\frac{2\pi}{\omega_0}=\frac{2\pi}{\pi\cdot 1/2}=4=\frac{N}{k}$，N=4 为最小正整数，所以 $x(n)$ 的周期为 4。

5.2.2　离散时间信号的抽样

离散时间信号的抽样过程如图 5.8 所示。抽样后得到的序列称为离散时间抽样序列，它在抽样周期 N 的整数倍点上的抽样值等于原来的序列值，而在这些点之间的抽样值都为零，即

$$x_p(n)=\begin{cases}x(n),n=kN,k\text{为整数}\\0,\qquad\text{其他}\end{cases}\tag{5.20}$$

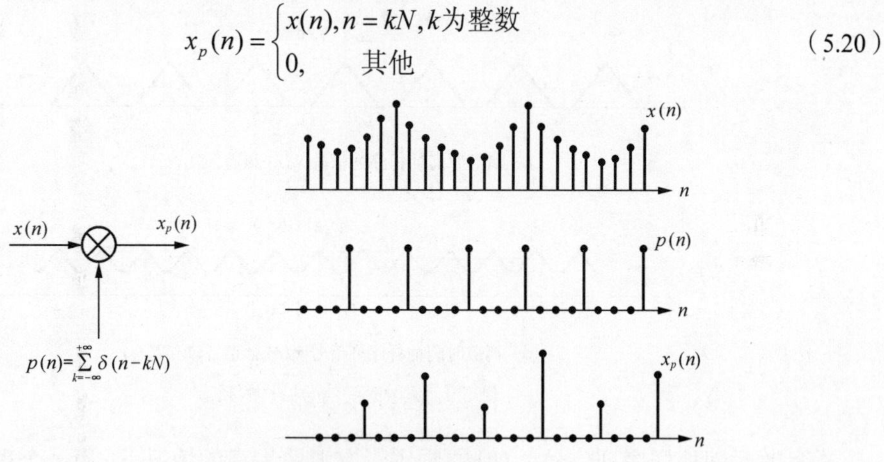

图 5.8　离散时间信号的抽样

这可看作是一个信号的调制过程，即

$$x_p(n)=x(n)p(n)=\sum_{k=-\infty}^{+\infty}x(n)\delta(n-kN)=\sum_{k=-\infty}^{+\infty}x(Nk)\delta(n-kN)\tag{5.21}$$

对应的频域形式为

$$X_p(\text{e}^{\text{j}\Omega})=\frac{1}{2\pi}P(\text{e}^{\text{j}\Omega})*X(\text{e}^{\text{j}\Omega})=\frac{1}{2\pi}\int_{-\pi}^{+\pi}P(\text{e}^{\text{j}\theta})X(\text{e}^{\text{j}(\Omega-\theta)})\text{d}\theta\tag{5.22}$$

与上一节冲激序列 $p(t)$ 的傅里叶变换的推导类似，有

$$P(\text{e}^{\text{j}\Omega})=\frac{2\pi}{N}\sum_{k=-\infty}^{+\infty}\delta(\Omega-k\Omega_s)\tag{5.23}$$

其中Ω_s为抽样频率，$\Omega_s=\dfrac{2\pi}{N}$，将式（5.23）代入式（5.22），得到

$$X_p(\mathrm{e}^{\mathrm{j}\Omega})=\frac{1}{N}\sum_{k=0}^{N-1}X(\Omega-k\Omega_s) \tag{5.24}$$

式（5.24）表明，离散时间抽样序列$x_p(n)$的傅里叶变换$X_p(\mathrm{e}^{\mathrm{j}\Omega})$是原序列的$x(n)$的傅里叶变换$X(\mathrm{e}^{\mathrm{j}\Omega})$的周期延拓，周期为抽样频率$\Omega_s=\dfrac{2\pi}{N}$。离散时间信号抽样的频谱如图 5.9 所示。由图 5.9 的（c）和（d）可以得出：在离散时间信号抽样中，为了不发生混叠失真，抽样频率应满足条件

$$\Omega_s\geqslant 2\Omega_m \tag{5.25}$$

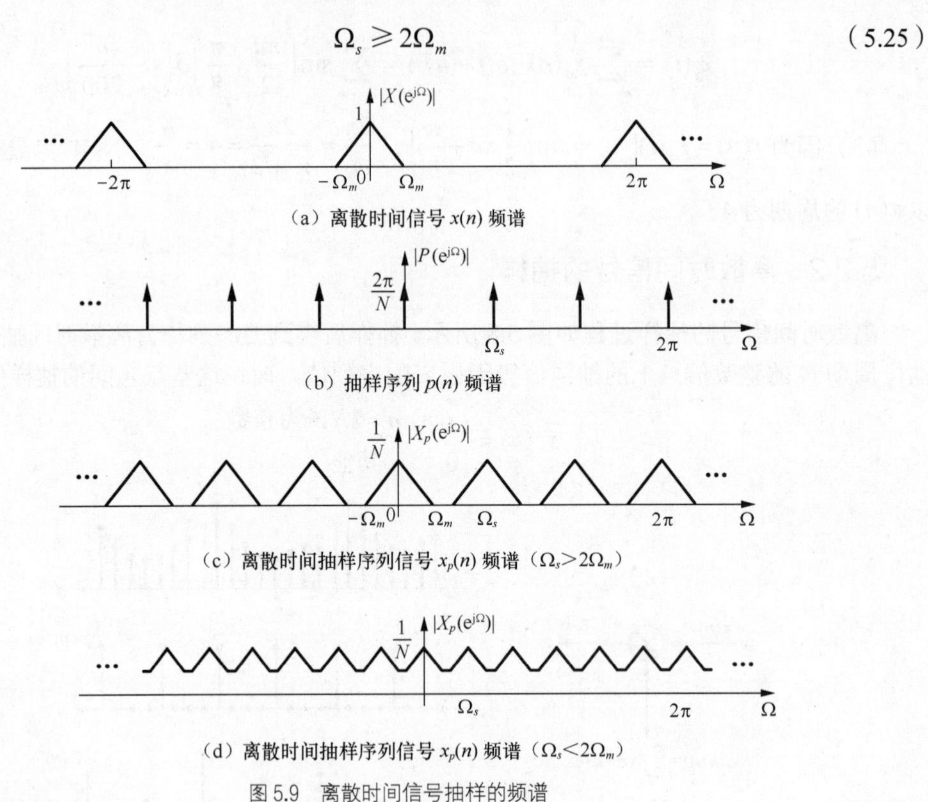

图 5.9　离散时间信号抽样的频谱

在离散时间抽样序列信号$x_p(n)$的频谱没有混叠失真的情况下，用一个理想低通滤波器就可恢复出原信号$x(n)$，如图 5.10 所示。其中理想低通滤波器的频率特性为

$$H(e^{\mathrm{j}\Omega})=\begin{cases}N & |\Omega|\leqslant\dfrac{\Omega_s}{2}\\[2ex] 0 & |\Omega|>\dfrac{\Omega_s}{2}\end{cases} \tag{5.26}$$

对应的冲激响应为

$$h(n)=\frac{1}{2\pi}\int_{-\frac{\Omega_s}{2}}^{\frac{\Omega_s}{2}}N\mathrm{e}^{\mathrm{j}\Omega n}\mathrm{d}\Omega=\frac{N}{\pi n}\sin\left(\frac{\Omega_s}{2}n\right) \tag{5.27}$$

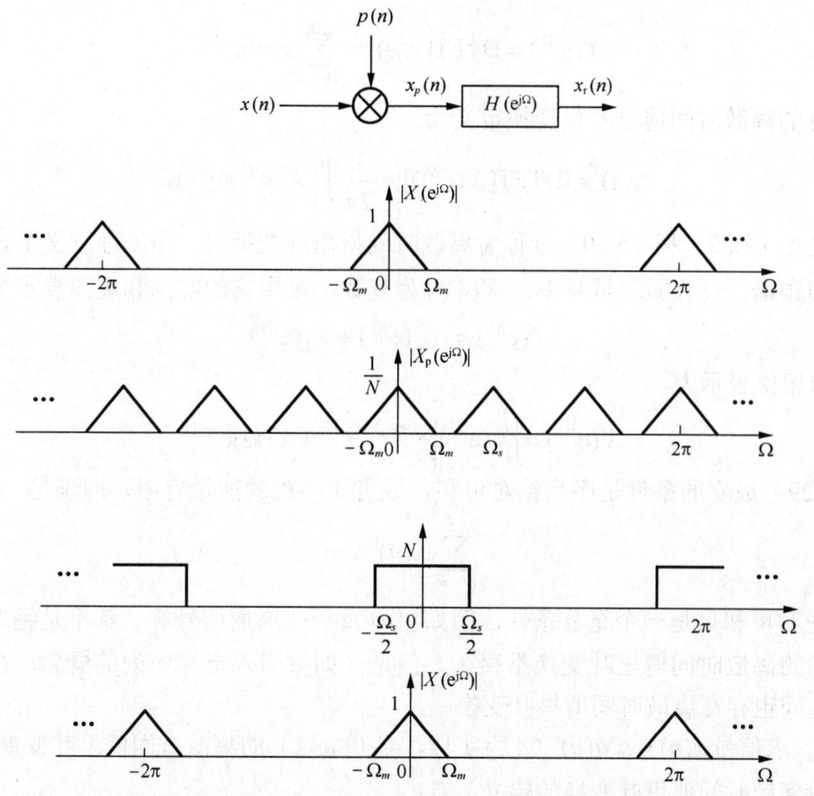

图 5.10　利用理想低通滤波器从离散时间信号抽样序列中恢复原离散时间序列

则低通滤波器的输出为

$$x_r(n)=x_p(n)*h(n)=\left[\sum_{k=-\infty}^{\infty}x(kN)\delta(n-kNT)\right]*\left[\frac{N}{\pi n}\sin\left(\frac{\Omega_s}{2}n\right)\right]=\sum_{k=-\infty}^{\infty}x(kN)\frac{N}{\pi n}\sin\left[\frac{\Omega_s}{2}(n-kN)\right]$$

$$=\sum_{k=-\infty}^{\infty}x(kN)h_r(n-kN) \tag{5.28}$$

其中 $h_r(n-kN)=\frac{N}{\pi n}\sin\left[\frac{\Omega_s}{2}(n-kN)\right]$ 为内插函数。式（5.28）表明，所恢复的序列 $x(n)$ 可以由离散时间抽样序列的抽样值与内插序列 $h_r(n-kN)$ 相乘并求和来得到。

5.3　离散非周期信号的频谱——离散时间傅里叶变换

从前面的分析中可知，用抽样信号的频谱近似连续信号的频谱是可行的。连续时间信号可分为连续时间非周期信号和连续时间周期信号，第 4 章介绍了连续时间信号的频谱分析，从信号的角度引入了连续时间周期信号的傅里叶级数和连续时间非周期信号的傅里叶变换，与连续时间信号的频谱分析类似，离散时间信号的频谱分析也包括离散非周期信号的离散时间傅里叶变换（DTFT），以及离散周期信号的离散傅里叶级数（DFS）。

5.3.1　离散时间傅里叶变换

离散非周期序列 $x(n)$ 的离散时间傅里叶变换定义为：

$$X(\mathrm{e}^{\mathrm{j}\Omega})=\mathrm{DTFT}[x(n)]=\sum_{n=-\infty}^{+\infty}x(n)\mathrm{e}^{-\mathrm{j}\Omega n} \tag{5.29}$$

$X(\mathrm{e}^{\mathrm{j}\Omega})$ 的离散时间傅里叶反变换定义为：

$$x(n)=\mathrm{IDTFT}[X(\mathrm{e}^{\mathrm{j}\Omega})]=\frac{1}{2\pi}\int_{-\pi}^{\pi}X(\mathrm{e}^{\mathrm{j}\Omega})\mathrm{e}^{\mathrm{j}\Omega n}\mathrm{d}\Omega \tag{5.30}$$

通常把式（5.29）和（5.30）合称为离散时间傅里叶变换对。在物理意义上，$X(\mathrm{e}^{\mathrm{j}\Omega})$ 表示序列 $x(n)$ 的频谱，Ω 为数字域频率。$X(\mathrm{e}^{\mathrm{j}\Omega})$ 为复数，可用它的实部和虚部表示为

$$X(\mathrm{e}^{\mathrm{j}\Omega})=X_{\mathrm{R}}(\mathrm{e}^{\mathrm{j}\Omega})+X_{\mathrm{I}}(\mathrm{e}^{\mathrm{j}\Omega}) \tag{5.31}$$

或用幅度和相位表示为

$$X(\mathrm{e}^{\mathrm{j}\Omega})=\left|X(\mathrm{e}^{\mathrm{j}\Omega})\right|\mathrm{e}^{\mathrm{j}\arg\left[X(\mathrm{e}^{\mathrm{j}\Omega})\right]}=X(\Omega)\mathrm{e}^{\mathrm{j}\phi(\Omega)} \tag{5.32}$$

对于式（5.29）成立的条件是序列绝对可和，或者说序列的能量有限，即满足

$$\sum_{n=-\infty}^{+\infty}\left|x(n)\right|<\infty \tag{5.33}$$

$x(n)$ 绝对可和只是一个充分条件，例如 $u(n)$ 及一些周期信号等，都不是绝对可和的，因此认为它们的离散时间傅里叶变换不存在。但是，如果引入奇异序列的概念，那么这类不绝对可和的序列也存在离散时间傅里叶变换。

例 5.2 求信号 $x(n)=a^n u(n)$（a 为实数，且 $0<a<1$）的离散时间傅里叶变换。

解：由离散时间傅里叶变换的定义，有

$$X(\mathrm{e}^{\mathrm{j}\Omega})=\sum_{n=-\infty}^{+\infty}x(n)\mathrm{e}^{-\mathrm{j}\Omega n}=\sum_{n=0}^{+\infty}a^n\mathrm{e}^{-\mathrm{j}\Omega n}=\sum_{n=0}^{+\infty}(a\mathrm{e}^{-\mathrm{j}\Omega})^n=\frac{1}{1-a\mathrm{e}^{-\mathrm{j}\Omega}}$$

则 $$\left|X(\mathrm{e}^{\mathrm{j}\Omega})\right|=\left|\frac{1}{1-a\cos\Omega+\mathrm{j}a\sin\Omega}\right|=\left|\frac{1-a\cos\Omega-\mathrm{j}a\sin\Omega}{(1-a\cos\Omega+\mathrm{j}a\sin\Omega)(1-a\cos\Omega-\mathrm{j}a\sin\Omega)}\right|$$

$$=\left|\frac{1-a\cos\Omega-\mathrm{j}a\sin\Omega}{(1+a^2-2a\cos\Omega)}\right|=\left|\frac{1}{(1+a^2-2a\cos\Omega)^{\frac{1}{2}}}\right|$$

$$\arg\left[X(e^{\mathrm{j}\Omega})\right]=-\mathrm{arctg}\frac{a\sin\Omega}{1-a\cos\Omega}$$

其对应的幅度谱和相位谱如图 5.1 所示。

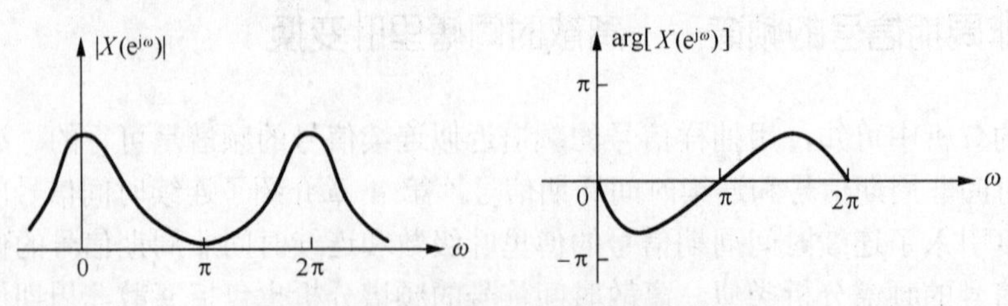

图 5.11　例 5.2 中傅里叶变换的幅度谱和相位谱

离散序列的离散时间傅里叶变换具有以下两个特点。

（1）$X(\mathrm{e}^{\mathrm{j}\Omega})$ 是以 2π 为周期的 Ω 的连续函数。

$$X(e^{j(\Omega+2\pi)}) = \sum_{n=-\infty}^{+\infty} x(n)e^{-j(\Omega+2\pi)n} = e^{-j2\pi n}\sum_{n=-\infty}^{+\infty} x(n)e^{-j\Omega n} = X(e^{j\Omega})$$

（2）当 $x(n)$ 为实序列时，$X(e^{j\Omega})$ 的幅值 $\left|X(e^{j\Omega})\right|$ 在 $0\leqslant\Omega\leqslant 2\pi$ 区间内是偶对称函数，相位 $\arg[X(e^{j\Omega})]$ 是奇对称函数。

5.3.2 离散时间傅里叶变换的性质

1. 线性特性

设 $X_1(e^{j\Omega}) = DTFT[x_1(n)]$，$X_2(e^{j\Omega}) = \mathrm{DTFT}[x_2(n)]$

则

$$\mathrm{DTFT}[ax_1(n)+bx_2(n)] = aX_1(e^{j\Omega}) + bX_2(e^{j\Omega}) \tag{5.34}$$

其中 a,b 为任意常数。

2. 时移特性和频移特性

设 $X(e^{j\Omega}) = \mathrm{DTFT}[x(n)]$

则

$$\mathrm{DTFT}[x(n-n_0)] = e^{-j\Omega n_0}X(e^{j\Omega}) \tag{5.35}$$

$$\mathrm{DTFT}[e^{j\Omega_0 n}x(n)] = X(e^{j(\Omega-\Omega_0)}) \tag{5.36}$$

式（5.35）表明，信号在时域中的位移，其对应的频谱将会产生附加相移。式（5.36）表明，信号在时域的相移，其对应的频谱将会产生频移。

3. 频域微分特性

设 $X(e^{j\Omega}) = \mathrm{DTFT}[x(n)]$

则

$$\mathrm{DTFT}[nx(n)] = j\frac{dX(e^{j\Omega})}{d\Omega} \tag{5.37}$$

4. 时域卷积特性

设 $X(e^{j\Omega}) = \mathrm{DTFT}[x(n)]$，$H(e^{j\Omega}) = \mathrm{DTFT}[h(n)]$，若 $y(n) = x(n)*h(n)$

则

$$Y(e^{j\Omega}) = \mathrm{DTFT}[x(n)*h(n)] = X(e^{j\Omega})H(e^{j\Omega}) \tag{5.38}$$

上式表明，两信号在时域的卷积，其对应的频谱在频域将为乘积。

5. 频域卷积特性

设 $X(e^{j\Omega}) = \mathrm{DTFT}[x(n)]$，$H(e^{j\Omega}) = \mathrm{DTFT}[h(n)]$，若 $y(n) = x(n)h(n)$

则

$$Y(e^{j\Omega}) = \frac{1}{2\pi}X(e^{j\Omega})*H(e^{j\Omega}) = \frac{1}{2\pi}\int_{-\pi}^{\pi} X(e^{j\theta})H(e^{j(\Omega-\theta)})d\theta \tag{5.39}$$

上式表明，两信号在时域的乘积，其对应的频谱在频域将为周期卷积。

6. 对称特性

在讨论对称特性之前，先来定义共轭对称序列和共轭反对称序列。

若序列满足

$$x^*(n) = x^*(-n) \tag{5.40}$$

则称序列 $x(n)$ 为共轭对称序列，用 $x_e(n)$ 来表示。共轭对称序列的实部是偶函数，虚部是奇函数。

若序列满足

$$x^*(n)=-x^*(-n) \tag{5.41}$$

则称序列 $x(n)$ 为共轭反对称序列，用 $x_o(n)$ 来表示。共轭反对称序列的实部是奇函数，虚部是偶函数，有

$$\begin{cases} x_e(n)=\dfrac{1}{2}\left[x(n)+x^*(-n)\right] \\ x_o(n)=\dfrac{1}{2}\left[x(n)-x^*(-n)\right] \end{cases}$$

可以证明，在频域下，任一序列都可以表示成一个共轭对称部分与共轭反对称部分的和，即

$$X(\mathrm{e}^{\mathrm{j}\Omega})=X_e(\mathrm{e}^{\mathrm{j}\Omega})+X_o(\mathrm{e}^{\mathrm{j}\Omega}) \tag{5.42}$$

其中

$$\begin{cases} X_e(\mathrm{e}^{\mathrm{j}\Omega})=\dfrac{1}{2}\left[X(\mathrm{e}^{\mathrm{j}\Omega})+X^*(\mathrm{e}^{-\mathrm{j}\Omega})\right] \\ X_o(\mathrm{e}^{\mathrm{j}\Omega})=\dfrac{1}{2}\left[X(\mathrm{e}^{\mathrm{j}\Omega})-X^*(\mathrm{e}^{-\mathrm{j}\Omega})\right] \end{cases} \tag{5.43}$$

显然，$X_e(\mathrm{e}^{\mathrm{j}\Omega})$ 和 $X_o(\mathrm{e}^{\mathrm{j}\Omega})$ 分别为 $X(\mathrm{e}^{\mathrm{j}\Omega})$ 的共轭对称分量与共轭反对称分量。

下面讨论序列离散时间傅里叶变换的对称性，从两个方面进行分析。

（1）对于复数序列 $x(n)$，其实部和虚部的傅里叶变换，有

$$\mathrm{DTFT}\left[\mathrm{Re}[x(n)]\right]=\mathrm{DTFT}\left[\frac{1}{2}\left[x(n)+x^*(n)\right]\right]=\frac{1}{2}\left[X(\mathrm{e}^{\mathrm{j}\Omega})+X^*(\mathrm{e}^{-\mathrm{j}\Omega})\right]=X_e(\mathrm{e}^{\mathrm{j}\Omega}) \tag{5.44}$$

$$\mathrm{DTFT}\left[\mathrm{j}\,\mathrm{Im}[x(n)]\right]=\mathrm{DTFT}\left[\frac{1}{2}\left[x(n)-x^*(n)\right]\right]=\frac{1}{2}\left[X(\mathrm{e}^{\mathrm{j}\Omega})-X^*(\mathrm{e}^{-\mathrm{j}\Omega})\right]=X_o(\mathrm{e}^{\mathrm{j}\Omega}) \tag{5.45}$$

上两式表明，复数序列实数部分 $\mathrm{Re}[x(n)]$ 的离散时间傅里叶变换是序列离散时间傅里叶变换的共轭对称分量，复数序列虚部 $\mathrm{j}\,\mathrm{Im}[x(n)]$ 的离散时间傅里叶变换是序列离散时间傅里叶变换的共轭反对称分量。

（2）对于复数序列 $x(n)$，其共轭对称序列和共轭反对称序列的离散时间傅里叶变换，有

$$\mathrm{DTFT}\left[x_e(n)\right]=\mathrm{DTFT}\left[\frac{1}{2}\left[x(n)+x^*(-n)\right]\right]=\frac{1}{2}\left[X(\mathrm{e}^{\mathrm{j}\Omega})+X^*(\mathrm{e}^{\mathrm{j}\Omega})\right]=\mathrm{Re}\left[X(\mathrm{e}^{\mathrm{j}\Omega})\right] \tag{5.46}$$

$$\mathrm{DTFT}\left[x_o(n)\right]=\mathrm{DTFT}\left[\frac{1}{2}\left[x(n)-x^*(-n)\right]\right]=\frac{1}{2}\left[X(\mathrm{e}^{\mathrm{j}\Omega})-X^*(\mathrm{e}^{\mathrm{j}\Omega})\right]=\mathrm{j}\,\mathrm{Im}\left[X(\mathrm{e}^{\mathrm{j}\Omega})\right] \tag{5.47}$$

上两式表明，复数序列共轭对称分量的离散时间傅里叶变换是序列离散时间傅里叶变换的实数部分，复数序列共轭反对称分量的离散时间傅里叶变换是序列离散时间傅里叶变换的虚数部分。

若 $x(n)$ 为实序列，则有

$$X(\mathrm{e}^{\mathrm{j}\Omega})=X^*(\mathrm{e}^{-\mathrm{j}\Omega}) \tag{5.48}$$

即实序列离散时间傅里叶变换的实部是 Ω 的偶函数，虚部是 Ω 的奇函数。

7. 帕塞瓦尔（Parseval）定理

若 $X(\mathrm{e}^{\mathrm{j}\Omega}) = \mathrm{DTFT}[x(n)]$

则

$$\sum_{n=-\infty}^{+\infty} |x(n)|^2 = \frac{1}{2\pi}\int_{-\pi}^{\pi} |X(\mathrm{e}^{\mathrm{j}\Omega})|^2 \mathrm{d}\Omega \tag{5.49}$$

上式表明，序列能量具有时域和频域的一致性。

5.4 离散周期信号的频谱——离散傅里叶级数

连续时间信号的傅里叶变换和前一节讨论过的离散时间傅里叶变换，一般都是频率的连续函数，因此不能用数字计算机直接计算它们的正变换和反变换。本节将讨论时间离散、且频率离散的一种变换，即离散傅里叶级数（DFS）。

5.4.1 离散傅里叶级数

设 $\tilde{x}(n)$ 是以 N 周期的周期序列，因为序列具有周期性，可以展开成离散傅里叶级数，即

$$\tilde{x}(n) = \frac{1}{N}\sum_{k=0}^{N-1} \tilde{X}(k) e^{\mathrm{j}\frac{2\pi}{N}nk} \tag{5.50}$$

式（5.50）中，$\tilde{X}(k)$ 是离散傅里叶级数的系数，计算式为

$$\tilde{X}(k) = \sum_{n=0}^{N-1} \tilde{x}(n) \mathrm{e}^{-\mathrm{j}\frac{2\pi}{N}kn} \qquad -\infty < k < \infty \tag{5.51}$$

式(5.50)和式(5.51)通常看作周期序列的离散傅里叶级数变换对。通常用符号 $W_N = \mathrm{e}^{-\mathrm{j}\frac{2\pi}{N}}$ 代入离散傅里叶级数对，则得到周期序列的离散傅里叶级数变换对的常用表示法

$$\tilde{X}(k) = \mathrm{DFS}[\tilde{x}(n)] = \sum_{n=0}^{N-1} \tilde{x}(n) W_N^{kn}, \qquad -\infty < k < \infty \tag{5.52}$$

$$\tilde{x}(n) = \mathrm{IDFS}[\tilde{X}(k)] = \frac{1}{N}\sum_{n=0}^{N-1} \tilde{X}(k) W_N^{-kn}, \qquad -\infty < k < \infty \tag{5.53}$$

n 和 k 均为离散变量。如果将 n 当作时间变量，k 当作频率变量，则第一式表示的是时域到频域的变换，称为 DFS 的正变换。第二式表示的是频域到时域的变换，称为 DFS 的反变换。这里，$\tilde{X}(k)$ 和 $\tilde{x}(n)$ 均是以 N 为周期的序列，式（5.53）具有明显的物理意义，它表示将周期序列分解成 N 次谐波，第 k 次谐波的频率是 $\Omega_k = \frac{2\pi}{N}k$，$k$=0，1，2，…，$N$-1，谐波的幅度为 $\frac{1}{N}|\tilde{X}(k)|$，相位是 $\arg[\tilde{X}(k)]$。其中 k=0 表示直流分量，直流分量的幅度是 $\tilde{X}(0) = \frac{1}{N}\sum_{n=0}^{N-1}\tilde{x}(n)$。

一个周期序列虽然是无限长的，但是只要知道它的一个周期，也就知道了它的整个序列。因此周期序列的信息可以用它在一个周期中的 N 个值来代表——在上面的离散傅里叶级数变换对中只取 N 个值求和就可以，这正是周期序列与有限长序列之间的本质区别。

例 5.3　设 $x(n) = \mathrm{R}_4(n)$，将 $x(n)$ 以 N=8 为周期进行周期延拓，得到周期序列 $\tilde{x}(n)$，试求

傅里叶变换 $\tilde{X}(k)$，并画出它的幅频特性。

$$\text{解：}\ \tilde{X}(k)=\sum_{n=0}^{7}x(n)\mathrm{e}^{-\mathrm{j}\frac{2\pi}{8}kn}=\sum_{n=0}^{3}x(n)\mathrm{e}^{-\mathrm{j}\frac{\pi}{4}kn}=\frac{1-\mathrm{e}^{-\mathrm{j}\frac{\pi}{4}k\times4}}{1-e^{-\mathrm{j}\frac{\pi}{4}k}}=\frac{\mathrm{e}^{-\mathrm{j}\frac{\pi}{2}k}(\mathrm{e}^{\mathrm{j}\frac{\pi}{2}k}-\mathrm{e}^{-\mathrm{j}\frac{\pi}{2}k})}{\mathrm{e}^{-\mathrm{j}\frac{\pi}{8}k}(\mathrm{e}^{\mathrm{j}\frac{\pi}{8}k}-\mathrm{e}^{-\mathrm{j}\frac{\pi}{8}k})}=\mathrm{e}^{-\mathrm{j}\frac{3\pi}{8}k}\frac{\sin\frac{\pi}{2}k}{\sin\frac{\pi}{8}k}$$

故幅频特性为：$\left|\tilde{X}(k)\right|=\left|\dfrac{\sin\frac{\pi}{2}k}{\sin\frac{\pi}{8}k}\right|$

周期序列 $\tilde{x}(n)$ 的波形及幅频特性 $\left|\tilde{X}(k)\right|$ 如图 5.12 和图 5.13 所示。

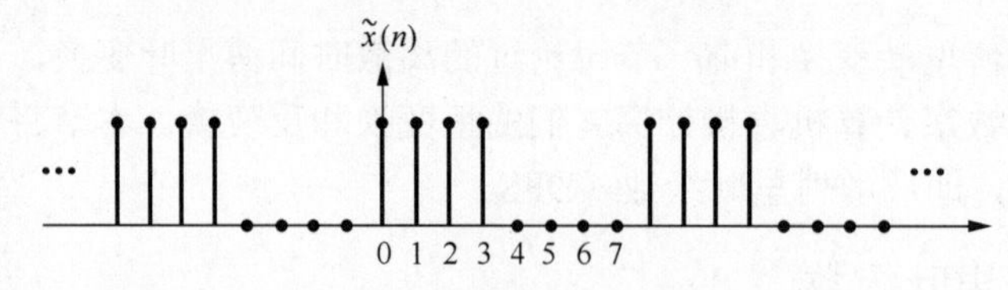

图 5.12　周期序列 $\tilde{x}(n)$ 的波形图

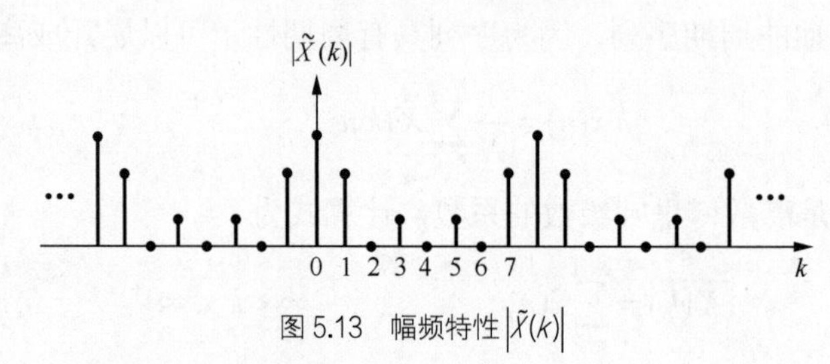

图 5.13　幅频特性 $\left|\tilde{X}(k)\right|$

5.4.2　离散傅里叶级数的性质

1. 线性特性

设周期序列 $\tilde{x}_1(n)$ 和 $\tilde{x}_2(n)$ 都是周期为 N 的周期序列，它们的 DFS 的系数分别为

$$\tilde{X}_1(k)=\mathrm{DFS}[\tilde{\mathrm{x}}_1(\mathrm{n})]\ ,\ \ \tilde{X}_2(k)=\mathrm{DFS}[\tilde{x}_2(n)]$$

若

$$\tilde{x}_3(n)=a_1\tilde{x}_1(n)+a_2\tilde{x}_2(n)$$

则

$$\tilde{X}_3(k)=\mathrm{DFS}[a_1\tilde{x}_1(n)+a_2\tilde{x}_2(n)]=a_1\tilde{X}_1(k)+a_2\tilde{X}_2(k) \tag{5.54}$$

其中，a_1,a_2 为任意常数。

2. 时移特性和频域特性

设　$\tilde{X}(k)=\mathrm{DFS}[\tilde{x}(\mathrm{n})]$

则

$$\mathrm{DFS}[\tilde{x}(n-m)]=W_N^{mk}\tilde{X}(k) \tag{5.55}$$

$$\mathrm{DFS}[W_N^{mn}\tilde{x}(n)]=\tilde{X}(k+m) \tag{5.56}$$

式（5.55）表明，周期序列在时域中的位移，其对应的频谱将会产生附加相移。式（5.56）表明，周期序列在时域的相移，其对应的频谱将会产生频移。

3. 周期卷积特性

设周期序列 $\tilde{x}_1(n)$ 和 $\tilde{x}_2(n)$ 都是周期为 N 的周期序列，它们的 DFS 的系数分别为

$$\tilde{X}_1(k)=\sum_{m=0}^{N-1}\tilde{x}_1(m)W_N^{mk}\ ,\quad \tilde{X}_2(k)=\sum_{r=0}^{N-1}\tilde{x}_2(r)W_N^{rk}$$

令

$$\tilde{Y}(k)=\tilde{X}_1(k)\cdot\tilde{X}_2(k)$$

则

$$\tilde{y}(n)=IDFS[\tilde{Y}(k)]=\sum_{m=0}^{N-1}\tilde{x}_1(m)\cdot\tilde{x}_2(n-m)=\tilde{x}_1(n)*\tilde{x}_2(n) \tag{5.57}$$

上式表示的是两个周期序列的卷积，称为周期卷积。显然，周期为 N 的两个序列的周期卷积的离散傅里叶级数等于它们各自离散傅里叶级数的乘积。周期卷积满足交换律，故又可表示为 $\tilde{y}(n)=\sum_{m=0}^{N-1}\tilde{x}_2(m)\cdot\tilde{x}_1(n-m)=\tilde{x}_2(n)*\tilde{x}_1(n)$

4. 频域卷积特性

如果 $\tilde{y}(n)=\tilde{x}_1(n)\tilde{x}_2(n)$

则

$$\tilde{Y}(k)=\mathrm{DFS}\left[\tilde{x}_1(n)\cdot\tilde{x}_2(n)\right]=\frac{1}{N}\sum_{l=0}^{N-1}\tilde{X}_1(l)\cdot\tilde{X}_2(k-l)=\frac{1}{N}\tilde{X}_1(n)*\tilde{X}_2(n) \tag{5.58}$$

上式表明，两个周期序列在时域的乘积，对应其频谱在频域的周期卷积。

5.5 离散时间 LTI 系统的频域分析

根据离散时间 LTI 系统的时域描述可以得系统的频域描述，并可让在此基础上引入离散时间 LTI 系统的频率响应。通过离散时间 LTI 系统的频域响应的分析，能够加深理解离散信号和系统的频域分析的物理概念。

5.5.1 离散时间 LTI 系统的频率响应

与连续时间 LTI 系统类似，离散时间 LTI 系统的频率响应就是系统单位样值响应的傅里叶变换，即 DTFT。

对于单位样值响应为 $h(n)$ 的系统，其系统频率响应为

$$H(\mathrm{e}^{\mathrm{j}\Omega})=\sum_{n=-\infty}^{+\infty}h(n)\mathrm{e}^{-\mathrm{j}\Omega n} \tag{5.59}$$

对于稳定的离散时间 LTI 系统，设输入序列是一数字域频率为 Ω 的复指数序列，即

$$x(n)=\mathrm{e}^{\mathrm{j}\Omega n},\qquad -\infty<n<\infty$$

则系统的零状态响应为

$$y_{zs}(n)=\sum_{k=-\infty}^{+\infty}h(k)x(n-k)=\sum_{k=-\infty}^{+\infty}h(k)\mathrm{e}^{\mathrm{j}\Omega(n-k)}=\mathrm{e}^{\mathrm{j}\Omega n}\sum_{k=-\infty}^{+\infty}h(k)\mathrm{e}^{-\mathrm{j}\Omega k}=\mathrm{e}^{\mathrm{j}\Omega n}\cdot H(\mathrm{e}^{\mathrm{j}\Omega}) \tag{5.60}$$

与连续时间 LTI 系统的频率响应类似，离散时间 LTI 系统的频率响应也可以通过差分方程来定义。

离散时间 LTI 系统在时域可以用 n 阶常系数线性差分方程来描述，即

$$y(n)+\sum_{k=1}^{N}a_k y(n-k)=\sum_{k=0}^{M}b_k x(n-k) \tag{5.61}$$

其中 $x(n)$ 为系统的输入激励，$y(n)$ 为系统的输出响应。

在零状态条件下，$y(n)=y_{zs}(n)$。对式（5.61）两边进行离散时间傅里叶变换，并利用离散时间傅里叶变换的时域位移特性，可得

$$\left[1+\sum_{k=1}^{N}a_k \mathrm{e}^{-\mathrm{j}k\Omega}\right]Y_{\mathrm{ZS}}(\mathrm{e}^{\mathrm{j}\Omega})=\sum_{k=0}^{M}b_k \mathrm{e}^{-\mathrm{j}k\Omega}X(\mathrm{e}^{\mathrm{j}\Omega}) \tag{5.62}$$

其中 $X(\mathrm{e}^{\mathrm{j}\Omega})$ 为输入信号 $x(n)$ 的离散时间傅里叶变换，$Y_{ZS}(\mathrm{e}^{\mathrm{j}\Omega})$ 为零状态响应 $y_{zs}(n)$ 的离散时间傅里叶变换，它们分别反映输入信号与输出信号的频率特性。

令 $$H(\mathrm{e}^{\mathrm{j}\Omega})=\frac{Y_{\mathrm{ZS}}(\mathrm{e}^{\mathrm{j}\Omega})}{X(\mathrm{e}^{\mathrm{j}\Omega})}=\frac{\sum_{k=0}^{M}b_k \mathrm{e}^{-\mathrm{j}k\Omega}}{1+\sum_{k=1}^{N}a_k \mathrm{e}^{-\mathrm{j}k\Omega}}=\frac{b_0+b_1\mathrm{e}^{-\mathrm{j}\Omega}+\cdots+b_{M-1}\mathrm{e}^{-\mathrm{j}(M-1)\Omega}+b_{\mathrm{M}}\mathrm{e}^{-\mathrm{j}M\Omega}}{1+a_1\mathrm{e}^{-\mathrm{j}\Omega}+\cdots+a_{N-1}\mathrm{e}^{-\mathrm{j}(N-1)\Omega}+a_{\mathrm{N}}\mathrm{e}^{-\mathrm{j}N\Omega}} \tag{5.63}$$

式（5.63）表明，$\mathrm{H}(\mathrm{e}^{\mathrm{j}\Omega})$ 为离散时间 LTI 系统在零状态下输出响应与输入激励的频谱函数之比，称为离散系统的频率响应。

式（5.63）和式（5.59）给出的两个定义是完全等价的。与连续时间情况相同，在离散时间 LTI 系统分析中，频率响应 $H(\mathrm{e}^{\mathrm{j}\Omega})$ 所起的作用与其原信号——单位脉冲响应 $h(n)$ 的起的作用是等价的。因此，频率响应 $H(\mathrm{e}^{\mathrm{j}\Omega})$ 也可以完全表征它所对应的 LTI 系统，离散 LTI 系统的许多性质能够很方便地借助于 $H(\mathrm{e}^{\mathrm{j}\Omega})$ 反映出来。

例 5.4 已知描述某离散时间 LTI 系统的差分方程为

$$y(n)-\frac{3}{4}y(n-1)+\frac{1}{8}y(n-2)=4x(n)+3x(n-1)$$

试求该系统的频率响应 $H(\mathrm{e}^{\mathrm{j}\Omega})$ 和单位抽样响应 $h(n)$。

解：由 DTFT 的时域位移特性，对差分方程两边时行 DTFT，可得

$$(1-\frac{3}{4}\mathrm{e}^{-\mathrm{j}\Omega}+\frac{1}{8}\mathrm{e}^{-\mathrm{j}2\Omega})Y_{ZS}(\mathrm{e}^{\mathrm{j}\Omega})=(4+3\mathrm{e}^{-\mathrm{j}\Omega})X(\mathrm{e}^{\mathrm{j}\Omega})$$

因此有

$$H(\mathrm{e}^{\mathrm{j}\Omega})=\frac{Y_{\mathrm{ZS}}(\mathrm{e}^{\mathrm{j}\Omega})}{X(\mathrm{e}^{\mathrm{j}\Omega})}=\frac{4+3\mathrm{e}^{-\mathrm{j}\Omega}}{1-\frac{3}{4}\mathrm{e}^{-\mathrm{j}\Omega}+\frac{1}{8}\mathrm{e}^{-\mathrm{j}2\Omega}}=\frac{20}{1-\frac{1}{2}\mathrm{e}^{-\mathrm{j}\Omega}}+\frac{-16}{1-\frac{1}{4}\mathrm{e}^{-\mathrm{j}\Omega}}$$

对上式进行 IDTFT，即得

$$h(n)=20(\frac{1}{2})^n u(n)-16(\frac{1}{4})^n u(n)$$

只有当离散系统是 LTI 系统时，系统的 $H(\mathrm{e}^{\mathrm{j}\Omega})$ 与 $h(n)$ 之间是离散时间傅里叶变换对的关系。对于因果不稳定的离散时间 LTI 系统，尽管其脉冲响应存在，但其频率响应不存在。

5.5.2 离散非周期序列通过系统的频域分析

与连续时间系统情况相同，求解离散非周期序列通过系统的零状态响应的一般思路是：

通过卷积性质求得输出序列 $y_{zs}(n)$ 的频谱，然后对该频谱作反变换求得时域解 $y_{zs}(n)$ 。

由 DTFT 的时域卷积定理，若离散非周期序列 $x(n)$ 为激励信号，存在 IDTFT，系统的频率响应为 $H(\mathrm{e}^{\mathrm{j}\Omega})$，则 $x(n)$ 作用于离散时间 LTI 系统的零状态响应 $y_{zs}(n)$ 的频谱为

$$Y_{ZS}(\mathrm{e}^{\mathrm{j}\Omega})=X(\mathrm{e}^{\mathrm{j}\Omega})H(\mathrm{e}^{\mathrm{j}\Omega}) \tag{5.64}$$

例 5.5 已知描述某稳定的离散时间 LTI 系统的差分方程为

$$y(n)-\frac{3}{4}y(n-1)+\frac{1}{8}y(n-2)=4x(n)+3x(n-1)$$

若系统的输入序列 $x(n)=\left(\frac{3}{4}\right)^n u(n)$ ，求系统的零状态响应 $y_{zs}(n)$ 。

解： 由 DTFT 的时移特性，对差分方程两边时行 DFTF，可得

$$(1-\frac{3}{4}\mathrm{e}^{-\mathrm{j}\Omega}+\frac{1}{8}\mathrm{e}^{-\mathrm{j}2\Omega})Y_{ZS}(\mathrm{e}^{\mathrm{j}\Omega})=(4+3\mathrm{e}^{-\mathrm{j}\Omega})X(\mathrm{e}^{\mathrm{j}\Omega})$$

因此有

$$\mathrm{H}(\mathrm{e}^{\mathrm{j}\Omega})=\frac{Y_{ZS}(\mathrm{e}^{\mathrm{j}\Omega})}{X(\mathrm{e}^{\mathrm{j}\Omega})}=\frac{4+3\mathrm{e}^{-\mathrm{j}\Omega}}{1-\frac{3}{4}\mathrm{e}^{-\mathrm{j}\Omega}+\frac{1}{8}\mathrm{e}^{-\mathrm{j}2\Omega}}$$

$$Y_{ZS}(\mathrm{e}^{\mathrm{j}\Omega})=H(\mathrm{e}^{\mathrm{j}\Omega})X(\mathrm{e}^{\mathrm{j}\Omega})=\frac{4+3\mathrm{e}^{-\mathrm{j}\Omega}}{1-\frac{3}{4}\mathrm{e}^{-\mathrm{j}\Omega}+\frac{1}{8}\mathrm{e}^{-\mathrm{j}2\Omega}}\cdot\frac{1}{1-\frac{3}{4}\mathrm{e}^{-\mathrm{j}\Omega}}=\frac{4+3\mathrm{e}^{-\mathrm{j}\Omega}}{\left(1-\frac{1}{4}\mathrm{e}^{-\mathrm{j}\Omega}\right)\left(1-\frac{1}{2}\mathrm{e}^{-\mathrm{j}\Omega}\right)}\cdot\frac{1}{\left(1-\frac{3}{4}\mathrm{e}^{-\mathrm{j}\Omega}\right)}$$

$$=\frac{8}{1-\frac{1}{4}\mathrm{e}^{-\mathrm{j}\Omega}}+\frac{-40}{1-\frac{1}{2}\mathrm{e}^{-\mathrm{j}\Omega}}+\frac{36}{1-\frac{3}{4}\mathrm{e}^{-\mathrm{j}\Omega}}$$

对上式进行 IDTFT，即得

$$y_{zs}(n)=8\left(\frac{1}{4}\right)^n u(n)-40\left(\frac{1}{2}\right)^n u(n)+36\left(\frac{3}{4}\right)^n u(n)$$

需要注意的是，只有离散时间 LTI 系统频率响应 $H(\mathrm{e}^{\mathrm{j}\Omega})$ 以及输入序列的 DTFT 都存在，才可以通过频域求解离散时间 LTI 系统的零状态响应。

5.5.3 离散周期序列通过系统响应的频域分析

设离散时间 LTI 系统的输入序列 $\tilde{x}(n)$ 是一个周期为 N 周期序列，则根据 DFS 可以将周期序列 $\tilde{x}(n)$ 表示为

$$\tilde{x}(n)=\frac{1}{N}\sum_{k=0}^{N-1}\tilde{X}(k)\mathrm{e}^{\mathrm{j}\frac{2\pi}{N}nk}$$

由式(5.64)及离散时间 LTI 系统的线性特性，可得离散时间 LTI 系统的零状态响应 $\tilde{y}_{zs}(n)$ 为

$$\tilde{y}_{zs}(n)=\frac{1}{N}\sum_{k=0}^{N-1}\tilde{X}(k)T\left[\mathrm{e}^{\mathrm{j}\frac{2\pi}{N}nk}\right]=\frac{1}{N}\sum_{k=0}^{N-1}\tilde{X}(k)H(\mathrm{e}^{\mathrm{j}\frac{2\pi}{N}n})\mathrm{e}^{\mathrm{j}\frac{2\pi}{N}nk} \tag{5.65}$$

由于余弦函数（可能是周期函数，也可能是非周期函数）可以表示为复指数函数的线性

组合，因此系统的频率响应也可以表示成系统对余弦输入的响应.

设

$$x(n)=A\cos(\Omega_0 n+\theta)=\frac{A}{2}\mathrm{e}^{\mathrm{j}\theta}\mathrm{e}^{\mathrm{j}\Omega_0 n}+\frac{A}{2}\mathrm{e}^{-\mathrm{j}\theta}\mathrm{e}^{-\mathrm{j}\Omega_0 n}$$

根据式（5.64），系统对 $\frac{A}{2}\mathrm{e}^{\mathrm{j}\theta}\mathrm{e}^{\mathrm{j}\Omega_0 n}$ 的零状态响应为

$$y_{zs1}(n)=H(\mathrm{e}^{\mathrm{j}\Omega_0})\frac{A}{2}\mathrm{e}^{\mathrm{j}\theta}\mathrm{e}^{\mathrm{j}\Omega_0 n}$$

由于 $h(n)$ 为实数，则系统对 $\frac{A}{2}\mathrm{e}^{-\mathrm{j}\theta}\mathrm{e}^{-\mathrm{j}\Omega_0 n}$ 零状态响应为

$$y_{zs2}(n)=H(\mathrm{e}^{-\mathrm{j}\Omega_0})\frac{A}{2}\mathrm{e}^{-\mathrm{j}\theta}\mathrm{e}^{-\mathrm{j}\Omega_0 n}$$

因此，系统对 $x(n)$ 零状态响应为

$$\begin{aligned}y_{zs}(n)&=\frac{A}{2}\left[H(\mathrm{e}^{\mathrm{j}\Omega_0})\mathrm{e}^{\mathrm{j}\theta}\mathrm{e}^{\mathrm{j}\Omega_0 n}+H(\mathrm{e}^{-\mathrm{j}\Omega_0})\mathrm{e}^{-\mathrm{j}\theta}\mathrm{e}^{-\mathrm{j}\Omega_0 n}\right]\\&=A\left|H(\mathrm{e}^{\mathrm{j}\Omega_0})\right|\cos(\Omega_0 n+\varphi+\theta)\end{aligned}\tag{5.66}$$

其中，$\varphi=\arg[H(\mathrm{e}^{\mathrm{j}\Omega_0})]$ 是系统在频率 Ω_0 处的相位响应。由式（5.66）可知，余弦信号通过频率响应为 $H(\mathrm{e}^{\mathrm{j}\Omega_0})$ 的离散时间 LTI 系统时，其输出的零状态响应仍为同频率的余弦信号，其中 $\left|H(\mathrm{e}^{\mathrm{j}\Omega_0})\right|$ 影响余弦信号的幅度，$\varphi=\arg[H(\mathrm{e}^{\mathrm{j}\Omega_0})]$ 影响余弦信号的相位。

例 5.6 设一个因果的线性时不变系统的单位样值响应 $h(n)=2\cdot\left(\frac{1}{2}\right)^n u(n)-\delta(n)$。

（1）求输入为 $x(n)=\mathrm{e}^{\mathrm{j}\Omega n}$ 时系统的零状态响应；

（2）求系统的频率响应；

（3）求系统对输入为 $x(n)=\cos\left(\frac{\pi}{2}n+\frac{\pi}{4}\right)$ 零状态响应。

解： （1）$y_{zs}(n)=h(n)*x(n)=\left[2\cdot(\frac{1}{2})^n u(n)-\delta(n)\right]*\mathrm{e}^{\mathrm{j}\Omega n}=\sum_{k=0}^{\infty}2\cdot\left(\frac{1}{2}\right)^k\mathrm{e}^{\mathrm{j}\Omega(n-k)}-\mathrm{e}^{\mathrm{j}\Omega n}$

$$=\frac{2\mathrm{e}^{\mathrm{j}\Omega n}}{1-\frac{1}{2}\mathrm{e}^{-\mathrm{j}\Omega}}-\mathrm{e}^{\mathrm{j}\Omega n}=\frac{1+\frac{1}{2}\mathrm{e}^{-\mathrm{j}\Omega}}{1-\frac{1}{2}\mathrm{e}^{-\mathrm{j}\Omega}}\mathrm{e}^{\mathrm{j}\Omega n}$$

（2）由 $y_{zs}(n)=\mathrm{e}^{\mathrm{j}\Omega n}\cdot H(\mathrm{e}^{\mathrm{j}\Omega})$ 直接得 $H(\mathrm{e}^{\mathrm{j}\Omega})=\dfrac{1+\frac{1}{2}\mathrm{e}^{-\mathrm{j}\Omega}}{1-\frac{1}{2}\mathrm{e}^{-\mathrm{j}\Omega}}$

（3）当 $\Omega=\frac{\pi}{2}$ 时

$$\left|H(\mathrm{e}^{\mathrm{j}\frac{\pi}{2}})\right|=\left|\frac{1+\frac{1}{2}\mathrm{e}^{-\mathrm{j}\frac{\pi}{2}}}{1-\frac{1}{2}\mathrm{e}^{-\mathrm{j}\frac{\pi}{2}}}\right|=1$$

$$\arg\left[H(\mathrm{e}^{\mathrm{j}\frac{\pi}{2}})\right]=\operatorname{arctg}\left[1+\frac{1}{2}\mathrm{e}^{-\mathrm{j}\frac{\pi}{2}}\right]-\operatorname{arctg}\left[1-\frac{1}{2}\mathrm{e}^{-s\frac{\pi}{2}}\right]=-2\operatorname{arctg}\left(\frac{1}{2}\right)$$

由式（5.66），可得

$$y_{zs}(n)=\left|H(\mathrm{e}^{\mathrm{j}\Omega})\right|\cos\left[\Omega n+\phi+\arg[H(\mathrm{e}^{\mathrm{j}\Omega})]\right]=\cos\left[\frac{\pi}{2}n+\frac{\pi}{4}-2\operatorname{arctg}\left(\frac{1}{2}\right)\right]$$

5.6　本章小结

与上一章连续时间信号与系统频域分析对应，本章从频域的角度介绍了离散时间信号与系统的分析方法。由信号的取样开始，重点讨论了离散非周期序列和离散周期序列的频谱分析，即离散时间傅里叶变换和离散傅里叶级数。然后介绍了离散时间 LTI 系统的频域分析，包括频率响应的概念、离散非周期序列及离散周期序列通过系统后的频域响应的求解。

1．对于带限信号，只要满足奈奎斯特抽样定理，即 $f_s \geqslant 2f_m$，则抽样信号中将包含原信号的全部信息，再用理想低通滤波器就可恢复出原信号。

2．离散非周期序列存在离散时间傅里叶变换的充分条件为绝对可和。

3．离散时间傅里叶变换的性质，包括线性特性、时移特性和频域特性、频域微分特性、时域卷积特性、频域卷积特性、对称特性和帕塞瓦尔定理。

4．离散周期序列是时域和频域都离散化的信号，其频谱分析的工具是傅里叶级数。

5．离散时间 LTI 系统的频率响应就是系统单位样值响应的傅里叶变换，即 DTFT。

6．若离散非周期序列 $x(n)$ 为激励信号，存在 IDTFT，系统的频率响应为 $H(\mathrm{e}^{\mathrm{j}\Omega})$，则 $x(n)$ 作用于离散时间 LTI 系统的零状态响应 $y_{zs}(n)$ 的频谱为 $Y_{ZS}(\mathrm{e}^{\mathrm{j}\Omega})=X(\mathrm{e}^{\mathrm{j}\Omega})H(\mathrm{e}^{\mathrm{j}\Omega})$。

7．余弦信号通过离散时间 LTI 系统，其输出的零状态响应仍为同频率的余弦信号。

习　　题

5.1　一个理想抽样系统，抽样频率为 $\omega_s=8\pi$，抽样后信号经过理想低通滤波器 $H_a(\omega)$ 还原。其中

$$H_a(\omega)=\begin{cases}\dfrac{1}{4} & |\omega|<4\pi\\ 0 & |\omega|\geqslant 4\pi\end{cases}$$

对于输入 $x_{a_1}(t)=\cos 2\pi t$，$x_{a_2}(t)=\cos 5\pi t$，问 Ω 最大不能超过多少时，输出信号 $y_a(t)$ 有无失真？为什么？

5.2　已知一个连续时间信号为 $x_a(t)=\cos(2\pi\times 100t+\pi/2)$。

（1）计算 $x_a(t)$ 的周期；

（2）以抽样周期 T 对 $x_a(t)$ 抽样，要求能不失真地恢复原信号，计算抽样频率至少应为多少赫兹？抽样时间间隔应为多少秒？

（3）写出抽样信号 $\hat{x}_a(t)$ 的表达式，并用图表示。

5.3　已知实信号 $x_a(t)$ 的最高频率为 f_m(Hz)，试分别计算下列实信号。

（1）$x_a(2t)$；（2）$x_a(t)*x_a(2t)$；（3）$x_a(t)\cdot x_a(2t)$；（4）$x_a(t)+x_a(2t)$。抽样时，不发生混叠的最小抽样频率 $f_{s\min}$。

5.4　已知信号 $x_a(t)=\dfrac{\sin 4\pi t}{\pi t},-\infty<t<\infty$，当对该信号抽样时，试求能恢复原信号的最大抽样周期 $T_{\max}$。

5.5　对 $\cos 100\pi t$ 和 $\cos 750\pi t$ 信号以 $\dfrac{1}{400}$ 秒的周期抽样时，哪个抽样信号在恢复原信号时不出现混叠误差。分别画出抽样信号 $x_{fs}(t)$ 及其频谱 $F_{fs}(\omega)$。

5.6　已知 $x_a(t)$ 为一带限信号，其带宽为 B Hz，试求 $x_a(2t)$ 和 $x_a\left(\dfrac{t}{2}\right)$ 的奈奎斯特抽样频率是多少？当这 3 个信号用一个抽样器分时传送时，线路上每秒钟内至少要通过多少个抽样脉冲？

5.7　求下列序列的傅里叶变换 $X(\mathrm{e}^{\mathrm{j}\Omega})$。

（1）$\delta(n-m)$；（2）$2^n u(-n)$；（3）$\mathrm{e}^{-an}\sin(\Omega_0 n)u(n)$；

（4）$a^N R_N(n)$；（5）$\sin(\Omega_0 n)u(n)$；（6）$\mathrm{e}^{(a+j\Omega_0)n}u(n)$。

5.8　已知序列 $x(n)$ 的傅里叶变换为 $X(e^{j\Omega})$，求下列序列的傅里叶变换。

（1）$x(n-k)$；（2）$x(-n)$；（3）$x^*(-n)$；（4）$x^*(n)$；

（5）$x^2(n)$；（6）$\mathrm{Re}[x(n)]$；（7）$\mathrm{jIm}[x(n)]$；（8）$nx(n)$。

5.9　求序列 $x(n)=R_N(n)$ 的傅里叶变换。

5.10　已知序列 $x(n)$ 的傅里叶变换为 $X(\mathrm{e}^{\mathrm{j}\Omega})$，求 $x(1-n)+x(-1-n)$ 傅里叶变换。

5.11　某一因果线性时不变系统由下列差分方程描述

$$y(n)-ay(n-1)=x(n)-bx(n-1)$$

试确定能使该系统成为全通系统的 b 值（$b\neq a$），所谓全通系统是指其频率响应的模为与频率 Ω 无关的常数系统。

5.12　设 $x(n)=R_4(n)$，$\tilde{x}(n)=x((n))_6$ 试求 $\tilde{X}(k)$，并做图表示 $\tilde{x}(n)$ 和 $\tilde{X}(k)$。

5.13　已知序列 $x(n)=4\delta(n)+3\delta(n-1)+2\delta(n-2)+\delta(n-3)$，请画出 $x_1(n)$ 和 $x_2(n)$ 的图形。

（1）$x_1(n)=x((n-2))_4 R_4(n)$；（2）$x_2(n)=x((2-n))_4 R_4(n)$

5.14　已知某离散时间 LTI 系统的脉冲响应 $h(n)=0.5^n u(n)$，输入序列为 $x(n)=\cos(0.5\pi n)$，求该系统的零状态响应。

5.15　试求差分器的频率响应 $\mathrm{H}(\mathrm{e}^{\mathrm{j}\omega})$。

5.16　试求延时器的频率响应 $\mathrm{H}(\mathrm{e}^{\mathrm{j}\omega})$。

5.17　考虑一离散时间因果 LTI 系统，其差分方程为

$$y(n)-\frac{1}{6}y(n-1)-\frac{1}{6}y(n-2)=x(n)$$

（1）求该系统的频率响应 $\mathrm{H}(\mathrm{e}^{\mathrm{j}\omega})$ 和单位样值响应 $h(n)$；

（2）求当输入为 $x(n)=\left(\dfrac{1}{2}\right)^n u(n)$ 时，系统的零状态响应。

第6章 连续时间信号与系统的复频域分析

6.1 引言

前面讨论了连续时间信号与系统的频域分析，揭示了信号与系统内在的频率特性。然而，频域分析法也存在局限性。例如，一些信号不存在傅里叶变换，无法对其进行频域分析。频域分析法无法求解系统的零输入响应。而且，频域分析的具体数学计算比较繁琐。为此，本章将傅里叶变换中的虚指数信号 $e^{j\omega t}$ 中的 $j\omega$ 扩展到 $s=\sigma+j\omega$（σ，ω 为实数），以复指数信号 e^{st} 作为基本信号，将信号分解为 e^{st} 的线性叠加，采用类似于傅里叶分析的方法对信号和系统特性进行讨论，得到拉普拉斯变换分析法。由于虚指数信号是复指数信号的特例，所以拉普拉斯变换分析法是频域分析法的推广，更具有一般性。

在拉普拉斯变换中，变量是复数 s，称为复频率，所以拉普拉斯变换分析法也称为复频域分析法。和傅里叶变换相比，拉普拉斯变换的物理意义不够清楚，对于通过变换加深对原有对象（如信号）的认识帮助不如前者大。但它在变换的另一个功能，即简化时域分析手段方面有突出优势。另外，拉普拉斯变换分析法求解微分方程时，起始条件被自动计入，可以直接求得系统的零输入响应、零状态响应和全响应。

6.2 拉普拉斯变换

6.2.1 从傅里叶变换到拉普拉斯变换

由傅里叶变换的讨论可知，只有在满足绝对可积（收敛）条件的信号才能够进行傅里叶变换。信号之所以不满足绝对可积的条件，可能是由于当 $t\to+\infty$ 或 $t\to-\infty$ 时，$x(t)$ 不趋于零的缘故。为了避免这种情况，引入一个收敛（衰减）因子 $e^{-\sigma t}$，通过适当选取 σ 的值，使信号 $x(t)\,e^{-\sigma t}$ 满足绝对可积的条件。

设信号 $x(t)$ 的傅里叶变换为

$$X(\omega)=\int_{-\infty}^{+\infty}x(t)e^{-j\omega t}dt$$

将信号 $x(t)$ 乘以收敛因子 $e^{-\sigma t}$，σ 为实常数，则 $x(t)\,e^{-\sigma t}$ 的傅里叶变换

$$\mathscr{F}[x(t)\mathrm{e}^{-\sigma t}] = \int_{-\infty}^{+\infty} x(t)\mathrm{e}^{-\sigma t}\mathrm{e}^{-\mathrm{j}\omega t}\mathrm{d}t = \int_{-\infty}^{+\infty} x(t)\mathrm{e}^{-(\sigma+\mathrm{j}\omega)t}\mathrm{d}t \tag{6.1}$$

令$s=\sigma+\mathrm{j}\omega$，$\mathscr{F}[x(t)\mathrm{e}^{-\sigma t}]=X(\sigma+\mathrm{j}\omega)$，其中$s$为一复数变量，称为复频率。$\sigma$的单位为$1/\mathrm{s}$，$\omega$的单位为$\mathrm{rad/s}$，则得到

$$X(s) = \int_{-\infty}^{+\infty} x(t)\mathrm{e}^{-st}\mathrm{d}t \tag{6.2}$$

式（6.1）对应的傅里叶反变换为

$$x(t)\mathrm{e}^{-\sigma t} = \frac{1}{2\pi}\int_{-\infty}^{+\infty} X(\sigma+\mathrm{j}\omega)\mathrm{e}^{\mathrm{j}\omega t}\mathrm{d}\omega$$

上式两边同乘以$\mathrm{e}^{\sigma t}$，则得函数

$$x(t) = \frac{1}{2\pi}\int_{-\infty}^{+\infty} X(\sigma+\mathrm{j}\omega)\mathrm{e}^{(\sigma+\mathrm{j}\omega)t}\mathrm{d}\omega \tag{6.3}$$

因为$s=\sigma+\mathrm{j}\omega$，且$\sigma$为实常数，故$\mathrm{d}s=\mathrm{j}d\omega$，$\omega=\pm\infty$时，有$s=\sigma\pm\mathrm{j}\infty$，代入（6.3）式得到

$$x(t) = \frac{1}{2\pi\mathrm{j}}\int_{\sigma-\mathrm{j}\infty}^{\sigma+\mathrm{j}\infty} X(s)\mathrm{e}^{st}\mathrm{d}s \tag{6.4}$$

与傅里叶变换类似，式（6.2）和式（6.4）分别称为拉普拉斯正变换和反变换式，$X(s)$称为$x(t)$的象函数，$x(t)$称为$X(s)$的原函数，两者构成拉普拉斯变换对。记为$X(s)=\mathscr{L}[x(t)]$和$x(t)=\mathscr{L}^{-1}[X(s)]$，有时也可以表示为$x(t)\overset{\mathscr{L}}{\leftrightarrow}X(s)$。

一般常用信号均为因果信号（即有始信号）。对于因果信号，为便于讨论$t=0^-$到$t=0^+$发生的跳变现象，式（6.2）中积分下限从0^-开始，即

$$X(s) = \int_{0^-}^{+\infty} x(t)\mathrm{e}^{-st}\mathrm{d}t \tag{6.5}$$

式（6.2）定义为双边拉普拉斯变换，式（6.5）称为信号$x(t)$的单边拉普拉斯变换，简称单边拉普拉斯变换。需要注意的是，单边拉普拉斯反变换仍为式（6.4），但是$x(t)$在$t>0$才有定义。

综上所述，傅里叶变换建立了信号的时域与频域之间的关系，而拉普拉斯变换则建立了信号的时域与复频域之间的关系。本书主要讨论和应用单边拉普拉斯变换。若未明确声明，书中拉普拉斯变换均指单边拉普拉斯变换。

6.2.2 拉普拉斯变换的收敛域

从上述分析可知，当信号$x(t)$乘以收敛因子$\mathrm{e}^{-\sigma t}$后，有可能满足绝对可积的条件，但并不是σ的任何取值都能够使得$x(t)\ \mathrm{e}^{-\sigma t}$收敛，只有当$\sigma$的取值满足一定条件时，$x(t)\ \mathrm{e}^{-\sigma t}$才能够收敛。因此拉普拉斯变换的收敛是有条件的。拉普拉斯变换收敛的充分条件是$x(t)\mathrm{e}^{-\sigma t}$绝对可积，即

$$\int_{-\infty}^{+\infty} |\, x(t)\mathrm{e}^{-\sigma t}\,|\,\mathrm{d}t < \infty \tag{6.6}$$

使上式成立的σ的取值范围称为拉普拉斯变换的收敛域，简记为ROC（Region of Convergence）。为了描述ROC，s复平面实轴通常记作$\mathrm{Re}[s]$。

对于单边拉普拉斯变换，当$\mathrm{Re}[s]>\sigma_0$，或写为$\sigma>\sigma_0$时，存在下列关系

$$\lim_{t\to\infty} x(t)\mathrm{e}^{-\sigma t}=0 \tag{6.7}$$

则称$\mathrm{Re}[s]>\sigma_0$为收敛条件。σ_0值指出了函数$x(t)\ \mathrm{e}^{-\sigma t}$的收敛条件。$\sigma_0$的值由函数$x(t)$的性质确定。根据$\sigma_0$可将$S$平面（复频率平面）分为两个区域，如图6.1所示。通过σ_0点的垂直于σ轴的直线是两个区域的分界线，称为收敛轴，σ_0称为收敛坐标。收敛轴以右的区域（不包括收敛轴在内）即为收敛域，收敛轴以左的区域（包括收敛轴在内）则为非收敛域。可见$x(t)$或$X(s)$的收敛域就是在s平面上能使式满足式（6.7）的取值范围，即σ只有在收敛域内取值，$x(t)$的拉普拉斯变换$X(s)$才能存在，且一定存在。

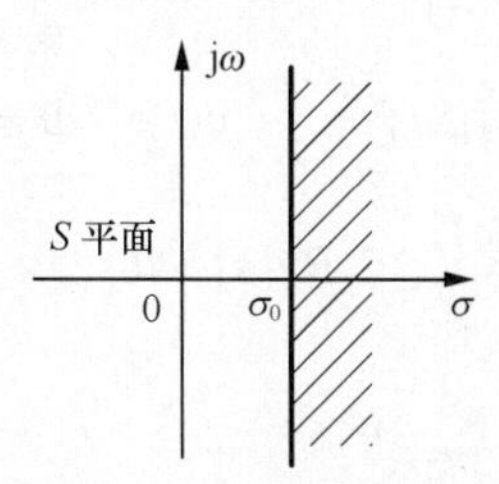

图6.1　S平面的收敛域

例6.1　求下列各函数的收敛域。

（1）$x(t)=\delta(t)$；　（2）$x(t)=u(t)$；　（3）$x(t)=\mathrm{e}^{-2t}u(t)$；

（4）$x(t)=\mathrm{e}^{2t}u(t)$；　（5）$x(t)=\cos\omega_0 tu(t)$。

解：（1）欲使$\lim\limits_{t\to\infty} x(t)\mathrm{e}^{-\sigma t}=\lim\limits_{t\to\infty}\delta(t)\mathrm{e}^{-\sigma t}=0$成立，则必须有$\sigma>-\infty$，故其收敛域为全$S$平面。此时$\sigma_0=-\infty$。

（2）欲使$\lim\limits_{t\to\infty} x(t)\mathrm{e}^{-\sigma t}=\lim\limits_{t\to\infty} u(t)\mathrm{e}^{-\sigma t}=0$成立，则必须有$\sigma>0$，故其收敛域为$S$平面的右半开平面。此时$\sigma_0=0$。

（3）欲使$\lim\limits_{t\to\infty} x(t)\mathrm{e}^{-\sigma t}=\lim\limits_{t\to\infty} e^{-2t}\mathrm{e}^{-\sigma t}=\lim\limits_{t\to\infty}\mathrm{e}^{-(2+\sigma)t}=0$成立，则必须有$2+\sigma>0$，即$\sigma>-2$。此时$\sigma_0=-2$。

（4）欲使$\lim\limits_{t\to\infty} x(t)\mathrm{e}^{-\sigma t}=\lim\limits_{t\to\infty}\mathrm{e}^{2t}\mathrm{e}^{-\sigma t}=\lim\limits_{t\to\infty}\mathrm{e}^{-(\sigma-2)t}=0$成立，则必须有$\sigma-2>0$，即$\sigma>2$。此时$\sigma_0=2$。

（5）欲使$\lim\limits_{t\to\infty} x(t)\mathrm{e}^{-\sigma t}=\lim\limits_{t\to\infty}\cos\omega_0 t\mathrm{e}^{-\sigma t}=0$成立，则必须有$\sigma>0$，故其收敛域为$S$平面的右半开平面，此时$\sigma_0=0$。

由上面的分析我们看到，完整地表达信号$x(t)$的拉普拉斯变换，不仅包括$X(s)$，还应该包括其收敛域，这和傅里叶变换是不同的。由于单边拉普拉斯变换的收敛域必定存在，且收敛域的具体位置不影响其反变换的结果，因此，在以后的讨论中就不再说明函数的单边拉普拉斯变换是否收敛。

6.2.3　常见信号的拉普拉斯变换

与傅里叶变换类似，为了便于对复杂信号进行复频域分析，下面给出常见信号的拉普拉斯变换，信号均为因果信号，即起始于$t=0$时刻。

1. 冲激信号$\delta(t)$

由单边拉普拉斯变换的定义式，有

$$\mathscr{L}[\delta(t)]=\int_{0^-}^{+\infty}\delta(t)e^{-st}\mathrm{d}t=\int_{0^-}^{+\infty}\delta(t)\mathrm{d}t=1 \tag{6.8}$$

即
$$\delta(t)\overset{\mathscr{L}}{\leftrightarrow}1,\quad \mathrm{Re}[s]>-\infty$$

进一步推广，可得

$$\delta^{(n)}(t)\overset{\mathscr{L}}{\leftrightarrow}s^n,\quad \mathrm{Re}[s]>-\infty$$

2. 阶跃信号$u(t)$

由单边拉普拉斯变换的定义式，有

$$\mathscr{L}[u(t)]=\int_{0^-}^{+\infty}u(t)\mathrm{e}^{-st}\mathrm{d}t=\frac{1}{s} \tag{6.9}$$

即
$$u(t)\overset{\mathscr{L}}{\leftrightarrow}\frac{1}{s},\quad \mathrm{Re}[s]>0$$

3. 指数信号$\mathrm{e}^{-\alpha t}$

由单边拉普拉斯变换的定义式，有

$$\mathscr{L}[\mathrm{e}^{-\alpha t}]=\int_{0^-}^{+\infty}\mathrm{e}^{-\alpha t}\mathrm{e}^{-st}dt=\frac{1}{s+\alpha} \tag{6.10}$$

即
$$\mathrm{e}^{-\alpha t}\overset{\mathscr{L}}{\leftrightarrow}\frac{1}{s+\alpha},\quad \mathrm{Re}[s]>-\alpha$$

显然令$\alpha=0$，也可以得出阶跃信号的拉普拉斯变换。实际上，余弦信号和正弦信号的拉普拉斯变换，都可以在指数信号$\mathrm{e}^{-\alpha t}$的拉普拉斯变换的基础上求得，因此，指数信号$\mathrm{e}^{-\alpha t}$和$\delta(t)$是连续系统核心的基本信号。

4. 余弦信号$\cos\omega_0 t$

由单边拉普拉斯变换的定义式和欧拉公式，有

$$\mathscr{L}[\cos\omega_0 t]=\frac{1}{2}\mathscr{L}[\mathrm{e}^{\mathrm{j}\omega_0 t}+\mathrm{e}^{-\mathrm{j}\omega_0 t}]=\frac{1}{2}\left(\frac{1}{s-\mathrm{j}\omega_0}+\frac{1}{s+\mathrm{j}\omega_0}\right)=\frac{s}{s^2+\omega_0^2} \tag{6.11}$$

即
$$\cos\omega_0 t\overset{\mathscr{L}}{\leftrightarrow}\frac{s}{s^2+\omega_0^2},\quad \mathrm{Re}[s]>0$$

5. 正弦信号$\sin\omega_0 t$

由单边拉普拉斯变换的定义式和欧拉公式，有

$$\mathscr{L}[\sin\omega_0 t]=\frac{1}{2\mathrm{j}}\mathscr{L}[\mathrm{e}^{\mathrm{j}\omega_0 t}-\mathrm{e}^{-\mathrm{j}\omega_0 t}]=\frac{1}{2\mathrm{j}}\left(\frac{1}{s-\mathrm{j}\omega_0}-\frac{1}{s+\mathrm{j}\omega_0}\right)=\frac{\omega_0}{s^2+\omega_0^2} \tag{6.12}$$

即
$$\sin\omega_0 t\overset{\mathscr{L}}{\leftrightarrow}\frac{\omega_0}{s^2+\omega_0^2},\quad \mathrm{Re}[s]>0$$

6. 衰减余弦信号$\mathrm{e}^{-\alpha t}\cdot\cos\omega_0 t$

由欧拉公式，有

$$\mathrm{e}^{-\alpha t}\cdot\cos\omega_0 t=\frac{1}{2}\left(\mathrm{e}^{-(\alpha-j\omega_0)t}+\mathrm{e}^{-(\alpha+j\omega_0)t}\right)$$

所以

$$\mathscr{L}[\mathrm{e}^{-\alpha t}\cdot\cos\omega_0 t]=\mathscr{L}\left[\frac{1}{2}\left(\mathrm{e}^{-(\alpha-\mathrm{j}\omega_0)t}+\mathrm{e}^{-(\alpha+\mathrm{j}\omega_0)t}\right)\right]=\frac{1}{2}\left(\frac{1}{s+\alpha-\mathrm{j}\omega_0}+\frac{1}{s+\alpha+\mathrm{j}\omega_0}\right)$$

$$=\frac{s+\alpha}{(s+\alpha)^2+\omega_0^2} \tag{6.13}$$

即

$$\mathrm{e}^{-\alpha t}\cdot\cos\omega_0 t\overset{\mathscr{L}}{\leftrightarrow}\frac{s+\alpha}{(s+\alpha)^2+\omega_0^2},\quad \mathrm{Re}[s]>-\alpha$$

7. 衰减正弦信号 $\mathrm{e}^{-\alpha t}\cdot\sin\omega_0 t$

由欧拉公式，有

$$\mathrm{e}^{-\alpha t}\cdot\sin\omega_0 t=\frac{1}{2\mathrm{j}}\left(\mathrm{e}^{-(\alpha-\mathrm{j}\omega_0)t}-\mathrm{e}^{-(\alpha+\mathrm{j}\omega_0)t}\right)$$

所以

$$\mathscr{L}[\mathrm{e}^{-\alpha t}\cdot\sin\omega_0 t]=\mathscr{L}\left[\frac{1}{2\mathrm{j}}\left(\mathrm{e}^{-(\alpha-\mathrm{j}\omega_0)t}-\mathrm{e}^{-(\alpha+\mathrm{j}\omega_0)t}\right)\right]=\frac{1}{2\mathrm{j}}\left(\frac{1}{s+\alpha-\mathrm{j}\omega_0}-\frac{1}{s+\alpha+\mathrm{j}\omega_0}\right)$$

$$=\frac{\omega_0}{(s+\alpha)^2+\omega_0^2} \tag{6.14}$$

即

$$\mathrm{e}^{-\alpha t}\cdot\sin\omega_0 t\overset{\mathscr{L}}{\leftrightarrow}\frac{\omega_0}{(s+\alpha)^2+\omega_0^2},\quad \mathrm{Re}[s]>-\alpha$$

8. t 的正幂信号 t^n（n 为正整数）

根据拉普拉斯变换的定义

$$\mathscr{L}[t^n]=\int_{0^-}^{\infty}t^n\mathrm{e}^{-st}\mathrm{d}t$$

令

$$u=t^n,\quad \mathrm{d}v=\mathrm{e}^{-st}\mathrm{d}t$$

则

$$\mathrm{d}u=nt^{n-1}\mathrm{d}t,\quad v=\int\mathrm{e}^{-st}\mathrm{d}t=-\frac{1}{s}\mathrm{e}^{-st}$$

用分部积分法，可得

$$\int_{0^-}^{+\infty}t^n\mathrm{e}^{-st}\mathrm{d}t=[t^n\cdot\frac{(-1)}{s}\mathrm{e}^{-st}]_{0^-}^{+\infty}+\int_{0^-}^{+\infty}\frac{1}{s}\mathrm{e}^{-st}nt^{n-1}\mathrm{d}t=\frac{n}{s}\int_{0^-}^{+\infty}t^{n-1}\mathrm{e}^{-st}\mathrm{d}t$$

故

$$\mathscr{L}[t^n]=\frac{n}{s}\mathscr{L}[t^{n-1}]=\frac{n(n-1)(n-2)\cdots2\cdot1}{s^n}\mathscr{L}[t^0]=\frac{n!}{s^{n+1}} \tag{6.15}$$

即

$$t^n\overset{\mathscr{L}}{\leftrightarrow}\frac{n!}{s^{n+1}},\quad \mathrm{Re}[s]>0$$

一些常见信号的拉普拉斯变换列于附录C。

6.3 拉普拉斯变换的性质

拉普拉斯变换构建了信号时域描述和复频域描述之间的关系，当信号在一域中有所变化时，在另一域中必然要发生相应的变化，这种相应变化的规律称为变换的性质。这些性质揭示了信号的时域特性与复频域特性之间的关系，利用这些性质可简化拉普拉斯正、反变换的求取。

1. 线性特性

若 $x_1(t)\overset{\mathscr{L}}{\leftrightarrow}X_1(s)$， $\mathrm{Re}[s]>\sigma_1$； $x_2(t)\overset{\mathscr{L}}{\leftrightarrow}X_2(s)$， $\mathrm{Re}[s]>\sigma_2$，且 a_1 和 a_2 为任意常数，则

$$a_1x_1(t)+a_2x_2(t)\overset{\mathscr{L}}{\leftrightarrow}a_1X_1(s)+a_2X_2(s)\qquad \mathrm{Re}[s]>\max(\sigma_1,\sigma_2)\tag{6.16}$$

2. 时移特性

若 $x(t)\overset{\mathscr{L}}{\leftrightarrow}X(s)$， $\mathrm{Re}[s]>\sigma_0$，则

$$x(t-t_0)\cdot u(t-t_0)\overset{\mathscr{L}}{\leftrightarrow}\mathrm{e}^{-st_0}\cdot X(s),\quad t_0\geqslant 0,\quad \mathrm{Re}[s]>\sigma_0\tag{6.17}$$

式中 $t_0\geqslant 0$，如果 $t_0<0$，信号有可能左移越过原点，导致原点左边部分信号积分失去意义。

证明：根据单边拉普拉斯变换的定义，有

$$\mathscr{L}[x(t-t_0)\cdot u(t-t_0)]=\int_{0^-}^{\infty}x(t-t_0)\cdot u(t-t_0)\mathrm{e}^{-st}\mathrm{d}t=\int_{t_0^-}^{\infty}x(t-t_0)\mathrm{e}^{-st}\mathrm{d}t$$

令 $\tau=t-t_0$，则 $t=\tau+t_0$， $dt=d\tau$，可得

$$\begin{aligned}\mathscr{L}[x(t-t_0)\cdot u(t-t_0)]&=\int_{0^-}^{\infty}x(\tau)\mathrm{e}^{-s\tau}\mathrm{e}^{-st_0}\mathrm{d}\tau\\&=\mathrm{e}^{-st_0}\int_{0^-}^{\infty}x(\tau)\mathrm{e}^{-s\tau}\mathrm{d}\tau=\mathrm{e}^{-st_0}X(s)\end{aligned}$$

需要强调的是，时移信号 $x(t-t_0)u(t-t_0)$ 是指因果信号 $x(t)u(t)$ 延时 t_0 后的信号，而并非是 $x(t-t_0)u(t)$。

例 6.2 设 $x(t)=\sin\omega_0 t$，因 $X(s)=\mathscr{L}[\sin\omega_0 t]=\dfrac{\omega_0}{s^2+\omega_0^2}$，若 $t_0>0$，试求下列信号的拉普拉斯变换。

（1） $x\ (t-t_0)=\sin\omega_0(t-t_0)$；　　（2） $x\ (t-t_0)\cdot u(t)=\sin\omega_0(t-t_0)\cdot u(t)$；

（3） $x(t)\cdot u(t-t_0)=\sin\omega_0(t)\cdot u(t-t_0)$；　　（4） $x(t-t_0)\cdot u(t-t_0)=\sin\omega_0(t-t_0)\cdot u(t-t_0)$。

解：上述四个信号的波形如图 6.2 的（a）、（b）、（c）、（d）所示。

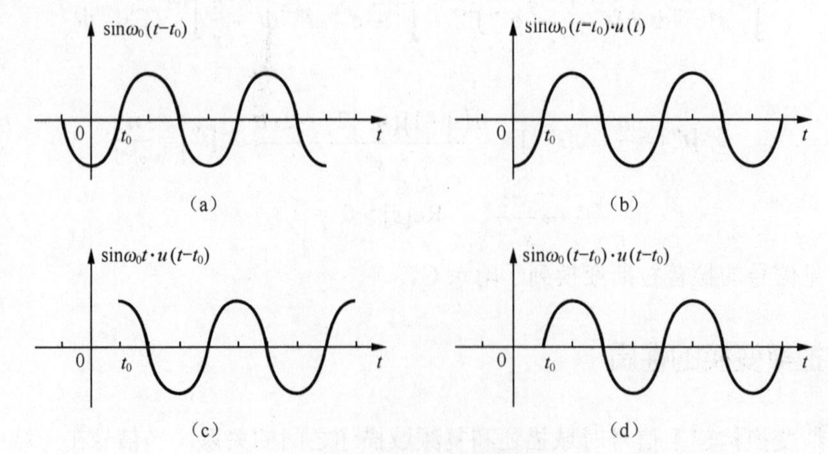

图 6.2　例 6.2 信号波形图

从图可以看出，信号（1）和（2）在$t_0 \geqslant 0$的波形是相同的，因此它们的拉普拉斯变换也是相同的，即

$$X_1(s) = X_2(s) = \mathscr{L}[\sin\omega_0(t-t_0)]$$

由三角公式，有

$$\begin{aligned}\mathscr{L}[\sin\omega_0(t-t_0)] &= \mathscr{L}[\sin\omega_0 t\cdot\cos\omega_0 t_0 - \cos\omega_0 t\cdot\sin\omega_0 t_0]\\ &= \cos\omega_0 t_0\cdot\mathscr{L}(\sin\omega_0 t) - \sin\omega_0 t_0\cdot\mathscr{L}(\cos\omega_0 t)\\ &= \frac{\omega_0\cdot\cos\omega_0 t_0 - s\cdot\sin\omega_0 t_0}{s^2+\omega_0^2}\end{aligned}$$

信号（3）的拉普拉斯变换是

$$\begin{aligned}X_3(s) &= \mathscr{L}[\sin\omega_0 t\cdot u(t-t_0)] = \int_{t_0^-}^{\infty}\sin\omega_0 t\cdot e^{-st}dt = \int_{t_0^-}^{\infty}\frac{1}{2j}(e^{j\omega_0 t} - e^{-j\omega_0 t})e^{-st}dt\\ &= \frac{1}{2j}\int_{t_0^-}^{\infty}[e^{-(s-j\omega_0)t} - e^{-(s+j\omega_0)t}]dt = \frac{1}{2j}\left[\frac{e^{-(s-j\omega_0)t_0}}{s-j\omega_0} - \frac{e^{-(s+j\omega_0)t_0}}{s+j\omega_0}\right]\\ &= e^{-st_0}\left[\frac{\omega_0\cdot\cos\omega_0 t_0 + s\cdot\sin\omega_0 t_0}{s^2+\omega_0{}^2}\right]\end{aligned}$$

信号（4）的拉普拉斯变换是

$$\begin{aligned}X_4(s) &= \mathscr{L}[\sin\omega_0(t-t_0)\cdot u(t-t_0)] = \int_{t_0^-}^{\infty}\frac{1}{2j}[e^{j\omega_0(t-t_0)} - e^{-j\omega_0(t-t_0)}]e^{-st}dt\\ &= \frac{1}{2j}\left[\frac{e^{-j\omega_0 t_0}\cdot e^{-(s-j\omega_0)t_0}}{s-j\omega_0} - \frac{e^{j\omega_0 t_0}\cdot e^{-(s+j\omega_0)t_0}}{s+j\omega_0}\right]\\ &= \frac{1}{2j}\left[\frac{e^{-st_0}}{s-j\omega_0} - \frac{e^{-st_0}}{s+j\omega_0}\right] = e^{-st_0}\cdot\frac{\omega_0}{s^2+\omega_0^2}\end{aligned}$$

可见，只有信号$x(t-t_0)\cdot u(t-t_0) = \sin\omega_0(t-t_0)\cdot u(t-t_0)$是信号$x(t)\cdot u(t) = \sin\omega_0 t\cdot u(t)$右移了$t_0$而得到的，它是唯一符合时移特性条件的。

3. 展缩特性

若$x(t)\overset{\mathscr{L}}{\leftrightarrow}X(s)$， $\mathrm{Re}[s] > \sigma_0$，且$a > 0$，则

$$x(at)\overset{\mathscr{L}}{\leftrightarrow}\frac{1}{a}X\left(\frac{s}{a}\right),\quad \mathrm{Re}[s] > a\sigma_0 \tag{6.18}$$

式中，$a > 0$保证了$x(at)$也是因果信号。

证明：根据单边拉普拉斯变换的定义，有

$$\mathscr{L}[x(at)] = \int_{0^-}^{\infty}x(at)e^{-st}dt$$

令$\eta = at$，则$t = \dfrac{\eta}{a}$，上式变换为

$$\mathscr{L}[x(at)] = \int_{0^-}^{\infty}x(\eta)e^{-(\frac{s}{a})\eta}\cdot\frac{d\eta}{a} = \frac{1}{a}X\left(\frac{s}{a}\right)$$

将式（6.18）进一步推广，当$a > 0$，$b \geqslant 0$时，有

$$x(at-b)u(at-b)\leftrightarrow\frac{1}{a}X\left(\frac{s}{a}\right)\mathrm{e}^{-\frac{b}{a}s}\qquad \mathrm{Re}[s]>a\sigma_0 \tag{6.19}$$

4. 复频移特性

若 $x(t)\overset{\mathscr{L}}{\leftrightarrow}X(s)$， $\mathrm{Re}[s]>\sigma_0$，则

$$x(t)\cdot\mathrm{e}^{\pm s_0 t}\leftrightarrow X(s\mp s_0)\,,\quad \mathrm{Re}[s]>\sigma_0\pm\mathrm{Re}[s_0] \tag{6.20}$$

上式表明，时间函数乘以 $\mathrm{e}^{\pm s_0 t}$，相当于其拉普拉斯变换式在 s 域内移动 $\mp s_0$。

例 6.3 已知因果信号 $x(t)$ 的拉普拉斯变换 $X(s)=\dfrac{s}{s^2+1}$，求 $\mathrm{e}^{-t}x(3t-5)$ 的拉普拉斯变换。

解：由于

$$x(t)\overset{\mathscr{L}}{\leftrightarrow}X(s)=\frac{s}{s^2+1}$$

由时移特性有

$$x(t-5)\overset{\mathscr{L}}{\leftrightarrow}\frac{s}{s^2+1}\mathrm{e}^{-5s}$$

由展缩特性有

$$x(3t-5)\overset{\mathscr{L}}{\leftrightarrow}\frac{1}{3}\frac{\frac{s}{3}}{\left(\frac{s}{3}\right)^2+1}\mathrm{e}^{-\frac{5s}{3}}$$

再由复频移特性有

$$\mathrm{e}^{-t}x(3t-5)\overset{\mathscr{L}}{\leftrightarrow}\frac{(s+1)}{(s+1)^2+9}\mathrm{e}^{-\frac{5}{3}(s+1)}$$

5. 时域微分特性

若 $x(t)\overset{\mathscr{L}}{\leftrightarrow}X(s)$， $\mathrm{Re}[s]>\sigma_0$，则

$$\frac{\mathrm{d}x(t)}{\mathrm{d}t}\overset{\mathscr{L}}{\leftrightarrow}sX(s)-x(0^-)\,,\quad \mathrm{Re}[s]>\sigma_0 \tag{6.21}$$

证明：根据单边拉普拉斯变换的定义，有

$$\mathscr{L}\left[\frac{\mathrm{d}x(t)}{\mathrm{d}t}\right]=\int_{0^-}^{\infty}\frac{\mathrm{d}x(t)}{\mathrm{d}t}e^{-st}\mathrm{d}t=\int_{0^-}^{\infty}\mathrm{e}^{-st}\mathrm{d}x(t)$$

令 $u=\mathrm{e}^{-st}$，则 $du=-s\mathrm{e}^{-st}\mathrm{d}t$，设 $v=x(t)$，则 $dv=dx(t)$，对上式进行分部积分，可得

$$\mathscr{L}\left[\frac{\mathrm{d}x(t)}{\mathrm{d}t}\right]=\mathrm{e}^{-st}x(t)\Big|_{0^-}^{\infty}+s\int_{0^-}^{\infty}x(t)\mathrm{e}^{-st}\mathrm{d}t=sX(s)-x(0^-)$$

利用式（6.21）可得高阶导数的单边拉普拉斯变换为

$$\mathscr{L}\left[\frac{\mathrm{d}^2x(t)}{\mathrm{d}t^2}\right]=\int_0^{\infty}\frac{\mathrm{d}^2x(t)}{\mathrm{d}t^2}\mathrm{e}^{-st}\mathrm{d}t=s^2X(s)-sx(0^-)-x'(0^-) \tag{6.22}$$

$$\mathscr{L}\left[\frac{\mathrm{d}^nx(t)}{\mathrm{d}t^n}\right]=s^nX(s)-\sum_{r=0}^{n-1}s^{n-r-1}x^{(r)}(0^-) \tag{6.23}$$

可以看出，时域微分特性式中包含了起始状态，而且把时域的微分方程转化为了复频域的代数方程，因此，可以方便地从复频域求解系统的零输入响应和零状态响应，而傅里叶变换时却没有起始状态出现，也就无法利用傅里叶变换直接求零输入响应，这是复频域性质的一个优点。

如果信号是因果信号 $x(t)=x(t)u(t)$，因为 $x(0^-)=x'(0^-)=x''(0^-)=\cdots=0$，则式（6.21）、式（6.22）和式（6.23）可分别改写为

$$\frac{dx(t)}{dt}\overset{\mathscr{L}}{\leftrightarrow}sX(s) \tag{6.24}$$

$$\frac{d^2x(t)}{dt^2}\overset{\mathscr{L}}{\leftrightarrow}s^2X(s) \tag{6.25}$$

$$\frac{d^nx(t)}{dt^n}\overset{\mathscr{L}}{\leftrightarrow}s^nX(s) \tag{6.26}$$

这里显示，对于因果信号，时域微分运算直接转换为复频域的乘法运算，大大降低了微分运算的复杂度。

例 6.4 已知 $x(t)=\cos t\cdot u(t)$ 的拉普拉斯变换 $X(s)=\dfrac{s}{s^2+1}$，求 $\sin t\cdot u(t)$ 的拉普拉斯变换。

解：由于

$$x'(t)=\cos t\cdot\frac{\mathrm{d}u(t)}{\mathrm{d}t}+\frac{\mathrm{d}\cos(t)}{\mathrm{d}t}\cdot u(t)=\cos t\cdot\delta(t)-\sin t\cdot u(t)$$

$$=\delta(t)-\sin t\cdot u(t)$$

即

$$\sin t\cdot u(t)=\delta(t)-x'(t)$$

对上式取拉普拉斯变换，利用时域微分特性并考虑到 $x(0^-)=\cos t\cdot u(t)|_{t=0^-}=0$，可得

$$\mathscr{L}[\sin t\cdot u(t)]=\mathscr{L}[\delta(t)]-\mathscr{L}[x'(t)]=1-(s\cdot\frac{s}{s^2+1}-0)=\frac{1}{s^2+1}$$

6. 时域积分特性

若 $x(t)\overset{\mathscr{L}}{\leftrightarrow}X(s)$， $\mathrm{Re}[s]>\sigma_0$，则

$$\int_{0^-}^t x(\tau)\mathrm{d}\tau\overset{\mathscr{L}}{\leftrightarrow}\frac{1}{s}X(s)\quad,\quad \mathrm{Re}[s]>\max[\sigma_0,0] \tag{6.27}$$

$$\int_{-\infty}^t x(\tau)\mathrm{d}\tau\overset{\mathscr{L}}{\leftrightarrow}\frac{1}{s}X(s)+\frac{1}{s}x^{(-1)}(0^-),\quad \mathrm{Re}[s]>\max[\sigma_0,0] \tag{6.28}$$

其中，$x^{(-1)}(0^-)=\int_{-\infty}^t x(\tau)\mathrm{d}t\,|_{t=0^-}=\int_{-\infty}^{0^-}x(\tau)\mathrm{d}t$

证明：根据单边拉普拉斯变换的定义，利用分部积分，有

$$\mathscr{L}[\int_{0^-}^t x(\tau)\mathrm{d}\tau]=\int_{0^-}^{\infty}[\int_{0^-}^t x(\tau)\mathrm{d}\tau]\cdot\mathrm{e}^{-st}\mathrm{d}t=[\frac{-\mathrm{e}^{-st}}{s}\int_{0^-}^t x(\tau)\mathrm{d}\tau]_{0^-}^{\infty}+\frac{1}{s}\int_{0^-}^{\infty}x(t)\cdot\mathrm{e}^{-st}\mathrm{d}t$$

当 $t\to\infty$ 或 $t=0^-$ 时，上式右边第一项为零，所以

$$\mathscr{L}[\int_{0^-}^t x(\tau)\mathrm{d}\tau]=\frac{1}{s}X(s)$$

若积分下限从 $t=-\infty$ 开始，则有

$$\int_{-\infty}^t x(\tau)\mathrm{d}\tau=\int_{-\infty}^{0^-}x(\tau)\mathrm{d}\tau+\int_{0^-}^t x(\tau)\mathrm{d}\tau=x^{(-1)}(0^-)+\int_{0^-}^t x(\tau)\mathrm{d}\tau$$

两边取拉普拉斯变换，可得

$$\mathscr{L}[\int_{-\infty}^{t}x(\tau)\mathrm{d}\tau]=\mathscr{L}[x'(0^-)+\int_{0^-}^{t}x(\tau)\mathrm{d}\tau]=\frac{1}{s}x^{(-1)}(0^-)+\frac{1}{s}X(s)$$

7. 复频域微分特性

若 $x(t)\overset{\mathscr{L}}{\leftrightarrow}X(s)$， $\mathrm{Re}[s]>\sigma_0$，则

$$(-t)x(t)\overset{\mathscr{L}}{\leftrightarrow}\frac{\mathrm{d}}{\mathrm{d}s}X(s),\quad \mathrm{Re}[s]>\sigma_0 \tag{6.29}$$

证明：根据单边拉普拉斯变换的定义，有

$$X(s)=\int_{0^-}^{+\infty}x(t)\mathrm{e}^{-st}\mathrm{d}t$$

上式两边对 s 进行求导，得

$$X'(s)=\frac{\mathrm{d}}{\mathrm{d}s}[\int_{0^-}^{+\infty}x(t)\mathrm{e}^{-st}\mathrm{d}t]=\int_{0^-}^{+\infty}x(t)\frac{\mathrm{d}}{\mathrm{d}s}(\mathrm{e}^{-st})\mathrm{d}t=\int_{0^-}^{+\infty}x(t)\cdot(-t)\mathrm{e}^{-st}\mathrm{d}t$$

$$=\int_{0^-}^{+\infty}(-tx(t))\mathrm{e}^{-st}\mathrm{d}t=\mathscr{L}[-tx(t)]$$

即

$$(-t)x(t)\overset{\mathscr{L}}{\leftrightarrow}\frac{\mathrm{d}}{\mathrm{d}s}X(s)$$

在式（6.29）的基础上，进一步推广，对任意正整数 n，可以得到

$$(-t)^n x(t)\overset{\mathscr{L}}{\leftrightarrow}\frac{d^n}{ds^n}X(s) \tag{6.30}$$

例 6.5 求 $x(t)=t^2\mathrm{e}^{-\alpha t}u(t)$ 的拉普拉斯变换 $X(s)$。

解： （1）利用复频域微分特性求解

设 $x_1(t)=\mathrm{e}^{-\alpha t}u(t)$，则其拉普拉斯变换为

$$X_1(s)=\frac{1}{s+\alpha}$$

由复频域微分特性，可得

$$x(t)=(-t)^2x_1(t)\overset{\mathscr{L}}{\leftrightarrow}\frac{\mathrm{d}^2X_1(s)}{\mathrm{d}s^2}=\frac{2}{(s+\alpha)^3}$$

（2）利用复频移特性求解

设 $x_2(t)=t^2u(t)$，则其拉普拉斯变换为

$$X_2(s)=\frac{2}{s^3}$$

由复频移特性，可得

$$\mathrm{e}^{-\alpha t}t^2u(t)=\mathrm{e}^{-\alpha t}x_2(t)\leftrightarrow X_2(s+\alpha)=\frac{2}{(s+\alpha)^3}$$

8. 复频域积分特性

若 $x(t)\overset{\mathscr{L}}{\leftrightarrow}X(s)$， $\mathrm{Re}[s]>\sigma_0$，则

$$\frac{x(t)}{t}\overset{\mathscr{L}}{\leftrightarrow}\int_{s}^{\infty}X(\eta)\mathrm{d}\eta\ ,\quad \mathrm{Re}[s]>\sigma_0 \tag{6.31}$$

证明：根据单边拉普拉斯变换的定义，有

$$X(\eta)=\int_{0^-}^{\infty}x(t)\mathrm{e}^{-\eta t}\mathrm{d}t$$

则

$$\int_s^{\infty}X(\eta)\mathrm{d}\eta=\int_s^{\infty}[\int_{0^-}^{\infty}x(t)\mathrm{e}^{-\eta t}\mathrm{d}t]\mathrm{d}\eta=\int_{0^-}^{\infty}x(t)(\int_s^{\infty}\mathrm{e}^{-\eta t}\mathrm{d}\eta)\mathrm{d}t$$
$$=\int_{0^-}^{\infty}x(t)\frac{\mathrm{e}^{-st}}{t}\mathrm{d}t=\mathscr{L}[\frac{x(t)}{t}]$$

例 6.6 求 $x(t)=Sa(t)$ 的拉普拉斯变换 $X(s)$。

解： 设 $x(t)=Sa(t)=\dfrac{\sin t}{t}$，而 $\mathscr{L}[\sin t\cdot u(t)]=\dfrac{1}{s^2+1}$

由复频域积分特性，可得

$$\mathscr{L}[\frac{\sin t}{t}u(t)]=\int_s^{\infty}\frac{1}{\eta^2+1}\mathrm{d}\eta=\arctan\eta\Big|_s^{\infty}=\frac{\pi}{2}-\arctan s$$

9. 卷积特性

若 $x_1(t)\overset{\mathscr{L}}{\leftrightarrow}X_1(s)$， $\mathrm{Re}[s]>\sigma_1$； $x_2(t)\overset{\mathscr{L}}{\leftrightarrow}X_2(s)$， $\mathrm{Re}[s]>\sigma_2$，则

$$x_1(t)*x_2(t)\overset{\mathscr{L}}{\leftrightarrow}X_1(s)\cdot X_2(s)，\quad \mathrm{Re}[s]>\max[\sigma_1,\sigma_2] \tag{6.32}$$

$$x_1(t)\cdot x_2(t)\overset{\mathscr{L}}{\leftrightarrow}\frac{1}{2\pi\mathrm{j}}X_1(s)*X_2(s)，\quad \mathrm{Re}[s]>\sigma_1+\sigma_2 \tag{6.33}$$

式（6.32）表明，两个信号卷积的拉普拉斯变换等于两个信号拉普拉斯变换的乘积，可以方便地由s域求解系统的零状态响应，称为时域卷积定理。式（6.33）表明，两个信号乘积的拉普拉斯变换等于两个信号拉普拉斯变换的卷积，称为s域卷积定理。相比时域卷积定理，s域卷积定理将时域的乘法运算转化为了s域的卷积，计算更加复杂，因此在计算中应用较少。但是如果参与卷积的$X(s)$为冲激信号或周期信号，则有助于获得一般性结论。

10. 初值定理

若 $x(t)\overset{\mathscr{L}}{\leftrightarrow}X(s)$，且 $\lim\limits_{s\to\infty}[sX(s)]$ 存在，则 $x(t)$ 的初值

$$x(0^+)=\lim_{t\to0^+}x(t)=\lim_{s\to\infty}[sX(s)] \tag{6.34}$$

初值定理表明，欲求信号在时域中 $t=0^+$ 的初值，可以通过其复频域中的 $X(s)$ 乘以s后，取 $s\to\infty$ 的极限，无需在时域中求解，但是 $\lim\limits_{s\to\infty}[sX(s)]$ 必须是存在的。若欲保证 $\lim\limits_{s\to\infty}[sX(s)]$ 是必须存在的， $X(s)$ 应是s变量的真分式。

11. 终值定理

若 $x(t)\overset{\mathscr{L}}{\leftrightarrow}X(s)$，且 $\lim\limits_{t\to\infty}x(t)$ 存在，则 $x(t)$ 的终值

$$x(\infty)=\lim_{t\to\infty}x(t)=\lim_{s\to0}[sX(s)] \tag{6.35}$$

终值定理表明，欲求信号在时域中 $t=\infty$ 的终值，可以通过其复频域中的 $X(s)$ 乘以s后，取 $s\to0$的极限，无需在时域中求解，但是 $\lim\limits_{t\to\infty}x(t)$ 必须是存在的。

最后，将单边拉普拉斯变换的主要性质列在6.1表中，以便掌握。

表 6.1　　拉普拉斯变换的性质

特性	信号	拉普拉斯变换
	$x(t), x_1(t), x_2(t)$	$X(s), X_1(s), X_2(s)$
线性特性	$ax_1(t)+bx_2(t)$	$aX_1(s)+bX_2(s)$
时移特性	$x(t-t_0)u(t-t_0)\ t_0>0$	$e^{-st_0}\cdot X(s)$
展缩特性	$x(at)\ a>0$	$\frac{1}{a}X(\frac{s}{a})$
复频移特性	$x(t)e^{\pm s_0 t}$	$X(s\mp s_0)$
时域微分特性	$x'(t)$	$sX(s)-x(0^-)$
	$x''(t)$	$s^2X(s)-sx(0^-)-x'(0^-)$
时域积分特性	$\int_{0^-}^{t}x(\tau)d\tau$	$\frac{1}{s}X(s)$
复频域微分特性	$(-t)^n x(t)$（n 是任意正整数）	$\frac{d^n}{ds^n}X(s)$
复频域积分特性	$\frac{x(t)}{t}$	$\int_{s}^{\infty}X(\eta)d\eta$
时域卷积特性	$x_1(t)*x_2(t)$	$X_1(s)X_2(s)$
复频域卷积特性	$x_1(t)x_2(t)$	$\frac{1}{2\pi j}X_1(s)*X_2(s)$
初值定理	$x(0^+)=\lim_{t\to 0^+}x(t)=\lim_{t\to\infty}[sX(s)]$	
终值定理	$x(\infty)=\lim_{t\to\infty}x(t)=\lim_{s\to 0}[sX(s)]$	

6.4　拉普拉斯反变换

前面介绍了如何由 $x(t)$ 求取对应的拉普拉斯变换 $X(s)$，本节介绍如何由 $X(s)$ 求解 $x(t)$，即拉普拉斯反变换。计算拉普拉斯反变换的常用方法有：部分分式法和围线积分法（留数法）。若将有理真分式形式的 $X(s)$ 展开为多个简单分式之和，直接利用常见信号的拉普拉斯变换表，查表得到原信号 $x(t)$，即为部分分式法。若直接由拉普拉斯反变换的定义入手，应用复变函数中的留数定理求得原信号，即为围线积分法（留数法）。

6.4.1　部分分式法

一个有理真分式形式的 $X(s)$ 是 s 的实系数有理分式，可以表示为两个实系数的 s 的多项式之比，即

$$X(s)=\frac{N(s)}{D(s)}=\frac{b_m s^m+b_{m-1}s^{m-1}+\cdots+b_1 s+b_0}{a_n s^n+a_{n-1}s^{n-1}+\cdots+a_1 s+a_0} \tag{6.36}$$

式中，m 和 n 为正整数，分母多项式 $D(s)$ 称为系统的特征多项式，方程 $D(s)=0$ 称为特征方程，它的根 s_i（$i=1,2,\cdots,n$）称为特征根，也称为系统的固有频率（或自然频率）。因此，

我们可以考虑选取的基本部分分式为$\dfrac{K}{s-s_i}$，K为常数，对应的基本信号为$K\mathrm{e}^{s_i t}$。

将$X(s)$展开为基本部分分式之和，要先求出特征方程的n个特征根$s_i\ (i=1,2,\cdots,n)$，s_i称为$X(s)$的极点。特征根可能是实根（含零根）或复根（含虚根）；可能是单根，也可能是重根。下面分几种情况讨论。

1. $D(s)=0$的所有根均为单实根

若$X(s)$的分母多项式$D(s)=0$的n个特征根都为单实根，分别为$s_i\ (i=1,2,\cdots,n)$，那么按照代数理论，$X(s)$可以展开成下列简单的部分分式之和

$$X(s)=\frac{N(s)}{D(s)}=\frac{K_1}{s-s_1}+\frac{K_2}{s-s_2}+\cdots+\frac{K_n}{s-s_n}=\sum_{i=1}^{n}\frac{K_i}{s-s_i} \tag{6.37}$$

式中的K_1，K_2，…，K_n为待定系数。这些待定系数可以通过下述方法求得：将上式等式两边同乘以$(s-s_1)$，得

$$(s-s_1)X(s)=K_1+(s-s_1)\left(\frac{K_2}{s-s_2}+\cdots+\frac{K_n}{s-s_n}\right)$$

在上式中令$s=s_1$，则得

$$K_1=[(s-s_1)X(s)]|_{s=s_1}$$

类似可求得K_2，…，K_n各值，可用通用公式表示为

$$K_i=[(s-s_i)X(s)]|_{s=s_i}\ ,\quad i=1,2,\cdots,n \tag{6.38}$$

利用

$$\frac{K_i}{s-s_i}\overset{\mathscr{L}}{\longleftrightarrow}K_i\mathrm{e}^{s_i t}$$

则式（6.37）的反变换为

$$x(t)=K_1\mathrm{e}^{s_1 t}+K_2\mathrm{e}^{s_2 t}+\cdots+K_n\mathrm{e}^{s_n t} \tag{6.39}$$

如果出现$m\geqslant n$的情况，先由多项式除法，将$X(s)$化为简单项与真分式之和的形式，再分别求取反变换。

例6.7　求$X(s)=\dfrac{2s^2+6s+6}{s^2+3s+2}$的拉普拉斯反变换$x(t)$。

解：$X(s)$分母和分子多项式为同次幂，是有理假分式，由多项式除法可得

$$X(s)=2+\frac{2}{s^2+3s+2}=2+X_1(s)$$

设

$$X_1(s)=\frac{K_1}{s+1}+\frac{K_2}{s+2}$$

利用式（6.38），可求得

$$K_1=(s+1)X_1(s)]|_{s=-1}=\frac{2}{s+2}\Big|_{s=-1}=2$$

$$K_2=(s+2)X_1(s)]|_{s=-2}=\frac{2}{s+1}\Big|_{s=-2}=-2$$

则

$$X(s)=2+\frac{2}{s+1}+\frac{-2}{s+2}$$

故拉普拉斯反变换为 $x(t)=2\delta(t)+(2e^{-t}-2e^{-2t})u(t)$

2. $D(s)=0$ 具有共轭复根

由于 $D(s)$ 是 s 的实系数多项式，若 $D(s)=0$ 出现复根，则必然是共轭成对的。共轭复数根实际上是成对出现的单重复根，其反变换的求取完全可以采用单实根的方法。下面举例加以说明。

例 6.8 求 $X(s)=\dfrac{s+2}{s^2+2s+2}$ 的拉普拉斯反变换 $x(t)$。

解：$X(s)$ 分母多项式 $D(s)=0$ 有共轭复根出现，即

$$s_{1,2}=-1\pm \mathrm{j}$$

故 $X(s)$ 可以展开为

$$X(s)=\frac{K_1}{s-(-1+\mathrm{j})}+\frac{K_2}{s-(-1-\mathrm{j})}$$

利用式（6.38），可得

$$K_1=(s-s_1)X(s)|_{s=-1+\mathrm{j}}=\frac{s+2}{s-(-1-\mathrm{j})}\bigg|_{s=-1+\mathrm{j}}=\frac{1}{2}-\mathrm{j}\frac{1}{2}=\frac{\sqrt{2}}{2}e^{-\mathrm{j}45^\circ}$$

$$K_2=(s-s_2)X(s)|_{s=-1-\mathrm{j}}=\frac{s+2}{s-(-1+\mathrm{j})}\bigg|_{s=-1-\mathrm{j}}=\frac{1}{2}+\mathrm{j}\frac{1}{2}=\frac{\sqrt{2}}{2}e^{\mathrm{j}45^\circ}$$

对应的系数 K_1 和 K_2 为共轭复数。拉普拉斯反变换为

$$x(t)=K_1e^{s_1t}+K_2e^{s_2t}=\frac{\sqrt{2}}{2}e^{-\mathrm{j}45^\circ}e^{(-1+\mathrm{j})t}+\frac{\sqrt{2}}{2}e^{\mathrm{j}45^\circ}e^{(-1-\mathrm{j})t}=\frac{\sqrt{2}}{2}e^{-t}[e^{\mathrm{j}(t-45^\circ)}+e^{-\mathrm{j}(t-45^\circ)}]$$

$$=[\sqrt{2}e^{-t}\cos(t-45^\circ)]u(t)$$

实际上，要把所得的复信号进行化简得到实信号的过程比较复杂。为简化计算，我们完全可以将 $X(s)$ 化成 $\dfrac{s+a}{(s+a)^2+\omega_0^2}$ 和 $\dfrac{\omega_0}{(s+a)^2+\omega_0^2}$，然后利用正余弦函数的拉普拉斯变换和拉普拉斯变换的复频域特性进行求解。对于例 6.8，可以将 $X(s)$ 表示为

$$X(s)=\frac{s+2}{s^2+2s+2}=\frac{s+2}{(s+1)^2+1}=\frac{s+1}{(s+1)^2+1}+\frac{1}{(s+1)^2+1}$$

则拉普拉斯反变换为

$$x(t)=e^{-t}\cos t+e^{-t}\sin t=[\sqrt{2}e^{-t}\cos(t-45^\circ)]u(t)。$$

3. $D(s)=0$ 的根含有重根

设 $D(s)=0$ 有 k 次重根 s_1，则 $D(s)$ 可写为

$$D(s)=(s-s_1)^k(s-s_{k+1})\cdots(s-s_n) \tag{6.40}$$

则 $X(s)$ 部分分式可展开为下列形式

$$X(s)=\frac{N(s)}{D(s)}=\frac{K_{11}}{(s-s_1)^k}+\frac{K_{12}}{(s-s_1)^{k-1}}+\cdots+\frac{K_{1k}}{(s-s_1)}+\sum_{i=k+1}^{n}\frac{K_i}{s-s_i} \tag{6.41}$$

式中$\sum_{i=k+1}^{n}\frac{K_i}{s-s_i}$为展开式中单根部分，按单实根的方法计算其系数。

为了导出重根系数K_{1i}的一般公式，设$(s-s_1)^k X(s)=X_1(s)$，则

$$X_1(s)=K_{11}+K_{12}(s-s_1)+\cdots+K_{1k}(s-s_1)^{k-1}+\sum_{i=k+1}^{n}\frac{K_i}{s-s_i}(s-s_1)^k \tag{6.42}$$

令式（6.42）中$s=s_1$，可得

$$K_{11}=[(s-s_1)^k X\ (s)]_{s=s_1} \tag{6.43}$$

将式（6.42）两边对s求导，则有

$$\frac{\mathrm{d}X_1(s)}{\mathrm{d}s}=K_{12}+2K_{12}(s-s_1)+\cdots+K_{1k}(k-1)(s-s_1)^{k-2}+\cdots \tag{6.44}$$

令式（6.44）中$s=s_1$，可得

$$K_{12}=[\frac{\mathrm{d}X_1(s)}{\mathrm{d}s}]_{s=s_1}=[\frac{d}{ds}(s-s_1)^k X(s)]_{s=s_1} \tag{6.45}$$

依此类推，有

$$K_{1i}=[\frac{1}{(i-1)!}\cdot\frac{\mathrm{d}^{i-1}}{\mathrm{d}s^{i-1}}(s-s_1)^k X(s)]_{s=s_1}\quad i=1,2,\cdots,k \tag{6.46}$$

而对于分式$\frac{K_{11}}{(s-s_1)^k}$，其反变换为

$$\mathscr{L}^{-1}[\frac{K_{11}}{(s-s_1)^k}]=\frac{1}{(k-1)!}\cdot t^{k-1}\mathrm{e}^{s_1 t}u(t) \tag{6.47}$$

故$X(s)$重根部分的反变换为

$$\mathscr{L}^{-1}[\sum_{i=1}^{k}\frac{K_{1i}}{(s-s_1)^{k+1-i}}]=[\sum_{i=1}^{k}\frac{K_{1i}}{(k-1)!}\cdot t^{k-i}]\mathrm{e}^{s_1 t}u(t) \tag{6.48}$$

另外，$X(s)$中无重根部分的反变换为

$$\mathscr{L}^{-1}[\sum_{i=k+1}^{n}\frac{K_i}{(s-s_i)}]=[\sum_{i=k+1}^{n}K_i\mathrm{e}^{s_i t}]u(t) \tag{6.49}$$

则$X(s)$的反变换为

$$x(t)=[\sum_{i=1}^{k}\frac{K_{1i}}{(k-i)!}t^{k-i}]\mathrm{e}^{s_1 t}u(t)+[\sum_{i=k+1}^{n}K_i\mathrm{e}^{s_i t}]u(t) \tag{6.50}$$

例 6.9　求$X(s)=\frac{s+4}{(s+1)^3(s+2)}$的拉普拉斯反变换$x(t)$。

解：由$X(s)$的$D(s)=0$可知，其有$s_{1,2,3}=-1$为三重根，$s_4=-2$为单根。将$X(s)$展开成部分分式，有

$$X(s)=\frac{K_{11}}{(s+1)^3}+\frac{K_{12}}{(s+1)^2}+\frac{K_{13}}{(s+1)}+\frac{K_4}{(s+2)}$$

式中，K_{11}，K_{12}，K_{13}，K_4为待定系数。根据式（6.46），可得

$$K_{11}=[(s+1)^3X(s)]_{s=-1}=\left[\frac{s+4}{s+2}\right]_{s=-1}=3$$

$$K_{12}=[\frac{\mathrm{d}}{\mathrm{d}s}(s+1)^3X(s)]_{s=-1}=\left[\frac{\mathrm{d}}{\mathrm{d}s}\left(\frac{s+4}{s+2}\right)\right]_{s=-1}=-2$$

$$K_{13}=\frac{1}{2!}[\frac{\mathrm{d}^2}{\mathrm{d}s^2}(s+1)^3X(s)]_{s=-1}=\frac{1}{2!}\left[\frac{\mathrm{d}^2}{\mathrm{d}s^2}\left(\frac{s+4}{s+2}\right)\right]_{s=-1}=2$$

根据式（6.38），可得

$$K_4=[(s+2)X(s)]_{s=-2}=\left[\frac{s+4}{(s+1)^3}\right]_{s=-2}=-2$$

这样，$X(s)$ 表示为

$$X(s)=\frac{3}{(s+1)^3}+\frac{-2}{(s+1)^2}+\frac{2}{(s+1)}+\frac{-2}{(s+2)}$$

故 $X(s)$ 的拉普拉斯反变换 $x(t)$ 为

$$x(t)=\mathscr{L}^{-1}[X(s)]=[(\frac{3}{2}t^2-2t+2)\mathrm{e}^{-t}-2\mathrm{e}^{-2t}]u(t)$$

6.4.2 围线积分法

对于单边拉普拉斯变换，$X(s)$ 的拉普拉斯反变换为

$$x(t)=\begin{cases}0, & t<0\\ \dfrac{1}{2\pi j}\displaystyle\int_{\sigma-\mathrm{j}\infty}^{\sigma+\mathrm{j}\infty}X(s)\mathrm{e}^{st}\mathrm{d}s, & t>0\end{cases}$$

这是一个复变函数的线积分，其积分路径是 s 平面内平行于 $\mathrm{j}\omega$ 轴的 $\sigma>\sigma_0$ 的直线 AB（亦即直线 AB 必须在收敛轴以右），如图 6.3 所示。直接求这个积分是很困难的，但从复变函数论知，可将求此线积分的问题，转化为求 $X(s)$ 的全部极点在一个闭合回线内部的全部留数的代数和。这种方法称为围线积分法，也称留数法。闭合回线确定的原则是：必须把 $X(s)$ 的全部极点都包围在此闭合回线的内部。因此，从普遍性考虑，此闭合回线应是由直线 AB 与直线 AB 左侧半径 $R=\infty$ 的圆 C_R 所组成，如图 6.3 所示。这样，求拉普拉斯反变换的运算，就转化为求被积函数 $X(s)\mathrm{e}^{st}$ 在 $X(s)$ 的全部极点上留数的代数和，即

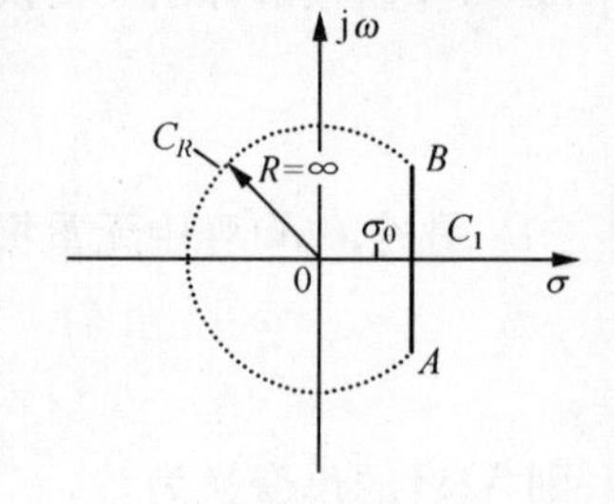

图 6.3 留数图

$$x(t)=\frac{1}{2\pi\mathrm{j}}\int_{\sigma-\mathrm{j}\infty}^{\sigma+\mathrm{j}\infty}X(s)\mathrm{e}^{st}\mathrm{d}s=\frac{1}{2\pi\mathrm{j}}\int_{AB}X(s)\mathrm{e}^{st}\mathrm{d}s+\frac{1}{2\pi\mathrm{j}}\int_{C_R}X(s)\mathrm{e}^{st}\mathrm{d}s$$

$$=\frac{1}{2\pi\mathrm{j}}\oint_{AB+C_R}X(s)\mathrm{e}^{st}\mathrm{d}s=\sum_{i=1}^{n}\mathrm{Re}\,s[s_i] \tag{6.51}$$

式中 $\int_{AB}X(s)\mathrm{e}^{st}\mathrm{d}s=\int_{\sigma-\mathrm{j}\infty}^{\sigma+\mathrm{j}\infty}X(s)\mathrm{e}^{st}\mathrm{d}s$ ，$\int_{C_R}X(s)\mathrm{e}^{st}\mathrm{d}s=0$ 。s_i（$i=1,2,\cdots,n$），s_i 称为 $X(s)$ 的极点。亦即 $D(s)=0$ 的根；$\mathrm{Re}\,s[s_i]$ 为极点 s_i 的留数。以下分两种情况介绍留数的具体求法。

（1）若 s_i 为 $D(s)=0$ 的单根［即为 $X(s)$ 的一阶极点］，则其留数为

$$\mathrm{Re}\,s[s_i]=[X(s)\mathrm{e}^{st}(s-s_i)]|_{s=s_i} \tag{6.52}$$

（2）若 s_i 为 $D(s)=0$ 的 m 阶重根［即为 $X(s)$ 的 m 阶极点］，则其留数为

$$\mathrm{Res}[s_i]=\frac{1}{(m-1)!}\cdot\frac{\mathrm{d}^{m-1}}{\mathrm{d}s^{m-1}}[X(s)\mathrm{e}^{st}(s-s_i)]|_{s=s_i} \tag{6.53}$$

可看出部分分式法和留数法的结果是一样的，具体差别在于留数法含有 e^{st} 项，但是经过反变换后的结果是一致的。

例 6.10 用围线积分法法求 $X(s)=\dfrac{s+2}{(s+1)^2(s+3)s}$ 的拉普拉斯反变换 $x(t)$。

解： $X(s)$ 的 $D(s)=(s+1)^2(s+3)s=0$ 的根为

$$s_{1,2}=-1\text{（二重根）},\quad s_3=-3,\quad s_4=0$$

根据式（6.52）、式（6.53）可求得各极点上的留数为

$$\mathrm{Res}[s_{1,2}]=\frac{1}{(2-1)!}\cdot\frac{\mathrm{d}^{2-1}}{\mathrm{d}s^{2-1}}[\frac{s+2}{(s+1)^2(s+3)s}\mathrm{e}^{st}(s+1)^2]|_{s=-1}=\frac{\mathrm{d}}{\mathrm{d}s}[\frac{s+2}{(s+3)s}\mathrm{e}^{st}]|_{s=-1}$$

$$=\frac{s+2}{(s+3)s}t\mathrm{e}^{st}|_{s=-1}+\frac{s(s+3)-(s+2)(2s+3)}{(s+3)^2s^2}\mathrm{e}^{st}|_{s=-1}=-\frac{1}{2}t\mathrm{e}^{-t}-\frac{3}{4}\mathrm{e}^{-t}$$

$$\mathrm{Res}[s_3]=\frac{s+2}{(s+1)^2(s+3)s}\mathrm{e}^{st}(s+3)|_{s=-3}=\frac{1}{12}\mathrm{e}^{-3t}$$

$$\mathrm{Res}[s_4]=\frac{s+2}{(s+1)^2(s+3)s}\mathrm{e}^{st}s|_{s=0}=\frac{2}{3}$$

则由式（6.51），得

$$x(t)=\left(-\frac{1}{2}t\mathrm{e}^{-t}-\frac{3}{4}\mathrm{e}^{-t}+\frac{1}{12}\mathrm{e}^{-3t}+\frac{2}{3}\right)u(t)$$

在计算拉普拉斯反变换时，部分分式法较为简单，但只适用于有理分式的情况。留数法的计算虽比较复杂，但不仅能处理有理函数，也能处理无理函数，其适用的范围较广。若 $X(s)$ 有重阶极点，用留数法求拉普拉斯反变换要略为简便些。

6.5 连续时间 LTI 系统的复频域分析

拉普拉斯变换是连续时间 LTI 系统分析的的有力工具。以拉普拉斯变换为基础，可引入连续时间 LTI 系统 s 域系统函数，这个重要的特征参数在连续时间 LTI 系统的分析和设计中有着广泛的应用。利用拉普拉斯变换可将描述系统的时域微分方程变换成 s 域的代数方程，在转换过程中，系统的起始状态条件可自动地包含到 s 域代数方程中，可以分别求出零输入响应、零状态响应，从而有利于求出系统方程的全响应。而且用拉普拉斯变换分析电路网络系统时，可以不必写出系统的微分方程，直接利用电路的 s 域模型列写电路方程，就可以获得响应的拉普拉斯变换，再反变换就可以得到原函数。

6.5.1 连续时间 LTI 系统的系统函数

类似于频域分析中的 $H(\omega)$，系统函数 $H(s)$ 可以有两种定义方法，一是 $h(t)$ 的拉普拉斯变换，二是激励的零状态响应的拉普拉斯变换与激励的拉普拉斯变换的比值。

由 $h(t)$ 的拉普拉斯变换，定义系统函数为

$$H(s)=\int_0^{\infty} h(t)\mathrm{e}^{-st}\mathrm{d}t=\mathscr{L}[h(t)] \tag{6.54}$$

对单输入—单输出的连续时间 LTI 系统，其输入信号 $x(t)$ 和输出信号 $y(t)$ 之间的关系可以由 n 阶常系数线性微分方程描述。即

$$a_n\frac{d^n y(t)}{dt^n}+a_{n-1}\frac{d^{n-1}y(t)}{dt^{n-1}}+\cdots+a_1\frac{dy(t)}{dt}+a_0 y(t)$$

$$=b_m\frac{d^m x(t)}{dt^m}+b_{m-1}\frac{d^{m-1}x(t)}{dt^{m-1}}+\cdots+b_1\frac{dx(t)}{dt}+b_0 x(t) \tag{6.55}$$

设输入 $x(t)$ 为在 t=0 时加入的因果信号，且系统为零状态，对上式两边取拉普拉斯变换，并运用微分性质，可得 s 域的代数方程为

$$(a_n s^n+a_{n-1}s^{n-1}+\cdots+a_1 s+a_0)Y_{zs}(s)=(b_m s^m+b_{m-1}s^{m-1}+\cdots+b_0)X(s)$$

则系统的系统函数为

$$H(s)=\frac{Y_{zs}(s)}{X(s)}=\frac{b_m s^m+b_{m-1}s^{m-1}+\cdots+b_0}{a_n s^n+a_{n-1}s^{n-1}+\cdots+a_1 s+a_0} \tag{6.56}$$

根据式（6.56），对于具体的电网络，系统函数可以由零状态下系统的 s 域模型直接求得。

类似于系统的频域分析，由式（6.54）和式（6.56）可知，我们可以通过 $H(s)$ 求解系统给定激励下的零状态响应，还可以反过来求解系统的单位冲激响应，而且能通过 $H(s)$ 进行系统相关特性分析。

例 6.11 设某 LTI 系统的阶跃响应 $g(t)=(1-\mathrm{e}^{-2t})u(t)$，为使系统的零状态响应 $y_{zs}(t)=(1-\mathrm{e}^{-2t}-t\mathrm{e}^{-2t})u(t)$，求系统的输入信号 $x(t)$。

解： 由阶跃响应的定义，根据式（6.56）求出系统函数为

$$H(s)=\frac{Y_{zs}(s)}{X(s)}=\frac{\mathscr{L}[g(t)]}{\mathscr{L}[u(t)]}=\frac{\frac{1}{s}-\frac{1}{s+2}}{\frac{1}{s}}=\frac{2}{s+2}$$

又因为给定零状态响应 $y_{zs}(t)$ 的拉普拉斯变换为

$$Y_{zs}(s)=\mathscr{L}[1-\mathrm{e}^{-2t}-t\mathrm{e}^{-2t}]=\frac{1}{s}-\frac{1}{s+2}-\frac{1}{(s+2)^2}=\frac{s+4}{s(s+2)^2}$$

则可求出与之对应的输入信号的拉普拉斯变换为

$$X(s)=\frac{Y_{zs}(s)}{H(s)}=\frac{\frac{s+4}{s(s+2)^2}}{\frac{2}{s+2}}=\frac{s+4}{2s(s+2)}=\frac{1}{s}-\frac{\frac{1}{2}}{s+2}$$

求拉普拉斯反变换，得

$$x(t)=\mathscr{L}^{-1}[X(s)]=\left(1-\frac{1}{2}\mathrm{e}^{-2t}\right)u(t)$$

6.5.2 微分方程的复频域求解

对于连续时间 LTI 系统，描述 n 阶系统的微分方程的一般形式为

$$\sum_{i=0}^{n} a_i \frac{\mathrm{d}^i y(t)}{\mathrm{d}t^i} = \sum_{j=0}^{m} b_j \frac{\mathrm{d}^j x(t)}{\mathrm{d}t^j} \tag{6.57}$$

系统的起始状态为 $y(0^-)$， $y^{(1)}(0^-)$， $y^{(2)}(0^-)$，……， $y^{(n-2)}(0^-)$， $y^{(n-1)}(0^-)$。

激励 $x(t)$ 在 $t=0$ 时接入，其起始状态均为零，即 $x(0^-) = x^{(1)}(0^-) = \cdots\cdots = 0$，因此 $x^{(j)}(t)$ 的单边拉普拉斯变换为

$$\mathscr{L}[x^{(j)}(t)] = s^j X(s)$$

则对式（6.57）两边求拉普拉斯变换，可得

$$\sum_{i=0}^{n} a_i [s^i Y(s) - \sum_{k=0}^{i-1} s^{i-1-k} y^{(k)}(0^-)] = \sum_{j=0}^{m} b_j s^j X(s)$$

整理化简，得

$$[\sum_{i=0}^{n} a_i s^i] Y(s) - \sum_{i=0}^{n} a_i [\sum_{k=0}^{i-1} s^{i-1-k} y^{(k)}(0^-)] = \sum_{j=0}^{m} b_j s^j X(s)$$

由上式可得微分方程的 s 域解

$$Y(s) = \frac{\sum_{i=0}^{n} a_i [\sum_{k=0}^{i-1} s^{i-1-k} y^{(k)}(0^-)]}{\sum_{i=0}^{n} a_i s^i} + \frac{\sum_{j=0}^{m} b_j s^j}{\sum_{i=0}^{n} a_i s^i} X(s) \tag{6.58}$$

式中第一项与与起始状态有关而与激励无关，是系统的零输入响应 $y_{zi}(t)$ 的拉普拉斯变换，即

$$Y_{zi}(s) = \frac{\sum_{i=0}^{n} a_i [\sum_{k=0}^{i-1} s^{i-1-k} y^{(k)}(0^-)]}{\sum_{i=0}^{n} a_i s^i} \tag{6.59}$$

式中第二项仅与激励有关，而与起始状态无关，是系统的零状态响应 $y_{zs}(t)$ 的拉普拉斯变换，即

$$Y_{zs}(s) = \frac{\sum_{j=0}^{m} b_j s^j}{\sum_{i=0}^{n} a_i s^i} X(s) = H(s) X(s) \tag{6.60}$$

上式中 $H(s)$ 为连续时间 LTI 的系统的系统函数，可表示为

$$H(s) = \frac{\sum_{j=0}^{m} b_j s^j}{\sum_{i=0}^{n} a_i s^i} \tag{6.61}$$

例 6.12　设描述某线性系统的微分方程为 $\frac{\mathrm{d}^2 y(t)}{\mathrm{d}t^2} + 3\frac{\mathrm{d}y(t)}{\mathrm{d}t} + 2y(t) = \frac{\mathrm{d}x(t)}{\mathrm{d}t} + 3x(t)$，已知系统

的激励为 $x(t)$，系统响应为 $y(t)$。设 $x(t)=u(t)$，起始状态 $y(0^-)=2$，$y'(0^-)=1$，试求系统的零输入响应 $y_{zi}(t)$、零状态响应 $y_{zs}(t)$ 和全响应 $y(t)$。

解： 对微分方程两边取拉普拉斯变换，得

$$s^2Y(s)-sy(0^-)-y'(0^-)+3[sY(s)-y(0^-)]+2Y(s)=(s+3)X(s)$$

合并整理后，可得

$$(s^2+3s+2)Y(s)-[(s+3)y(0^-)+y'(0^-)]=(s+3)X(s)$$

$$Y(s)=\underbrace{\frac{(s+3)y(0^-)+y'(0^-)}{s^2+3s+2}}_{Y_{zi}(s)}+\underbrace{\frac{s+3}{s^2+3s+2}X(s)}_{Y_{zs}(s)}$$

代入起始状态和 $X(s)=\dfrac{1}{s}$，可得零输入响应和零状态响应的 s 域表达式为

$$Y_{zi}(s)=\frac{2s+7}{s^2+3s+2}=\frac{5}{s+1}-\frac{3}{s+2}$$

$$Y_{zs}(s)=\frac{s+3}{s^2+3s+2}\cdot\frac{1}{s}=\frac{s+3}{s(s+1)(s+2)}=\frac{1.5}{s}-\frac{2}{s+1}+\frac{0.5}{s+2}$$

对上两式求拉普拉斯反变换，可得

$$y_{zi}(t)=(5\mathrm{e}^{-t}-3\mathrm{e}^{-2t})u(t)$$

$$y_{zs}(t)=(1.5-2\mathrm{e}^{-t}+0.5\mathrm{e}^{-2t})u(t)$$

故完全响应为

$$y(t)=y_{zi}(t)+y_{zs}(t)=(5\mathrm{e}^{-t}-3\mathrm{e}^{-2t})u(t)+(1.5-2\mathrm{e}^{-t}+0.5\mathrm{e}^{-2t})u(t)=(1.5+3\mathrm{e}^{-t}-2.5\mathrm{e}^{-2t})u(t)$$

6.5.3 电路系统的复频域分析

对于具体的电路系统，时域分析的基本依据是电路元件的伏安关系、基尔霍夫电压定律（KVL）和基尔霍夫电流定律（KCL）。利用拉普拉斯变换的性质，可将上述时域描述转换为等价的复频域描述，即写出电路的复频域模型，再列写出复频域代数方程，求解此代数方程，即可求得系统的响应。下面先介绍电阻 R、电容 C、电感 L 的复频域模型，以及基尔霍夫电压定律和基尔霍夫电流定律的复频域描述。

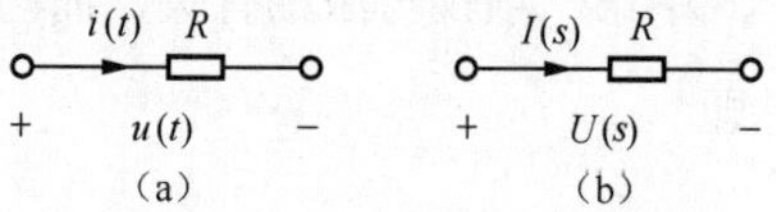

1. 电阻元件

电阻元件的时域电路模型如图 6.4（a）所示，其时域伏安关系为

$$u(t)=Ri(t) \tag{6.62}$$

对上式求拉普拉斯变换，可得其复频域伏安关系为

$$U(s)=RI(s) \tag{6.63}$$

其复频域电路模型如图 6.4（b）所示。

（a）　（b）

图 6.4 电阻的时域和复频域模型

2. 电容元件

电容元件的时域电路模型如图 6.5（a）所示，其时域伏安关系为

$$i(t)=C\frac{\mathrm{d}u(t)}{\mathrm{d}t}$$

或
$$u(t)=u(0^-)+\frac{1}{C}\int_{0^-}^{t}i(\tau)\mathrm{d}\tau \tag{6.64}$$

对上两式求拉普拉斯变换，利用时域微分特性，可得其复频域伏安关系为

$$I_C(s)=sCU_C(s)-Cu_c(0^-)$$

或
$$U_C(s)=\frac{1}{s}u_C(0^-)+\frac{1}{sC}I_C(s) \tag{6.65}$$

式中，$\frac{1}{sC}$称为电容C的复频域容抗，其倒数sC称为电容C的复频域容纳；$\frac{1}{s}u_C(0^-)$为电容元件起始电压$u_C(0^-)$的拉普拉斯变换，可等效表示为附加的独立电压源；$Cu_C(0^-)$可等效表示为附加的独立电流源。$\frac{1}{s}u_C(0^-)$和$Cu_C(0^-)$均称为电容C的内激励。根据上两式即可画出电容元件的复频域电路模型，如图6.5（b）、（c）所示，前者为串联电路模型，后者为并联电路模型。

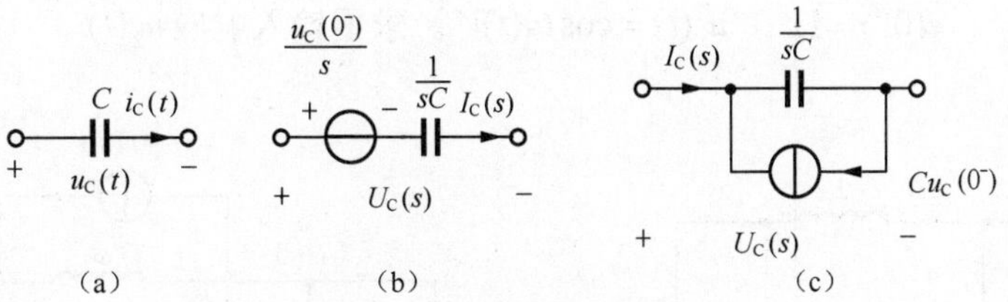

图6.5　电容的时域和复频域模型

3. 电感元件

电感元件的时域电路模型如图6.6（a）所示，其时域伏安关系为

$$u(t)=L\frac{\mathrm{d}i_L(t)}{\mathrm{d}t}$$

或
$$i(t)=i(0^-)+\frac{1}{L}\int_{0^-}^{t}u(\tau)\mathrm{d}\tau \tag{6.66}$$

对上两式求拉普拉斯变换，利用时域微分特性，可得其复频域伏安关系为

$$U_L(s)=sLI_L(s)-Li_L(0^-)$$

或
$$I_L(s)=\frac{1}{s}i_L(0^-)+\frac{1}{sL}U_L(s) \tag{6.67}$$

式中sL称为电感L的复频域感抗，其倒数$\frac{1}{sL}$称为电感L的复频域感纳；$\frac{1}{s}i_L(0^-)$为电感元件起始电流$i_L(0^-)$的拉普拉斯变换，可等效表示为附加的独立电流源；$Li_L(0^-)$可等效表示为附加的独立电压源。$\frac{1}{s}i_L(0^-)$和$Li_L(0^-)$均称为电感L的内激励。根据上两式即可画出电感元件的复频域电路模型，分别如图6.6（b）、（c）所示，前者为串联电路模型，后者为并联电路模型。

4. 电路定律的复频域表示

基尔霍夫电压定律和基尔霍夫电流定律的时域描述为

$$\sum u(t)=0,\quad \sum i(t)=0$$

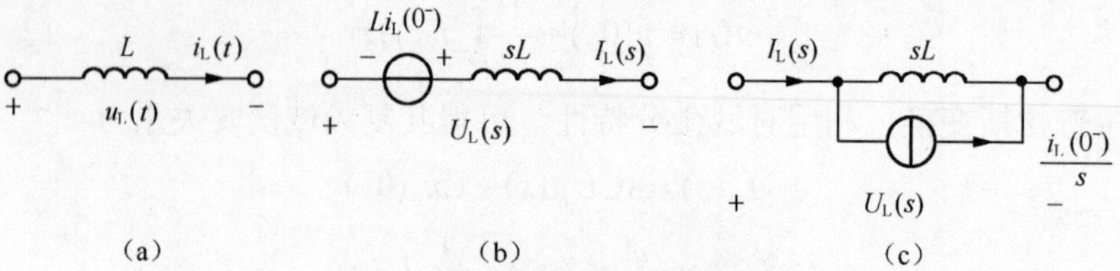

图 6.6　电感的时域和复频域模型

对以上两式进行拉普拉斯变换，即得复频域描述为

$$\sum U(s)=0\ ,\ \sum I(S)=0$$

在电路系统的复频域分析中，利用电路元件的复频域模型，作出等效的复频域电路模型后，根据 KVL 和 KCL 对应的复频域形式，求得复频域的电压、电流形式，再变换回时域。下面我们通过一个具体例题说明如何利用复频域模型求解系统响应。

例 6.13　图 6.7（a）所示电路，$R_1=R_2=1\Omega$，$L=2H$，$C=2F$，$g=0.5s$，$u_C(0^-)=-2V$，$i(0^-)=1A$，$u_s(t)=\cos tu(t)V$。求零输入响应 $u_2(t)$。

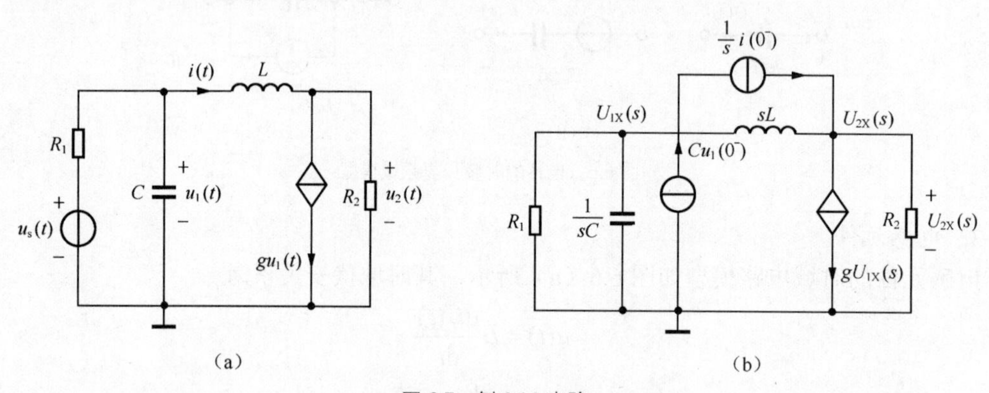

图 6.7　例 6.13 电路

解　因只需求零输入响应，故应使激励源 $u_s(t)=0$，进而可画出求零输入响应的 s 域电路模型，如图 6.7（b）所示。由图可列出两个独立节点的 KCL 方程为

$$\left(\frac{1}{R_1}+sC+\frac{1}{sL}\right)U_{1X}(s)-\frac{1}{sL}U_{2X}(s)=Cu_1(0^-)-\frac{1}{s}i(0^-)$$

$$-\frac{1}{sL}U_{1X}(s)+\left(\frac{1}{R_2}+\frac{1}{sL}\right)U_{2X}(s)=-gU_{1X}(s)+\frac{1}{s}i(0^-)$$

整理求解，得

$$-\frac{1}{sL}U_{1X}(s)+\left(\frac{1}{R_2}+\frac{1}{sL}\right)U_{2X}(s)=-gU_{1X}(s)+\frac{1}{s}i(0^-)$$

$$U_{zi}(s)=\frac{2s-\frac{1}{4}}{s^2+s+\frac{5}{8}}=\frac{2\left(s+\frac{1}{2}\right)}{\left(s+\frac{1}{2}\right)^2+\left(\sqrt{\frac{3}{8}}\right)^2}-\frac{\frac{5}{4}\sqrt{\frac{8}{3}}\times\sqrt{\frac{3}{8}}}{\left(s+\frac{1}{2}\right)^2+\left(\sqrt{\frac{3}{8}}\right)^2}$$

故

$$u_{zi}(t)=\left(2\mathrm{e}^{-\frac{1}{2}t}\cos\sqrt{\frac{3}{8}}t-\frac{5}{4}\sqrt{\frac{8}{3}}e^{-\frac{1}{2}t}\sin\sqrt{\frac{3}{8}}t\right)u(t)$$

6.6　连续时间 LTI 系统的系统函数与系统特性

6.6.1　系统函数的零极点分布与时域特性

在复频域内联系系统输入输出特性的纽带是系统函数 H（s）

$$H(s)=\frac{Y(s)}{X(s)}=\frac{b_m s^m+b_{m-1}s^{m-1}+\cdots+b_0}{a_n s^n+a_{n-1}s^{n-1}+\cdots+a_1 s+a_0}=\frac{N(s)}{D(s)} \tag{6.68}$$

$H(s)$的分母多项式 $D(s)=0$ 的根称为系统函数的极点，而 $H(s)$的分子多项式 $N(s)=0$ 的根称为系统函数的零点。极点使 $H(s)$的值变为无穷大，而零点使 $H(s)$的值变为零。系统函数的 $N(s)$ 和 $D(s)$经因式分解后可写为如下形式：

$$H(s)=\frac{N(s)}{D(s)}=\frac{b_m(s-z_1)(s-z_2)\cdots(s-z_n)}{a_n(s-p_1)(s-p_2)\cdots(s-p_n)}=K\frac{\prod_{j=1}^{m}(s-z_j)}{\prod_{i=1}^{n}(s-p_i)} \tag{6.69}$$

式中，$z_j(j=1,2,\cdots,m)$ 是分子多项式的根，为系统函数的零点；$p_i(i=1,2,\cdots,n)$ 是分母多项式的根，为系统函数的极点。$K=\dfrac{b_m}{a_n}$ 为一常数。如果系统函数 $H(s)$的零点、极点和 K 已知，则系统函数就完全确定。

若把 $H(s)$的零、极点都表示在 s 复平面上，则称为系统函数的零、极点图。图中一般用“○”表示零点，用“×”表示极点。若为 n 重零点或极点，可在其旁注以（n）。系统函数的零、极点分布图可以更形象地反映系统的全面特性。

由部分分式法可知，我们可以根据极点的取值来判断 e^{pt} 的衰减和增长特性。极点 $p_i(i=1,2,\cdots,n)$ 有两种情况：实根与复根。通常 $H(s)$的分母多项式 $D(s)$中的系数 $a_i(i=1,2,\cdots,n)$ 都是实数，因此，极点中如果有复根，一定是共轭成对出现的，形式为 $\alpha\pm \mathrm{j}\beta$。$H(s)$的极点 p_i 在 s 平面上的几何位置可分为：左半开平面、虚轴和右半开平面三种情况。

1．一阶实极点

如果 H（s）的极点 p_i 都是一阶实极点，则式（6.69）可展开成部分分式形式

$$H(s)=\frac{N(s)}{D(s)}=\sum_{i=1}^{n}\frac{k_i}{s-p_i}$$

$$h(t)=(\sum_{i=1}^{n}k_i\mathrm{e}^{p_i t})u(t)=\sum_{i=1}^{n}h_i(t) \tag{6.70}$$

极点 p_i 为一阶实极点，$p_i<0$ 时，极点位于 s 平面的负实轴上，对应的 $h(t)$ 为衰减指数函数；当 $p_i>0$ 时，极点位于 s 平面的正实轴上，对应的 $h(t)$ 为增长指数函数；极点 $p_i=0$ 时，极点位于 s 平面的原点，对应的 $h(t)$ 为阶跃函数。

2. 共轭极点

若极点为复根，且以一对共轭极点 $p_{1,2}=\alpha\pm \mathrm{j}\beta$ 的形式出现，该对共轭极点所对应的项可合并为一项，即

$$\frac{k_1}{s-(\alpha+\mathrm{j}\beta)}+\frac{k_1^*}{s-(\alpha-\mathrm{j}\beta)}=k\frac{s+b}{(s-\alpha)^2+\beta^2}$$

所对应的时间函数为

$$h_{1,2}(t)=k\frac{\sqrt{(a+b)^2+\beta^2}}{\beta}\mathrm{e}^{at}\sin(\beta t+\varphi)u(t) \tag{6.71}$$

其中，$\varphi=\arctan\dfrac{\beta}{b+\alpha}$， $k=2\mathrm{Re}\{k_1\}$， $b=\dfrac{\mathrm{Im}\{k_1\}}{\mathrm{Re}\{k_1\}}-\alpha$.

若 $a=0$，则极点在虚轴上，这时 $h_{1,2}(t)$ 为等幅振荡；若 $a<0$，则极点在左半平面，这时 $h_{1,2}(t)$ 为衰减振荡，满足 $\lim\limits_{t\to\infty}h_{1,2}(t)=0$；若 $a>0$，则极点在右半平面，这时 $h_{1,2}(t)$ 为增幅振荡，$h_{1,2}(t)$ 是发散的。

3. 二重实极点

如果是二重实极点，则该极点在部分分式展开中所对应的项可表示为

$$H_i(s)=\frac{k_{i1}}{(s-p_i)^2}+\frac{k_{i2}}{(s-p_i)}$$

对应的时间函数为

$$h_i(t)=(k_{i1}t+k_{i2})e^{p_it}u(t) \tag{6.72}$$

若 $p_i<0$，则极点在左半平面的负实轴上，在 t 较小时，$h(t)$ 随 t 的增大而增大，当 t 到达某一时刻时，$h(t)$达到最大值，随后，$h(t)$是衰减的，满足 $\lim\limits_{t\to\infty}h_{1,2}(t)=0$ 。

若 $p_i=0$ 或 $p_i>0$，极点在原点或右半开平面的实轴上，$h(t)$ 是一增长函数，并满足 $\lim\limits_{t\to\infty}h_{1,2}(t)=\infty$ 。对于更高阶重极点，其对应的时间函数的变化规律与二阶极点相似，实部大于等于零的二阶及二阶以上的极点所对应的时间函数的幅度，随时间的增大而增大，最终其幅度趋向于无穷。

综上所述，可得出以下结论：连续时间 LTI 系统的自由响应分量或单位冲激响应 $h(t)$ 的变化模式仅取决于系统函数的极点位置，而系统函数的零点只影响冲激响应的幅度和相位。

6.6.2 系统函数零极点分布与系统稳定性

线性系统的稳定性是系统本身的固有特性，与外界条件无关。任何系统要能正常工作，都必须以系统稳定为先决条件。因为冲激响应 $h(t)$ 及其对应的系统函数 $H(s)$都反映系统本身的属性。冲激函数 $\delta(t)$ 是瞬时作用又立即消失的信号，把它视作干扰，则 $h(t)$ 的变化模式完全可以说明系统的稳定性。

若 t→∞时，冲激响应

$$\lim_{t\to\infty}h(t)=0$$

即输出增量收敛于原平衡工作点，则线性系统是稳定的。当且仅当系统的特征根全部具有负实部，上式才能成立。线性系统稳定的充分必要条件是：系统函数 $H(s)$的所有极点均严格位于 s 左半平面，或者说，特征方程的所有根均具有负实部。

若特征根中有一个或一个以上正实部根，则$\lim\limits_{t\to\infty} h(t)\to\infty$，表明系统不稳定；若特征根中有一个或一个以上零实部根，而其余的特征根具有负实部，则$h(t)$趋于常数，或趋于等幅正弦振荡，此时系统处于稳定和不稳定的临界状态，称为临界稳定。

因此为判断系统是否稳定，亦即$H(s)$的极点是否都在s左半开平面，只需判断特征方程的根，即特征根是否都在s左半平面。

$$D(s)=a_n s^n+a_{n-1}s^{n-1}+\cdots+a_1 s+a_0=0 \tag{6.73}$$

对于高阶系统，求根的工作量很大，因此希望使用一种间接判断系统特征根是否全部严格位于s左半平面的代替方法。劳斯和霍尔维兹提出了判断准则，称为劳斯-霍尔维兹准则。具体内容读者可参阅相关书籍。

6.6.3　系统函数零极点分布与频率特性

系统的频率特性与$H(s)$的零、极点也有密切关系。信号可以表示为不同频率正弦信号的合成，对于稳定的线性定常系统，由谐波输入信号产生的输出稳态分量仍然是与输入信号同频率的谐波函数，而幅值和相位的变化是频率ω的函数。

定义稳定系统的频率特性等于输出和输入信号的傅里叶变换之比，即

$$H(\omega)=\frac{Y(\omega)}{F(\omega)}=H(s)\big|_{s=\mathrm{j}\omega} \tag{6.74}$$

对于连续时间 LTI 系统，如果其系统函数$H(s)$的 ROC 包含$\mathrm{j}\omega$轴，系统的频率响应为

$$H(\omega)=H(s)\big|_{s=\mathrm{j}\omega}=K\frac{\prod\limits_{j=1}^{m}(\mathrm{j}\omega-z_j)}{\prod\limits_{i=1}^{n}(\mathrm{j}\omega-p_i)} \tag{6.75}$$

因此由零、极点也可以确定系统的频率特性。对于任意极点p_i和零点z_j，令

$$\begin{cases}\overrightarrow{\mathrm{j}\omega-p_i}=A_i\mathrm{e}^{\mathrm{j}\theta_i}\\ \overrightarrow{\mathrm{j}\omega-z_j}=B_j\mathrm{e}^{\mathrm{j}\varphi_j}\end{cases}$$

A_i和B_j分别是极点矢量$\overrightarrow{\mathrm{j}\omega-p_i}$和零点矢量$\overrightarrow{\mathrm{j}\omega-z_j}$的模，$\theta_i$和$\varphi_j$分别是它们的相角，如图 6.8 所示。

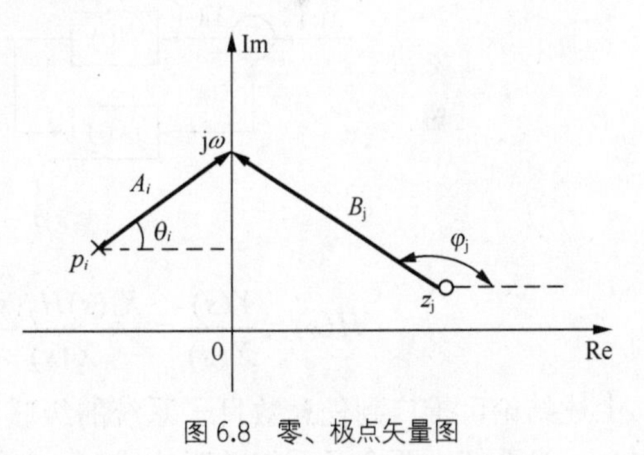

图 6.8　零、极点矢量图

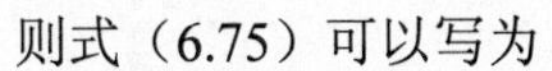

则式（6.75）可以写为

$$H(\omega)=K\frac{B_1B_2\cdots B_m\mathrm{e}^{\mathrm{j}(\varphi_1+\varphi_2+\cdots+\varphi_m)}}{A_1A_2\cdots A_n\mathrm{e}^{\mathrm{j}(\theta_1+\theta_2+\cdots+\theta_n)}}=|H(\omega)|\mathrm{e}^{\mathrm{j}\phi(\omega)} \tag{6.76}$$

系统的幅频特性和相频特性为

$$|H(\omega)|=K\frac{B_1B_2\cdots B_m}{A_1A_2\cdots A_n} \tag{6.77}$$

$$\phi(\omega)=\sum_{j=1}^{m}\arg(\mathrm{j}\omega-z_j)-\sum_{i=1}^{n}\arg(\mathrm{j}\omega-p_i)=(\varphi_1+\varphi_2+\cdots+\varphi_m)-(\theta_1+\theta_2+\cdots+\theta_n) \tag{6.78}$$

当ω从 0（或$-\infty$）沿虚轴变化至$+\infty$时，各矢量的模和相角都将随之变化，根据式（6.77）

和式（6.78）就能获得其幅频特性曲线和相频特性曲线。

如果系统的幅频响应｜$H(\omega)$｜对所有的 ω 均为常数，则称该系统为全通系统。当所有零点与极点以 jω 轴为镜像对称时的系统函数即为全通函数，所对应的系统为全通系统。对于全通系统，对所有不同频率的信号都一律平等地传输，但是不同频率的信号，通过全通系统后，各自的延迟时间一般来说是不相等的。

6.7 连续时间系统的模拟

6.7.1 连续系统的连接

用方框图表示一个系统，可以直观地反映其输入与输出间的传递关系，对于较复杂的系统，通常可由许多子系统互联组成，每个子系统可以用相应的方框表示。互联系统中各子系统的连接有级联（串联）、并联与反馈连接三种基本方式，分别如图 6.9（a）、（b）、（c）所示。

当系统由两个子系统级联构成时，如图 6.9（a）所示，系统函数 $H(s)$等于两个子系统函数 $H_1(s)$与 $H_2(s)$的乘积，即

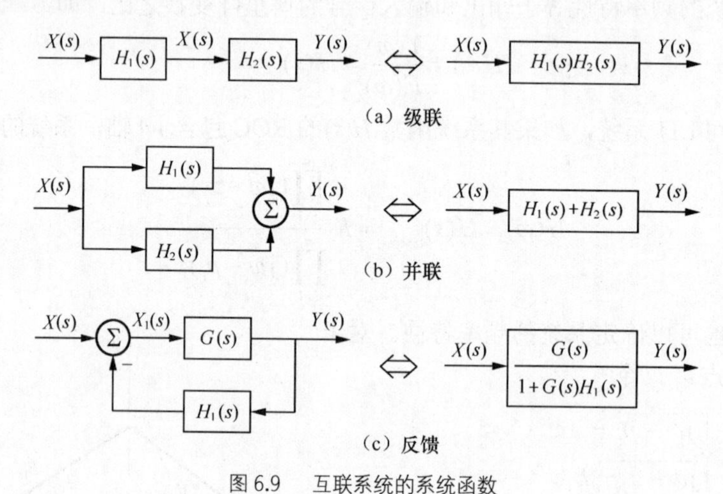

（a）级联

（b）并联

（c）反馈

图 6.9　互联系统的系统函数

$$H(s)=\frac{Y(s)}{X(s)}=\frac{X_1(s)H_2(s)}{X(s)}=\frac{X(s)H_1(s)H_2(s)}{X(s)}=H_1(s)H_2(s) \tag{6.79}$$

上述结论可推广到任意数目子系统的级联。

当系统由两个子系统并联构成时，如图 6.9（b）所示，则有

$$H(s)=\frac{Y(s)}{X(s)}=\frac{X(s)H_1(s)+X(s)H_2(s)}{X(s)}=H_1(s)+H_2(s) \tag{6.80}$$

此结果亦可以推广到任意数目的子系统的并联。

当两个子系统反馈连接时，如图 6.9（c）所示，则子系统 G（s）的输出通过 $H_1(s)$ 反馈到输入端。从图中可以看出

$$Y(s)=X_1(s)G(s)=[X(s)-Y(s)H_1(s)]G(s)=G(s)X(s)-Y(s)G(s)H_1(s)$$

可得反馈环路的系统函数为

$$H(s)=\frac{Y(s)}{X(s)}=\frac{G(s)}{1+G(s)H_1(s)} \tag{6.81}$$

6.7.2 连续系统的模拟

连续系统的模拟通常由三种功能单元组成，即加法器，系数（标量）乘法器和积分器，如图所示。由于模拟电子线路中的微分运算电路理论上可实现微分，但抗干扰性能极差，对误差和噪声极为敏感，往往使得系统不能正常工作。而积分运算电路没有微分运算电路这样的缺点，因此用积分器代替微分器实现系统模拟。

系统模拟可以直接通过微分方程模拟，也可以通过系统函数模拟。对同一系统函数，通过不同的运算，可以得到多种形式的实现方案。常用的有直接型、级联型和并联型。

1．直接型

这里以二阶连续系统为例讨论系统的模拟方法。设二阶系统的系统函数为

$$H(s)=\frac{b_2s^2+b_1s+b_0}{s^2+a_1s+a_0}$$

为了便于用积分器模拟系统，只要把 N 阶微分方程变换为 N 阶积分方程即可。将上式改写为

$$H(s)=\frac{b_2+b_1s^{-1}+b_0s^{-2}}{1+a_1s^{-1}+a_0s^{-2}}$$

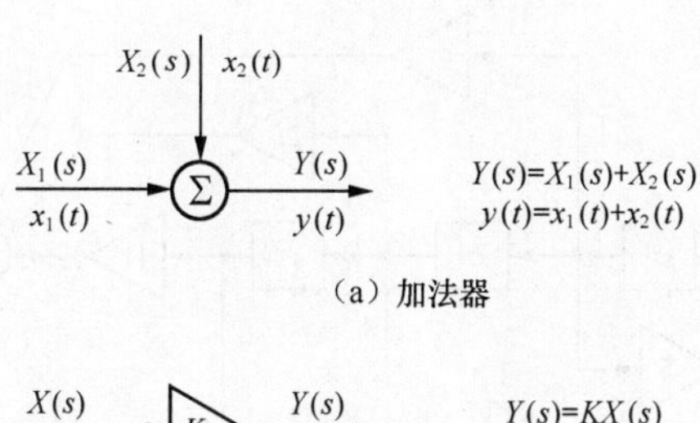

（a）加法器

（b）标量乘法器

（c）积分器

图 6.10 连续系统基本模拟单元

令 $X_1(s)=\dfrac{X(s)}{1+a_1s^{-1}+a_0s^{-2}}$， 则有

$$Y(s)=\frac{(b_2+b_1s^{-1}+b_0s^{-2})}{1+a_1s^{-1}+a_0s^{-2}}X(s) = (b_2+b_1s^{-1}+b_0s^{-2})X_1(s)$$

$$X_1(s)=X(s)-a_1s^{-1}X_1(s)-a_0s^{-2}X_1(s) \tag{6.82}$$

由上两式可得该系统的 s 域模拟框图，如图 6.11 所示。

图中 $H(s)$的分子多项式对应前向支路，分母多项式对应反馈支路。这种规律可以推广到高阶系统。

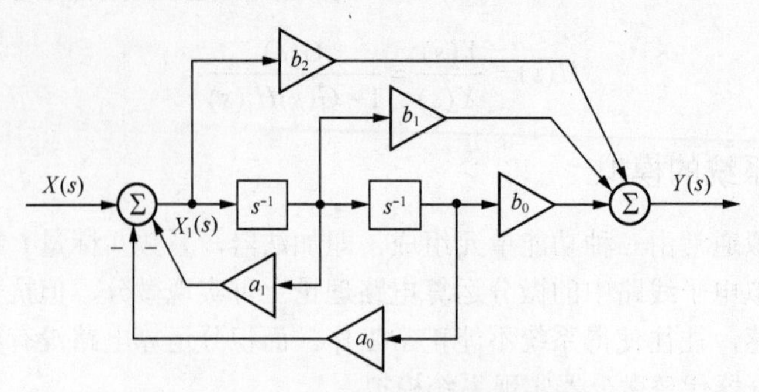

图 6.11　二阶系统直接型模拟图

例 6.14　已知如下方程描述的连续时间 LTI 系统

$$\frac{\mathrm{d}^3 y(t)}{\mathrm{d}t^3}+5\frac{\mathrm{d}^2 y(t)}{\mathrm{d}t^2}+17\frac{\mathrm{d}y(t)}{\mathrm{d}t}+13y(t)=2\frac{\mathrm{d}^2 x(t)}{\mathrm{d}t^2}+23\frac{\mathrm{d}x(t)}{\mathrm{d}t}+11x(t)$$

试画出其直接型模拟结构图。

解：该系统的系统函数为

$$H(s)=\frac{Y(s)}{X(s)}=\frac{2s^2+23s+11}{s^3+5s^2+17s+13}=\frac{2s^{-1}+23s^{-2}+11s^{-3}}{1+5s^{-1}+17s^{-2}+13s^{-3}}$$

系统模拟图如图 6.12 所示。

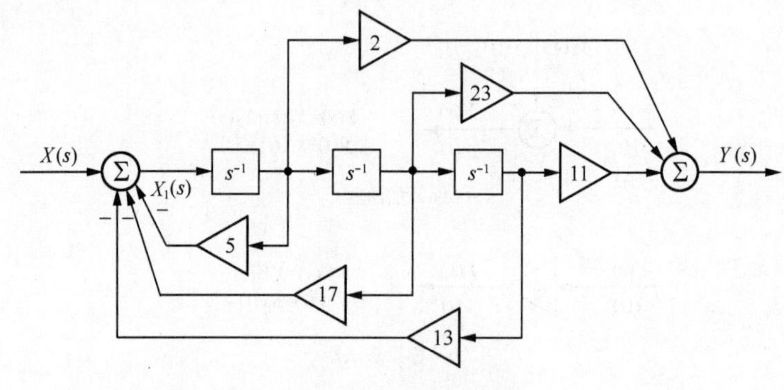

（a）s 域直接型模拟框图

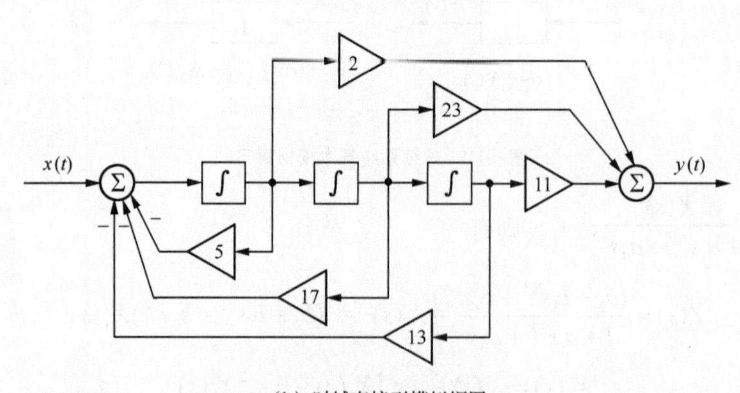

（b）时域直接型模拟框图

图 6.12　例 6.14 系统直接型模拟框图

2. 级联型与并联型

用微分方程或差分方程描述的因果系统的系统函数，都是有理系统函数，其分子和分母多项式可分解为一阶和二阶因子的乘积，因此可以用一阶和二阶子系统级联来实现，这就是级联结构的基本思路。分别将因果有理函数进行部分分式展开，表示为实的一阶和二阶因果系统函数之和，由于 LTI 系统并联的系统函数等于各并联子系统函数之和，这就是并联实现结构的根本依据。

例 6.15 已知一个连续时间系统的系统函数

$$H(s)=\frac{2s^2+23s+11}{s^3+5s^2+17s+13}$$

试画出该系统级联型、并联型模拟框图。

解： 该系统共有三个极点，$p_1=-1$，　$p_{2,3}=-2\pm 3\mathrm{j}$

采用级联型模拟，可以将系统函数表示成

$$H(s)=\frac{2s+1}{s+1}\cdot\frac{s+11}{s^2+4s+13}=\frac{2+s^{-1}}{1+s^{-1}}\cdot\frac{s^{-1}+11s^{-2}}{1+4s^{-1}+13s^{-2}}=H_1(s)\cdot H_2(s)$$

级联型模拟框图如图 6.13（a）所示。

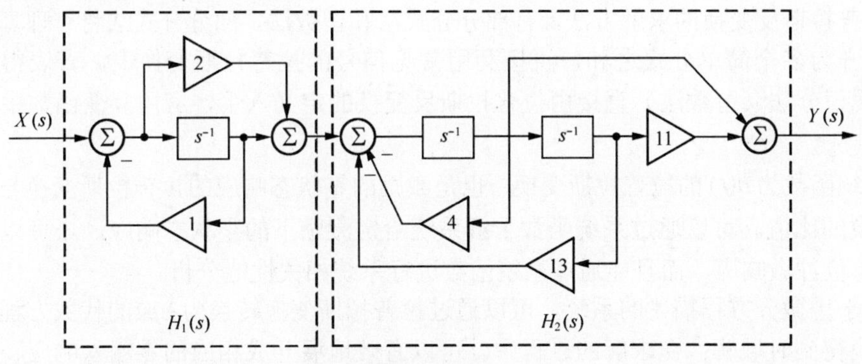

（a）级联型模拟框图

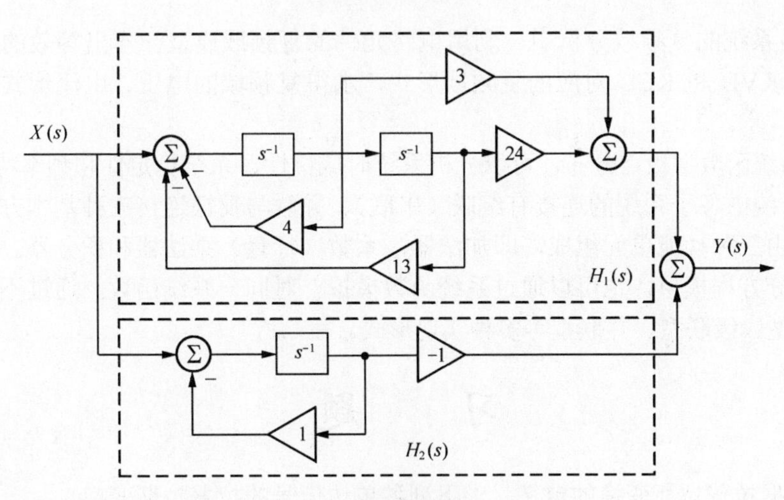

（b）并联型模拟框图

图 6.13 例 6.15 连续 LTI 系统的模拟图

采用并联型模拟，系统函数展开成

$$H(s)=\frac{3s+24}{s^2+4s+13}+\frac{-1}{s+1}=\frac{3s^{-1}+24s^{-2}}{1+4s^{-1}+13s^{-2}}+\frac{-s^{-1}}{s^{-1}+1}=H_1(s)+H_2(s)$$

并联型模拟框图如图 6.13（b）所示。

6.8 本章小结

本章针对信号与系统频域分析中存在的问题，从傅里叶变换引出拉普拉斯变换，从复频域的角度介绍了信号与系统的复频域分析方法，深刻阐述了拉普拉斯变换应用的广泛性。详细介绍了常见信号的拉普拉斯变换、拉普拉斯变换的基本性质和拉普拉斯反变换的求法。介绍了连续时间 LTI 系统的复频域分析、系统函数的概念和应用意义，以及离散系统的模拟。

1．拉普拉斯变换是一种线性积分变换。完整地表达信号 $x(t)$ 的拉普拉斯变换，不仅包括 $X(s)$，还应该包括其收敛域。收敛域是指信号收敛的区域。

2．拉普拉斯变换的主要性质有：线性特性、时移特性、展缩特性、复频移特性、时域微分特性、时域积分特性、复频域微分特性、复频域积分特性、时域卷积、复频域卷积、初值定理和终值定理。

3．拉普拉斯反变换的求解方法，有部分分式法和留数法。部分分式法将有理真分式形式的 $X(s)$ 展开为多个简单分式之和，直接利用常见信号的拉普拉斯变换表，查表得到原信号 $x(t)$。围线积分法（留数法）直接由拉普拉斯反变换的定义入手，应用复变函数中的留数定理求得原信号。

4．系统函数为 $h(t)$ 的拉普拉斯变换，也是激励的零状态响应的拉普拉斯变换与激励的拉普拉斯变换的比值。可以通过系统函数求解系统给定激励下的零状态响应，还可以反过来求解系统的单位冲激响应，而且能通过系统函数进行系统相关性能分析。

5．对于用微分方程描述的系统，可以通过拉普拉斯变换转换为 s 域的代数方程，解方程并经反变换得到时域解；在求解的过程中，可以有效地展开成相应的零输入响应、零状态响应以及全响应。

6．在电路系统的复频域分析中，利用电路元件的复频域模型，作出等效的复频域电路模型后，根据 KVL 和 KCL 对应的复频域形式，求得复频域的电压、电流形式，再变换回时域。

7．根据系统函数零极点分布，可以分析系统时域特性、系统稳定性和频率特性。

8．互联系统中各子系统的连接有级联（串联）、并联与反馈连接三种基本方式，连续系统的模拟通常由三种功能单元组成，即加法器，系数（标量）乘法器和积分器。系统模拟可以直接通过微分方程模拟，也可以通过系统函数模拟。对同一系统函数，通过不同的分解，可以得到直接型、级联型、并联型等多种实现形式。

习　题

6.1　试根据拉普拉斯变换的定义，求下列各单边信号的拉普拉斯变换。

（1）$(1-\cos\beta t)u(t)$；　（2）$t\mathrm{e}^{-3t}u(t)$；　（3）$(1-\mathrm{e}^{-at})u(t)$；　（4）$(t^2+2t+1)u(t)$；

（5）$\delta(\mathrm{t})-3\mathrm{e}^{-t}u(t)$；（6）$\mathrm{e}^{-4t}\cos(5t)u(t)$；（7）$\cos^2(\Omega t)u(t)$；（8）$(1+3t+5t^2)\mathrm{e}^{-2t}u(t)$。

6.2　试求下列各函数的拉普拉斯变换。

（1）$2\delta(t-1)-3\mathrm{e}^{-at}u(t)$；（2）$t\mathrm{e}^{-(t-2)}u(t-1)$；（3）$2\mathrm{e}^{-5(t-1)}u(t-1)$；

（4）$2e^{-5t}u(t-1)$；（5）$2e^{-5(t-1)}u(t)$；（6）$(t-1)[u(t)-u(t-2)]$；

（7）$e^{-3t}[u(t)-u(t-2)]$；（8）$\sin(3t)[u(t)-u(t-2)]$。

6.3 求下列函数的拉普拉斯变换。

（1）$\dfrac{1}{\beta-\alpha}(e^{-\alpha t}-e^{-\beta t})$；（2）$e^{-(t+\alpha)}\cos(\omega t)$；（3）$te^{-at}\sin tu(t)$；

（4）$t\cos^3(3t)$；（5）$\dfrac{e^{-3t}-e^{-5t}}{t}$；（6）$\dfrac{\sin(\alpha t)}{t}$。

6.4 已知$\mathscr{L}[x(t)]=X(s)$，且所有参数都大于零，求下列信号的拉普拉斯变换。

（1）$e^{-\frac{t}{a}}x\left(\dfrac{t}{a}\right)$；（2）$e^{-at}x\left(\dfrac{t}{a}\right)$；（3）$tx(3t-8)$；（4）$te^{-at}x(\alpha t-\beta)$；

（5）$x(\alpha t-\beta)*e^{-\alpha t}x\left(\dfrac{t}{\alpha}\right)$；（6）$\int_0^t x(\alpha\tau-\beta)\mathrm{d}\tau$。

6.5 试求题6.5图各信号的拉普拉斯变换。

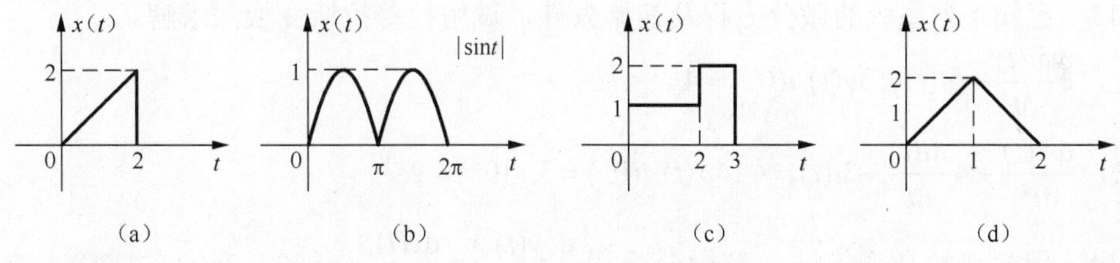

题6.5图

6.6 试用初值定理求$x(0^+)$。

（1）$X(s)=\dfrac{-2s+8}{s^2-4s+3}$；（2）$X(s)=\dfrac{s^3}{s^4-1}$；

（3）$X(s)=\dfrac{(s+3)}{(s+1)^2(s+2)}$；（4）$X(s)=\dfrac{1-e^{-3s}}{s(s+4)}$。

6.7 试求下列$X(s)$的终值$x(\infty)$。

（1）$X(s)=\dfrac{s^2+2s+1}{(s+1)(s+2)(s+3)}$；（2）$X(s)=\dfrac{s^2+2s+3}{s(s^2+\omega_0^2)(s+1)}$；

（3）$X(s)=\dfrac{(s+3)}{(s+1)^2(s+2)}$；（4）$X(s)=\dfrac{1-e^{-3s}}{s(s+4)}$。

6.8 利用部分分式法，求下列各函数的拉普拉斯反变换。

（1）$\dfrac{1}{2s+3}$；（2）$\dfrac{4s}{3s+3}$；（3）$\dfrac{2}{s(4s+3)}$；（4）$\dfrac{3}{(s+5)(s+2)}$；

（5）$\dfrac{4s+2}{s^2+8}$；（6）$\dfrac{(s+3)}{(s+1)^3(s+2)}$；（7）$\dfrac{3s}{(s^2+1)(s^2+4)}$；（8）$\dfrac{1}{s(s^2-2s+5)}$；

（9）$\dfrac{1}{(s+1)(s+2)^2}$；（10）$\dfrac{s^2}{(s^2+1)^2}$；（11）$\dfrac{2s+1}{s^2+6s+1}$；（12）$\dfrac{2s+1}{(s+4)^4}$。

6.9 已知$\mathscr{L}[x(t)]=X(s)$，利用拉普拉斯变换的性质，求下列各式的拉普拉斯反变换。

（1）$X_1(s)=X(\frac{s}{4})$；（2）$X_2(s)=X(s)\mathrm{e}^{-5s}$；（3）$X_3(s)=X(\frac{s}{3})\mathrm{e}^{-4s}$；（4）$X_4(s)=X'(s)$；（5）$X_5(s)=sX'(s)$；（6）$X_6(s)=X(s)/s$；（7）$X_7(s)=X'(s/4)/s$；（8）$X_8(s)=sX'(s/4)\mathrm{e}^{-s}$。

6.10 求下列函数的拉普拉斯反变换。

（1）$X(s)=\dfrac{\mathrm{e}^{-5s}}{(2s+1)^6}$；（2）$X(s)=\dfrac{s^3+6s^2+6s}{s^2+6s+8}$；（3）$X(s)=\dfrac{\mathrm{e}^{-2t}}{(s+1)(s+2)^2}$；

（4）$X(s)=\dfrac{1-\mathrm{e}^{-4s}}{3s^3+2s^2}$；（5）$X(s)=\dfrac{s\mathrm{e}^{-s}+2s^2+9}{s(s^2+9)}$；（6）$X(s)=\dfrac{1}{s^3+2s^2+2s+1}$

6.11 试用围线积分法重做题 6.8（3）～（12）。

6.12 求下列微分方程的系统函数 $H(s)$。

（1）$\dfrac{\mathrm{d}y(t)}{\mathrm{d}t}+2y(t)=\dfrac{\mathrm{d}x(t)}{\mathrm{d}t}-2x(t)$；（2）$\dfrac{\mathrm{d}y(t)}{\mathrm{d}t}+y(t)=\dfrac{\mathrm{d}x(t)}{\mathrm{d}t}$；

（3）$\dfrac{\mathrm{d}^2y(t)}{\mathrm{d}t^2}+3\dfrac{\mathrm{d}y(t)}{\mathrm{d}t}+2y(t)=x(t)-x(t-T)$；（4）$\dfrac{\mathrm{d}^2y(t)}{\mathrm{d}t^2}+3\dfrac{\mathrm{d}y(t)}{\mathrm{d}t}+2y(t)=\dfrac{\mathrm{d}x(t)}{\mathrm{d}t}$.

6.13 已知下列系统的微分方程及初始条件，试用拉普拉斯变换法求解。

（1）$2\dfrac{\mathrm{d}i(t)}{\mathrm{d}t}+5i(t)=3u(t), i(0^-)=4$；

（2）$\dfrac{\mathrm{d}^2i(t)}{\mathrm{d}t^2}+4\dfrac{\mathrm{d}i(t)}{\mathrm{d}t}+3i(t)=-14\delta(t), i(0^-)=3, i'(0^-)=2$。

6.14 用拉普拉斯变换法求解微分方程 $\dfrac{\mathrm{d}^2y(t)}{\mathrm{d}t^2}+5\dfrac{\mathrm{d}y(t)}{\mathrm{d}t}+6y(t)=3x(t)$ 的零输入响应和零状态响应。

（1）已知 $x(t)=u(t), y(0^-)=1, y'(0^-)=2$；（2）已知 $x(t)=tu(t), y(0^-)=0, y'(0^-)=1$。

6.15 给出系统函数 $H(s)=\dfrac{s}{s^2+4}$，若（1）$x(t)=\mathrm{e}^{-t}u(t), y(0^-)=1, y'(0^-)=1$；

（2）$x(t)=\cos 2tu(t), y(0^-)=0, y'(0^-)=0$。求系统的响应 $y(t)$。

6.16 某线性时不变系统，其起始条件一定，当输入 $x_1(t)=\delta(t)$ 时，其全响应 $y_1(t)=-3\mathrm{e}^{-t}u(t)$；当输入 $x_2(t)=u(t)$ 时，其全响应 $y_2(t)=(1-5\mathrm{e}^{-t})u(t)$。求当输入 $x(t)=tu(t)$ 时的全响应 $y(t)$。

6.17 题 6.17 图示 RLC 系统，$i_L(0^-)=-1\mathrm{A}$，$u_C(0^-)=1\mathrm{V}$，系统的输出为 $i(t)$，求系统的零输入响应。

6.18 题 6.18 图所示电路，当 $t<0$ 时电路已达稳态，且 $i_2(0^-)=4A$，$u_C(0^-)=5\mathrm{V}$，于 $t=0$ 时刻闭合开关 K，求 $t\geqslant 0$ 时的完全响应 $i_1(t)$，$i_2(t)$。

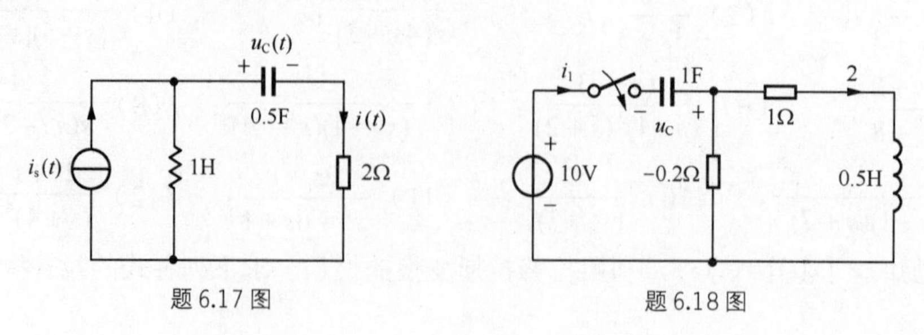

题 6.17 图　　题 6.18 图

6.19 如题 6.19 图所示电路，已知 $u_C(0^-)=8\text{V}$，$i_L(0^-)=4\text{A}$，t=0 时开关闭合。

（1）画出电路的 s 域电路模型；（2）求 $t\geqslant 0$ 时全响应 $i_1(t)$。

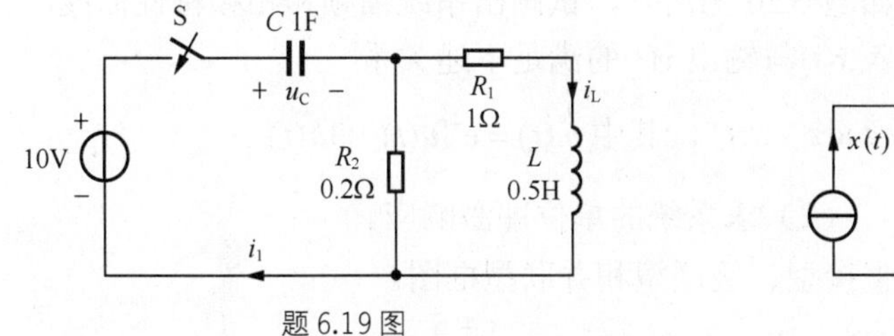

题 6.19 图

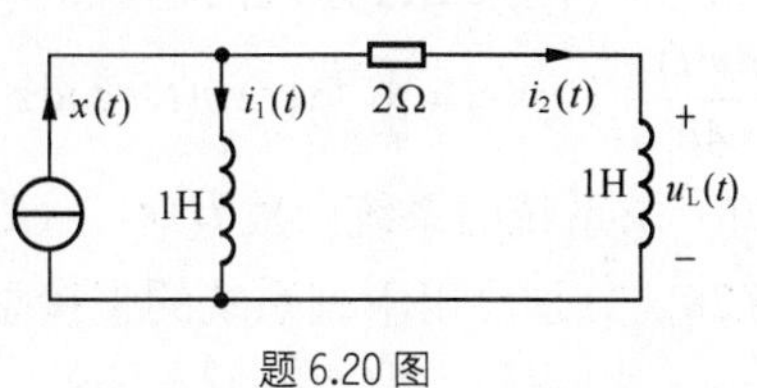

题 6.20 图

6.20 题 6.20 图所示电路，以 $u_L(t)$ 为响应。

（1）求系统的冲激响应 $h(t)$；

（2）已知 $x(t)=u(t)$，$i_1(0^-)=2\text{A}, i_2(0^-)=0\text{A}$，求完全响应 $u_L(t)$。

6.21 已知某 LTI 系统的阶跃响应 $g(t)=(1-\mathrm{e}^{-2t})u(t)$，求系统的输入信号 $x(t)$，使系统的零状态响应 $y_{zs}(t)=(1-\mathrm{e}^{-2t}+t\mathrm{e}^{-2t})u(t)$。

6.22 已知某二阶线性时不变系统，其系统函数为 $H(s)=\dfrac{s^2+1}{s^2+3s+2}=\dfrac{Y(s)}{X(s)}$，系统的起始状态为 $y(0^-)=1, y'(0^-)=2$，若激励信号为 $x(t)=\delta(t)+u(t)$。

（1）求系统的 $y_{zi}(t)$ 和 $y_{zs}(t)$；

（2）求系统的全响应，指出其中的暂态响应与稳态响应分量；

（3）粗略画出 H（s）的零极点图及系统的幅频、相频特性曲线。

6.23 已知某系统函数的零、极点分布如图所示，若冲激响应初值 $h(0^+)=2$，求系统函数 $H(s)$，并求出 h（t）。

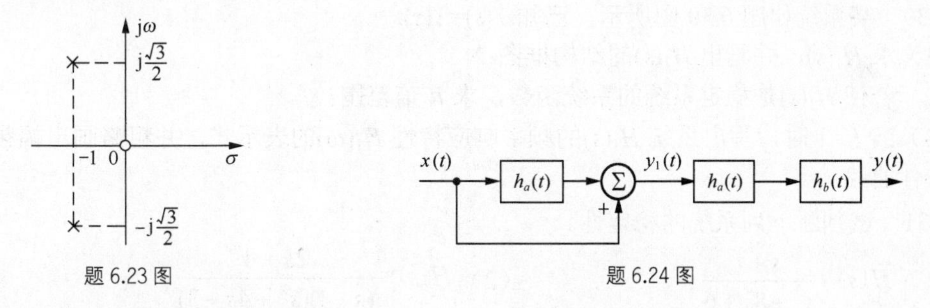

题 6.23 图　　　　题 6.24 图

6.24 如题 6.24 图所示系统中，已知 $h_a(t)=\delta(t-1), h_b(t)=u(t)-u(t-2)$，试求系统函数 $H(s)$ 和冲激响应 $h(t)$，并画出其波形。

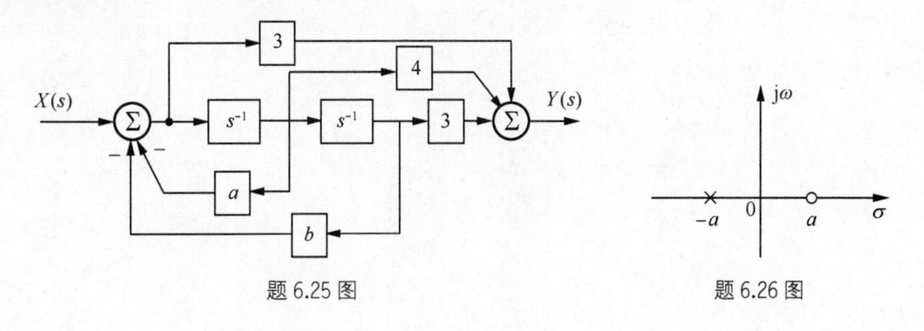

题 6.25 图　　　　题 6.26 图

6.25 如题 6.25 图所示系统，已知系统阶跃响应 $g(t)=(1-\mathrm{e}^{-t}+3\mathrm{e}^{-3t})u(t)$，试求框图中 a，b 值和系统函数 $H(s)$。

6.26 已知系统零、极点图如题 6.26 图所示，试画出系统幅频和相频特性曲线。

6.27 一因果 LTI 系统的输入 $x(t)$与输出 $y(t)$的满足下述关系

$$\frac{\mathrm{d}y(t)}{\mathrm{d}t}+10y(t)=\int_{-\infty}^{+\infty}x(\tau)m(t-\tau)\mathrm{d}\tau-x(t)，其中\ m(t)=\mathrm{e}^{-t}u(t)+3\delta(t)。$$

（1）求系统的系统函数 $H(s)$；（2）求系统的单位冲激响应。

6.28 分别画出下列系统的直接型、级联型和并联型框图。

（1）$H(s)=\dfrac{5(s+5)}{s(s+2)(s+3)}$；（2）$H(s)=\dfrac{s+5}{(s+2)(s+5)(s-10)}$；

（3）$H(s)=\dfrac{s^2+3s+2}{(s+4)(s+5)}$；（4）$H(s)=\dfrac{s-5}{s^2-s+1}$。

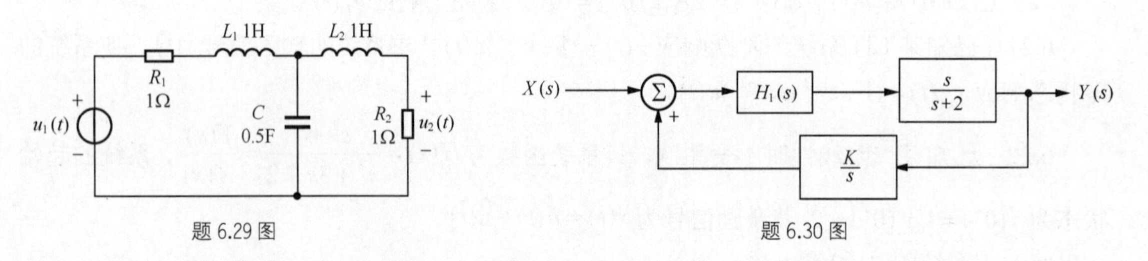

题 6.29 图　　　　题 6.30 图

6.29 已知如题 6.29 图所示电路，试完成以下要求。

（1）求系统函数 $H(s)=\dfrac{U_2(s)}{U_1(s)}$；

（2）求电路的幅频特性 $|H(\omega)|$ 和相频特性 $\varphi(\omega)$。

6.30 某系统如题 6.30 图所示，已知 $Y(s)=X(s)$。

（1）求 $H_1(s)$，并画出 $H_1(s)$的结构框图；

（2）若使 $H_1(s)$是稳定系统的系统函数，求 K 值范围；

（3）当 $K=1$ 时，写出系统 $H_1(s)$的频率响应特性 $H_1(\omega)$的表示式，并粗略画出幅频特性与相频特性曲线。

6.31 试判断下列系统的稳定性。

（1）$H(s)=\dfrac{s+1}{s^2+8s+6}$；（2）$H(s)=\dfrac{2s+4}{(s+1)(s^2+4s+3)}$；

（3）$H(s)=\dfrac{s+1}{s^4+5s^3+2s+10}$；（4）$H(s)=\dfrac{3s+1}{s^5+2s^4+2s^3+4s^2+11s+10}$。

第7章 离散时间信号与系统的 z 域分析

7.1 引言

上一章我们针对连续时间系统，通过傅里叶变换引入了拉普拉斯变换，讨论了连续时间信号与系统的复频域分析。复频域分析克服了傅里叶变换的不足，通过拉普拉斯变换将微分方程转换为代数方程，避开了解微分方程的困难。按照与连续时间信号与系统相同的分析方法，本章将讨论离散时间信号与系统的 z 域分析。针对离散时间系统，我们可以将离散时间傅里叶变换推广为 z 变换，通过 z 变换将差分方程转换为代数方程，同样可以将起始状态包含在代数方程中，从而求出零输入响应。相对于时域分析，z 域分析有着明显的优点。

与上一章拉普拉斯变换的内容安排类似，本章将首先由离散时间傅里叶变换引入 z 变换，介绍序列的 z 变换定义及其基本序列的 z 变换，随后将讨论 z 变换的性质及 z 变换的反变换。在序列的 z 变换基础上，应用 z 变换求离散时间系统的响应。最后，介绍离散时间系统的系统函数 $H(z)$，讨论 $H(z)$ 零极点位置与系统的单位样值响应 $h(n)$ 增长与衰减的关系，并以此讨论系统的稳定性。

7.2 z 变换

7.2.1 z 变换的定义

离散时间傅里叶变换为离散时间系统和系统的频域表示提供了途径。序列 $x(n)$ 存在离散时间傅里叶变换的充分条件是满足绝对可和。由于一些序列如 $2^n u(n)$ 不满足绝对可和的条件，因而不存在离散时间傅里叶变换。参照拉普拉斯变换的定义，引入一个衰减的指数序列 r^{-n}，通过选择 r 的值，使函数 $x(n)r^{-n}$ 满足绝对可和的条件。

由离散时间傅里叶变换的定义可知

$$\mathrm{X}(\mathrm{e}^{\mathrm{j}\Omega}) = DTFT[x(n)] = \sum_{n=-\infty}^{+\infty} x(n)\mathrm{e}^{-\mathrm{j}\Omega n}$$

则，函数 $x(n)r^{-n}$ 的离散时间傅里叶变换为

$$DTFT[x(n)r^{-n}]=\sum_{n=-\infty}^{+\infty}x(n)r^{-n}e^{-j\Omega n}$$

令 $z=re^{j\Omega}$， $X(z)=DTFT[x(n)r^{-n}]$，则上式可改写为

$$X(z)=\sum_{n=-\infty}^{\infty}x(n)z^{-n} \tag{7.1}$$

这种由序列 $x(n)$ 到函数 $X(z)$ 的变换称为 z 变换。显然，z 变换是离散时间傅里叶变换的推广。如果 $x(n)$ 为双边序列，则利用式（7.1）对其进行的 z 变换称为双边 z 变换。如果仅考虑 $n\geqslant 0$ 时的序列 $x(n)$ 值，则可定义单边 z 变换为

$$X(z)=\sum_{n=0}^{\infty}x(n)z^{-n} \tag{7.2}$$

不作说明，本书以单边 z 变换为研究对象。$X(z)$ 称为序列 $x(n)$ 的象函数，$x(n)$ 称为函数 $X(z)$ 的原序列，两者称为 z 变换对。由原序列 $x(n)$ 求其象函数 $X(z)$ 的过程称为 z 正变换，简称 z 变换，记为 $X(z)=\mathscr{Z}[x(n)]$。反之，由 $X(z)$ 确定 $x(n)$ 的过程称为 z 反变换，记作 $x(n)=\mathscr{Z}^{-1}[X(z)]$。两者之间的关系简记为

$$x(n)\overset{\mathscr{Z}}{\leftrightarrow}X(z)$$

从式（7.1）的计算结果来看，序列的 z 变换等于相应抽样信号的拉普拉斯变换，因此 z 变换的定义也可由拉普拉斯变换引入。有兴趣的读者可参阅相关书籍。

7.2.2 z 变换的收敛域

对序列 $x(n)$ 进行 z 变换就是将该序列展开为复变量 z^{-1} 的无穷幂级数，其系数就是相应的 $x(n)$ 值。由于只有当级数收敛时，z 变换才有意义，因此，必然存在 z 变换的收敛域问题。

对于任意有界序列 $x(n)$，能使级数 $\sum\limits_{n=-\infty}^{\infty}x(n)z^{-n}$ 收敛的所有 z 值的集合称为 z 变换 $X(z)$ 的收敛域，通常用 ROC 表示。根据级数理论，该级数收敛的充分必要条件是

$$\sum_{n=-\infty}^{\infty}|x(n)z^{-n}|<\infty \tag{7.3}$$

级数收敛的判别方法包括同号级数和变号级数，有比值判定法（达兰贝尔法）和根值判定法，常用的是达兰贝尔法。对于变号级数 $\sum\limits_{n=-\infty}^{\infty}x(n)z^{-n}$，满足条件

$$\lim_{n\to\infty}\left|\frac{x(n+1)z^{-(n+1)}}{x(n)z^{-n}}\right|=\rho \tag{7.4}$$

若 $\rho<1$，则级数绝对收敛；若 $\rho>1$，则级数发散；若 $\rho=1$，级数可能收敛也可能发散。由式（7.4）可知，z 变换的收敛域不仅与序列 $x(n)$ 有关，而且与 z 值的范围有关，下面举例说明。

例 7.1 求下列离散时间信号 z 变换的收敛域：式中 a，b 为正数。

（1）$x_1(n)=\begin{cases}0 & n<0\\ a^n & n\geqslant 0\end{cases}$；　　（2）$x_2(n)=\begin{cases}-a^n & n<0\\ 0 & n\geqslant 0\end{cases}$；

（3）$x_3(n)=\begin{cases}b^n & n<0\\ a^n & n\geqslant 0\end{cases}$；　　（4）$x_4(n)=\begin{cases}1 & n=0,1,2\\ 0 & n<0,n\geqslant 3\end{cases}$。

解：（1）由 z 变换的定义，有

$$X_1(z)=\sum_{n=0}^{\infty}a^n z^{-n}$$

根据式（7.4）可知，若使该级数收敛，应满足

$$\lim_{n\to\infty}\left|\frac{a^{n+1}z^{-n-1}}{a^n z^{-n}}\right|=\left|az^{-1}\right|<1$$

即收敛域为 $|z|>a$ 且 $X_1(z)=\dfrac{1}{1-az^{-1}}=\dfrac{z}{z-a}$。因 z 是一个复变量，其取值可在一个复平面上表示，且该复平面称为 z 平面。故 $|z|>a$ 在 z 平面上为以原点为中心，半径 $\rho=a$ 的圆外部区域（这里 ρ 称为收敛半径），如图 7.1（a）所示。

（2）由 z 变换的定义，有

$$X_2(z)=-\sum_{n=-\infty}^{-1}a^n z^{-n}=-\sum_{n=1}^{\infty}(a^{-1}z)^n=1-\sum_{n=0}^{\infty}(a^{-1}z)^n$$

根据式（7.4）可知，若使该级数收敛，应满足

$$\lim_{n\to\infty}\left|\frac{(a^{-1}z)^{n+1}}{(a^{-1}z)^n}\right|=\left|a^{-1}z\right|<1$$

即收敛域为 $|z|<a$，且 $X_2(z)=1-\dfrac{1}{1-a^{-1}z}=\dfrac{z}{z-a}$。在 z 平面上 $|z|<a$ 是以原点为中心，半径 $\rho=a$ 的圆内部区域，如图 7.1（b）所示。

（3）由 z 变换的定义，有

$$X_3(z)=\sum_{n=-\infty}^{-1}b^n z^{-n}+\sum_{n=0}^{\infty}a^n z^{-n}$$

若要使该级数收敛，则 $\sum\limits_{n=-\infty}^{-1}b^n z^{-n}$ 和 $\sum\limits_{n=0}^{\infty}a^n z^{-n}$ 均收敛，由本例题中（1）、（2）的结论可知，应有 $|z|<b$ 且 $|z|>a$。因此，当 $a<b$ 时，并且 $a<|z|<b$，$x_3(n)$ 的 z 变换存在，其收敛域在平面上是一个以原点为中心的圆环域，如图 7.1（c）所示。若 $b\leqslant a$，则 $X_3(z)$ 不存在。

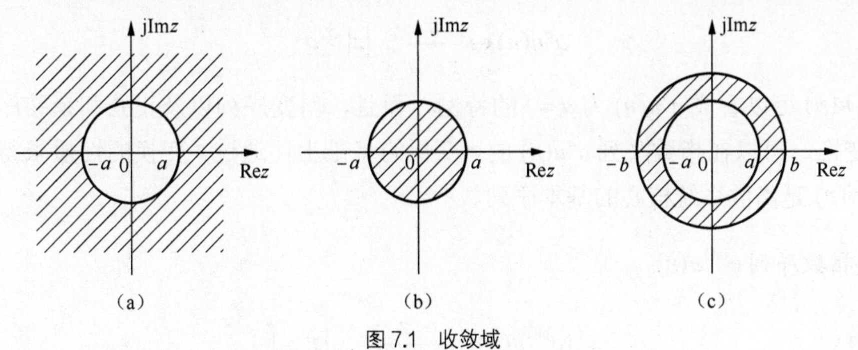

图 7.1　收敛域

（4）对于序列 $x_4(n)$，由 z 变换的定义，其 z 变换为

$$X_4(z) = z^0 + z^{-1} + z^{-2} = 1 + \frac{z+1}{z^{-2}}$$

显然，该级数收敛域为 z 平面上除原点以外的全部区域，即 $|z| > 0$。

7.2.3 常见信号的 z 变换

与拉普拉斯变换讨论的顺序一样，在介绍了 z 变换的定义之后，我们开始讨论常见信号的 z 变换。

1. 单位样值序列 $\delta(n)$

$$\mathscr{Z}[\delta(n)] = \sum_{n=0}^{\infty} \delta(n) z^{-n} = 1, \quad |z| \geqslant 0 \tag{7.5}$$

$\delta(n)$ 是仅在 $n=0$ 处有值的有限长序列，其 z 变换等于常数 1。其收敛域为整个 z 平面。即

$$\delta(n) \overset{\mathscr{Z}}{\leftrightarrow} 1 \qquad |z| \geqslant 0$$

2. 单位阶跃序列 $u(n)$

$$\mathscr{Z}[u(n)] = \sum_{n=0}^{\infty} z^{-n} = 1 + z^{-1} + z^{-2} + \cdots$$

这是等比级数，其公比为 z^{-1}。当 $|z| < 1$，此级数发散；当 $|z| > 1$ 时，该级数收敛，由等比级数求和公式，得

$$X(z) = \mathscr{Z}[u(n)] = \sum_{n=0}^{\infty} z^{-n} = \frac{1}{1-z^{-1}} = \frac{z}{z-1}, \quad |z| > 1 \tag{7.6}$$

即

$$u(n) \overset{\mathscr{Z}}{\leftrightarrow} \frac{z}{z-1}, \quad |z| > 1$$

3. 单边指数序列 $a^n u(n)$

$$\mathscr{Z}[a^n u(n)] = \sum_{n=0}^{\infty} (az^{-1})^n = \frac{z}{z-a}, \quad |z| > a \tag{7.7}$$

即

$$a^n u(n) \overset{\mathscr{Z}}{\leftrightarrow} \frac{z}{z-a}, \quad |z| > a$$

实际上 $u(n)$ 可以看成 $a^n u(n)$ 为 $a=1$ 的特例，而且，斜变序列以及正弦和余弦序列等基本序列的 z 变换，可以在指数序列 $a^n u(n)$ 的 z 变换的基础上，通过 z 变换的性质求得。因此，$a^n u(n)$ 和 $\delta(n)$ 是离散系统核心的基本序列。

4. 复指数序列 $e^{jn\Omega} u(n)$

$$\mathscr{Z}[e^{jn\Omega} u(n)] = \frac{z}{z - e^{j\Omega}}, \quad |z| > 1 \tag{7.8}$$

即

$$e^{jn\Omega}u(n)\overset{\mathscr{Z}}{\leftrightarrow}\frac{z}{z-e^{j\Omega}}, \quad |z|>1$$

5. 正弦型序列 $\cos(\Omega n)u(n)$ 和 $\sin(\Omega n)u(n)$

由欧拉公式，有

$$\mathscr{Z}[e^{jn\Omega}u(n)]=\mathscr{Z}[\cos(\Omega n)u(n)]+j\mathscr{Z}[\sin(\Omega n)u(n)], \quad |z|>1$$

又由于

$$\mathscr{Z}[e^{jn\Omega}u(n)]=\frac{z}{z-e^{j\Omega}}=\frac{1}{1-(\cos\Omega+j\sin\Omega)z^{-1}}=\frac{z^2-\cos\Omega z+j\sin\Omega z}{z^2-2z\cos\Omega+1}$$

比较上面两式，即得

$$\cos(\Omega n)u(n)\overset{\mathscr{Z}}{\leftrightarrow}\frac{z^2-\cos\Omega z}{z^2-2z\cos\Omega+1}, \quad |z|>1 \tag{7.9}$$

$$\sin(\Omega n)u(n)\overset{\mathscr{Z}}{\leftrightarrow}\frac{\sin\Omega z}{z^2-2z\cos\Omega+1}, \quad |z|>1 \tag{7.10}$$

一些常见序列的 z 变换列于附录 D。

7.3 z 变换的性质

与连续时间信号的拉普拉斯变换相似，可由 z 变换的定义，推出一些基本性质。这些基本性质反映了序列与其 z 变换之间存在的一些关系，利用这些性质不仅可方便地求序列的 z 变换，而且可方便地求 z 反变换。

1. 线性特性

若 $x_1(n)u(n)\overset{\mathscr{Z}}{\leftrightarrow}X_1(z)$，$|z|>R_{x_1}$；$x_2(n)u(n)\overset{\mathscr{Z}}{\leftrightarrow}X_2(z)$，$|z|>R_{x_2}$，则

$$a_1x_1(n)u(n)+a_2x_2(n)u(n)\overset{\mathscr{Z}}{\leftrightarrow}a_1X_1(z)+a_2X_2(z), \quad |z|>\max(R_{x_1},R_{x_2}) \tag{7.11}$$

式中，a_1,a_2 为任意常数，相加后序列 z 变换的收敛域一般为两个收敛域的重合部分。利用 z 变换定义可直接证明式（7.11）成立，并且可推广到多个序列 z 变换的情况。

2. 位移特性

若 $x(n)u(n)\overset{\mathscr{Z}}{\leftrightarrow}X(z)$，$|z|>R_x$，则

$$x(n-m)u(n-m)\leftrightarrow z^{-m}X(z) \tag{7.12}$$

且位移序列 $x(n\pm m)$ 的单边 z 变换为

$$\mathscr{Z}[x(n+m)u(n)]=z^m[X(z)-\sum_{k=0}^{m-1}x(k)z^{-k}] \tag{7.13}$$

$$\mathscr{Z}[x(n-m)u(n)]=z^{-m}[X(z)+\sum_{k=-m}^{-1}x(k)z^{-k}] \tag{7.14}$$

收敛域均为 $|z|>R_x$。

证明：由 z 变换的定义，可得

$$\mathscr{Z}[x(n+m)u(n)]=\sum_{n=0}^{\infty}x(n+m)z^{-n}$$

令$k=n+m$，则

$$\mathscr{Z}[x(n+m)u(n)]=z^m\sum_{k=m}^{\infty}x(k)z^{-k}=z^m\left[\sum_{k=0}^{\infty}x(k)z^{-k}-\sum_{k=0}^{m-1}x(k)z^{-k}\right]$$

$$=z^m\left[X(z)-\sum_{k=0}^{m-1}x(k)z^{-k}\right]$$

同理可证

$$\mathscr{Z}[x(n-m)u(n)]=z^{-m}[X(z)+\sum_{k=-m}^{-1}x(k)z^{-k}]$$

对于$m=1$和$m=2$的情况，有

$$\mathscr{Z}[x(n+1)u(n)]=zX(z)-zx(0)$$
$$\mathscr{Z}[x(n+2)u(n)]=z^2X(z)-z^2x(0)-zx(1)$$
$$\mathscr{Z}[x(n-1)u(n)]=z^{-1}X(z)+x(-1)$$
$$\mathscr{Z}[x(n-2)u(n)]=z^{-2}X(z)+z^{-1}x(-1)+x(-2)$$

由此可见，位移特性z域表达式中包含了系统的起始条件，把时域差分方程转换为z域代数方程，因此，可以方便求出z域的零输入响应和零状态响应。式（7.13）又称为左移序性质，与拉普拉斯变换的时域微分特性相当。式（7.14）又称右移序性质，与拉普拉斯变换的时域积分特性相当。

进一步，对于因果序列$x(n)$，$x(-1)=0,x(-2)=0,\cdots$，则式（7.14）中$\sum_{k=-m}^{-1}x(k)z^{-k}$项等于零，故序列右移的单边$z$变换式（7.14）为

$$x(n-m)u(n)\leftrightarrow z^{-m}X(z) \quad (7.15)$$

而左移序列的单边z变换仍为式（7.13）。

3. 展缩特性

若$x(n)u(n)\overset{\mathscr{Z}}{\leftrightarrow}X(z)$，$|z|>R_x$，则

$$a^nx(n)u(n)\overset{\mathscr{Z}}{\leftrightarrow}X(\frac{z}{a}),\quad \left|\frac{z}{a}\right|>R_x \quad (7.16)$$

式中$a>0$。该性质反映在时域中序列$x(n)$乘以指数序列a^n相当于z平面上原象函数在尺度上压缩a倍，因此也称为z域尺度变换、或称序列指数加权特性。

证明：由z变换的定义，可得

$$\mathscr{Z}[a^nx(n)u(n)]=\sum_{n=0}^{\infty}a^nx(n)z^{-n}=\sum_{n=0}^{\infty}x(n)\left(\frac{z}{a}\right)^{-n}$$

即

$$a^nx(n)u(n)\overset{\mathscr{Z}}{\leftrightarrow}X\left(\frac{z}{a}\right),\quad \left|\frac{z}{a}\right|>R_x$$

例 7.2 已知$x(n)=e^{an}\cos\Omega nu(n)$，求其$z$变换$X(z)$。式中$a$为实常数。

解： 因为

$$\cos\Omega n\cdot u(n)\overset{\mathscr{Z}}{\leftrightarrow}\frac{z(z-\cos\Omega)}{z^2-2z\cos\Omega+1},\quad |z|>1$$

根据z域展缩特性，可得

$$\mathscr{Z}[e^{an}\cos\Omega nu(n)]=\frac{ze^{-a}(ze^{-a}-\cos\Omega)}{(ze^{-a})^2-2ze^{-a}\cos\Omega+1},\quad |ze^{-a}|>1$$

4. z域微分特性

若$x(n)u(n)\overset{\mathscr{Z}}{\leftrightarrow}X(z)$，$|z|>R_x$，则

$$nx(n)u(n)\overset{\mathscr{Z}}{\leftrightarrow}-z\frac{dX(z)}{dz},\quad |z|>R_x \tag{7.17}$$

也就是说，序列乘以n的z变换，等于其z变换取导数且乘以$(-z)$，又称为序列线性加权特性。

证明：由z变换的定义，可得

$$\mathscr{Z}[nx(n)u(n)]=\sum_{n=-\infty}^{\infty}nx(n)u(n)z^{-n}=z\sum_{n=0}^{\infty}nz^{-n-1}x(n)$$

$$=z\sum_{n=0}^{\infty}[-\frac{d}{dz}z^{-n}]x(n)$$

交换上式求和与求导的次序，可得

$$\mathscr{Z}[nx(n)u(n)]=-z\frac{d}{dz}\sum_{n=0}^{\infty}z^{-n}x(n)=-z\frac{d}{dz}X(z)$$

由于$X(z)$是复变量z的幂级数，而一幂级数的导数或积分是具有同一收敛域的另一个级数。因此其收敛域与$X(z)$收敛域相同。

上述结果可推广到$x(n)$乘以n的任意正整数m次幂的情况，即有

$$n^m x(n)u(n)\leftrightarrow\left(-z\frac{d}{dz}\right)^m X(z),\quad |z|>R_x$$

式中$\left(-z\frac{d}{dz}\right)^m X(z)$表示对$X(z)$求导并乘以$(-z)$共$m$次。

例 7.3 求下列序列的z变换。

（1）$n^2u(n)$；　　（2）$\frac{n(n+1)}{2}u(n)$。

解：（1）$\mathscr{Z}[n^2u(n)]=\left(-z\frac{d}{dz}\right)^2\frac{z}{z-1}=-z\frac{d}{dz}\left[-z\frac{d}{dz}\left(\frac{z}{z-1}\right)\right]$

$$=-z\frac{d}{dz}[\frac{z}{(z-1)^2}]=\frac{z^2+z}{(z-1)^3},\quad |z|>1$$

（2）$\mathscr{Z}[\frac{n(n+1)}{2}u(n)]=Z\ [\frac{n^2}{2}u(n)+\frac{n}{2}u(n)]$

$$=\frac{z^2+z}{2(z-1)^3}+\frac{z}{2(z-1)^2}=\frac{z^2}{(z-1)^3},\quad |z|>1$$

5. z域积分特性

若$x(n)u(n)\overset{\mathscr{Z}}{\leftrightarrow}X(z)$，$|z|>R_x$，则

$$\frac{x(n)}{n+m}u(n) \overset{\mathscr{Z}}{\leftrightarrow} z^m \int_z^{\infty} \frac{X(x)}{x^{m+1}} \mathrm{d}x \text{，} |z| > R_x \tag{7.18}$$

式中 m 为整数，且 $n+m>0$。

证明： 由 z 变换定义可得

$$\mathscr{Z}[\frac{x(n)}{n+m}u(n)] = \sum_{n=0}^{\infty} \frac{x(n)}{n+m} z^{-n} = z^m \sum_{n=0}^{\infty} x(n) \frac{z^{-(n+m)}}{n+m}$$

$$= z^m \sum_{n=0}^{\infty} x(n) \int_z^{\infty} x^{-(n+m+1)} dx$$

交换上式求和与求积分的次序，得

$$\mathscr{Z}[\frac{x(n)}{n+m}u(n)] = z^m \sum_{n=0}^{\infty} x(n) \int_z^{\infty} x^{-(n+m+1)} \mathrm{d}x = z^m \int_z^{\infty} \sum_{n=0}^{\infty} x(n) x^{-n} x^{-(m+1)} \mathrm{d}x$$

$$= z^m \int_z^{\infty} \frac{X(x)}{x^{(m+1)}} \mathrm{d}x$$

其收敛域与 $X(x)$ 的收敛域相同。

例 7.4 求下列序列的 z 变换。

（1）$x_1(n) = \frac{u(n)}{n+1}$；（2）$x_2(n) = \frac{u(n-1)}{n}$，$n \geq 1$。

解： （1）由 z 域积分特性，可得

$$X_1(z) = z \int_z^{\infty} \frac{x}{x-1} x^{-2} \mathrm{d}x = z \int_z^{\infty} \frac{1}{x(x-1)} \mathrm{d}x = z \int_z^{\infty} \left(\frac{1}{x-1} - \frac{1}{x} \right) \mathrm{d}x$$

$$= z\left(\ln\frac{1}{z-1} - \ln\frac{1}{z} \right) = z \ln\frac{z}{z-1} \text{，} |z| > 1$$

（2）因为 $u(n-1) \overset{\mathscr{Z}}{\leftrightarrow} \frac{1}{z-1}$，$|z| > 1$

根据 z 域积分特性，可得

$$X_2(z) = \int_z^{\infty} \frac{1}{x-1} x^{-1} \mathrm{d}x = \int_z^{\infty} \frac{1}{x(x-1)} \mathrm{d}x = \ln\frac{z}{z-1} \text{，} |z| > 1$$

6. 卷积和定理

若 $x_1(n)u(n) \overset{\mathscr{Z}}{\leftrightarrow} X_1(z)$，$|z| > R_{x_1}$；$x_2(n)u(n) \overset{\mathscr{Z}}{\leftrightarrow} X_2(z)$，$|z| > R_{x_2}$，则

$$x_1(n)u(n) * x_2(n)u(n) \overset{\mathscr{Z}}{\leftrightarrow} X_1(z) \cdot X_2(z) \text{，} |z| > \max(R_{x_1}, R_{x_2}) \tag{7.19}$$

证明： 由 z 变换定义可得

$$\mathscr{Z}[x_1(n)u(n) * x_2(n)u(n)] = \sum_{n=0}^{\infty} [x_1(n)u(n) * x_2(n)u(n)] z^{-n}$$

$$= \sum_{n=0}^{\infty} [\sum_{k=0}^{\infty} x_1(k) * x_2(n-k)] z^{-n}$$

交换求和次序，得

$$\mathscr{Z}[x_1(n)u(n) * x_2(n)u(n)] = \sum_{k=0}^{\infty} x_1(k) z^{-k} \sum_{n=0}^{\infty} x_2(n-k) z^{-(n-k)}$$

$$=\sum_{k=0}^{\infty}x_2(k)z^{-k}X_1(z)=X_1(z)X_2(z)$$

式中利用了 z 变换位移特性。显然收敛域应为 $X_1(z)$ 和 $X_2(z)$ 收敛域的重叠部分。

这说明，时域中的卷积和运算对应于 z 域中的乘积运算，这和连续时间信号傅里叶变换和拉普拉斯变换相同。

7. 初值定理

若 $x(n)u(n)\overset{\mathscr{Z}}{\leftrightarrow}X(z)$，$|z|>R_x$，则

$$x(0)=\lim_{z\to\infty}X(z) \tag{7.20}$$

证明：由 z 变换定义可得 $X(z)=\sum_{n=0}^{\infty}x(n)z^{-n}=x(0)+x(1)z^{-1}+x(2)z^{-2}+\cdots$

显然当 $z\to\infty$ 时，上式等号右端除第一项外，均为零。所以

$$x(0)=\lim_{z\to\infty}X(z)$$

根据位移特性，有

$$\mathscr{Z}[x(n+1)u(n)]=zX(z)-zx(0)$$

对上式应用初值定理，可得

$$x(1)=\lim_{z\to\infty}z[X(z)-x(0)]$$

进一步推广，可得

$$x(m)=\lim_{z\to\infty}z^m[X(z)-\sum_{n=0}^{m-1}x(n)z^{-n}] \tag{7.21}$$

8. 终值定理

若 $x(n)u(n)\overset{\mathscr{Z}}{\leftrightarrow}X(z)$，$|z|>R_x$，则

$$x(\infty)=\lim_{n\to\infty}x(n)=\lim_{z\to1}(z-1)X(z) \tag{7.22}$$

证明：由线性特性和位移特性，可得

$$\mathscr{Z}[x(n+1)-x(n)]=zX(z)-zx(0)-X(z)=(z-1)X(z)-zx(0)$$

当 $z\to1$ 时

$$\lim_{z\to1}(z-1)X(z)=x(0)+\lim_{z\to1}\sum_{n=0}^{\infty}[x(n+1)-x(n)]z^{-n}$$
$$=x(0)+[x(1)-x(0)]+[x(2)-x(1)]+\cdots$$
$$=x(\infty)$$

需要注意的是，应用终值定理的前提是 $x(n)$ 是收敛序列，即序列 $x(n)$ 存在终值 $x(\infty)$

为便于读者学习和掌握，下面将 z 变换的性质列表于表 7.1。

表 7.1　z 变换的性质

特性	序列	z 变换及收敛域
	$x(n)u(n),x_1(n)u(n),x_2(n)u(n)$	$X(z):R_x,X_1(z):R_{x_1},X_2(z):R_{x_2}$
线性特性	$a_1x_1(n)u(n)+a_2x_2(n)u(n)$	$a_1X_1(z)+a_2X_2(z)$： $\max(R_{x_1},R_{x_2})$

续表

特性	序列	z 变换及收敛域
位移特性	$x(n-m)u(n-m)$	$z^{-m}X(z)$：$\|z\|>R_x$
	$x(n+m)u(n)$	$z^m[X(z)-\sum_{n=0}^{m-1}x(n)z^{-n}]$：$\|z\|>R_x$
	$x(n-m)u(n)$	$z^{-m}[X(z)+\sum_{n=-m}^{-1}x(n)z^{-n}]$：$\|z\|>R_x$
展缩特性	$a^n x(n)u(n)$	$X(\frac{z}{a})$：$\left\|\frac{z}{a}\right\|>R_x$
z 域微分特性	$nx(n)u(n)$	$-z\frac{dX(z)}{dz}$：$\|z\|>R_x$
z 域积分特性	$\frac{x(n)}{n+m}u(n)$	$z^m\int_z^{\infty}\frac{X(x)}{x^{m+1}}dx$：$\|z\|>R_x$
卷积和定理	$x_1(n)u(n)*x_2(n)u(n)$	$X_1(z)\cdot X_2(z)$：$\|z\|>\max(R_{x_1},R_{x_2})$
初值定理	$x(0)=\lim_{z\to\infty}X(z)$	
终值定理	$x(\infty)=\lim_{n\to\infty}x(n)=\lim_{z\to 1}(z-1)X(z)$	

7.4 z 反变换

时域离散序列 $x(n)$ 可进行 z 变换，变换为 z 域函数 $X(z)$。同样 z 域函数 $X(z)$ 也可变换为时域离散序列 $x(n)$，这一过程称为 z 反变换。单边 z 反变换的定义为

$$x(n)=\mathscr{Z}^{-1}[X(z)]=\frac{1}{2\pi \mathrm{j}}\oint_C X(z)z^{n-1}\mathrm{d}z\text{，（}n=0,\pm1,\pm2,\cdots\text{）}\tag{7.23}$$

式中 C 为 $X(z)$ 收敛域内任一简单闭合曲线。

计算 z 反变换可以根据 z 反变换的定义利用围线积分法求得，还可以采用幂级数展开法和部分分式法，下面主要介绍幂级数展开法和部分分式法。

7.4.1 幂级数展开法

根据 z 变换的定义

$$X(z)=\sum_{n=0}^{\infty}x(n)z^{-n}$$

因此，若将 $X(z)$ 展开为 z^{-1} 的幂级数，则对应的 z^{-n} 的系数就是 $x(n)$。

例 7.5 已知 $X(z)=\frac{z}{(z-1)(z-3)}$，$|z|>3$，求其 z 反变换 $x(n)$。

解： 由收敛域 $|z|>3$，可知 $x(n)$ 为右序列，故应将 $X(z)$ 展成 z 的负次幂级数形式。将 $X(z)$ 的分子、分母按 z 的降幂次序排列为

$$X(z)=\frac{z}{z^2-4z+3}$$

进行长除

$$
\begin{array}{r|l}
 & z^{-1}+4z^{-2}+13z^{-3}+40z^{-4}+121z^{-5}\ \cdots\cdots \\
\hline
z^{2}-4z+3 & z \\
 & \underline{z-4+3z^{-1}} \\
 & 4-3z^{-1} \\
 & \underline{4-16z^{-1}+12z^{-2}} \\
 & 13z^{-1}-12z^{-2} \\
 & \underline{13z^{-1}-52z^{-2}+39z^{-3}} \\
 & 40z^{-2}-39z^{-3} \\
 & \underline{40z^{-2}-160z^{-3}+120z^{-4}} \\
 & 121^{-3}-120z^{-4} \\
 & \underline{121z^{-3}-484z^{-4}+363z^{-5}} \\
 & \cdots\cdots
\end{array}
$$

可得

$$X(z)=z^{-1}+4z^{-2}+13z^{-3}+40z^{-4}+121z^{-5}+\cdots$$

所以

$$x(n)=\{\underset{\uparrow}{0}\quad 1\quad 4\quad 13\quad 40\quad 121\quad \cdots\}$$

幂级数展开法比较简单，但是一般只能得到 $x(n)$ 的有限项，对于无限长序列不易得到闭式表达式。

7.4.2　部分分式法

部分分式法求 z 反变换的基本思路是，将 $X(z)$ 分解为基本序列 z 变换的组合，则 z 反变换等于相应的基本序列的组合。

对于有理多项式 $X(z)$，一般可表示为

$$X(z)=\frac{N(z)}{D(z)}=\frac{b_m z^m+b_{m-1}z^{m-1}+\cdots+b_1 z+b_0}{a_n z^n+a_{n-1}z^{n-1}+\cdots+a_1 z+a_0} \qquad (7.24)$$

式中，m 和 n 为正整数，分母多项式 $D(z)$ 称为系统的特征多项式，方程 $D(z)=0$ 称为特征方程，它的根 z_i（$i=1,2,\cdots,n$）称为特征根。与拉普拉斯反变换类似，可以考虑将其分解为基本形式 $\dfrac{Kz}{z-z_i}$ 的组合，K 为常数，当收敛域为 $|z|>z_i$ 时，其对应的基本序列为 $K(z_i)^n$。与拉普拉斯反变换不同的是，为了求解系数，将 $X(z)$ 除以 z，再将 $\dfrac{X(z)}{z}$ 展开为部分分式的组合，最后将展开的部分分式乘以 z，即得到 $X(z)$ 的部分分式表示式，然后对各部分分式进行 z 反变换，获得 $x(n)$。

关于 $\dfrac{X(z)}{z}$ 的部分分式法与拉普拉斯反变换中完全相同，下面根据特征根的不同情况进行讨论。

1. *$D(z)=0$ 的所有根均为单实根*

若 $D(z)=0$ 的 n 个特征根都为单实根，分别为 $z_1,z_2,z_3,\cdots,z_n$，则 $\dfrac{X(z)}{z}$ 可展成

$$\frac{X(z)}{z}=\frac{K_0}{z}+\frac{K_1}{z-z_1}+\frac{K_2}{z-z_2}+\cdots+\frac{K_n}{z-z_n}=\sum_{i=0}^{n}\frac{K_i}{z-z_i} \tag{7.25}$$

式中，K_i 为待定系数，其计算式为

$$K_i=\frac{X(z)}{z}(z-z_i)\Big|_{z=z_i} \tag{7.26}$$

例 7.6 已知 $X(z)=\dfrac{z^2+z+1}{z^2+3z+2}$，$|z|>2$，求 z 反变换 $x(n)$。

解：将 $\dfrac{X(z)}{z}$ 进行部分分式展开

$$\frac{X(z)}{z}=\frac{z^2+z+1}{z(z^2+3z+2)}=\frac{K_0}{z}+\frac{K_1}{z+1}+\frac{K_2}{z+2}$$

根据式（7.26），可得

$$K_0=X(z)\big|_{z=0}=\frac{1}{2}$$

$$K_1=\frac{X(z)}{z}(z+1)\Big|_{z=-1}=-1$$

$$K_2=\frac{X(z)}{z}(z+2)\Big|_{z=-2}=1.5$$

则

$$\frac{X(z)}{z}=\frac{0.5}{z}-\frac{1}{z+1}+\frac{1.5}{z+2}，\ |z|>2$$

故 z 反变换为

$$x(n)=\frac{1}{2}\delta(n)-(-1)^n u(n)+1.5(-2)^n u(n)$$

2. $D(z)=0$ 具有共轭复根

若 $D(z)=0$ 含有一对共轭复根 $z_{1,2}=c\pm \mathrm{j}d$，由于共轭复数根实际上是成对出现的单重复根，因此其对应系数 K_1,K_2 的计算方法与单实根情况下完全一样，计算式为式（7.26）。

例 7.7 已知 $X(z)=\dfrac{2z}{z^2+4}$，$|z|>2$，求其 z 反变换 $x(n)$。

解：将 $\dfrac{X(z)}{z}$ 进行部分分式展开

$$\frac{X(z)}{z}=\frac{2}{z^2+4}=\frac{K_1}{z-\mathrm{j}2}+\frac{K_2}{z+\mathrm{j}2}$$

根据式（7.26），可得

$$K_1=(z-\mathrm{j}2)\frac{X(z)}{z}\Big|_{z=\mathrm{j}2}=\frac{1}{2}\angle-90^\circ$$

$$K_2=K^*{}_1=\frac{1}{2}\angle 90^\circ$$

则有

$$\frac{X(z)}{z}=\frac{\frac{1}{2}\angle-90^\circ}{z-\mathrm{j}2}+\frac{\frac{1}{2}\angle 90^\circ}{z+\mathrm{j}2}，\ |z|>2$$

故z反变换为

$$x(n)=2^n\cos\left(\frac{n\pi}{2}-90^\circ\right)u(n)=2^n\sin\left(\frac{n\pi}{2}\right)$$

实际上，在共轭复根的情况下采用这种方法进行计算是非常复杂的。为简化计算，我们完全可以利z反变换对$b^n\sin\Omega n\cdot u(n)\overset{\mathscr{Z}}{\leftrightarrow}\frac{bz\sin\Omega}{z^2-2bz\cos\Omega+b^2}$和$b^n\cos\Omega n\cdot u(n)\overset{\mathscr{Z}}{\leftrightarrow}\frac{z(z-b\cos\Omega)}{z^2-2bz\cos\Omega+b^2}$进行求解。对于例7.7，可以将$X(z)$表示为

$$X(z)=\frac{2z}{z^2+4}=\frac{2z\sin 90^\circ}{z^2-2z\times2\cos90^\circ+2^2}$$

则z反变换为

$$x(n)=2^n\sin\left(\frac{n\pi}{2}\right)$$

3. $D(z)=0$的根含有重根

设$D(z)=0$在$z=z_1$处有m阶重根，其余为$z_{m+1},z_{m+2},\cdots,z_n$均为单实根，则$X(z)$可展开成

$$\frac{X(z)}{z}=\frac{K_0}{z}+\frac{K_{11}}{(z-z_1)^m}+\frac{K_{12}}{(z-z_1)^{m-1}}+\cdots+\frac{K_{1m}}{(z-z_1)}+\sum_{i=m+1}^{n}\frac{K_i}{z-z_i}$$

式中，K_0,K_i的计算式与单实根情况下完全一样，K_{1n}则由下式求得：

$$K_{1n}=\frac{1}{(n-1)!}\cdot\frac{\mathrm{d}^{n-1}}{\mathrm{d}z^{n-1}}[(z-z_1)^m\frac{X(z)}{z}]\Big|_{z=z_1} \tag{7.27}$$

例 7.8　已知$X(z)=\frac{z^3+z^2}{(z-1)^3}$，$|z|>1$，求其$z$反变换$x(n)$。

解：将$\frac{X(z)}{z}$进行部分分式展开

$$\frac{X(z)}{z}=\frac{z^3+z^2}{z(z-1)^3}=\frac{K_{11}}{(z-1)^3}+\frac{K_{12}}{(z-1)^2}+\frac{K_{13}}{z-1}$$

根据式（7.27），可得

$$K_{11}=\left[(z-1)^3\frac{X(z)}{z}\right]\Big|_{z=1}=2$$

$$K_{12}=\frac{d}{dz}[(z-z_1)^3\frac{X(z)}{z}]\Big|_{z=1}=3$$

$$K_{13}=\frac{1}{2!}\cdot\frac{d^2}{dz^2}[(z-1)^3\frac{X(z)}{z}]\Big|_{z=1}=1$$

则有

$$\frac{X(z)}{z}=\frac{2}{(z-1)^3}+\frac{3}{(z-1)^2}+\frac{1}{z-1}，\ |z|>1$$

故z反变换为

$$x(n)=n(n-1)u(n)+3nu(n)+u(n)$$

7.5 离散时间系统的 z 域分析

7.5.1 离散时间系统的系统函数

类似于连续时间系统的系统函数 $H(s)$，离散时间系统的系统函数 $H(z)$ 也有以下两种定义的方法。

设单位序列 $\delta(n)$ 作用于系统时的单位序列响应为 $h(n)$。则系统函数定义为

$$H(z) = \mathscr{Z}[h(n)] \tag{7.28}$$

设描述 LTI 离散系统的线性常系数差分方程的一般形式为

$$\sum_{k=0}^{N} a_k y(n-k) = \sum_{r=0}^{M} b_r x(n-r)$$

若激励 $x(n)$ 是因果序列，且系统处于零状态，将上式两边求 z 变换得到

$$Y_{zs}(z)\sum_{k=0}^{N} a_k z^{-k} = X(z)\sum_{r=0}^{M} b_r z^{-r}$$

则系统函数定义为系统零状态响应的 Z 变换与其对应的激励的 Z 变换之比值，即

$$H(z) = \frac{Y_{zs}(z)}{X(z)} = \frac{\sum_{r=0}^{M} b_r z^{-r}}{\sum_{k=0}^{N} a_k z^{-k}} \tag{7.29}$$

由式（7.29）可知，系统函数只与系统的差分方程的系数有关，即只与系统的结构、参数有关，与激励无关，它与差分方程一样可以描述系统的特性。在引入系统函数的概念后，使离散系统的分析方法更加丰富和灵活。

类似于系统的复频域分析，由式（7.28）和式（7.29）可知，我们可以通过 $H(z)$ 求解系统给定激励下的零状态响应，还可以反过来求解系统的单位冲激响应，而且能通过 $h(t)$ 进行系统相关特性分析。

例 7.9 有二阶控制系统的差分方程为

$$y(n) + 0.6y(n-1) - 0.16y(n-2) = x(n) + 2x(n-1)$$

（1）求系统函数 $H(z)$；

（2）求单位响应 $h(n)$；

（3）若激励 $x(n) = 0.4^n u(n)$，求零状态响应。

解：（1）零状态下，对差分方程两边取 z 变换，可得

$$(1 + 0.6z^{-1} - 0.16z^{-2})Y(z) = (1 + 2z^{-1})X(z)$$

整理可得

$$H(z) = \frac{Y(z)}{X(z)} = \frac{1 + 2z^{-1}}{1 + 0.6z^{-1} - 0.16z^{-2}} = \frac{z^2 + 2z}{z^2 + 0.6z - 0.16}$$

（2）由于

$$\frac{H(z)}{z} = \frac{z+2}{(z-0.2)(z+0.8)} = \frac{K_1}{z-0.2} + \frac{K_2}{z+0.8}$$

根据公式（7.26），可得

$$K_1 = (z-0.2)\frac{H(z)}{z}\bigg|_{z=0.2} = 2.2$$

$$K_2 = (z+0.8)\frac{H(z)}{z}\bigg|_{z=-0.8} = -1.2$$

则

$$H(z) = \frac{2.2z}{z-0.2} + \frac{-1.2z}{z+0.8}$$

故
$$h(n) = [2.2(0.2)^n - 1.2(-0.8)^n]u(n)$$

（3）当输入 $x(n) = 0.4^n u(n)$ ，有

$$X(z) = \frac{z}{z-0.4}$$

由卷积和定理，可得

$$Y_{zs}(z) = H(z)X(z) = \frac{z^2(z+2)}{(z-0.2)(z+0.8)(z-0.4)}$$

利用部分分式法，可得

$$Y_{zs}(z) = \frac{-2.2z}{z-0.2} - \frac{0.8z}{z+0.8} + \frac{4z}{z-0.4}$$

故 z 反变换为

$$y(n) = [-2.2(0.2)^n - 0.8(-0.8)^n + 4(0.4)^n]u(n)$$

7.5.2 差分方程的 z 域求解

对于线性时不变离散时间系统，描述 n 阶系统的差分方程的一般形式为

$$\sum_{i=0}^{n} a_i y(n-i) = \sum_{r=0}^{m} b_r x(n-r) \tag{7.30}$$

式中，a_i ，b_j 均为实系数。系统的起始状态为 $y(-1), y(-2), \cdots y(-n)$ 。对方程式（7.30）进行单边 z 变换，利用 z 变换的位移特性，有

$$\sum_{i=0}^{n} a_i z^{-i}[Y(z) + \sum_{n=-i}^{-1} y(n)z^{-n}] = \sum_{r=0}^{m} b_r X(z)z^{-r}$$

则差分方程的 z 域解为

$$Y(z) = \frac{-\sum_{i=0}^{n}[a_i z^{-i} \cdot \sum_{n=-i}^{-1} y(n)z^{-n}]}{\sum_{i=0}^{n} a_i z^{-i}} + \frac{\sum_{r=0}^{m} b_r z^{-r}}{\sum_{i=0}^{n} a_i z^{-i}} X(z) \tag{7.31}$$

式中第一项与与起始状态有关而与激励无关，是系统的零输入响应 $y_{zi}(t)$ 的变换，即

$$Y_{zi}(z) = \frac{-\sum_{i=0}^{n}[a_i z^{-i} \cdot \sum_{n=-i}^{-1} y(n)z^{-n}]}{\sum_{i=0}^{n} a_i z^{-i}} \tag{7.32}$$

式中第二项仅与激励有关，而与起始状态无关，是系统的零状态响应 $y_{zs}(t)$ 的 z 变换，即

$$Y_{zs}(z)=\frac{\sum_{r=0}^{m}b_r z^{-r}}{\sum_{i=0}^{n}a_i z^{-i}}X(z)=H(z)X(z) \tag{7.33}$$

上式中 $H(z)$ 为连续时间 LTI 的系统的系统函数，可表示为 $H(z)=\frac{Y_{zs}(z)}{X(z)}=\frac{\sum_{r=0}^{M}b_r z^{-r}}{\sum_{k=0}^{N}a_k z^{-k}}$，与式(7.29)相同。

例 7.10 已知 $y(n)-5y(n-1)+6y(n-2)=x(n)$，且 $y(-1)=4, y(-2)=1$，$x(n)=4^n u(n)$，求零输入响应 $y_{zi}(n)$、零状态响应 $y_{zs}(n)$ 和全响应 $y(n)$。

解： 对差分方程两边取单边 z 变换，有

$$Y(z)-5z^{-1}[Y(z)+y(-1)z]+6z^{-2}[Y(z)+y(-1)z+y(-2)z^2]=X(z)$$

整理可得

$$Y(z)=\frac{5y(-1)-6z^{-1}y(-1)-6y(-2)}{1-5z^{-1}+6z^{-2}}+\frac{1}{1-5z^{-1}+6z^{-2}}X(z)$$

则系统零状态响应和零输入响应的 z 域解为

$$Y_{zi}(z)=\frac{5y(-1)-6z^{-1}y(-1)-6y(-2)}{1-5z^{-1}+6z^{-2}}=\frac{14z^2-24z}{z^2-5z+6}$$

$$Y_{zs}(z)=\frac{1}{1-5z^{-1}+6z^{-2}}X(z)=\frac{1}{1-5z^{-1}+6z^{-2}}\cdot\frac{z}{z-4}$$

利用部分分式法，可得

$$Y_{zi}(z)/z=\frac{14z-24}{z^2-5z+6}=\frac{-4}{z-2}+\frac{18}{z-3}$$

$$Y_{zs}(z)/z=\frac{1}{1-5z^{-1}+6z^{-2}}\cdot\frac{z}{z-4}\cdot\frac{1}{z}=\frac{2}{z-2}-\frac{9}{z-3}+\frac{8}{z-4}$$

求 z 反变换，可得零输入响应和零状态响应为

$$y_{zi}(n)=[18(3)^n-4(2)^n]u(n)$$

$$y_{zs}(n)=[2(2)^n-9(3)^n+8(4)^n]u(n)$$

故全响应为

$$y(n)=y_{zi}(n)+y_{zs}(n)=[8(4)^n+9(3)^n-2(2)^n]u(n)$$

7.6 离散时间系统的系统函数与系统特性

7.6.1 系统函数零极点分布与时域特性

一个 n 阶的因果离散 LTI 系统的系统函数可表示为

$$H(z)=k\frac{\prod_{j=1}^{m}(1-z_j z^{-1})}{\prod_{i=1}^{n}(1-p_i z^{-1})} \tag{7.34}$$

其中，z_j 和 p_i 分别为其零点和极点。与连续时间系统的情况一样，系统函数 $H(z)$的极点决定了 $h(n)$的形式，而零点影响 $h(n)$的幅度和相位。s 平面和 z 平面有以下映射关系，即

s 平面的 $j\omega$ 轴 $\Leftrightarrow$ z 平面单位圆

s 平面左半平面 $\Leftrightarrow$ z 平面单位圆内

s 平面右半平面 $\Leftrightarrow$ z 平面单位圆外

下面结合在连续系统中分析过的 $H(s)$的极点分布与单位冲激响应 $h(t)$的特性，再利用已知的 s 平面和 z 平面的映射关系来讨论 $H(z)$的极点分布与 $h(n)$波形的关系。

（1）一阶实极点 $p_i = a$

$$h_i(n) = A_i a^n u(n) \tag{7.35}$$

若 $a<1$，极点在单位圆内，对应的响应分量是衰减指数序列；若 $a>1$，极点在单位圆外，对应的响应分量是增幅指数序列的；若 $a=1$，极点在单位圆上，对应的响应分量是等幅序列。

（2）共轭极点 $a\mathrm{e}^{\pm \mathrm{j}\theta}$

$$H_i(z) = \frac{A}{1-a\mathrm{e}^{\mathrm{j}\theta}z^{-1}} + \frac{A^*}{1-a\mathrm{e}^{-\mathrm{j}\theta}z^{-1}},$$

求反 z 变换，可得其在 h（n）中对应的响应项为

$$h_i(n) = 2|A|a^n[\cos(\theta n+\varphi)]u(n) \tag{7.36}$$

若 $a<1$，极点在单位圆内，对应的响应分量是衰减振荡序列；若 $a>1$，极点在单位圆外，对应的响应分量是增幅振荡序列的；若 $a=1$，极点在单位圆上，对应的响应分量是等幅振荡序列。

7.6.2 系统函数零极点分布与系统稳定性

在连续系统分析中，已经给出系统稳定性的定义，即若输入是有界的，输出必为有界的。而且已经证明，连续 LTI 系统为稳定系统的充分必要条件是单位冲激响应绝对可积。对于离散 LTI 系统，也同样可以证明，离散 LTI 系统为稳定系统的充分必要条件是单位序列响应绝对可和，即

$$\sum_{n=-\infty}^{\infty} |h(n)| \leqslant M \tag{7.37}$$

其中 M 为有限正数。从系统的函数 $H(z)$来讲，要使单位序列响应绝对可和，$H(z)$的收敛域必须包含单位圆，$H(z)$的极点必须在单位圆内。结论如下：

如果离散 LTI 系统的 $H(z)$的极点全部在单位圆内，即 $H(z)$的分母的根的模都小于 1，那么该系统就是稳定的。

若因果离散时间系统的系统函数

$$H(z) = \frac{B(z)}{A(z)} \tag{7.38}$$

其中分母通常为 $A(z) = a_n z^n + a_{n-1}z^{n-1} + \cdots + a_1 z + a_0$。要判别系统的稳定性，就需判别特征方程 $A(z)=0$ 所有根的模是否都小于 1。离散 LTI 系统的稳定性也可由它的系统函数的极点分布来确定，但是，当系统阶数比较高时，也就是说系统函数的分母多项式阶次较高时，用代数方法确定根的分布就比较困难。朱里提出了一种列表的判定方法，称之为朱里准则。有兴趣的读者可以参阅相关书籍。

7.6.3 系统函数零极点分布与频率特性

与连续时间系统类似，离散时间系统的频率特性（频率响应）表明稳定系统对不同频率的正弦输入序列的响应特性。

设稳定系统输入序列为复指数序列 $x(n)=e^{j\Omega n}$，系统在 $e^{j\Omega n}$ 作用下的零状态响应为

$$y(n)=h(n)*x(n)=\sum_{k=0}^{+\infty}h(k)e^{j\Omega(n-k)}=e^{j\Omega n}\sum_{k=0}^{+\infty}h(k)e^{-j\Omega k}$$

由 z 变换的定义，可知

$$H(z)=\sum_{k=0}^{+\infty}h(n)z^{-n}$$

则

$$y(n)=e^{j\Omega n}\sum_{k=0}^{+\infty}h(k)e^{-j\Omega k}=e^{j\Omega n}H(e^{j\Omega}) \tag{7.39}$$

上式说明是输入序列产生的响应序列在频域的加权因子（传递函数），称为系统的频率特性。同时说明，若离散系统的输入是角频率为 ω，取样周期为 T（数字角频率$\Omega=\omega T$）的复指数序列（或正弦序列），系统的稳态响应也是同频率的复指数序列（或正弦序列）。

离散时间系统频率特性 $H(e^{j\Omega})$ 与单位样值响应 $h(n)$是一对离散时间傅里叶变换（DTFT），即

$$H(e^{j\Omega})=\sum_{n=-\infty}^{\infty}h(n)e^{-j\Omega n} \tag{7.40}$$

比较式（7.38）和式（7.39）不难发现以下关系，即

$$H(e^{j\Omega})=H(z)\big|_{z=e^{j\Omega}} \tag{7.41}$$

在离散时间系统中，如果 $H(z)$收敛域包含单位圆（系统稳定），或者说 $H(z)$的极点全部在单位圆内，或者说只要离散系统是稳定的，则将 z 换为 $e^{j\Omega}$ 就可得到离散系统的频率特性。频率特性 $H(e^{j\Omega})$ 是一复函数，又可以写成

$$H(e^{j\Omega})=\left|H(e^{j\Omega})\right|e^{j\phi(\Omega)}$$

其中 $\left|H(e^{j\Omega})\right|$ 是离散时间系统的幅频特性，$\phi(\Omega)$ 是相频特性。

与连续时间系统类似，也可以用系统函数 $H(z)$在 z 平面上零、极点的分布，通过几何方法简便直观地求出离散时间系统的频率响应，如图 7.7 所示。

已知

$$H(z)=k\frac{\prod_{j=1}^{m}(z-z_j)}{\prod_{i=1}^{n}(z-p_i)}$$

则

$$H(e^{j\Omega})=k\frac{\prod_{j=1}^{m}(e^{j\Omega}-z_j)}{\prod_{i=1}^{n}(e^{j\Omega}-p_i)}$$

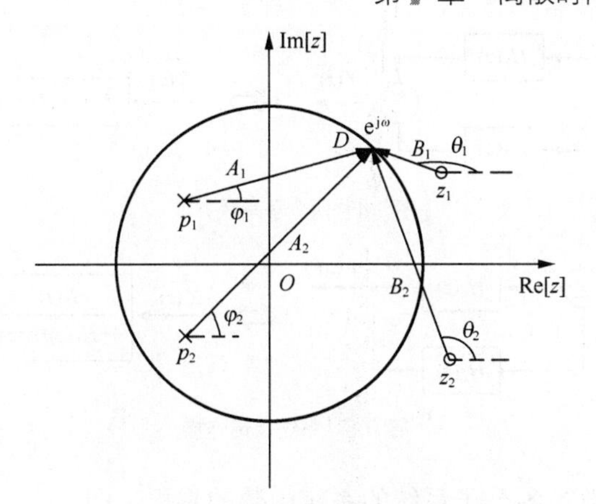

图 7.2 $H(z)$零、极点矢量图

设 $\begin{cases} e^{j\Omega} - z_j = B_j \angle \varphi_j \\ e^{j\Omega} - p_i = A_i \angle \theta_i \end{cases}$

于是幅频响应和相频响应为

$$\left|H(e^{j\Omega})\right| = k\frac{\prod_{j=1}^{m} B_j}{\prod_{i=1}^{n} A_i} \tag{7.42}$$

$$\phi(\Omega) = \sum_{j=1}^{m}\varphi_j - \sum_{i=1}^{n}\theta_i \tag{7.43}$$

上述二式中，A_i, θ_i 分别表示 z 平面上极点 p_i 到单位圆上某点 $e^{j\Omega}$ 的矢量 $(e^{j\Omega} - p_i)$ 的长度和夹角；B_j, φ_j 分别表示零点 z_j 到 $e^{j\Omega}$ 的矢量 $(e^{j\Omega} - z_j)$ 的长度和夹角。如果单位圆上点 D 不断移动，就可以得到全部的频率响应。显然点 D 每转一圈（2π），频率特性重复一次，就是说频率特性的周期是 2π。因此，只要 D 点转一周就可以确定系统的频率响应。利用这种方法可以比较方便地由 $H(z)$的零、极点位置求出系统的频率响应。可见频率响应的形式取决于 $H(z)$的零、极点分布，也就是说，取决于离散时间系统的形式及差分方程各系数的大小。

7.7 离散时间系统的模拟

7.7.1 离散时间系统的连接

一个复杂的离散系统可以由一些简单的子系统按照一定方式连接而成。若知道各子系统的性能，和子系统的连接，就可以通过子系统来分析复杂系统，使复杂系统的分析简单化。同连续时间系统一样，离散系统连接的基本方式有级联、并联、反馈连接三种，分别如图 7.3、图 7.4，图 7.5 所示。

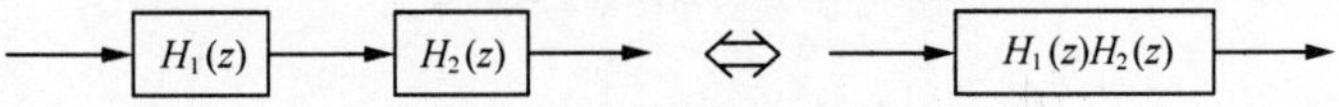

→ $H_1(z)$ → $H_2(z)$ → ⇔ → $H_1(z)H_2(z)$ →

图 7.3 两个子系统级联

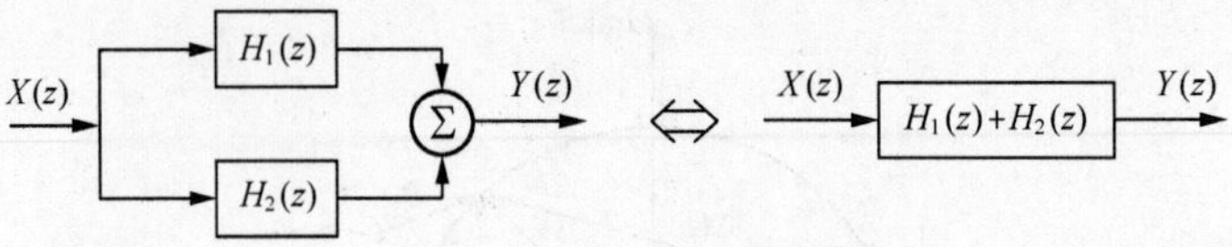

图 7.4　两个子系统并联

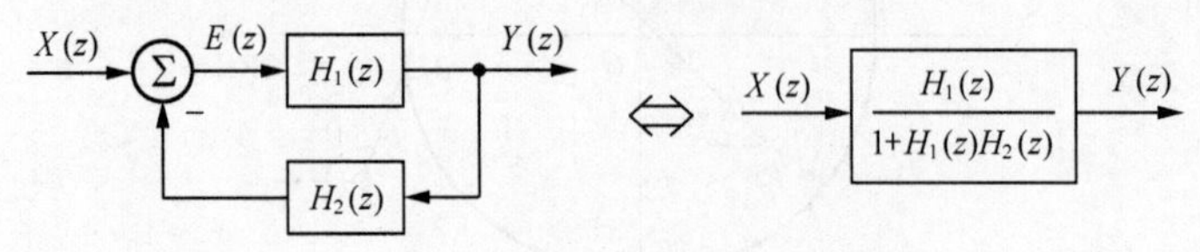

图 7.5　系统反馈连接

级联系统的系统函数是各个子系统的系统函数的乘积，即

$$H(z)=\frac{Y(z)}{X(z)}=H_1(z)H_2(z) \tag{7.44}$$

并联系统的系统函数是各个子系统的系统函数之和，即

$$H(z)=\frac{Y(z)}{X(z)}=H_1(z)+H_2(z) \tag{7.45}$$

反馈连接的系统函数为

$$H(z)=\frac{Y(z)}{X(z)}=\frac{H_1(z)}{1+H_1(z)H_2(z)} \tag{7.46}$$

7.7.2　离散时间系统的模拟

与连续时间系统类似，如图 7.6 所示，离散时间系统的模拟是用延时器，加法器、乘法器等基本单元模拟原系统，使其与原系统具有相同的数学模型，以便利用计算机进行模拟实验，研究参数或输入信号对系统性能的影响。

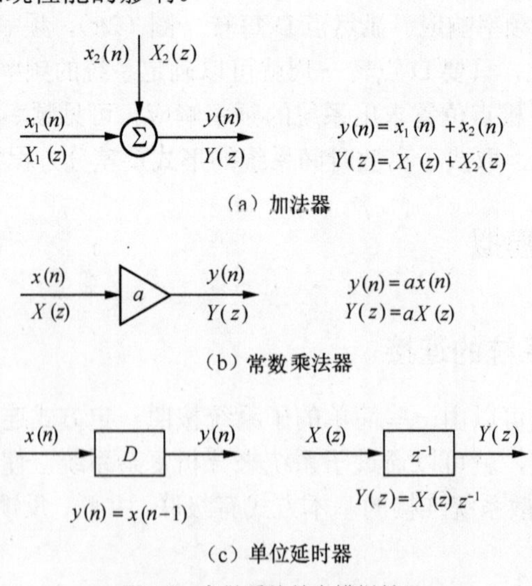

图 7.6　离散系统基本模拟单元

1. *差分方程表示的 LTI 系统的直接实现结构*

例如，一阶差分方程表示的递归 LTI 系统

$$y(n)+a_1y(n-1)=x(n)$$

将方程改写为$y(n)=x(n)-a_1y(n-1)$，系统模拟方框图如图7.7（a），表示输出y（n）通过单位延时和数乘$-a_1$后，反馈回来和输入信号相加。图7.7（b）表示非递归系统的模拟方框图，系统方程如下

$$y(n)=b_0x(n)+b_1x(n-1)$$

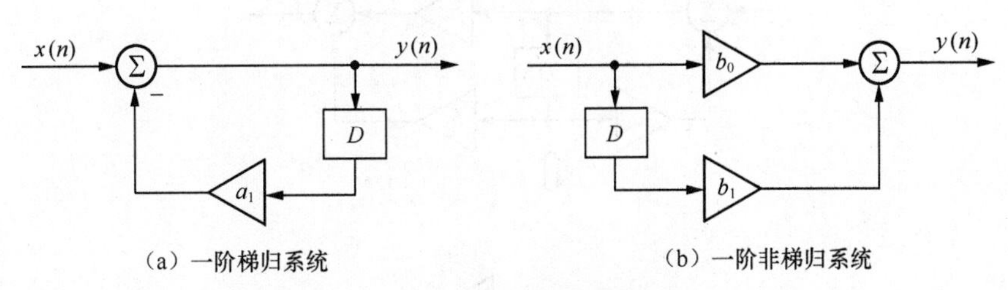

图7.7 一阶离散系统方框图表示

若因果LTI系统的一阶差分方程

$$y(n)+a_1y(n-1)=b_0x(n)+b_1x(n-1)$$

方程可改写为

$$y(n)=b_0x(n)+b_1x(n-1)-a_1y(n-1) \tag{7.47}$$

式（7.47）表明，该系统可以用下图表示的两个系统的级联实现，如图7.8所示。

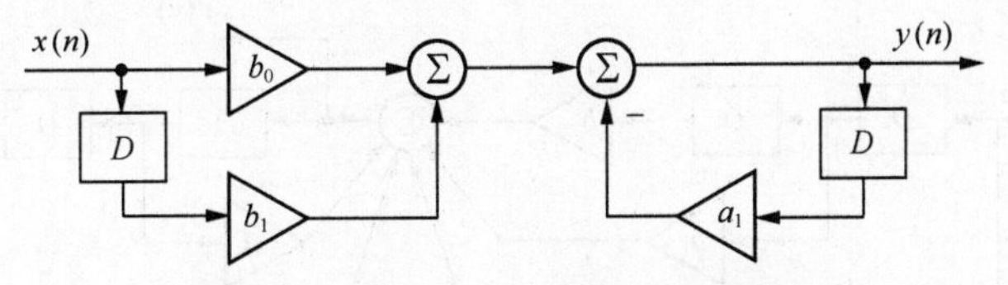

图7.8 式（7.47）给出系统方框图表示

交换系统级联的次序，可以等效成图7.9所示的方框图表示。

按照上述方法，用三种基本单元可实现N阶差分方程表征的离散时间LTI系统模拟。

例7.11 设一数字处理器以如下差分方程描述，试画出其模拟框图。

$$y(n)+a_1y(n-1)+a_2y(n-2)=b_0x(n)+b_1x(n-1)+b_2x(n-2)$$

解：首先将差分方程改写为

$$y(n)=-a_1y(n-1)-a_2y(n-2)+b_0x(n)+b_1x(n-1)+b_2x(n-2)$$

由上式可画出如图7.10、图7.11所示两种直接型实现结构。图7.10含有一个加法器，而图7.11中只需要利用两个延时器，具有最少的延时单元。其前向通路b_0、b_1和b_2对应输入信号项的系数；反馈通路a_1和a_2对应方程左端移位项的系数。

2. 级联型与并联型

与连续系统级联和并联型实现方法类似，将$H(z)$的$B(z)$和$A(z)$都分解成一阶和二阶实系数因子形式，然后组成一阶二阶子系统，即

$$H(z)=H_1(z)H_2(z)\cdots H_m(z) \tag{7.48}$$

对每一个子系统画出其直接型模拟框图，将子系统级联起来，得到离散时间系统级联型模拟图。

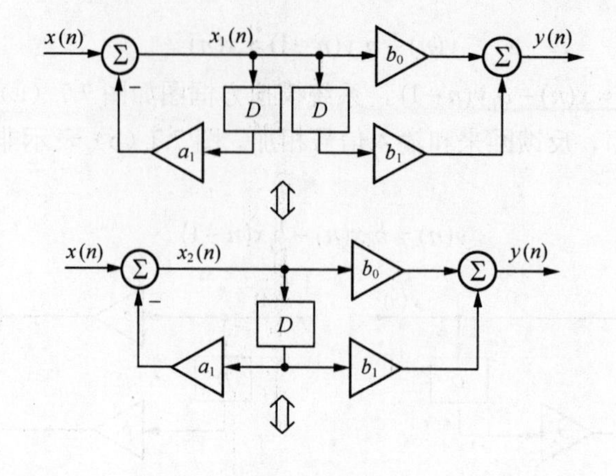

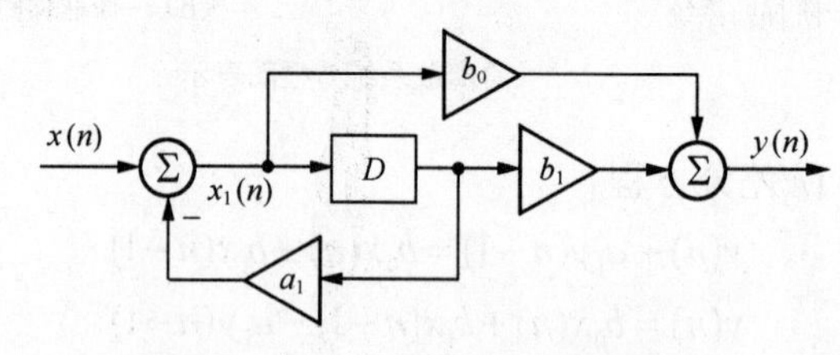

图 7.9　式（7.47）另一种方框图表示

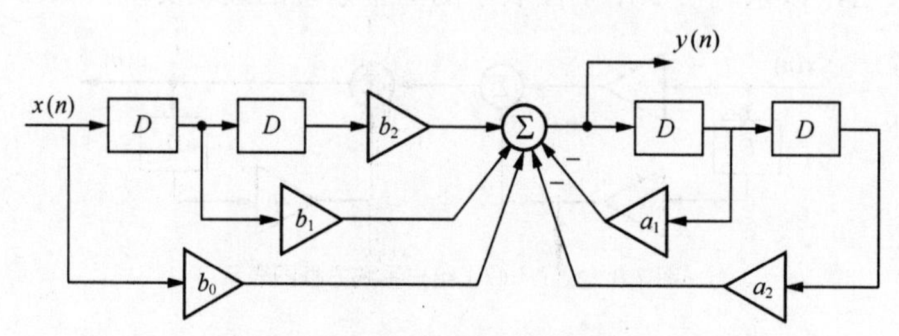

图 7.10　递推方程的直接型结构

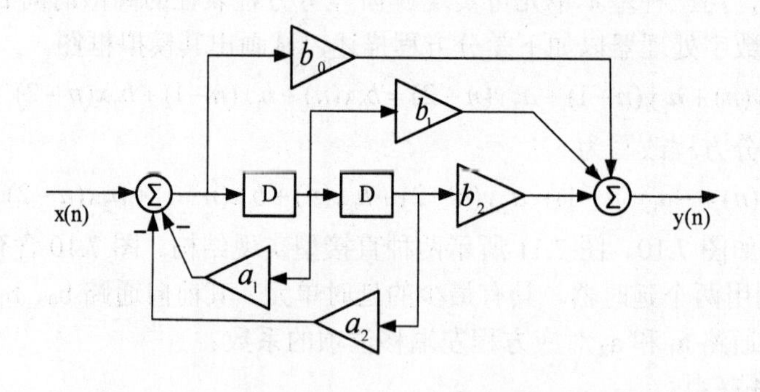

图 7.11　递推方程的另一种直接型实现结构

若将系统函数 $H(z)$ 展开成部分分式，形成一、二阶子系统并联形式，即

$$H(z)=H_1(z)+H_2(z)+\cdots H_m(z) \tag{7.49}$$

按照直接型结构，画出各子系统的模拟框图，将各子系统并联连接，就可得到离散时间系统并联型模拟图。

例 7.12 已知 $H(z)=\dfrac{1-z^{-1}-2z^{-2}}{1-\frac{1}{2}z^{-1}+\frac{1}{4}z^{-2}-\frac{1}{8}z^{-3}}$，试画出其级联形式和并联形式模拟图。

解：该系统有一对共轭复数极点 $p_{1,2}=\pm\dfrac{j}{2}$，为了保证级联和并联的各子系统为实系数系统，将共轭复数极点用二阶系统表示。系统采用级联型模拟时，$H(z)$表示为

$$H(z)=\frac{1}{1-\frac{1}{2}z^{-1}}\frac{1-z^{-1}-2z^{-2}}{1+\frac{1}{4}z^{-2}}$$

并联模拟时，$H(z)$分解成两个实系数的子系统

$$H(z)=\frac{-\frac{9}{2}}{1-\frac{1}{2}z^{-1}}+\frac{\frac{11}{2}+\frac{7}{4}z^{-1}}{1+\frac{1}{4}z^{-2}}$$

将每个子系统分别画出其直接型模拟图，分别按照级联和并联方式连接，得到系统的级联型和并联型模拟，如图 7.12 所示。

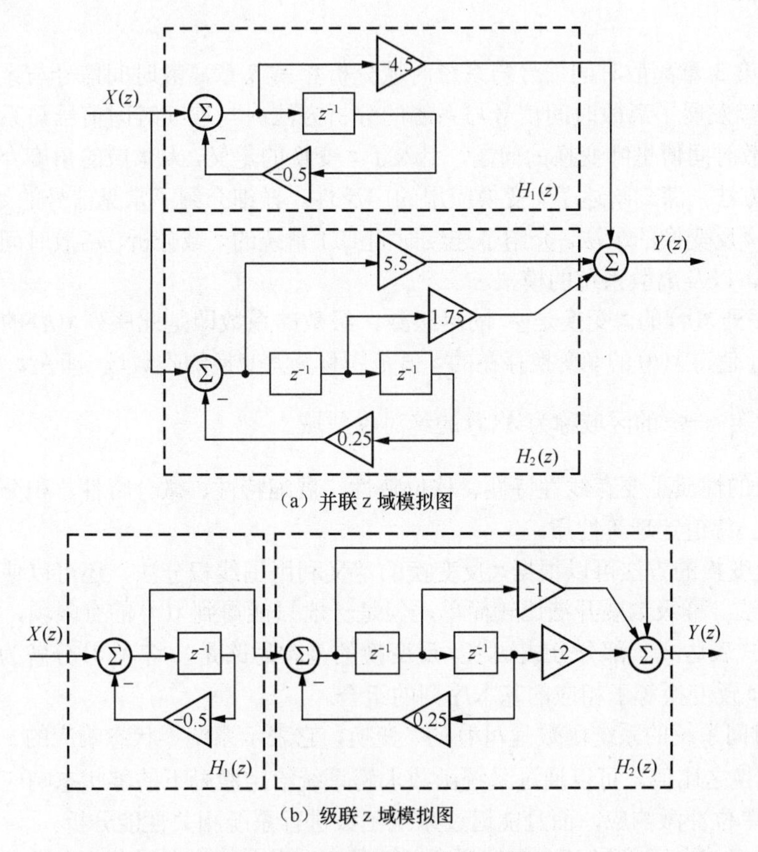

（a）并联 z 域模拟图

（b）级联 z 域模拟图

图 7.12 例 7.12 的级联与并联 z 域模拟

用 N 阶差分方程描述的因果 LTI 系统，既有直接型实现结构，也有级联和并联实现结构，只需要将 z 域模拟中的延时器，相关信号变换为时域形式。图 7.13 给出了级联型时域模拟图，并联型的时域模拟图留待有兴趣的读者完成。

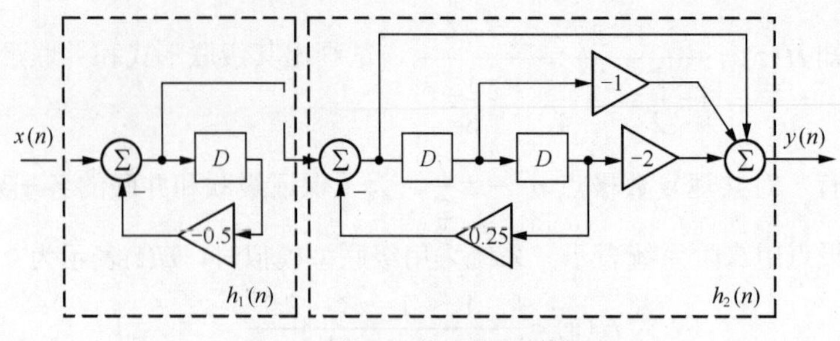

图 7.13　例 7.12 的级联时域模拟图

实际系统的实现结构不是唯一的。此外，在级联和并联结构中每一个子系统的分解和具体实现也可以不同。例如，在级联结构中，分子、分母用不同的一阶或二阶因子组合形成不同的子系统；在并联结构中，每一并联支路中的数乘器可放在支路中任何级联的位置。上面讨论的多种实现结构提供了多种可能的选择，在实际应用时，可根据具体要求，考虑选择合适的实现结构。

7.8　本章小结

本章是在第 3 章离散时间信号与系统时域分析和第 5 章离散时间信号与系统频域分析的基础上，进一步发展了离散时间信号与系统的分析方法。与连续时间信号与系统复频域分析类似，针对离散时间傅里叶变换的问题，引入了 z 变换的定义，从 z 域的角度介绍了信号与系统的 z 域分析方法，深刻阐述了 z 变换应用的广泛性。详细介绍了常见信号的 z 变换、z 变换的基本性质和 z 反变换的求法。介绍了连续时间 LTI 系统的 z 域分析、离散时间系统函数的概念和应用意义，以及离散系统的模拟。

1．离散序列 $x(n)$ 的 z 变换是 z^{-1} 的幂级数，级数的系数即是此序列 $x(n)$ 的值。对于任何有界序列 $x(n)$，使得 $x(n)$ 的 z 变换存在的 z 值范围称为 z 变换的收敛域。即在 z 平面上使 $X(z)$ 满足 $\sum_{n=-\infty}^{\infty}\left|x(n)z^{-n}\right|<+\infty$ 的区域称为 $X(z)$ 的绝对收敛域。

2．z 变换的性质主要有线性特性、移位特性、展缩特性、微分特性、积分特性、卷和定理、初值定理、终值定理等性质。

3．求 z 反变换的方法可以根据 z 反变换的定义利用围线积分法，还可以使用幂级数展开法和部分分式法。幂级数展开法比较简单，但是一般只能得到 $x(n)$ 的有限项，对于无限长序列不易得到闭式表达式。部分分式法求 z 反变换的基本思路是，将 $X(z)$ 分解为基本序列 z 变换的组合，则 z 反变换等于相应的基本序列的组合。

4．离散时间系统的系统函数是 $h(n)$ 的 z 变换，它表示系统零状态响应的 z 变换与其对应的激励的 z 变换之比值。可以通过系统函数求解系统给定激励下的零状态响应，还可以反过来求解系统的单位冲激响应，而且能通过系统函数进行系统相关性能分析。

5．离散系统的系统函数 H（z）的极点，按其在 z 平面的位置可分为在单位圆内、单位圆上和单位圆外三类。通过系统函数极点的分布可以去判断系统的稳定性，离散系统的频率特性等。

6．同连续时间系统一样，离散系统连接的基本方式有级联、并联、反馈连接三种。离散时间系统的模拟是用延时器，加法器、乘法器等基本单元模拟原系统。离散时间系统模拟可以直接通过差分方程模拟，也可以通过系统函数模拟。对同一系统函数，通过不同的分解，可以得到直接型、级联型、并联型等多种实现形式。

习　题

7.1　根据定义求下列序列的 z 变换 $X(z)$，并标明收敛域。

（1）$a^n u(n)$；（2）$u(n)$；（3）$(\sin\Omega n)u(n)$；（4）$\left[\left(\frac{1}{2}\right)^n+\left(\frac{1}{3}\right)^{-n}\right]u(n)$；（5）$u(n)-u(n-2)$；

（6）$x(n)=(n-2)u(n)$；　（7）$x(n)=\left[2^n+\left(\frac{1}{2}\right)^n\right]u(n)$；（8）$x(n)=(-1)^n u(n)$；

（9）$x(n)=\cos\left(\frac{n\pi}{4}\right)u(n)$；　（10）$x(n)=\left[\left(\frac{1}{3}\right)^n+\left(\frac{1}{2}\right)^n\right]u(n)$。

7.2　直接从下列 z 变换写出它们所对应的序列。

（1）$X(z)=1\quad(|z|\leqslant\infty)$；　（2）$X(z)=z^3\quad(|z|<\infty)$；　（3）$X(z)=z^{-1}\quad(0<|z|\leqslant\infty)$；

（4）$X(z)=-2z^{-2}+2z+1\quad(0<|z|<\infty)$；　（5）$X(z)=\frac{1}{1-az^{-1}}\quad(|z|>|a|)$；

（6）$X(z)=\frac{1}{1-az^{-1}}\quad(|z|<|a|)$。

7.3　根据 z 变换的位移性质，求下列序列的 z 变换及其收敛域。

（1）$\delta(n-m)$；　（2）$a^{n-m}u(n-m)$；　（3）$a^{n-m}u(n)$；　（4）$a^n u(n-m)$。

7.4　根据 z 变换的性质，求下列序列的 z 变换及其收敛域。

（1）$0.5^n u(n)+\delta(n-2)$；　（2）$0.5^n\cos\left(\frac{n\pi}{2}\right)u(n)$；　（3）$2^n \mathrm{e}^{-3n}u(n)$；

（4）$3^n \mathrm{e}^{-2n}\sin\omega n u(n)$；　（5）$n\cos(\omega n)u(n)$；　（6）$n2^{n-1}u(n)$；　（7）$na^n u(n-1)$；

（8）$(n+1)^2 u(n)$；　（9）$\mathrm{e}^{-2n}u(-n)$；　（10）$n^{2n-1}u(n)$；（11）$n(n-1)u(-n+1)$；

（12）$0.5^n(n-1)u(n-1)$。

7.5　已知 $x(n)\overset{z}{\leftrightarrow}X(z)$，试证明下列关系。

（1）$a^n x(n)\overset{z}{\leftrightarrow}X\left(\frac{z}{a}\right)$；　（2）$\mathrm{e}^{-an}x(n)\overset{z}{\leftrightarrow}X(\mathrm{e}^a z)$；　（3）$nx(n)\overset{z}{\leftrightarrow}-z\frac{\mathrm{d}X(z)}{\mathrm{d}z}$。

7.6　已知 $x(n)$ 的 z 变换是 $X(z)=\frac{4z}{(z+0.5)^2}$，$|z|>0.5$。运用 z 变换的性质求下列信号的 z 变换，并指出收敛域。

（1）$x(n-2)$；　（2）$(2)^n x(n)$；　（3）$nx(n)$；　（4）$x(-n)$。

7.7　已知因果序列的 z 变换为 $X(z)$，求序列的初值 $x(0)$ 和终值 $x(\infty)$。

（1）$X(z)=\frac{1+z^{-1}+z^{-2}}{(1-z^{-1})(1-2z^{-1})}$；　（2）$X(z)=\frac{1}{(1-0.5z^{-1})(1+0.5z^{-1})}$；

（3）$X(z)=\dfrac{z^{-1}}{1-1.5z^{-1}+0.5z^{-2}}$；（4）$X(z)=\dfrac{z^2(z+2)}{(z+1)(z-1)\left(z+\dfrac{1}{2}\right)}$；

（5）$X(z)=\dfrac{2z^2-3z+1}{z^2-4z-5}$；（6）$X(z)=\dfrac{z+1}{\left(z-\dfrac{1}{2}\right)\left(z-\dfrac{3}{2}\right)}$。

7.8　求下列各 $X(z)$ 的反变换 $x(n)$。

（1）$X(z)=\dfrac{1}{1+0.5z^{-1}}\quad(|z|>0.5)$；（2）$X(z)=\dfrac{1-0.5z^{-1}}{1+\dfrac{3}{4}z^{-1}+\dfrac{1}{8}z^{-2}},|z|>\dfrac{1}{2}$；

（3）$X(z)=\dfrac{1-\dfrac{1}{2}z^{-1}}{1-\dfrac{1}{4}z^{-2}}\quad\left(|z|>\dfrac{1}{2}\right)$；（4）$X(z)=\dfrac{1-az^{-1}}{z^{-1}-a}\quad\left(|z|>\left|\dfrac{1}{a}\right|\right)$；

（5）$X(z)=\dfrac{10}{(1-0.5z^{-1})(1-0.25z^{-1})}\left(|z|>\dfrac{1}{2}\right)$；（6）$X(z)=\dfrac{10z^2}{(z-1)(z+1)}\quad(|z|>1)$；

（7）$X(z)=\dfrac{1+z^{-1}}{1-2z^{-1}\cos\omega+z^{-2}}\quad(|z|>1)$；（8）$X(z)=\dfrac{z^{-1}}{(1-6z^{-1})^2}\quad(|z|>6)$；

（9）$X(z)=\dfrac{z^{-2}}{1+z^{-2}}\quad(|z|>1)$；（10）$X(z)=\dfrac{z}{(z^2+z+1)(z-1)}\quad(|z|>1)$；

（11）$X(z)=\dfrac{z}{(z+1)(z-1)^2}\quad(|z|>1)$；（12）$X(z)=\dfrac{z}{(z-1)^3}\quad(|z|>1)$。

7.9　利用幂级数展开法和部分分式法求下列 $X(z)$ 的反变换 $x(n)$：

（1）$X(z)=\dfrac{10z}{(z-1)(z-2)}$，$(|z|>2)$；（2）$X(z)=\dfrac{1}{z^2+5z^1+6}$，$(|z|>3)$。

7.10　由下列差分方程求出系统函数 $H(z)$ 和系统的单位响应 $h(n)$。

（1）$3y(n)-6y(n-1)=x(n)$；（2）$y(n)=x(n)-5x(n-1)+8x(n-3)$；

（3）$y(n)-\dfrac{1}{2}y(n-1)=x(n)$；（4）$y(n)-3y(n-1)+3y(n-2)-y(n-3)=x(n)$。

7.11　如题 7.11 图所示的系统。（1）求系统函数 $H(z)$；（2）求单位序列响应 $h(n)$；（3）列写该系统的输入输出差分方程。

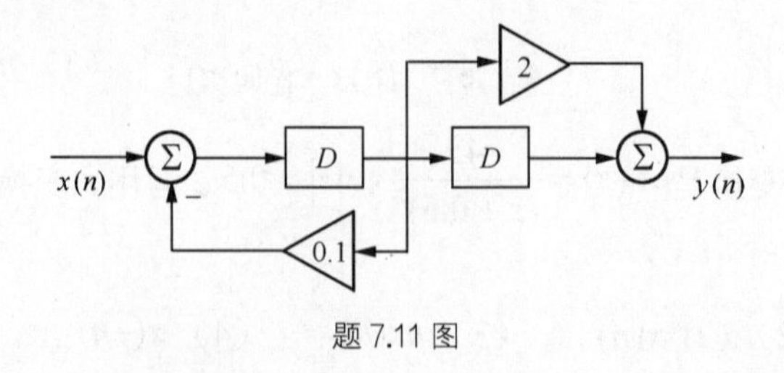

题 7.11 图

7.12　用 z 变换分析法解下列差分方程。

（1）$y(n)-\dfrac{1}{2}y(n-1)=0$，$y(0)=1$；（2）$y(n)-2y(n-1)=0$，$y(0)=0.5$；

（3）$y(n)+3y(n-1)=0$，$y(1)=1$；（4）$y(n)+\frac{2}{3}y(n-1)=0$，$y(0)=1$。

7.13 用z变换分析法解下列差分方程

（1）$y(n+2)+y(n+1)+y(n)=u(n)$，$y(0)=1$，$y(1)=2$；

（2）$y(n)+0.1y(n-1)-0.02y(n-2)=10u(n)$，$y(-1)=4$，$y(-2)=6$；

（3）$y(n)-0.9y(n-1)=0.05u(n)$，$y(-1)=0$；

（4）$y(n)-0.9y(n-1)=0.05u(n)$，$y(-1)=1$；

（5）$y(n)=-5y(n-1)+nu(n)$，$y(-1)=0$；

（6）$y(n)+2y(n-1)=(n-2)u(n)$，$y(0)=1$。

7.14 求以下差分方程所描述的离散时间系统的零输入响应。

（1）$y(n+2)+3y(n+1)+2y(n)=x(n)$，$y(0)=2$，$y(1)=1$；

（2）$y(n+2)+2y(n+1)+2y(n)=x(n+1)-2x(n)$，$y(0)=0$，$y(1)=1$；

（3）$y(n+2)+2y(n+1)+y(n)=2x(n+1)$，$y(0)=y(1)=1$；

（4）$y(n+2)-y(n+1)-y(n)=0$，$y(0)=0$，$y(1)=1$。

7.15 某 LTI 离散系统的差分方程为$y(n)-y(n-1)-2y(n-2)=x(n)$，已知$y(-1)=-1$，$y(-2)=\frac{1}{4}$，$x(n)=u(n)$。求该系统的零输入响应，零状态响应和全响应。

7.16 若描述系统的差分方程为$y(n)-3y(n-1)+2y(n-2)=x(n-1)-2x(n-2)$，已知$y(0)=y(1)=1$，$x(n)=u(n)$，求系统的零输入响应和零状态响应。

7.17 已知离散系统的差分方程为$y(n)-y(n-1)-2y(n-2)=x(n)+x(n-2)$，系统的起始状态为$y(-1)=2$，$y(-2)=-\frac{1}{2}$；激励$x(n)=u(n)$。求系统的零输入响应，零状态响应，全响应。

7.18 已知离散系统的单位阶跃响应$g(n)=[\frac{4}{3}-\frac{3}{7}(0.5)^n+\frac{2}{21}(-0.2)^n]u(n)$。若需获得的零状态响应为$y(n)=\frac{10}{7}[(0.5)^n-(-0.2)^n]u(n)$。求输入$x(n)$。

7.19 离散时间系统，当激励$x(n)=nu(n)$时，其零状态响应$y_{zsr}(n)=2[(0.5)^n-1]u(n)$。求系统的单位响应$h(n)$和z域模拟图。

7.20 已知一阶因果离散系统的差分方程为$y(n)+3y(n-1)=x(n)$。试求：（1）系统的单位序列响应$h(n)$；（2）若$x(n)=(n+n^2)u(n)$，求响应$y(n)$。

7.21 写出图 7.21 所示的离散系统的差分方程，并求系统函数$H(z)$及单位脉冲响应$h(n)$。

7.22 已知离散系统的差分方程为$y(n)-\frac{1}{3}y(n-1)=x(n)$。

（1）求系统函数和单位样值响应；

（2）若系统的零状态响应为$y(n)=3\left[\left(\frac{1}{2}\right)^n-\left(\frac{1}{3}\right)^n\right]u(n)$，求输入$x(n)$。

7.23 如题 7.23 图所示的复合系统由 3 个子系统组成，如已知各子系统的单位序列响应或系统函数分别为$h_1(n)=u(n)$，$H_2(z)=\frac{z}{z+1}$，$H_3(z)=\frac{1}{z}$，求输入$x(n)=u(n)-u(n-2)$时的

零状态响应 $y(n)$。

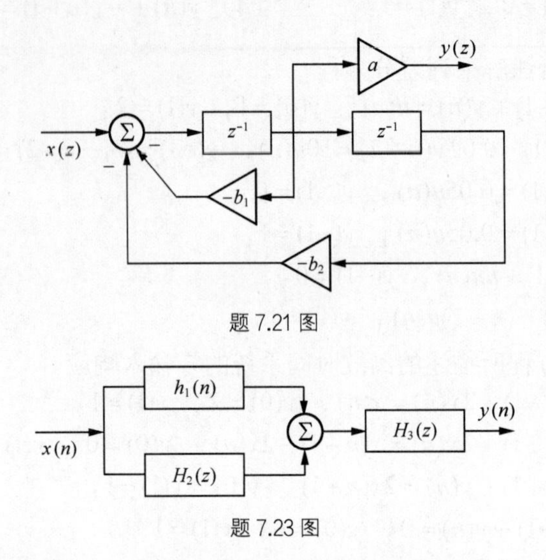

题 7.21 图

题 7.23 图

7.24 对于系统函数 $H(z)=\dfrac{z}{z-0.5}$ 的系统，画出其零极点图，大致画出所对应的幅频特性和相频特性。

7.25 已知某一离散时间 LTI 系统的系统函数

$$H(z)=\frac{1-z^{-1}}{\left(1-\frac{1}{2}z^{-1}\right)\left(1-2z^{-1}\right)}$$

其单位脉冲响应 $h(n)$ 满足：$\sum\limits_{k=-\infty}^{\infty}\left|h(-n)\right|<\infty$。

（1）画出零极点图，指出收敛域；

（2）求系统的单位脉冲响应 $h(n)$，并判断系统是否稳定；

（3）已知输入信号 $x(n)=3u(-n-1)+2u(n)$，求系统的输出 $y(n)$。

7.26 已知系统函数如下，试作其模拟框图。

（1）$H(z)=\dfrac{3+3.6z^{-1}+0.6z^{-2}}{1+0.1z^{-1}-0.2z^{-2}}$；　（2）$H(z)=\dfrac{1+z^{-1}+z^{-2}}{1-0.2z^{-1}+z^{-2}}$；　（3）$H(z)=\dfrac{z^2}{(z+0.5)^3}$。

7.27 已知 LTI 因果系统在输入 $x(n)=\left(\dfrac{1}{2}\right)^n u(n)$ 时的零状态响应为 $y(n)=[3\left(\dfrac{1}{2}\right)^n+2\left(\dfrac{1}{3}\right)^n]u(n)$，求该系统的系统函数 $H(z)$，并画出系统的模拟框图。

7.28 当输入 $x(n)=u(n)$ 时，某离散系统的零状态响应为 $y(n)=[2-(0.5)^n+(-1.5)^n]u(n)$，求其系统函数和描述系统的差分方程，并画出系统的模拟图。

7.29 设有系统方程 $y(n)-0.2y(n-1)+0.8y(n-2)=x(n)+2x(n-1)$，试画出其 z 域模拟框图。

$$y(n)=\frac{1}{3}[x(n)+x(n-1)+x(n-2)]$$

7.30 设有系统函数 $H(z)=\dfrac{z^2-2z+4}{z^2-0.5z+0.25}$，试求系统的幅频特性和相频特性。

7.31 如题 7.31 图所示系统，试写出其差分方程。

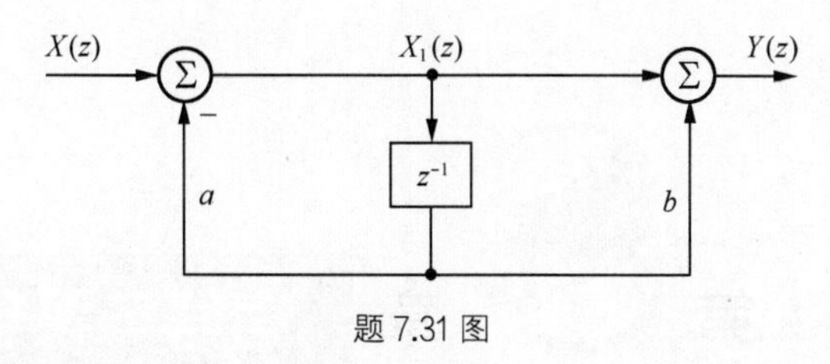

题 7.31 图

7.32 如题 7.32 图所示系统，试求其系统函数 $H(z)$ 和单位样值响应 $h(n)$。

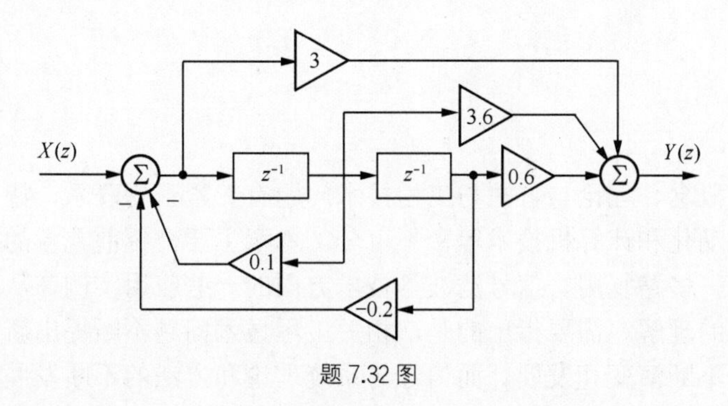

题 7.32 图

7.33 已知理想的离散时间高通滤波器的频率特性如题 7.33 图所示，求单位样值响应 $h(n)$。

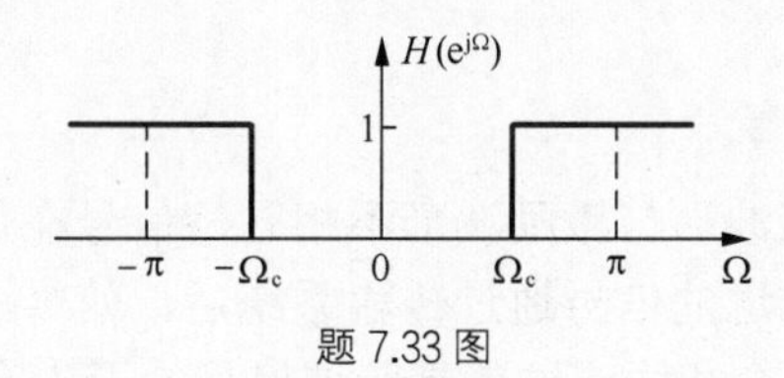

题 7.33 图

第8章 信号与系统理论的应用

8.1 引言

信号与系统的概念、理论与方法与工程技术问题有着紧密的联系，特别与通信与电子系统、信号处理、自动化和计算机技术等密不可分。本章主要介绍前几章的有关理论在无失真传输、调制和解调、多路复用、信号滤波等技术方面的一些应用实例，从而加深信号与系统概念、理论和方法的理解。需要指出的是，相关工程技术问题不断提出新的挑战，推动信号与系统理论和方法不断演变和发展。而信号与系统理论和方法的不断发展和完善，反过来促进技术的不断进步，产生更为广泛的应用，又给信号与系统理论和方法提出新的挑战。信号与系统理论和方法正是在这样螺旋上升的过程中，不断演变和发展。

8.2 信号的无失真传输

一般情况下，系统的响应波形与激励波形不相同，信号在传输过程中将产生失真。而在信号进行传输时，希望所要传送的信号通过传输系统后，信号不发生畸变，即接收端获得的信号与发送端的发送的信号完全相同，这就是所谓信号的无失真传输。

8.2.1 无失真传输的时域条件

所谓无失真传输是指响应信号与激励信号相比，只是其大小和出现的时间不同，而无波形上的变化。设激励信号为 $x(t)$（或 $x(n)$），响应信号为 $y(t)$（或 $y(n)$），无失真传输的条件是

$$y(t) = Kx(t - t_0) \text{ 和 } y(n) = Kx(n - n_0) \tag{8.1}$$

式中，K 是一常数，t_0（或 n_0）为滞后时间。满足此条件时，$x(t)$（或 $x(n)$）波形是 $y(t)$（或 $y(n)$）波形经时间 t_0（或 n_0）的滞后，虽然，幅度方面有系数 K 倍的变化，但波形形状不变，如图 8.1 所示。

显然，这种系统可以等效成一个数乘器和纯时移系统的级联，它们分别是连续时间和离散时间 LTI 系统，其单位冲激响应分别为 $h(t)$（或 $h(n)$）

$$h(t) = K\delta(t - t_0) \text{ 和 } h(n) = K\delta(n - n_0) \tag{8.2}$$

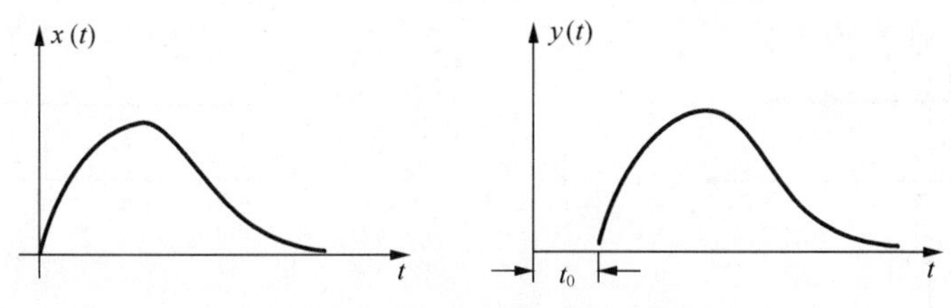

图 8.1 线性网络的无失真传输

此结果表明，当信号通过线性系统时，为了不产生失真，冲激响应也应该是冲激函数，而时间延后 t_0。

显然，连续时间和离散时间无失真传输系统应是一个 LTI 系统，其单位冲激响应必须分别是一个时移单位部激函数和序列；否则，就不能保证系统具有无失真特性。式（8.1）称为连续时间和离散时间无失真传输的时域条件，可用图 8.2 所示的无失真传输系统模型表示。

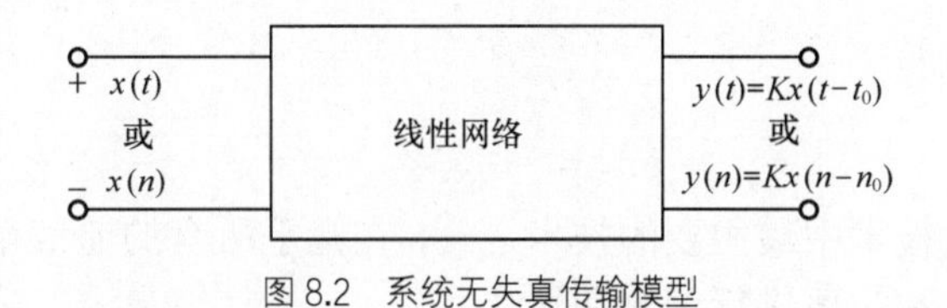

图 8.2 系统无失真传输模型

8.2.2 无失真传输的频域条件

对式（8.1）进行傅里叶变换，利用傅里叶变换的时域特性，可以得到

$$Y(\omega)=KX(\omega)\mathrm{e}^{-\mathrm{j}\omega t_0} \text{ 和 } Y(\mathrm{e}^{-\mathrm{j}\Omega})=KX(\mathrm{e}^{-\mathrm{j}\Omega})\mathrm{e}^{-\mathrm{j}\Omega n_0} \quad (8.3)$$

而

$$Y(\omega)=H(\omega)X(\omega) \text{ 和 } Y(\mathrm{e}^{-\mathrm{j}\Omega})=H(\mathrm{e}^{-\mathrm{j}\Omega})X(\mathrm{e}^{-\mathrm{j}\Omega})$$

所以，为了满足无失真传输应有

$$H(\omega)=K\mathrm{e}^{-\mathrm{j}\omega t_0} \text{ 和 } H(\mathrm{e}^{-\mathrm{j}\Omega})=K\mathrm{e}^{-\mathrm{j}\Omega n_0} \quad (8.4)$$

即无失真传输系统的幅度响应和相位响应分别为

$$|H(\omega)|=K,\varphi(\omega)=\omega t_0 \text{ 和 } |H(e^{-j\Omega})|=K,\varphi(\Omega)=\Omega n_0 \quad (8.5)$$

式（8.5）就是对系统的频率响应特性提出的无失真传输条件。欲使信号在通过线性系统时不产生任何失真，必须在信号的全部频带内，要求频率响应的幅度特性是一常数，相位特性是一通过原点的直线，如图 8.3 和图 8.4 所示。

式（8.5）、图 8.3 和图 8.4 的要求可以从物理概念上得到直观的解释。由于系统函数的幅度为常数 K，响应中各频率分量幅度的相对大小将与激励信号的一样，因而没有幅度失真。要保证没有相位失真，必须使响应中各频率分量与激励中各对应分量滞后同样的时间，这一要求反映到相位特性上是一条通过原点的直线。

在实际应用中，与无失真传输这一要求相反的另一种情况是，有意识地利用系统引起失真来形成某种特定波形。这时，系统传输函数 $H(\omega)$（或 $H(\mathrm{e}^{\mathrm{j}\Omega})$）则应根据所需具体要求来设计。

下面说明连续系统利用冲激信号作用于系统产生某种特定波形的方法。当希望得到 $y(t)$ 波形时，若已知 $y(t)$ 的频谱为 $Y(\omega)$，那么，使系统函数满足 $H(\omega)=Y(\omega)$，于是，在系统输入端加入激励函数为冲激信号 $x(t)=\delta(t)$，输出端就得到响应 $H(\omega)$ 也即 $Y(\omega)$，它的逆变换就是所需的 $y(t)$。

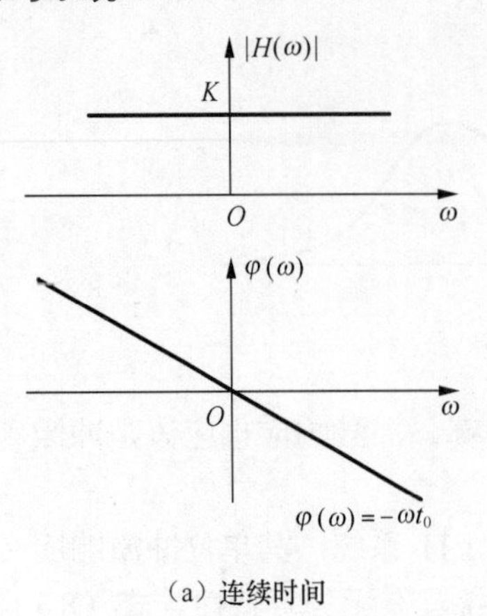

（a）连续时间

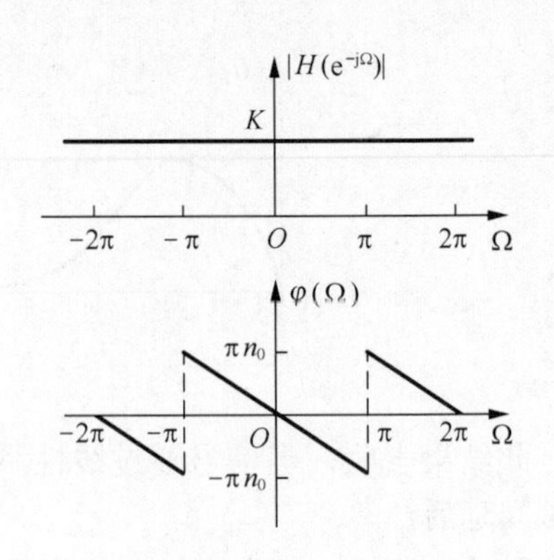

（b）离散时间

图 8.3　连续时间无失真传输系统的幅度和相位特性

图 8.4　离散时间无失真传输系统的幅度和相位特性

8.3　调制与解调

调制与解调是通信技术中最主要的技术之一，在几乎所有的通信系统中为实现信号有效、可靠和远距离的传输，都需要进行调制和解调。

所谓调制就是用被传送信号（称为调制信号）去控制另一个信号（称为载波信号），使载波信号某一参数按调制信号的规律变化。经过调制的信号称为已调信号。在接收端，要把调制信号从已调信号中恢复出来，这个过程称为解调。

根据载波信号受调制的参数不同，调制可分为幅度调制（AM）、频率调制（FM）和相位调制（PM）。下面基于信号与系统的有关概念、理论和方法，简要介绍正弦幅度调制与解调。

8.3.1　正弦幅度调制

正弦幅度调制，就是用调制信号去控制正弦载波信号的振幅，使其按调制信号的规律变化，从而保持载波的频率不变。连续时间和离散时间幅度调制的基本模型分别如图 8.5 和图 8.6 所示，在图中，$x(t)$（或 $x(n)$）称为调制信号，$c(t)$（或 $c(n)$）称为载波信号，两者乘积的输出 $y(t)$（或 $y(n)$）则称为已调信号。

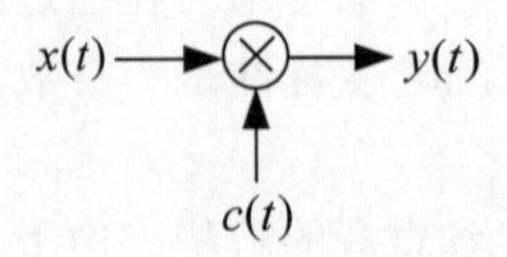

图 8.5　连续时间幅度调制的基本模型

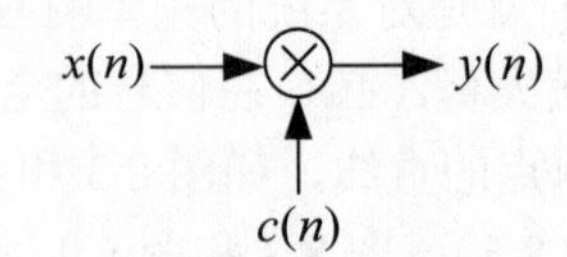

图 8.6　离散时间幅度调制的基本模型

连续时间正弦幅度的原理图如图 8.7（a）所示。如调制信号 $x(t)$ 的频谱记为 $X(\omega)$，占据 $-\omega_m$ 至 ω_m 的有限频带，如图 8.7（b）所示，将 $x(t)$ 与载波信号 $c(t)=\cos(\omega_0 t)$ 进行时域相乘，即可得到已调信号 $y(t)=x(t)\cos(\omega_0 t)$。

载波信号为 $\cos(\omega_0 t)$，其傅里叶变换为 $\cos(\omega_0 t)\xleftrightarrow{\mathscr{F}}\pi[\delta(\omega+\omega_0)+\delta(\omega-\omega_0)]$，如图 8.7（c）所示。

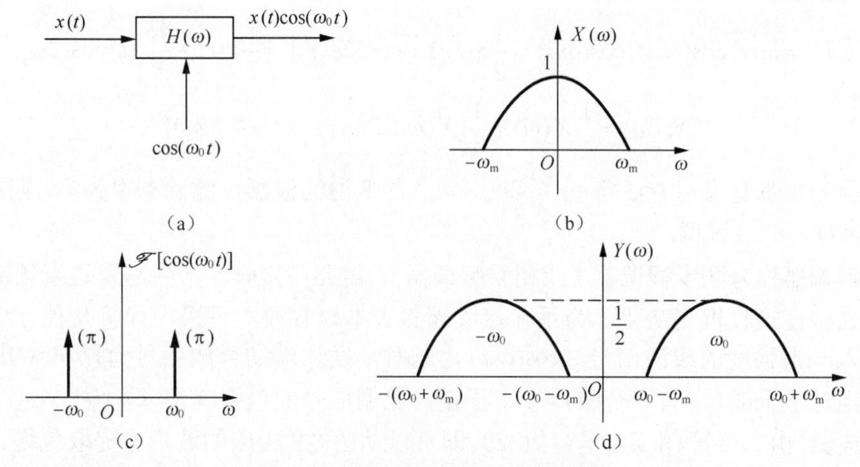

图 8.7 调制原理方框图及其频谱图

$$\cos(\omega_0 t)\xleftrightarrow{\mathscr{F}}\pi[\delta(\omega+\omega_0)+\delta(\omega-\omega_0)]$$

根据卷积定理，可求得已调信号的频谱$Y(\omega)$

$$\begin{aligned}Y(\omega)&=\frac{1}{2\pi}X(\omega)*[\pi\delta(\omega+\omega_0)+\pi\delta(\omega-\omega_0)]\\&=\frac{1}{2}[X(\omega+\omega_0)+X(\omega-\omega_0)]\end{aligned}\tag{8.6}$$

其频谱图如图 8.7（d）所示。可见，信号的频谱被搬移到载频ω_0附近。

8.3.2 正弦幅度解调

由已调信号$y(t)$（或$y(n)$）恢复到原始信号$x(t)$（或$x(n)$）的过程，称为解调。图 8.8（a）所示为连续时间信号实现解调的一种原理方框图。这里$\cos(\omega_0 t)$信号是接收端的本地载波信号，它与发送端的载波同频同相，因此该解调方案又称为同步解调。已调信号$x(t)\cos(\omega_0 t)$与$\cos(\omega_0 t)$相乘的结果使频谱向左、右分别移动$\pm\omega_0$（并乘以系数$\frac{1}{2}$），得到如图 8.8（d）所示的频谱$X_0(\omega)$。图 8.8（d）可以从时域的相乘关系得到解释。

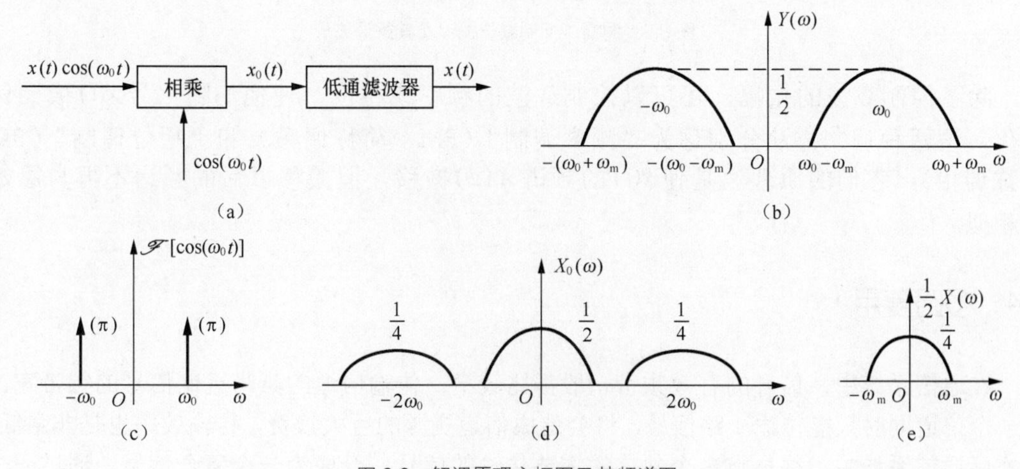

图 8.8 解调原理方框图及其频谱图

$$x_0(t)=[x(t)\cos(\omega_0 t)]\cos(\omega_0 t)=\frac{1}{2}x(t)[1+\cos(2\omega_0 t)]=\frac{1}{2}x(t)+\frac{1}{2}x(t)\cos(2\omega_0 t)$$

$$X_0(\omega)=\frac{1}{2}X(\omega)+\frac{1}{4}[X(\omega+2\omega_0)+X(\omega-2\omega_0)] \tag{8.7}$$

再利用一个带宽为 $\omega_d(\omega_m \leqslant \omega_d \leqslant 2\omega_0-\omega_m)$ 的低通滤波器，滤除频率为 $2\omega_0$ 附近的分量，即可取出 $x(t)$，完成解调。

这种解调器称为同步解调器（或相乘解调器），需要在接收端产生与发送端频率相同的本地载波，这将使接收机复杂化。为了在接收端除去本地载波，可采用如下几种方法。在发射信号中加入一定强度的载波信号 $A\cos(\omega_0 t)$，这时，发送端的合成信号为 $[A+x(t)]$。如果 A 足够大，则对于全部 t，有 $A+x(t)>0$，于是，已调信号的包络就是 $A+x(t)$。这时利用简单的包络检波器（由二极管、电阻、电容组成），即可以从图 8.9 相应的波形中提取包络、恢复 $x(t)$，不需要本地载波。此方法常用于民用通信设备，如广播接收机。因为要降低接收机的成本，所以要使用昂贵的发射机来提供足够强的信号 $A\cos(\omega_0 t)$ 的附加功率。这对于民用是十分经济的，对于大批接收机只有一个发射机。由图 8.9 波形可见，在这种调制方法中，载波的振幅随信号 $x(t)$ 成比例地改变，因而称为“振幅调制”（AM，简称调幅）；前述不传送载波的方案则称为“抑制载波振幅调制”（AM-SC）。此外还有“单边带调制”（SSB）和“残留边带调制”（VSB）等。

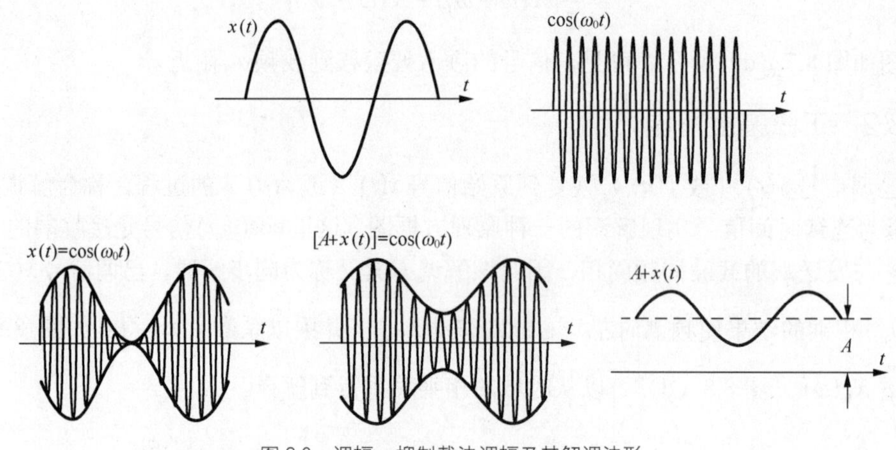

图 8.9　调幅、抑制载波调幅及其解调波形

除了控制载波的振幅，还可以控制载波的频率或相位，使他们随信号 $x(t)$ 成比例地变化，这两种调制方法分别称为“频率调制”（FM，简称调频）和“相位调制”（PM，简称调相）。它们的原理也是使 $x(t)$ 的频谱 $X(\omega)$ 搬移，但搬移以后的频谱不再与原始频谱相似。

8.4　多路复用

在通信系统中，信号的有效频带一般都比较窄，传输信道的频带远比信号的频带宽。如果一个信道同时只能传输一路信号，将会造成信道资源的巨大浪费，传输效率也是非常低的。在实际通信系统中，往往将多个独立的需要传输的信号，合成为一个复合信号，通过一个信道同时进行传输，在接收端把各个信号分离，这就是多路复用。多路复用可有效地提高通信设备有效性和传输信道利用率。

现在使用较多的多路复用方法有频分复用、时分复用、正交复用和码分复用等。本节主要对频分复用和时分复用做原理性的介绍。

8.4.1　频分复用

在通信系统中，进行正弦幅度调制时，信道的带宽要远远大于信号的带宽，利用频分复用就可以把多路信号通过一个信道同时进行传输。

频分复用就是将若干个彼此独立的信号分别调制到不同的载频上，即让各路已调信号占用不同频段，这些频段互不重叠，然后经由同一信道进行传输。在接收端只要让复合的已调信号通过合适的带通滤波器，各个带通滤波器的中心频率为载波频率，就可以将复合已调信号分开，各路信号分别解调后，即可得到各路调制信号。

图 8.10（a）为频分复用的原理图，其中 $x_1(t)$，$x_2(t)$，…，$x_n(t)$ 为待传输的低频信号，频带宽度分别为 ω_{m1}，ω_{m2}，…，ω_{mn}，其频谱如图 8.10（b）所示，各路载波信号的角频率分别为 ω_{c1}，ω_{c2}，…，ω_{cn}，复合已调信号为

$$y(t)=x_1(t)\cos\omega_{c1}t+x_2(t)\cos\omega_{c2}t+\cdots+x_n(t)\cos\omega_{cn}t \tag{8.8}$$

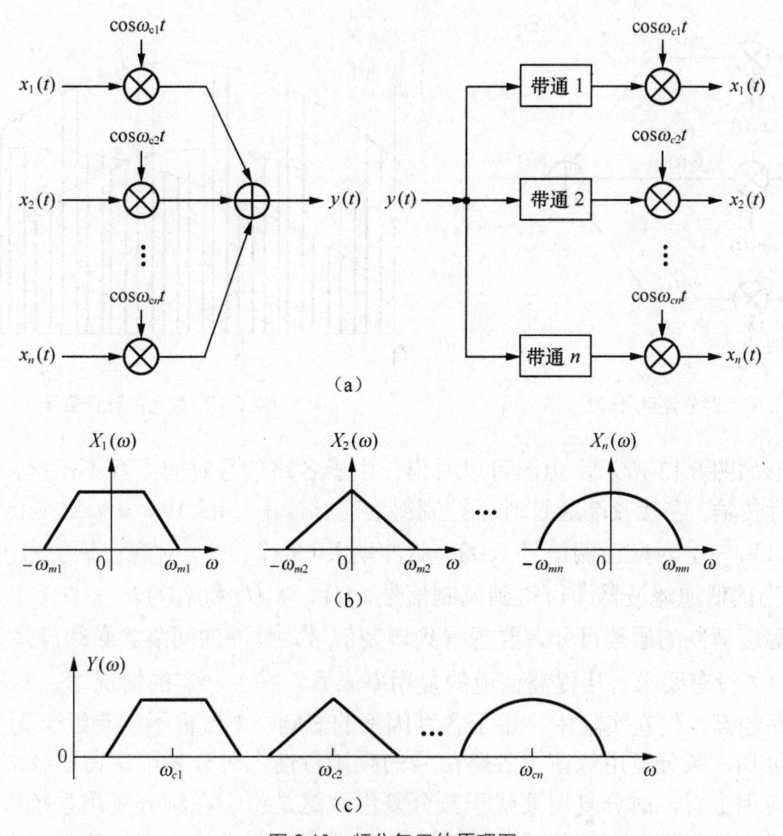

图 8.10　频分复用的原理图

图 8.10（c）为复合已调信号的频谱图。可以看出，只要使相邻载波的角频率之差 $\Delta\omega_i$（$\omega_i=\omega_{c(i+1)}-\omega_{ci},i=1,2,\cdots,n-1$）大于相邻两路信号带宽之和，复合后各路信号的频率谱就

不会发生混叠。复合信号通过一个信道进行传输后，在接收端让复合信号通过中心频率分别为ω_{c1}，ω_{c2}，…，ω_{cn}带通滤波器，就可以将各路已调信号分开，然后再经过解调，即可得到各路调制信号。由图 8.10 可以看出，一个信道能同时传输多少路信号，这取决于各路信号的带宽和信道的带宽。显然，在信号带宽一定，信道带宽越宽，能同时传输信号就越多。

8.4.2 时分复用

在脉冲幅度调制中，假设载波信号是周期为T、宽度为τ的矩形窄脉冲串，因此只有在τ时间内已调信号才有值，而在大部分的$T-\tau$时间内，已调信号都为零，那么可以在这些零时间内，插入其他的脉冲幅度调信号，在接收端通过巡回检测把各路信号分离开，这就是时分复用。

图 8.11 为三路信号采取时分复用的原理图，$x_1(t)$，$x_2(t)$和$x_3(t)$为三路调制信号，$p_1(t)$，$p_2(t)$和$p_3(t)$为周期为T，持续时间为τ的脉冲串。为了保证已调各种信号的脉冲不会出现重叠，可以利用一个周期为$T/3$的脉冲信号$p(t)$循环为三路调制信号提供对应的脉冲信号$p_1(t)$，$p_2(t)$和$p_3(t)$，如图 8.12 所示，那么复合已调信号为

$$y(t)=x_1(t)p_1(t)+x_2(t)p_2(t)+x_3(t)p_3(t) \tag{8.9}$$

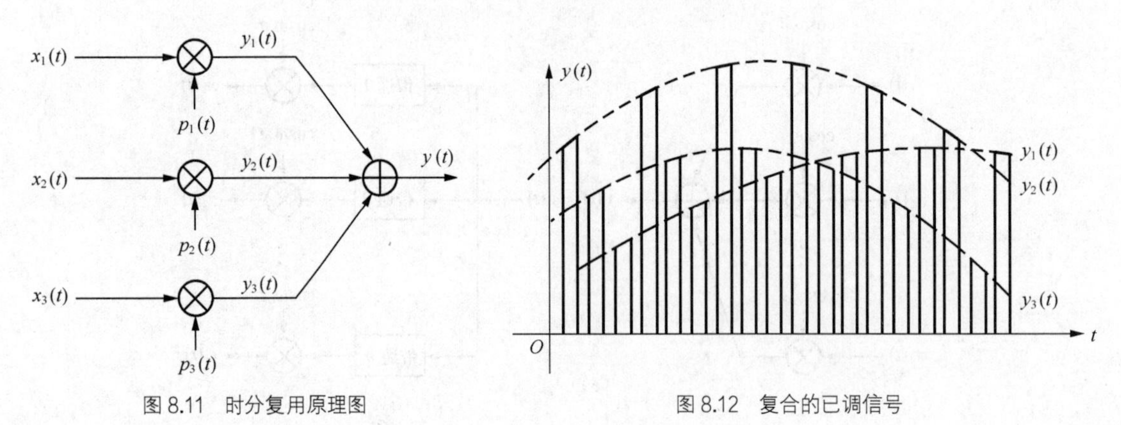

图 8.11 时分复用原理图　　　　图 8.12 复合的已调信号

时域波形如图 8.13 所示，由图可以看出，由于各路信号时间上互不干扰，因此可以通过同一信道进行传输，在接收端通过时序控制得到的脉冲串$1,4,7,10$，…，对应已调信号$y_1(t)$，脉冲串$2,5,8,11$，…，对应已调信号$y_2(t)$，脉冲串$3,6,9,12$，…，对应已调信号$y_1(t)$、$y_2(t)$和$y_3(t)$通过适当的低通滤波器即可得到调制信号$x_1(t)$，$x_2(t)$和$x_3(t)$。

由脉冲幅度调制的原理可知，要想得到调制信号，脉冲的间隔T必须满足$T\leqslant\pi/\omega_m$，而对脉冲的宽度τ没有要求。从提高信道的复用率来看，在T一定的情况下，脉冲宽度τ越小，信道的复用率越高。但在实际中，由于各种因素的影响，τ值也不能趋近于无穷小。

由以上可知，频分复用保留了各路信号的频谱特性，时分复用保留了各路信号的时域波形。从实际应用上看，时分复用要优于频分复用，这是由于在频分复用系统中，在发送端各路信号需要系统产生不同频率的载波，而在接收端则需要设计中心频率不同的带通滤波器来实现信号的分离；时分复用系统中，在接收端和发送端，各路信号的电路结构相同，而且以数字电路为主，设计和调试简单并且容易集成化。

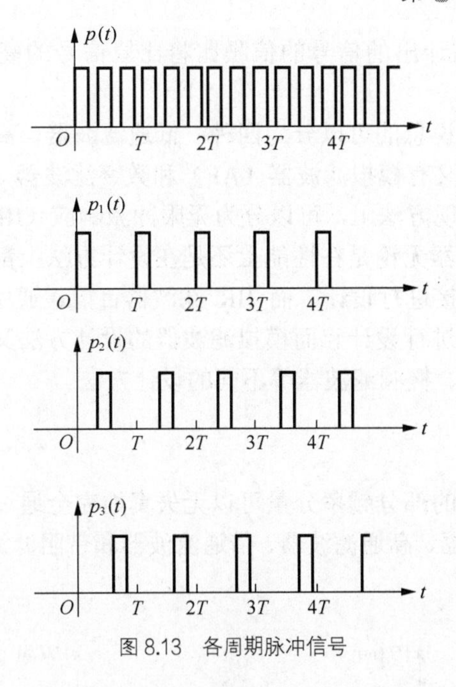

图 8.13　各周期脉冲信号

8.5　信号滤波

线性时不变系统最重要，也最广泛的应用是滤波。滤波的概念和方法广泛应用于各种不同场合和目的。

在许多实际问题中，代表信息的信号（有用信号）和干扰（无用信号）同时存在，但各自分别处在不同的频率范围，通常采用选择性滤波来选择出有用信号。滤波的另一类应用是分离信号中代表不同信息的信号。另外，在信息或信号处理中，为某一目的，通过信号滤波来突出或增强信号中某些信息，或提取信号中的某些特征。而且，在实际问题中，几乎所有信号在其获取、放大、传输和处理等过程中，都不可避免地混入或叠加上噪声等随机干扰，它们会严重地降低信号的质量。减小或降低这种噪声或随机干扰，就成为所有电子系统（也包括其他物理系统），以及系统中许多部件的主要功能，即噪声滤除。因此，在所有的电子系统中，滤波的概念随处可见，所有的设备甚至部件中，都少不了一个或几个不同作用的滤波器。

8.5.1　滤波和滤波器

一般地说，能改变信号中各个频率分量的相对大小，或者抑制，甚至全部滤除某些频率分量的过程称为滤波，完成滤波功能的系统称为滤波器。由于连续或离散时间 LTI 系统的输出信号频谱，等于输入信号频谱乘以系统的频率响应，适当地选择或设计 LTl 系统的频率响应，就可以实现各种不同要求的滤波。

滤波器的种类很多，分类方法也不同。但总的来说，滤波器可分为两大类，即经典滤波器和现代滤波器。经典滤波器是假定输入信号中的有用成分和希望去除的成分各自占有不同的频带，这样，当输入信号通过滤波器后可将欲去除的成分有效地去除。如果信号和噪声的频谱相互重叠，那么经典滤波器将无能为力，则需要用现代滤波器来处理。现代滤波器是从含有噪声的数据记录（又称时间序列）中估计出信号的某些特征或信号本身。一旦信号被估计出来，那么估计出的信号的信噪比将比原信号的高。本节主要讨论的是经典滤波器。

经典滤波器从功能上来说总的可以分为四种：低通滤波器、高通滤波器、带通滤波器、带阻滤波器。当然，每一种又有模拟滤波器（AF）和数字滤波器（DF）两种形式。

对于数字滤波器，从实现方法上，可以分为无限冲激响应（IIR）滤波器和有限冲激响应（FIR）滤波器。这两类滤波器无论是在性能上还是在设计方法上都有很大的区别。FIR 滤波器可以对给定的频率特性直接进行设计，而 IIR 滤波器目前最通用的方法是利用已经很成熟的模拟滤波器的设计方法来进行设计。而模拟滤波器的设计方法又有巴特沃斯滤波器、切比雪夫（Ⅰ型、Ⅱ型）滤波器、椭圆滤波器等不同的设计方法。

8.5.2 理想滤波器

理想滤波器，是指信号的部分频率分量可以无失真地完全通过，而另一部分频率分量则完全通不过。理想低通滤波器、高通滤波器、带通滤波器和带阻滤波器的频率响应，如图 8.14 所示。

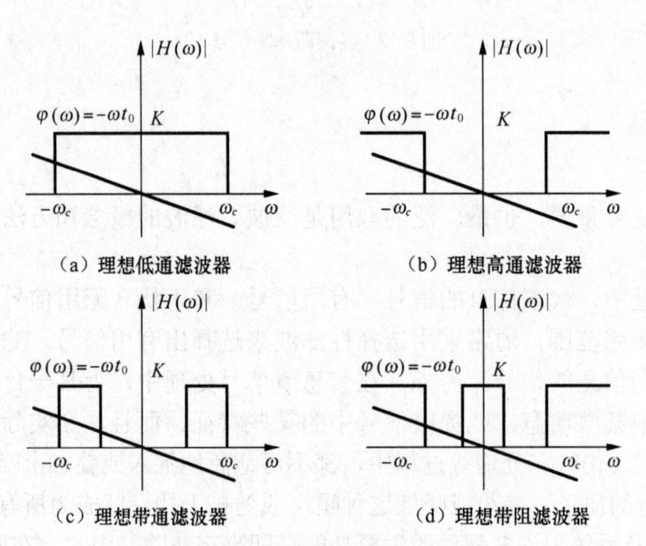

图 8.14 理想滤波器的频率响应

实际中用到的高通、带通和带阻滤波器往往是通过低通滤波器进行频率变换得到的。所以又把低通滤波器称为“低通原型”。下面重点介绍理想低通滤波器的特性。

所谓理想低通滤波器就是将频率低于通带截止频率的信号无失真地传送，而将频率高于通带截止频率的信号完全阻止。由图可以看出，理想低通滤波器的频率响应为

$$H(\omega)=\begin{cases} K\mathrm{e}^{-\mathrm{j}\omega t_0}, & |\omega|<\omega_c, K>0 \\ 0, & |\omega|>\omega_c \end{cases} \tag{8.10}$$

式中，ω_c 称为滤波器的截止频率。

使信号通过的频率范围称为通带；阻带信号衰减的频率范围称为阻带。由图 8.17 可知，理想低通滤波的通带为 $\omega<\omega_c$，阻带为 $\omega>\omega_c$，即频率低于 ω_c 的信号频率分量可以无失真地传送，而高于 ω_c 的信号频率分量则被完全阻止。

1. 理想低通滤波器的冲激响应

由于冲激响应$h(t)$的傅里叶变换即为系统函数$H(\omega)$，即$H(\omega)=\mathscr{F}\left[h(t)\right]$，根据式(8.15)，取$K=1$，得

$$h(t)=\mathscr{F}^{-1}\left[H(\omega)\right]=\frac{1}{2\pi}\int_{-\infty}^{\infty}H(\omega)\mathrm{e}^{\mathrm{j}\omega t}\mathrm{d}\omega=\frac{1}{2\pi}\int_{-\omega_c}^{\omega_c}\mathrm{e}^{-\mathrm{j}\omega t_0}\mathrm{e}^{\mathrm{j}\omega t}\mathrm{d}\omega$$

$$=\frac{1}{2\pi}\frac{\mathrm{e}^{\mathrm{j}\omega(t-t_0)}}{j(t-t_0)}\bigg|_{-\omega_c}^{\omega_c}=\frac{\omega_c}{\pi}\frac{\sin\left[\omega_c(t-t_0)\right]}{\omega_c(t-t_0)} \tag{8.11}$$

$h(t)$波形如图 8.15 所示。由图可见，冲激信号经过理想低通滤波器后，波形发生了严重的失真，这是由于冲激信号的频谱为白色谱，即它的频带宽度为无限宽。低通滤波器只允许低于ω_c的频率分量通过，而高于ω_c的频率分量被阻止了，即只有冲激函数的低频分量通过的滤波器，所以导致波形发生了严重的失真。

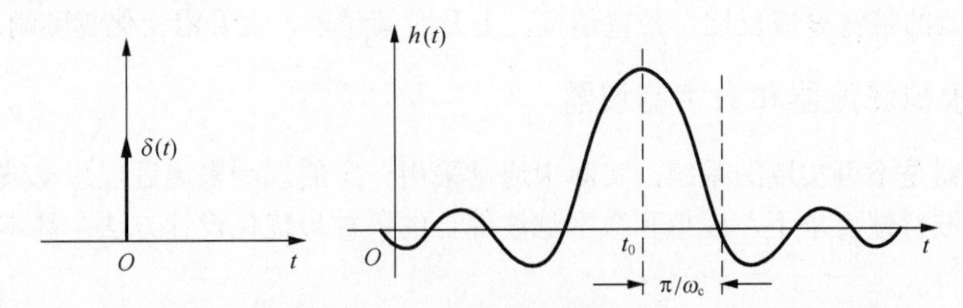

图 8.15 理想滤波器的冲激响应

由式（8.11）可知，当$\omega_c\to\infty$时

$$h(t)=\lim_{\omega_c\to\infty}\frac{\omega_c}{\pi}\frac{\sin\left[\omega_c(t-t_0)\right]}{\omega_c(t-t_0)}=\lim_{\omega_c\to\infty}\frac{\omega_c}{\pi}Sa\left[\omega_c(t-t_0)\right]=\delta(t-t_0) \tag{8.12}$$

即当$\omega_c\to\infty$时，$h(t)$为冲激信号。由此可见，欲使$h(t)$不失真，则理想低通滤波器的带宽为无限宽，即应满足无失真传输的条件。由图 8.15 还可以看出，当$t<0$时，$h(t)\neq 0$即理想低通滤波器为一非因果系统。所以，虽然理想低通滤波器是不可能实现的系统，但它在分析和设计滤波器时仍具有理论指导意义。

2. 理想低通滤波器的阶跃响应

由式（8.11）知，理想低通滤波器的冲激响应为$h(t)=\dfrac{\omega_c}{\pi}\dfrac{\sin\left[\omega_c(t-t_0)\right]}{\omega_c(t-t_0)}$，因此其阶跃响应为

$$g(t)=u(t)*h(t)=\int_{-\infty}^{\infty}h(\tau)u(t-\tau)\mathrm{d}\tau=\int_{-\infty}^{t}h(\tau)\mathrm{d}\tau=\int_{-\infty}^{t}\frac{\omega_c}{\pi}\frac{\sin\left[\omega_c(\tau-t_0)\right]}{\omega_c(\tau-t_0)}\mathrm{d}\tau \tag{8.13}$$

令$\omega_c(\tau-t_0)=x$，$\mathrm{d}\tau=\dfrac{\mathrm{d}x}{\omega_c}$则

$$g(t)=\frac{1}{\pi}\int_{-\infty}^{\omega_c(t-t_0)}\frac{\sin x}{x}\mathrm{d}x=\frac{1}{\pi}\int_{-\infty}^{0}\frac{\sin x}{x}\mathrm{d}x+\frac{1}{\pi}\int_{0}^{\omega_c(t-t_0)}\frac{\sin x}{x}\mathrm{d}x=\frac{1}{2}+\frac{1}{\pi}\int_{0}^{\omega_c(t-t_0)}\frac{\sin x}{x}\mathrm{d}x \tag{8.14}$$

这里，$\dfrac{\sin x}{x}$的积分称为“正弦积分”，以符号$Si(y)=\displaystyle\int_0^y\frac{\sin x}{x}\mathrm{d}x$来表示，其值可以从正弦积分表中查得。所以阶跃响应$g(t)=\dfrac{1}{2}+\dfrac{1}{\pi}Si\left[\omega_c(t-t_0)\right]$，其波形如图 8.16 所示。

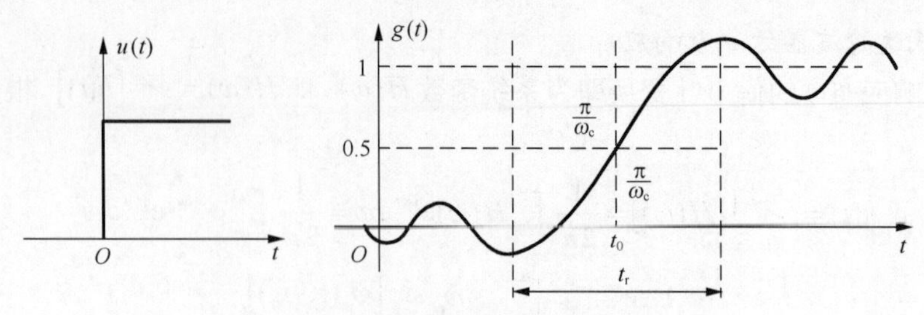

图 8.16 理想滤波器的冲激响应

由图 8.16 可见，阶跃响应的最小值位置为$t_0-\pi/\omega_c$，阶跃响应由输出最小值上升到最大值所经历的时间$t_r=2\pi/\omega_c=1/B$，其中$B=\omega_c/2\pi=f_c$为将角频率折合为频率的滤波器的带宽。可见阶跃响应的上升时间t_r与滤波器的截止频率ω_c成反比，阶跃信号通过低通滤器后，由于高频分量被阻止，信号发生了失真，含有丰富高频分量的上升沿变缓，阶跃响应的上升时间t_r与滤波器的带宽B成反比，带宽越宽，上升时间越短，上升沿变化越陡峭。

8.5.3 模拟滤波器和数字滤波器

理想滤波器是不可实现的系统，实际中通常采用一定的规则来逼近理想滤波器的幅频特性。在给定滤波特性要求下，模拟和数字滤波综合的各种最优化设计方法，基本上可以归结为三类：

模拟方法，主要应用于各种模拟滤波器的设计的一整套成熟有效的设计方法。

模拟数字方法，即建立在模拟滤波器设计基础上的 IIR 数字滤波器设计方法。

直接数字方法，即借助计算机直接在频域或时域上逼近滤波器特性的数字滤波器设计方法。在频域上逼近滤波器频率响应的设计方法称为数字滤波器的频域设计方法；而在时域上逼近滤波器单位冲激响应的设计方法称为数字滤波器的时域设计方法。

1．模拟滤波器

现有的多种模拟滤波器设计方法，基本上都针对与可实现的有理系统函数（传递函数）所对应的给定频率特性（如幅频响应、相频响应、或两者兼有），选择某种形式的近似函数，并近照一定的最优化准则，进行逼近的各种模拟滤波器综合和设计技术。下面以巴特沃斯（Butterworth）低通滤波器为例。

巴特沃斯低通滤波器的幅度响应在通带内具有最平坦的特性，且在通带和阻带内幅度特性是单调变化的。模拟巴特沃斯低通滤波器的幅度平方函数为

$$|H_a(\omega)|^2=\frac{1}{1+\left(\dfrac{\omega}{\omega_c}\right)^{2N}} \tag{8.15}$$

其中 N 为滤波器的阶数，ω为角频率，ω_c为−3dB 通带截止频率，即$|H_a(\omega_c)|^2=\dfrac{1}{2}$时，$\delta_1=20\lg\left|\dfrac{H_a(0)}{H_a(\omega_c)}\right|=3\text{dB}$，又称$\omega_c$为 Butterworth 低通滤波器的 3 分贝带宽。当$\omega=0$时，幅度响应为 1。

从式（8.15）可以看出，随着 N 增大，幅度响应曲线在截止频率附近变得越来越陡峭，即在通带内有更大部分的幅度接近于 1，在阻带内以更快的速度下降至零。巴特沃斯滤波器特

性与参数 N 的关系如图 8.17 所示。巴特沃斯滤波器没有零点，只有 $2N$ 个极点。

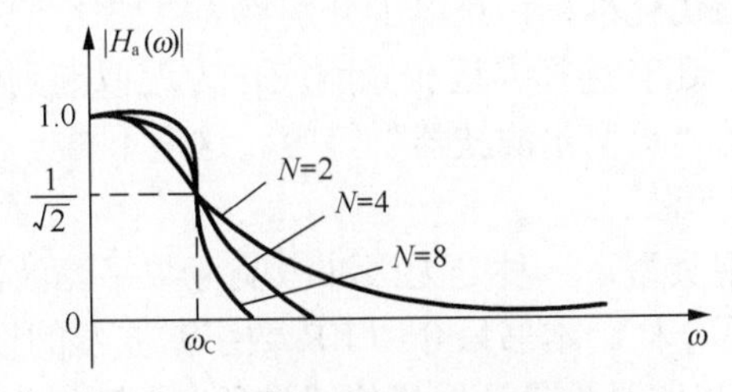

图 8.17 系统结构及带阻网络幅频特性

现在来分析巴特沃斯滤波器极点的分布特点。如果用 s 代替 $\mathrm{j}\omega$，即经解析延拓，则式（8.15）可写成

$$H_a(s)\cdot H_a(-s)=\frac{1}{1+\left(\dfrac{s}{\mathrm{j}\omega_c}\right)^{2N}} \tag{8.16}$$

由此得到极点

$$s_k=\omega_c \mathrm{e}^{\mathrm{j}(\frac{1}{2}+\frac{2k-1}{2\mathrm{N}})\pi}，\ k=1,2,\cdots,2N \tag{8.17}$$

其中当 $k=1,2,\cdots,N$ 时，极点都在 s 平面的左半平面。

从式（8.17）可看出巴特沃斯滤波器极点分布的特点：在 s 平面上共有 $2N$ 个极点等角距地分布在半径为 ω_c 的圆周上，这些极点对称于虚轴，而虚轴上无极点；N 为奇数时，实轴上有两个极点；N 为偶数时．实轴上无极点；各极点间的角度距为 $\dfrac{\pi}{N}$。

得到巴特沃斯滤波器的极点分布后，便可以由 s 平面左半平面的极点构成传递函数。将式（8.16）写成以下形式

$$H_a(s)\cdot H_a(-s)=\frac{A}{\prod_{k=1}^{N}(s-s_k)}\cdot\frac{B}{\prod_{r=1}^{N}(s-s_r)} \tag{8.18}$$

式（8.23）中，s_k 是 s 平面左半平面的极点，s_r 是右半平面的极点，A 和 B 都为常数。因巴特沃斯滤波器有 $2N$ 个极点，且对称于虚轴。所以可将左半平面的极点分配给 $H_a(s)$，以便得到一个稳定的系统。把右半平面的极点分配给 $H_a(-s)$；$H_a(-s)$ 不是所需要的，可以忽略。于是有

$$H_a(s)=\frac{A}{\prod_{k=1}^{N}(s-s_k)}，\ k=1,2,\cdots,N \tag{8.19}$$

由 $H_a(0)=\dfrac{A}{\prod_{k=1}^{N}(s-s_k)}=1$，得 $A=\omega_c^N$

所以，巴特沃斯滤波器的传递函数为

$$H_a(s)=\frac{\omega_c^N}{\prod_{k=1}^{N}(s-s_k)}，\ k=1,2,\cdots,N \tag{8.20}$$

基于频率响应模平方确定的有理系统函数作为近似函数的滤波器设计方法中，以滤波器通带或阻带等波纹起伏为最优化准则，获得了分别称为“切比雪夫滤波器”和“椭圆滤波器”的规格化设计图表，此外，还有选择逼近相频响应作为近似准则的模拟滤波器的设计方法，如具有最平直群延时特性的“贝塞尔滤波器”等等。这里不再一一介绍。

2. 数字滤波器

数字滤波器有两种实现类型，一种是无限冲激响应数字滤波器，一种是有限冲激响应数字滤波器，设计方法完全不一样。本书只介绍 IIR 数字滤波器的设计方法。

IIR 数字滤波器的设计思路是先设计好模拟滤波器，再转换为数字滤波器，也就是滤波器数字化。数字化方法主要有冲激响应不变法和双线性变换法，下面主要介绍冲激响应不变法。

冲激响应不变法遵循的原则是：使数字滤波器的单位取样响应与所参照的模拟滤波器的冲激响应的取样值完全一样，即

$$h(n)=h_a(t)\big|_{t=nT} \tag{8.21}$$

其中 T 为取样周期。实际上，由模拟滤波器转换成数字滤波器，就是要建立模拟系统函数 $H_a(s)$ 与数字系统函数 $H(z)$ 之间的关系，有

$$H(z)\big|_{z=e^{sT}}=\frac{1}{T}\sum_{r=-\infty}^{+\infty}H_a\left(s-\mathrm{j}\frac{2\pi}{T}r\right) \tag{8.22}$$

冲激响应不变法是要从 s 平面映射到 z 平面。如图 8.18 所示。这种映射不是简单的代数映射，而是 s 平面上每一条宽为 $\dfrac{2\pi}{T}$ 的横带重复地映射成整个 z 平面。具体来说，是反映 $H_a(s)$ 的周期延拓与 $H(z)$ 的关系，而不是只 $H_a(s)$ 本身与 $H(z)$ 的关系。这正是用冲激响应不变法设计的数字滤波器的频率响应产生混叠失真的根本原因。

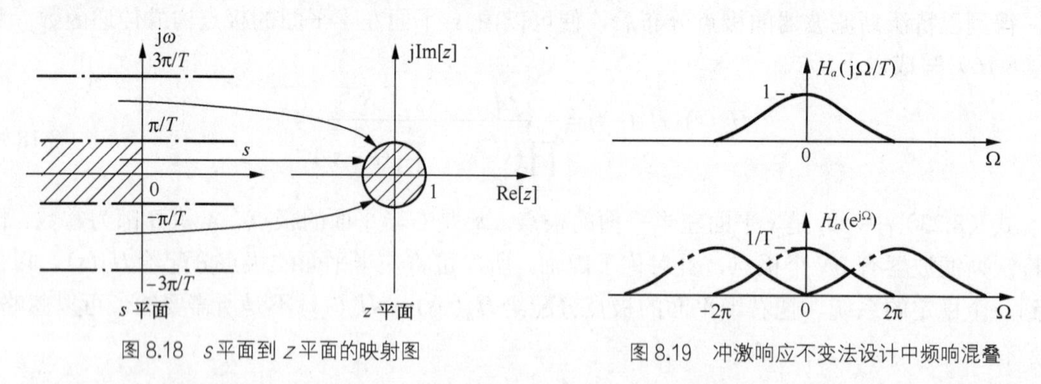

图 8.18　s 平面到 z 平面的映射图　　　图 8.19　冲激响应不变法设计中频响混叠

现在来讨论用冲激响应不变法得到的数字滤波器与所参照的模拟滤波器的频率响应之间的关系。令 $z=e^{j\Omega}$ 和 $s=j\omega$，并代入式（8.22），得

$$H(e^{j\Omega})\big|_{\Omega=\omega T}=\frac{1}{T}\sum_{r=-\infty}^{+\infty}H_a\left(\mathrm{j}\frac{\Omega}{T}-\mathrm{j}\frac{2\pi}{T}r\right) \tag{8.23}$$

上式表明，数字滤波器的频率响应是模拟滤波器频率响应的周期延拓。如果模拟滤波器频率响应的带宽被限制在折叠频率以内，即 $H_a(j\omega)=0$，$|\omega|\geqslant \pi/T$，那么．数字滤波器的频率响应能够重现模拟滤波器的频率响应，即 $H(e^{j\Omega})=\dfrac{1}{T}H_a\left(\mathrm{j}\dfrac{\Omega}{T}\right)$，$|\Omega|<\pi$。然而，任何实际的模拟滤波器都不是带限的，因此数字滤波器的频谱必然产生混叠，如图 8.19 所示。这样，

数字滤波器的频率响应就与原模拟滤波器不同，即产生了失真。但是．如果模拟滤波器在折叠频率以上的频率响应衰减很大，那么这种失真很小，采用冲激不变法设计数字滤波器就能得良好的结果，这时有

$$H(e^{j\Omega}) \approx \frac{1}{T} H_a\left(j\frac{\Omega}{T}\right), \quad |\Omega| < \pi \tag{8.24}$$

上面讨论用冲激响应不变法设计 IIR 数字滤波器时，涉及到参数 T。但是，如果用数字域频率 Ω 来规定数字滤波器的指标，那么在冲激响应不变法设计中 T 是一个无关紧要的参数，因此，为了方便常取 T 等于 1。冲激响应不变法最适合于可以用部分分式表示的传递函数。

用冲激响应不变法设计 IIR 数字滤波器的步骤如下；

① 假设模拟滤波器的传递函数 $H_a(s)$ 具有 1 阶极点，且分母的阶数高于分子的阶数。将 $H_a(s)$ 展开成部分分式

$$H_a(s) = \sum_{k=1}^{N} \frac{A_k}{s - s_k} \tag{8.25}$$

式中，s_k 为极点。对 $H_a(s)$ 求拉氏反变换得

$$h_a(t) = \sum_{k=1}^{N} A_k e^{s_k t} u(t) \tag{8.26}$$

② 使用冲激响应不变法求数字滤波器的冲激响应 $h(n)$，即令 $t=nT$，并代入式（8.26）得

$$h(n) = h_a(nT) = \sum_{k=1}^{N} A_k e^{s_k nT} u(n) \tag{8.27}$$

③ 求 $h(n)$ 的 z 变换，得

$$H(z) = \mathscr{Z}[h(n)] = \sum_{n=0}^{\infty}\left[\sum_{k=1}^{N} A_k e^{s_k nT}\right] z^{-n} = \sum_{k=1}^{N} \frac{A_k}{1 - e^{s_k T} z^{-1}} \tag{8.28}$$

比较式（8.28）和（8.26）可以看出，经冲激响应不变法变换之后，s 平面的极点 s_k 变换成 z 平面的极点 $e^{s_k T}$，而 $H(z)$ 和 $H_a(s)$ 的系数相等，都为 A_k。如果模拟滤波器是稳定的，那么由冲激响应不变法设计得到的数字滤波器也是稳定的。这是因为，如果极点 s_k $(s_k = \sigma_k + j\omega)$ 都在 s 平面的左半平面，即 $\sigma_k < 0$，那么 $\left|e^{s_k T}\right| = \left|e^{(\sigma_k + j\omega)T}\right| = \left|e^{\sigma_k T}\right| < 1$，即变换后得到的 $H(z)$ 的极点 $e^{s_k T}$ 都在单位圆内。

当取样率很高，即 T 很小时，数字滤波器有很高的增益。但是人们常常不希望增益太高。为此，在高取样率时一般不采用式（8.28）而采用下式

$$H(z) = \sum_{k=1}^{N} \frac{TA_k}{1 - e^{s_k T} z^{-1}} \tag{8.29}$$

这样，数字滤波器的增益不随 T 变化。需要指出，冲激响应不变法仅适合于基本上是限带的低通滤波器或带通滤波器，显然该方法主要用于设计某些要求在时域上能模拟滤波器功能的数字滤波器，这样可以把模拟滤波器时域特性的许多优点在相应的数字滤波器中保留下来。在其他情况下设计 IIR 数字滤波器时，一般采用双线性变换法。

就有限冲激响应数字滤波器而言，设计者最感兴趣的是具有线性相位的 FIR 滤波器。对非线性相位的 FIR 滤波器，一般可以用 IIR 滤波器来代替。对于同样的幅度特性，IIR 滤波器所需的阶数比 FIR 滤波器的阶数要少得多。

FIR 滤波器的设计方法与 IIR 滤波器的设计方法有很大的不同，它不能利用模拟滤波器的设计方法。

在给定频率特性要求的情况下，FIR 滤波器的设计就是按照某种最佳近似准则，确定 FIR 滤波器的阶数 N 及其单位冲激响应 $h_N(n)$ 的 N 个序列值。这种基于给定频率特性的 FIR 滤波器设计方法通常有二种，分别称为“窗函数法”、“频率取样法”和“等波纹逼近法”。它们分别是按照不同的最佳近似准则获得的，各有优缺和不同的应用场合。限于篇幅，本书不作介绍。

8.6 本章小结

本章讨论了信号与系统的概念、理论和方法在无失真传输、调制与解调、多路复用和信号滤波方面的具体应用。

1. 无失真传输的时域和频率条件，时域条件是指信号的时域波形不发生变化，只是幅度变化 K 倍，在时间上延迟和 t_0。频域条件是必须在信号的全部频带内，要求系统频率响应的幅度特性是一常数，相位特性是一通过原点的直线。

2. 正弦幅度的调制和解调，所谓调制就是用被传送信号（称为调制信号）去控制另一个信号（称为载波信号），使载波信号某一参数按调制信号的规律变化。经过调制的信号称为已调信号。在接收端，要把调制信号从已调信号中恢复出来，这个过程称为解调。

3. 多路复用包括频分复用和时分复用方面，可以大大提高信道的利用率和数据的传输效率。

4. 对于理想滤波器而言，是指信号的部分频率分量可以无失真地完全通过，而另一部分频率分量则完全通不过。理想滤波器是不可实现的系统，实际中通常采用一定的规则来逼近理想滤波器的幅频特性。

5. 对于数字滤波器，从实现方法上，可以分为无限冲激响应（IIR）滤波器和有限冲激响应（FIR）滤波器。

6. 模拟和数字滤波综合的各种最优化设计方法，基本上可以归结为三类：模拟方法、模拟数字方法和直接数字方法。

习　题

8.1　不失真传输的条件是什么？在实际工作中能否获得不失真传输系统？

8.2　理想低通滤波器的频率响应应具有什么特点？什么信号通过理想低通滤波器后能实现无失真传输？

8.3　写出题图 8.3 所示系统的频率响应 $H(\omega)=\dfrac{U(\omega)}{I(\omega)}$，欲使该系统成为无失真传输系统，试确定 R_1 和 R_2。

8.4　已知下列连续时间因果 LTI 系统的系统函数或单位冲激响应为：

a）$H(s)=\dfrac{1-10^{-3}s}{1+10^{-3}s}$　　b）$h(t)$ 如题 8.4 图所示

1）分别求出它们的频率响应，并概略画出幅频响应和相频响应。系统是否满足带限无失真条件？若不满足，说明每个系统会产生哪些失真。

2）若输入系统是带限于ω_M的带限信号，并允许系统幅度特性有±3dB 的起伏，或相位特性偏离线性不超过$\pi/12$，试分别确定这两个系统允许输入的最高频率ω_M。

（注：带限无失真条件是：$H(\omega)=K\mathrm{e}^{-\mathrm{j}\omega t_0}\quad |\omega|<\omega_m$和$H(\mathrm{e}^{-\mathrm{j}\Omega})=K\mathrm{e}^{-\mathrm{j}\Omega n_0}\quad |\Omega|<\Omega_m$，在主值区间$(-\pi, \pi)$，其中，$\omega_m$和$\Omega_m$是信号的最高频率）

8.5　已知理想低通滤波器的频率特性为$H(\omega)=\begin{cases}K, & |\omega|<2\pi \\ 0, & |\omega|\geqslant 2\pi\end{cases}$，求题 8.5 图所示的信号通过滤波器的响应。

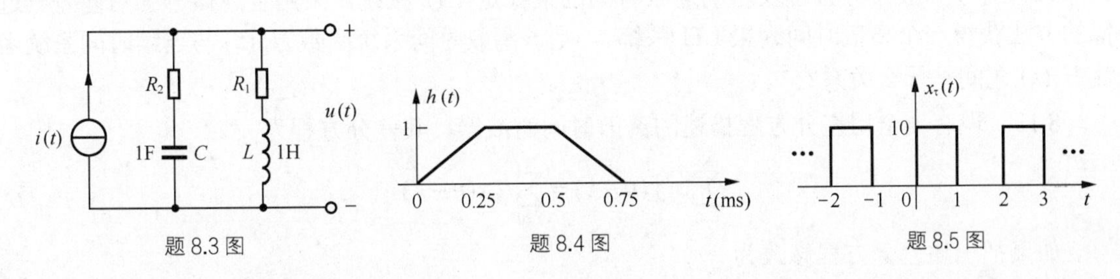

题 8.3 图　　题 8.4 图　　题 8.5 图

8.6　已知某系统函数为$H(\omega)=\dfrac{1}{\mathrm{j}\omega}$，当输入信号分别为$\sin t$、$\sin 2t$与$(\sin t+\sin 2t)$时，求其响应，并讨论信号经传输是否失真？

8.7　什么是调制？调制对信号产生什么样的影响？调制的优点是什么？如何从幅度调制中解调出原信号？

8.8　为何要采取频分复用和时分复用，它们的区别是什么？

8.9　理想低通滤波器的频率响应为$|H(\omega)|=\begin{cases}1, & |\omega|<\omega_c \\ 0, & |\omega|\geqslant \omega_c\end{cases}$，$\theta(\omega)=-\omega t_0$，证明此滤波器对于$\mathrm{Sa}(\omega_0 t)$是无失真传输。

8.10　证明题 8.9 所述滤波器对于信号$\mathrm{Sa}(\omega_c t)$和$\dfrac{\pi}{\omega_c}\delta(t)$的响应是一样的。

8.11　试用冲激响应不变法将如下的微分方程表示的连续时间因果 LTI 系统转换成离散时间因果 LTI 系统，确定它的系统函数$H_d(z)$。

$$\frac{\mathrm{d}^2 y_c(t)}{\mathrm{d}t^2}+2a\frac{\mathrm{d}y_c(t)}{\mathrm{d}t}+(a^2+\omega_0^2)y_c(t)=\frac{\mathrm{d}x_c(t)}{\mathrm{d}t}+ax_c(t)$$

8.12　在连续时间系统到离散时间系统的转换方法中，还有一种基于微分的后向差分近似的转换方法，即

$$\frac{\mathrm{d}^k y_c(t)}{\mathrm{d}t^k}\approx\frac{\Delta^k y(n)}{T^k}\text{和}\frac{\mathrm{d}^k x_c(t)}{\mathrm{d}t^k}\approx\frac{\Delta^k x(n)}{T^k}$$

其中，$x(n)=x_c(nT)$，$y(n)=y_c(nT)$，T为样本间隔，Δ^k为k阶后向差分算子，例如，$y(n)$的一阶后向差分为$\Delta y(n)=y(n)-y(n-1)$，而$y(n)$的二阶后向差分为$\Delta^2 y(n)=y(n)-2y(n-1)+y(n-2)$，等等。基于上述近似，一般$N$阶微分方程

$\sum_{k=0}^{N} a_k y_c^{(k)}(t) = \sum_{k=0}^{M} b_k x_c^{(k)}(t)$ 表示的连续时间因果 LTI 系统，就可以近似表示成如下差分方程表示的离散时间因果 LTI 系统：

$$\sum_{k=0}^{N} a_k \frac{\Delta^k y(n)}{T^k} = \sum_{k=0}^{M} b_k \frac{\Delta^k x(n)}{T^k}$$

（1）已知一个连续时间因果 LTI 系统的系统函数为 $H_c(s) = \frac{s+2}{(s+1)(s+3)}$，试确定用上述微分的后向差分近似得到的离散时间因果系统的系统函数 $H_d(z)$。

（2）对于一般微分方程表示的连续时间因果稳定 LTI 系统，采用上述微分的后向差分近似的方法获得一个离散时间因果 LTI 系统 ，则该离散时间系统函数 $H_d(z)$ 与连续时间系统函数 $H_c(s)$ 之间是什么关系？

8.13　现有一个用差分方程描述的离散时间滤波器，其差分方程为

$$\sum_{k=0}^{N} a_k y(n-k) = \sum_{k=0}^{M} b_k x(n-k) \qquad ①$$

如果把上述差分方程修改为

$$\sum_{k=0}^{N} (-1)^k a_k y(n-k) = \sum_{k=0}^{M} (-1)^k b_k x(n-k) \qquad ②$$

将得到一个新的离散时间滤波器。试证明：如果①方程表示的是一个低通滤波器，其频率响应为为 $H_L(\mathrm{e}^{\mathrm{j}\Omega})$，则方程②就是一个高通滤波器，且频率响应为 $H_L(\mathrm{e}^{\mathrm{j}(\Omega-\pi)})$；反之亦然。

第9章 系统的状态变量分析

9.1 引言

前面几章所讨论的时域分析法和变换域分析法都属于输入输出法，它所关心的问题是系统的激励与响应之间的关系。由于输入输出法只将系统的输入变量与输出变量联系起来，因此又称为外部法，但是随着待分析系统越来越复杂，系统分析的要求越来越高，传统的输入输出法已不能适应需要。此时人们不仅关心系统输出的变化情况，而且对系统内部的一些变量也要进行研究，以便设计系统的结构和参量达到最优控制，这就需要引入新的以系统内部变量为基础的分析方法。

状态空间方法利用描述系统内部特性的状态变量取代仅描述系统外部特性的系统函数，这是一种内部法。状态变量分析法主要有以下优点：（1）能够有效地对系统内部的动态特性进行深入研究；（2）由于状态方程都是一阶微分方程或一阶差分方程，因而便于采用数值解法，为使用计算机分析系统提供了有效的途径；（3）便于分析多输入多输出系统；（4）容易推广应用于非线性和时变系统领域。

9.2 系统的状态变量和状态方程

9.2.1 系统状态描述的基本概念

在分析设计一个系统时，一般需要弄清楚系统内部或外部某些变量随时间变化的情况，系统的状态变量与状态方程正是适用于描述系统内部变化的。下面举例进行说明。

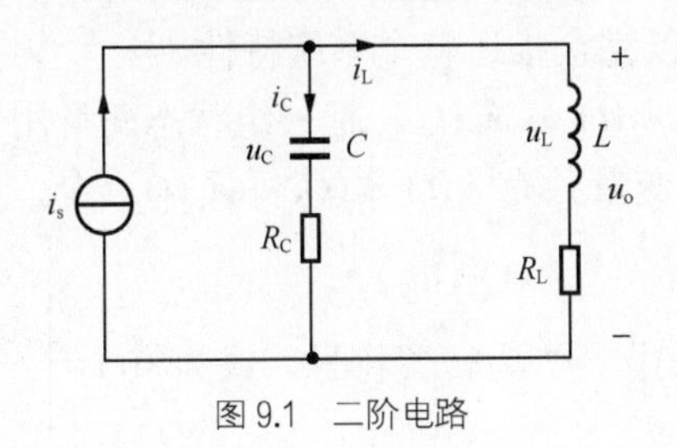

图 9.1　二阶电路

如图 9.1 所示的二阶电路，按基尔霍夫定律可列出如下方程：

$$i_s(t)=C\frac{\mathrm{d}u_C(t)}{\mathrm{d}t}+i_L(t) \tag{9.1}$$

$$u_C(t)+R_C C\frac{\mathrm{d}u_C(t)}{\mathrm{d}t}=L\frac{\mathrm{d}i_L(t)}{\mathrm{d}t}+R_L i_L(t) \tag{9.2}$$

整理式（9.1）、（9.2），分别得到

$$\frac{\mathrm{d}u_C(t)}{\mathrm{d}t}=-\frac{1}{C}i_L(t)+\frac{1}{C}i_s(t) \tag{9.3}$$

$$\frac{\mathrm{d}i_L(t)}{\mathrm{d}t}=\frac{1}{L}u_C(t)-\frac{R_L+R_C}{L}i_L(t)+\frac{R_C}{L}i_s(t) \tag{9.4}$$

因此，若已知初始时刻t_0的电容电压$u_C(t_0)$和电感电流$i_L(t_0)$，根据$t\geqslant t_0$时给定输入$i_s(t)$可以由式（9.3）、式（9.4）唯一确定解$u_C(t)$和$i_L(t)$。而系统的输出与$u_C(t)$、$i_L(t)$及系统输入之间的关系为

$$u_0(t)=u_C(t)-R_C i_L(t)+R_C i_s(t) \tag{9.5}$$

$$i_C(t)=-i_L(t)+i_s(t) \tag{9.6}$$

即任意时刻的$t(t\geqslant t_0)$时的$u_C(t)$、$i_L(t)$唯一决定输出$u_o(t)$和$i_C(t)$。由此可见，电感电流与电容电压提供了该系统内部充分而必要的信息，它可以表征系统内部的工作情况，我们把表征系统运动信息称为状态。电路的能量流动由电容电压与电感电流所确定，这里的状态实际上反映了系统的能量储放状况。

若选取式（9.3）、式（9.4）方程中的未知量$u_C(t)$、$i_L(t)$为状态变量，联立方程为状态变量的一阶微分方程组，可得到所描述系统状态变量与输入之间的关系，这就是描述系统内部的状态方程。系统输出用状态变量和系统输入表示的代数方程，称为系统的输出方程。

一般的，将式（9.3）与式（9.4）、式（9.5）与式（9.6）写成矩阵形式，形如：

$$\begin{bmatrix}\dfrac{\mathrm{d}u_C(t)}{\mathrm{d}t}\\ \dfrac{\mathrm{d}i_L(t)}{\mathrm{d}t}\end{bmatrix}=\begin{bmatrix}0 & -\dfrac{1}{C}\\ \dfrac{1}{L} & -\dfrac{R_L+R_C}{L}\end{bmatrix}\begin{bmatrix}u_C(t)\\ i_L(t)\end{bmatrix}+\begin{bmatrix}\dfrac{1}{C}\\ \dfrac{R_C}{L}\end{bmatrix}i_s(t) \tag{9.7}$$

$$\begin{bmatrix}u(t)\\ i_C(t)\end{bmatrix}=\begin{bmatrix}1 & -R_C\\ 0 & -1\end{bmatrix}\begin{bmatrix}u_C(t)\\ i_L(t)\end{bmatrix}+\begin{bmatrix}R_C\\ 1\end{bmatrix}i_s(t) \tag{9.8}$$

式（9.7）、式（9.8）分别称为图 9.1 二阶电路的状态方程、输出方程的矩阵表达式，两者统称为该二阶电路的动态方程。

需要指出的是，系统独立的状态变量的个数是唯一的，多于这个数目，则必有不独立变量；少于这个数目，则不足以完全描述整个系统特性。

状态变量一般记为$\lambda_1(t),\lambda_2(t),\cdots,\lambda_k(t)$。把一组状态变量用一个向量来表示就称为状态向量。假设系统含独立的状态变量共有$\lambda_1(t),\lambda_2(t),\cdots,\lambda_k(t)$ k个，则对应的状态向量为k维的，

记为$\lambda(t)=\left[\lambda_1(t),\lambda_2(t),\cdots,\lambda_k(t)\right]^T$，$T$为转置符号，或为$\lambda(t)=\begin{bmatrix}\lambda_1(t)\\ \lambda_2(t)\\ \vdots\\ \lambda_k(t)\end{bmatrix}$。

值得注意的是，状态变量的选择并不是唯一的，可以用某一组也可以用其它一组数目最少的变量作为状态变量。状态变量不一定是物理上可测量的，有时只具有数学意义，但一般情况下，我们尽量选取容易测量的物理量作为状态变量。状态变量可以是系统的输出也可以不是，但系统的输出是可以从状态变量中获取的。

最后，若系统中有k个状态变量$\lambda_1(t),\lambda_2(t),\cdots,\lambda_k(t)$，以这$k$个状态变量为坐标轴所组成的$k$维空间称为$k$维状态空间，系统在状态空间里的任意一时刻用一个点来表示。随着时间的推移，系统状态在变化，便在空间中形成一条k维的轨迹线，称为状态轨迹或状态轨线。

9.2.2　动态方程的一般形式

设有一个线性连续时间系统如图 9.2 所示。它有m个输入$x_1(t),x_2(t),\cdots,x_m(t)$；$r$个输出$y_1(t),y_2(t),\cdots,y_r(t)$；系统的$k$个状态变量记为$\lambda_1(t),\lambda_2(t),\cdots,\lambda_k(t)$。

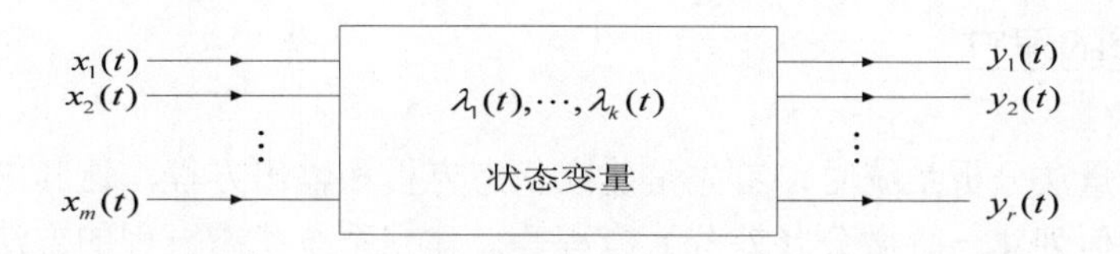

图 9.2　连续时间系统

则状态方程的一般形式为

$$\left.\begin{aligned}
\dot{\lambda}_1(t)&=a_{11}\lambda_1(t)+a_{12}\lambda_2(t)+\cdots+a_{1k}\lambda_k(t)+b_{11}x_1(t)+b_{12}x_2(t)+\cdots+b_{1m}x_m(t)\\
\dot{\lambda}_2(t)&=a_{21}\lambda_1(t)+a_{22}\lambda_2(t)+\cdots+a_{2k}\lambda_k(t)+b_{21}x_1(t)+b_{22}x_2(t)+\cdots+b_{2m}x_m(t)\\
&\vdots\\
\dot{\lambda}_k(t)&=a_{k1}\lambda_1(t)+a_{k2}\lambda_2(t)+\cdots+a_{kk}\lambda_k(t)+b_{k1}x_1(t)+b_{k2}x_2(t)+\cdots+b_{km}x_m(t)
\end{aligned}\right\}\tag{9.9}$$

输出方程为

$$\left.\begin{aligned}
y_1(t)&=c_{11}\lambda_1(t)+c_{12}\lambda_2(t)+\cdots+c_{1k}\lambda_k(t)+d_{11}x_1(t)+d_{12}x_2(t)+\cdots+d_{1m}x_m(t)\\
y_2(t)&=c_{21}\lambda_1(t)+c_{22}\lambda_2(t)+\cdots+c_{2k}\lambda_k(t)+d_{21}x_1(t)+d_{22}x_2(t)+\cdots+d_{2m}x_m(t)\\
&\vdots\\
y_r(t)&=c_{r1}\lambda_1(t)+c_{r2}\lambda_2(t)+\cdots+c_{rk}\lambda_k(t)+d_{r1}x_1(t)+d_{r2}x_2(t)+\cdots+d_{rm}x_m(t)
\end{aligned}\right\}\tag{9.10}$$

式中$a_{11},\cdots,a_{kk},b_{11},\cdots,b_{km},c_{11},\cdots,c_{rk},d_{11},\cdots,d_{rm}$是由系统决定的系数，对于线性时不变系统而言它们是常数；对于线性时变系统它们是时间的函数。将上面方程式写成向量矩阵形式，即为

$$\dot{\lambda}(t)=A\lambda(t)+Bx(t)\tag{9.11}$$

$$y(t)=C\lambda(t)+Dx(t)\tag{9.12}$$

式中

$$\dot{\lambda}(t)=\begin{bmatrix}\dot{\lambda}_1 & \dot{\lambda}_2 & \cdots & \dot{\lambda}_k\end{bmatrix}^{\mathrm{T}}\qquad \lambda(t)=\begin{bmatrix}\lambda_1 & \lambda_2 & \cdots & \lambda_k\end{bmatrix}^{\mathrm{T}}$$

$$r(t)=\begin{bmatrix}r_1 & r_2 & \cdots & r_r\end{bmatrix}^{\mathrm{T}}\qquad x(t)=\begin{bmatrix}x_1 & x_2 & \cdots & x_m\end{bmatrix}^{\mathrm{T}}$$

$$A=\begin{bmatrix} a_{11} & a_{12} & \cdots & a_{1k} \\ a_{21} & a_{22} & \cdots & a_{2k} \\ \vdots & \vdots & \ddots & \vdots \\ a_{k1} & a_{k2} & \cdots & a_{kk} \end{bmatrix} \quad B=\begin{bmatrix} b_{11} & b_{12} & \cdots & b_{1m} \\ b_{21} & b_{22} & \cdots & b_{2m} \\ \vdots & \vdots & \ddots & \vdots \\ b_{m1} & b_{m2} & \cdots & b_{km} \end{bmatrix}$$

$$C=\begin{bmatrix} c_{11} & c_{12} & \cdots & c_{1k} \\ c_{21} & c_{22} & \cdots & c_{2k} \\ \vdots & \vdots & \ddots & \vdots \\ c_{r1} & c_{r2} & \cdots & c_{rk} \end{bmatrix} \quad D=\begin{bmatrix} d_{11} & d_{12} & \cdots & d_{1m} \\ d_{21} & d_{22} & \cdots & d_{2m} \\ \vdots & \vdots & \ddots & \vdots \\ d_{r1} & d_{r2} & \cdots & d_{rm} \end{bmatrix}$$

$\boldsymbol{A}$、$\boldsymbol{B}$、$\boldsymbol{C}$、$\boldsymbol{D}$分别为系数矩阵，其中$\boldsymbol{A}$为$k\times k$方阵，称为系统矩阵；$\boldsymbol{B}$为$k\times m$矩阵，称为输入矩阵；$\boldsymbol{C}$为$r\times k$矩阵，称为输出矩阵；$\boldsymbol{D}$为$r\times m$矩阵。式（9.11）和式（9.12）是连续系统状态方程和输出方程的标准形式。

9.3 状态方程的建立

运用状态变量法分析系统时，首先是建立状态方程和输出方程，这其中包含了状态变量的选取，以及如何创建一阶微分（差分）方程等。建立系统状态方程的方法有很多，大致可分为直接法和间接法。其中直接法根据给定的系统结构直接列些系统状态方程；而间接法可根据描述系统的输入输出方程、系统函数、系统框图等来建立系统的状态方程。下面简单介绍连续时间系统、离散时间系统的状态方程的建立方法。

9.3.1 连续时间系统状态方程的建立

1. 由电路原理图直接建立

电路状态方程的建立，首要的问题是如何选取状态变量，对于线性时不变系统来说，一般选取电容电压与电感电流为状态变量。这样选择的原因是因为独立电容电压$u_C(t)$、独立电感电流$i_L(t)$能够直接反映这两种存储元件的能量变化；另一个原因是考虑到$i_C(t)$、$u_L(t)$的一阶微分仍然是电流或电压，这样便于使用基尔霍夫定律建立函数关系式。特别需要注意的是，选择的状态变量之间必须是相互独立的。

例 9.1 如图 9.3 所示电路，若以电流i_C、电压u为输出。要求合理选择状态变量，列写该电路系统的状态方程和输出方程。

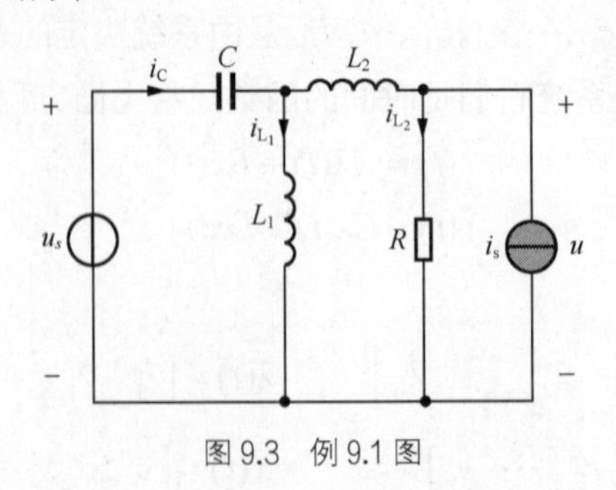

图 9.3 例 9.1 图

解：分析该电路有两路激励信号u_s和i_s、两个电感一个电容共 3 个储能元件，该电路中

两个电感与一个电容是相互独立的。因此，选取 3 个状态变量，即

$$\begin{cases}\lambda_1 = u_C \\ \lambda_2 = i_{L1} \\ \lambda_3 = i_{L2}\end{cases}$$

根据基尔霍夫定律，可得

$$\begin{cases}C\dfrac{\mathrm{d}u_C}{\mathrm{d}t} = i_{L1} + i_{L2} \\ u_s = u_C + L_1\dfrac{\mathrm{d}i_{L1}}{\mathrm{d}t} \\ u_s = u_C + L_2\dfrac{\mathrm{d}i_{L2}}{\mathrm{d}t} + (i_{L2} + i_s)R\end{cases}$$

对上式进行状态变量替换，得

$$\begin{cases}\dot{\lambda}_1 = \dfrac{1}{C}\lambda_2 + \dfrac{1}{C}\lambda_3 \\ \dot{\lambda}_2 = -\dfrac{1}{L_1}\lambda_1 + \dfrac{1}{L_1}u_s \\ \dot{\lambda}_3 = -\dfrac{1}{L_2}\lambda_1 - \dfrac{R}{L_2}\lambda_3 + \dfrac{1}{L_2}u_s - \dfrac{R}{L_2}i_s\end{cases}$$

将上式改写为状态方程的标准形式，得

$$\begin{bmatrix}\dot{\lambda}_1 \\ \dot{\lambda}_2 \\ \dot{\lambda}_3\end{bmatrix} = \begin{bmatrix}0 & \dfrac{1}{C} & \dfrac{1}{C} \\ -\dfrac{1}{L_1} & 0 & 0 \\ -\dfrac{1}{L_2} & 0 & -\dfrac{R}{L_2}\end{bmatrix}\begin{bmatrix}\lambda_1 \\ \lambda_2 \\ \lambda_3\end{bmatrix} + \begin{bmatrix}0 & 0 \\ \dfrac{1}{L_1} & 0 \\ \dfrac{1}{L_2} & -\dfrac{R}{L_2}\end{bmatrix}\begin{bmatrix}u_s \\ i_s\end{bmatrix}$$

再令系统的输出 $i_C = y_1$、$u = y_2$，则输出方程为

$$\begin{cases}y_1 = i_C = i_{L1} + i_{L2} = \lambda_2 + \lambda_3 \\ y_2 = u = R(i_s + i_{L2}) = R\lambda_3 + Ri_s\end{cases}$$

将上式写成输出方程的标准形式，即

$$\begin{bmatrix}y_1 \\ y_2\end{bmatrix} = \begin{bmatrix}0 & 1 & 1 \\ 0 & 0 & R\end{bmatrix}\begin{bmatrix}\lambda_1 \\ \lambda_2 \\ \lambda_3\end{bmatrix} + \begin{bmatrix}0 & 0 \\ 0 & R\end{bmatrix}\begin{bmatrix}u_s \\ i_s\end{bmatrix}$$

2. 由微分方程建立状态方程

如果已知描述连续系统的微分方程，则可以直接从微分方程得到系统的状态方程。下面举例说明。

例 9.2　已知某系统微分方程为 $y''' + 2y'' + 3y' + 4y = 10x$，写出其状态方程和输出方程。

解： 设状态变量为

$$\lambda_1 = y, \lambda_2 = \dot{y} = \dot{\lambda}_1, \lambda_3 = \ddot{y} = \dot{\lambda}_2$$

则状态方程为

$$\begin{bmatrix}\dot{\lambda}_1\\ \dot{\lambda}_2\\ \dot{\lambda}_3\end{bmatrix}=\begin{bmatrix}0 & 1 & 0\\ 0 & 0 & 1\\ -4 & -3 & -2\end{bmatrix}\begin{bmatrix}\lambda_1\\ \lambda_2\\ \lambda_3\end{bmatrix}+\begin{bmatrix}0\\ 0\\ 10\end{bmatrix}x$$

输出方程为

$$y=\begin{bmatrix}1 & 0 & 0\end{bmatrix}\begin{bmatrix}\lambda_1\\ \lambda_2\\ \lambda_3\end{bmatrix}$$

9.3.2 离散时间系统状态方程的建立

建立离散时间系统状态方程的方法步骤与连续系统情况下是相似的。首先选取状态变量，把描述离散时间系统的输入输出 k 阶差分方程转换为状态变量的一阶前向差分方程即系统状态方程来描述，再由观察即可得到输出方程。

设 k 阶离散时间系统的输入输出差分方程一般形式为

$$y(n)+a_{k-1}y(n-1)+\cdots+a_1y(n-k+1)+a_0y(n-k)=b_mx(n)+\cdots+b_1x(n-m+1)+b_0x(n-m) \tag{9.13}$$

式中，n 表示 nT 时刻；T 为采样周期；$y(n),x(n)$ 分别是 nT 时刻的系统输出量和输入量；$a_i,b_i(i=0,1,2,\cdots,k$ 且 $a_k=1)$ 为表征系统特性的常系数。

构造函数 $y_1(n)$，使其满足方程

$$y_1(n)+a_{k-1}y_1(n-1)+\cdots+a_1y_1(n-k+1)+a_0y_1(n-k)=x(n) \tag{9.14}$$

选取状态变量为

$$\left.\begin{aligned}\lambda_1(n)&=y_1(n-k)\\ \lambda_2(n)&=y_1(n-k+1)\\ &\vdots\\ \lambda_k(n)&=y_1(n-1)\end{aligned}\right\} \tag{9.15}$$

将上式两端均左移 1 位并观察所构造的差分方程，有

$$\left.\begin{aligned}\lambda(n+1)&=y(n-k+1)=\lambda(n)\\ \lambda(n+1)&=y(n-k+1)=\lambda(n)\\ &\vdots\\ \lambda(n+1)&=y(n)=-ay(n-1)-\cdots\\ &\quad -ay(n-k+1)-\cdots-ay(n-k)+f(n)\\ &=-a\lambda(n)-a\lambda(n)-\cdots-a\lambda(n)+f(n)\end{aligned}\right\} \tag{9.16}$$

将上式写成系统状态方程的一般形式，得

$$\begin{bmatrix}\lambda_1(n+1)\\ \lambda_2(n+1)\\ \vdots\\ \lambda_{k-1}(n+1)\\ \lambda_k(n+1)\end{bmatrix}=\begin{bmatrix}0 & 1 & 0 & 0 & 0\\ 0 & 0 & 1 & \cdots & 0\\ \vdots & \vdots & \vdots & \ddots & \vdots\\ 0 & 0 & 0 & \cdots & 1\\ -a_0 & -a_1 & -a_2 & \cdots & -a_{k-1}\end{bmatrix}\begin{bmatrix}x_1(n)\\ x_2(n)\\ \vdots\\ x_{k-1}(n)\\ x_k(n)\end{bmatrix}+\begin{bmatrix}0\\ 0\\ \vdots\\ 0\\ 1\end{bmatrix}x(n) \tag{9.17}$$

根据线性系统的叠加性和差分性，可以得到输出方程，但存在两种情况。

1）$m=k$ 时

$$y(n)=b_k y_1(n)+b_{k-1}y_1(n-1)+\cdots+b_1 y_1(n-k+1)+b_0 y_1(n-k) \tag{9.18}$$

由构造函数得

$$y_1(n)=-a_{k-1}y_1(n-1)-\cdots+a_1 y_1(n-k+1)+a_0 y_1(n-k)+x(n) \tag{9.19}$$

将上式代入式（9.18），可得输出方程为

$$y(n)=(b_0-b_k a_0)x_1(n)+(b_1-b_k a_1)x_2(n)+\cdots+(b_{k-1}-b_k a_{k-1})x_k(n)+b_k x(n) \tag{9.20}$$

写为标准形式

$$y(n)=\begin{bmatrix} b_0-b_k a_0 & b_1-b_k a_1 & \cdots & b_{k-1}-b_k a_{k-1}\end{bmatrix}\begin{bmatrix} x_1(n)\\ x_2(n)\\ \vdots\\ x_k(n)\end{bmatrix}+\begin{bmatrix} 0\\ 0\\ \vdots\\ b_k\end{bmatrix}x(n) \tag{9.21}$$

2）$m<k$ 时

这种情况是式（9.21）的特殊情况。可令式中 $b_k=0$，得到输出方程更为简洁的一般形式

$$y(n)=\begin{bmatrix} b_0 & b_1 & \cdots & b_{k-2} & b_{k-1}\end{bmatrix}\begin{bmatrix} x_1(n)\\ x_2(n)\\ \vdots\\ x_{k-1}(n)\\ x_k(n)\end{bmatrix} \tag{9.22}$$

由此可见，对于不同的输入情况，$\boldsymbol{A}$、$\boldsymbol{B}$ 系数矩阵是相同的，$\boldsymbol{C}$、$\boldsymbol{D}$ 系数矩阵会发生变化。

与连续时间系统是类似的，在这里需要说明的是：考察方程比较 m 与 k 的大小，m、k 分别表示差分方程右端输入最右移位数与左端输出最右移位数；找出方程两端相应系数代入原式中，可非常方便的得到状态方程与输出方程；还应注意前面推到时归一化系数 $a_k=1$，如果问题中左端系数 a_k 不等于 1，必须方程两边同除以 a_k。

例 9.3 已知系统差分方程为 $y(n+2)+3y(n+1)+2y(n)=2x(n+1)+x(n)$，求其状态方程与输出方程。

解：差分方程是二阶的，选取状态变量

$$\begin{cases}\lambda_1(n)=y(n)\\ \lambda_2(n)=\lambda_1(n+1)-2x(n)\end{cases}$$

即

$$y(n)=\lambda_1(n)$$
$$\lambda_1(n+1)=\lambda_2(n)+2x(n)$$

代入原式得

$$\lambda_2(n+1)=-2\lambda_1(n)-3\lambda_2(n)-5x(n)$$

写成向量矩阵的形式，得状态方程

$$\begin{bmatrix}\lambda_1(n+1)\\ \lambda_2(n+1)\end{bmatrix}=\begin{bmatrix}0 & 1\\ -2 & -3\end{bmatrix}\begin{bmatrix}\lambda_1(n)\\ \lambda_2(n)\end{bmatrix}+\begin{bmatrix}2\\ -5\end{bmatrix}x(n)$$

输出方程为

$$y(n)=\begin{bmatrix}1 & 0\end{bmatrix}\begin{bmatrix}\lambda_1(n)\\ \lambda_2(n)\end{bmatrix}$$

例 9.4 已知三阶离散系统差分方程为

$$\begin{aligned}&y(n)+3y(n-1)+3y(n-2)+4y(n-3)\\&=5x(n)+6x(n-1)+7x(n-2)+8x(n-3)\end{aligned}$$

试写出该系统的状态方程与输出方程。

解：构造函数 $y_1(n)$ 使满足方程

$$y_1(n)+2y_1(n-1)+3y_1(n-2)+4y_1(n-3)=x(n)$$

选取状态变量

$$\begin{cases}\lambda_1(n)=y_1(n-3)\\ \lambda_2(n)=y_1(n-2)\\ \lambda_3(n)=y_1(n-1)\end{cases}$$

将上式两边均左移一位结合差分方程式，有

$$\begin{cases}\lambda_1(n+1)=y_1(n-2)=\lambda_2(n)\\ \lambda_2(n+1)=y_1(n-1)=\lambda_3(n)\\ \lambda_3(n+1)=y_1(n)=-4\lambda_1(n)-3\lambda_2(n)-2\lambda_3(n)+x(n)\end{cases}$$

将上式写为矩阵标准形式

$$\begin{bmatrix}\lambda_1(n+1)\\ \lambda_2(n+1)\\ \lambda_3(n+1)\end{bmatrix}=\begin{bmatrix}0 & 1 & 0\\ 0 & 0 & 1\\ -4 & -3 & -2\end{bmatrix}\begin{bmatrix}\lambda_1(n)\\ \lambda_2(n)\\ \lambda_3(n)\end{bmatrix}+\begin{bmatrix}0\\ 0\\ 1\end{bmatrix}x(n)$$

由方程的叠加性及差分性，得

$$y(n)=5y_1(n)+6y_1(n-1)+7y_1(n-2)+8y_1(n-3)$$

整理得

$$y(n)=-12\lambda_1(n)-8\lambda_2(n)-11\lambda_3(n)+5x(n)$$

输出方程为

$$y(n)=\begin{bmatrix}-12 & -8 & -11\end{bmatrix}\begin{bmatrix}\lambda_1(n)\\ \lambda_2(n)\\ \lambda_3(n)\end{bmatrix}+5x(n)$$

9.4 连续时间系统状态方程的求解

状态方程是一组一阶的常系数微分方程，若已知输入和初始状态，可以采用解一阶常系数微分方程组的数学方法解出状态变量，然后求得输出变量。本节介绍连续时间系统状态方程的时域解法和 s 域解法。

9.4.1 连续时间系统状态方程的时间域求解

设连续时间系统的状态方程和输出方程一般形式为

$$\dot{\lambda}(t) = A\lambda(t) + Bx(t)$$
$$y(t) = C\lambda(t) + Dx(t)$$

式中，$\boldsymbol{A},\boldsymbol{B},\boldsymbol{C},\boldsymbol{D}$ 分别为 $k \times k$ 阶、$k \times m$ 阶、$r \times k$ 阶、$r \times m$ 阶常量矩阵。

若动态方程式中无输入量，即 $(x(t) = 0)$，可得状态方程的齐次形式

$$\dot{\lambda}(t) = \boldsymbol{A}\lambda(t)$$

可采用幂级数法求解。

设状态方程式的解是关于 t 的向量幂级数

$$\lambda(t) = b_0 + b_1 t + b_2 t^2 + \cdots + b_k t^k + \cdots \tag{9.23}$$

式中 λ、b_0、b_1、$\cdots$、b_k、$\cdots$ 都是 n 维向量，则

$$\dot{\lambda}(t) = b_1 + 2b_2 t + \cdots + kb_k t^{k-1} + \cdots = \boldsymbol{A}(b_0 + b_1 t + b_2 t^2 + \cdots + b_k t^k + \cdots) \tag{9.24}$$

令上式等号两边 t 的同次项系数相等，则有

$$\begin{aligned} b_1 &= \boldsymbol{A}b_0 \\ b_2 &= \frac{1}{2}\boldsymbol{A}b_1 = \frac{1}{2}\boldsymbol{A}^2 b_0 \\ b_3 &= \frac{1}{3}\boldsymbol{A}b_1 = \frac{1}{6}\boldsymbol{A}^3 b_0 \\ &\cdots \\ b_k &= \frac{1}{k}\boldsymbol{A}b_1 = \frac{1}{k!}\boldsymbol{A}^k b_0 \\ &\cdots \end{aligned} \tag{9.25}$$

且 $\lambda(0) = b_0$，故

$$\lambda(t) = (\boldsymbol{I} + \boldsymbol{A}t + \frac{1}{2}\boldsymbol{A}^2 t^2 + \cdots + \frac{1}{k!}\boldsymbol{A}^k t^k + \cdots)\lambda(0) \tag{9.26}$$

定义

$$\mathrm{e}^{At} = \sum_{k=0}^{\infty}\frac{1}{k!}\boldsymbol{A}^k t^k = \boldsymbol{I} + \boldsymbol{A}t + \frac{1}{2}\boldsymbol{A}^2 t^2 + \cdots + \frac{1}{k!}\boldsymbol{A}^k t^k + \cdots \tag{9.27}$$

则

$$\lambda(t) = \mathrm{e}^{At}\lambda(0) \tag{9.28}$$

式中，$\boldsymbol{I}$ 为单位阵；$\boldsymbol{A}$ 为 $k \times k$ 方阵，e^{At} 也是 $k \times k$ 方阵。由于标量微分方程 $\dot{\lambda} = a\lambda$ 的解为 $\lambda(t) = \mathrm{e}^{at}\lambda(0)$，$\mathrm{e}^{at}$ 称为指数函数，而向量微分方程具有相似形式的解，故把 e^{At} 称为矩阵指数函数，简称矩阵指数，由于 $\lambda(t)$ 由 $\lambda(0)$ 转移而来，对于线性定常系统，e^{At} 又称为状态转移矩阵，记为 $\Phi(t)$。状态转移矩阵对于解一般形式的状态方程具有重要意义。e^{At} 有以下主要性质：

（1）$\Phi(0) = \boldsymbol{I}$；

（2）$\dot{\Phi}(t) = \boldsymbol{A}\Phi(t) = \Phi(t)\boldsymbol{A}$；

（3）$\Phi(t_1+t_2)=\Phi(t_1)\Phi(t_2)$；

（4）$\Phi(t_2-t_0)=\Phi(t_2-t_1)\Phi(t_1-t_0)$；

（5）$\Phi^{-1}(t)=\Phi(-t)$，$\Phi^{-1}(-t)=\Phi(t)$；

（6）$[\Phi(t)]^k=\Phi(kt)$。

这里不加证明，有兴趣的读者可以参阅相关书籍。

若 $t_0=0$，则状态方程的解为

$$\lambda(t)=\mathrm{e}^{A(t)}\lambda(0)+\int_0^t \mathrm{e}^{A(t-\tau)}\boldsymbol{B}\mathrm{e}(\tau)d\tau \tag{9.29}$$

考虑到矩阵 $\boldsymbol{B}$ 是常量矩阵，式中右边第二项可以写为 $e^{At}\boldsymbol{B}$ 和 $e(t)$ 的卷积，表示为

$$\lambda(t)=\mathrm{e}^{At}\lambda(0)+\mathrm{e}^{At}\boldsymbol{B}*\mathrm{e}(t) \tag{9.30}$$

系统的输出向量

$$\begin{aligned}y(t)&=\boldsymbol{C}\mathrm{e}^{At}\lambda(0)+\boldsymbol{C}\int_{t_0}^t \mathrm{e}^{A(t-\tau)}\boldsymbol{B}x(\tau)d\tau+\boldsymbol{D}x(t)\\&=\boldsymbol{C}\mathrm{e}^{At}\lambda(0)+[\boldsymbol{C}\mathrm{e}^{A(t)}\boldsymbol{B}*x(t)+\boldsymbol{D}x(t)]\end{aligned} \tag{9.31}$$

系统的输出也由两部分组成，第一项为零输入响应，记为 $y_{zi}(t)$，括号内的项是零状态响应，记为 $r_{zs}(t)$。若分别把这两种响应单独写出，即有

$$\begin{aligned}y_{zi}(t)&=\boldsymbol{C}\Phi(t)\lambda(0)\\y_{zs}(t)&=\boldsymbol{C}\Phi(t)\boldsymbol{B}*x(t)+\boldsymbol{D}x(t)\end{aligned} \tag{9.32}$$

若定义单位冲激阵为

$$\delta(t)=\begin{bmatrix}\delta(t) & \dots & 0\\ \vdots & \delta(t) & \vdots\\ 0 & \dots & \delta(t)\end{bmatrix}$$

则，单位冲激阵与输入矢量相卷积，其结果仍然为输入矢量，即

$$\delta(t)*x(t)=x(t)$$

那么系统的零状态响应为

$$\begin{aligned}y_{zs}(t)&=\boldsymbol{C}\Phi(t)\boldsymbol{B}*x(t)+\boldsymbol{D}x(t)\\&=\boldsymbol{C}\Phi(t)\boldsymbol{B}*x(t)+\boldsymbol{D}\delta(t)*x(t)\\&=[\boldsymbol{C}\Phi(t)\boldsymbol{B}+\boldsymbol{D}\delta(t)]*x(t)\\&=h(t)*x(t)\end{aligned} \tag{9.33}$$

其中 $h(t)=\boldsymbol{C}\Phi(t)\boldsymbol{B}+\boldsymbol{D}\delta(t)=\begin{bmatrix}h_{11}(t) & h_{12}(t) & \cdots & h_{1m}(t)\\ h_{21}(t) & h_{22}(t) & \cdots & h_{2m}(t)\\ \vdots & \vdots & \ddots & \vdots\\ h_{r1}(t) & h_{r2}(t) & \cdots & h_{rm}(t)\end{bmatrix}$，称为系统的单位冲激响应矩阵，矩阵中元素对应于各输出端与输入端之间的冲激响应。

在状态方程解的公式中，e^{At} 是一个关键的计算量，起着非常重要的作用。在时域里有“化对角阵法”、“多项式法”等多种求状态转移矩阵的方法，这里只介绍简单而又实用的“多项式法”。

多项式法的基本思路是根据凯莱—哈密顿定理将 e^{At} 定义式中无穷项之和化为有限项之

和。即对于 $\boldsymbol{A}$ 高于或等于 k 的幂指数可用 $\boldsymbol{A}^{k-1}$ 以下幂次的各项线性组合表示。于是将 e^{At} 定义式中高于或等于 k 的各项幂指数全部用 $\boldsymbol{A}^{k-1}$ 以下幂次的各项线性组合表示，经过整理即可将 e^{At} 转化为如下有限项之和

$$e^{At}=c_0\boldsymbol{I}+c_1\boldsymbol{A}+c_2\boldsymbol{A}^2+\cdots+c_{k-1}\boldsymbol{A}^{k-1} \tag{9.34}$$

式中 $c_j(j=0,1,2,\cdots,k-1)$ 均为时间 t 的函数。

由凯莱—哈密顿定理知道，如果将方阵 $\boldsymbol{A}$ 的特征根 $\alpha_i(i=1,2,\cdots,k)$ 即 A 的特征多项式 $\det(\alpha\boldsymbol{I}-\boldsymbol{A})=0$ 的根，替代式（9.34）中的 $\boldsymbol{A}$，方程仍然成立，即有

$$e^{\alpha_i t}=c_0+c_1\alpha_i+c_2\alpha_i^2+\cdots+c_{k-1}\alpha_i^{k-1} \tag{9.35}$$

若 $\boldsymbol{A}$ 的特征根 α_i 均为互不相同的单根，则得 k 个联立方程组

$$\left.\begin{aligned}
&e^{\alpha_1 t}=c_0+c_1\alpha_1+c_2\alpha_1^2+\cdots+c_{k-1}\alpha_1^{k-1}\\
&e^{\alpha_2 t}=c_0+c_1\alpha_2+c_2\alpha_2^2+\cdots+c_{k-1}\alpha_2^{k-1}\\
&\vdots\\
&e^{\alpha_{k-1} t}=c_0+c_1\alpha_{k-1}+c_2\alpha_{k-1}^2+\cdots+c_{k-1}\alpha_{k-1}^{k-1}
\end{aligned}\right\} \tag{9.36}$$

解上述方程组，求得 $c_i(i=0,1,2,\cdots,k-1)$，代入式（9.51）即得状态转移矩阵 $e^{At}=\Phi(t)$。

若 $\boldsymbol{A}$ 具有二重特征根，如 $\alpha_1=\alpha_2$，其余 $\alpha_i(i=3,4,\cdots,k-1)$ 仍为相异的单根，则方程组变为

$$\left.\begin{aligned}
&e^{\alpha_1 t}=c_0+c_1\alpha_1+c_2\alpha_1^2+\cdots+c_{k-1}\alpha_1^{k-1}\\
&\frac{d}{d\alpha}[e^{\alpha t}]_{\alpha=\alpha_1}=te^{\alpha_1 t}=c_1+2c_2\alpha_1+\cdots+(k-1)c_{k-1}\alpha_1^{k-1}\\
&e^{\alpha_3 t}=c_0+c_1\alpha_3+c_2\alpha_3^2+\cdots+c_{k-1}\alpha_3^{k-1}\\
&\vdots\\
&e^{\alpha_{k-1} t}=c_0+c_1\alpha_{k-1}+c_2\alpha_{k-1}^2+\cdots+c_{k-1}\alpha_{k-1}^{k-1}
\end{aligned}\right\} \tag{9.37}$$

解方程组，得 c_i 代入式（9.51），即得状态转移矩阵 $e^{At}=\Phi(t)$。

9.4.2 连续时间系统状态方程的 s 域求解

单边拉普拉斯变换是求解线性微分方程的有力工具，因此，可以利用它来求解连续时间系统的状态方程。

设状态向量 $\boldsymbol{\lambda}(t)=\left[\lambda_1(t)\ \lambda_2(t)\ \cdots\ \lambda_k(t)\right]^T$，每个状态分量 $\lambda_i(t)(i=1,2,\cdots,k)$ 的拉式变换为 $\lambda_i(s)$，即

$$\lambda_i(s)=\mathscr{L}\left[\lambda_i(t)\right]$$

则有

$$\boldsymbol{\lambda}(s)=\mathscr{L}[\boldsymbol{\lambda}(t)]=\begin{bmatrix}\mathscr{L}[\lambda_1(t)]\\ \mathscr{L}[\lambda_2(t)]\\ \vdots\\ \mathscr{L}[\lambda_k(t)]\end{bmatrix}=\begin{bmatrix}\lambda_1(s)\\ \lambda_2(s)\\ \vdots\\ \lambda_k(s)\end{bmatrix} \tag{9.38}$$

同样地，输入、输出向量的拉氏变换简记作

$$X(s) = \mathscr{L}\left[x(t)\right]$$
$$Y(s) = \mathscr{L}\left[y(t)\right]$$

它们分别是 m 维和 r 维向量。

由拉式变换的微分性质，有

$$\mathscr{L}\left[\dot{\lambda}(t)\right] = s\boldsymbol{\lambda}(s) - \lambda(0) \tag{9.39}$$

由式（9.39），对状态方程 $\dot{\lambda}(t) = \boldsymbol{A\lambda}(t) + \boldsymbol{Bx}(t)$ 取拉式变换，有

$$s\boldsymbol{\lambda}(s) - \boldsymbol{\lambda}(0) = \boldsymbol{A\lambda}(s) + \boldsymbol{BX}(s)$$

移相，得

$$(s\boldsymbol{I} - \boldsymbol{A})\boldsymbol{\lambda}(s) = \boldsymbol{\lambda}(0) + \boldsymbol{BX}(s) \tag{9.40}$$

式中，$\boldsymbol{I}$ 为单位矩阵。上式等号两边左乘 $(s\boldsymbol{I} - \boldsymbol{A})^{-1}$，得

$$\boldsymbol{\lambda}(s) = (s\boldsymbol{I} - \boldsymbol{A})^{-1}\boldsymbol{\lambda}(0) + (s\boldsymbol{I} - \boldsymbol{A})^{-1}\boldsymbol{BX}(0) \tag{9.41}$$

这就是状态变量的拉式变换解。与时间域下的解情况一致的，状态变量的拉式变换解由零输入分量和零状态分量两部分组成。

取上式第一项的拉式变换逆变换，并与时间域下状态方程的零输入解相比较，考虑到 $\boldsymbol{\lambda}(0)$ 是常系数矩阵，得

$$\Phi(t)\boldsymbol{\lambda}(0) = \mathscr{L}^{-1}[(s\boldsymbol{I} - \boldsymbol{A})^{-1}]\boldsymbol{\lambda}(0) \tag{9.42}$$

于是得状态转移矩阵

$$\Phi(t) = e^{At} = \mathscr{L}^{-1}[(s\boldsymbol{I} - \boldsymbol{A})^{-1}] \tag{9.43}$$

上式提供了一种求状态转移矩阵的方法。

对输出方程取拉氏变换，得

$$\boldsymbol{R}(s) = \boldsymbol{CX}(s) + \boldsymbol{DX}(s) \tag{9.44}$$

整理得

$$\begin{aligned}\boldsymbol{Y}(s) &= \boldsymbol{C}(s\boldsymbol{I} - \boldsymbol{A})^{-1}\boldsymbol{\lambda}(0) + [\boldsymbol{C}(s\boldsymbol{I} - \boldsymbol{A})^{-1}\boldsymbol{B} + \boldsymbol{D}]\boldsymbol{X}(s) \\ &= \boldsymbol{Y}_{zi}(s) + \boldsymbol{Y}_{zs}(s)\end{aligned} \tag{9.45}$$

同样，输出响应的拉氏变换解也由零输入分量 $\boldsymbol{Y}_{zi}(s)$ 和零状态分量 $\boldsymbol{Y}_{zs}(s)$ 两部分组成。式中，$Y_{zs}(s) = [\boldsymbol{C}(s\boldsymbol{I} - \boldsymbol{A})^{-1}\boldsymbol{B} + \boldsymbol{D}]\boldsymbol{X}(s)$ 对应的是系统零状态响应的拉式变换。

定义

$$\boldsymbol{H}(s) = \boldsymbol{C}(s\boldsymbol{I} - \boldsymbol{A})^{-1}\boldsymbol{B} + \boldsymbol{D} \tag{9.46}$$

为多输入—多输出系统的系统函数矩阵，它是一个 $r \times m$ 矩阵，r 、m 分别为系统输出输入变量个数。

$$\boldsymbol{H}(s) = \begin{bmatrix} H_{11}(s) & H_{12}(s) & \cdots & H_{1m}(s) \\ H_{21}(s) & H_{22}(s) & \cdots & H_{2m}(s) \\ \vdots & \vdots & \ddots & \vdots \\ H_{r1}(s) & H_{r2}(s) & \cdots & H_{rm}(s) \end{bmatrix}$$

系统函数矩阵中第 i 行第 j 列的元素 $H_{ij}(s)$ 是第 i 个输出分量对于第 j 个输入分量的系统

函数。$\boldsymbol{H}(s)$ 的逆变换就是系统的冲激响应矩阵，即

$$\boldsymbol{h}(t)=\mathscr{L}^{-1}[\boldsymbol{H}(s)] \tag{9.47}$$

同样地，可以得到状态变量和输出变量的拉式反变换。

例 9.5　已知系统的状态方程和输出方程为

$$\begin{bmatrix}\dot{\lambda}_1\\ \dot{\lambda}_2\end{bmatrix}=\begin{bmatrix}1 & 0\\ 1 & -3\end{bmatrix}\begin{bmatrix}\lambda_1\\ \lambda_2\end{bmatrix}+\begin{bmatrix}1\\ 0\end{bmatrix}x \quad y=\begin{bmatrix}-\frac{1}{4} & 1\end{bmatrix}\begin{bmatrix}\lambda_1\\ \lambda_2\end{bmatrix}$$

初始状态为 $\lambda(0)=\begin{bmatrix}1\\ 2\end{bmatrix}$，输入信号为 $x(t)=u(t)$，求状态转移矩阵和输出响应。

解：采用 s 域解法。首先求状态转移矩阵。

由于
$$s\boldsymbol{I}-\boldsymbol{A}=s\begin{bmatrix}1 & 0\\ 0 & 1\end{bmatrix}-\begin{bmatrix}1 & 0\\ 1 & -3\end{bmatrix}=\begin{bmatrix}s-1 & 0\\ -1 & s+3\end{bmatrix}$$

因此

$$(sI-A)^{-1}=\frac{1}{(s-1)(s+3)}\begin{bmatrix}s+3 & 0\\ 1 & s-1\end{bmatrix}=\begin{bmatrix}\frac{1}{s-1} & 0\\ \frac{1}{(s-1)(s+3)} & \frac{1}{s+3}\end{bmatrix}$$

则，状态转移矩阵为

$$\Phi(t)=\mathrm{e}^{At}=\mathscr{L}^{-1}\left[(s\boldsymbol{I}-\boldsymbol{A})^{-1}\right]=\begin{bmatrix}\mathrm{e}^{t} & 0\\ \frac{1}{4}(\mathrm{e}^{t}-\mathrm{e}^{-3t}) & \mathrm{e}^{-3t}\end{bmatrix}$$

系统的输出响应的拉普拉斯变换为

$$Y(s)=\boldsymbol{C}(s\boldsymbol{I}-\boldsymbol{A})^{-1}\boldsymbol{\lambda}(0)+[\boldsymbol{C}(s\boldsymbol{I}-\boldsymbol{A})^{-1}\boldsymbol{B}+\boldsymbol{D}]\boldsymbol{X}(s)$$

$$=\begin{bmatrix}-\frac{1}{4} & 1\end{bmatrix}\begin{bmatrix}\frac{1}{s-1} & 0\\ \frac{1}{(s-1)(s+3)} & \frac{1}{s+3}\end{bmatrix}\begin{bmatrix}1\\ 2\end{bmatrix}+\begin{bmatrix}-\frac{1}{4} & 1\end{bmatrix}\begin{bmatrix}\frac{1}{s-1} & 0\\ \frac{1}{(s-1)(s+3)} & \frac{1}{s+3}\end{bmatrix}\begin{bmatrix}1\\ 0\end{bmatrix}\frac{1}{s}$$

$$=\frac{7}{4}\times\frac{1}{s+3}+\frac{1}{4(s+3)}\times\frac{1}{s}=\frac{7}{4}\times\frac{1}{s+3}+\frac{1}{12}\left(\frac{1}{s+3}-\frac{1}{s}\right)$$

求拉式反变换，得

$$y(t)=\mathscr{L}^{-1}\left[Y(s)\right]=\frac{7}{4}\mathrm{e}^{-3t}+\frac{1}{12}(\mathrm{e}^{-3t}-1)=\frac{11}{6}\mathrm{e}^{-3t}-\frac{1}{12}$$

9.5 离散时间系统状态方程的求解

9.5.1 离散时间系统状态方程的时间域求解

离散系统状态方程为

$$\boldsymbol{\lambda}(n+1)=\boldsymbol{A\lambda}(n)+\boldsymbol{Bx}(n) \tag{9.48}$$

上式为一阶前向差分方程组，可以用迭代法求解。

设 $\lambda(n_0)$ 为 n_0 时刻的状态，则

$$n=n_0 \quad \lambda(n_0+1)=\boldsymbol{A}\lambda(n_0)+\boldsymbol{B}x(n_0)$$

$$n=n_0+1 \quad \lambda(n_0+2)=\boldsymbol{A}\lambda(n_0+1)+\boldsymbol{B}x(n_0+1)=\boldsymbol{A}^2\lambda(n_0)+\boldsymbol{AB}x(n_0)+\boldsymbol{B}x(n_0+1)$$

$$n=n_0+1 \quad \lambda(n_0+3)=\boldsymbol{A}\lambda(n_0+2)+\boldsymbol{B}x(n_0+2)=\boldsymbol{A}^3\lambda(n_0)+\boldsymbol{A}^2\boldsymbol{B}x(n_0)+\boldsymbol{AB}x(n_0+1)+\boldsymbol{B}x(n_0+2)$$

$$\cdots$$

观察规律，归纳得解的一般形式

$$\begin{aligned} n=n_0+m-1 \quad \lambda(n_0+m)&=\boldsymbol{A}\lambda(n_0+m-1)+\boldsymbol{B}x(n_0+m-1)\\ &=\boldsymbol{A}^m\lambda(n_0)+\boldsymbol{A}^{m-1}\boldsymbol{B}x(n_0)+\cdots+\boldsymbol{AB}x(n_0+m-2)+\boldsymbol{B}x(n_0+m-1)\\ &=\boldsymbol{A}^m\lambda(n_0)+\sum_{i=0}^{m-1}\boldsymbol{A}^{m-i-1}\boldsymbol{B}x(n_0+i)\end{aligned}$$

令上式中 $m=n$，则得

$$\lambda(n_0+n)=\boldsymbol{A}^n\lambda(n_0)+\sum_{i=0}^{n-1}\boldsymbol{A}^{n-1-i}\boldsymbol{B}x(n_0+i) \quad n\geqslant n_0$$

若 $n_0=0$，则上式又可以写为

$$\lambda(n)=\boldsymbol{A}^n\lambda(0)+\sum_{i=0}^{n-1}\boldsymbol{A}^{n-1-i}\boldsymbol{B}x(i) \quad n\geqslant 0 \tag{9.49}$$

式（9.49）即为离散时间系统状态矢量的解，式中第一项为状态矢量的零输入解，第二项为状态矢量的零状态解。容易看出，当 $n=0$ 时式中第二项是不存在的，这是因为其求和式的上下限是 $i=0$ 至 $n-1$，所以 $n-1>0$ 即要求 $n>1$ 时才有意义。因此，式（9.49）可改写为

$$\lambda(n)=\boldsymbol{A}^n\lambda(0)u(n)+\left[\sum_{i=0}^{n-1}\boldsymbol{A}^{n-1-i}\boldsymbol{B}x(i)\right]u(n-1) \tag{9.50}$$

将上式代入系统的输出方程，得

$$\begin{aligned} y(n)&=\boldsymbol{C}\lambda(n)+\boldsymbol{D}x(n)\\ &=\boldsymbol{C}\left\{A^n\lambda(0)u(n)+\left[\sum_{i=0}^{n-1}\boldsymbol{A}^{n-1-i}\boldsymbol{B}x(i)\right]u(n-1)\right\}+\boldsymbol{D}x(n)\\ &=\boldsymbol{CA}^n\lambda(0)u(n)+\left[\sum_{i=0}^{n-1}\boldsymbol{CA}^{n-1-i}\boldsymbol{B}x(i)\right]u(n-1)+\boldsymbol{D}x(n)\end{aligned} \tag{9.51}$$

式（9.51）中第一项为零输入响应 $y_{zi}(n)$；第二项为零状态响应 $y_{zs}(n)$。

可以看到两个求解公式都与 $\boldsymbol{A}^n$ 有关，与连续系统类似的，$\boldsymbol{A}^n$ 反映了系统状态变化的本

质，因而定义$\Phi(n)=\boldsymbol{A}^n$为离散域状态转移矩阵。其含义与连续系统类似，不再重复。它也具有以下几点重要性质：

（1）$\Phi(0)=\boldsymbol{I}$；

（2）$\Phi(n-n_0)=\Phi(n-n_1)\Phi(n_1-n_0)$；

（3）$\Phi^{-1}(n-n_0)=\Phi(n_0-n)$。

将状态矢量$\lambda(n)$与输出$y(n)$用状态转移矩阵$\Phi(n)$表示，于是可以改写为

$$\begin{aligned}\boldsymbol{\lambda}(n)&=\Phi(n)\boldsymbol{\lambda}(0)u(n)+\left[\sum_{i=0}^{n-1}\Phi(n-1-i)\boldsymbol{B}x(i)\right]u(n-1)\\&=\Phi(n)\boldsymbol{\lambda}(0)u(n)+\Phi(n-1)\boldsymbol{B}u(n-1)*\boldsymbol{x}(n)\end{aligned}\tag{9.52}$$

$$\begin{aligned}\boldsymbol{y}(n)&=\boldsymbol{C}\Phi(n)\boldsymbol{\lambda}(0)u(n)+\left[\sum_{i=0}^{n-1}\boldsymbol{C}\Phi(n-1-i)\boldsymbol{B}x(i)\right]u(n-1)+\boldsymbol{D}\boldsymbol{x}(n)\\&=\boldsymbol{C}\Phi(n)\boldsymbol{\lambda}(0)u(n)+\left[\boldsymbol{C}\Phi(n-1)\boldsymbol{B}*x(n)\right]u(n-1)+\boldsymbol{D}\boldsymbol{x}(n)\end{aligned}\tag{9.53}$$

如同连续系统一样，定义单位序列$\boldsymbol{\delta}(n)=\begin{bmatrix}\delta(n)&\cdots&0\\\vdots&\ddots&\vdots\\0&\cdots&\delta(n)\end{bmatrix}$

亦有$\boldsymbol{\delta}(n)*\boldsymbol{x}(n)=\boldsymbol{x}(n)$

定义系统的单位序列矩阵为

$$\begin{aligned}\boldsymbol{y}_{zs}(n)\big|_{x(n)=\delta(n)}&=\boldsymbol{h}(n)=\boldsymbol{C}\Phi(n-1)\boldsymbol{B}u(n-1)*\delta(n)+\boldsymbol{D}\delta(n)\\&=\boldsymbol{C}\Phi(n-1)\boldsymbol{B}u(n-1)+\boldsymbol{D}\delta(n)\end{aligned}\tag{9.54}$$

$h(n)$表示的是一个$m\times r$阶矩阵。该矩阵中第i行第j列元素$h_{ij}(n)$是当第j个输入为$\delta(n)$，而其余分量为零时，所引起第i个输入$y_i(n)$的零状态响应$y_{zsi}(n)$。

通过以上讨论可见，求解状态向量和输出向量时，关键步骤在于求解状态转移矩阵$\Phi(n)=\boldsymbol{A}^n$。下面介绍计算$\Phi(n)$的有限和法。

由凯莱—哈密顿定理可知，k阶方阵$\boldsymbol{A}$，对于$n\geqslant k$，$\boldsymbol{A}^n$也可以展开为有限项和

$$\Phi(n)=\boldsymbol{A}^n=c_0\boldsymbol{I}+c_1\boldsymbol{A}+c_2\boldsymbol{A}^2+\cdots+c_{k-1}\boldsymbol{A}^{k-1}\tag{9.55}$$

并且用特征根α_i替代上式矩阵$\boldsymbol{A}$，方程仍然成立，即满足

$$\alpha_i^n=c_0+c_1\alpha_i+c_2\alpha_i^2+\cdots+c_{k-1}\alpha_i^{k-1}\tag{9.56}$$

若$\boldsymbol{A}$的特征根α_i均为相异单根，则由上式可得k个联立方程组

$$\left.\begin{aligned}&\alpha_1^n=c_0+c_1\alpha_1+c_2\alpha_1^2+\cdots+c_{k-1}\alpha_1^{k-1}\\&\alpha_2^n=c_0+c_1\alpha_2+c_2\alpha_2^2+\cdots+c_{k-1}\alpha_2^{k-1}\\&\cdots\\&\alpha_{n-1}^n=c_0+c_1\alpha_{k-1}+c_2\alpha_{k-1}^2+\cdots+c_{k-1}\alpha_{k-1}^{k-1}\end{aligned}\right\}\tag{9.57}$$

解式（9.57），可得$c_i(i=0,1,2,\cdots,k-1)$，代入式（9.71）即得状态转移矩阵$\Phi(n)$。

若$\boldsymbol{A}$的特征根有二重根，若$\alpha_1=\alpha_2$为二重根，其余$\alpha_i(i=3,4,\cdots k-1)$仍然为相异单根，则方程组为

$$\left.\begin{aligned}
&\alpha_1^n = c_0 + c_1\alpha_1 + c_2\alpha_1^2 + \cdots + c_{k-1}\alpha_1^{k-1}\\
&\frac{d}{d\alpha}[\alpha^n]_{\alpha=\alpha_1} = n\lambda^{n-1} = c_1 + 2c_2\alpha_1 + \cdots + (k-1)c_{k-1}\alpha_1^{k-1}\\
&\alpha_3^n = c_0 + c_1\alpha_3 + c_2\alpha_3^2 + \cdots + c_{k-1}\alpha_3^{k-1}\\
&\vdots\\
&\alpha_{n-1}^n = c_0 + c_1\alpha_{k-1} + c_2\alpha_{k-1}^2 + \cdots + c_{k-1}\alpha_{k-1}^{k-1}
\end{aligned}\right\} \tag{9.58}$$

解式（9.58），求得 c_i 代入式（9.55）中，即得状态转移矩阵 $\Phi(n)$。

9.5.2　离散时间系统状态方程的 z 域求解

离散系统状态方程和输出方程矩阵形式分别为

$$\begin{aligned}\boldsymbol{\lambda}(n+1) &= \boldsymbol{A\lambda}(n) + \boldsymbol{Bx}(n)\\ \boldsymbol{y}(n) &= \boldsymbol{C\lambda}(n) + \boldsymbol{Dx}(n)\end{aligned} \tag{9.59}$$

这里仍然设 k 阶系统有 m 个输入，r 个输出。上式中 $\boldsymbol{A}$、$\boldsymbol{B}$、$\boldsymbol{C}$、$\boldsymbol{D}$ 分别为 $k\times k$ 阶、$k\times m$ 阶、$r\times k$ 阶、$m\times r$ 阶常量矩阵。

对式（9.59）两边取单边 z 变换，得

$$z\lambda(z) - z\lambda(0) = \boldsymbol{A}\lambda(z) + \boldsymbol{BX}(z) \tag{9.60}$$

$$\boldsymbol{Y}(z) = \boldsymbol{C}\lambda(z) + \boldsymbol{DX}(z) \tag{9.61}$$

解式（9.60），得

$$\lambda(z) = \left[z\boldsymbol{I} - \boldsymbol{A}\right]^{-1} z\lambda(0) + \left[z\boldsymbol{I} - \boldsymbol{A}\right]^{-1}\boldsymbol{BX}(z) \tag{9.62}$$

将上式代入式（9.61），得

$$\boldsymbol{Y}(z) = \boldsymbol{C}\left[z\boldsymbol{I} - \boldsymbol{A}\right]^{-1} z\lambda(0) + C\left[z\boldsymbol{I} - \boldsymbol{A}\right]^{-1}\boldsymbol{BX}(z) + \boldsymbol{DX}(z) \tag{9.63}$$

式中第一项为零输入响应象函数 $\boldsymbol{Y}_{zi}(z)$，第二部分为零状态响应象函数 $\boldsymbol{Y}_{zs}(z)$。对两部分分别作逆 Z 变换即可得 $y_{zi}(n), y_{zs}(n)$。

系统函数为

$$\boldsymbol{H}(z) = {\boldsymbol{Y}_{zs}(z)}\big/{\boldsymbol{X}(z)} = \boldsymbol{C}\left[z\boldsymbol{I} - \boldsymbol{A}\right]^{-1}\boldsymbol{B} + \boldsymbol{D} \tag{9.64}$$

对上式作 z 反变换即得系统的单位序列矩阵 $h(n)$。

$\left[z\boldsymbol{I} - \boldsymbol{A}\right]^{-1}$ 反映了系统状态变化的本质，因而将其称为 z 域特征矩阵，并可设为

$$\Phi(z) = (z\boldsymbol{I} - \boldsymbol{A})^{-1} \tag{9.65}$$

而且，将时域的求解公式与 Z 域的求解公式相比较，不难发现 $\left[z\boldsymbol{I} - \boldsymbol{A}\right]^{-1}$ 与状态转移矩阵 $\boldsymbol{A}^n$ 式一对 z 变换对，可表示为

$$\boldsymbol{A}^n = \mathscr{Z}^{-1}\left[\Phi(z)z\right] = \mathscr{Z}^{-1}\left[(z\boldsymbol{I} - \boldsymbol{A})^{-1}z\right] \tag{9.66}$$

需要注意的是，式中多了一个 z 变量。

例 9.6　已知 $\boldsymbol{A} = \begin{bmatrix}1 & -1\\ 1 & 3\end{bmatrix}$，求状态转移矩阵 $\Phi(n)$。

解：

$$\det\left[\alpha \boldsymbol{I}-\boldsymbol{A}\right]=\begin{vmatrix}\alpha-1 & 1\\ -1 & \alpha-3\end{vmatrix}=(\alpha-2)^2=0$$

解得特征根：$\alpha_1=\alpha_2=2$（二重根）。

列写方程组

$$\begin{cases}(2^n)=c_0+2c_1\\ n(2)^{n-1}=c_1\end{cases}$$

解得

$$\begin{cases}c_0=(2)^n-2n(2)^{n-1}=(1-n)(2)^n\\ c_1=n(2)^{n-1}=\dfrac{1}{2}n(2)^n\end{cases}$$

所以

$$\begin{aligned}\Phi(n)=c_0I+c_1A&=(1-n)(2)^n\begin{bmatrix}1 & 0\\ 0 & 1\end{bmatrix}+\frac{1}{2}n(2)^n\begin{bmatrix}1 & -1\\ 1 & 3\end{bmatrix}\\ &=(2)^n\begin{bmatrix}1-\dfrac{1}{2}n & -\dfrac{1}{2}n\\ \dfrac{1}{2}n & 1+\dfrac{1}{2}n\end{bmatrix}\end{aligned}$$

例 9.7 设离散系统的状态方程、输出方程及起始状态分别如下

$$\begin{bmatrix}\lambda_1(n+1)\\ \lambda_2(n+1)\end{bmatrix}=\begin{bmatrix}0 & 1\\ 1 & -1\end{bmatrix}\begin{bmatrix}\lambda_1(n)\\ \lambda_2(n)\end{bmatrix}+\begin{bmatrix}1\\ 0\end{bmatrix}\delta(n)\text{，}\quad y(n)=\begin{bmatrix}3 & 3\end{bmatrix}\begin{bmatrix}\lambda_1(n)\\ \lambda_2(n)\end{bmatrix}+\delta(n)\text{，}\quad \lambda(0)=\begin{bmatrix}1\\ 0\end{bmatrix}$$

试求出系统在此冲激激励下的输出 $y(n)$。

解：用 z 域法求解。先求 z 域特征矩阵，即

$$\begin{aligned}\Phi(z)=(z\boldsymbol{I}-\boldsymbol{A})^{-1}&=\begin{bmatrix}z & -1\\ -3 & z-2\end{bmatrix}^{-1}\\ &=\frac{1}{z^2-2z-3}\begin{bmatrix}z-2 & 1\\ 3 & z\end{bmatrix}\end{aligned}$$

由式（9.64），可得

$$\begin{aligned}\lambda(z)&=\Phi(z)zx(0)+\Phi(z)\boldsymbol{BX}(z)\\ &=\frac{1}{(z+1)(z-3)}\begin{bmatrix}z-2 & 1\\ 3 & z\end{bmatrix}z\begin{bmatrix}1\\ 0\end{bmatrix}+\frac{1}{(z+1)(z-3)}\begin{bmatrix}z-2 & 1\\ 3 & z\end{bmatrix}\begin{bmatrix}0\\ 1\end{bmatrix}\\ &=\frac{1}{(z+1)(z-3)}\begin{bmatrix}z^2-2z+1\\ 4z\end{bmatrix}\\ &=\begin{bmatrix}\dfrac{-z}{z+1}+\dfrac{z}{z-3}\\ -\dfrac{1}{3}+\dfrac{z}{z+1}+\dfrac{\frac{z}{3}}{z-3}\end{bmatrix}\end{aligned}$$

将上式求 z 反变换，可求得状态变量为

$$\lambda(n)=\begin{bmatrix}-(-1)^n+(3)^n\\ -\frac{1}{3}\delta(n)+(-1)^n+\frac{1}{3}(3)^n\end{bmatrix}\varepsilon(n)$$

则 z 域下的输出方程为

$$\begin{aligned}Y(z)&=\boldsymbol{C}\Phi(z)zx(0)+\left[\boldsymbol{C}\Phi(z)\boldsymbol{B}+\boldsymbol{D}\right]\boldsymbol{X}(z)\\&=\begin{bmatrix}3 & 3\end{bmatrix}\frac{1}{(z+1)(z-3)}\begin{bmatrix}z-2 & 1\\ 3 & z\end{bmatrix}z\begin{bmatrix}1\\0\end{bmatrix}\\&\quad+\begin{bmatrix}3 & 3\end{bmatrix}\frac{1}{(z+1)(z-3)}\begin{bmatrix}z-2 & 1\\ 3 & z\end{bmatrix}\begin{bmatrix}1\\0\end{bmatrix}+1\\&=\frac{3z}{z-3}+\frac{3}{z-3}+1=\frac{4z}{z-3}\end{aligned}$$

将上式求 z 反变换，可求得输出信号为

$$y(n)=4(3)^n u(n)$$

9.6 系统的可控性与可观测性

9.6.1 系统的可控性

系统的可控性是指当系统用状态方程描述时，如果存在一个输入向量 $x(t)(x(n))$，在有限时间间隔内 $t\in\left[t_0,t_1\right](t\in\left[0,kT\right])$ 能使系统从任意初始状态 $\lambda(t_0)(\lambda(0))$ 转移至任意终态 $\lambda(t)(\lambda(n))$，那么称该系统是状态是完全可控的，简称是可控的。如果只对部分状态变量做到这一点，则称该系统是状态不完全可控，简称不可控。下面讨论连续时间系统和离散时间系统的可控性进行研究。

由凯莱—哈密顿定理可得

$$\boldsymbol{A}^n=\sum_{m=0}^{k-1}a_m\boldsymbol{A}^m \quad n\geqslant k \tag{9.67}$$

则矩阵指数 $\mathrm{e}^{\boldsymbol{A}t}$ 可表示为 $\boldsymbol{A}$ 的 $(k-1)$ 阶多项式

$$\mathrm{e}^{\boldsymbol{A}t}=\sum_{n=0}^{\infty}\frac{\boldsymbol{A}^n}{n!}t^n=\sum_{n=0}^{\infty}\frac{t^n}{k!}\sum_{m=0}^{k-1}a_m\boldsymbol{A}^m=\sum_{m=0}^{k-1}\boldsymbol{A}^m\sum_{n=0}^{\infty}a_m\frac{t^n}{n!}$$

令

$$\sum_{n=0}^{\infty}a_m\frac{t^n}{n!}=b_m(t)$$

则

$$\mathrm{e}^{\boldsymbol{A}t}=\sum_{m=0}^{k-1}b_m(t)\boldsymbol{A}^m \tag{9.68}$$

上式将直接用于推导连续时间系统状态可控性判据。

已知系统状态方程为 $\dot{\lambda}=\boldsymbol{A}\boldsymbol{\lambda}+\boldsymbol{B}\boldsymbol{x}$，根据状态方程的时域解，在有限时间间隔 $t\in[t_0,t_1]$ 内，系统从初态 $\boldsymbol{\lambda}(t_0)$ 转移到 $t=t_1$ 时状态为

$$\lambda(t_1)=\Phi(t_1-t_0)\lambda(t_0)+\int_{t_0}^{t_1}\Phi(t-\tau)\boldsymbol{B}\boldsymbol{x}(\tau)\mathrm{d}\tau$$

可不失一般性地假设，当 $t=t_1$ 时，$\lambda(t_1)=0$，由此，得

$$\lambda(t_0)=-\Phi^{-1}(t_1-t_0)\int_{t_0}^{t_1}\Phi(t_1-\tau)\boldsymbol{B}x(\tau)\mathrm{d}\tau$$

由状态转移矩阵的性质（4）和（5）可得

$$\lambda(t_0)=-\int_{t_0}^{t_1}\Phi(t_0-\tau)\boldsymbol{B}\boldsymbol{x}(\tau)\mathrm{d}\tau=-\int_{t_0}^{t_1}e^{A(t_0-\tau)}\boldsymbol{B}\boldsymbol{x}(\tau)\mathrm{d}\tau$$

将式（9.68）代入上式可得

$$\begin{aligned}\lambda(t_0)&=-\int_{t_0}^{t_1}\sum_{m=0}^{k-1}b_m(t_0-\tau)\boldsymbol{A}^m\boldsymbol{B}\boldsymbol{x}(\tau)\mathrm{d}\tau\\&=-\sum_{m=0}^{k-1}\boldsymbol{A}^m\boldsymbol{B}\int_{t_0}^{t_1}b_m(t_0-\tau)\boldsymbol{x}(\tau)\mathrm{d}\tau\end{aligned}\tag{9.69}$$

令

$$\int_{t_0}^{t_1}b_m(t_0-\tau)x(\tau)\mathrm{d}\tau=u_m$$

则

$$\lambda(t_0)=-\sum_{m=0}^{k-1}\boldsymbol{A}^m\boldsymbol{B}u_m=-\begin{bmatrix}\boldsymbol{B}&\boldsymbol{AB}&\cdots&\boldsymbol{A}^{k-1}\boldsymbol{B}\end{bmatrix}\begin{bmatrix}u_0\\u_1\\\vdots\\u_{k-1}\end{bmatrix}=-\boldsymbol{M}_c\boldsymbol{u}\tag{9.70}$$

式中，$\boldsymbol{M}_c=\begin{bmatrix}\boldsymbol{B}&\boldsymbol{AB}&\cdots&\boldsymbol{A}^{k-1}\boldsymbol{B}\end{bmatrix}$ 为 $k\times kr$ 矩阵，为可控性判别矩阵，$\boldsymbol{u}=\begin{bmatrix}u_0&u_1&\cdots&u_{k-1}\end{bmatrix}^{\mathrm{T}}$ 为 kr 维列向量。式（9.70）为非齐次线性方程组，据解的存在性定理，其状态可控的充要条件是

$$rank\begin{bmatrix}\boldsymbol{M}_c\end{bmatrix}=rank\begin{bmatrix}\boldsymbol{B}&\boldsymbol{AB}&\cdots&\boldsymbol{A}^{k-1}\boldsymbol{B}\end{bmatrix}=k\tag{9.71}$$

当 $\boldsymbol{x}(t)$ 为标量，即系统只有一个输入信号时，$\boldsymbol{M}_c$ 为方阵，可以简化系统可控条件为 $\boldsymbol{M}_c$ 为非奇异矩阵，即 $\boldsymbol{M}_c$ 的行列式不为零。

例 9.8 已知系统的状态方程为

$$\begin{bmatrix}\dot{\lambda}_1\\\dot{\lambda}_2\end{bmatrix}=\begin{bmatrix}1&1\\2&-1\end{bmatrix}\begin{bmatrix}\lambda_1\\\lambda_2\end{bmatrix}+\begin{bmatrix}0\\1\end{bmatrix}\mathrm{e}$$

试判断系统的可控性。

解：可控性判别矩阵为

$$\boldsymbol{M}_c=\begin{bmatrix}\boldsymbol{B}&\boldsymbol{AB}\end{bmatrix}=\begin{bmatrix}0&1\\1&-1\end{bmatrix}$$

$\boldsymbol{M}_c$ 是满秩的，因此该系统是可控的。

与连续时间系统类似，我们可以导出离散时间系统可控性的判别准则。对于离散时间系统，其状态可控的充要条件是

$$rank\left[\boldsymbol{M}_c\right]=rank\left[\boldsymbol{B}\quad \boldsymbol{AB}\quad \cdots\quad \boldsymbol{A}^{k-1}\boldsymbol{B}\right]=k \tag{9.72}$$

其中，$\boldsymbol{M}_c$为可控性判别矩阵。

例 9.9 已知系统的状态方程为

$$\begin{bmatrix}\lambda_1(n+1)\\ \lambda_2(n+1)\end{bmatrix}=\begin{bmatrix}0 & 1\\ -1 & 0\end{bmatrix}\begin{bmatrix}\lambda_1(n)\\ \lambda_2(n)\end{bmatrix}+\begin{bmatrix}1\\ 3\end{bmatrix}e(n)$$

试判断系统的可控性。

解：由于

$$\boldsymbol{A}=\begin{bmatrix}0 & 1\\ -1 & 0\end{bmatrix}\quad \boldsymbol{B}=\begin{bmatrix}1\\ 3\end{bmatrix}$$

得可控性判别矩阵

$$\boldsymbol{M}_c=\left[\boldsymbol{B}\quad \boldsymbol{AB}\right]=\begin{bmatrix}1 & 3\\ 3 & -1\end{bmatrix}$$

$$rank\ \boldsymbol{M}_c=2=k$$

故该系统可控。

如果给出初态$\begin{bmatrix}\lambda_1(0)\\ \lambda_2(0)\end{bmatrix}=\begin{bmatrix}1\\ 1\end{bmatrix}$

由式可以找到输入量

$$\begin{bmatrix}e(0)\\ e(1)\end{bmatrix}=-\left[\boldsymbol{AB}\quad \boldsymbol{B}\right]^{-1}\boldsymbol{A}^2\lambda(0)=-\begin{bmatrix}3 & 1\\ -1 & 3\end{bmatrix}^{-1}\begin{bmatrix}0 & 1\\ -1 & 0\end{bmatrix}^2\begin{bmatrix}1\\ 1\end{bmatrix}=\begin{bmatrix}\frac{2}{5}\\ \frac{1}{5}\end{bmatrix}$$

使得在$k=2$时，将此状态转移到$\lambda(2)=0$。

9.6.2 系统的可观测性

所谓系统的可观测性是指根据系统的输出量来确定系统状态的能力，即通过测量有限时间内的输出量，确定系统的初始状态。当系统用动态方程描述时，在给定输入信号后，若能在有限时间间隔内$t\in\left[t_0,t_1\right]\left(t\in\left[0,kT\right]\right)$，能根据系统的输出唯一地确定出系统的所有初始状态，则称系统是完全可观测的，简称可观测的；若只能确定部分初始状态，则称系统不完全可观测。下面不加推导，直接给出连续时间和离散时间系统的可观测性判据，有兴趣的读者可以参阅相关的书籍。

已知系统的动态方程为

$$\begin{cases}\dot{\lambda}=\boldsymbol{A}\lambda+\boldsymbol{B}\boldsymbol{x}\\ \boldsymbol{R}=\boldsymbol{C}\lambda+\boldsymbol{D}\boldsymbol{x}\end{cases} \tag{9.73}$$

则系统完全可观的充要条件为

$$rank\ \boldsymbol{N}_o=rank\begin{bmatrix}\boldsymbol{C}\\ \boldsymbol{CA}\\ \vdots\\ \boldsymbol{CA}^{k-1}\end{bmatrix}=k \tag{9.74}$$

其中 $\boldsymbol{N}_o$ 为连续时间系统的可观测性判别矩阵。

已知离散时间系统的动态方程为

$$\begin{aligned} \boldsymbol{\lambda}(n+1) &= \boldsymbol{A}\boldsymbol{\lambda}(n) + \boldsymbol{B}\boldsymbol{X}(n) \\ \boldsymbol{Y}(n) &= \boldsymbol{C}\boldsymbol{\lambda}(n) + \boldsymbol{D}\boldsymbol{X}(n) \end{aligned} \tag{9.75}$$

则系统可观测的充要条件为

$$rank\ \boldsymbol{N}_o = rank\begin{bmatrix} \boldsymbol{C} \\ \boldsymbol{CA} \\ \vdots \\ \boldsymbol{CA}^{k-1} \end{bmatrix} = k \tag{9.76}$$

其中 $\boldsymbol{N}_o$ 为离散时间系统的可观测性判别矩阵。

例 9.10　已知系统的动态方程为

$$\boldsymbol{\lambda}(n+1) = \begin{bmatrix} 2 & 1 \\ 0 & 3 \end{bmatrix}\boldsymbol{\lambda}(n) + \begin{bmatrix} 1 & 0 \\ 0 & 1 \end{bmatrix}\boldsymbol{x}(n)$$

$$\boldsymbol{Y}(n) = \begin{bmatrix} 1 & -1 \end{bmatrix}\boldsymbol{\lambda}(n)$$

试判断系统的可观测性。

解：可观测性判别矩阵

$$\boldsymbol{N}_o = \begin{bmatrix} \boldsymbol{C} \\ \boldsymbol{CA} \end{bmatrix} = \begin{bmatrix} 1 & -1 \\ 2 & -2 \end{bmatrix}$$

$rank\ \boldsymbol{N}_o = 1 < 2 = k$，故不可观测。

9.6.3　单输入单输出系统可控与可观性的约当规范型判据

利用 $\boldsymbol{M}_c$ 阵和 $\boldsymbol{N}_o$ 阵是否满秩的方法判别系统的可控与可观性并不直观，它只说明系统是否可控或可观，而哪些状态可控或可观，哪些状态不可控或不客观，并未直接给出回答。实际上，可控性是说明状态变量与输入量之间的联系，可观性是说明状态变量与输出量之间的联系。因而，如果对状态矢量进行相似变换，把 $\boldsymbol{A}$ 矩阵对角化，则各状态变量之间相互分离，这样就很容易看出状态变量与输入量或输出量之间有无关联，这就是构成可控性或可观性判据另一形式的依据。

下面只给出单输入单输出系统这种判据的结论，不作证明。这些规律对连续与离散时间系统同样有效。线性时不变系统可控性另一判据是：设给定系统具有两两相异的特征值，则其状态完全可控的充分必要条件是系统经非奇异变换后成为 $\boldsymbol{A}$ 对角化的形式，在此形式中 $\boldsymbol{B}$ 不包含零元素。而可观性的另一判据形式是：设系统具有两两相异的特征值，则其状态完全可观的充分必要条件是系统经非奇异变换后，其状态方程的 $\boldsymbol{A}$ 对角化形式中，$\boldsymbol{C}$ 不包含零元素。

对于特征值具有重根的情况，$\boldsymbol{A}$ 矩阵将呈现约当规范型，实际上在线性代数理论中已经知道，对角阵只是约当阵的一种特例。在有重根情况下，系统可控性与可观性利用 $\boldsymbol{A}$ 约当规范型的判据方法陈述如下：若在 $\boldsymbol{A}$ 为约当规范型中，$\boldsymbol{B}$ 与每个约当块最后一行相应的那些行不含零元素，则系统完全可控。若在 $\boldsymbol{A}$ 为约当规范型中，$\boldsymbol{C}$ 与每个约当块第一行相应的那些列不含零元素，则系统完全可观。

若给定系统的状态方程并非 $\boldsymbol{A}$ 约当规范型（或 $\boldsymbol{A}$ 对角阵），可以借助 $\boldsymbol{M}_c$ 阵与 $\boldsymbol{N}_o$ 阵是否满秩的方法判别其可控与可观性；也可将矩阵经相似变换转化为 $\hat{\boldsymbol{A}}$ 约当规范型（或 $\hat{\boldsymbol{A}}$ 对角阵），然后利用上述方法检验 $\hat{\boldsymbol{B}}$，$\hat{\boldsymbol{C}}$ 是否出现对应的零元素，从而判别其可控与可观性。后一种方法具有更为直观的优点。

例 9.11 已知单输入单输出系统的状态方程与输出方程分别为

$$\begin{bmatrix} \dot{\lambda}_1(t) \\ \dot{\lambda}_2(t) \end{bmatrix} = \begin{bmatrix} 1 & 1 \\ 0 & -1 \end{bmatrix} \begin{bmatrix} \lambda_1(t) \\ \lambda_2(t) \end{bmatrix} + \begin{bmatrix} 1 \\ 0 \end{bmatrix} \boldsymbol{e}(t), \qquad r(t) = \begin{bmatrix} 1 & \frac{1}{2} \end{bmatrix} \begin{bmatrix} \lambda_1(t) \\ \lambda_2(t) \end{bmatrix}$$

试判断系统的可控性与可观测性。

解： 首先将系统矩阵 $\boldsymbol{A}$ 线性变换为对角阵 $\hat{\boldsymbol{A}}$，即考虑 $\boldsymbol{A}$ 的特征方程

$$|\alpha \boldsymbol{I} - \boldsymbol{A}| = \begin{vmatrix} \alpha - 1 & -1 \\ 0 & \alpha + 1 \end{vmatrix} = (\alpha - 1)(\alpha + 1) = 0$$

可求得两个特征根分别为

$$\alpha_1 = 1, \ \alpha_2 = -1$$

对于各个特征值 $\alpha_i (i = 1, 2)$，有特征向量 q_i 满足方程

$$[\alpha_i \boldsymbol{I} - \boldsymbol{A}] \begin{bmatrix} q_{1i} \\ q_{2i} \end{bmatrix} = 0$$

对 $\alpha_1 = 1$，有

$$\begin{bmatrix} 0 & -1 \\ 0 & 2 \end{bmatrix} \begin{bmatrix} q_{11} \\ q_{21} \end{bmatrix} = \begin{bmatrix} 0 \\ 0 \end{bmatrix}$$

故可求得 $q_{21} = 0, q_{11} = 1$

对 $\alpha_2 = -1$，又有

$$\begin{bmatrix} -2 & -1 \\ 0 & 0 \end{bmatrix} \begin{bmatrix} q_{12} \\ q_{22} \end{bmatrix} = \begin{bmatrix} 0 \\ 0 \end{bmatrix}$$

故可求得 $q_{12} = 1, q_{22} = -2$

由此得到线性变换矩阵为

$$\boldsymbol{P}^{-1} = \begin{bmatrix} q_{11} & q_{12} \\ q_{21} & q_{22} \end{bmatrix} = \begin{bmatrix} 1 & 1 \\ 0 & -2 \end{bmatrix}$$

$$\boldsymbol{P} = \begin{bmatrix} 1 & 1 \\ 0 & -2 \end{bmatrix}^{-1} = -\frac{1}{2} \begin{bmatrix} -2 & -1 \\ 0 & 1 \end{bmatrix}$$

从而求得对应的 $\hat{\boldsymbol{B}}$、$\hat{\boldsymbol{C}}$ 为

$$\hat{\boldsymbol{B}} = \boldsymbol{P}^{-1}\boldsymbol{B} = -\frac{1}{2} \begin{bmatrix} 1 & 1 \\ 0 & -2 \end{bmatrix} \begin{bmatrix} 1 \\ 0 \end{bmatrix} = -\frac{1}{2} \begin{bmatrix} 1 \\ 0 \end{bmatrix}$$

$$\hat{\boldsymbol{C}} = \boldsymbol{C}\boldsymbol{P} = \begin{bmatrix} 1 & \frac{1}{2} \end{bmatrix} \begin{bmatrix} -2 & -1 \\ 0 & 1 \end{bmatrix} = \begin{bmatrix} -2 & -\frac{1}{2} \end{bmatrix}$$

可见约当规范型 $\hat{\boldsymbol{B}}$ 阵中有一行零元素，所以系统是不完全可控的；而矩阵 $\hat{\boldsymbol{C}}$ 中没有一列零元素，所以系统是完全可观测的。

9.7 本章小结

本章主要围绕着连续（离散）时间系统这一对象，基于状态变量分析法这条主线，分别从电路图、状态变量、状态方程求解、系统的稳定性和可控可观测性等方面展开学习。学习本章知识内容要求熟悉状态变量和状态方程描述法，了解基本的状态变量分析思路和特征矩阵相关的概念，以及系统的可控性与可观性的基本概念和判据。

1．建立状态方程的方法有直接法和间接法。

2．连续时间系统状态方程的求解有时域法、s 域法，其状态转移矩阵 e^{At} 可用多项式法求解。

3．离散时间系统状态方程的求解有时域法、z 域法，其状态转移矩阵 e^{At} 可用有限和法求解。

4．给定系统的状态方程并非 $\boldsymbol{A}$ 约当规范型（或 $\boldsymbol{A}$ 对角阵）时，系统具备可控性的充要条件是可控性判别矩阵 $\boldsymbol{M}_c$ 满秩；系统具备可观测性的充要条件是可控性判别矩阵 $\boldsymbol{N}_o$ 满秩。

5．设给定系统具有两两相异的特征值，则其状态完全可控的充分必要条件是系统经非奇异变换后成为 $\boldsymbol{A}$ 对角化的形式，在此形式中 $\boldsymbol{B}$ 不包含零元素；状态完全可观的充分必要条件是系统经非奇异变换后，其状态方程的 $\boldsymbol{A}$ 对角化形式中，$\boldsymbol{C}$ 不包含零元素。

6．对于特征值具有重根的情况，若在 $\boldsymbol{A}$ 为约当规范型中，$\boldsymbol{B}$ 与每个约当块最后一行相应的那些行不含零元素，则系统完全可控。若在 A 为约当规范型中，$\boldsymbol{C}$ 与每个约当块第一行相应的那些列不含零元素，则系统完全可观。

习　题

9.1　如图所示电路，$u_L(t)$ 和 $i_R(t)$ 为输出，$u_S(t)$、$i_S(t)$ 为输入，选取 $i_L(t)$ 和 $u_C(t)$ 为状态变量。试列写状态方程与输出方程。

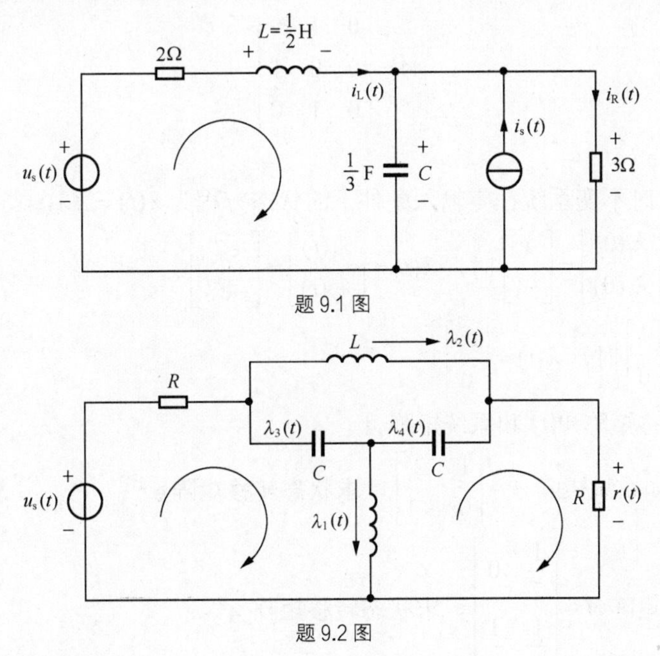

题 9.1 图

题 9.2 图

9.2　列写如图所示网络的状态方程与输出方程。（提示：选取状态变量如图标注）

9.3 根据系统的微分方程式，列写相应的状态方程和输出方程。

（1）$\frac{d^2}{dt^2}y(t)+5\frac{d}{dt}y(t)+6y(t)=\frac{dx(t)}{dt}+x(t)$

（2）$\begin{cases}\frac{dy_1(t)}{dt}+y_2(t)=x_1(t)\\ \frac{d^2y_2(t)}{dt^2}+\frac{dy_1(t)}{dt}+\frac{dy_2(t)}{dt}+y_1(t)=x_2(t)\end{cases}$

9.4 依据下列微分方程组列写状态方程。

（1）$\begin{cases}2y_1'(t)+3y_2'(t)+y_2(t)=2x_1(t)\\ y_2''(t)+2y_1'(t)+y'_2(t)+y_1(t)=x_1(t)+x_2(t)\end{cases}$

（2）$\begin{cases}y_1''(t)+y_1'(t)+y_2'(t)+y_1(t)=10x_2(t)\\ y_2''(t)+y_2'(t)+y_1'(t)=3x_1(t)+2x_2(t)\end{cases}$

9.5 某离散系统的状态方程和输出方程为

$$\begin{bmatrix}\lambda_1(n+1)\\ \lambda_1(n+2)\end{bmatrix}=\begin{bmatrix}0 & 2\\ a & b\end{bmatrix}\begin{bmatrix}\lambda_1(n)\\ \lambda_2(n)\end{bmatrix}+\begin{bmatrix}1\\ 0\end{bmatrix}x(n)$$

$$y(n)=\begin{bmatrix}1 & -1\end{bmatrix}\begin{bmatrix}\lambda_1(n)\\ \lambda_2(n)\end{bmatrix}$$

上述方程式中，$x(n)$ 为输入，$y(n)$ 为输出，λ 为状态变量。

已知系统矩阵的零输入响应为

$$y_\lambda(n)=\left[2(-3)^n-3(2)^n\right]u(n)$$

求系统矩阵中的常量 a 和 b 的值。

9.6 已知

$$\boldsymbol{A}=\begin{bmatrix}0 & 1 & 0\\ 0 & 0 & 1\\ 0 & 1 & 0\end{bmatrix}$$

试求计算矩阵指数 e^{At}。

9.7 设一线性时不变系统在零输入条件下的状态方程为 $\dot{\lambda}(t)=\boldsymbol{A}\boldsymbol{\lambda}(t)$。

（1）当 $\boldsymbol{\lambda}(0)=\begin{bmatrix}\lambda_1(0)\\ \lambda_2(0)\end{bmatrix}=\begin{bmatrix}1\\ -1\end{bmatrix}$ 时，$\boldsymbol{\lambda}(t)=\begin{bmatrix}\lambda_1(t)\\ \lambda_2(t)\end{bmatrix}=\begin{bmatrix}e^{-t}\\ -e^{-t}\end{bmatrix}$；

（2）当 $\boldsymbol{\lambda}(0)=\begin{bmatrix}1\\ 0\end{bmatrix}$ 时，$\boldsymbol{\lambda}(t)=\begin{bmatrix}e^{t}\\ 0\end{bmatrix}$。

求该系统的状态转移矩阵 $\Phi(t)$ 和系统矩阵 $\boldsymbol{A}$。

9.8 （1）已知系统矩阵 $\boldsymbol{A}=\begin{bmatrix}1 & 2\\ 0 & -1\end{bmatrix}$，求状态转移矩阵 e^{At}；

（2）已知系统矩阵 $\boldsymbol{A}=\begin{bmatrix}\frac{1}{2} & 0\\ \frac{1}{4} & \frac{1}{4}\end{bmatrix}$，求状态转移矩阵 $\boldsymbol{A}^n$。

9.9　已知离散因果系统的动态方程为

$$\begin{bmatrix}\lambda_1(n+1)\\ \lambda_2(n+1)\end{bmatrix}=\begin{bmatrix}0 & 1\\ -6 & 5\end{bmatrix}\begin{bmatrix}\lambda_1(n)\\ \lambda_2(n)\end{bmatrix}+\begin{bmatrix}0\\ 1\end{bmatrix}x(n)$$

$$\begin{bmatrix}y_1(n)\\ y_2(n)\end{bmatrix}=\begin{bmatrix}1 & 1\\ 2 & -1\end{bmatrix}\begin{bmatrix}\lambda_1(n)\\ \lambda_2(n)\end{bmatrix}$$

初始状态为$\begin{bmatrix}\lambda_1(0)\\ \lambda_2(0)\end{bmatrix}=\begin{bmatrix}1\\ 2\end{bmatrix}$，激励$x(n)=u(n)$。

（1）求状态方程的解和系统的输出；

（2）求系统函数$H(z)$和系统单位序列响应$h(n)$。

9.10　用变换域法解下列状态方程

$$\begin{bmatrix}\dot{\lambda}_1\\ \dot{\lambda}_2\end{bmatrix}=\begin{bmatrix}-3 & -2\\ 2 & 2\end{bmatrix}\begin{bmatrix}\lambda_1\\ \lambda_2\end{bmatrix}+\begin{bmatrix}3\\ 0\end{bmatrix}\boldsymbol{x}(t)$$

其初始状态$\lambda_1(0)=2$，$\lambda_2(0)=1$；激励$x(t)=u(t)$。

9.11　线性非时变系统的状态方程和输出方程为

$$\begin{cases}\dot{\lambda}(t)=\begin{bmatrix}-2 & 1\\ 0 & -1\end{bmatrix}\begin{bmatrix}\lambda_1(t)\\ \lambda_2(t)\end{bmatrix}+\begin{bmatrix}1\\ 0\end{bmatrix}\boldsymbol{x}(t)\\ y(t)=\begin{bmatrix}1 & 0\end{bmatrix}\boldsymbol{\lambda}(t)\end{cases}$$

设初始状态$\lambda(0)=\begin{bmatrix}1\\ 1\end{bmatrix}$，输入激励$e(t)=u(t)$，试用时域法求响应$y(t)$。

9.12　线性非时变系统的状态方程和输出方程为

$$\begin{cases}\dot{\lambda}(t)=\begin{bmatrix}-1 & 0\\ 1 & 0\end{bmatrix}\begin{bmatrix}\lambda_1(t)\\ \lambda_2(t)\end{bmatrix}+\begin{bmatrix}1\\ 1\end{bmatrix}\boldsymbol{x}(t)\\ \boldsymbol{y}(t)=\begin{bmatrix}1 & 0\\ 0 & 1\end{bmatrix}\boldsymbol{\lambda}(t)+\begin{bmatrix}1\\ 0\end{bmatrix}\boldsymbol{x}(t)\end{cases}$$

设初始状态$\boldsymbol{\lambda}(0)=\begin{bmatrix}1\\ 1\end{bmatrix}$，输入激励$x(t)=e^{2t}u(t)$，试求系统响应$y(t)$。

9.13　已知线性时不变系统的状态方程和输出方程为

$$\dot{\lambda}(t)=\boldsymbol{A}\lambda(t)+\boldsymbol{B}\boldsymbol{x}(t)$$
$$\boldsymbol{y}(t)=\boldsymbol{C}\lambda(t)+\boldsymbol{D}\boldsymbol{x}(t)$$

其中

$$\boldsymbol{A}=\begin{bmatrix}-1 & 0 & 0 & 0\\ 0 & -2 & 0 & 0\\ 0 & 0 & -3 & 0\\ 0 & 0 & 0 & -4\end{bmatrix}\quad \boldsymbol{B}=\begin{bmatrix}0 & 0\\ 1 & 0\\ 0 & 1\\ 0 & 1\end{bmatrix}\quad \boldsymbol{C}=\begin{bmatrix}1 & 1 & 0 & 0\\ 0 & 1 & 1 & 0\end{bmatrix}\quad \boldsymbol{D}=0$$

（1）求系统转移函数矩阵$H(s)$；

（2）若系统输入 $\boldsymbol{x}(t)=\begin{bmatrix}\delta(t)\\ \delta(t)\end{bmatrix}$，求系统零状态响应 $y(t)$。

9.14　已知一离散系统的状态方程和输出方程为

$$\begin{cases}\lambda_1(n+1)=\lambda_1(n)-\lambda_2(n)\\ \lambda_1(n+1)=-\lambda_1(n)-\lambda_2(n)\end{cases}$$

$$y(n)=\lambda_1(n)\lambda_2(n)+x(n)$$

（1）设 $\lambda_1(0)=2$，$\lambda_2(0)=2$，求状态方程的零输入解；

（2）写出系统的差分方程式；

（3）若 $x(n)=2^n u(n)$，初始条件同（1），求输出响应 $y(n)$。

9.15　给定线性连续时间系统的状态方程和输出方程

$$\begin{cases}\dot{\boldsymbol{\lambda}}(t)=\boldsymbol{A}\boldsymbol{\lambda}(t)+\boldsymbol{B}\boldsymbol{x}(t)\\ y(t)=\boldsymbol{C}\boldsymbol{\lambda}(t)\end{cases}$$

其中

$$A=\begin{bmatrix}-2 & 2 & -1\\ 0 & -2 & 0\\ 1 & -4 & 0\end{bmatrix},\ B=\begin{bmatrix}0\\ 1\\ 1\end{bmatrix},\ C=\begin{bmatrix}1 & 0 & 0\end{bmatrix}$$

（1）分析该系统的可控性和可观测性；

（2）求系统的转移函数。

9.16　给定系统的状态方程为

$$\begin{cases}\lambda_1(n+1)=\lambda_2(n)\\ \lambda_2(n+1)=b\lambda_1(n)+a\lambda_2(n)+x_1(n)\end{cases}$$

且已知 $a=-1$，$-1<b<1$。试问该系统是否稳定？

9.17　已知单输入—单输出系统的状态方程与输出方程分别为

$$\begin{bmatrix}\lambda_1(n+1)\\ \lambda_2(n+1)\\ \lambda_3(n+1)\end{bmatrix}=\begin{bmatrix}-1 & -2 & -1\\ 0 & -3 & 0\\ 0 & 0 & -2\end{bmatrix}\begin{bmatrix}\lambda_1(n)\\ \lambda_2(n)\\ \lambda_3(n)\end{bmatrix}+\begin{bmatrix}2\\ 1\\ 1\end{bmatrix}x(n)$$

$$y(n)=\begin{bmatrix}1 & -1 & 0\end{bmatrix}\begin{bmatrix}\lambda_1(n)\\ \lambda_2(n)\\ \lambda_3(n)\end{bmatrix}$$

试判断系统的可控性与可观测性。

附录A 常见信号的卷积

序号	$x_1(t)$	$x_2(t)$	$x_1(t) * x_2(t)$
1	$x(t)$	$\delta(t)$	$x(t)$
2	$x(t)$	$\delta'(t)$	$x'(t)$
3	$x(t)$	$u(t)$	$\int_{-\infty}^{t} x(\tau)\mathrm{d}\tau$
4	$u(t)$	$u(t)$	$t\,u(t)$
5	$tu(t)$	$u(t)$	$\frac{1}{2}t^2\,u(t)$
6	$u(t)-u(t-t_1)$	$u(t)-u(t-t_2)$	$t\,u(t)-(t-t_1)\,u(t-t_1)-(t-t_2)\,u(t-t_2)$ $+(t-t_1-t_2)\,u(t-t_1-t_2)$
7	$\mathrm{e}^{-at}u(t)$	$u(t)$	$\frac{1}{a}(1-\mathrm{e}^{-at})u(t)$
8	$\mathrm{e}^{-a_1t}u(t)$	$\mathrm{e}^{-a_2t}u(t)$	$\frac{1}{a_2-a_1}(\mathrm{e}^{-a_1t}-\mathrm{e}^{-a_2t})u(t)$
9	$\mathrm{e}^{-at}u(t)$	$\mathrm{e}^{-at}u(t)$	$t\mathrm{e}^{-at}u(t)$
10	$t\mathrm{e}^{-at}u(t)$	$\mathrm{e}^{-at}u(t)$	$\frac{1}{2}t^2\mathrm{e}^{-at}u(t)$
11	$t\,u(t)$	$\mathrm{e}^{-at}u(t)$	$\frac{at-1}{a^2}u(t)+\frac{1}{a^2}\mathrm{e}^{-at}u(t)$

附录B 常见非周期信号的傅里叶变换

序号	信号	波形图	$x(t) \leftrightarrow X(\omega)$	频谱图
1	冲激函数	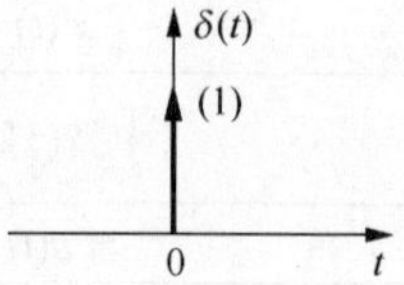 $\delta(t)$; (1); 0; t	$\delta(t)$ $X(\omega)=1$	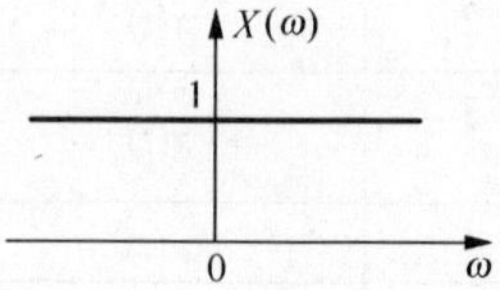 $X(\omega)$; 1; 0; ω
2	阶跃函数	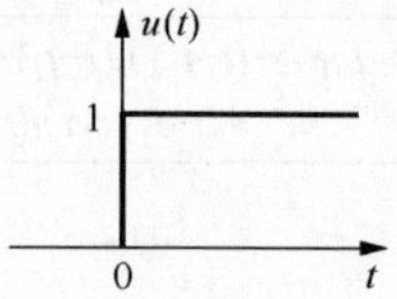 $u(t)$; 1; 0; t	$u(t)=\begin{cases}1 & (t>0)\\ 0 & (t<0)\end{cases}$ $X(\omega)=\pi\delta(\omega)+\dfrac{1}{\mathrm{j}\omega}$	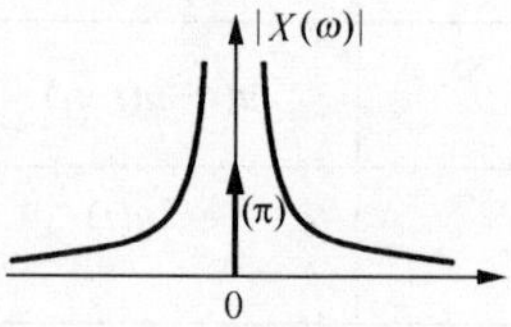 $\lvert X(\omega)\rvert$; (π); 0
3	符号函数	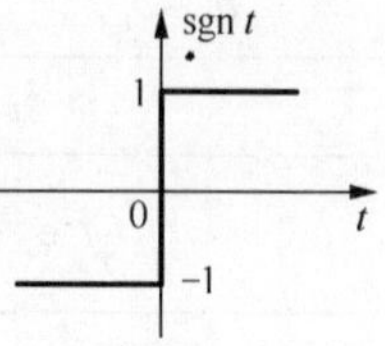 $\operatorname{sgn} t$; 1; 0; -1; t	$\operatorname{sgn} t=\begin{cases}1 & (t>0)\\ -1 & (t<0)\end{cases}$ $X(\omega)=\dfrac{2}{\mathrm{j}\omega}$	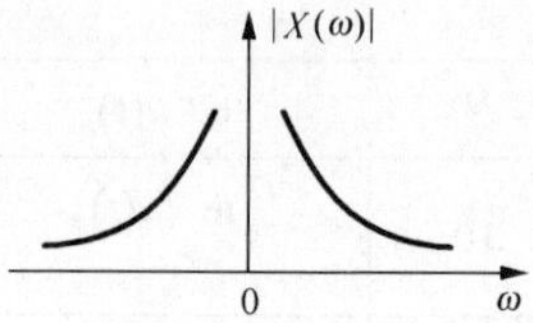 $\lvert X(\omega)\rvert$; 0; ω
4	单边指数脉冲	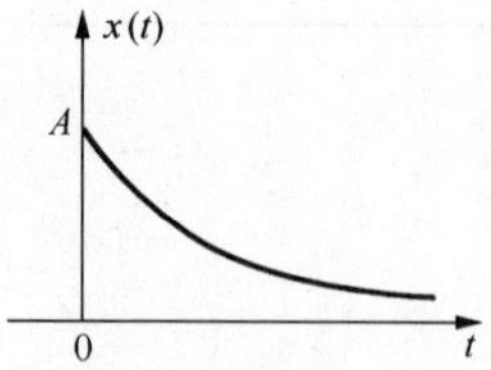 $x(t)$; A; 0; t	$x(t)=A\mathrm{e}^{-at}\quad(a>0)$ $X(\omega)=\dfrac{A}{a+\mathrm{j}\omega}$	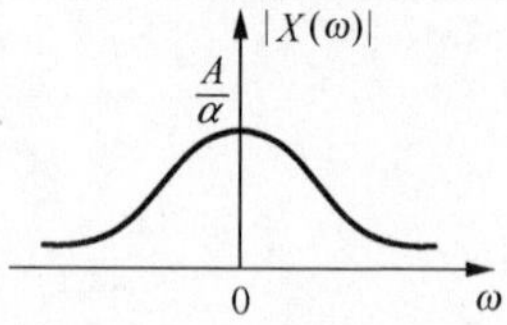 $\lvert X(\omega)\rvert$; $\dfrac{A}{\alpha}$; 0; ω
5	双边指数脉冲	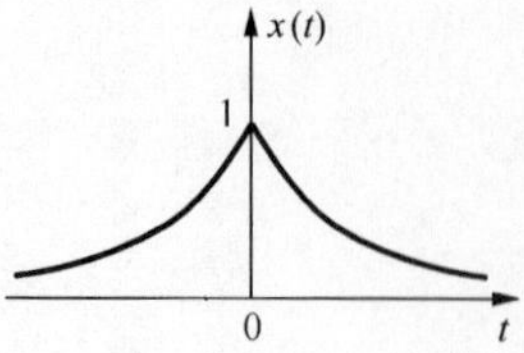 $x(t)$; 1; 0; t	$x(t)=\mathrm{e}^{-a\lvert t\rvert}\quad(a>0)$ $X(\omega)=\dfrac{2a}{a^2+\omega^2}$	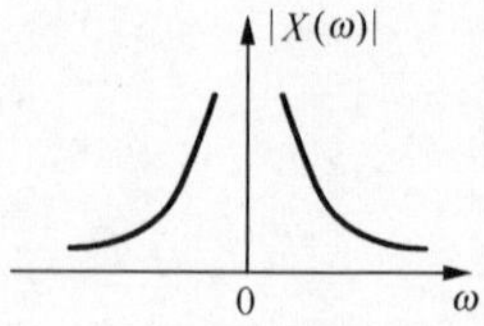 $\lvert X(\omega)\rvert$; 0; ω

续表

序号	信号	波形图	$x(t)\leftrightarrow X(\omega)$	频谱图
6	矩形脉冲	$x(t)$；A；$-\frac{\tau}{2}$ 0 $\frac{\tau}{2}$ t	$x(t)=\begin{cases}A & \left(\lvert t\rvert<\frac{\tau}{2}\right)\\ 0 & \left(\lvert t\rvert>\frac{\tau}{2}\right)\end{cases}$ $X(\omega)=A\tau sa\left(\frac{\omega\tau}{2}\right)$	$X(\omega)$；$A\tau$；$-\frac{2\pi}{\tau}$ 0 $\frac{2\pi}{\tau}$ ω
7	三角脉冲	$x(t)$；A；$-\tau$ 0 τ t	$x(t)=\begin{cases}A\left(1-\frac{\lvert t\rvert}{\tau}\right) & (\lvert t\rvert<\tau)\\ 0 & (\lvert t\rvert\geqslant\tau)\end{cases}$ $X(\omega)=A\tau sa^2\left(\frac{\omega\tau}{2}\right)$	$X(\omega)$；$A\tau$；$-\frac{2\pi}{\tau}$ 0 $\frac{2\pi}{\tau}$ ω
8	余弦脉冲	$x(t)$；A；$-\frac{\tau}{2}$ 0 $\frac{\tau}{2}$ t	$x(t)=\begin{cases}A\cos\left(\frac{\pi t}{\tau}\right) & \left(\lvert t\rvert<\frac{\tau}{2}\right)\\ 0 & \left(\lvert t\rvert\geqslant\frac{\tau}{2}\right)\end{cases}$ $X(\omega)=\frac{2A\tau}{\pi}\frac{\cos\left(\frac{\omega\tau}{2}\right)}{1-\left(\frac{\omega\tau}{\pi}\right)^2}$	$X(\omega)$；$\frac{2}{\pi}A\tau$；$-\frac{3\pi}{\tau}$ 0 $\frac{3\pi}{\tau}$ ω
9	取样脉冲	$x(t)$；1；$-\frac{\pi}{\omega_c}$ 0 $\frac{\pi}{\omega_c}$ t	$sa(\omega_c t)=\frac{\sin(\omega_c t)}{\omega_c t}$ $X(\omega)=\begin{cases}\frac{\pi}{\omega_c} & (\lvert\omega\rvert<\omega_c)\\ 0 & (\lvert\omega\rvert>\omega_c)\end{cases}$	$X(\omega)$；$\frac{\pi}{\omega_c}$；$-\omega_c$ 0 ω_c ω
10	直流信号	$x(t)$；A；0 t	$x(t)=A$ $X(\omega)=2\pi A\delta(\omega)$	$X(\omega)$；$(2\pi A)$；0 ω

续表

序号	信号	波形图	$x(t)\leftrightarrow X(\omega)$	频谱图
11	复指数信号		$x(t)=Ae^{jw_0t}$ $X(\omega)=2\pi A\delta(\omega-\omega_0)$	$x(\omega)$, $(2\pi A)$, 0, ω_0, ω
12	正弦信号	$x(t)$, 0, t	$x(t)=\sin(\omega_0 t)$ $X(\omega)=j\pi[\delta(\omega+\omega_0)-\delta(\omega-\omega_0)]$	$X(\omega)$, $j(\pi)$, $-\omega_0$, 0, ω_0, ω, $j(-\pi)$
13	余弦信号	$x(t)$, 0, t	$x(t)=\cos(\omega_0 t)$ $X(\omega)=\pi[\delta(\omega+\omega_0)+\delta(\omega-\omega_0)]$	$X(\omega)$, (π), (π), $-\omega_0$, 0, ω_0, t
14	冲激序列	$\delta_T(t)$, (1), …, …, $-2T$ $-T$ 0 T $2T$, t	$\delta_T(t)=\sum_{n=-\infty}^{\infty}\delta(t-nT)$ $X(\omega)=\frac{2\pi}{T}\sum_{n=-\infty}^{\infty}\delta(\omega-n\omega_1)$	$X(\omega)$, $(\frac{2\pi}{T})$, …, …, $-2\omega_1$ $-\omega_1$ 0 ω_1 $2\omega_1$, ω
15	单边减幅正弦信号	$x(t)$, 0, t	$x(t)=e^{-at}\sin(\omega_0 t)u(t)$ $(a>0)$ $X(\omega)=\frac{\omega_0}{(a+j\omega)^2+\omega_0^2}$	$\|X(\omega)\|$, $\frac{\omega_0}{a^2+\omega_0^2}$, 0, ω
16	单边减幅余弦信号	$x(t)$, 0, t	$x(t)=e^{-at}\cos(\omega_0 t)u(t)$ $(a>0)$ $X(\omega)=\frac{a+j\omega}{(a+j\omega)^2+\omega_0^2}$	$\|X(\omega)\|$, $\frac{a}{a^2+\omega_0^2}$, 0, ω

续表

序号	信号	波形图	$x(t)\leftrightarrow X(\omega)$	频谱图
17	单边衰减信号	$x(t)$, 0, t	$x(t)=\frac{1}{\beta-\alpha}(e^{-\alpha t}-e^{-\beta t})u(t)$ $(a\neq\beta)$ $X(\omega)=\frac{1}{(j\omega+\alpha)(j\omega+\beta)}$	$\lvert X(\omega)\rvert$, $\frac{1}{\alpha\beta}$, 0, ω
18	矩形调幅信号	$x(t)$, $-\frac{\tau}{2}$, 0, $\frac{\tau}{2}$, t	$x(t)=G_{\tau}(t)\cos(\omega_0 t)$ $X(\omega)=\frac{\tau}{2}[sa\frac{(\omega+\omega_0)\tau}{2}+sa\frac{(\omega-\omega_0)\tau}{2}]$	$X(\omega)$, $\frac{\tau}{2}$, $-\omega_0$, 0, ω_0, ω

附录C 常见信号的拉普拉斯变换

序号	信号	拉普拉斯变换	收敛域
1	$\delta(t)$	1	$\text{Re}[s] > -\infty$
2	$\delta'(t)$	s	$\text{Re}[s] > -\infty$
3	$u(t)$	$\frac{1}{s}$	$\text{Re}[s] > 0$
4	$tu(t)$	$\frac{1}{s^2}$	$\text{Re}[s] > 0$
5	$\frac{1}{2}t^2u(t)$	$\frac{1}{s^3}$	$\text{Re}[s] > 0$
6	$\frac{1}{n!}t^nu(t)$	$\frac{1}{s^{n+1}}$	$\text{Re}[s] > 0$
7	$\mathrm{e}^{-at}u(t)$	$\frac{1}{s+a}$	$\text{Re}[s] > -a$
8	$t\mathrm{e}^{-at}u(t)$	$\frac{1}{(s+a)^2}$	$\text{Re}[s] > -a$
9	$\sin(\omega_0 t)u(t)$	$\frac{\omega_0}{s^2+\omega_0{}^2}$	$\text{Re}[s] > 0$
10	$\cos(\omega_0 t)u(t)$	$\frac{s}{s^2+\omega_0{}^2}$	$\text{Re}[s] > 0$
11	$\mathrm{e}^{-at}\sin\omega_0 tu(t)$	$\frac{\omega_0}{(s+a)^2+\omega_0^2}$	$\text{Re}[s] > -a$
12	$\mathrm{e}^{-at}\cos\omega_0 tu(t)$	$\frac{s+a}{(s+a)^2+\omega_0^2}$	$\text{Re}[s] > -a$

附录 D 常见序列的 z 变换

序号	序列	z 变换	收敛域
1	$\delta(n)$	1	$\|z\| \geqslant 0$
2	$u(n)$	$\frac{z}{z-1}$	$\|z\|>1$
3	$n\,u(n)$	$\frac{z}{(z-1)^2}$	$\|z\|>1$
4	$n^2\,u(n)$	$\frac{z(z+1)}{(z-1)^3}$	$\|z\|>1$
5	$a^n\,u(n)$	$\frac{z}{z-a}$	$\|z\|>\|a\|$
6	$na^n\,u(n)$	$\frac{az}{(z-a)^2}$	$\|z\|>\|a\|$
7	$\mathrm{e}^{an}\,u(n)$	$\frac{z}{z-e^{a}}$	$\|z\|>\|e^{a}\|$
8	$\mathrm{e}^{\mathrm{j}\Omega n}\,u(n)$	$\frac{z}{z-e^{j\Omega}}$	$\|z\|>1$
9	$\sin\Omega n\cdot u(n)$	$\frac{z\sin\Omega}{z^2-2z\cos\Omega+1}$	$\|z\|>1$
10	$\cos\Omega n\cdot u(n)$	$\frac{z(z-\cos\Omega)}{z^2-2z\cos\Omega+1}$	$\|z\|>1$
11	$b^n\sin\Omega n\cdot u(n)$	$\frac{bz\sin\Omega}{z^2-2bz\cos\Omega+b^2}$	$\|z\|>b$
12	$b^n\cos\Omega n\cdot u(n)$	$\frac{z(z-b\cos\Omega)}{z^2-2bz\cos\Omega+b^2}$	$\|z\|>b$
13	$Aa^{n-1}u(n-1)\,u(n)$	$\frac{A}{z-a}$	$\|z\|>\|a\|$
14	$\binom{n}{m-1}a^{n-m+1}u(n)$	$\frac{z}{(z-a)^m}$	$\|z\|>\|a\|$

部分习题答案

第1章

1.1 （1）连续时间信号；（2）离散时间信号（抽样信号）；（3）离散时间信号（数字信号）；（4）离散时间信号（抽样信号）；（5）离散时间信号（抽样信号）。

1.2 （1）连续信号；（2）连续信号；（3）离散信号，数字信号；
（4）离散信号；（5）离散信号，数字信号；（6）离散信号，数字信号。

1.3 （1）3π；（2）2；（3）$\frac{\pi}{8}$；（4）$2T$；（5）4；（6）60。

1.4 （1）$\frac{2}{3}\pi$；（2）π；（3）不是周期函数；（4）2π；（5）不是周期函数；（6）8。

1.5 （1）能量信号；（2）既不是功率信号也不是能量信号；
（3）既不是功率信号也不是能量信号；（4）能量信号；（5）能量信号；
（6）功率信号。

1.8 （a）$x(t)=(t+3)u(t+3)+(-t-1)u(t+1)+(-t+1)u(t-1)+(t-3)u(t-3)$；
（b）$x(t)=u(t)+u(t-1)+2u(t-2)$；
（c）$x(t)=K\sin(\frac{\pi t}{T})[u(t)-u(t-T)]$。

1.10 $x(n)=-2\delta(n+2)-\delta(n)+3\delta(n-1)+2\delta(n-3)$，$x(n)=\left\{-2\quad 0\quad \underset{\uparrow}{-1}\quad 3\quad 0\quad 0\quad 2\right\}$

1.11 （1）$u(n+1)u(-n+3)=\delta(n+1)+\delta(n)+\delta(n-1)+\delta(n-2)+\delta(n-3)$；
（2）$u(-n+1)-u(-n+3)=\delta(n-3)+\delta(n-2)$；
（3）$-2\delta(n)+u(n)=2u(n-1)-u(n)$；
（4）$1-2\delta(n-1)=u(-n)+2u(n-1)-u(n)$。

1.16 （1）$\delta(t)$；（2）$\delta(t)$；（3）$\frac{1}{2}\delta(t)$。

（4）$\frac{1}{2}e^{4}\delta(t+1)$；（5）$x(-t_0)$；（6）$x(t_0)$；（7）$u(t_0/2)$；

（8）$u(-t_0)$；（9）e^2-2；（10）$\frac{\pi}{6}+\frac{1}{2}$；（11）$1-e^{j\omega t_0}$；

（12）1；（13）0；（14）$\sum_{k=0}^{\infty}e^{-3k^2}$；（15）$3e^{-3}$ 1；（16）0。

1.17 （1）$u(t)$；（2）$\frac{1}{2}(1-\cos 2tu(t))$；（3）$u(t)$。

1.18 （1）$f_D=\frac{2}{\pi}$；（2）$f_D=\frac{1}{2}$；（3）$f_D=0$；（4）$f_D=K_o$。

1.19 （1）$x_o(t)=0.5\operatorname{sgn}t \quad x_e(t)=0.5$；（2）$x_o(t)=-0.5\sin(\omega t) \quad x_e(t)=\sqrt{3}/2\cos(\omega t)$；

（3）$x_o(t)=j\sin(\omega t) \quad x_e(t)=\cos(\omega t)$；（4）$x_o(t)=0.5e^{-a|t|}\operatorname{sgn}t \quad x_e(t)=0.5e^{-a|t|}$；

（5）$x_o(n)=j\sin\left(\Omega n+\frac{\pi}{3}\right) \quad x_e(t)=\cos\left(\Omega n+\frac{\pi}{3}\right)$；（6）$x_o(t)=0 \quad x_e(t)=\delta(n)$。

1.20 $x'(t)=u(t+1)-u(t-1)-\delta(t+1)-\delta(t-1)$。

1.21 $x（t）=3u（t）-u（t-1）-u（t-2）-u（t-3）$。

1.22 （1）非线性；（2）非线性；（3）非线性；（4）线性。

1.23 （1）时不变、线性（2）；线性、时变；（3）线性、时不变；（4）线性、时不变；

（5）时不变、线性；（6）非线性、时变；（7）非线性、时不变；（8）线性、时不变；

（9）时变、线性；（10）非线性、时不变。

1.24 （1）线性，时变，因果；（2）线性，时变，非因果；（3）非线性，时不变，因果；

（4）线性，时不变，因果；（5）线性，时变，非因果；（6）线性，时变，因果；

（7）线性，时不变，因果；（8）非线性，时不变，因果；（9）线性，时变，因果；

（10）非线性，时不变，因果；（11）线性，时不变，非因果。

第2章

2.1 $\frac{d^2}{dt^2}u_1(t)+\frac{(R_1+R_2)}{L}u_1(t)+\frac{u_1(t)}{LC}=R_1\frac{d^2}{dt^2}i_s(t)+\frac{R_1R_2}{L}\frac{d}{dt}i_s(t)$。

2.2 （1）$y(0^+)=0$；（2）$y(0^+)=3$；（3）$y(0^+)=0$，$y'(0^+)=2$；（4）$y(0^+)=0$，$y'(0^+)=2$。

2.3 （1）$(2e^{-2t}-e^{-3t})u(t)$；（2）$(\cos(2t)+\frac{1}{2}\sin(2t))u(t)$；（3）$(\cos t+3\sin t)e^{-t}u(t)$；

（4）$((2t+1)e^{-t})u(t)$；（5）$(5-(3t+4)e^{-t})u(t)$；（6）$((2t-1)e^{-t}+e^{-2t})u(t)$。

2.4 自由响应$(5e^{-t}-4e^{-2t})u(t)$，零输入响应$(4e^{-t}-3e^{-2t})u(t)$。

2.5 （1）$(\frac{3}{2}e^{-t}+\frac{3}{2}e^{-3t}-3e^{-2t})u(t)$；（2）$(-3e^{-2t}+3e^{-t}-2te^{-2t})u(t)$；（3）$(2e^{-3t}-e^{-2t})u(t)$。

2.6 $y_{zi}(t)=(4t+1)e^{-2t}u(t) \quad y_{zs}(t)=[-(t+2)e^{-2t}+2e^{-t}]u(t) \quad y(t)=[3te^{-2t}-e^{-2t}+2e^{-t}]u(t)$。

2.7 $y_h=12e^{-t}-11e^{-2t},t>0 \quad y_p(t)=2e^{-3t},t>0 \quad y(t)=12e^{-t}-11e^{-2t}+2e^{-3t},t>0$。

$y_{zi}(t)=10e^{-t}-7e^{-2t},t>0 \quad y_{zs}(t)=2e^{-t}-4e^{-2t}+2e^{-3t},t>0$。

2.8 （1）$y_{zi}(t)=e^{-t} \quad y_{zs}(t)=-e^{-t}+1 \quad y(t)=u(t)$；

（2）$y_{zi}(t)=2e^{-3t}$　$y_{zs}(t)=\frac{1}{3}e^{-3t}+\frac{2}{3}$　$y(t)=2\frac{1}{3}e^{-3t}+\frac{2}{3}$；

（3）$y_{zi}(t)=6e^{-2t}-4e^{-3t}$　$y_{zs}(t)=3e^{-2t}-\frac{9}{2}e^{-3t}+\frac{3}{2}e^{-t}$　$y(t)=9e^{-2t}-\frac{17}{2}e^{-3t}+\frac{3}{2}e^{-t}$ 。

2.9　$y_{zi}(t)=4e^{-t}-3e^{-2t}$，$y_{zs}(t)=e^{-2t}+(2t-1)e^{-t}$ 。

2.10　（1）$h(t)=\delta(t)-4e^{-4t}u(t)$；（2）$h(t)=\left(-4e^{-2t}+7e^{-3t}\right)u(t)$；

（3）$h(t)=(2e^{-t}-e^{-2t})u(t)$；（4）$h(t)=e^{-2t}u(t)+\delta(t)+\delta'(t)$ 。

2.11　（1）$g(t)=(1-e^{-3t})u(t)$；（2）$g(t)=u(t)$；

（3）$g(t)=(e^{-3t}-e^{-4t})u(t)$；（4）$g(t)=e^{-t}(-\frac{1}{5}\cos 3t+\frac{14}{15}\sin 3t)u(t)+\frac{1}{5}u(t)$ 。

2.12　$g(t)=(1-\frac{3}{2}e^{-t}+\frac{1}{2}e^{-2t})u(t)$ 。

2.13　$E(t)+[u(t-2)-u(t-5)]+[u(t-1)-u(t-4)]$ 。

2.15　（1）$x(t)=\frac{1}{2}t^2u(t)$；（2）$x(t)=\frac{1}{3}(1-e^{-3t})u(t)$；（3）$x(t)=\frac{1}{2}t^2u(t)-\frac{1}{2}(t-2)^2u(t-2)$；

（4）$x(t)=(e^{-2t}-e^{-3t})u(t)$；（5）$x(t)=\frac{1}{2}(t^2+4t+3)u(t+1)$ 。

（6）$x(t)=\sum_{k=-\infty}^{\infty}\delta(t-k)*G_{0.5}(t)=\sum_{k=-\infty}^{\infty}G_{0.5}(t-k)$；（7）$x(t)=-\frac{1}{2}[e^{-2t+6}-e^{2}]u(t-2)$；

（8）$x(t)=[\cos(\omega t+1t)-\cos(\omega t-1)]u(t)$；（9）$x(t)=\left(\frac{2}{5}\sin t-\frac{1}{5}\cos t+\frac{1}{5}e^{-2t}\right)u(t)$ 。

2.17　（a）
$$\begin{aligned}y(t)=&(3t+15)[u(t+5)-u(t+4)]+(-3t-9)[u(t+4)-u(t+3)]\\&+(6t+6)[u(t+1)-u(t)]+(-6t+6)[u(t)-u(t-1)]\\&+(3t-9)[u(t-3)-u(t-4)]+(-3t+15)[u(t-4)-u(t-5)]\end{aligned}$$；

（b）
$$\begin{aligned}y(t)=&t[u(t)-u(t-1)]+(2t-1)[u(t-1)-u(t-2)]+3[u(t-2)-u(t-3)]\\&+(-2t+9)[u(t-3)-u(t-4)]+(-t+5)[u(t-4)-u(t-5)]\end{aligned}$$；

（c）$y(t)=1+(1-e^{-t})u(t)$；

（d）
$$\begin{aligned}y(t)=&2(1-\cos t)[u(t)-u(t-1)]+2[\cos(t-1)-\cos t][u(t-1)-u(t-2\pi)]\\&-2[1-\cos(t-1)][u(t-2\pi)-u(t-2\pi-1)]\end{aligned}$$；

（e）$y(t)=2[1-\cos(t-1)]u(t-1)$；

（f）$y(t)=\frac{1}{\pi}\sum_{i=0}^{\infty}\{1-\cos[\pi(t-3i)]\}[u(t-3i)-u(t-2-3i)]$ 。

2.18　（1）$y_{zs}(t)=(1-e^{-t})u(t)$；（2）$y_{zs}(t)=e^{-(t+1)}u(t+1)-e^{-(t-1)}u(t-1)$；

（3）$y_{zs}(t)==\delta(t+1)-\delta(t-1)-e^{-(t+1)}u(t+1)+e^{-(t-1)}u(t-1)$ 。

2.19　$h(t)=\delta(t)-e^{-5t}u(t)$　，$u_0(t)=[\frac{3}{4}e^{-t}+\frac{1}{4}e^{-5t}]u(t)$ 。

2.20　$h(t)=\frac{1}{5}e^{-0.1t}u(t)$，$u_o(t)=2[tu(t)-10(1-e^{-0.1t})u(t)]-$

$2[(t-1)u(t-1)-10(1-e^{-0.1(t-1)})u(t-1)]$ 。

2.21 $y(0^-)=\frac{1}{2}$ ，$y'(0^-)=-\frac{1}{2}$ ， $C=\frac{1}{2}$ 。

2.22 （1）$y_3(t)=(-e^{-3(t-t_0)}+\sin 2(t-t_0))u(t-t_0)+3e^{-3t}u(t)$；（2）$y_4(t)=(4e^{-3t}+2\sin 2t)u(t)$ 。

2.23 （1） $h(t)=\frac{dg(t)}{dt}=2\delta(t)-6e^{-2t}u(t)$；（2） $y_{zs1}(t)=\left(1.5-t-1.5e^{-2t}\right)u(t)$；

（3） $y_{zs2}(t)=\left(1.5-t-1.5e^{-2t}\right)u(t)-\left[1.5-t+1.5e^{-2(t-1)}\right]u(t-1)$ 。

2.24 （1） $y_{zi}(t)=(3e^{-2t}-2e^{-3t})u(t)$；（2） $y_{zs}(t)=(-5e^{-2t}+2e^{-3t}+2e^{-t}+1)u(t)$；

（3） $y(t)=(-2e^{-2t}+2e^{-t}+1)u(t)$ 。

2.25 $y_{zs}(t)=[(t+1)e^{-t}-e^{-2t}]u(t)$ 。

2.26 $h(t)=u(t)-u(t-1)$ $y_{zs}(t)=(1-e^{-t})u(t)-\left[1-e^{-(t-1)}\right]u(t-1)$ 。

2.27 $h(t)=\frac{1}{4}e^{-t}u(t)+\frac{7}{4}e^{-5t}u(t)$ 。

2.28 $u_c(t)=(1-e^{-t})u(t)+(1-e^{-t+1})u(t-1)-\frac{8}{3}(1-e^{-t+2})u(t-2)+\frac{2}{3}(1-e^{-t+3})u(t-3)$ 。

2.29 $y_{zs}(t)=\sum_{n=0}^{\infty}\left[1-(-1)^n\cos\frac{\pi t}{2}\right]\left[u(t-6n)-u(t-6n-4)\right]$ 。

2.30 $y(t)=\frac{2}{\pi}(1-\cos\pi t)\left[u(t)-u(t-2)\right]$ 。

2.31 （1）因果，稳定；（2）非因果，不稳定；（3）非因果，稳定；（4）非因果，稳定；（5）非因果，稳定；（6）因果，稳定；（7）因果，稳定。

第3章

3.1 $y(n)-y(n-1)=x(n)+r$ 。

3.2 （1） $y(n)=\left(\frac{1}{3}\right)^n u(n)$；（2） $y(n)=[\frac{3}{2}-\frac{1}{2}(\frac{1}{3})^n]u(n)$；

（3） $y(n)=\left[\frac{3}{2}-\frac{1}{2}\left(\frac{1}{3}\right)^n\right][u(n)-u(n-5)]+\frac{121}{3^n}u(n-5)$ 。

3.3 （1） $y(n)=\left(\frac{1}{2}\right)^n\varepsilon(n)$；（2） $y(k)=2\cdot 2^n\varepsilon(n)=2^{n+1}\varepsilon(n)$；

（3） $y(n)=-\frac{1}{3}(-3)^n\varepsilon(n)=(-3)^{n-1}\varepsilon(n)$；（4） $y(n)=\frac{1}{3}(-\frac{1}{3})^n\varepsilon(n)$；

（5） $y(n)=7\left(\frac{1}{2}\right)^n-6\left(\frac{1}{4}\right)^n, n\geqslant 0$；（6） $y(n)=(1+2n)(-1)^n, n\geqslant 0$；

（7） $y(n)=\left(\frac{1}{2}+\frac{1}{2}j\right)(-1+j)^n+\left(\frac{1}{2}-\frac{1}{2}j\right)(-1-j)^n$；（8） $y(n)=[3^n-(n+1)\cdot 2^n]u(n)$ 。

3.4 （1） $y(n)=\frac{31}{36}(-5)^n+\frac{1}{6}n+\frac{5}{36}, n\geqslant 0$；（2） $y(n)=\frac{9}{16}3^n+\left(-\frac{9}{16}-\frac{3}{4}n\right)(-1)^n, n\geqslant 0$；

（3） $y(n)=\frac{1}{2}+44\cdot 2^n-\frac{117}{2}3^n, n\geqslant 0$；（4） $y(n)=\frac{2}{15}0.5^n+\frac{56}{3}\cdot 2^n-\frac{144}{5}3^n, n\geqslant 0$ 。

3.5 （1） $y_{zi}(n)=[2\cdot(-1)^n-4\cdot(-2)^n]u(n)$；（2） $y_{zi}(n)=[(2n+1)(-1)^n]u(n)$；

（3） $y_{zi}(n)=(\cos\frac{n\pi}{2}+2\sin\frac{n\pi}{2})u(n)$；（4） $y_{zi}(n)=6\cdot 2^n u(n)$。

3.6 （1） $y_{zi}(n)=-2^{n+1},n\geqslant 0$， $y_{zs}(n)=2^{n+2}-2,n\geqslant 0$， $y(n)=2^{n+1}-2,n\geqslant 0$；

（2） $y_{zi}(n)=(-2)^{n+1},n\geqslant 0$， $y_{zs}(n)=\frac{1}{2}(-2)^n+2^{n-1},n\geqslant 0$，

$y(n)=-\frac{3}{2}(-2)^n+2^{n-1},n\geqslant 0$；

（3） $y_{zi}(n)=2(-2)^n,n\geqslant 0$， $y_{zs}(n)=2(-2)^n+n+2,n\geqslant 0$，

$y(n)=4(-2)^n+n+2,n\geqslant 0$；

（4） $y_{zi}(n)=(-1)^n-4(-2)^n,n\geqslant 0$ $y_{zs}(n)=\frac{1}{6}-\frac{1}{2}(-1)^n+\frac{4}{3}(-2)^n,n\geqslant 0$，

$y(n)=\frac{1}{6}+\frac{1}{2}(-1)^n-\frac{8}{3}(-2)^n,n\geqslant 0$；

（5） $y_{zs}(n)=\frac{1}{6}(-1)^n+\frac{4}{3}(2)^n-\frac{1}{2},\ n\geqslant 0$， $y_{zi}(n)=-\frac{1}{3}(-1)^n-\frac{2}{3}(2)^n,\ n\geqslant 0$。

3.7 $y_{zi}(n)=2^{n+1}-(-1)^n \quad (n\geqslant 0)$，

$y_{zs}(n)=\delta(n)+2\delta(n-1)+\left[2^{n+1}+\frac{1}{2}(-1)^n-\frac{3}{2}\right]u(n-2)=\left[2^{n+1}+\frac{1}{2}(-1)^n-\frac{3}{2}\right]u(n)$。

3.8 $h(n)=u(n)-\frac{1}{2}h(n-1)+\frac{1}{2}h(n-2)$， $h(0)=1$， $h(1)=1/2$， $h(2)=5/4$， $h(3)=5/8$。

3.9 （1） $h(n)=(\frac{1}{9})^n u(n)$；（2） $h(n)=\left[\frac{1}{3}\left(\frac{1}{4}\right)^n+\frac{2}{3}\left(-\frac{1}{2}\right)^n\right]u(n)$；

（3） $h(n)=(n+1)\left(-\frac{1}{2}\right)^n u(n)$；（4） $h(n)=(-2)^{n-1}u(n-1)$；

（5） $h(n)=\left[-\frac{37}{5}\left(-\frac{1}{5}\right)^n+\frac{52}{5}\left(\frac{4}{5}\right)^n\right]u(n)$；（6） $h(n)=2^n\cos\left(\frac{n\pi}{2}\right)u(n)$。

3.10 （1） $h(n)=\left[\left(\frac{1}{2}\right)^n+\frac{5}{3}\left(-\frac{3}{2}\right)^n\right]u(n)-\frac{2}{3}\delta(n)$；（2） $h(n)=\delta(n)-(0.5)^n u(n-1)$。

3.11 （1） $h(n)=\left(\frac{1}{3}\right)^n u(n)$；（2） $h(n)=\left(-\frac{1}{2}\right)^{n-1} u(n-1)$；

（3） $h(n)=\frac{3}{5}\left(-\frac{1}{2}\right)^n+\frac{2}{5}\left(\frac{1}{3}\right)^n,n\geqslant 0$ （4） $h(n)=2^n\cos\left(\frac{n\pi}{2}\right),n\geqslant 0$

3.12 （1） $g(n)=\left[\frac{3}{2}-\frac{1}{2}\left(\frac{1}{3}\right)^n\right]u(n)$ （2） $g(n)=[1+\frac{1}{5}\left(-\frac{1}{2}\right)^n-\frac{1}{5}\left(\frac{1}{3}\right)^n]u(n)$

（3） $g(n)=\left(\frac{1}{2}\right)^n u(n)$。

3.13 （a）$\{\underset{\uparrow}{1},0,1,2,3,4,5,5,4,3,2,2,2,3,4,5,5,4,3,2,1\}$；

（b）$\{1,1,\underset{\uparrow}{-1},0,0,3,3,2,1\}$；（c）$\{1,3,5,\underset{\uparrow}{6},6,6,5,3,1\}$。

3.14 （1）0，$2^{n+1}-1$，2^N-1；（2）0，$2^{n+1}-1$，$2^N-2^{n-(N-1)}$；

（3）$\left(\frac{1}{2}\right)^n u(n-2)-\left(\frac{1}{2}\right)^{n-1} u(n-3)$；（4）$\{\cdots,0,1,\underset{\uparrow}{0},1,0,1,0,1,\cdots\}$。

3.15 （1）$\{\underset{\uparrow}{1},2,3,4,3,2,1\}$；（2）$\{-3,\underset{\uparrow}{1},7,7,9,5,-1,-1\}$；（3）$\{\underset{\uparrow}{12},32,14,-8,-26,6\}$；

（4）$\{12,32,\underset{\uparrow}{14},-8,-26,6\}$；（5）$\{\underset{\uparrow}{5},3.5,6.5,10.5,7.5,9,6.5,2.5,0.5,0.5\}$；（6）$\{\underset{\uparrow}{2},6,6,2\}$。

3.16（1）$\{\underset{\uparrow}{9},24,28,22,12,4,1\}$；（2）$\{1,4,12,22,28,24,\underset{\uparrow}{9}\}$；（3）$\{3,10,22,\underset{\uparrow}{30},22,10,3\}$；

（4）$\{3,10,22,\underset{\uparrow}{30},22,10,3\}$；（5）$\{\underset{\uparrow}{9},24,28,22,12,4,1\}$；（6）$\{9,24,28,\underset{\uparrow}{22},12,4,1\}$。

3.17 （1）$e^{-2n}\frac{1-e^{-n-1}}{1-e^{-1}}$；（2）$(n+1)2^n u(n)$；（3）$\left(2-\left(\frac{1}{2}\right)^n\right)u(n)$；

（4）$\delta(n)+2\delta(n-1)+3\delta(n-2)+4\delta(n-3)+3\delta(n-4)+2\delta(n-5)+\delta(n-6)$；

（5）$\frac{n^3-n}{6}$；（6）$\sin\frac{\pi n}{2}+\sin\frac{\pi(n-1)}{2}+\sin\frac{\pi(n-2)}{2}+\sin\frac{\pi(n-3)}{2}$；

（7）$-\frac{n}{2}\cos\left(\frac{\pi}{2}n\right)$；（8）$\left[\frac{2}{5}\cdot 2^n-\left(\frac{1}{5}+\frac{1}{10}i\right)i^n+\left(-\frac{1}{5}+\frac{1}{10}i\right)(-i)^n\right]u(n)$。

3.18 $y_1(n)=\{\underset{\uparrow}{1},2,3,3,3,3,2.75,2,1,0.25\}$，$y_2(n)=\{\underset{\uparrow}{1},2,2,1.5,0.5,0,0\}$。

3.20 $\left[\frac{2}{3}+\frac{1}{3}\left(-\frac{1}{2}\right)^n\right]u(n)$，$\left[(0.5)^{n+1}-\left(-\frac{1}{2}\right)^{n+1}\right]u(n)$。

3.21 $2\cos\left(\frac{n\pi}{4}\right)$。

3.22 $h(n)=u(n)-u(n-N)$，$h(n)=\delta(n)-\delta(n-N)$。

3.23 $[(6n+8)(-2)^n+1]u(n)$。

3.24 $y_{zs}(n)=(4+5n)u(n)$，$y_{zi}(n)=(-3-2n)u(n)$。

3.25 $h(n)=(1.005)^n u(n),\ y(n)=\begin{cases}10000\left[(1.005)^{n+1}-1\right]u(n), & n\leqslant 60\\ 3555.94(1.005)^{n-60}, & n>60\end{cases}$，

$y(48)=2768.42$，$y(240)=8726.61$。

3.26 $y_{zs}(n)=\left[1+\left(\frac{1}{2}\right)^{n+1}\right]u(n)$。

3.37 （1）因果，稳定；（2）非因果，稳定；（3）因果，不稳定；（4）非因果，不稳定；（5）非因果，稳定；（6）因果，不稳定；（7）因果，稳定；（8）因果，稳定。

第4章

4.1 是正交函数集，但非完备。

4.2 （a）$\frac{-2E}{\pi}\sum_{n=1}^{\infty}\frac{1}{n}[\cos(n\pi)-1]\sin(n\omega t)$，$-j\frac{E}{\pi}\sum_{-\infty}^{+\infty}\frac{1}{n}[\cos(n\pi)-1\}\mathrm{e}^{jn\omega t}$；

（b）$0.5+\frac{1}{\pi}[\sin(\omega t)+0.5\sin(2\omega t)+\cdots+\frac{1}{n}\sin(n\omega t)\cdots]$，

$F_0=\frac{1}{2}$，$F_n=-\mathrm{j}\frac{1}{n\pi}$ $(n=\pm1,\pm2\cdots)$；

（c）$\frac{A}{2}+\frac{-4A}{\pi^2}[\cos(\omega t)+\frac{1}{9}\cos(3\omega t)+\cdots+\frac{1}{(2k+1)^2}\cos[(2k+1)\omega t]\cdots$，$F_0=a_0=\frac{A}{2}$；

$F_n=\begin{cases}0 & n=2k\\ \frac{-2A}{n^2\pi^2} & n=2k+1\end{cases}$ $k\in N$，$\varphi_n=\pi$；

（d）$\frac{A}{4}+\frac{4A}{\pi^2}\sum_{n=1}^{+\infty}\frac{1}{n^2}\left(1-\cos\frac{n\pi}{2}\right)\cos(n\omega t)$；

（e）$\frac{1}{\pi}-\frac{2}{\pi}\sum_{n=1}^{\infty}\frac{1}{n^2-1}\cos\left(\frac{n\pi}{2}\right)\cos(n\omega t)$，$X_0=\frac{1}{\pi}$，$F_n=-\frac{1}{\pi(n^2-1)}\cos\frac{n\pi}{2}$；

（f）$\frac{2}{\pi}+\frac{4}{\pi}\sum_{n=1}^{\infty}(-1)^{n+1}\frac{1}{4n^2-1}\cos(n\omega t)$。

4.3 $\frac{\sin\left(\frac{n\pi}{2}\right)}{n\pi}$ $(n=0,\pm1,\pm2,\cdots)$，$\frac{1+\mathrm{e}^{-\mathrm{j}n\pi}}{2\pi(1-n^2)}$ $(n=0,\pm1,\pm2,\cdots)$。

4.4 （a）直流分量和偶次谐波余弦分量；（b）基波分量和奇次谐波正弦分量；
（c）基波分量和奇次谐波余弦分量；（d）基波分量和奇次谐波余弦分量；
（e）直流分量和偶次谐波正弦分量；（f）直流分量和偶次谐波余弦分量；
（g）正弦分量；（h）奇次谐波分量。

4.9 （1）$F_n=\frac{E\tau}{T_1}\mathrm{Sa}\left(\frac{n\omega_1\tau}{2}\right)=\frac{E}{4}\mathrm{Sa}\left(\frac{n\omega_1\tau}{2}\right)$；

（2）$F_n=\frac{E2\tau}{T_1}\mathrm{Sa}\left(\frac{n\omega_1 2\tau}{2}\right)=\frac{E}{2}\mathrm{Sa}(n\omega_1\tau)$。

4.10 （a）$\frac{1}{4}+\sum_{n=1}^{\infty}\frac{\cos(n\pi)-1}{(n\pi)^2}\cos(nt\Omega)-\sum_{n=1}^{\infty}\frac{\cos(n\pi)}{n\pi}\sin(nt\Omega)$；

（b）$\frac{1}{4}+\sum_{n=1}^{\infty}\frac{1-\cos(n\pi)}{(n\pi)^2}\cos(n\pi t)-\sum_{n=1}^{\infty}\frac{1}{n\pi}\sin(n\Omega t)$；

（c）$\frac{1}{4}+\sum_{n=1}^{\infty}\frac{1-\cos(n\pi)}{(n\pi)^2}\cos(nt\Omega)+\sum_{n=1}^{\infty}\frac{1}{n\pi}\sin(nt\Omega)$；

（d）$\frac{1}{2}+\sum_{n=1}^{\infty}\frac{2[1-\cos(n\pi)]}{(n\pi)^2}\cos(nt\Omega)$。

4.11 （1）$F_n\mathrm{e}^{-\mathrm{j}n\Omega t_0}$；（2）$F_{-n}$；（3）$jn\omega F_n$；（4）$F_n$。

4.12 （a）$\tau \mathrm{Sa}\left(\frac{\omega\tau}{2}\right)\mathrm{e}^{-\mathrm{j}\frac{\omega\tau}{2}}$；（b）$\frac{\mathrm{j}\omega\tau\mathrm{e}^{-\mathrm{j}\omega\tau}-1+\mathrm{e}^{-\mathrm{j}\omega\tau}}{\omega^2\tau}$；（c）$\frac{\pi\cos\omega}{\left(\frac{\pi}{2}\right)^2-\omega^2}$；（d）$\frac{\mathrm{j}\frac{4\pi}{T}\sin\left(\frac{\omega T}{2}\right)}{\omega^2-\left(\frac{2\pi}{T}\right)^2}$。

4.13 （1）$\frac{1}{2\pi}[X(\omega)*X(\omega)]+X(\omega)$；

（2）$\pi[\delta(\omega+\omega_0)+\delta(\omega-\omega_0)]+\frac{m}{2}[X(\omega+\omega_0)+X(\omega-\omega_0)]$；

（3）$\frac{1}{3}X(-\frac{1}{3}\omega)\mathrm{e}^{-\mathrm{j}2\omega}$；（4）$jX'(\omega)+2X(\omega)$；（5）$\frac{1}{3}\mathrm{j}X'\left(\frac{\omega}{3}\right)$；（6）$\mathrm{j}(\omega+\omega_0)X(\omega+\omega_0)$；

（7）$-X'(-\omega)\mathrm{e}^{-\mathrm{j}\omega}$；（8）$X^2(\omega)\mathrm{e}^{-\mathrm{j}3\omega}$；（9）$\pi X(0)\delta(\omega)+\frac{1}{j\omega}X(\omega)$；

（10）$\mathrm{e}^{\mathrm{j}5w}[\pi X(0)\delta(\omega)+\frac{1}{\mathrm{j}\omega}X(\omega)]$；（11）$-2\mathrm{e}^{-\mathrm{j}\omega}[\pi X(0)\delta(\omega)+\frac{1}{\mathrm{j}2\omega}X\left(\frac{-\omega}{2}\right)]$；

（12）$\mathrm{j}\omega X(\omega)+\frac{1}{3}X\left(\frac{\omega+1}{3}\right)\mathrm{e}^{\mathrm{j}2(\omega+1)/3}$；（13）$\frac{\pi}{2}X(\omega)G_4(\omega)$；

（14）$\frac{1}{2\pi}X(\omega)*\left[\frac{1}{\mathrm{j}\omega}+\pi\delta(\omega)\right]$；

（15）$\mathrm{j}\omega X(-\omega)\mathrm{e}^{-\mathrm{j}\omega}-X(-\omega)\mathrm{e}^{-\mathrm{j}\omega}-\omega X'(-\omega)\mathrm{e}^{-\mathrm{j}\omega}$；（16）$\mathrm{e}^{-\mathrm{j}6}[X(\omega-2)-2X(\omega-2)]$。

4.14 $x(t)=\frac{2}{\pi}\mathrm{Sa}(2t)$。

4.15 $X(\omega)=2\mathrm{Sa}(\omega)\mathrm{e}^{-2\mathrm{j}\omega}$。

4.16 （a）$\frac{1}{\omega^2}(1-\mathrm{j}\omega-\mathrm{e}^{-\mathrm{j}\omega})$；（b）$\frac{1}{\omega^2}(1-\mathrm{j}\omega-\mathrm{e}^{-\mathrm{j}\omega})\mathrm{e}^{-\mathrm{j}\omega}$；（c）$\frac{\mathrm{e}^{-\mathrm{j}2\omega}}{2\omega^2}(\mathrm{e}^{\mathrm{j}2\omega}+2\mathrm{j}\omega\mathrm{e}^{\mathrm{j}2\omega}-\mathrm{e}^{\mathrm{j}4\omega})$；

（d）$\frac{4}{\omega^2}\sin^2(\omega/2)$；（e）$\frac{4}{\omega^2}\mathrm{e}^{-\mathrm{j}\omega}\sin^2(\omega/2)$；（f）$sa(\omega/2)\mathrm{e}^{-\mathrm{j}\omega/2}$；（g）$\pi\delta(\omega)+\frac{1}{j\omega}-\mathrm{e}^{-\mathrm{j}\omega}$

4.17 （1）$X_1(\omega)=\frac{\pi}{3}[u(\omega+3)-u(\omega-3)]$；

（2）$X_2(\omega)=\frac{1}{2}[\pi\delta(\omega+\omega_0)+\frac{1}{\mathrm{j}(\omega+\omega_0)}+\pi\delta(\omega-\omega_0)+\frac{1}{\mathrm{j}(\omega-\omega_0)}]$。

4.18 $\mathscr{F}\left[x_1(t)+x_2(t)\right]=X_1(\omega)+X_2(\omega)$，$\mathscr{F}\left[x_1(t)*x_2(t)\right]=X_1(\omega)\cdot X_2(\omega)$

$\mathscr{F}\left[x_1(t)\cdot x_2(t)\right]=\frac{1}{2\pi}X_1(\omega)*X_2(\omega)$。

4.19 $E_1E_2\tau_1\tau_2\mathrm{Sa}\left(\frac{\omega\tau_1}{2}\right)\mathrm{Sa}\left(\frac{\omega\tau_2}{2}\right)$。

4.20 $\frac{2\mathrm{j}}{\omega}[\cos(\omega\tau)-\mathrm{sa}(\omega\tau)]$。

4.21 $\frac{\tau\mathrm{Sa}(\tau\omega)}{1-\left(\frac{\omega\tau}{\pi}\right)^2}$。

4.22 $\frac{E\tau}{4}\left\{Sa^2\left[\frac{(\omega+\omega_0)\tau}{4}\right]e^{-\frac{j\omega_0\tau}{2}}+Sa^2\left[\frac{(\omega-\omega_0)\tau}{4}\right]e^{\frac{j\omega_0\tau}{2}}\right\}$。

4.24 （1）$E\tau\mathrm{Sa}\left(\frac{\omega\tau}{2}\right)$；（2）$G_\tau(t-t_0)$；（3）$2E\tau\mathrm{Sa}\left(\frac{\omega\tau}{2}\right)\omega_s\omega t_0$。

4.25 （1）$X_1(\omega)=3Sa\left(\frac{\omega}{2}\right)\cdot Sa\left(\frac{3\omega}{2}\right)$；（2）$X_2(\omega)=\frac{3}{2}Sa\left(\frac{\omega}{4}\right)\cdot Sa\left(\frac{3\omega}{4}\right)e^{-j3\omega}$。

4.26 $\frac{\pi\cos\omega}{\left(\frac{\pi}{2}\right)^2-\omega^2}$。

4.27 （1）$G_{4\pi}(-\omega)e^{-j\omega}$；（2）$\left(1-\frac{|\omega|}{2\pi}\right)[\varepsilon(\omega+2\pi)-\varepsilon(\omega-2\pi)]$；

（3）$2\pi e^{-a|-\omega|}$；（4）$2\pi e^{a\omega}u(-\omega)$。

4.28 （1）$\frac{1}{2\pi}e^{j\omega_0 t}$；（2）$\frac{\omega_0}{\pi}\mathrm{Sa}(\omega_0 t)$；（3）$te^{-a\tau}(t\geqslant 0)$；（4）$\frac{\sin(\omega_0 t)}{\pi t}$；（5）$\frac{\sin(\omega_0 t)}{\pi j}$；

（6）$\delta(t+3)+\delta(t-3)$；（7）$\frac{\sin(t-1)}{\pi(t-1)}e^{j(t-1)}$；（8）$g_2(t-1)+g_2(t-3)+g_2(t-5)$。

4.29 $x(t)=\frac{1}{j\pi t}[\cos(3t)-Sa(0.5t)\cos(1.5t)]$。

4.30 （a）$\frac{\omega_c}{\pi}Sa[\omega_c(t+t_c)]$；（b）$\frac{A}{\pi t}(1-\cos\omega_1 t)$。

4.31 $2x(t+2)+2x(t-2)$ 图略。

4.32 $A\pi\sum_{n=-\infty}^{\infty}Sa^2\left(\frac{n\pi}{2}\right)\delta(\omega-n\omega_0)$，

4.33 $4E\sum_{n=-\infty}^{\infty}\frac{\cos n\pi}{1-4n^2}\delta\left(\omega-n\frac{2\pi}{T}\right)$。

4.34 $X(\omega)=\frac{E\pi}{2}\sum_{n=-\infty}^{\infty}Sa\left(\frac{n\pi}{4}\right)\delta(\omega-n\omega_1)$，$\omega_1=2\pi f_1=10^4\pi$，图略。

4.35 （a）$\pi\delta(\omega)+\frac{\pi}{2}\delta(\omega-\pi)+\frac{\pi}{2}\delta(\omega+\pi)$ （b）$\frac{4\pi}{T}\sum_{k=-\infty}^{\infty}\delta[(\omega-(2k+1)\cdot\frac{2\pi}{T})]$。

4.36 $\frac{2\pi}{T}\sum_{n=\infty}^{\infty}[\delta(\omega-(2n+1)\omega_0)]$。

4.37 （1）$\frac{1}{2}(A_1^2+A_2^2)$；（2）$\frac{3}{4}$。

4.38 $\frac{10}{\pi}$，$\frac{1}{\pi}[G_{10}(\omega-997)+G_{10}(\omega+997)]$。

4.39 （1）$X(0)=\frac{3}{2}$；（2）$\int_{-\infty}^{\infty}X(\omega)d\omega=2\pi$；（3）$\int_{-\infty}^{\infty}|X(\omega)|^2 d\omega=\frac{8\pi}{3}$。

4.40 （1）$\frac{j\omega}{(j\omega)^2+3(j\omega)+2}$；（2）$\frac{(j\omega)+4}{(j\omega)^2+5(j\omega)+6}$。

4.41 $u_R(t)=\frac{4}{3}e^{-t}\varepsilon(t)+\frac{1}{3}e^{2t}\varepsilon(-t)-e^{-2t}u(t)$。

4.42 （1）$y(t)=(e^{-2t}-e^{-3t})u(t)$；（2）$y(t)=16e^{-4t}u(t)$；（3）$y(t)=16te^{-4t}u(t)$。

4.43 （1）$y(t)=-j2e^{jt}$；（2）$y(t)=4e^{-2t}u(t)-2\delta(t)$。

4.44 （1）$8\sqrt{2}\cos(4t-45°)$；（2）$\cos t$。

4.45 （2）$x(t)=\frac{E}{\pi}\sum_{\substack{n=-\infty\\n\neq 0}}^{\infty}\frac{1}{n}\sin\left(\frac{n\pi}{2}\right)e^{jn\omega_1 t}$；

（3）$H(j\omega)=u(\omega+4\omega_1)-u(\omega-4\omega_1)$，$y(t)=\frac{2E}{\pi}\cos\omega_1 t-\frac{2E}{3\pi}\cos 3\omega_1 t$。

4.46 （1）$Y(\omega)=E[u(\omega+5)-u(\omega-5)]$；（2）$Y_s(\omega)=\frac{1}{2}\{Y(\omega+200)+Y(\omega-200)\}$；

（3）$Y_s(\omega)=\frac{20E}{\pi}\sum_{n=-\infty}^{\infty}[u(\omega+5-40n)-u(\omega-5-40n)]$。

第5章

5.1 $x_{a_1}(t)$无失真，$x_{a_2}(t)$有失真。

5.2 （1）$T_a=0.01\text{s}$；（2）$f_s\geqslant 200\text{Hz}$，$T=0.005s$；（3）$\hat{x}_a(t)=\sum_{n=-\infty}^{\infty}-\sin(n\pi)\delta(t-nT)$。

5.3 （1）$f_{s\min}=4f_m$；（2）$f_{s\min}=2f_m$；（3）$f_{s\min}=6f_m$；（4）$f_{s\min}=4f_m$。

5.4 $T_{\max}=\frac{1}{4}$。

5.5 750π出现频谱混迭。

5.6 $x_a(t)$抽样频率$f_s=2B\,\text{Hz}$；$x_a(2t)$ $f_s=4B\,\text{Hz}$；$x_a\left(\frac{t}{2}\right)$ $f_s=B\,\text{Hz}$

线路上每秒钟内至少要通过12B个抽样脉冲。

5.7 （1）$e^{-j\Omega m}$；（2）$\frac{1}{1-\frac{e^{j\Omega}}{2}}$；（3）$\frac{1}{2j}\left[\frac{1}{1-e^{-a+j(\Omega_0-\Omega)}}-\frac{1}{1-e^{-a-j(\Omega_0+\Omega)}}\right]$；

（4）$\frac{1-\left(\frac{1}{a}e^{j\Omega}\right)^{-N}}{1-\left(\frac{1}{a}e^{j\Omega}\right)^{-1}}$；（5）$\frac{e^{-j\Omega}\sin\Omega_0}{1-2e^{-j\Omega}\cos\Omega_0+e^{-2j\Omega}}$；（6）$\frac{1}{1-e^{a+j\Omega_0}e^{-j\Omega}}$。

5.8 （1）$e^{-j\Omega k}X(e^{j\Omega})$；（2）$X(e^{-j\Omega})$；（3）$X^*(e^{j\Omega})$；（4）$X^*(e^{-j\Omega})$；（5）$\frac{1}{2\pi}X(e^{j\Omega})*X(e^{j\Omega})$；

（6）$\frac{1}{2}\left[X(e^{j\Omega})+X^*(e^{-j\Omega})\right]$；（7）$\frac{1}{2}\left[X(e^{j\Omega})-X^*(e^{-j\Omega})\right]$；（8）$j\frac{dX(e^{j\Omega})}{d\Omega}$。

5.9 $\frac{1-e^{-j\Omega N}}{1-e^{-j\Omega}}$。

5.10 $2X(e^{-j\Omega})\cos\Omega$。

5.11 若选取$a=\frac{1}{b^*}$或$b=\frac{1}{a^*}$，则有$\left|H(e^{j\omega})\right|^2=|b|^2$，为全通系统。

5.12 $\tilde{X}(0)=4$，$\tilde{X}(1)=-j\sqrt{3}$，$\tilde{X}(2)=1$，$\tilde{X}(3)=0$，$\tilde{X}(4)=1$，$\tilde{X}(5)=j\sqrt{3}$。

5.13 $x_1(n)=\{2,1,4,3\}$，$x_2(n)=\{2,3,4,1\}$。

5.14 $y_{zs}(n)=\left|H(e^{j0.5\pi})\right|\cos[0.5\pi n+\varphi(0.5\pi)]=0.8944\cos[0.5\pi n0.4636]$。

5.15 $H(e^{j\omega})=\dfrac{Y(e^{j\omega})}{X(e^{j\omega})}=1-e^{-j\omega}$。

5.16 $H(e^{j\omega})=\dfrac{s(e^{j\omega})}{X(e^{j\omega})}=e^{-j\omega n_0}$。

5.17（1）$H(e^{j\omega})=\dfrac{1}{1-\frac{1}{6}e^{-j\omega}-\frac{1}{6}e^{-j2\omega}}$，$h(n)=\frac{3}{5}\left(\frac{1}{2}\right)^n u(n)+\frac{2}{5}\left(-\frac{1}{3}\right)^n u(n)$；

（2）$y_{zs}(n)=\left[\frac{6}{25}\left(\frac{1}{2}\right)^n+\frac{3}{5}(n+1)\left(\frac{1}{2}\right)^n+\frac{4}{25}\left(-\frac{1}{3}\right)^n\right]u(n)$。

第6章

6.1（1）$\dfrac{\beta^2}{s(s^2+\beta^2)}$；（2）$\dfrac{1}{(s+3)^2}$；（3）$\dfrac{a}{s(s+a)}$；（4）$\dfrac{s^2+2s+2}{s^3}$；（5）$\dfrac{s-2}{s+1}$；

（6）$\dfrac{s+4}{(s+4)^2+25}$；（7）$\dfrac{1}{2s}+\dfrac{1}{2}\cdot\dfrac{s}{s^2+4\Omega^2}$；（8）$\dfrac{s^2+7s+20}{(s+2)^3}$。

6.2（1）$2e^{-s}-\dfrac{3}{s+a}$；（2）$\dfrac{(s+2)e^{-(s-1)}}{(s+1)^2}$；（3）$\dfrac{2e^{-s}}{s+5}$；（4）$\dfrac{2e^{-5-s}}{s+5}$；（5）$\dfrac{2e^{5}}{s+5}$；

（6）$\dfrac{1}{s^2}-\dfrac{1}{s}-\dfrac{e^{-2s}}{s^2}-\dfrac{e^{-2s}}{s}$；（7）$\dfrac{1-e^{-2(s+3)}}{s+3}$；（8）$\dfrac{3}{s^2+9}-[\dfrac{3\cos 6+s\sin 6}{s^2+9}]e^{-2s}$。

6.3（1）$\dfrac{1}{(s+\alpha)(s+\beta)}$；（2）$\dfrac{(s+1)e^{-\alpha}}{(s+1)^2+\omega^2}$；（3）$\dfrac{2(s+a)}{[(s+a)^2+1]^2}$；

（4）$\dfrac{1}{4}[\dfrac{s^2-81}{(s^2+81)^2}+\dfrac{3s^2-27}{(s^2+9)^2}]$；（5）$Ln(\dfrac{s+5}{s+3})$；（6）$\dfrac{\pi}{2}-\arctan(\dfrac{s}{\alpha})$。

6.4（1）$aX(as+1)$；（2）$aX(as+a^2)$；（3）$\dfrac{8}{9}X\left(\dfrac{s}{3}\right)e^{-\frac{8}{3}s}-\dfrac{d}{ds}\left[X\left(\dfrac{s}{3}\right)\right]\dfrac{1}{9}e^{-\frac{8}{3}s}$；

（4）$\dfrac{\beta}{a^2}X\left(\dfrac{s}{a}\right)e^{-\frac{\beta}{a}s}-\dfrac{d}{ds}\left[X\left(\dfrac{s}{a}\right)\right]\dfrac{1}{a^2}e^{-\frac{\beta}{a}s}$；（5）$e^{-\frac{\beta}{\alpha}s}X\left(\dfrac{s}{\alpha}\right)\cdot X(as+a^2)$；

（6）$\dfrac{e^{-\frac{\beta}{\alpha}s}}{\alpha s}X\left(\dfrac{s}{\alpha}\right)$。

6.5（a）$-\dfrac{e^{-2s}+1}{s}$；（b）$\dfrac{2e^{-s\pi}}{j(1-s^2)}$；（c）$\dfrac{1}{s}+\dfrac{e^{-2s}}{s}-\dfrac{2e^{-3s}}{s}$；（d）$\dfrac{1}{s^2}-\dfrac{e^{-s}}{s^2}+\dfrac{2e^{-2s}}{s^2}+\dfrac{e^{-s}}{s}$。

6.6（1）−2；（2）1；（3）0；（4）0。

6.7 （1）0；（2）$\dfrac{3}{\omega_0^2}$；（3）0；（4）0。

6.8 （1）$\dfrac{e^{-\frac{3}{2}t}}{2}u(t)$；（2）$\left(\dfrac{4}{3}\delta(t)-\dfrac{4}{3}e^{-t}\right)u(t)$；（3）$\left(\dfrac{2}{3}-\dfrac{2}{3}e^{-\frac{3}{4}t}\right)u(t)$；（4）$(e^{-2t}-e^{-5t})u(t)$；

（5）$\left(4\cos 2\sqrt{2}t+\dfrac{\sin 2\sqrt{2}t}{\sqrt{2}}\right)u(t)$；（6）$[-e^{-2t}+(t^2-t+1)e^{-t}]u(t)$；（7）$(\cos t-\cos 2t)u(t)$；

（8）$0.2[1-0.5e^{t}(2\cos 2t-\sin 2t)]u(t)$；（9）$[e^{-t}-e^{-2t}(1+t)]u(t)$；

（10）$\left(\dfrac{1}{2}t\cos t+\dfrac{1}{2}\sin t\right)u(t)$；（11）$e^{-3}[2\cos\sqrt{2}t-3.54\sin\sqrt{2}t]u(t)$；

（12）$\left(t^2-\dfrac{7}{6}t^3\right)e^{-4t}u(t)$。

6.9 （1）$4x(4t)$；（2）$x(t-5)$；（3）$3x[3(t-4)]$；（4）$-tx(t)$；（5）$x_4'(t)+x_4(0^-)$；

（6）$\int_{0^-}^{t}x(\tau)\mathrm{d}\tau$；（7）$\int_{0^-}^{t}x_1(\tau)\mathrm{d}\tau$；（8）$16x'(4t-4)$。

6.10 （1）$\dfrac{(t-5)^5}{7680}e^{-1/2\cdot(t-5)}u(t-5)$；（2）$\delta'(t)+[2e^{-2t}-4e^{-4t}]u(t)$；

（3）$[e^{-(t-2)}-(t-2)e^{-2(t-2)}-e^{-2(t-2)}]u(t-2)$；

（4）$\left[\dfrac{1}{2}t-\dfrac{3}{4}+\dfrac{3}{4}e^{-\frac{3}{2}t}\right]u(t)-\left\{\dfrac{1}{2}(t-4)-\dfrac{3}{4}+\dfrac{3}{4}e^{-\frac{3}{2}(t-4)}\right\}u(t-4)$；

（5）$\dfrac{1}{3}\sin 3(t-1)u(t-1)+(\cos 3t+1)u(t)$；（6）$\left[e^{-t}+\dfrac{2}{\sqrt{3}}e^{-\frac{t}{2}}\cos\left(\dfrac{\sqrt{3}}{2}t-\dfrac{5\pi}{6}\right)\right]u(t)$。

6.12 （1）$\dfrac{s-2}{s+2}$；（2）$\dfrac{s}{s+1}$；（3）$\dfrac{1}{s^2+3s+2}(1-e^{-sT})$；（4）$\dfrac{s}{s^2+3s+2}$。

6.13 （1）$0.6+3.4e^{-2.5t}u(t)$；（2）$(4.5e^{-3t}+1.5e^{-t})u(t)$

6.14 （1）$y_{ZS}(t)=(0.5-1.5e^{-2t}+e^{-3t})u(t)$．$y_{zi}(t)=(5e^{-2t}-4e^{-3t})u(t)$；

（2）$y_{ZS}(t)=(1.5e^{-t}-3e^{-2t}+1.5e^{-3t})u(t)$　$y_{zi}(t)=(e^{-2t}-e^{-3t})u(t)$。

6.15 （1）$\left[\dfrac{6}{5}\cos 2t+\dfrac{9}{10}\sin 2t-\dfrac{1}{5}e^{-t}\right]u(t)$；（2）$\left[\dfrac{1}{2}t\cos 2t+\dfrac{1}{4}\sin 2t\right]u(t)$。

6.16 $y(t)=y_{zi}(t)+y_{zs}(t)=(t-1-3e^{-t})u(t)$

6.17 $(\cos t-2\sin t)e^{-t}u(t)$

6.18 $i_1(t)=(136e^{-4t}-57e^{-3t})u(t)$，$i_2(t)=(38e^{-3t}-34e^{-4t})u(t)$

6.19 $i_1(t)=(32e^{-4t}-18e^{-3t})u(t)$

6.20 （1）$0.5\delta'(t)-0.5\delta(t)+0.5e^{-t}u(t)$；（2）$0.5e^{-t}u(t)-0.5\delta(t)$。

6.21 $x(t)=(1+0.5e^{-2t})u(t)$

6.22 （1）$y_{zi}(t)=(4e^{-t}-3e^{-2t})u(t)$　$y_{zs}(t)=\delta(t)+\left(\dfrac{1}{2}-\dfrac{5}{2}e^{-2t}\right)u(t)$；

（2）$y(t)=\delta(t)+\left(\dfrac{1}{2}+4e^{-t}-\dfrac{11}{2}e^{-2t}\right)u(t)$，

暂态分量$\delta(t)+\left(4e^{-t}-\frac{11}{2}e^{-2t}\right)u(t)$，稳态分量$\frac{1}{2}u(t)$。

6.23 $H(s)=\dfrac{2s}{(s+1)^2+\frac{3}{4}}$。

6.24 $H(s)=\frac{1}{s}(e^{-s}+e^{-2s}-e^{-3s}-e^{-4s})$， $h(t)=u(t-1)+u(t-2)-u(t-3)-u(t-4)$。

6.25 $H(s)=\dfrac{3s^2+4s+3}{s^2+4s+3}$， $a=4,b=3$。

6.26 $H(\omega)=\dfrac{j\omega-a}{a+j\omega}$，$|H(\omega)|=1,\varphi(\omega)=\pi-2\arctan\left(\dfrac{\omega}{a}\right)$。

6.27 $H(s)=\dfrac{2s+3}{s^2+11s+10}$， $h(t)=[\frac{1}{9}e^{-t}+\frac{17}{9}e^{-10t}]u(t)$。

6.29 $H(s)=\dfrac{U_2(s)}{U_1(s)}=\dfrac{2}{s^3+2s^2+5s+4}$。

$$|H(\omega)|=\frac{2}{\sqrt{(4-2\omega^2)^2+(5\omega-\omega^3)^2}},\varphi(\omega)=-\arctan\left(\frac{5\omega-\omega^3}{4-2\omega^2}\right)。$$

6.30 $H_1(s)=\dfrac{s+2}{s+K}$ $K>0$， $H_1(\omega)=\dfrac{j\omega+2}{j\omega+1}$。

6.31 稳定；稳定；不稳定；不稳定。

第7章

7.1（1）$\dfrac{1}{1-az^{-1}}$ $|z|>|a|$；（2）$\dfrac{1}{1-z^{-1}}$ $|z|>1$；（3）$\dfrac{(\sin\Omega)z^{-1}}{1-(2\cos\Omega)z^{-1}+z^{-2}}$ $|z|>1$；

（4）$\dfrac{2z^2-\frac{7}{2}z}{(z-\frac{1}{2})(z-3)}$ $|z|>3$；（5）$\dfrac{z+1}{z}$ $|z|>0$；（6）$\dfrac{z(-2z+3)}{(z-1)^2}$ $|z|>1$；

（7）$\dfrac{2z(z-\frac{5}{4})}{(z-\frac{1}{2})(z-2)}$ $|z|>2$；（8）$\dfrac{z}{z+1}$ $|z|>1$；

（9）$\dfrac{z^2-z/\sqrt{2}}{z^2-\sqrt{2}z+1}$ $|z|>1$；（10）$\dfrac{2z\left(z-\frac{5}{12}\right)}{\left(z-\frac{1}{3}\right)\left(z-\frac{1}{2}\right)}$ $|z|>\frac{1}{2}$。

7.2（1）$x(n)=\delta(n)$ ；（2）$x(n)=\delta(n+3)$；（3）$x(n)=\delta(n-1)$；

（4）$x(n)=2\delta(n+1)+\delta(n)-2\delta(n-2)$；（5）$x(n)=a^nu(n)$；（6）$x(n)=-a^nu(-n-1)$

7.3 （1）z^{-m} $|z|>0$；（2）$\dfrac{z^{-m}}{1-az^{-1}}$ $|z|>a$；（3）$\dfrac{a^{-m}}{1-az^{-1}}$ $|z|>a$；（4）$\dfrac{a^m z^{-m}}{1-az^{-1}}$ $|z|>a$

7.4 （1）$\dfrac{z^3+z-0.5}{z^2(z-0.5)}$ $|z|>0.5$；（2）$\dfrac{z^2}{z^2+0.25}$ $|z|>0.5$；（3）$\dfrac{z}{z-2e^{-3}}$ $|z|>2e^{-3}$；

（4）$\dfrac{3e^{-2}z\sin\omega}{z^2-6e^{-2}z\cos\omega+9e^{-4}}$ $|z|>3e^{-2}$；

（5）$\dfrac{z^3\cos\omega-2z^2+z\cos\omega}{[(z-\cos\omega+j\sin\omega)(z-\cos\omega-j\sin\omega)]^2}$ $|z|>1$；

（6）$\dfrac{z}{(z-2)^2}$ $|z|>2$；（7）$\dfrac{az^{-1}}{(1-az^{-1})^2}$ $|z|>a$；（8）$\dfrac{1+z^{-1}}{(1-z^{-1})^3}$ $|z|>1$

（9）$\dfrac{1}{1-e^2z}$ $|z|<e^{-2}$；（10）$\dfrac{z}{2(z-4)}$ $|z|>4$；

（11）$\dfrac{-2z}{(1-z)^3}$ $|z|<1$；（12）$\dfrac{0.25}{(z-0.5)^2}$ $|z|>0.5$。

7.6（1）$\dfrac{4z^{-1}}{(z+0.5)^2}$，$(|z|>0.5)$；（2）$\dfrac{8z}{(z+1)^2}$，$(|z|>1)$；

（3）$\dfrac{4z^3-z}{(z+0.5)^4}$，$(|z|>0.5)$；（4）$\dfrac{4z^{-1}}{(z^{-1}+0.5)^2}$，$(|z|<2)$。

7.7（1）$x(0)=1$；$x(\infty)$不存在；（2）$x(0)=1$；$x(\infty)=0$；（3）$x(0)=0$；$x(\infty)=2$；
（4）$x(0)=1$；$x(\infty)=1$；（5）$x(0)=2$；$x(\infty)$不存在；（6）$x(0)=0$；$x(\infty)$不存在

7.8（1）$x(n)=(-0.5)^nu(n)$；（2）$x(n)=4\left(-\dfrac{1}{2}\right)^n-3\left(-\dfrac{1}{4}\right)^nu(n)$；

（3）$x(n)=(-0.5)^nu(n)$；（4）$x(n)=-a\delta(n)+\left(a-\dfrac{1}{a}\right)\left(\dfrac{1}{a}\right)^nu(n)$；

（5）$x(n)=[20(0.5)^n-10(0.25)^n]u(n)$；（6）$x(n)=5[1+(-1)^n]u(n)$；

（7）$x(n)=\dfrac{\sin(n+1)\omega+\sin n\omega}{\sin\omega}u(n)$；（8）$x(n)=n\cdot 6^{n-1}u(n)$；

（9）$x(n)=\delta(n)-\cos(\dfrac{n\pi}{2})u(n)$；（10）$x(n)=\left[\dfrac{1}{3}-\dfrac{1}{3}\cos\left(\dfrac{2\pi}{3}n\right)-\dfrac{\sqrt{3}}{3}\sin\left(\dfrac{2\pi}{3}n\right)\right]u(n)$；

（10）$x(n)=[\dfrac{1}{4}(-1)^n-\dfrac{1}{4}+\dfrac{1}{2}n]u(n)$；（11）$x(n)=\dfrac{1}{2}n(n-1)u(n)$。

7.9 （1）$x(n)=10(2^n-1)u(n)$；（2）$x(n)=[-(-3)^{n-1}+(-2)^{n-1}]u(n-1)$。

7.10 （1）$h(n)=\dfrac{1}{3}(2)^nu(n)$；（2）$h(n)=\delta(n)-5\delta(n-1)+8\delta(n-3)$；（3）$h(n)=(\dfrac{1}{2})^nu(n)$；

（4）$h(n)=\dfrac{1}{2}(n+1)(n+2)u(n)$。

7.11 $H(z)=\dfrac{2z+1}{z^2+0.1z}$；$h(n)=10\delta(n-1)-8(-0.1)^{n-1}u(n-1)$；
$y(n)+0.1y(n-1)=2x(n-1)+x(n-2)$

7.12（1）$y(n)=(\dfrac{1}{2})^n$；（2）$y(n)=2^{n-1}$；（3）$y(n)=(-3)^{n-1}$；（4）$y(n)=\left(-\dfrac{2}{3}\right)^n$。

7.13（1）$y(n)=\left(\frac{1}{3}+\frac{2}{3}\cos\frac{2n\pi}{3}+\frac{4\sqrt{3}}{3}\sin\frac{2n\pi}{3}\right)u(n)$；

（2）$y(n)=[9.26+0.66(-0.2)^n-0.2(0.1)^n u(n)$；

（3）$y(n)=[0.5-0.45(0.9)^n]n(n)$；（4）$y(n)=[0.5+0.45(0.9)^n]n(n)$；

（5）$y(n)=[\frac{n}{6}+\frac{5}{36}-\frac{5}{36}(-5)^n]u(n)$；（6）$y(n)=\frac{1}{9}[3n-4+13(-2)^n]u(n)$。

7.14 （1）$[5(-1)^n-3(-2)^n]u(n)$；（2）$[(\sqrt{2})^n\sin\frac{3\pi}{4}n]u(n)$；（3）$[(1-2n)(-1)^n]u(n)$；

（4）$\left\{\frac{1}{\sqrt{5}}\left[\left(\frac{1+\sqrt{5}}{2}\right)^n-\left(\frac{1-\sqrt{5}}{2}\right)^n\right]\right\}u(n)$。

7.15 $y_{zi}(n)=\left[\frac{1}{2}(-1)^n-2^n\right]u(n)$ $y_{zs}(n)=\left[-\frac{1}{2}+\frac{4}{3}\cdot(2)^n+\frac{1}{6}(-1)^n\right]u(n)$

$y(n)=\left[-\frac{1}{2}+\frac{2}{3}(-1)^n+\frac{1}{3}\cdot 2^n\right]u(n)$。

7.16 $y_{zi}(n)=[2-(2)^n]u(n)$ $y_{zs}(n)=nu(n)$。

7.17 $y_{zi}(n)=[2(2)^n-(-1)^n]u(n+2)$ $y_{zs}(n)=[2(2)^n-\frac{1}{2}(-1)^n-\frac{3}{2}(1)^n]u(n)$

$y(n)=[2(2)^n-(-1)^n]u(n+2)+[2(2)^n-\frac{1}{2}(-1)^n-\frac{3}{2}(1)^n]u(n)$。

7.18 $x(n)=(0.2)^{n-1}u(n-1)$。

7.19 $h(n)=\left(\frac{1}{2}\right)^{n-1}u(n-1)-\left(\frac{1}{2}\right)^n u(n)$。

7.20 $h(n)=(-3)^n u(n)$ $y(n)=\frac{1}{32}[-9(-3)^n+8n^2+20n+9]u(n)$。

7.21 $y(n)-b_1y(n-1)-b_2y(n-2)=ax(n-1)$；

$$h(n)=\frac{a}{\sqrt{b_1^2+4b_2}}\left[\left(\frac{b_1+\sqrt{b_1^2+4b_2}}{2}\right)^n-\left(\frac{b_1-\sqrt{b_1^2+4b_2}}{2}\right)^n\right]u(n)。$$

7.22 $H(z)=\frac{1}{1-\frac{1}{3}z^{-1}}$，$h(n)=\left(\frac{1}{3}\right)^n u(n)$，$x(n)=\frac{1}{2}\left(\frac{1}{2}\right)^{n-1}u(n-1)$。

7.23 $y(n)=2u(n-1)$。

7.25 $|z|>2$ 稳定 $h(n)=\frac{1}{3}(0.5)^n u(n)-\frac{2}{3}(2)^n u(-n-1)$

$y(n)=\frac{1}{3}(0.5)^n u(u)+\frac{4}{3}(2)^u u(-n-1)$。

7.27 $H(z)=\frac{15z-6}{3z-1}$。

7.28 $H(z)=\frac{2z^2+0.5}{z^2+z-0.75}$ $y(n)+y(n-1)-0.75y(n-2)=2x(n)+0.5x(n-2)$。

7.30 $\left|H(\mathrm{e}^{\mathrm{j}\Omega})\right|=4 \qquad \varphi(\Omega)=-2\arctan\left(\dfrac{3\sin\Omega}{5\cos\Omega-2}\right)$。

7.31 $y(n)+ay(n-1)=x(n)+bx(n-1)$。

7.32 $H(z)=\dfrac{3z^2+3.6z+0.6}{(z+0.5)(z-0.4)} \quad h(n)=-3\delta(n)+7(0.4)^n u(n)-(-0.5)^n u(n)$。

7.33 $h(n)=\delta(n)-\dfrac{\sin n\Omega_c}{n\pi}$。

第8章

8.3 $R_1=R_2=1\Omega$。

8.4 （1）不满足带限无失真条件，会产生相位失真，也不满足带限无失真条件，会产生幅度失真。

（2）$\omega_{Ma}=131.58\mathrm{rad/s}$，$\dfrac{\sin\left(\dfrac{\omega_{Mb}}{8}\right)}{\dfrac{\omega_{Mb}}{8}}=0.841$。

8.5 $10-\dfrac{40}{\pi}\cos\pi t$。

8.6 响应分别为：$-\cos t$ 不失真，$-\dfrac{\cos 2t}{2}$ 不失真，$-\cos t-\dfrac{\cos 2t}{2}$ 失真。

8.11 $H_d(z)=\dfrac{0.5}{1-\mathrm{e}^{-(a+\mathrm{j}\omega)T}z^{-1}}+\dfrac{0.5}{1-\mathrm{e}^{-(a-\mathrm{j}\omega)T}z^{-1}}$。

8.12 （1）$H_d(z)=\dfrac{Y(z)}{X(z)}=\dfrac{T+2T^2-Tz^{-1}}{1+4T+T^2-(2+4T)z^{-1}+z^{-2}}$

第9章

9.1 $\begin{bmatrix}\dot{\lambda}_1\\ \dot{\lambda}_2\end{bmatrix}=\begin{bmatrix}-4 & -2\\ 3 & -1\end{bmatrix}\begin{bmatrix}\lambda_1\\ \lambda_2\end{bmatrix}+\begin{bmatrix}2 & 0\\ 0 & 3\end{bmatrix}\begin{bmatrix}u_s\\ i_s\end{bmatrix}$，$\begin{bmatrix}y_1\\ y_2\end{bmatrix}=\begin{bmatrix}-2 & -1\\ 0 & 1/3\end{bmatrix}\begin{bmatrix}\lambda_1\\ \lambda_2\end{bmatrix}+\begin{bmatrix}1 & 0\\ 0 & 0\end{bmatrix}\begin{bmatrix}u_s\\ i_s\end{bmatrix}$。

9.2 $$\begin{bmatrix}\dot{\lambda}_1\\ \dot{\lambda}_2\\ \dot{\lambda}_3\\ \dot{\lambda}_4\end{bmatrix}=\begin{bmatrix}-\dfrac{R}{2L} & 0 & \dfrac{1}{2L} & \dfrac{1}{2L}\\ 0 & 0 & \dfrac{1}{L} & \dfrac{1}{L}\\ \dfrac{1}{2C} & -\dfrac{1}{C} & -\dfrac{1}{2RC} & -\dfrac{1}{2RC}\\ -\dfrac{1}{2C} & -\dfrac{1}{C} & -\dfrac{1}{2RC} & -\dfrac{1}{2RC}\end{bmatrix}\begin{bmatrix}\lambda_1\\ \lambda_2\\ \lambda_3\\ \lambda_4\end{bmatrix}+\begin{bmatrix}\dfrac{1}{2L}\\ 0\\ \dfrac{1}{2RC}\\ \dfrac{1}{2RC}\end{bmatrix}x(t)$$。

$$y(t)=-\frac{R}{2}\lambda_1-\frac{1}{2}\lambda_3-\frac{1}{2}\lambda_4+\frac{1}{2}x(t)$$

9.3 $\begin{bmatrix}\dot{\lambda}_1\\ \dot{\lambda}_2\end{bmatrix}=\begin{bmatrix}0 & 1\\ -6 & -5\end{bmatrix}\begin{bmatrix}\lambda_1\\ \lambda_2\end{bmatrix}+\begin{bmatrix}0\\ 1\end{bmatrix}x(t)$，$y(t)=\begin{bmatrix}1 & 1\end{bmatrix}\begin{bmatrix}\lambda_1\\ \lambda_2\end{bmatrix}$

$$\begin{bmatrix}\dot{\lambda}_1(t)\\ \dot{\lambda}_2(t)\\ \dot{\lambda}_3(t)\end{bmatrix}=\begin{bmatrix}0 & -1 & 0\\ 0 & 0 & 1\\ -1 & 1 & -1\end{bmatrix}\begin{bmatrix}\lambda_1(t)\\ \lambda_2(t)\\ \lambda_3(t)\end{bmatrix}+\begin{bmatrix}1 & 0\\ 0 & 0\\ -1 & 1\end{bmatrix}\begin{bmatrix}x_1(t)\\ x_2(t)\end{bmatrix},\quad \begin{bmatrix}y_1(t)\\ y_2(t)\end{bmatrix}=\begin{bmatrix}1 & 0\\ 0 & 1\end{bmatrix}\begin{bmatrix}\lambda_1(t)\\ \lambda_2(t)\end{bmatrix}。$$

9.4 （1）$\begin{bmatrix}\dot{\lambda}_1\\ \dot{\lambda}_2\\ \dot{\lambda}_3\end{bmatrix}=\begin{bmatrix}0 & -1/2 & -3/2\\ 0 & 0 & 1\\ -1 & 1 & 2\end{bmatrix}\begin{bmatrix}\lambda_1\\ \lambda_2\\ \lambda_3\end{bmatrix}+\begin{bmatrix}1 & 0\\ 0 & 0\\ -1 & 1\end{bmatrix}\begin{bmatrix}y_1(t)\\ y_2(t)\end{bmatrix}$，$\begin{bmatrix}\dot{\lambda}_1\\ \dot{\lambda}_2\end{bmatrix}=\begin{bmatrix}1 & 0 & 0\\ 0 & 1 & 0\end{bmatrix}\begin{bmatrix}\lambda_1\\ \lambda_2\\ \lambda_3\end{bmatrix}$；

（2）$\begin{bmatrix}\dot{\lambda}_1\\ \dot{\lambda}_2\\ \dot{\lambda}_3\\ \dot{\lambda}_4\end{bmatrix}=\begin{bmatrix}0 & 1 & 0 & 0\\ -1 & -1 & 0 & -1\\ 0 & 0 & 0 & 1\\ 0 & -1 & 0 & -1\end{bmatrix}\begin{bmatrix}\lambda_1\\ \lambda_2\\ \lambda_3\\ \lambda_4\end{bmatrix}+\begin{bmatrix}0 & 0\\ 0 & 10\\ 0 & 0\\ 3 & 2\end{bmatrix}\begin{bmatrix}y_1(t)\\ y_2(t)\end{bmatrix}$，$\begin{bmatrix}y_1(t)\\ y_2(t)\end{bmatrix}=\begin{bmatrix}1 & 0 & 0 & 0\\ 0 & 0 & 1 & 0\end{bmatrix}\begin{bmatrix}\lambda_1\\ \lambda_2\\ \lambda_3\\ \lambda_4\end{bmatrix}$。

9.5 $a=3, b=-1$。

9.6 $e^{At}=\begin{bmatrix}1 & \frac{1}{2}(e^t-e^{-t}) & \frac{1}{2}(e^t+e^{-t})-1\\ 0 & \frac{1}{2}(e^t+e^{-t}) & \frac{1}{2}(e^t-e^{-t})\\ 0 & \frac{1}{2}(e^t-e^{-t}) & \frac{1}{2}(e^t+e^{-t})\end{bmatrix}$。

9.7 $\Phi(t)=\begin{bmatrix}e^{-t} & e^t\\ -e^{-t} & 0\end{bmatrix}\begin{bmatrix}1 & 1\\ -1 & 0\end{bmatrix}=\begin{bmatrix}e^t & e^t-e^{-t}\\ 0 & e^{-t}\end{bmatrix}$

$$\boldsymbol{A}=\frac{d}{dt}(e^{At})\Big|_{t=0}=\frac{d}{dt}\begin{bmatrix}e^t & e^t-e^{-t}\\ 0 & e^{-t}\end{bmatrix}\Bigg|_{t=0}=\begin{bmatrix}1 & 2\\ 0 & -1\end{bmatrix}。$$

9.8 $e^{At}=\begin{bmatrix}e^t & e^t-e^{-t}\\ 0 & e^{-t}\end{bmatrix}$，$\boldsymbol{A}^n=\begin{bmatrix}(\frac{1}{2})^n & 0\\ (\frac{1}{2})^n-(\frac{1}{4})^n & (\frac{1}{4})^n\end{bmatrix}$。

9.9 $\lambda(n)=\begin{bmatrix}\frac{1}{2}\left[1+(3)^k\right]\\ \frac{1}{2}\left[1+3(3)^k\right]\end{bmatrix}u(n)$，$\begin{bmatrix}y_1(n)\\ y_2(n)\end{bmatrix}=\begin{bmatrix}1+2(3)^k\\ 1/2[1-(3)^k]\end{bmatrix}u(n)$

$$\boldsymbol{h}(n)=\begin{bmatrix}4(3)^{n-1}-3(2)^{n-1}\\ -(3)^{n-1}\end{bmatrix}u(n-1)。$$

9.10 $\boldsymbol{\lambda}(t)=\begin{bmatrix}3-\mathrm{e}^{t}\\-3+2\mathrm{e}^{t}\end{bmatrix}u(t)$。

9.11 $\boldsymbol{y}(t)=\begin{bmatrix}1 & 0\end{bmatrix}\begin{bmatrix}\mathrm{e}^{-t}-\dfrac{1}{2}(1-\mathrm{e}^{-2t})\\ \mathrm{e}^{-t}\end{bmatrix}=\left(\dfrac{1}{2}+\mathrm{e}^{-t}-\mathrm{e}^{-2t}\right)u(t)$。

9.12 $\boldsymbol{y}(t)=\begin{bmatrix}\dfrac{2}{3}\mathrm{e}^{-t}+\dfrac{4}{3}\mathrm{e}^{2t}\\ \dfrac{3}{2}-\dfrac{2}{3}\mathrm{e}^{-t}+\dfrac{1}{6}\mathrm{e}^{2t}\end{bmatrix}$。

9.13 $\boldsymbol{H}(s)=\begin{bmatrix}\dfrac{1}{s+2} & 0\\ \dfrac{1}{s+2} & \dfrac{1}{s+3}\end{bmatrix}$，$\boldsymbol{y}(t)=\begin{bmatrix}\mathrm{e}^{-2t}u(t)\\(\mathrm{e}^{-2t}+\mathrm{e}^{-3t})u(t)\end{bmatrix}$。

9.14 （1）$\boldsymbol{\lambda}(n)=\begin{bmatrix}1+(-1)^{n}\\(1-\sqrt{2})+(-1)^{n}(1+\sqrt{2})\end{bmatrix}(\sqrt{2})^{n}$；

（2）$y(n+2)-4y(n)=x(n+2)-4x(n)$；

（3）$y(n)=3\cdot 2^{n}+2(-2)^{n}$。

9.15 （1）系统完全可控，系统不完全可观测；

（2）$H(s)=\dfrac{1}{(s+1)^{2}}$。

9.16 $-1<b<0$，系统才是稳定的。

9.17 系统是不完全可控的，系统也是不完全可观测的。

参 考 文 献

[1] 郑君里，应启珩，杨为理．信号与系统[M]．3 版．北京：高等教育出版社，2011．
[2] 吴大正．信号与线性系统分析[M]．4 版．北京：高等教育出版社，2008．
[3] 徐守时．信号与系统：理论、方法和应用[M]．2 版．合肥：中国科技大学出版社，2006．
[4] 陈后金．信号与系统[M]．北京：高等教育出版社，2007．
[5] 熊庆旭．信号与系统[M]．北京：高等教育出版社，2011．
[6] 王玲花．信号与系统[M]．北京：机械工程出版社，2009．
[7] 燕庆明．信号与系统[M]．2 版．北京：高等教育出版社，2007．
[8] 徐天成，钱冬宁，张胜付．信号与系统[M]．哈尔滨：哈尔滨工业大学出版社，2000．
[9] 郭银景．信号与系统[M]．北京：机械工业出版社，2009．
[10] 吕幼新，张明友．信号与系统[M]．北京：电子工业出版社，2004．
[11] 徐亚宁，苏启常．信号与系统[M]．3 版．北京：电子工业出版社，2011．
[12] 张晔．信号与系统[M]．3 版．哈尔滨：哈尔滨工业大学出版社，2011．
[13] 刘泉，宋琪．信号与系统习题全解[M]．2 版．武汉：华中科技大学出版社，2006．
[14] 燕庆明．信号与系统教程（第 2 版）学习指导[M]．北京：高等教育出版社，2007．
[15] 陈后金．信号与系统学习指导及题解[M]．北京：高等教育出版社，2010．
[16] 金波，张正炳．信号与系统分析[M]．北京：高等教育出版社，2011
[17] 容太平．信号与系统 [M]．武汉：华中科技大学出版社，2010．
[18] 宋琪．信号与线性系统分析辅导及习题详解[M]．武汉：华中科技大学出版社，2008．
[19] 汤全武．信号与系统 [M]．北京：高等教育出版社，2011．
[20] 徐天成，谷亚林，钱玲．信号与系统 [M]． 2 版．北京：电子工业出版社，2008．
[21] 曾禹村．信号与系统 [M]．3 版．北京：北京理工大学出版社，2010．
[22] 于慧敏．信号与系统 [M]．2 版．北京：化学工业出版社，2008．
[23] 陈后金，胡建，薛健．数字信号处理[M]．2 版．北京：高等教育出版社，2006．
[24] 管致中，夏恭格，孟桥．信号与系统 [M]．北京：高等教育出版社，2011．
[25] 甘俊英，颜键毅，杨敏．信号与系统学习指导与习题解析[M]．北京：清华大学出版社，2007．
[26] 张华清，许信玉．信号与系统分析[M]．北京：机械工业出版社，2006．
[27] 向军，万再莲．信号与系统 [M]．重庆：重庆大学出版社，2011．